高效办公一本通

刘松云 编著

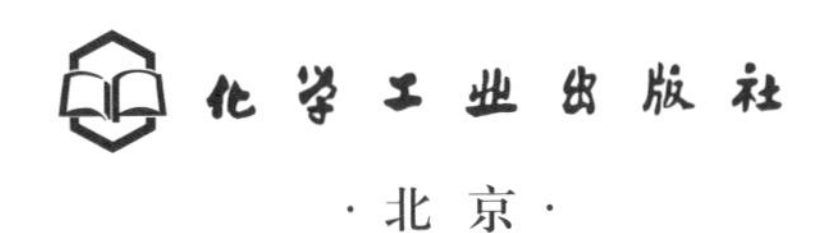

·北京·

本书以Office 2016版软件为对象，从基础操作到综合应用，由浅入深地对Word/Excel/PPT三大办公软件的使用方法、操作技巧、典型应用等进行系统讲解。全书共分为三部分，第1～4章为Word应用篇，主要围绕Word文档的制作、编辑、美化、图文表格混排以及打印输出等内容展开介绍；第5～9章为Excel应用篇，主要围绕Excel电子表格的制作、数据的录入、公式与函数的应用、排序等内容展开介绍；第10～13章为PPT应用篇，主要介绍演示文稿的创建、制作、管理、动画的添加等内容。

本书结构合理，内容全面细致，语言通俗易懂。既适合电脑初学者阅读，又可以作为大中专院校或者企业的培训教材，同时对有经验的Office使用者也有很高的参考价值。

图书在版编目（CIP）数据

Word/Excel/PPT 2016高效办公一本通/刘松云编著.
—北京：化学工业出版社，2018.10
ISBN 978-7-122-32781-9

Ⅰ.①W… Ⅱ.①刘… Ⅲ.①办公自动化-应用软件 Ⅳ.①TP317.1

中国版本图书馆CIP数据核字（2018）第174606号

责任编辑：姚晓敏　胡全胜　　　装帧设计：韩　飞
责任校对：王素芹

出版发行：化学工业出版社（北京市东城区青年湖南街13号　邮政编码100011）
印　　装：北京缤索印刷有限公司
787mm×1092mm　1/16　印张17½　字数484千字　2018年11月北京第1版第1次印刷

购书咨询：010-64518888　　　售后服务：010-64518899
网　　址：http://www.cip.com.cn
凡购买本书，如有缺损质量问题，本社销售中心负责调换。

定　　价：69.00元

FOREWORD

前 言

创作目的

如今，Office办公软件已被广泛运用到各行各业，无论你从事什么工作，多多少少都会涉及一些办公软件的操作。掌握基本的办公软件操作知识，已经成为我们日常工作和生活中不可或缺的一项技能。为了能够使读者快速掌握这项技能，我们特别推出了这本简单易学、方便实用的图书。相信本书全面的知识点介绍、细致的操作步骤讲解，以及富有变化的结构层次，能够让您阅读后感觉物超所值。

内容概要

本书全面系统地对Office 2016软件进行了阐述，在内容安排上，知识点讲解和实例操作并重，书中所举案例均取自日常办公中的应用热点，并采用一步一图的形式展开，易于读者上手练习。全书各部分内容介绍如下：

章节	内容概要
绪 论	该章节引领全书，主要对Office 2016的新功能、工作界面、基本操作以及学习时获取帮助的方法进行了介绍
第1～4章	Word应用篇，主要对Word文档的制作、编辑、美化、图文混排、表格应用、输出打印等内容进行了详细阐述
第5～9章	Excel应用篇，对Excel电子表格的制作、数据的录入、工作表的格式化、公式与函数的应用、排序、筛选、分类汇总、合并计算、数据透视表/图的应用、图表的应用等内容进行了系统阐述
第10～13章	PowerPoint应用篇，对PowerPoint演示文稿的创建、幻灯片的制作与管理、母版的应用、动画效果的设计、切换动画的设计、演示文稿的放映与输出等内容进行了全面阐述

写作特色

入门级、进阶级读者皆有收获

考虑到每位读者的基础不同，书中采用由浅入深、循序渐进的方式对Office知识点进行讲解。零基础的读者可以跟着书本从头开始学，而有一定基础的读者，可以根据自己的需要，从目录中挑选内容进行提高式学习。无论你是零基础还是有一定基础，都能从这本书中找到满意的答案。

理论知识+实战案例，让读者学习、实践两不误

每章前半部分是知识点讲解，后半部分设置“上手实践”和“强化练习”两个环节，帮助读者快速掌握和巩固前面所学的知识点。并在每篇最后安排了办公常见案例制作，让读者轻松上手，练习独立制作，真正做到举一反三，快速提升自己的办公技能。

同步教学视频，让读者轻松学习，无压力

随书赠送120分钟同步教学视频，涵盖书中介绍的知识点，并做了一定的扩展延伸，手把手教你练操作。视频文件等可通过扫描书中二维码进行观看，更丰富的视频内容和素材资源可关注公众号（ID：DSSF007)，更多惊喜等着你！

多种互动方式，为读者学习保驾护航

在每篇结尾处设置了“温故知新”互动环节，帮助读者在学习过程中及时总结，查看学习效果。欢迎加入我们的QQ群（QQ群号：785058518），这里既是读者相互交流的学习园地，更有专业的技术人员为您的工作和学习答疑解惑。

本书在编写过程中力求严谨细致，由于时间有限，疏漏之处在所难免，望广大读者批评指正。

编　者

2018年4月

目 录

CONTENTS

编辑Word文档

第2章 美化Word文档

第3章 巧用Word表格

第4章 制作电子简历模板

第5章 玩转Excel表格操作

第6章 · 便捷的公式与函数 ·

第7章 · 数据的处理与分析 ·

数据的图形化展示

制作各地区瓷砖销售分析表

幻灯片必备基础操作

第11章 为幻灯片添加动画效果

放映/输出幻灯片

第13章 ·制作招聘培训手册·

·Office知识点一览图·

知识导读

在生活中，Office 2016办公软件的应用越来越普遍，各行各业都有可能接触到。本章首先对常见的办公软件进行系统介绍，之后对其基本操作、帮助文档的应用、组件的协同办公等进行详细介绍。通过对这些内容的学习，可以帮助我们更好地了解Office 2016，为后续的学习打下良好的基础。

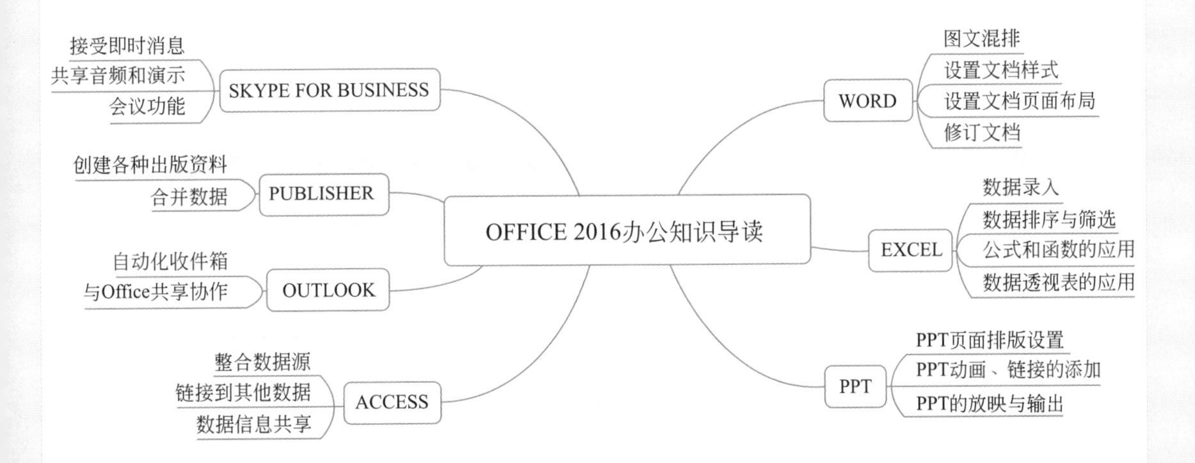

本章教学视频数量：3个

0.1 了解Office 2016

Office 2016最常用的办公软件为Word、Excel和PPT，各个软件的使用功能也各不相同，Word主要被用于文档的排版，Excel主要被用于表格的制作，PPT主要被用于演示文稿的设计。下面将对Office 2016的新功能和各组件进行介绍。

（1）Office 2016新功能

Office 2016的界面简洁，功能强大，推出后受到很多人的青睐。

① 增加智能搜索框

在PowerPoint 2016功能区上有一个搜索框【告诉我你想要做什么】，在此可以快速获得你想要使用的功能和想要执行的操作，还可以获取相关的帮助，更人性化和智能化。

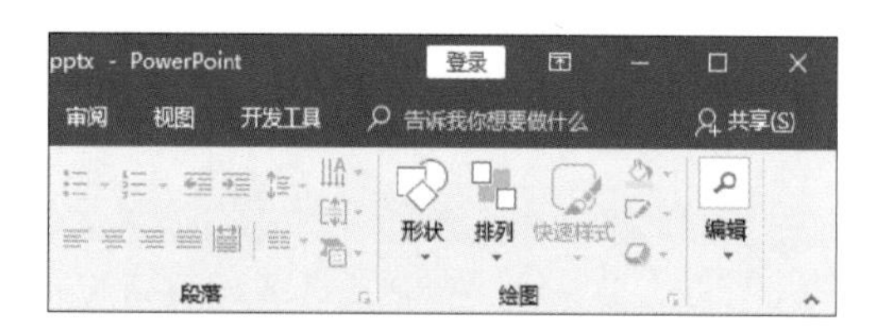

② 新增六个图表类型

在PowerPoint 2016中已经添加了六个新的图表，如树状图、旭日图、直方图、箱形图、瀑布图和组合。可帮助创建一些最常用的数据可视化的财务或层次结构的信息；展示统计数据中的属性。

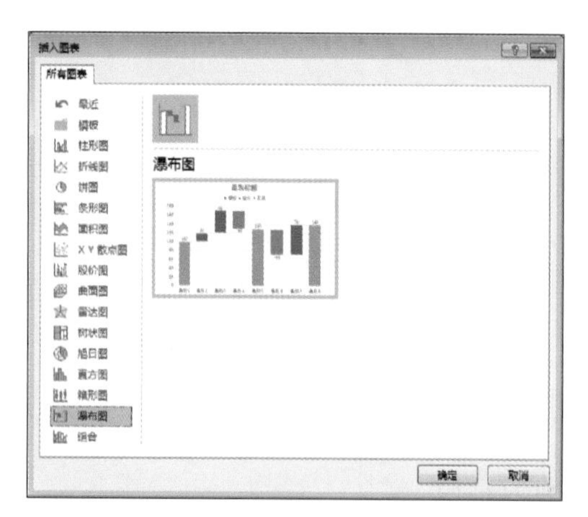

③ 屏幕录制

选择“插入”选项卡的“屏幕录制”选项，可以进行屏幕录制，也可以插入事先准备好的录制内容。

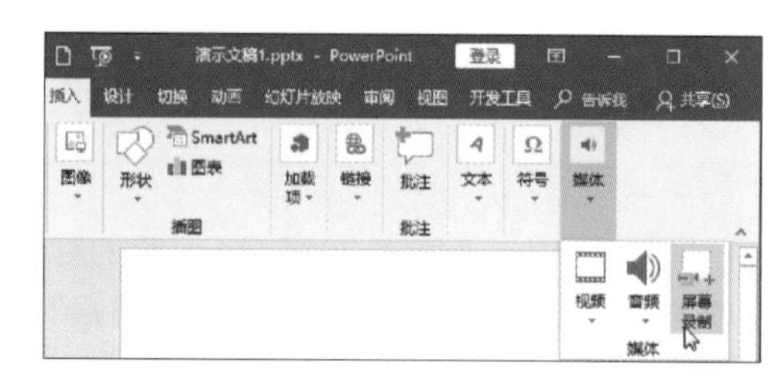

④ 屏幕截图工具

在PowerPoint 2016中增加了“屏幕截图”功能，该功能的使用将会在很大程度上方便我们安装并使用其他截图工具，该功能出现在“插入”选项卡中。

（2）Office 2016各组件

Office 2016包含了多个应用组件和多个独立组件。

① Word 2016

Word 2016是文档编辑工具，利用Word不仅可以创建和共享美观的文档，还可以对文档进行审阅、批注等。同时还可以快速美化图片和表格，甚至可以创建书法字帖。

② Excel 2016

Excel 2016是数据处理程序，主要用于执行计算、分析信息以及可视化电子表格中的数据等，它是Office所有组件里面功能最多、技术含量最高的一个。此外，它还改进了数据透视图表的创建方法，并增强了公式的编辑功能。

③ PowerPoint 2016

PowerPoint 2016是幻灯片制作程序，主要用于创建和编辑用于幻灯片播放的演示文稿。在其中可以插入视频和音频文件，为演示文稿增添专业的多媒体体验。

④ Access 2016

Access 2016是数据库管理系统，主要用于创建数据库和程序来跟踪与管理信息，其特点是即使我们不懂深层次的数据库知识，也能用简便的方法创建、跟踪、报告和共享数据信息。

⑤ Outlook 2016

Outlook 2016是电子邮件客户端，主要用于发送和接收电子邮件，记录活动，管理日程、联系人和任务等。该组件中从重新设计的外观到高级电子邮件组织、搜索、通信和社交网络功能，以世界级的体验来保持个人与商业网络的联系。

⑥ Publisher 2016

Publisher 2016是出版物制作程序，主要用于创建新闻稿和小册子等专业品质出版物及营销素材。

⑦ Skype for Business 2016

最新版本可以接收离线消息，向处于离线状态的某些人发送消息时，不会再收到“此消息无法送达”之类的消息，并且增加了改进的桌面共享、音频和演示功能，使共享和协作变得更容易。

0.2 掌握Office 2016基本操作

Office 2016的基本操作包括启动与退出Office 2016、Office文档的基本操作、视图/窗口的基本操作等。

（1）启动与退出Office 2016

① 启动操作

通过“开始”菜单启动。以Windows 7操作系统为例，单击“开始”按钮，从展开的列表中选择“所有程序>Word 2016”选项，即可启动。

通过快捷方式启动。若桌面上存在Word组件的快捷方式，可以双击该图标，即可启动Word文档。

② 退出操作

利用“关闭”按钮关闭。单击窗口右上角“关闭”按钮即可关闭。

通过文件菜单关闭。打开“文件”菜单，从中选择“关闭”选项即可。

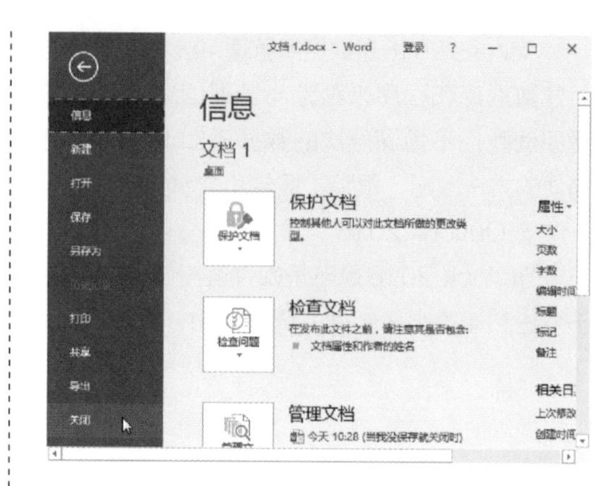

（2）Office 2016操作界面

下面我们将以Excel 2016的操作界面为例来讲解Office 2016操作界面的构成要素。

① 标题栏

标题栏位于Excel操作界面的最上面，包括快速访问工具栏、工作簿名称和窗口控制按钮等。

② 功能区

功能区是Excel 2016操作界面的重要元素，由多个选项卡构成，包括“文件”标签、“开始”选项卡、“插入”选项卡、“页面布局”选项卡、“公式”选项卡、“数据”选项卡、“审阅”选项卡、“视图”选项卡等。

③ 编辑栏

编辑栏位于功能区与工作区之间，包括名称框和编辑栏两个部分。

④ 工作区

工作区是由单元格组成的，用于输入和编辑数据。工作区位于工作界面的中间，是在Excel中进行数据处理的最主要区域。

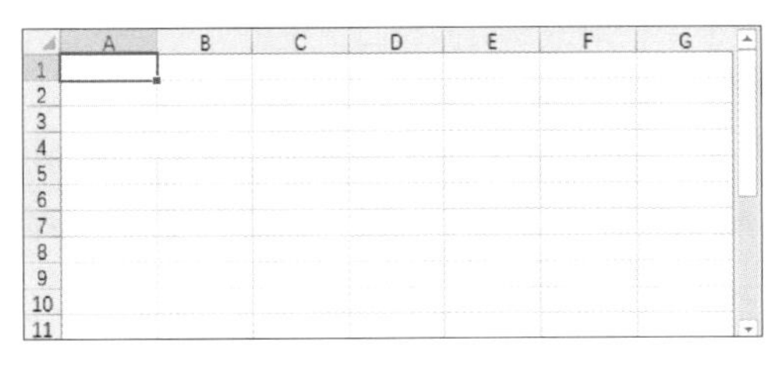

⑤ 状态栏

状态栏位于Excel工作界面的最底部，用于显示当前工作表的数据的编辑状态、选定数据的统计、视图方式以及窗口的显示比例等。

知识延伸：获取帮助文件

在操作中想要获得帮助，可在“告诉我”窗口中输入内容，然后按Enter键获得帮助。或者打开“文件”菜单，单击窗口右上角的 ? 按钮，即可打开相关网页进行查看。

（3）Office文档的基本操作

无论使用Office中的哪个组件，首先接触到的都是文档的相关操作，例如新建文档、打开文档、保存文档、关闭文档等。

① 新建文档

右键菜单创建法。在桌面上单击鼠标右键，从弹出的快捷菜单中选择“新建”命令，然后从其级联菜单中选择“Microsoft Word文档”命令，即可创建一个空白文档。

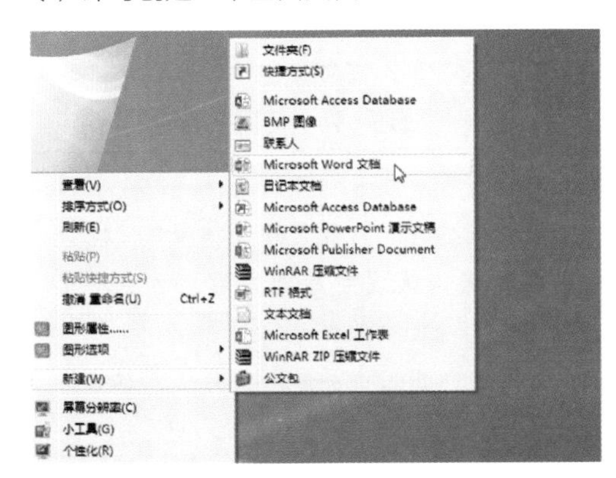

文件命令新建法。若已启动Word 2016应用程序，则可以在“文件”选项卡中，选择“新建”选项，在右侧的模板列表中，选择合适的模板并创建。

② 打开文档

找到文档所在的文件夹，在文档缩略图上单击鼠标右键，从弹出的快捷菜单中选择“打开”命令即可。

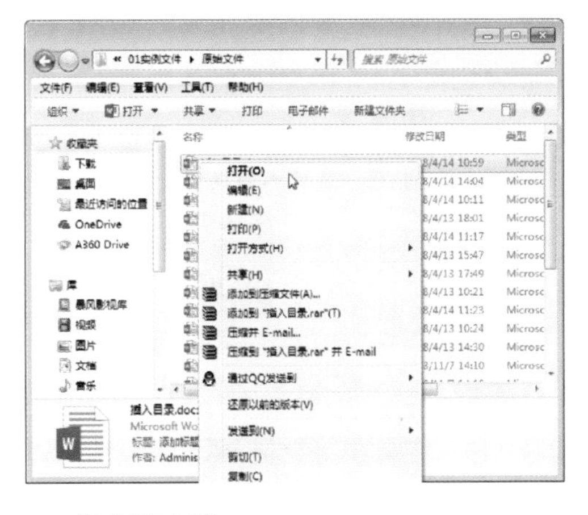

③ 保存文档

单击快速访问工具栏上的“保存”按钮，或按Ctrl+S组合键即可保存。

④ 关闭文档

完成对当前文档的查看或编辑后，直接单击窗口右上角的“关闭”按钮，可以关闭当前文档。

（4）视图/窗口的基本操作

不同Office组件拥有不同的视图，视图体现了文档窗口的不同布局，可用于对文档进行不同的操作。文档都是在应用程序窗口中打开的，每个文档至少有一个窗口，也可以在多个窗口中打开同一个文档。

① 文档视图间的切换

每一个Office应用程序都有各自的视图，当切换到不同视图时，应用程序界面会有所不同。在对文档进行不同操作时切换到适当的视图，通常能更便于完成指定的任务。在Office应用程序窗口底部的状态栏中显示了视图切换按钮。通过单击状态栏中的视图按钮，可以在不同视图之间切换，下图是PowerPoint演示文稿在普通视图和幻灯片浏览视图下的不同外观。

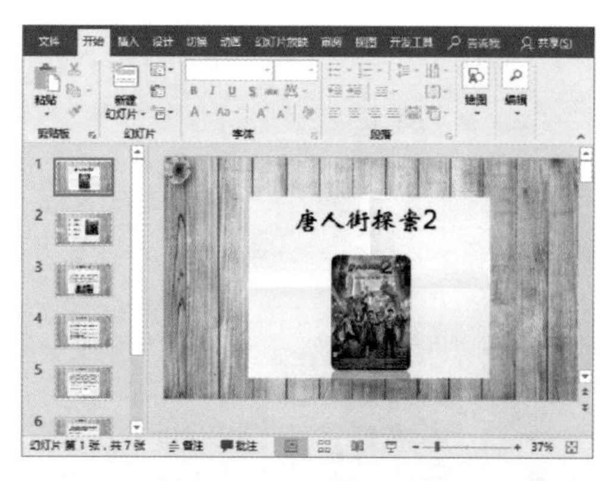

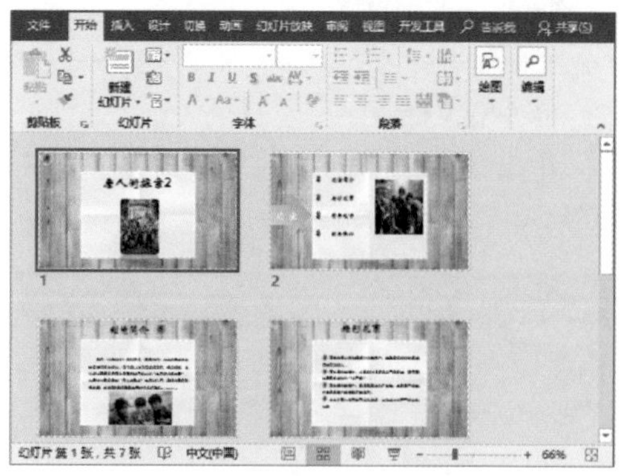

② 多个文档窗口之间的切换

当打开了多个文档时，任务栏中会显示与这些文档对应的窗口按钮，通过单击某个按钮就可以切换到与之对应的文档中。而如果打开了多个同类型的Office文档（例如打开了3个Excel工作簿），那么可以使用该应用程序的切换窗口功能在这几个文档间切换。在“视图”选项卡中，单击“切换窗口”按钮，从展开的列表中选择某个名称即可切换到该工作簿中。

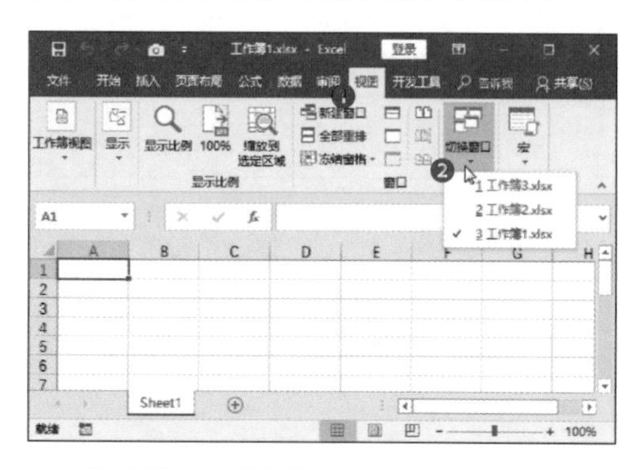

③ 文档显示比例的设置

默认情况下，打开的Office文档是按其本身1 ：1显示的，也就是既没放大也没缩小，按正常的100%显示。在状态栏中视图按钮的右侧就有用于调整文档窗口显示比例的按钮，通过单击“缩小”或“放大”按钮，可以每次以10%的比例增大或减小。也可以直接拖动状态栏中的显示比例滑块进行调整。还可以在“视图”选项卡中，单击“显示比例”按钮，打开“显示比例”对话框，从中进行设置即可。

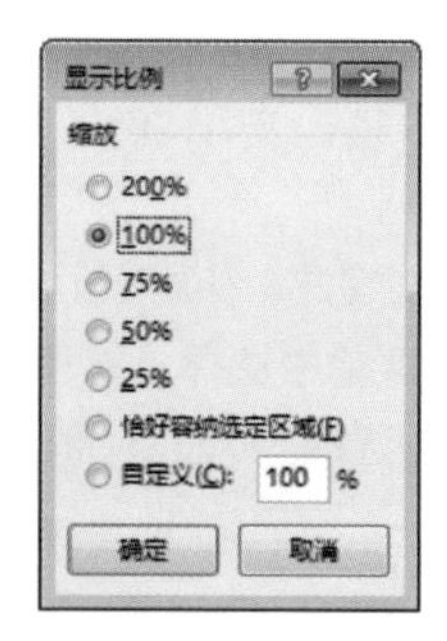

操作技巧：如何使用在线帮助功能

若当前电脑连上了网络，可以查看详细的帮助内容。打开帮助文档窗口，在搜索框中输入需要帮助的内容，然后单击“搜索”按钮进行搜索。

搜索到相关内容后，在需要查看的内容链接上单击，即可查看详细内容。

0.3 Office组件的协同办公

下面将讲解Office组件之间的协同办公，例如Word与Excel的协作和Word与PowerPoint的协作。

（1）Word与Excel的协作

Word与Excel之间进行数据共享是非常方便的，节省了大量的时间。

① 在Word中使用Excel数据

如果希望在Word中使用Excel中的某些数据，可以使用复制、粘贴的方式将数据导入到Word文档中。

打开Excel工作表，选择要导入到Word中的单元格区域，然后按Ctrl+C组合键进行复制。

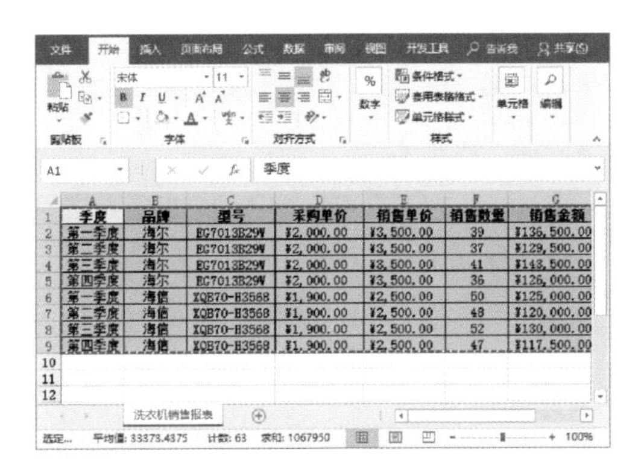

季度	品牌	型号	采购单价	销售单价	销售数量	销售金额
第一季度	海尔	BG7013B29W	¥2,000.00	¥3,500.00	39	¥136,500.00
第二季度	海尔	BG7013B29W	¥2,000.00	¥3,500.00	37	¥129,500.00
第三季度	海尔	BG7013B29W	¥2,000.00	¥3,500.00	41	¥143,500.00
第四季度	海尔	BG7013B29W	¥2,000.00	¥3,500.00	36	¥126,000.00
第一季度	海信	XQB70-H3568	¥1,900.00	¥2,500.00	50	¥125,000.00
第二季度	海信	XQB70-H3568	¥1,900.00	¥2,500.00	48	¥120,000.00
第三季度	海信	XQB70-H3568	¥1,900.00	¥2,500.00	52	¥130,000.00
第四季度	海信	XQB70-H3568	¥1,900.00	¥2,500.00	47	¥117,500.00

切换到Word文档，将光标定位至要插入数据的位置，然后按Ctrl+V组合键进行粘贴即可。

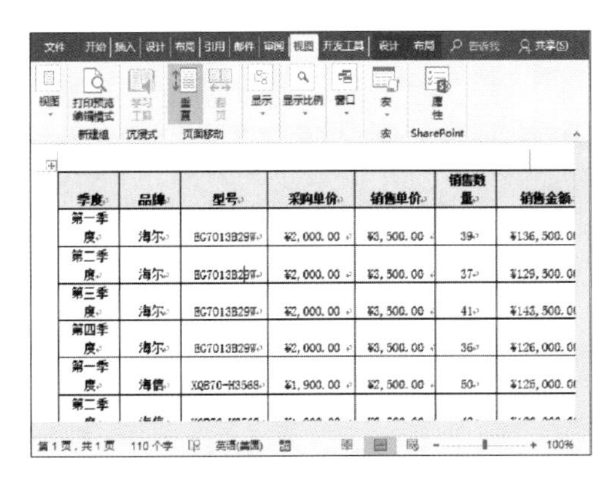

还可以使用以下步骤将工作簿嵌入到Word中。

打开Word文档，将光标定位至需要放置Excel数据的位置。

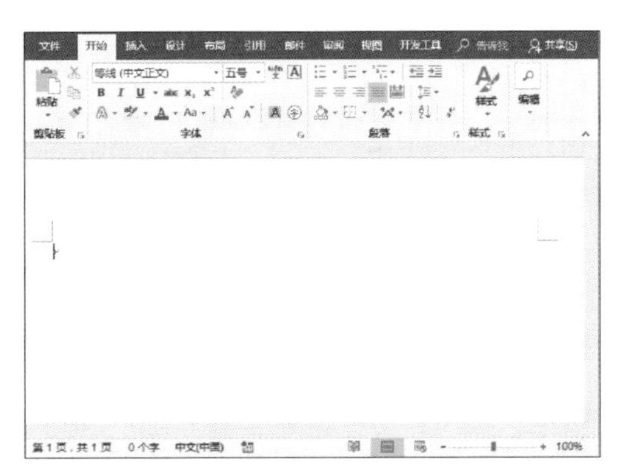

切换至“插入”选项卡，单击“文本”组中的“对象”按钮。

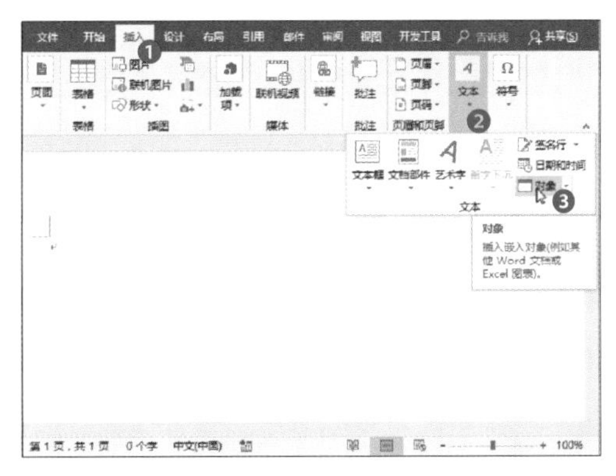

打开“对象”对话框，切换至“由文件创建”选项卡，单击“浏览”按钮。

打开“浏览”对话框，选择要导入到Word中的Excel工作簿，单击“插入”按钮，返回到“对象”对话框，然后单击“确定”按钮即可。

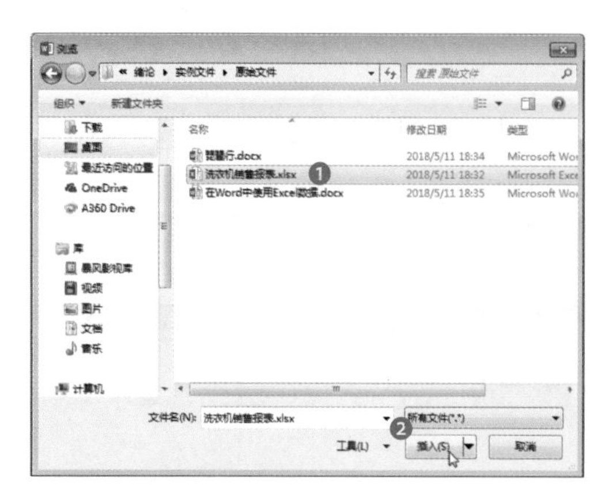

将工作簿嵌入到Word文档中，双击嵌入的工作簿，将进入Excel编辑环境，此时Excel功能区的命令代替了Word功能区命令。

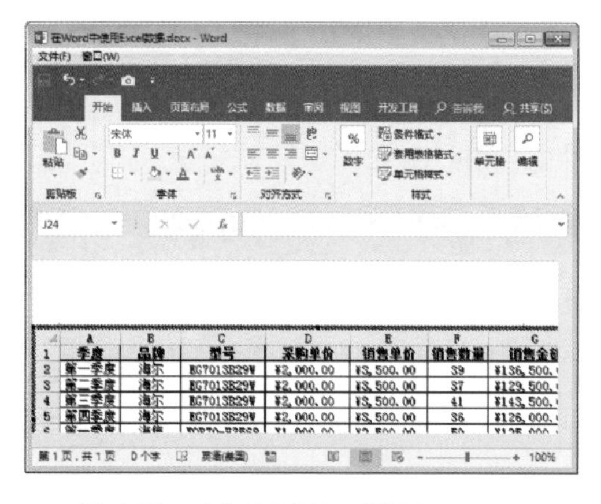

② 在Excel中使用Word数据

与在Word中嵌入Excel工作簿一样，在Excel中也可以嵌入Word文档。

打开工作簿，切换至“插入”选项卡，单击“文本”组中的“对象”按钮。

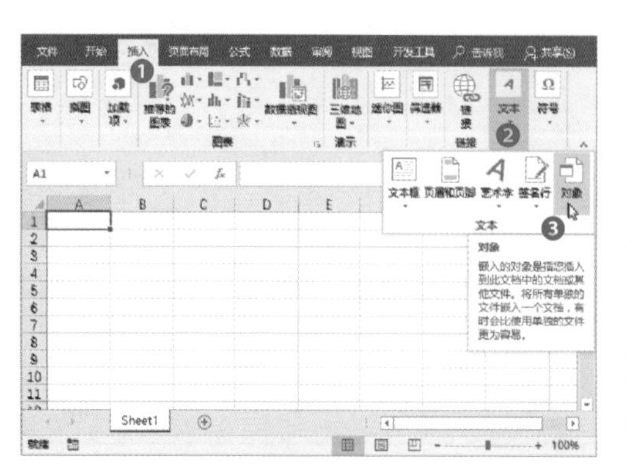

打开“对象”对话框，切换至“由文件创建”选项卡，单击“浏览”按钮。

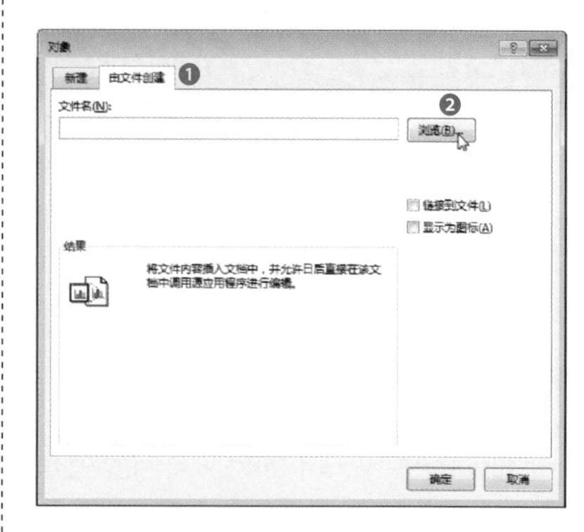

打开“浏览”对话框，选择要嵌入的Word文档，单击“插入”按钮，返回“对象”对话框，然后单击“确定”按钮即可。

将所选文档插入到当前Excel工作簿中，双击嵌入的文档，即可使用Word提供的功能来编辑文档内容。

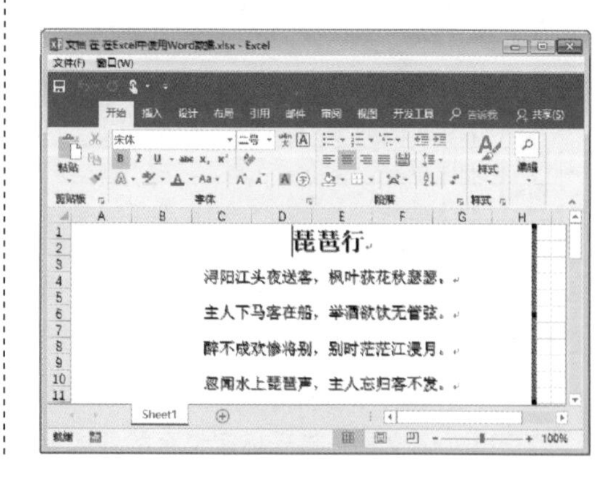

③ 让Word与Excel联动

如果希望Word和Excel中的数据可以同步更新，以便反映数据的最新情况，可以按照以下步骤操作。

打开工作表，选择并复制所需数据，切换到Word文档，将光标定位至要插入数据的位置，单击“开始”选项卡中的“粘贴”下拉按钮，从列表中选择“选择性粘贴”选项。

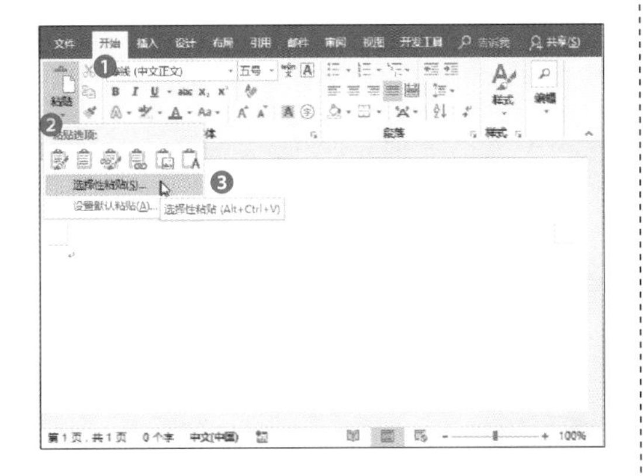

打开“选择性粘贴”对话框，选中“粘贴链接”单选按钮，然后从列表框中选择“Microsoft Excel工作表 对象”选项，单击“确定”按钮。

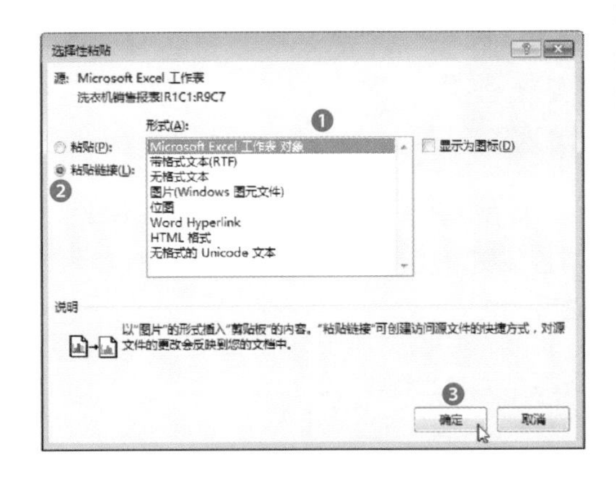

当修改工作簿中的数据时，Word文档中的数据会自动更新。

（2）Word与PowerPoint的协作

Word还可以与PowerPoint共享数据。

① 将Word文档转换为PowerPoint演示文稿

打开Word文档，切换至“视图”选项卡，单击“视图”组中的“大纲”按钮。

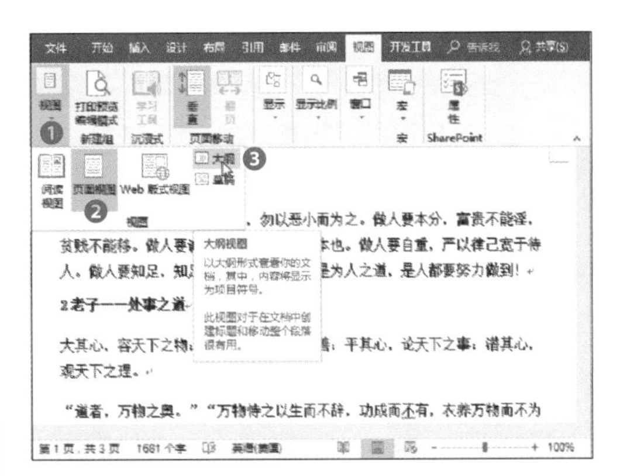

进入大纲视图，为文本内容设置显示级别。

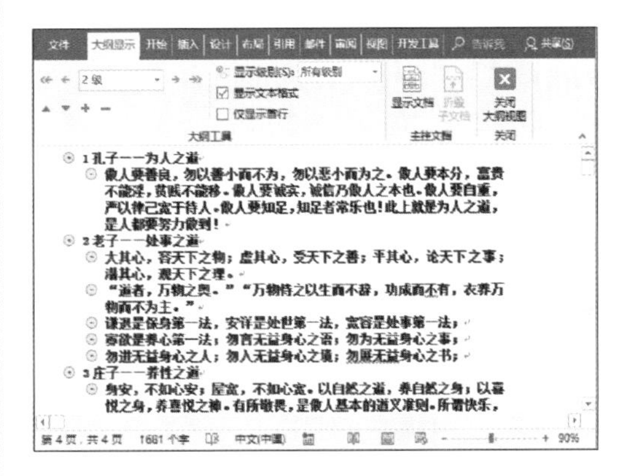

设置完成后，单击“关闭大纲视图”按钮，返回界面，然后在“文件”列表中，选择“选项”。

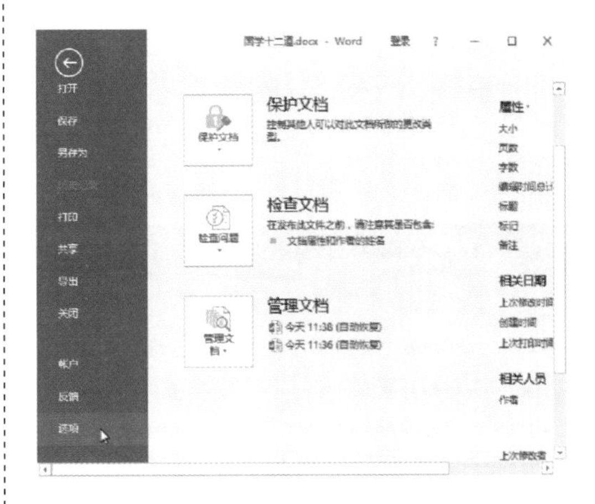

打开“Word选项”对话框，选择“快速访问工具栏”选项，单击“从下列位置选择命令”下拉按钮，从列表中选择“不在功能区中的命令”选项。

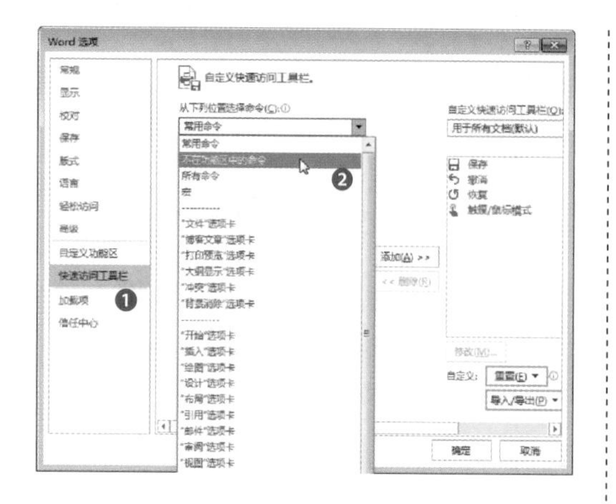

从列表框中选择“发送到Microsoft Power Point”选项，然后单击“添加”按钮，将其添加到“自定义快速访问工具栏”列表框中，最后单击“确定”按钮即可。

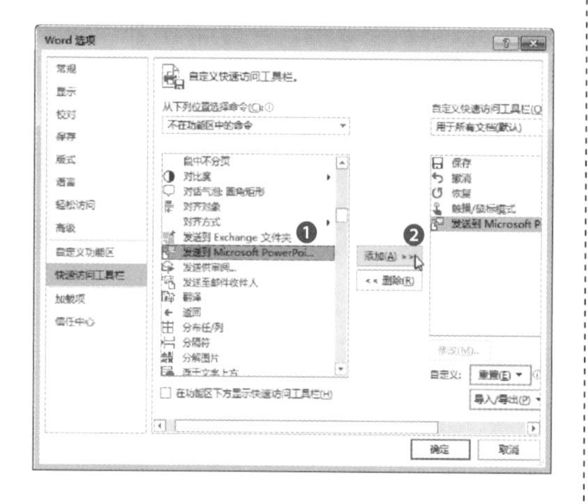

返回到Word文档，在“快速访问工具栏”中，单击“发送到Microsoft PowerPoint”按钮即可。

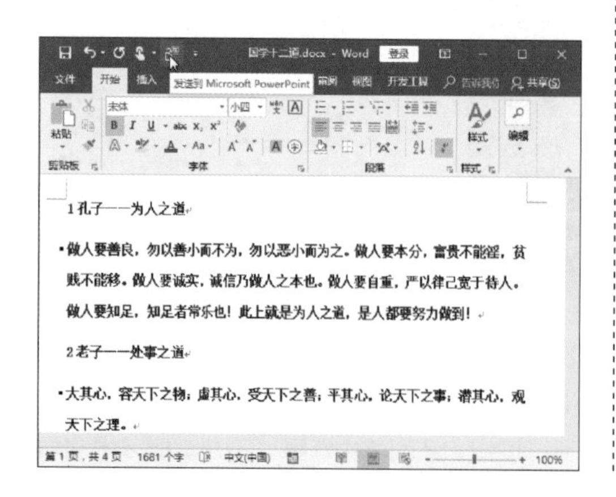

将Word文档导入到PowerPoint幻灯片中，查看效果。

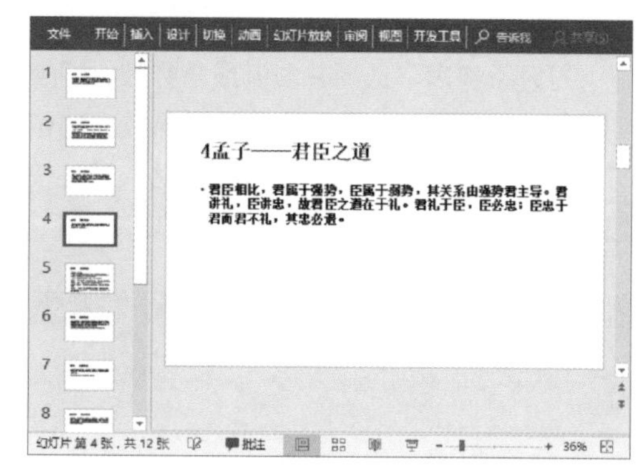

② 将PowerPoint演示文稿转换为Word文档

打开演示文稿，在“文件”选项卡中，选择“另存为”选项，单击右侧的“浏览”按钮。

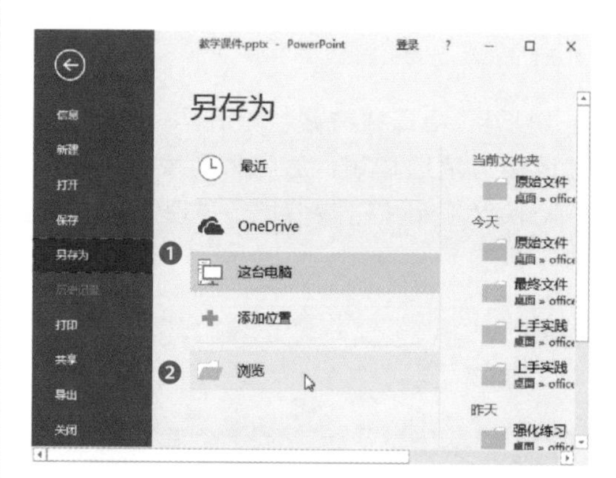

打开“另存为”对话框，单击“保存类型”下拉按钮，从列表中选择“大纲/RTF文件”选项。

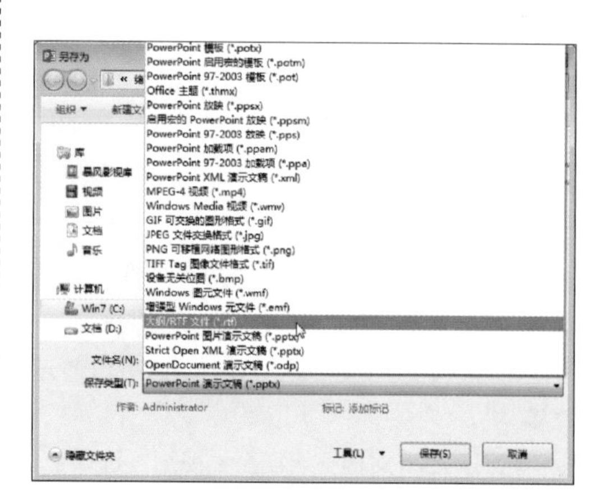

然后在“文件名”文本框中输入名称，单击“保存”按钮。

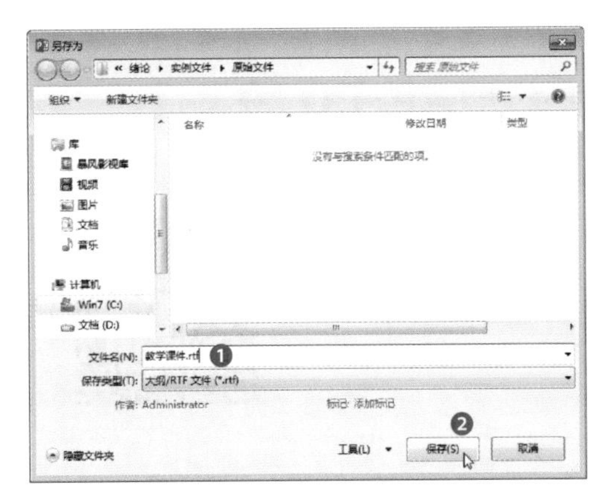

最后在Word应用程序中打开刚刚转换的RTF文件即可。

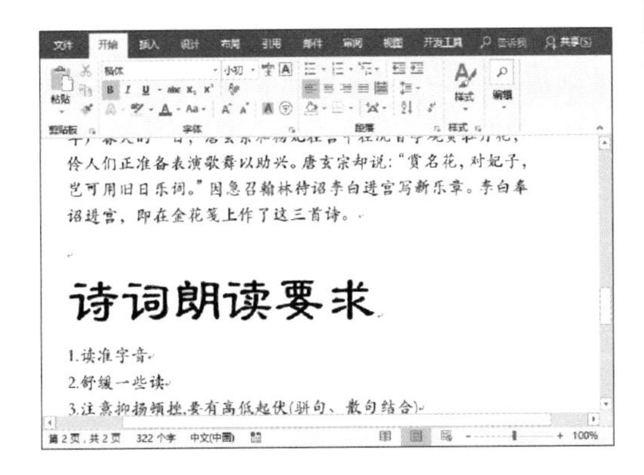

③ 将PowerPoint讲义导出到Word文档中

还可以将PowerPoint讲义导出到Word文档中。

打开演示文稿，在“文件”选项卡中，选择“导出”选项。

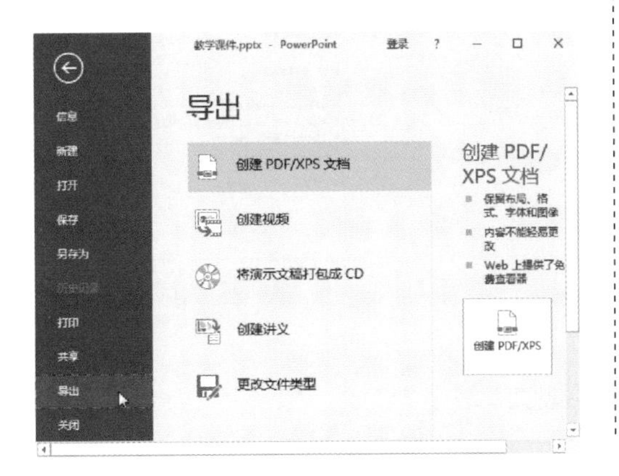

双击右侧的“创建讲义”选项，打开相应的对话框，从中选择合适的选项，然后单击“确定”按钮。

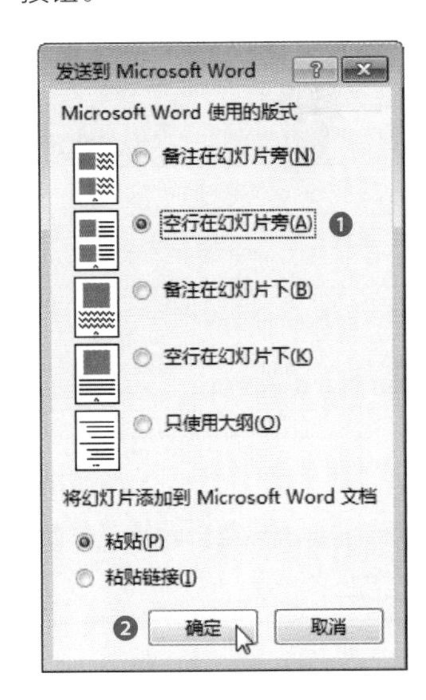

在Word中打开转换后的PowerPoint讲义，查看效果。

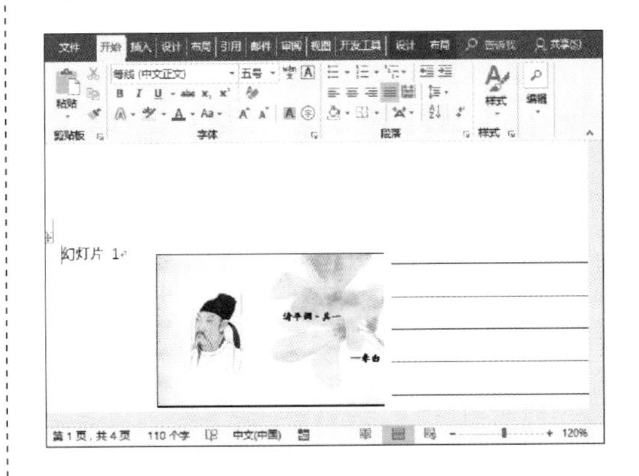

第1章 编辑Word文档

知识导读

Word文档在日常办公中使用频率非常高，如果能熟练地掌握文档操作，那么制作简历、制作工作报告、起草合同等工作就可轻而易举完成。不过，要想熟练地运用这些操作，还得从基本学起。

内容预览

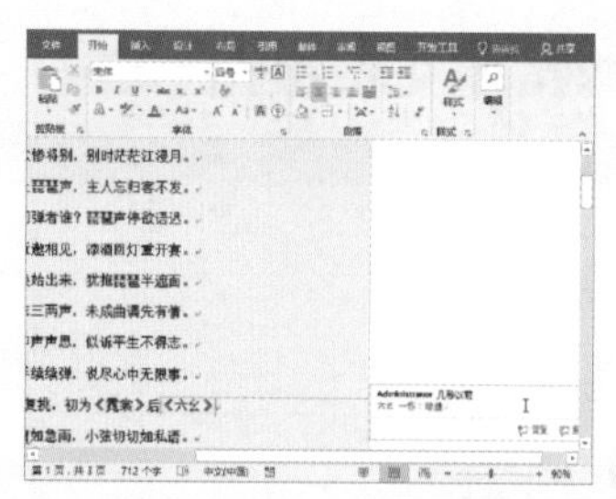

为文档添加批注

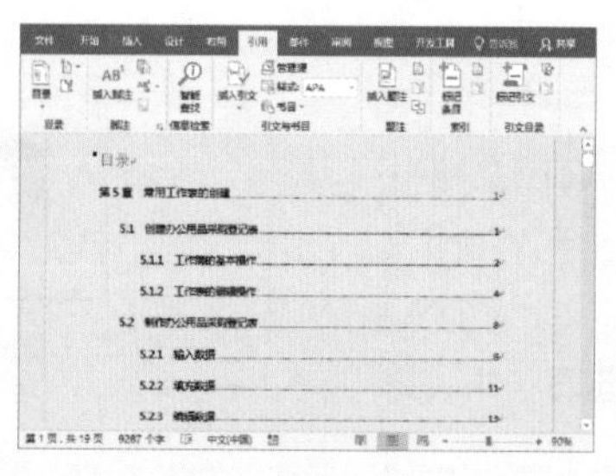

为文档添加目录

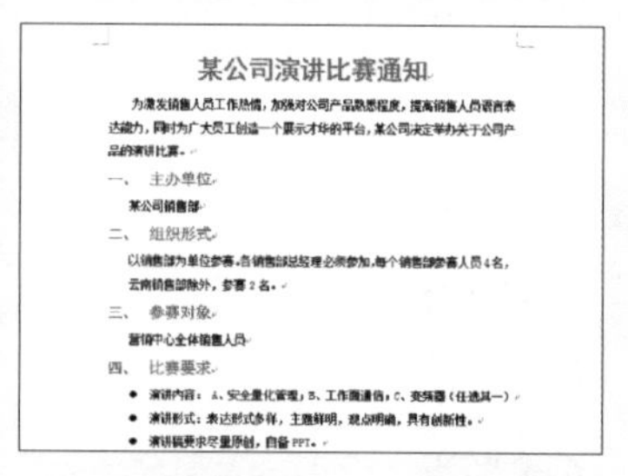

某公司演讲比赛通知

为激发销售人员工作热情，加强对公司产品熟悉程度，提高销售人员语言表达能力，同时为广大员工创造一个展示才华的平台，某公司决定举办关于公司产品的演讲比赛。

一、 主办单位

某公司销售部

二、 组织形式

以销售部为单位参赛，各销售部总经理必须参加，每个销售部参赛人员4名，云南销售部除外，参赛2名。

三、 参赛对象

营销中心全体销售人员

四、 比赛要求

- 演讲内容：A、安全量化管理；B、工作圈通信；C、宽频器（任选其一）
- 演讲形式：表达形式多样，主题鲜明，观点明确，具有创新性。
- 演讲稿要求尽量原创，自备PPT。

制作通知文档

本章教学视频数量：10个

1.1 输入文本

大家都会在Word文档中输入文字，但如果要涉及插入一些特殊符号或公式的操作，对于新手来说有可能不知从何下手。别慌，本节的知识内容，就是为你而准备的。

1.1.1 输入特殊符号

在编辑文档的过程中，如果要插入一些特殊符号，该怎么操作呢？很简单，使用“符号”功能就可以了。

首先定位光标，单击“插入”选项卡上的“符号”按钮，然后在列表中选择合适的符号选项即可。

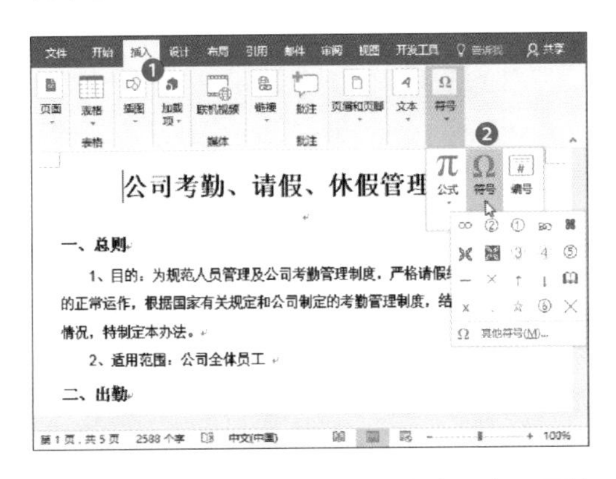

那也许会有人问：“如果列表中没有需要的符号，怎么办？”那就在列表中，选择“其他符号”选项，在打开“符号”对话框中，选择你要的符号样式，然后单击“插入”按钮，完工！

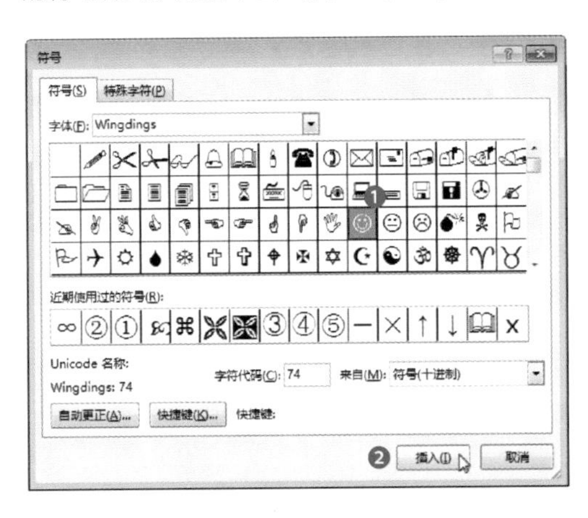

1.1.2 插入公式

“在Word中，怎么才能插入想要的公式呢？”这个问题经常会被问起。在这里就拿出来重点介绍一下它的操作。

步骤 1 打开文档，切换至“插入”选项卡，单击“公式”按钮，从展开的列表中选择需插入的公式选项。

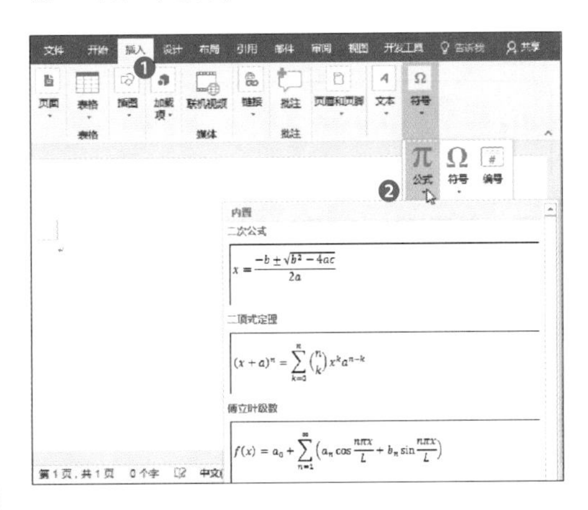

步骤 2 插入完成后，就进入可编辑状态，单击右侧下拉按钮，可选择公式的形式和对齐方式。

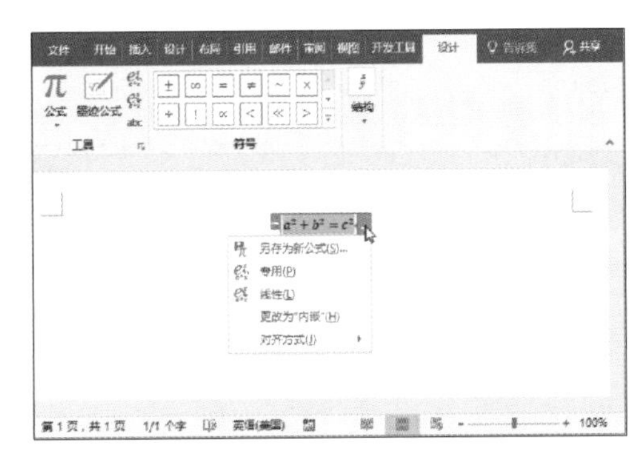

如果要对公式进行修改，可以选中公式需要修改的位置，切换至“公式工具-设计”选

项卡，在“符号”组中选择要替换的公式符号即可。

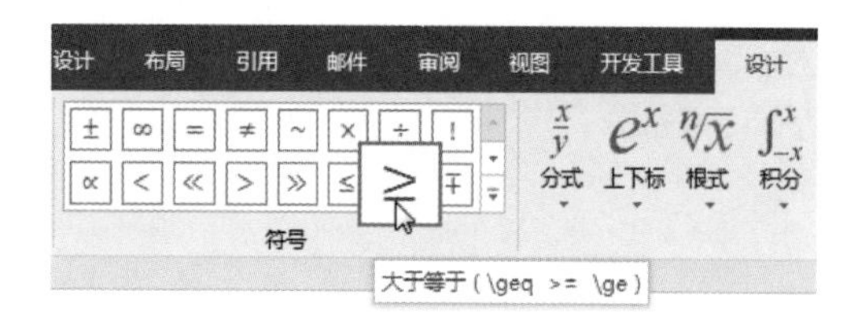

$a^2+b^2=c^2$

除了以上的操作方法外，还可以使用插入墨迹公式的方法来输入。

步骤 1 单击“插入”选项卡中“公式”按钮，从列表中选择“墨迹公式”选项。

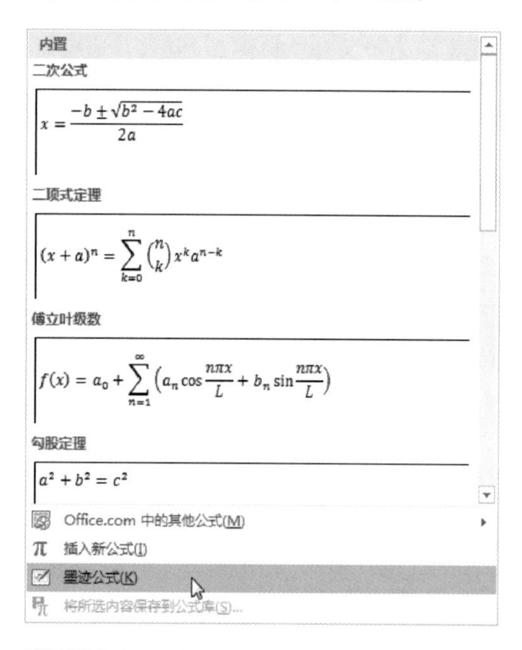

步骤 2 打开绘制面板，拖动鼠标，绘制需要插入的字符或公式，此时系统会自动识别输入的公式，确认无误后，单击“插入”按钮即可。

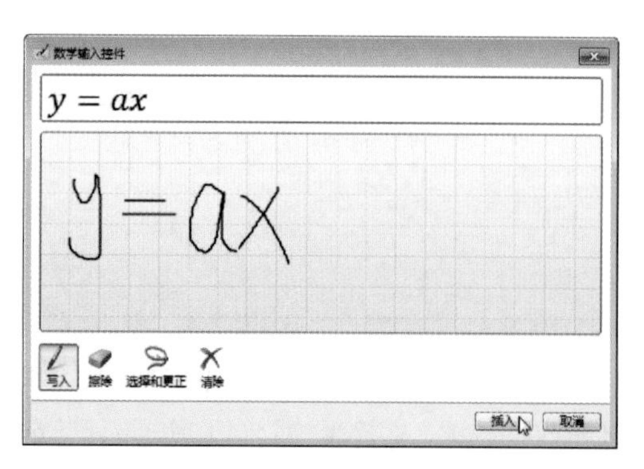

在书写的过程中，如果出现错误，可以单击“擦除”按钮，进行擦除。

1.1.3 插入自定义公式

接下来介绍插入自定义公式的操作步骤。

步骤 1 单击“插入”选项卡中的“公式”按钮，即可插入一个“在此处键入公式”窗格，单击“公式工具-设计”选项卡“结构”组中的“分式”按钮，从列表中选择合适的分数样式。

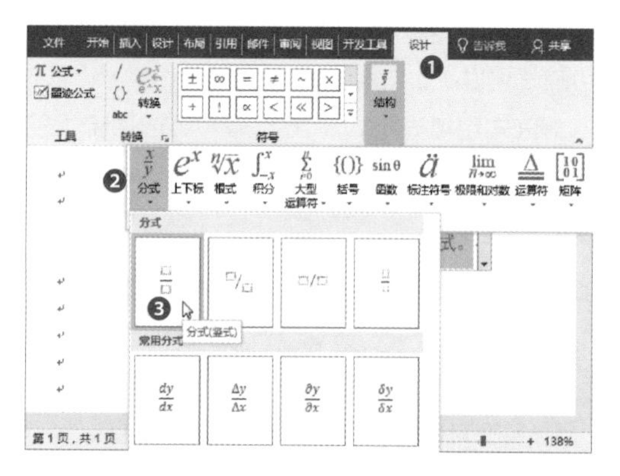

步骤 2 然后根据需要在虚线框中输入数字。

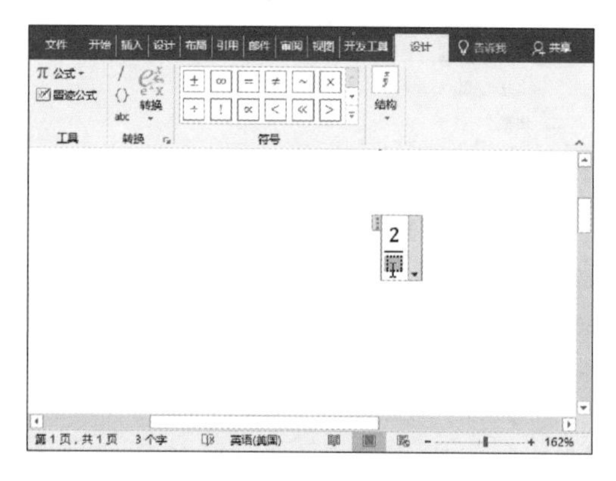

步骤 3 按照同样的方法，还可以插入三角函数、分式等。

$$\frac{2}{9}a^2+\sin x-x_{y^2}$$

插入自定义公式一般用来插入那些复杂的复合公式，平常工作中较少使用。

1.2 设置文本格式

录入文档内容后，会发现文档版式很呆板，没有主次之分。这时可以对文本格式和段落格式进行各种设置，使文档看起来更加美观，给人眼前一亮的感觉。本节将介绍文档格式的设置操作。

1.2.1 设置字符格式

字符格式的设置有很多种操作，其中使用最多的是字体、字号以及字体颜色的设置，这就好比游戏中最常使用的技能。当然我们也可掌握一些其他技能，例如为文本添加上下标、为生僻字注音等。

（1）设置文本的字体、字号和颜色

设置字体　选择文本，单击“开始”选项卡中的“字体”按钮，从列表中选择所需的字体选项即可。

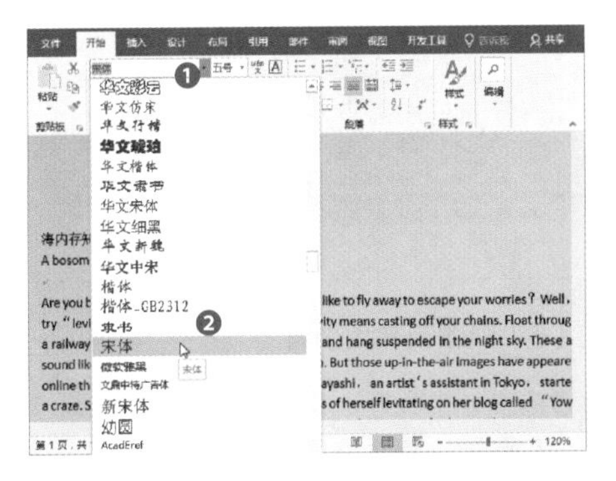

设置字号　单击“字号”按钮，选择所需的字号大小即可。如果只是微调字号，可以直接单击“增大字号”按钮 A˄，或者“减小字号”按钮 A˅。

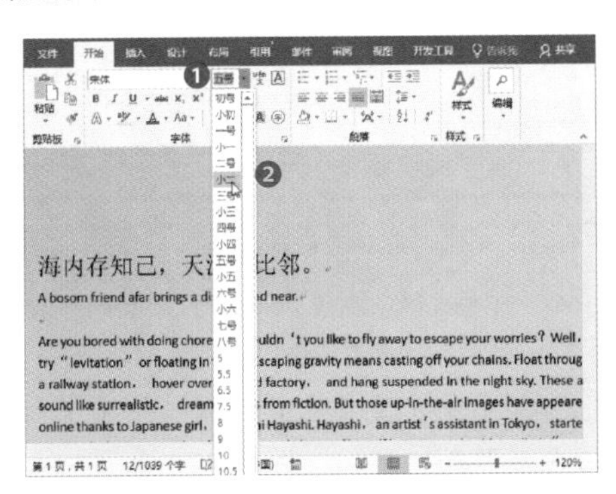

设置字体颜色　单击“字体颜色”按钮，从中选择相应的颜色即可。

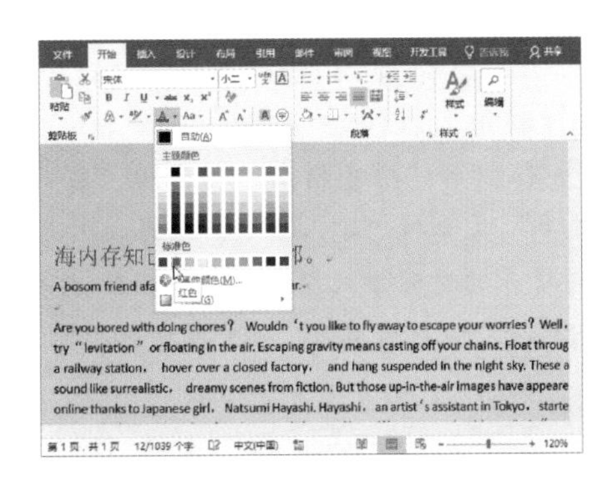

（2）添加文本的上标/下标

添加上标　单击“上标”按钮，就会将所选文本设置为上标。

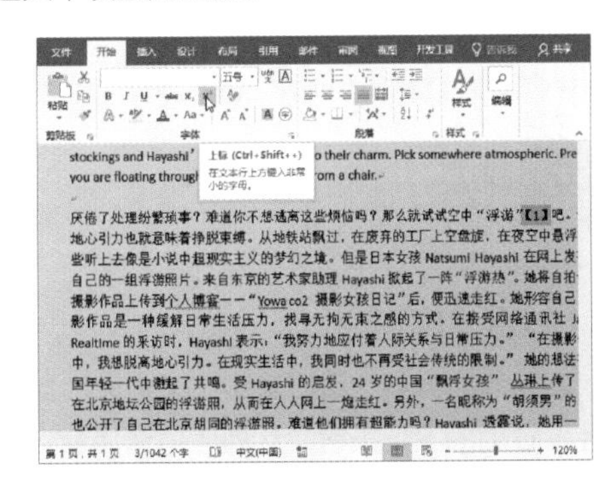

而单击“下标”按钮，则将所选文本设置为下标。

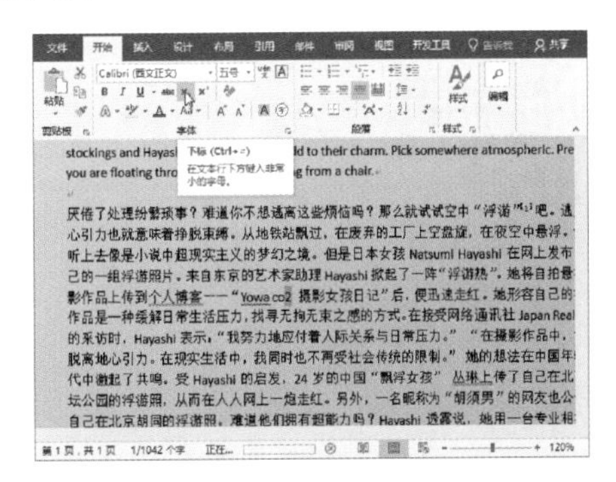

（3）为生僻字注音

步骤 1 选择汉字，单击“拼音指南”按钮。

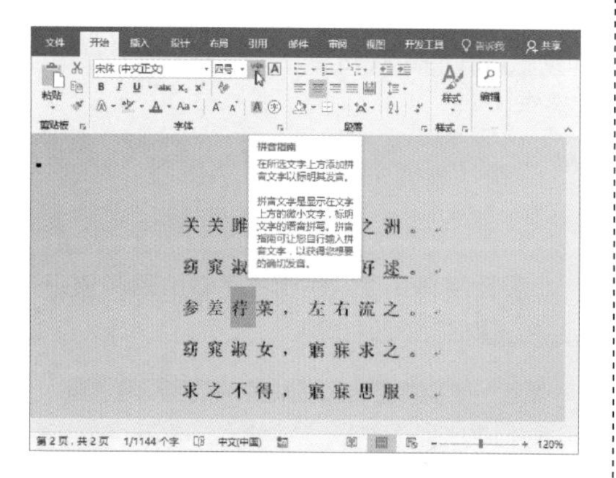

步骤 2 打开“拼音指南”对话框，在“拼音文字”文本框中输入拼音。除此之外还可以对拼音的对齐方式、偏移量、字体、字号进行设置，完成后单击“确定”按钮即可。

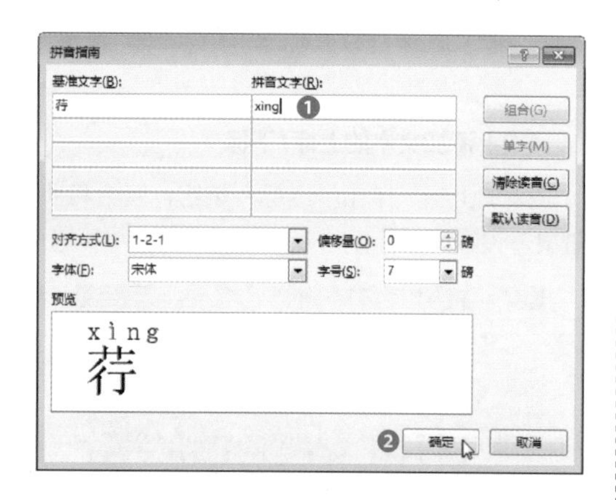

（4）突显指定文本

首先选择文本，然后单击“文本突出显示颜色”右侧的下拉按钮，从列表中选择合适的颜色即可。

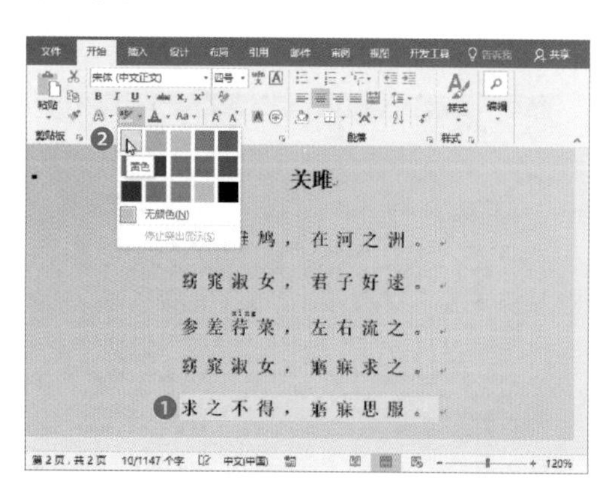

（5）清除文本格式

步骤 1 选择设置了格式的文本，然后单击“清除所有格式”按钮即可。

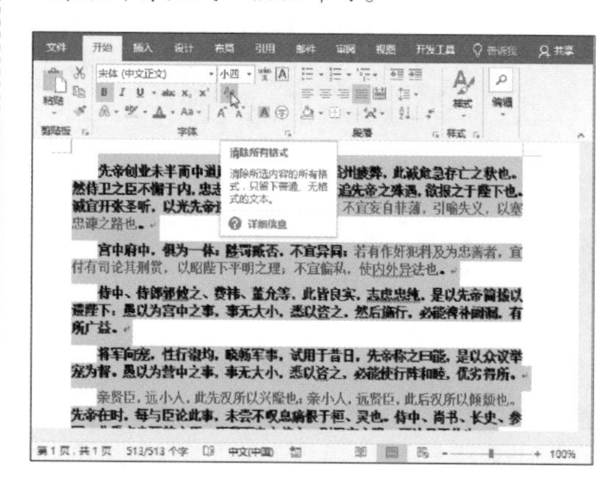

步骤 2 此时被选中的文本格式已被全部清除。

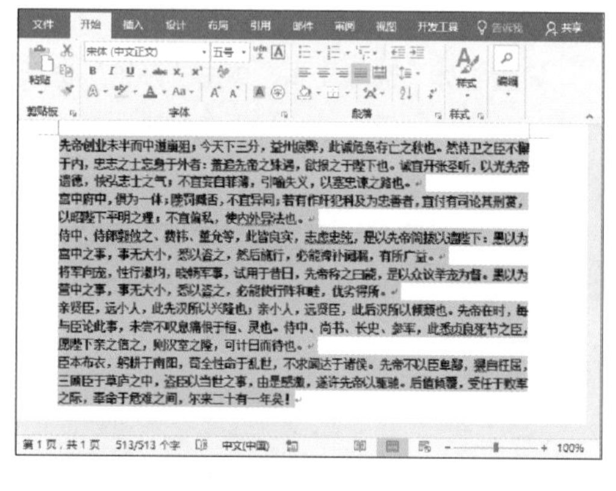

（6）更改英文大小写

步骤 1 选择文本，单击“更改大小写”按钮，从展开的列表中选择合适的选项，这里选择“大写”选项。

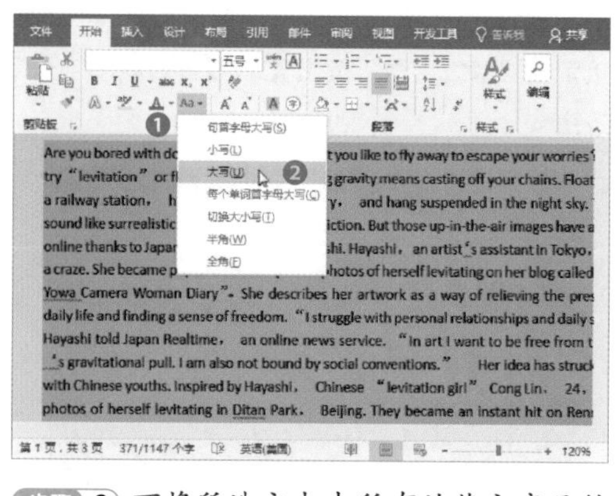

步骤 2 可将所选文本中所有的英文字母转换为大写形式。

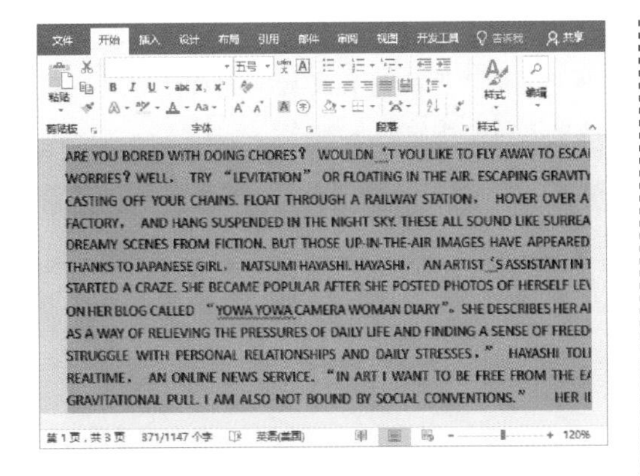

1.2.2 设置段落格式

段落格式的设置也很重要，它能使文档的结构看起来更加合理。

（1）调整段落间距

步骤 1 选择文本，单击“开始”选项卡中“段落”组的对话框启动器按钮。

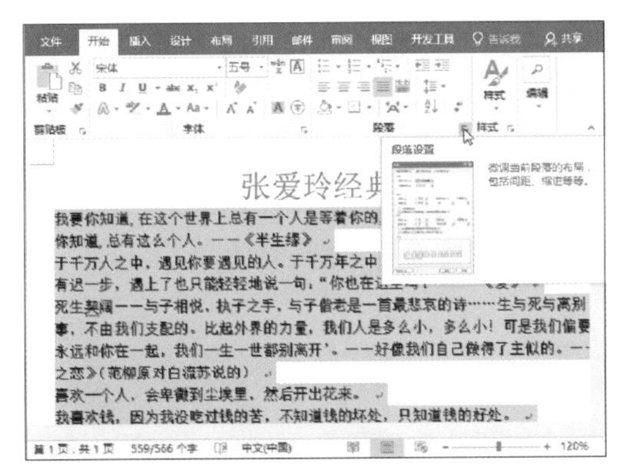

步骤 2 打开“段落”对话框，在“间距”组中，可以设置段前、段后和行距，设置完成后，单击“确定”按钮即可。

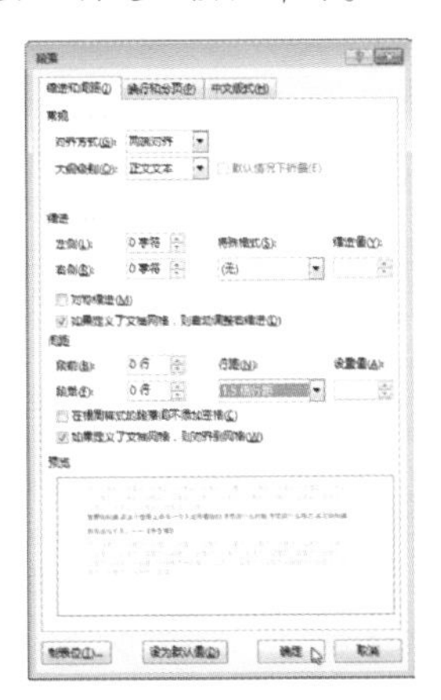

（2）添加项目符号

步骤 1 选择文本，单击“开始”选项卡中“项目符号”右侧下拉按钮，从列表中选择合适的符号样式即可。

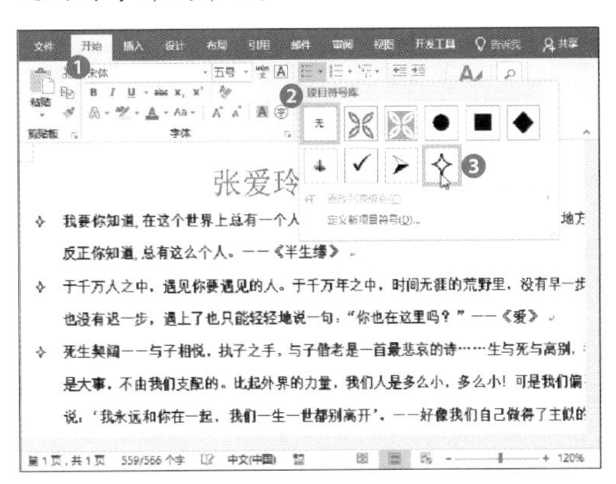

步骤 2 如果列表中没有需要的符号，可以选择“定义新项目符号”选项，打开“定义新项目符号”对话框，单击“符号”按钮。

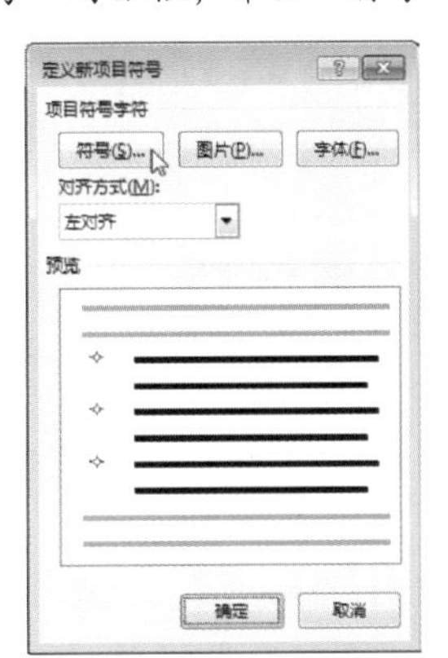

步骤 3 打开“符号”对话框，选择不同的字体会出现不同的符号。符号选好后依次单击“确定”按钮即可。

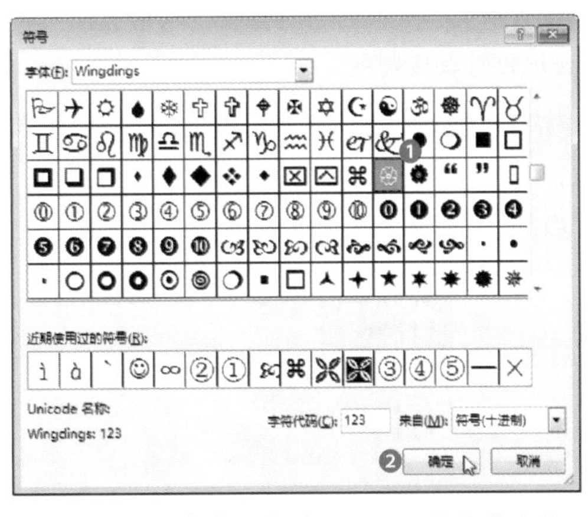

返回工作表中，查看添加项目符号的效果。

（3）添加编号

步骤 1 选择文本，单击“开始”选项卡中“编号”右侧下拉按钮，从列表中选择合适的编号样式即可。

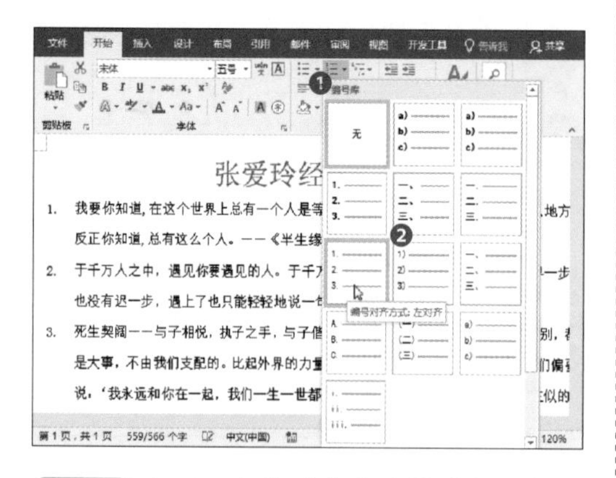

步骤 2 也可以在其列表中选择“定义新编号格式”选项，打开“定义新编号格式”对话框，单击“编号样式”右侧下拉按钮，从列表中选择合适的样式即可。

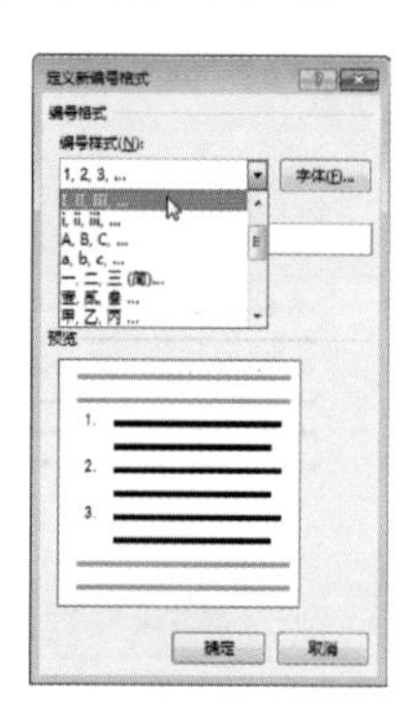

（4）使用多级列表

步骤 1 选择文本，单击“开始”选项卡中“多级列表”右侧的下拉按钮，从中选择一种合适的列表样式即可。

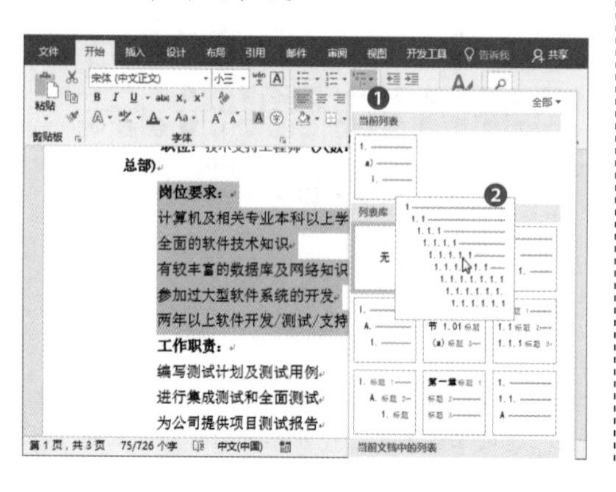

步骤 2 如果列表级别不对，可以在其列表中，选择“更改列表级别”选项，从级联菜单中选择合适的列表级别。

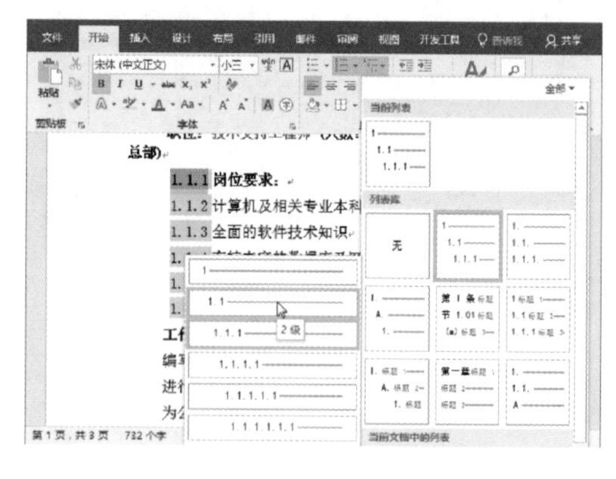

（5）字符版式的改变

步骤 1 选择文本，单击“开始”选项卡中“中文版式”按钮，从列表中选择“双行合一”选项。

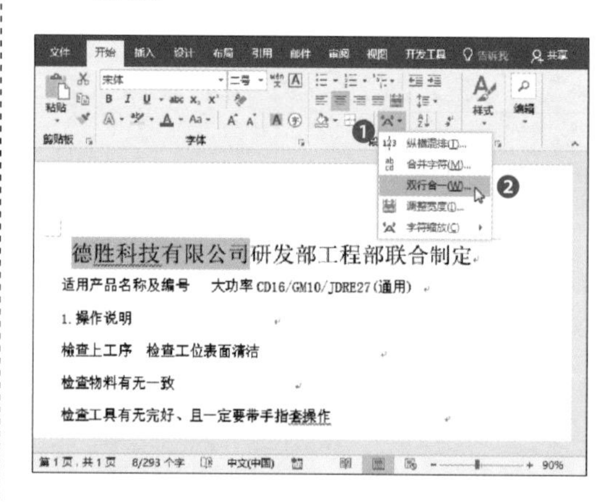

步骤 2 打开“双行合一”对话框，勾选“带括号”复选框，选择合适的括号样式，单击“确定”按钮即可。

1.3 查找和替换的应用

在输入内容后，为了能够快速查看文档中的特定内容，或者替换掉某些内容，就要使用文档的查找和替换功能。

1.3.1 查找文本

如果文档内容非常多，如何才能从中快速找到自己想看的信息呢？这时查找功能就派上了用场。

（1）指定文本的查找

步骤 1 打开文档，单击“开始”选项卡“编辑”组中的“查找”下拉按钮，从中选择“查找”选项。

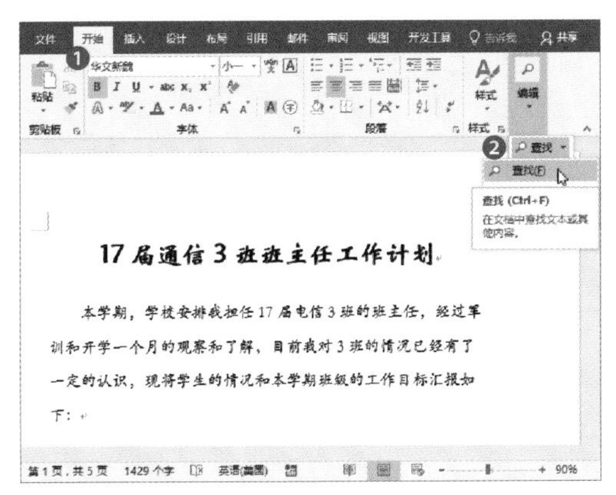

步骤 2 打开“导航”窗格，在“搜索文档”中输入文本，此时系统就会自动罗列出要找的文本列表，并在正文中高亮显示出来。

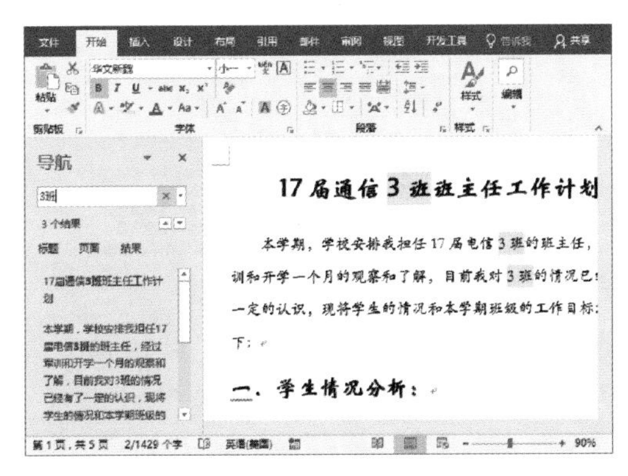

步骤 3 如果想要查找更精确的内容，可以在查找列表中选择“高级查找”选项，单击对话框中的“更多”按钮，展开对话框，然后单击“格式”按钮，选择“字体”选项。

步骤 4 打开“查找字体”对话框，设置需要查找的字体格式，设置完成后单击“确定”按钮，返回上一级对话框，单击“查找下一处”按钮进行查找。

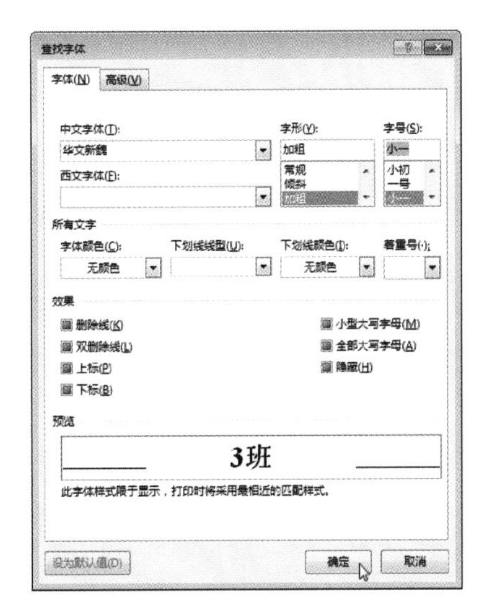

（2）快速定位文档位置

步骤 1 单击“开始”选项卡中“查找”右侧的下拉按钮，从列表中选择“转到”选项。

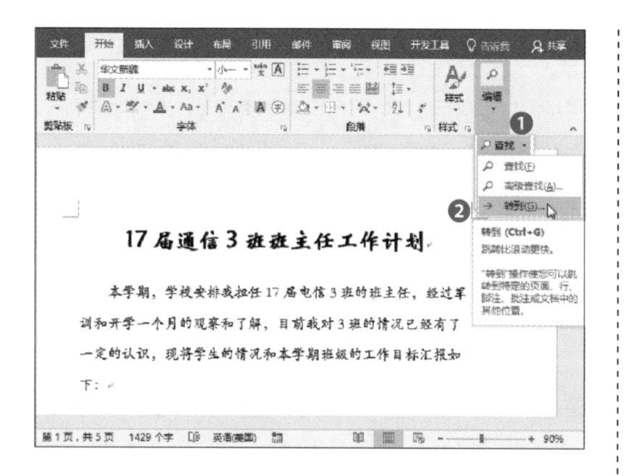

步骤 2 打开“查找和替换”对话框，在“定位”选项卡中选择“定位目标”列表框的“页”选项，然后在“输入页号”中输入需要定位的页号，单击“定位”按钮即可。

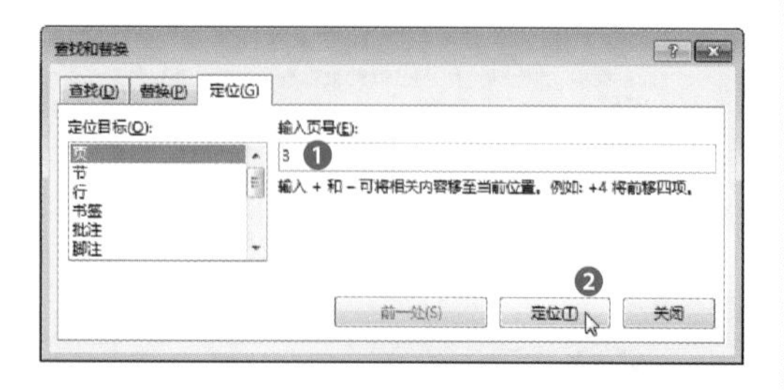

1.3.2 替换文本

文本输入后，发现某处词语描述不正确，需要修改，而该词语重复出现，如果逐一修改太浪费时间，那么就需要用到替换功能。

（1）文本的替换

步骤 1 打开文档，单击“开始”选项卡中的“替换”按钮。

步骤 2 打开“查找和替换”对话框，在“查找内容”文本框中输入要查找的文本，在“替换为”文本框中输入替换的文本，然后单击“更多”按钮。

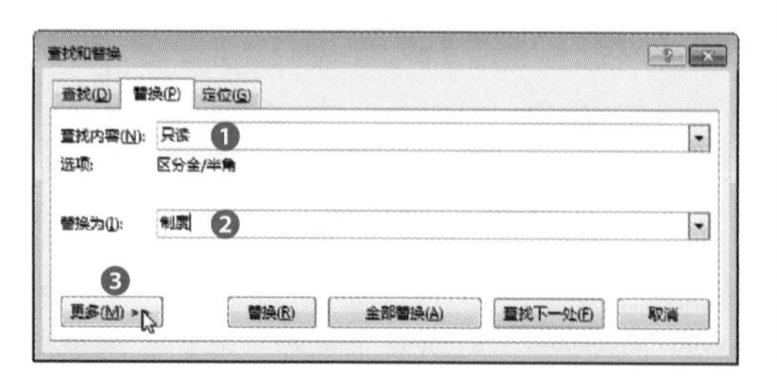

步骤 3 单击“搜索”按钮，选择“全部”选项，单击“全部替换”按钮。

步骤 4 弹出提示对话框，单击“确定”按钮，即可完成替换操作。

（2）文本格式的替换

步骤 1 文本字体的替换。打开文档，单击“开始”选项卡“编辑”组中的“替换”按钮。

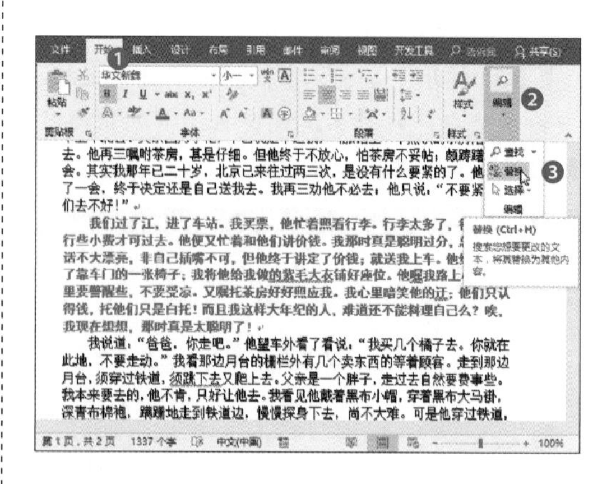

步骤 2 打开“查找和替换”对话框，在“替换”选项卡中将光标定位至“查找内容”文本框中，单击“格式”按钮，选择“字体”选项。

步骤 3 打开“查找字体”对话框，选择需要查找的字体为“黑体”“小四”“加粗”“红色”，然后单击“确定”按钮。

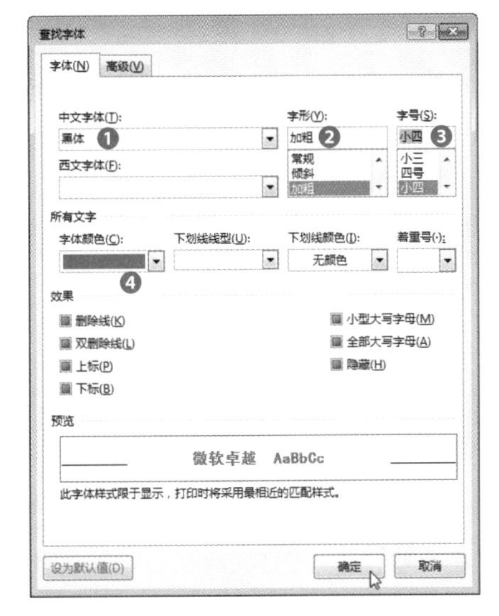

步骤 4 返回“查找和替换”对话框，将鼠标定位至“替换为”文本框中，按照同样的方法设置其字体格式，最后单击“确定”按钮。

知识延伸：删除文档中的空行

如果想要删除文档中的空行，可以打开“查找和替换”对话框，将光标定位在“查找内容”文本框中，单击“特殊格式”下拉按钮，选择“段落标记”选项，文本框中显示“^p”段落标记，在此标记前再输入一个这样的标记，再在“替换为”文本框中输入该标记。输入完毕后，单击“全部替换”按钮即可。

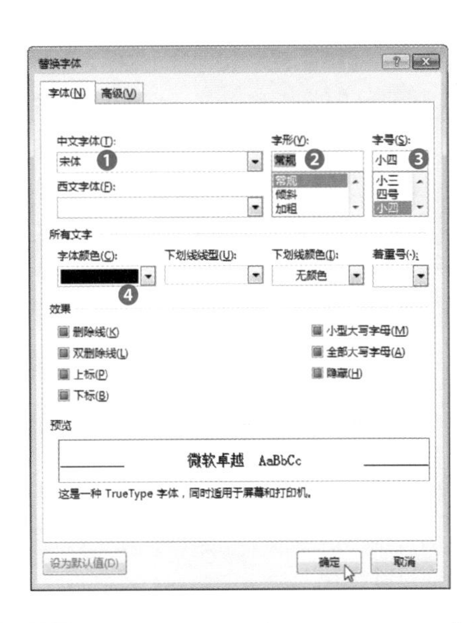

步骤 5 返回“查找和替换”对话框，单击“全部替换”按钮即可。

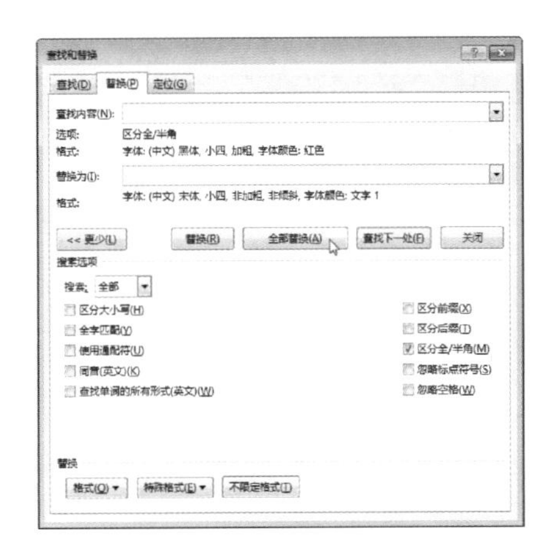

（3）文本替换成图片

步骤 1 打开文档并复制图片，单击“替换”按钮，打开“查找和替换”对话框。

步骤 2 在“替换”选项卡中的“查找内容”文本框中输入需要被替换的文本，然后在“替换为”文本框中输入“^c”，然后单击“全部替换”按钮，即可将指定的文本替换为图片。

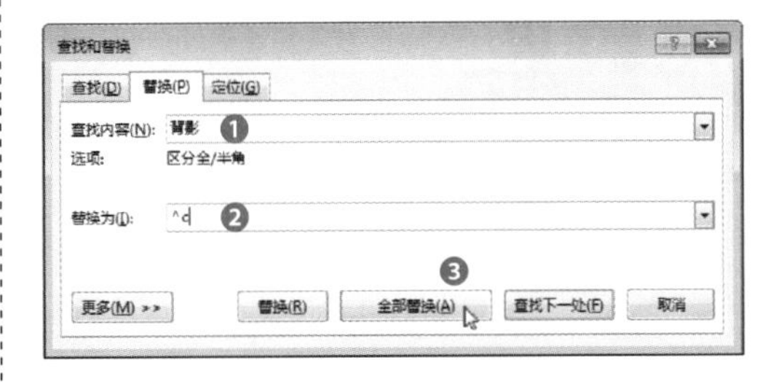

1.4 审阅功能的应用

Word文档的审阅功能，大家可能都不太了解。顾名思义，审阅功能就是对文档进行校对、翻译文本、添加批注、修订文本等操作。如果你需要对别人的文档进行审核的话，审阅功能可以帮你实现事半功倍的效果！

1.4.1 校对文本

输入文本后，可以通过审阅功能对文本进行校对，包括拼写检查和文档字数统计，下面将分别对其介绍。

（1）拼写检查

步骤 1 打开文档，选择文本，单击“审阅”选项卡中的“拼写和语法”按钮。

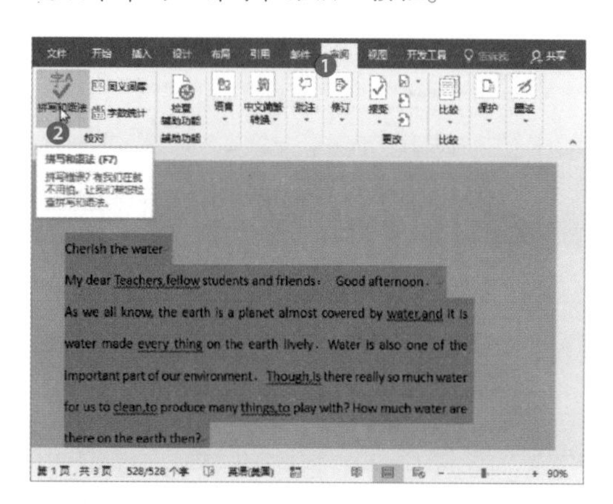

步骤 2 打开“拼写检查”窗格，选择需要的更改项，单击“更改”按钮，可以对拼写错误的单词进行更改。

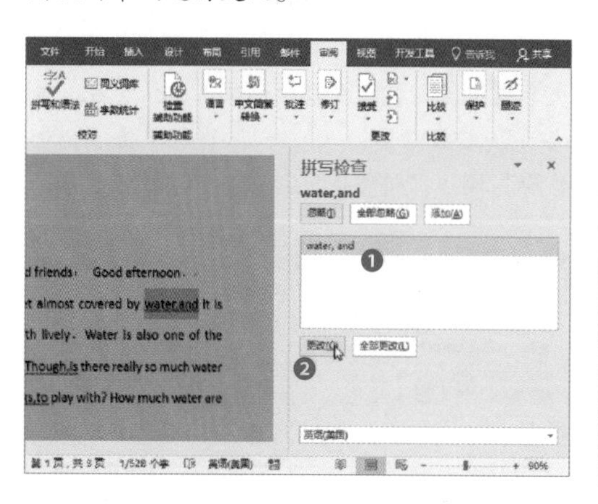

步骤 3 更改完成后，会弹出提示框，单击“是”按钮进行检查。

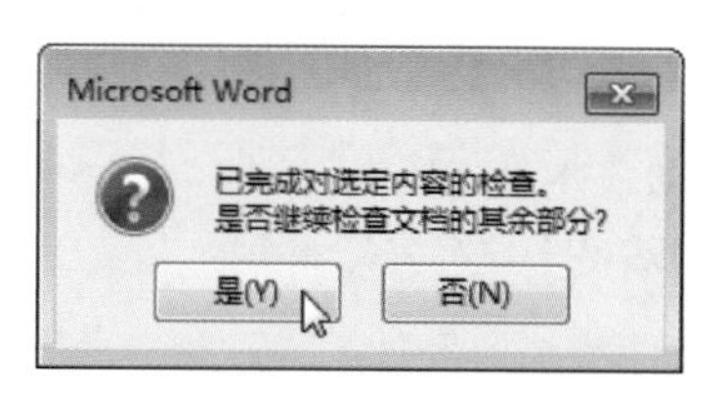

步骤 4 检查完成后，会继续弹出提示框，单击“确定”按钮即可。

（2）文档字数统计

步骤 1 打开文档，切换至“审阅”选项卡，单击“字数统计”按钮。

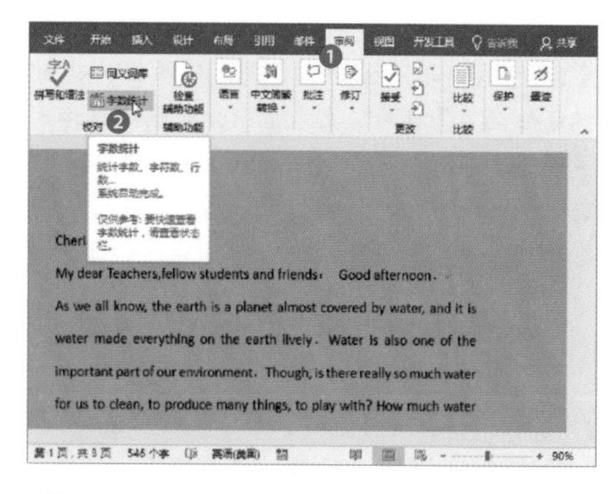

步骤 2 弹出“字数统计”窗格，在该窗格中，可以查看文档的页数、字数、字符数、段落数、行数等。查看完成后单击“关闭”按钮，关闭窗格即可。

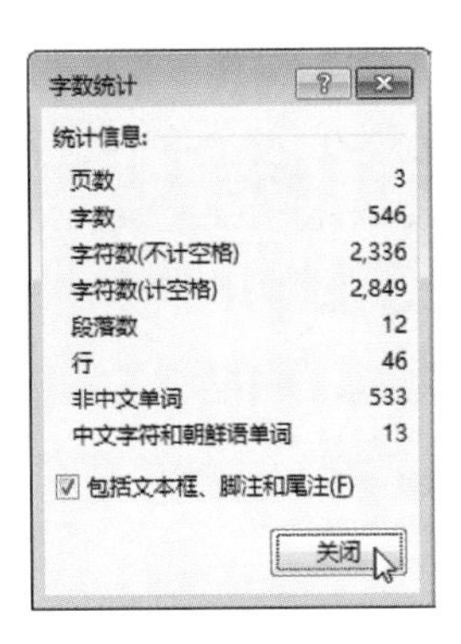

步骤 3 还可以在“文件”选项卡中，选择“信息”命令，在信息面板的“属性”选项下，查看字数。

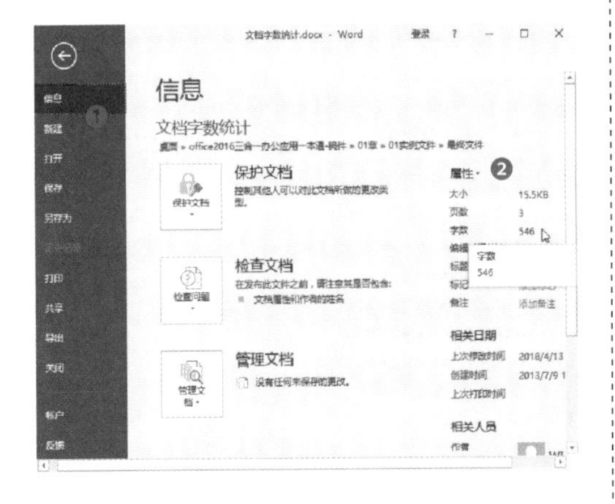

1.4.2 翻译文档

如果想要将文档中的内容进行翻译的话，可直接使用“翻译”功能。

步骤 1 选择文本，单击“审阅”选项卡中的“翻译”按钮，从列表中选择“翻译所选文字”选项。

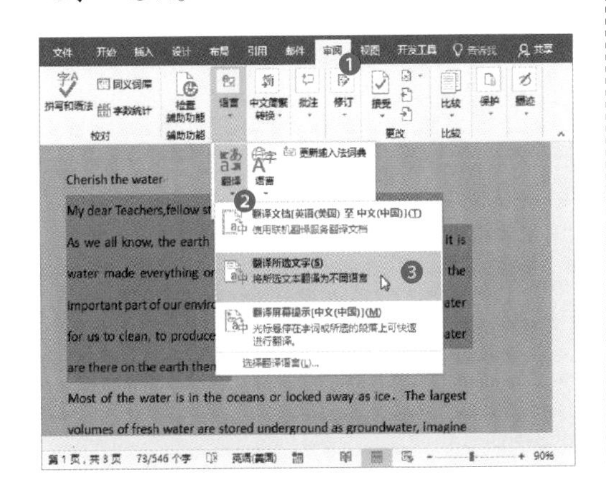

步骤 2 弹出一个提示框，单击“是”按钮确认继续。

步骤 3 打开“信息检索”窗格，单击“搜索”文本框右侧的“开始搜索”按钮，会出现翻译的文本，单击“插入”右侧下拉按钮，从列表中选择“插入”选项。

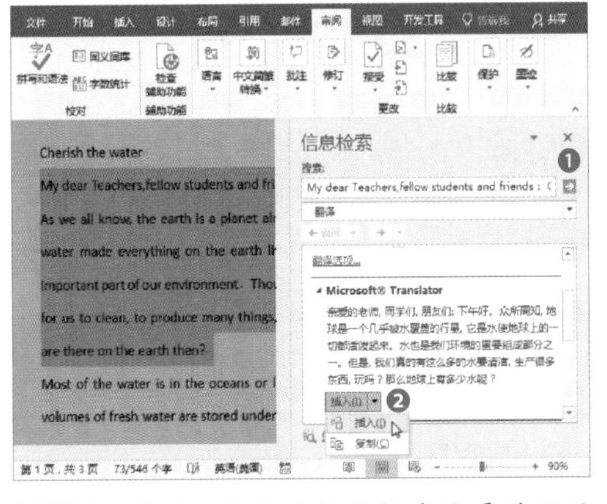

步骤 4 此时，翻译后的文档直接覆盖了原文档，关闭信息检索窗格即可。

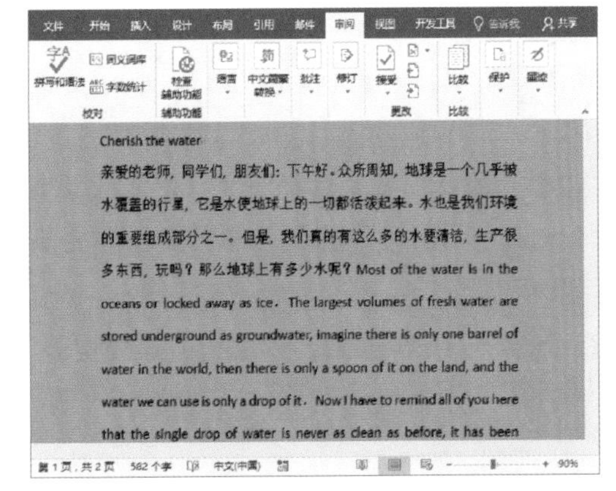

如果不想覆盖原文本，可以先将光标定位在需要插入的位置，然后单击“插入”右侧下拉按钮，从列表中选择“插入”选项即可。

1.4.3 为文档添加批注

当人们通过文档进行交流时，往往会出现一些疑问或发现一些错误，并把它标注出来解释或修改。这时就需要使用批注功能来实现。

步骤 1 选择需添加批注的文本，单击“审阅”选项卡中的“新建批注”按钮。

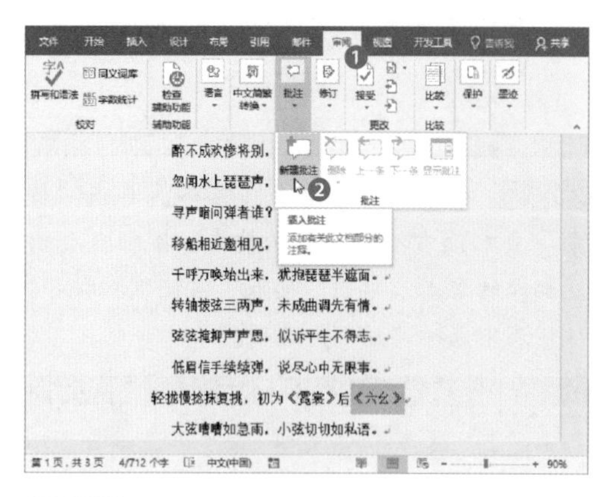

步骤 2 即可插入一个空白批注框，在此输入注释内容后，在批注框外单击，即可完成批注的添加。

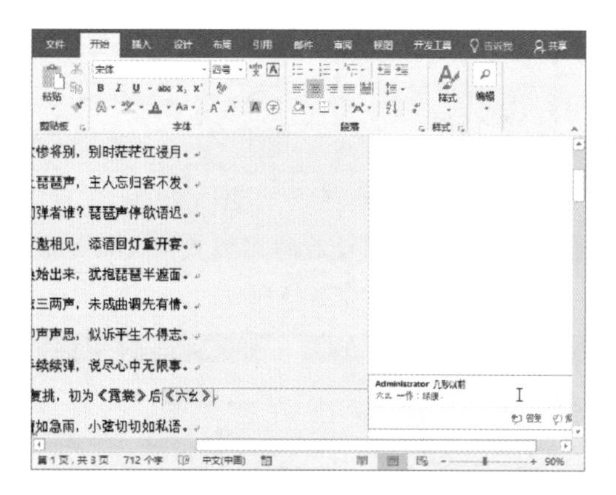

步骤 3 按照同样的操作方法，可以添加多个批注，这些批注都会在文档右侧全部显示出来。

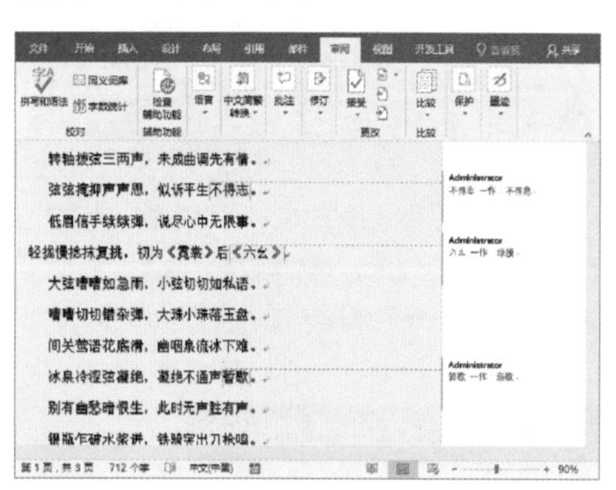

步骤 4 单击“上一条”或者“下一条”按钮，可以在批注间移动。

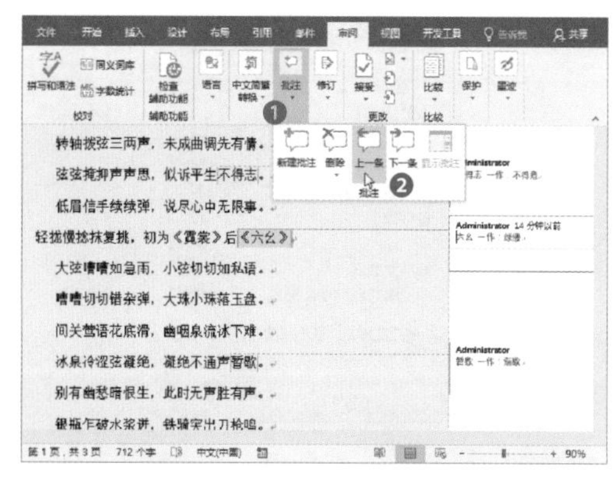

步骤 5 单击“删除”按钮，从列表中选择合适的选项，可以将批注删除。

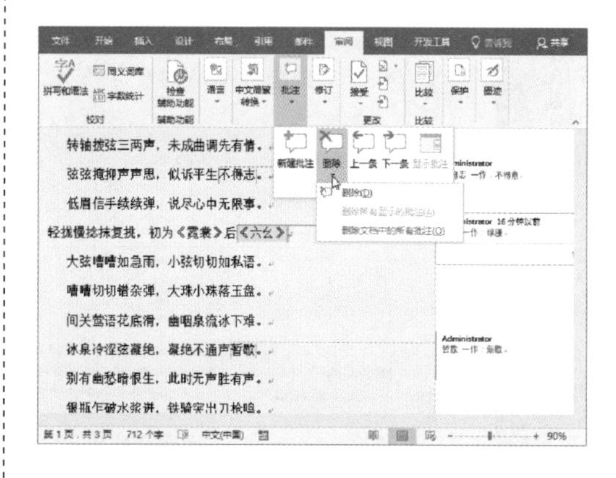

1.4.4 对文档进行修订

如果文档中存在需要修改的地方，可以使用修订功能进行修订，具体操作方法介绍如下。

步骤 1 打开文档，切换至“审阅”选项卡，单击“修订”按钮，从列表中选择“修订”选项。

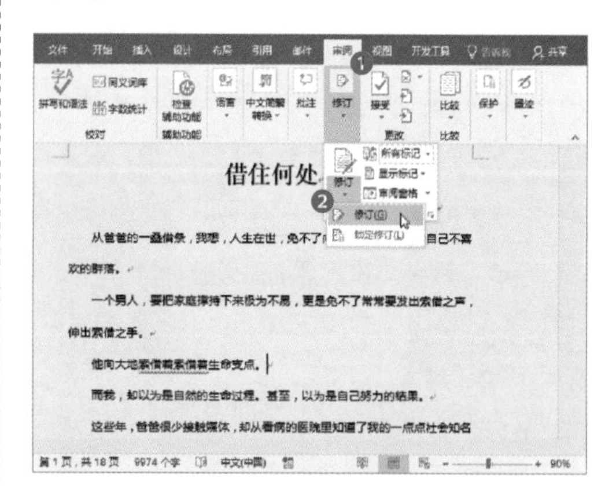

步骤 2 根据需要删除错误处，并添加修订的内容。

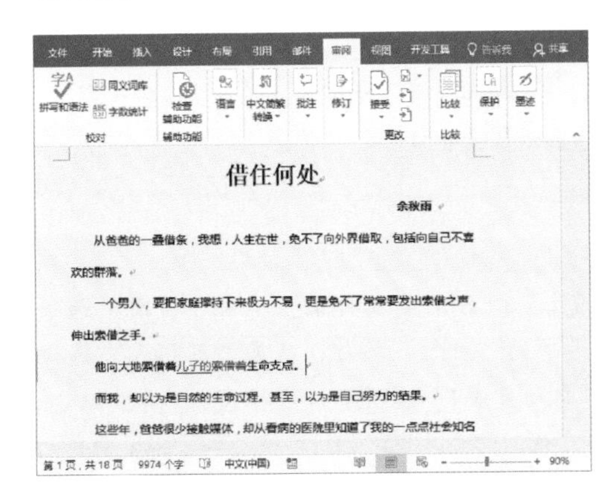

步骤 3 如果要显示或者隐藏标记，可以单击“修订”组中的“显示以供审阅”右侧下拉按钮，从列表中选择合适的选项，就可以显示或隐藏标记，这里选择“无标记”选项。

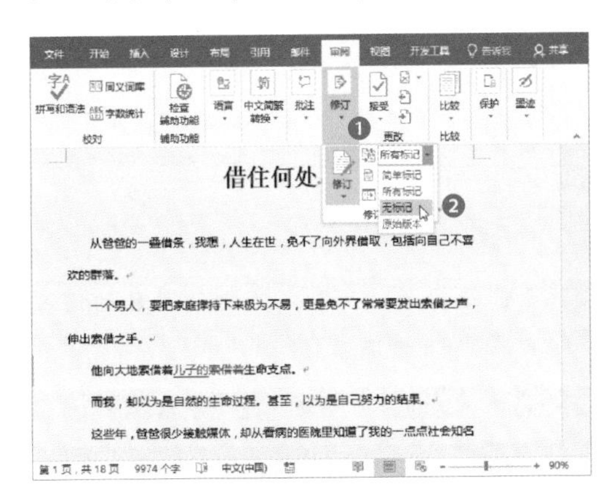

步骤 4 单击“审阅窗格”按钮，从列表中选择“垂直审阅窗格”选项。

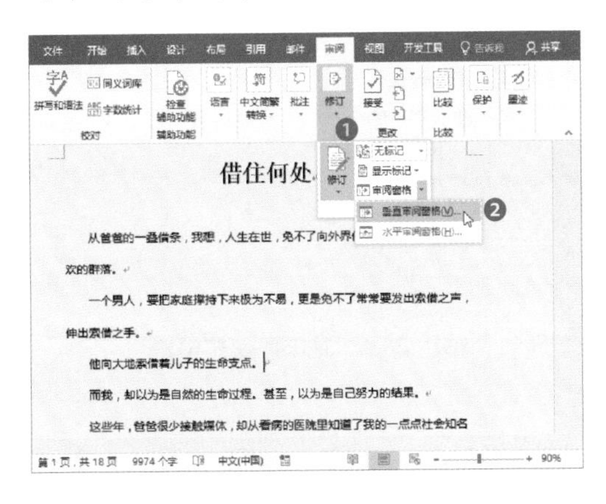

步骤 5 打开垂直显示的审阅窗格，在文档左侧显示所有修订内容。右击删除项“索借着”，从弹出的快捷菜单中选择“接受删除”选项，可以按照修订内容删除当前内容。

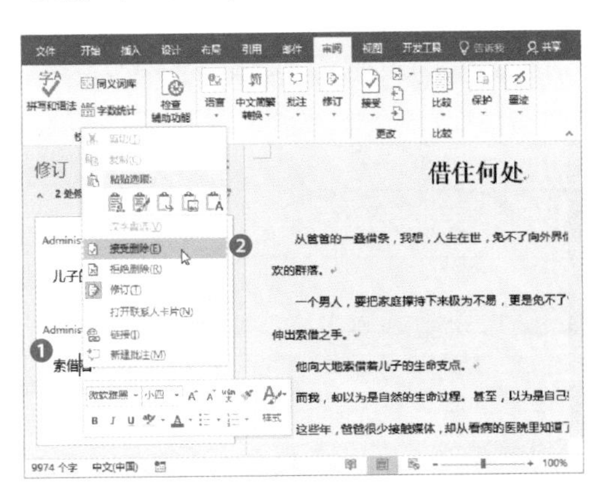

步骤 6 右击插入项“儿子的”，从快捷菜单中选择“接受插入”选项，则可以插入修订的内容。

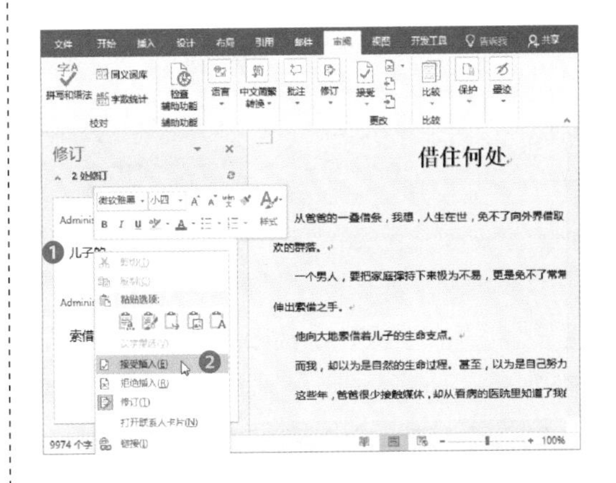

知识延伸：修订文章显示方式说明

在文档中，所有通过启动“修订”功能后对文档所做的修改都会突出显示。其中，删除的内容会打上删除线，新增的内容会添加下划线，而修改了文本格式的内容则会在右侧标注中说明。

1.5 目录功能的应用

打开一些长篇文档后，通常都会先通过目录来了解文档的大致内容。添加目录对于那些Word高手就是几分钟的事。而对于新手来说，可能会捣鼓个半天都不出成果。如何快速处理目录呢？请听我细细道来。

1.5.1 插入目录

步骤 1 手动插入目录。打开文档，单击“引用”选项卡中的“目录”按钮，从展开的列表中选择“手动目录”选项。

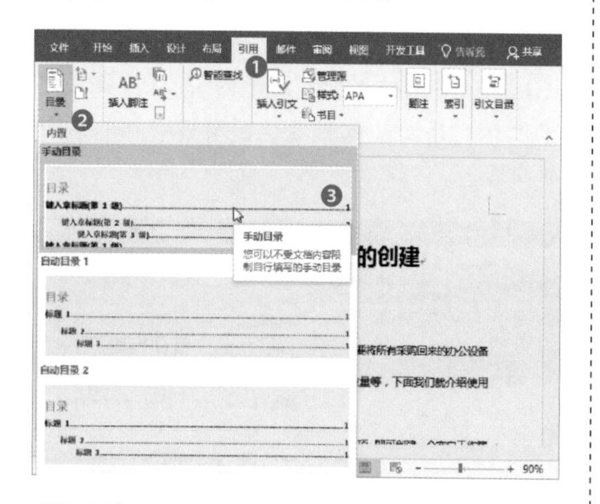

步骤 2 根据需要，手动逐项输入文档目录即可。

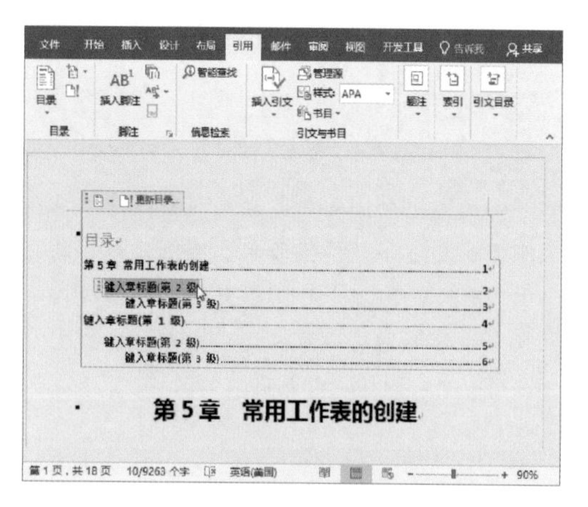

这个方法不建议大家使用，因为效率很低。系统只是帮你设置好目录格式，然后由你手动输入目录内容。如果是短文档，还可以考虑；如果是长文档，那就果断放弃吧！

步骤 3 自动生成目录。单击“引用”选项卡中的“目录”按钮，从展开的列表中选择“自动目录1”选项。

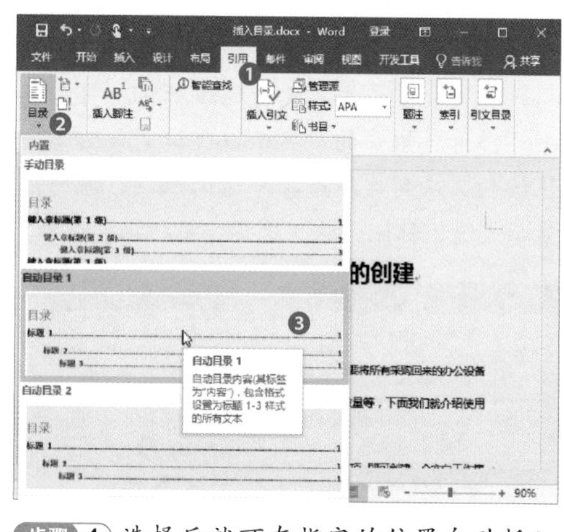

步骤 4 选择后就可在指定的位置自动插入“目录1”样式的目录了。

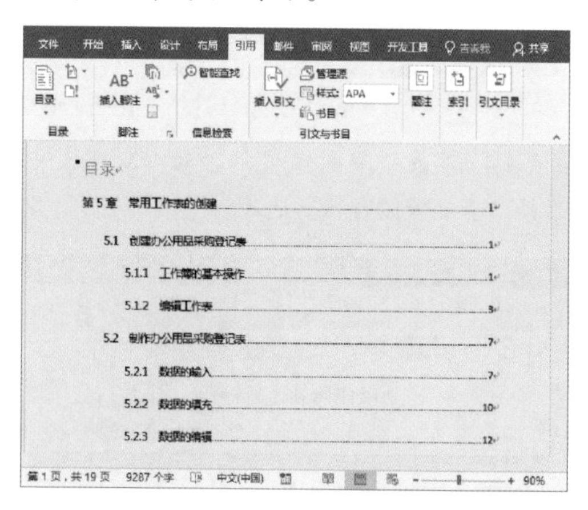

技巧点拨：禁用目录超链接

如果不需要将文档的目录和内容链接，可以禁用目录超链接，利用“自定义目录”命令，在“目录”对话框中取消“使用超链接而不使用页码”选项的勾选即可。

1.5.2 更新目录

如果对文档中的标题部分进行了修改，那么目录也需要做出相应的修改，这就需要更新目录。

步骤 1 打开文档，单击“引用”选项卡中的“更新目录”按钮。

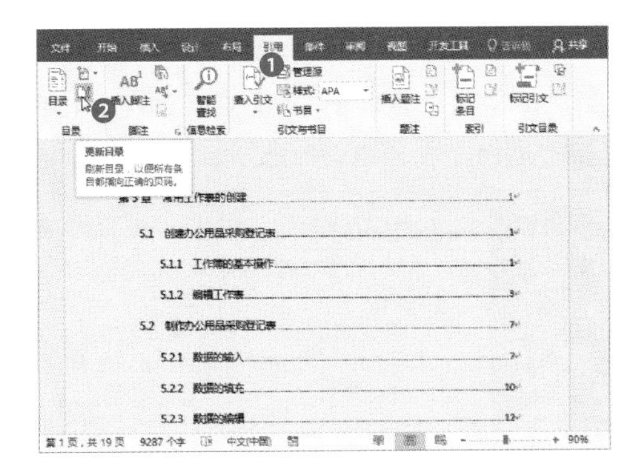

步骤 2 打开“更新目录”对话框，选中“更新整个目录”选项，然后单击“确定”按钮即可更新整个目录。

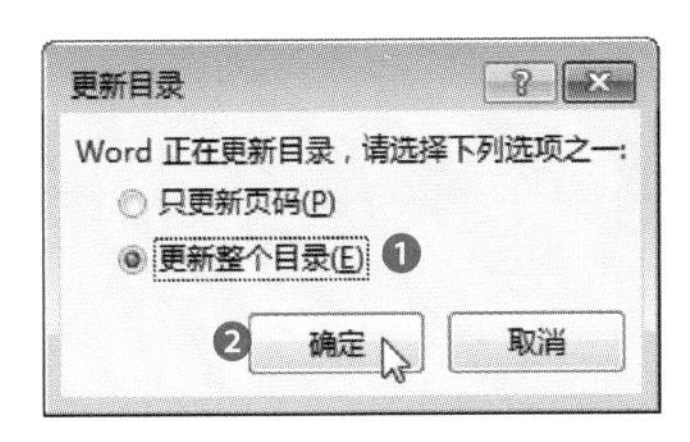

步骤 3 此时目录已自动进行更新，同时系统也对目录的页码进行了更新。

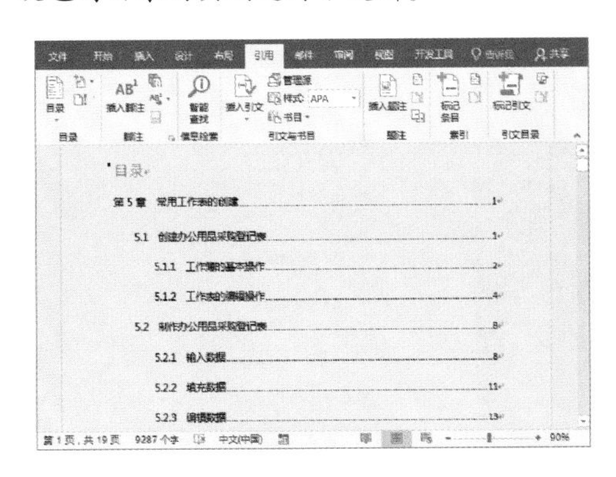

1.5.3 删除目录

如果需要删除目录，可按照以下操作进行。

方法 1 打开文档，单击“引用”选项卡中的“目录”按钮，从列表中选择“删除目录”选项，即可删除目录。

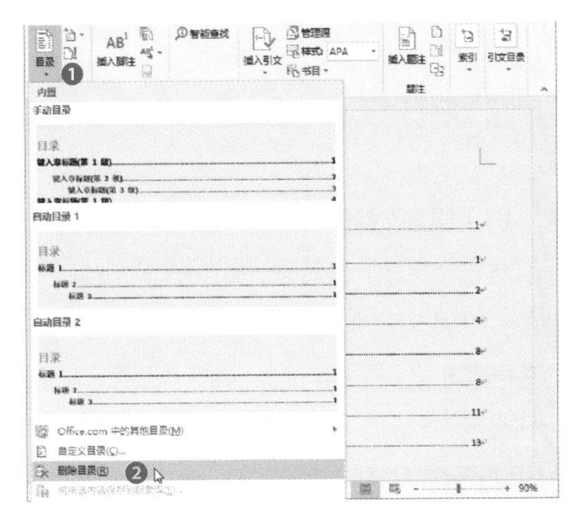

方法 2 还可以在选择整个目录后，在键盘上直接按下Delete键进行删除。

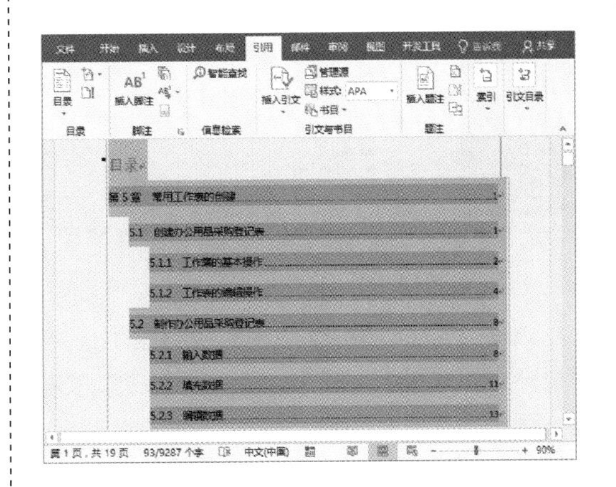

方法 3 还有一种不太常用的方法，即选中目录，目录上方会出现一个提示框，单击其中的“目录”按钮，从展开的列表中选择“删除目录”选项即可。

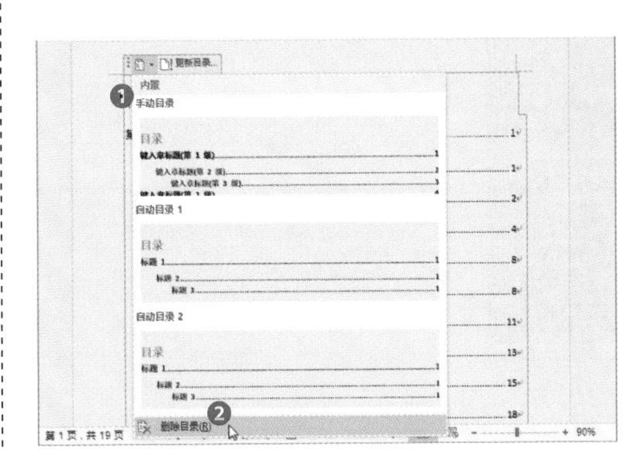

1.6 打印文档

文档制作完成后，通常需要以纸质形式打印出来，在打印之前，首先需要对文档的页面进行设置，然后预览确认后再打印。

(1) 设置文档打印份数

单击“文件”选项卡，在“打印”界面中，通过“份数”右侧的数值框设置打印份数即可。

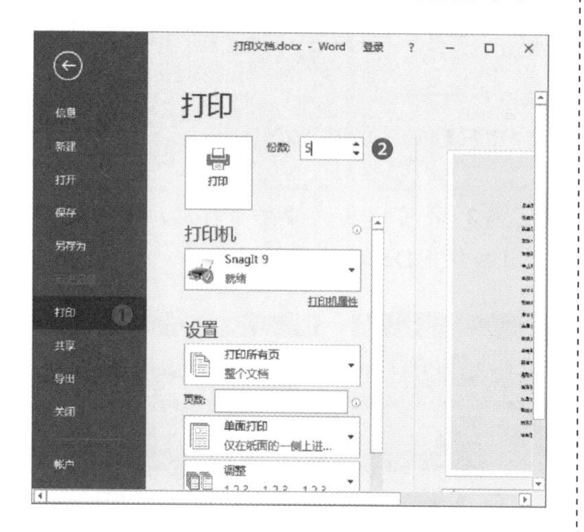

(2) 设置打印范围

单击“打印范围”按钮，从列表中选择“自定义打印范围”选项。然后在页数右侧的文本框中输入页码或页码范围。

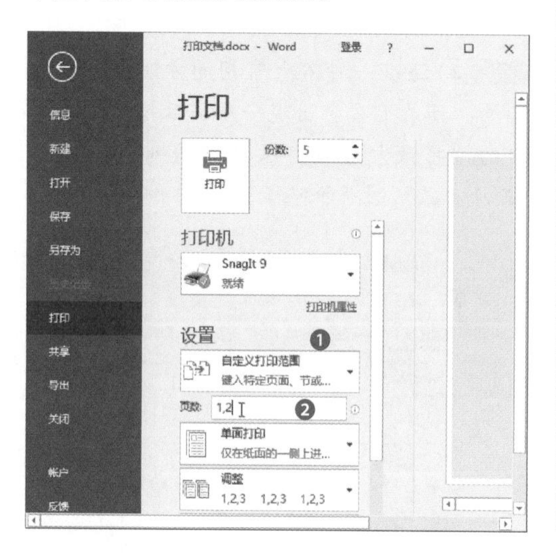

(3) 设置打印方向、纸张

步骤 1 单击“方向”按钮，从列表中按需选择“纵向”或“横向”选项。

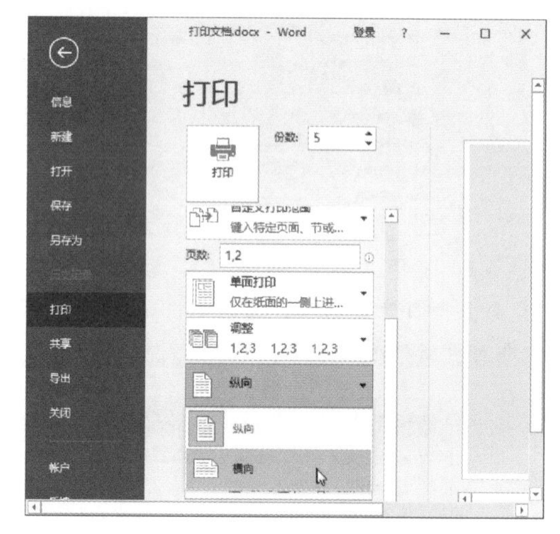

步骤 2 单击“纸张大小”按钮，从列表中选择合适的纸张大小。

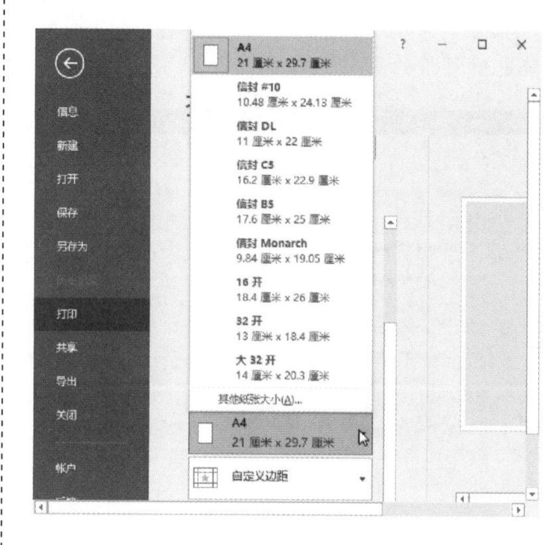

制作公司演讲比赛通知

下面将通过制作公司演讲比赛通知，来温习和巩固前面所学知识，其具体操作步骤介绍如下。

步骤 1 打开新建的空白文档，输入标题和正文内容。

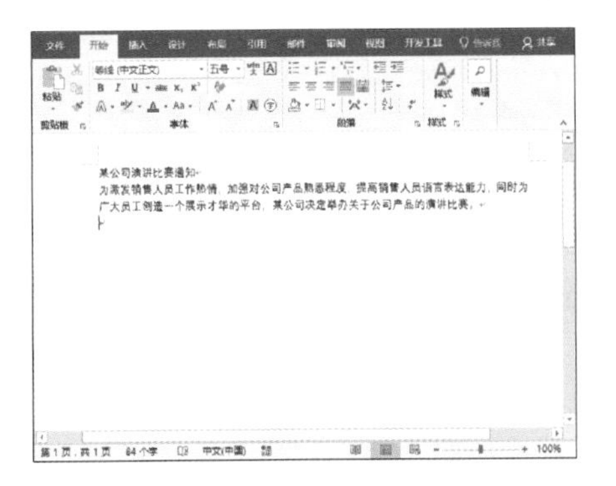

步骤 2 单击“开始”选项卡中的“编号”按钮，从列表中选择合适的选项。

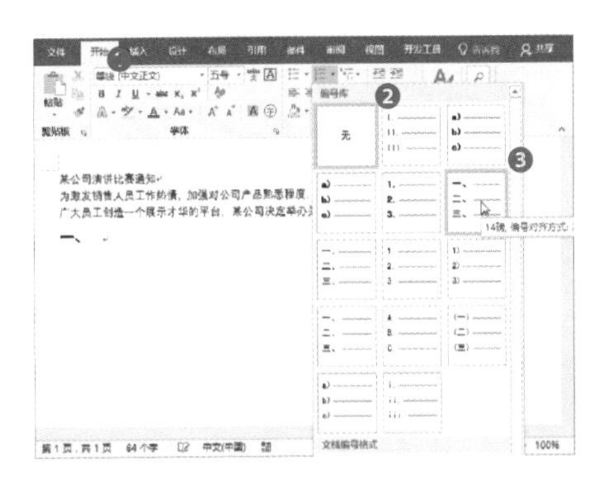

步骤 3 自动在文档中添加了编号，在编号后输入文本。

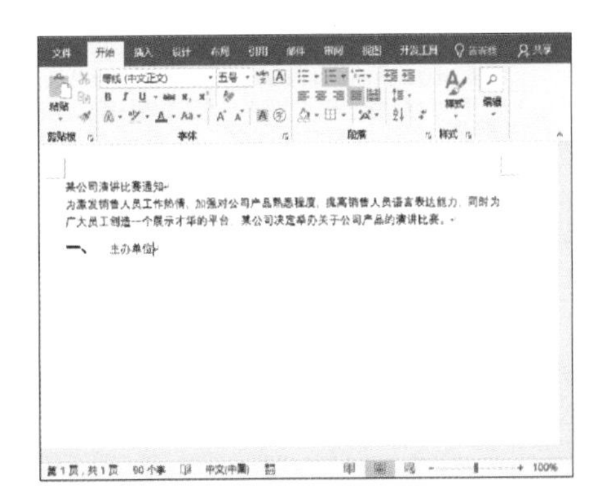

步骤 4 按Enter键后，自动在第二行插入编号，继续输入文本，按照同样的方法，输入其他文本。

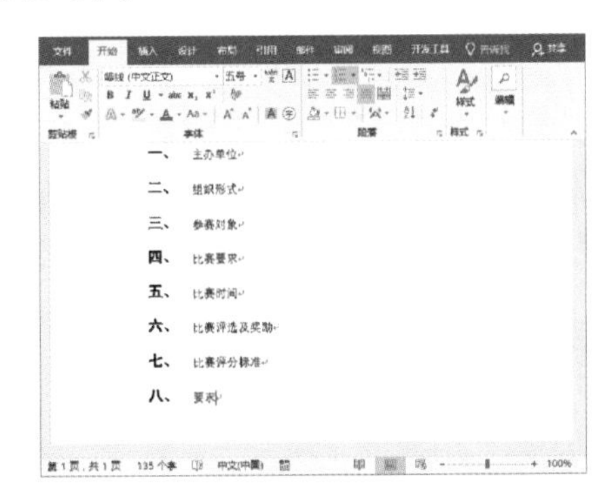

步骤 5 将光标定位在“主办单位”文本后，按Enter键换行，然后按“Backspace”键将多余的编号删除，并输入内容。

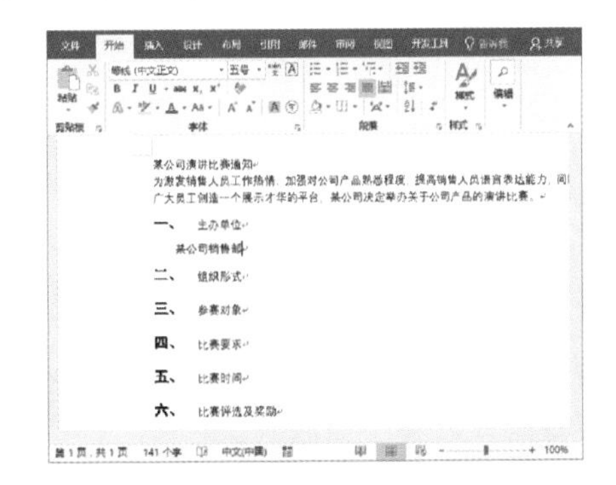

步骤 6 按照同样的方法，输入内容。

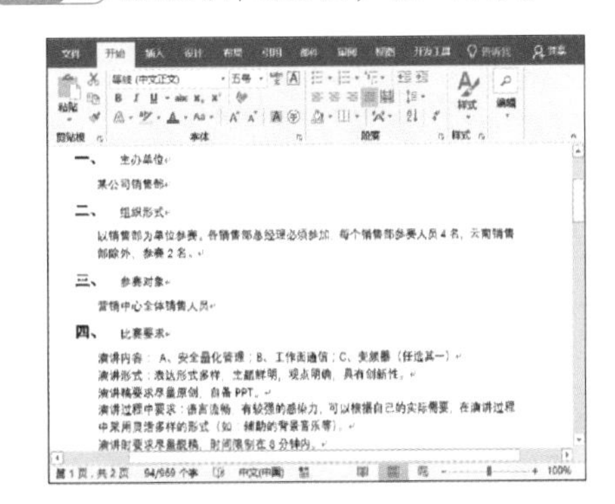

步骤 7 选择第四条文本内容，单击“开始”选项卡中的“项目符号”按钮，从列表中选择合适的项目符号。

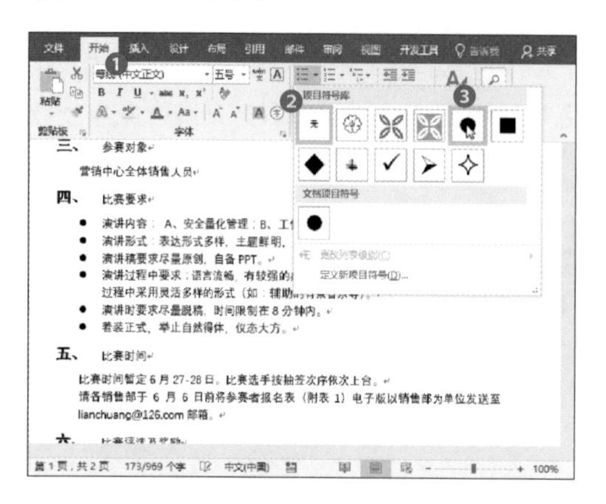

步骤 8 选择第六条文本内容，单击“编号”按钮，从列表中选择编号，并按照同样的方法，为其他文本应用编号。

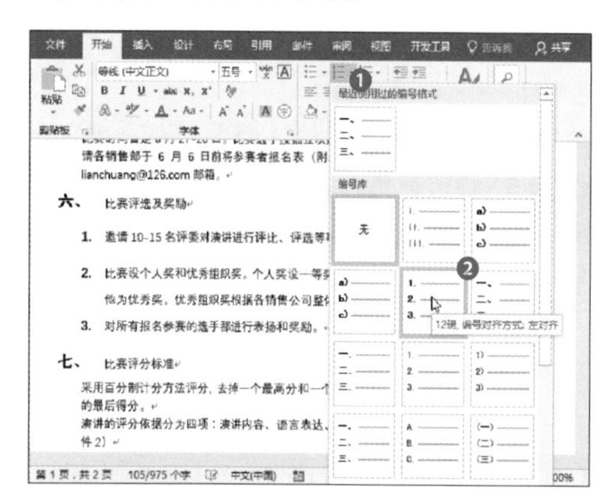

步骤 9 选择标题文本，设置其格式为黑体、一号、加粗、红色，并居中显示。

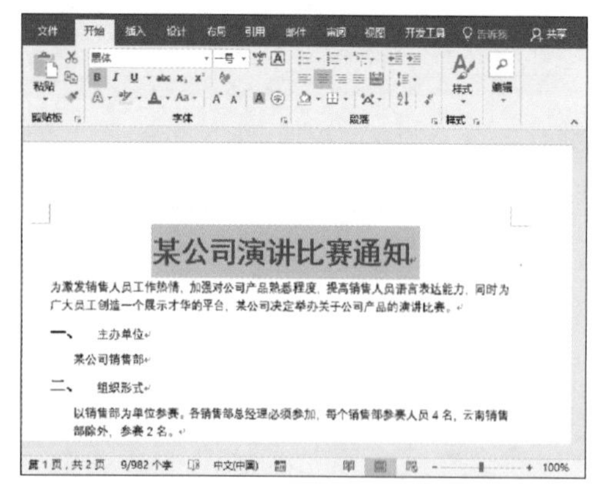

步骤 10 选择“主办单位”文本，设置其格式为黑体、三号、红色，并双击“开始”选项卡中的“格式刷”按钮，为其他文本应用相同格式。

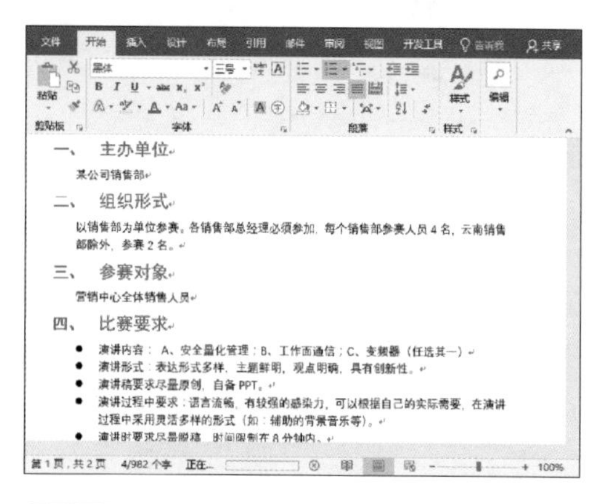

步骤 11 将其他的正文格式，设置为宋体、小四。

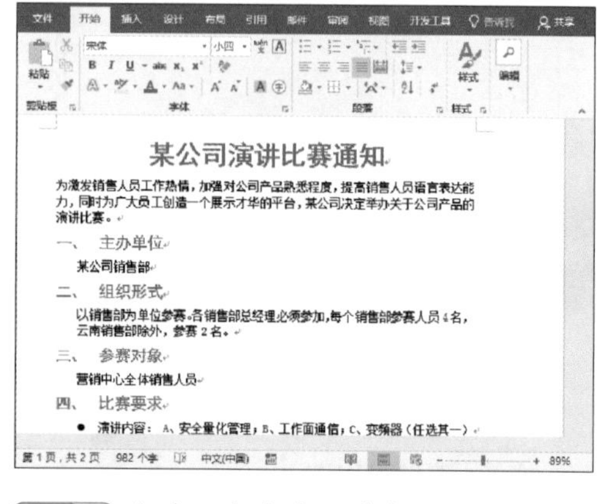

步骤 12 全选正文内容，单击“开始”选项卡“段落”组中的对话框启动按钮。将“行距”设为1.5倍。

步骤 13 选择第一段文本，在“段落”对话框中，将“特殊格式”设为“首行缩进”选项。至此，文档内容制作完毕。

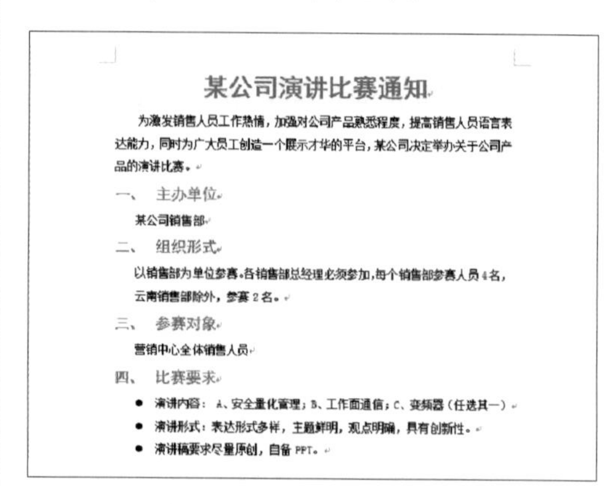

制作公司考核管理制度文档

打开“强化练习”实例文件夹，利用其中的素材文件，按照下列要求进行操作。

（1）输入标题内容，设置标题字体格式：黑体、小一、加粗、红色、居中。

（2）利用“多级列表”功能，输入一级标题，设置标题格式：宋体、小二、红色、加粗。

（3）利用“编号”功能，添加编号“一、”，并在后面输入内容。

（4）利用“项目符号”功能，为文本内容添加项目符号。

（5）设置正文文本的字体格式：宋体、小四。

（6）设置整篇文档的段落格式：1.5倍行距；设置一级标题的段落格式：段前10磅、段后10磅、1.5倍行距。

（7）将光标定位至需要插入目录的位置，然后提取目录。

目录

公司考核管理制度

第一章 总则

一、 [illegible]

二、 本考核制度遵循的基本原则是

- 公开、公正、公平、全面客观的原则
- 合理分类、重点考核的原则
- 有效激励、严格约束的原则
- 责权利统一、对等的原则

三、 [illegible]

第二章 考核组织机构及主要职责

四、 [illegible]

组长：公司总经理

成员：[illegible]

考核领导小组主要职责：

1. 负责审定公司及各部门考核管理制度
2. [illegible]
3. 负责考核结果的审定、批准
4. [illegible]

第三章 考核的方式、内容及程序

五、 [illegible]

六、 [illegible]

七、 [illegible]

八、 [illegible]

最终效果

第2章 美化Word文档

知识导读

在上一章中，讲述了Word文档的编辑操作，在本章中将介绍文档的美化操作，例如文档样式功能的应用、页面背景的设计、图片功能的应用、文本框的应用、艺术字的应用等。学习本章内容，可以帮助大家创建出更美观大方的文档。

内容预览

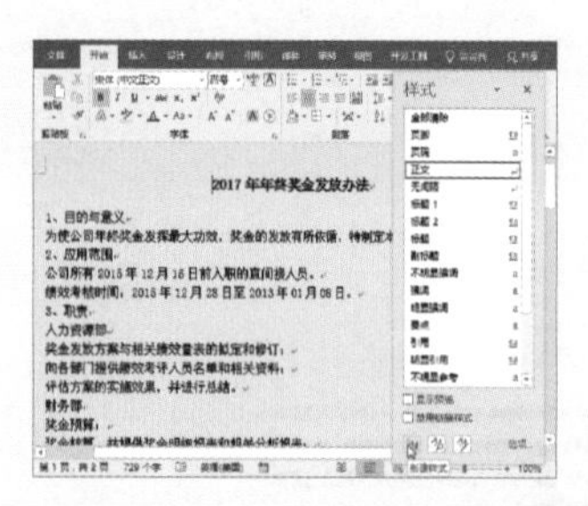

为文档设置样式

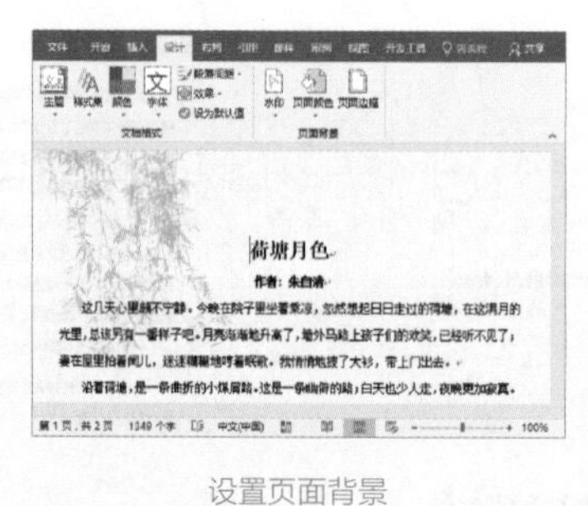

设置页面背景

为文档添加艺术字

本章教学视频数量：6个

2.1 文档样式功能的应用

在编辑文档的过程中，可以对文档样式进行整体规划，避免逐一设计样式的麻烦。

2.1.1 应用内置文档样式

在文档中应用内置的文档样式，可以快速地为文档设置样式。

步骤 1 选择文本，单击“开始”选项卡中的“样式”下拉按钮，从列表中选择合适的样式。

步骤 2 此时被选中的文本已应用了该样式。

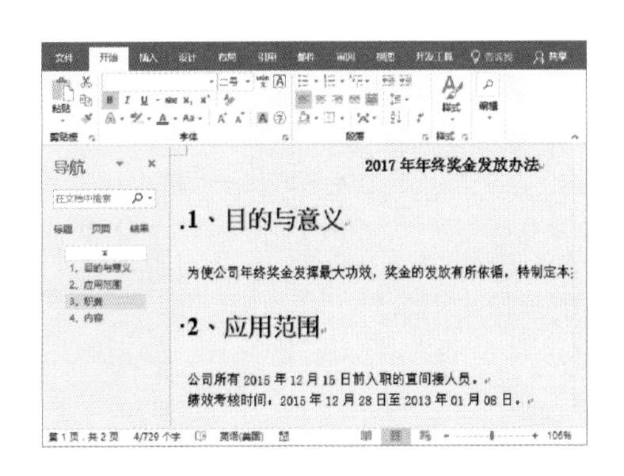

知识延伸：清除样式

选中应用了样式的文本，单击“开始”选项卡“样式”组中的“其他”按钮，从列表中选择“清除格式”选项即可。

2.1.2 自定义文档样式

如果样式库中没有满意的样式，我们可根据需要自定义样式。

步骤 1 单击“开始”选项卡“样式”组中的对话框启动器按钮。

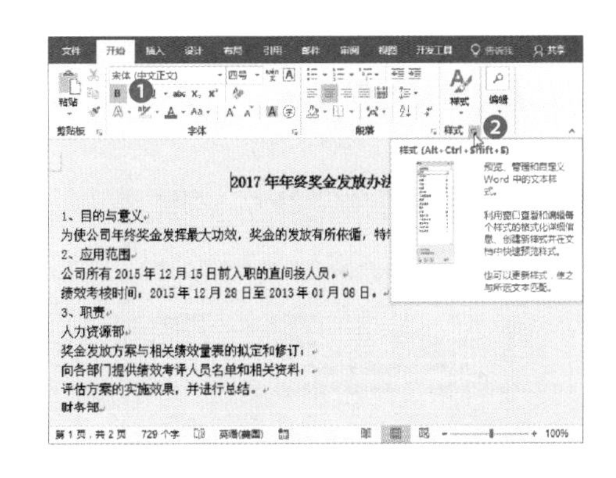

步骤 2 打开“样式”窗格，在该窗格中单击“新建样式”按钮。

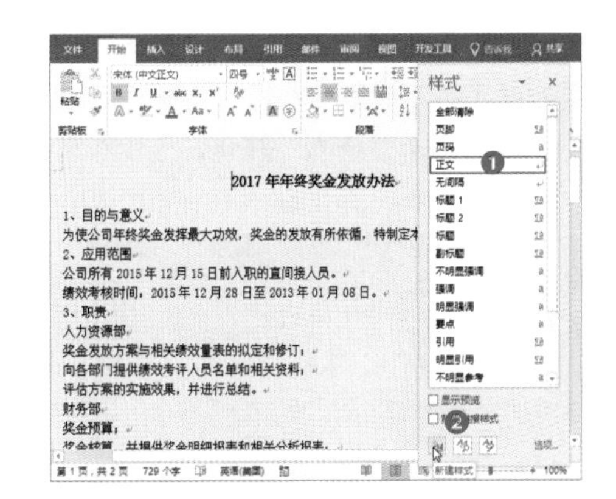

步骤 3 打开“根据格式化创建新样式”对话框，从中对名称、字体格式等进行设置，单击“格式”按钮，从中选择“段落”选项。

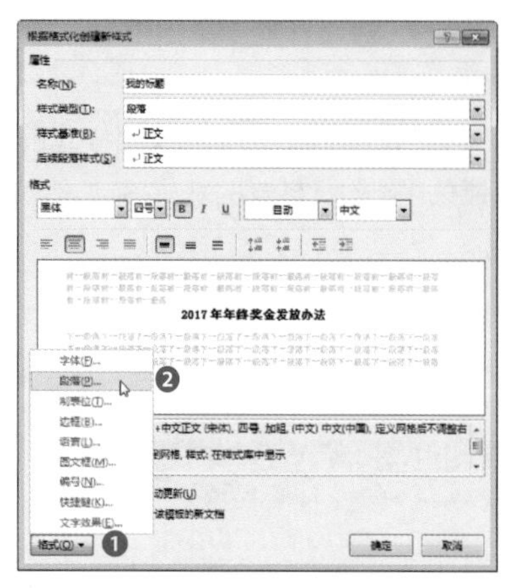

步骤 4 打开“段落”对话框，设置“对齐方式”为“左对齐”，将“段前”和“段后”设置为“1行”，单击“确定”按钮。

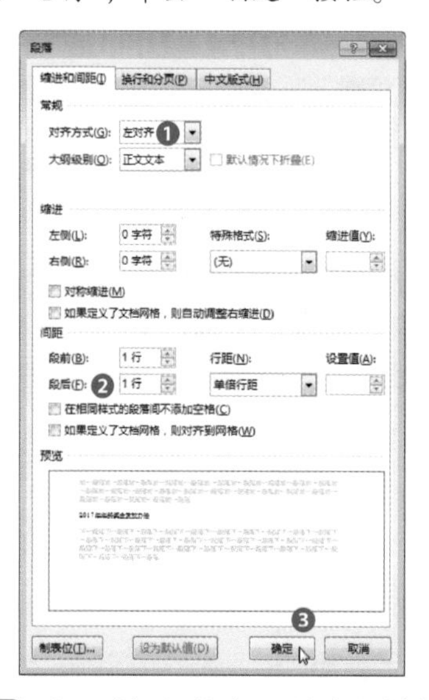

步骤 5 返回“根据格式化创建新样式”对话框，再次单击“格式”按钮，从列表中选择“编号”选项。

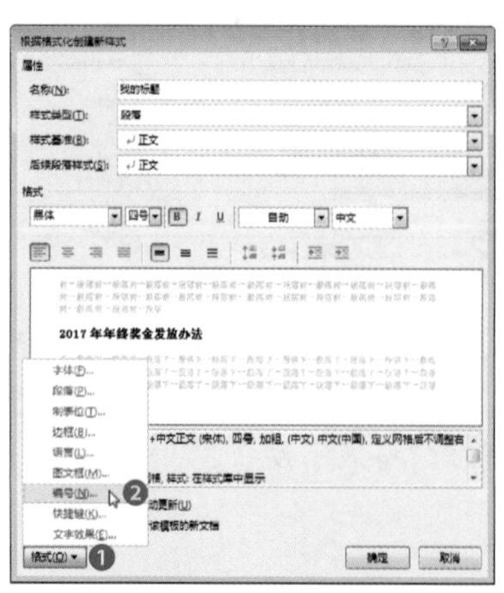

步骤 6 打开“编号和项目符号”对话框，选择编号格式，然后单击“确定”按钮即可。

步骤 7 单击“样式”下拉按钮，从列表中可看到自定义的样式“我的标题”。

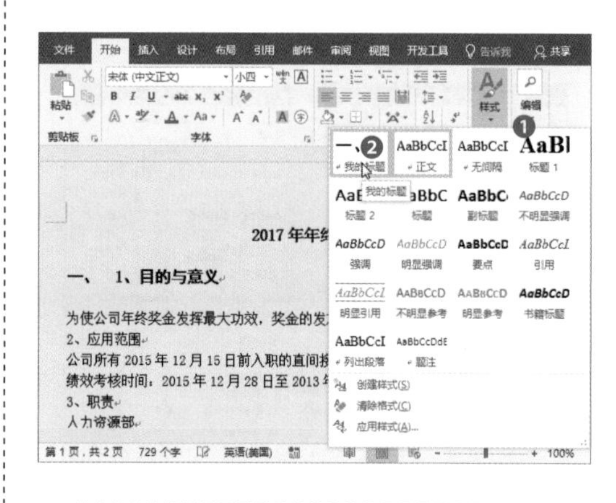

知识延伸：修改样式

打开“样式”窗格，右击要修改的样式并选择“修改”命令，打开“修改”对话框，从中对之前的各项的值进行修改即可。

2.2 页面背景的设计

默认的情况下，Word页面背景为白色，大家可以根据需要对背景颜色、边框进行设置。但需要提醒的是，页面背景千万不要设计过度，否则就会本末倒置。文档主要体现的是内容而不是背景。还有像一些正文通告之类的文档建议不要添加这些样式。

2.2.1 为文档添加水印

为了防止别人盗用，可以为文档添加水印。

步骤 1 打开文档，单击“设计”选项卡中的“水印”按钮，从列表中选择满意的样式。

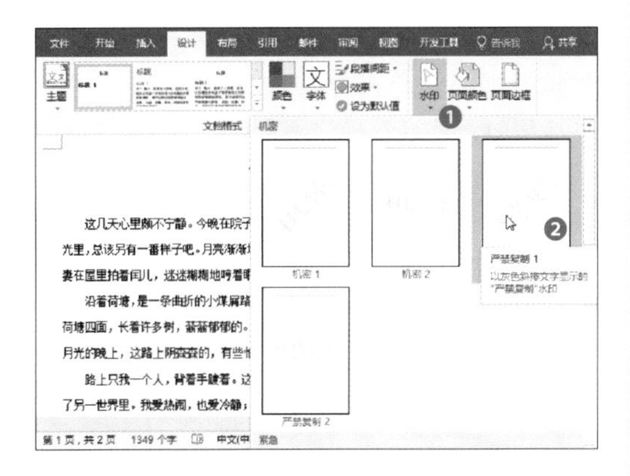

步骤 2 如果对内置的水印样式不满意，还可以在列表中选择“自定义水印”选项。打开“水印”对话框，选中“文字水印”选项，然后按需进行设置，设置完成后单击“应用”按钮即可。

步骤 3 如果想要使用图片作为水印，可以在“水印”对话框中选中“图片水印”单选按钮，单击“选择图片”按钮。

步骤 4 弹出“插入图片”窗格，单击“浏览”按钮。

步骤 5 打开“插入图片”对话框，选择图片后单击“插入”按钮。

第2章 美化Word文档

步骤 6 返回“水印”对话框，单击“应用”按钮即可。

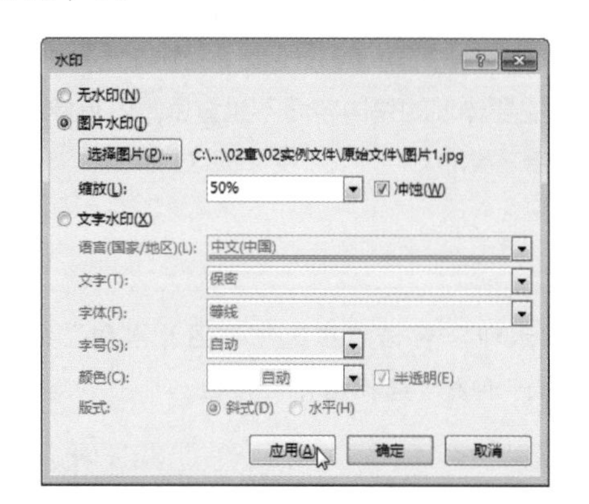

知识延伸：为文档添加边框

大家可以根据自己的喜好为文档添加漂亮的边框。其操作为：在“设计”选项卡中单击“页面边框”按钮，打开“边框和底纹”对话框，选择对话框左侧的“方框”选项，然后在“样式”列表中设置边框样式、颜色和宽度，单击“确定”按钮完成边框线的添加。

2.2.2 更改文档页面颜色

为文档设置背景，可以增加文档的趣味性。这里除了可填充纯色外，还可进行颜色渐变和图片填充。

步骤 1 纯色填充。打开文档，在“设计”选项卡中，单击“页面颜色”按钮，从列表中选择合适的颜色作为页面背景色。

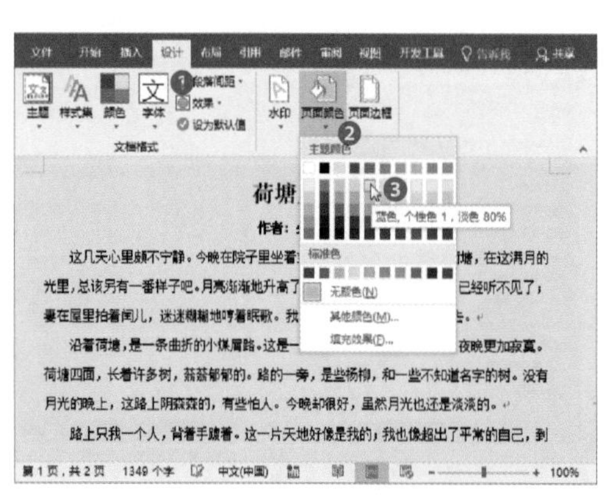

步骤 2 还可以在列表中选择“其他颜色”选项，在打开的“颜色”对话框中选择一种合适的颜色，确定即可。

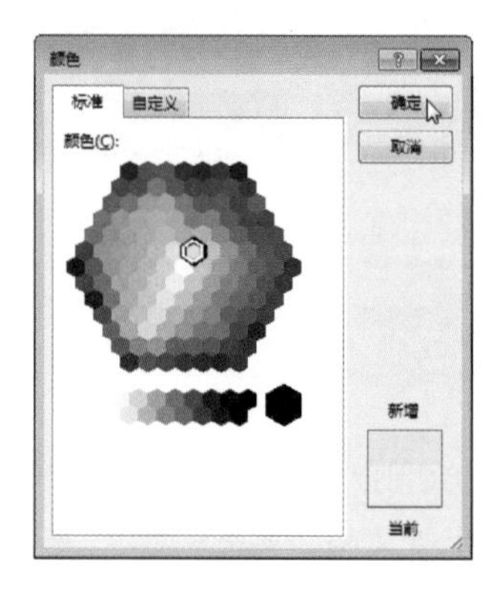

步骤 3 预设渐变填充。在“页面颜色”列表中，选择“填充效果”选项，打开相应的对话框，在“渐变”选项卡中单击“预设”单选按钮，然后选择“羊皮纸”预设效果。

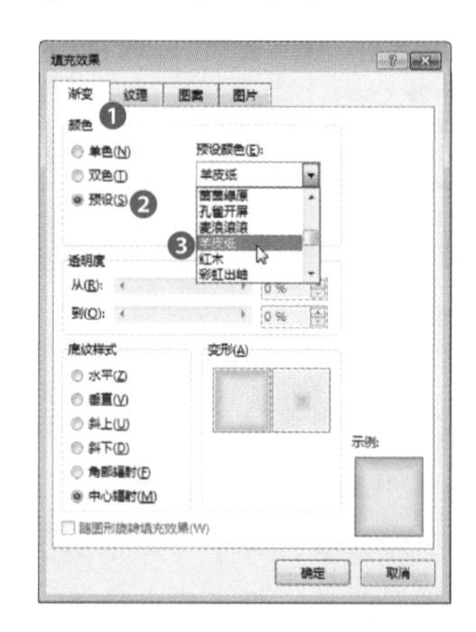

步骤 4 选中“底纹样式”选项下的“斜下”选项，然后在“变形”列表中选择一种合适的渐变变形，最后单击“确定”按钮。

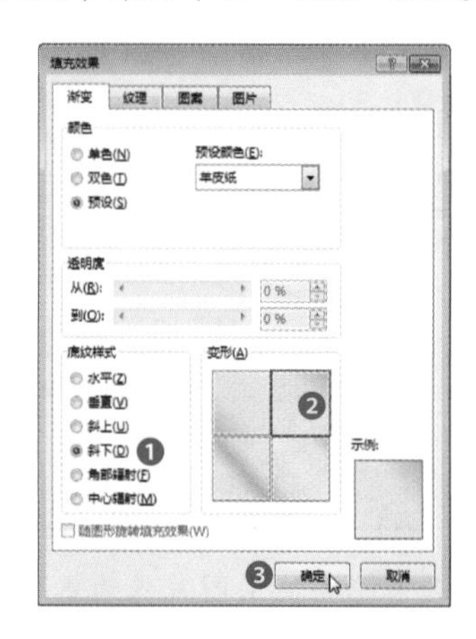

步骤 5 返回文档页面，查看为文档页面背景应用羊皮纸的效果。

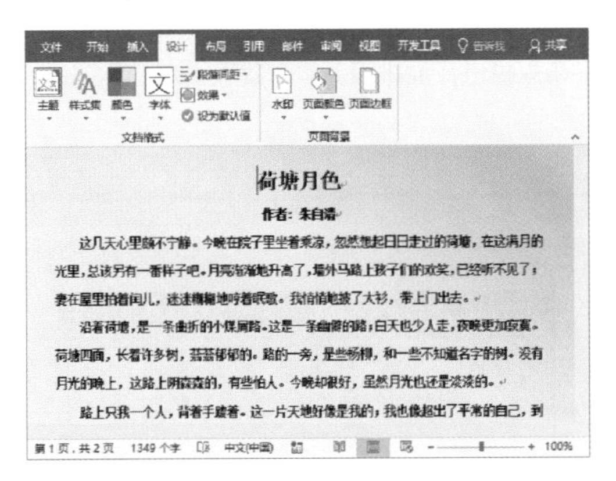

步骤 6 图片填充。在“填充效果”对话框的“图片”选项卡中，单击“选择图片”按钮。

步骤 7 弹出“插入图片”窗格，单击“浏览”按钮，打开“选择图片”对话框，选择图片，单击“插入”按钮。

步骤 8 返回“填充效果”对话框，单击“确定”按钮，即可将选择的图片作为文档页面背景。

步骤 9 设置页面背景后的效果。

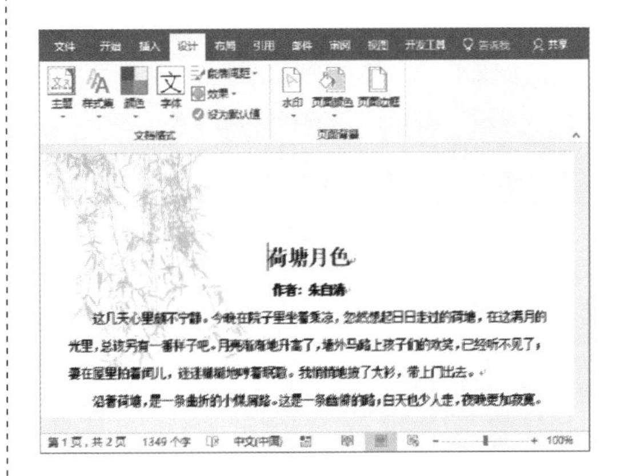

2.3 分栏功能的应用

默认情况下，文档是单栏显示的，为了能够增添可读性，可以在版式上进行变化。例如把单栏变换成双栏或多栏，又或者单栏和双栏进行混排等。本节就着重来介绍如何为文档进行分栏。

2.3.1 为文档分栏

如果只是把单栏变成双栏的话，其操作比较简单，只需一键就能达到其效果。打开文档，选择需要的文本，单击“布局”选项卡中“栏”按钮，从中选择“两栏”选项。

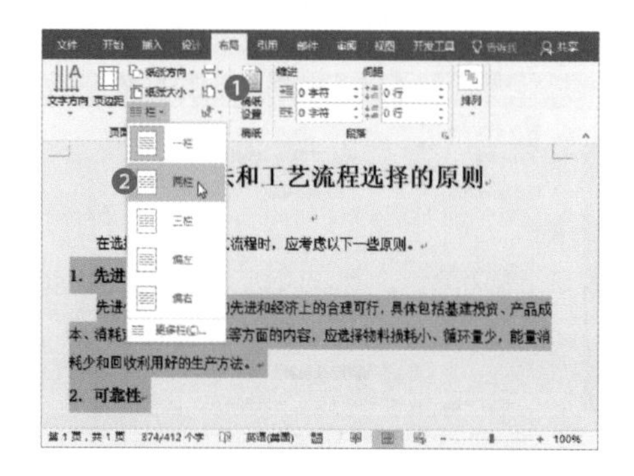

选择完成后，被选中的文本已分成两栏。

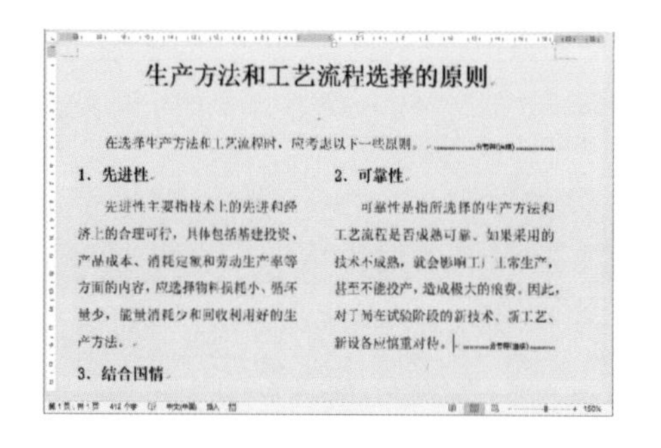

2.3.2 分隔符辅助分栏

在输入文本的过程中，若想实现单栏和双栏混排的效果，该如何操作呢?

步骤 1 输入文本后，单击“布局”选项卡中的“分隔符”按钮，从列表中选择“连续”选项。

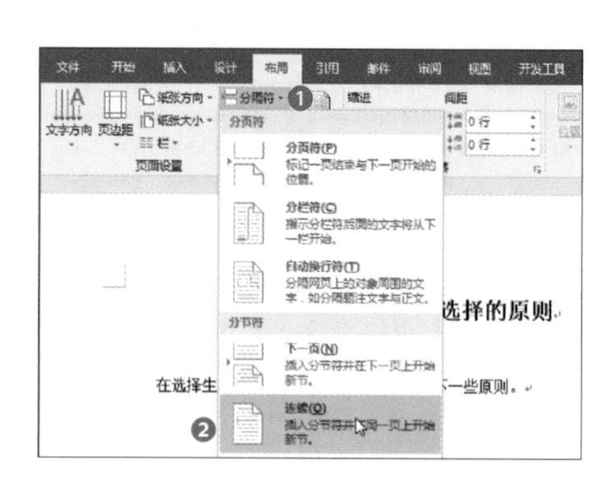

步骤 2 此时在光标处可添加一个连续的分节符。单击“栏”按钮，从列表中选择“更多栏”选项。打开“栏”对话框，从中进行设置，完成后单击“确定”按钮即可。

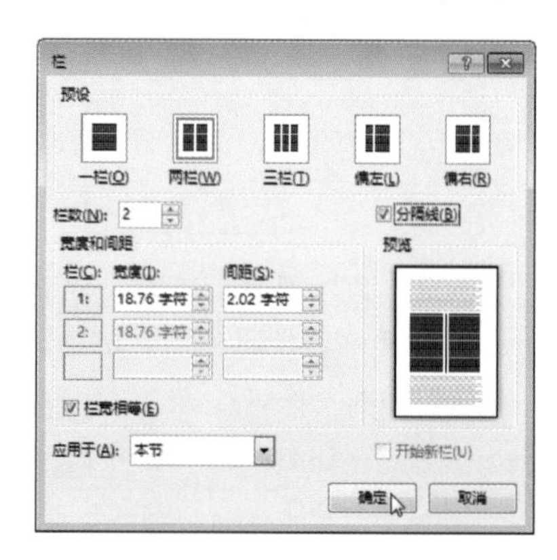

步骤 3 继续输入文本内容，在输入的过程中系统会根据内容的长短自动进行分栏。

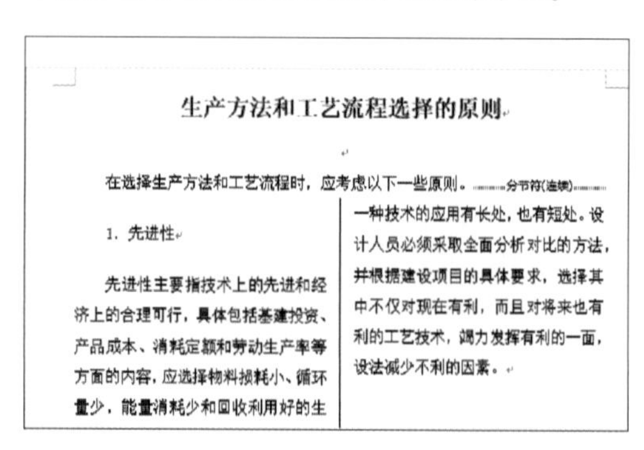

2.4 为文档添加页眉页脚

你会在文档中快速插入页眉页脚吗？如果还不会操作，快跟着我一起来学习吧！

2.4.1 插入页眉页脚

想要在文档中插入页眉页脚，可以通过下面的方法进行操作。

步骤 1 插入页眉。打开文档，单击“插入”选项卡中的“页眉”右侧下拉按钮，从列表中选择“空白”样式。

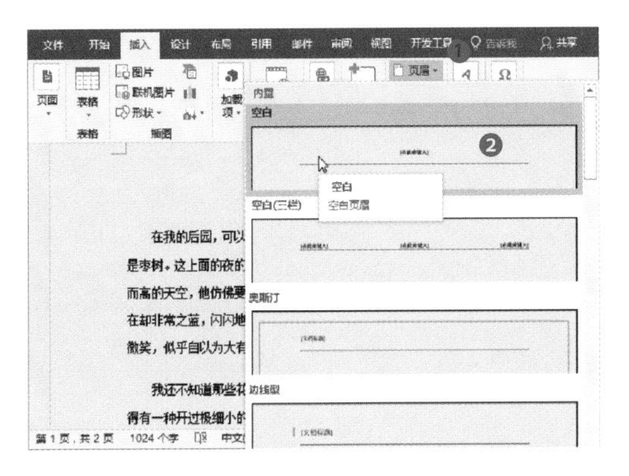

步骤 2 输入页眉文字，然后单击“关闭页眉和页脚”按钮即可。

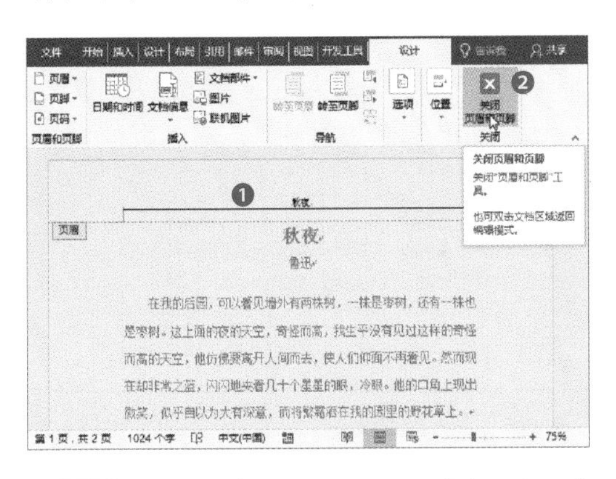

步骤 3 插入页脚。打开文档，单击“插入”选项卡中的“页脚”右侧下拉按钮，从列表中选择“空白（三栏）”选项。

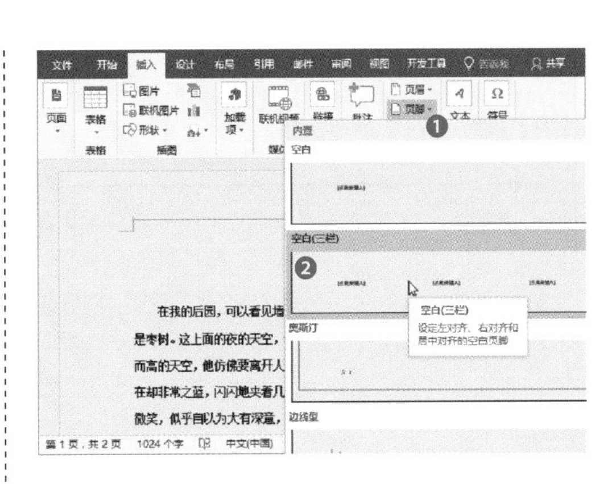

步骤 4 输入页脚文字，然后单击“关闭页眉和页脚”按钮即可。

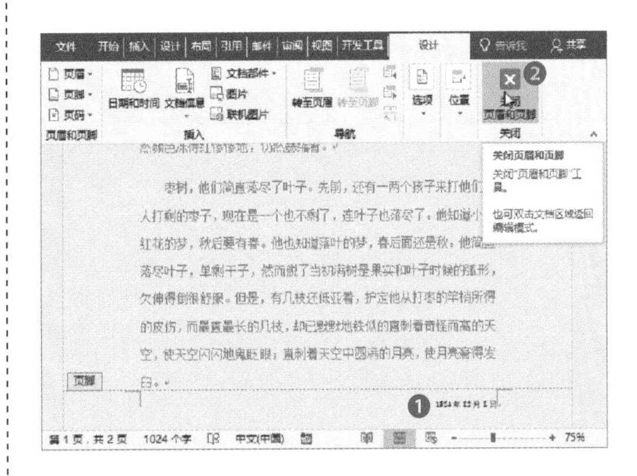

上述讲述的是插入文档内置的页眉和页脚，所以执行插入时非常简单。

2.4.2 自定义页眉页脚

除了可以按照Word文档内置的样式添加页眉和页脚外，还可以自定义页眉页脚。

步骤 1 打开文档，单击“插入”选项卡中的“页眉”按钮，从列表中选择“编辑页眉”选项。

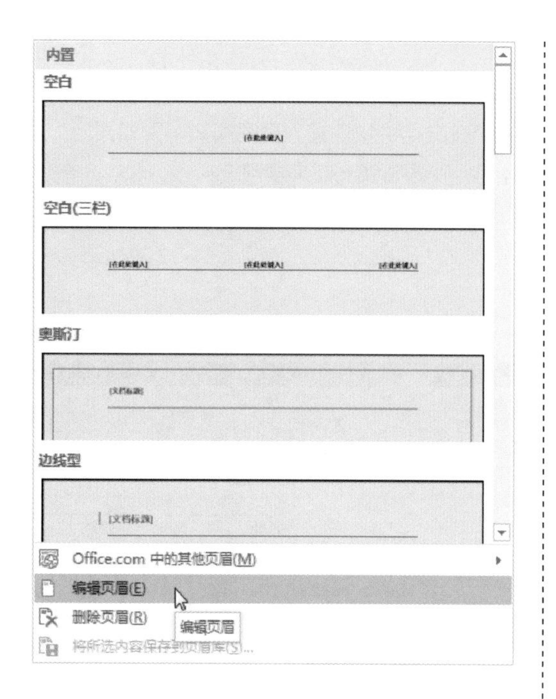

步骤 2 自动打开“页眉和页脚工具-设计”选项卡，单击“图片”按钮。

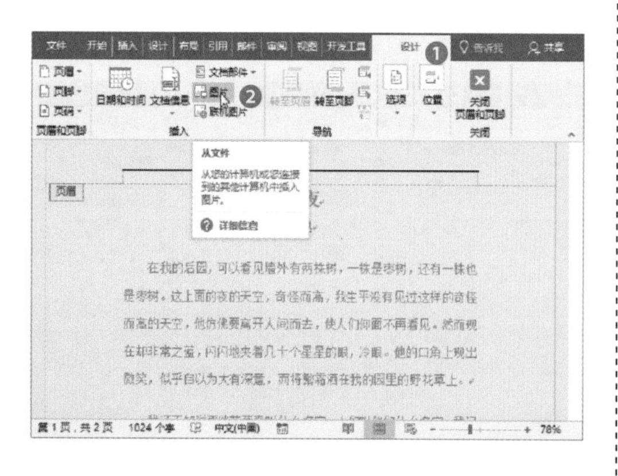

步骤 3 打开“插入图片”对话框，从中选择需要的图片，然后单击“插入”按钮。

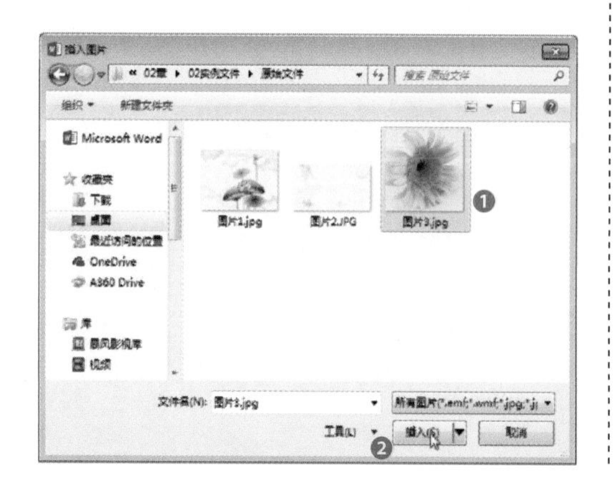

步骤 4 将图片插入到页眉处，按需调整图片后，并复制多个图片，然后在“位置”组通过设置“页眉顶端距离”和“页脚底端距离”数值框调整页眉和页脚距页面的距离。

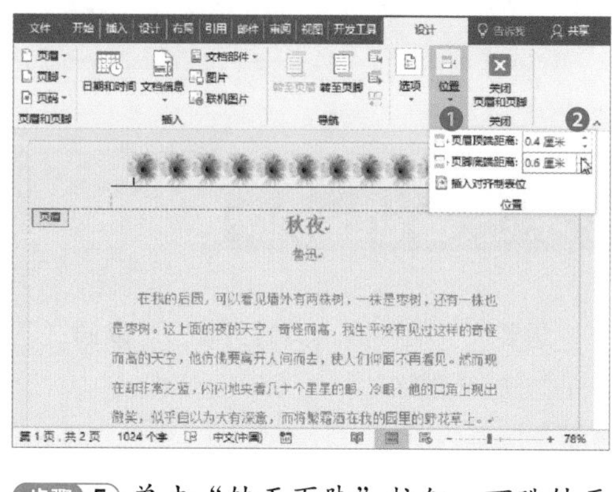

步骤 5 单击“转至页脚”按钮，可跳转至页脚，对页脚进行设置。

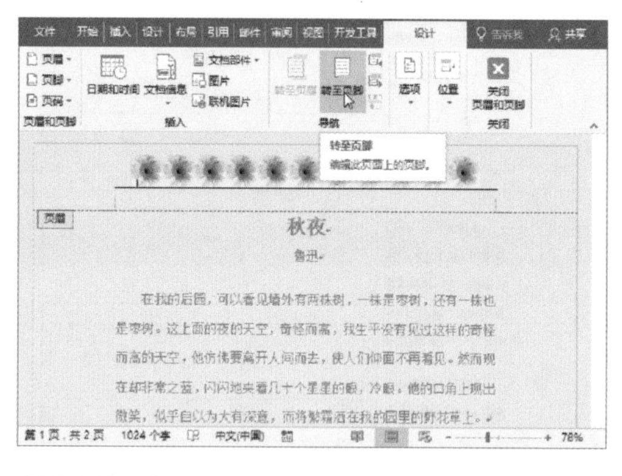

步骤 6 单击“插入”组中的“日期和时间”按钮。

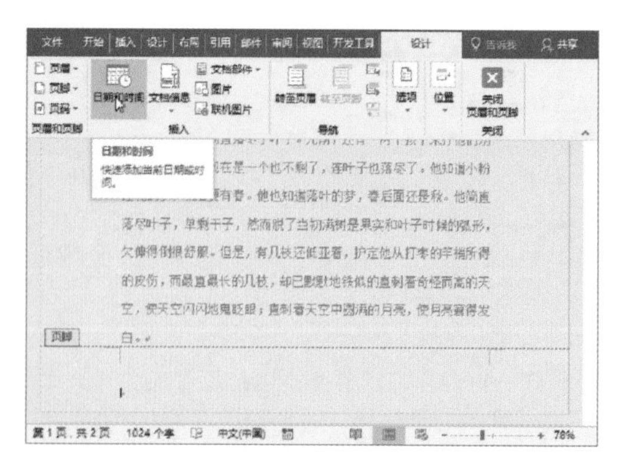

步骤 7 弹出“日期和时间”对话框，在“可用格式”列表框中选择一种合适的日期和时间格式，接着勾选“自动更新”选项前的复选框，然后单击“确定”按钮。

步骤 8 编辑完成页眉和页脚后，单击“关闭页眉和页脚”按钮，即可完成页眉页脚的设置。

> **技巧点拨：删除页眉横线**
>
> 页眉处于可编辑状态时，选中段落标记，切换至“开始”选项卡，单击“样式”组中的“其他”按钮，从列表中选择“正文”选项即可。

2.4.3 为文档添加页码

在长篇文档中，通常都需要为文档添加页码，用以明确当前页面在文档中的位置。

步骤 1 打开文档，单击“插入”选项卡中的“页码”按钮，从列表中选择“页面底端>普通数字2”选项。

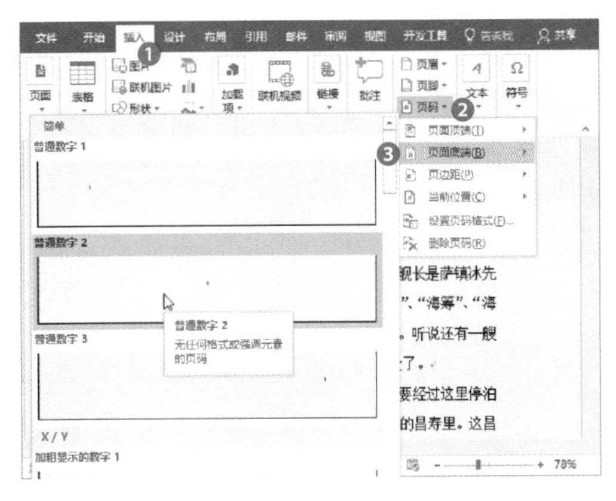

步骤 2 随后在文档中插入所选样式的页码，打开“页眉和页脚工具-设计”选项卡，在“页码”下拉列表中，选择“设置页码格式”选项。

步骤 3 打开“页码格式”对话框，可以对页码的编号格式、包含章节号、章节起始样式、使用分隔符、页码编号进行设置，完成后单击“确定”按钮。

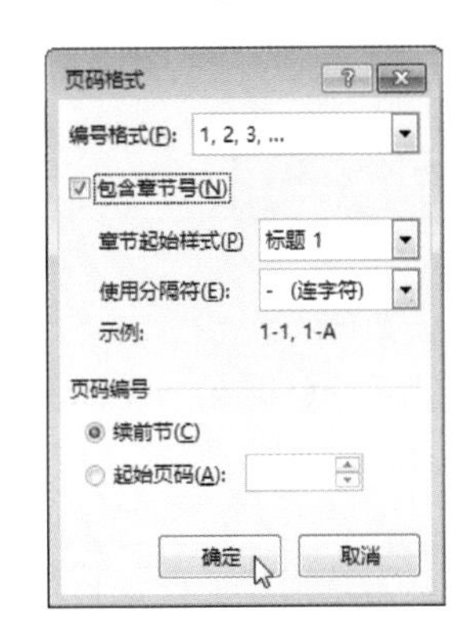

步骤 4 若想要更改页码位置，还可以在“页码”列表中，选择“页边距”选项，并在其级联菜单中选择满意的位置即可。

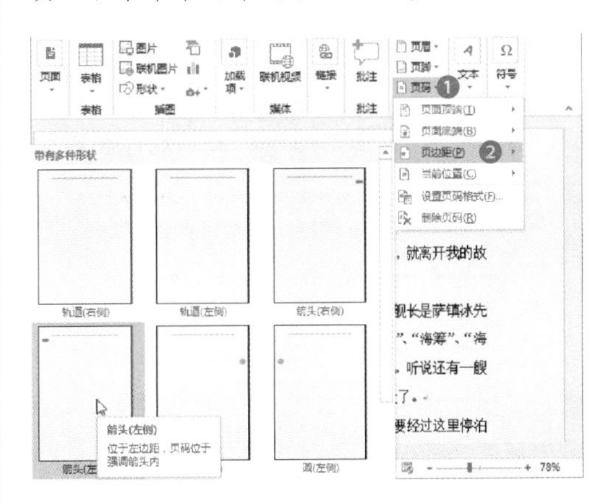

步骤 5 页码编辑完成后，单击“关闭页眉和页脚”按钮，即可退出编辑。

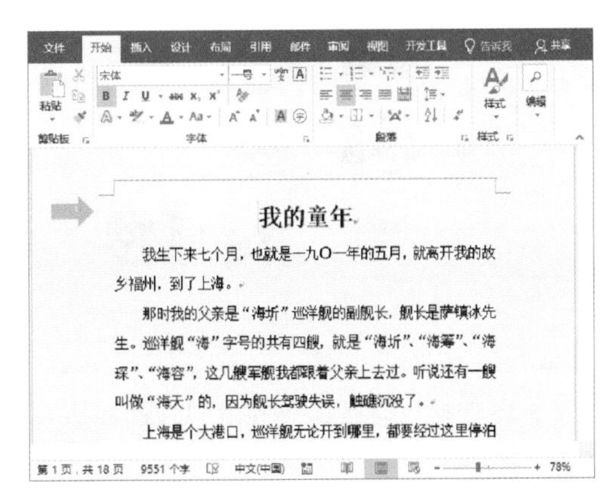

2.5 图片功能的应用

在制作文档时，有时需要插入图片来增加文档的说服力，此时就需要运用图片功能，那如何才能插入图片并对其进行编辑呢？下面将对图片的插入、编辑、美化等一系列操作进行介绍。

2.5.1 插入图片

一般插入图片的方式有两种，一是插入本地图片；二是插入联机图片。我们可以根据实际情况来选择插入的方式。通常使用第一种方式较多。

步骤 1 插入本地图片。将鼠标定位至需要插入图片处，单击“插入”选项卡中的“图片”按钮。

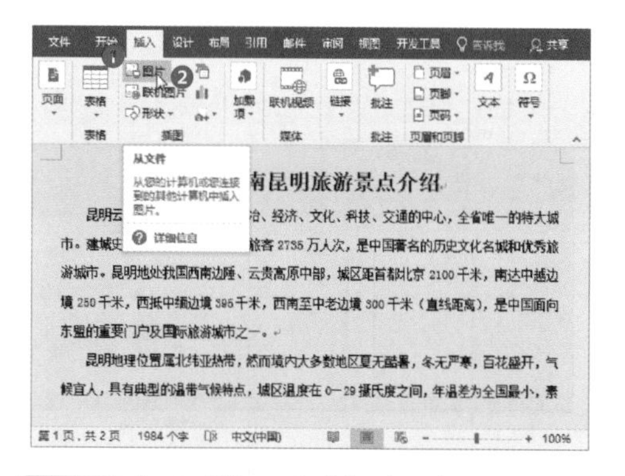

步骤 2 打开“插入图片”对话框，按住Ctrl键不放，选取需要插入的多张图片，然后单击“插入”按钮。

步骤 3 返回编辑区，即可看到选择的图片已插入到文档中。

步骤 4 插入联机图片。将光标定位至需要插入图片处，单击“插入”选项卡中的“联机图片”按钮。

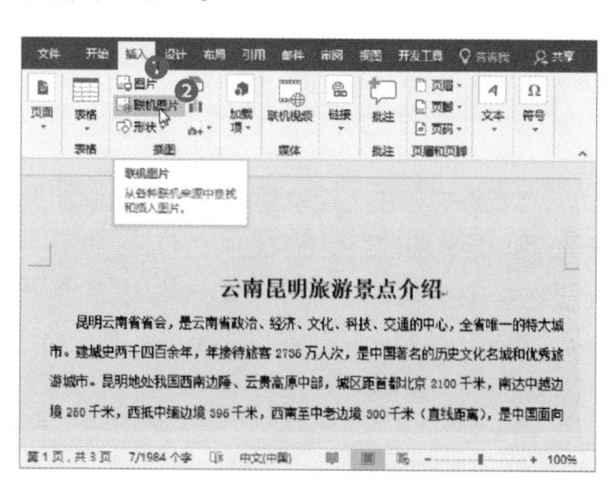

步骤 5 打开“插入图片”窗格，在搜索栏中输入需要搜索的词语，然后单击“搜索”按钮。

步骤 6 随后显示出多张相关图片，选好图片后，单击“插入”按钮即可。

2.5.2 更改图片大小和位置

图片插入后，我们需对图片的大小、位置和对齐的方式进行调整设置。

（1）更改图片大小

步骤 1 鼠标调整。选择图片，将鼠标移至右下角的控制点处，然后按住鼠标左键不放拖动鼠标即可调整其大小。

步骤 2 数值框调整。选择图片后，会显示“图片工具-格式”选项卡，通过“大小”组中的“高度”和“宽度”数值框，可以调整图片的大小。

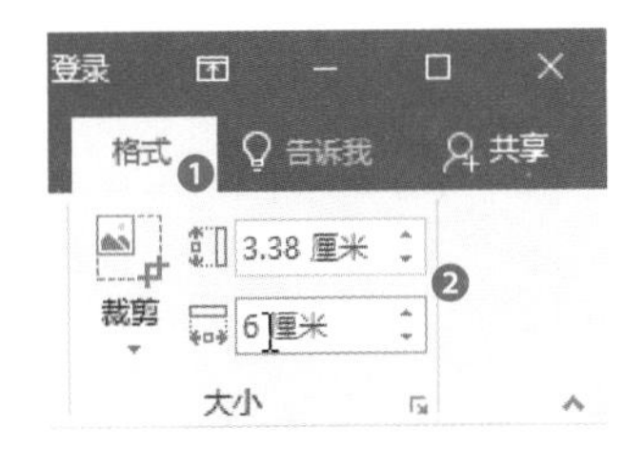

步骤 3 裁剪图片。选择图片后，单击“图片工具-格式”选项卡中的“裁剪”按钮。

步骤 4 图片周围会出现8个裁剪点，将光标移至任意一点上，按住鼠标左键不放，拖动鼠标至合适位置后放开鼠标即可裁剪图片。

步骤 5 如果想要把图片裁剪为一定的形状，可以单击“裁剪”下拉按钮，在下拉列表中选择“裁剪为形状”选项，在其级联菜单中选择满意的形状即可。

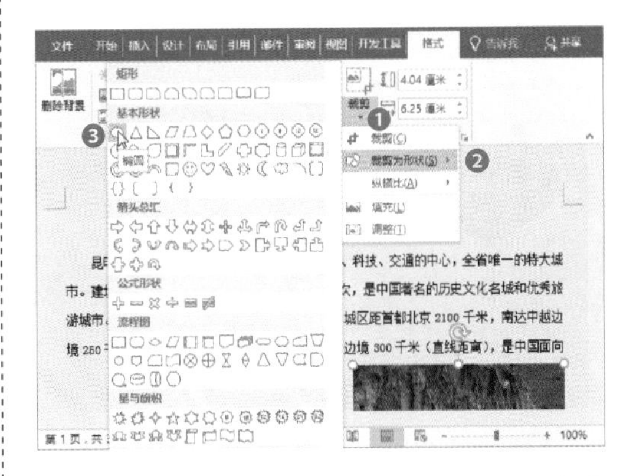

步骤 6 按照同样的方法，将其他图片裁剪为不同的形状。

（2）调整图片位置

步骤 1 更改图片位置。选择图片，单击“图片工具-格式”选项卡中的“位置”按钮，从中选择合适的位置即可。

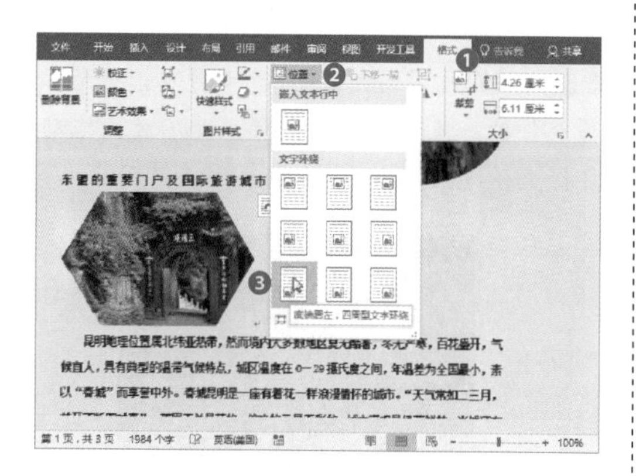

步骤 2 更改图片文字环绕方式。单击“环绕文字”按钮，从中选择合适的文字环绕方式即可。

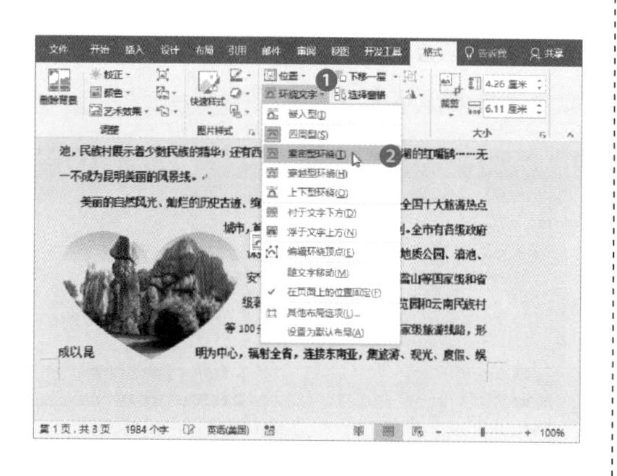

（3）对齐和旋转图片

步骤 1 对齐图片。选择图片，单击“图片工具-格式”选项卡中的“对齐”按钮，从中选择合适的选项。

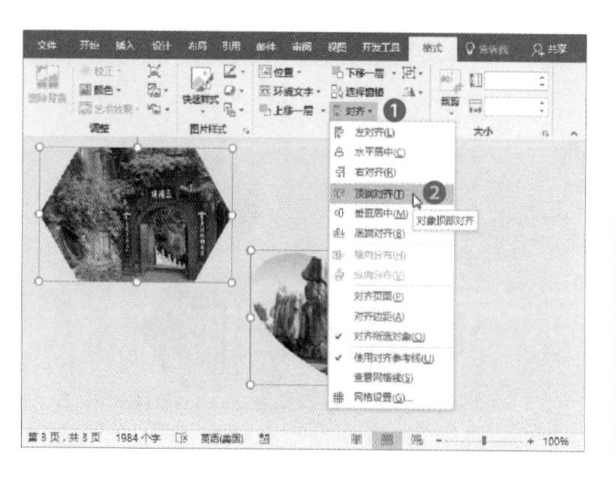

步骤 2 旋转图片。选择图片后，将光标移至图片上的旋转柄上，按住鼠标左键不放，拖动鼠标旋转图片至合适位置后放开鼠标即可。

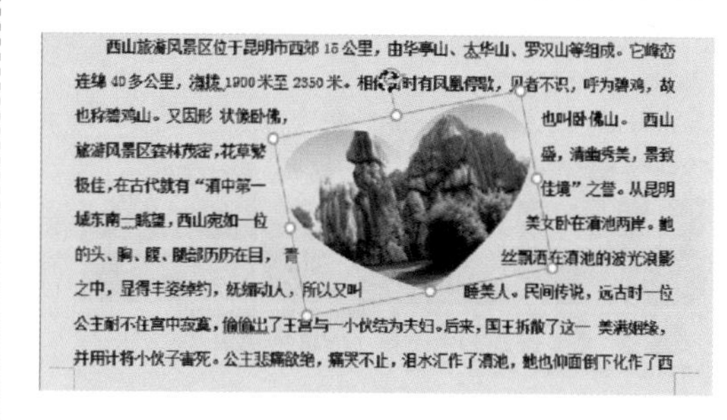

2.5.3 调整图片效果

图片插入后，我们还可以对图片进行适当地调整，例如删除图片背景、调整图片亮度和对比度等。

（1）删除图片背景

步骤 1 选择图片，单击“图片工具-格式”选项卡中的“删除背景”按钮。

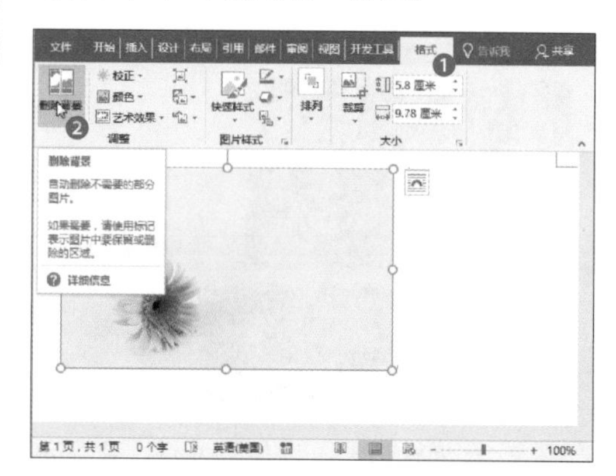

步骤 2 自动进入“背景消除”选项卡，单击“标记要保留的区域”按钮。

步骤 3 光标变为笔样式，单击鼠标左键，标记要保留的区域。

步骤 4 标记完成后，单击“保留更改”按钮，即可完成图片背景的删除。

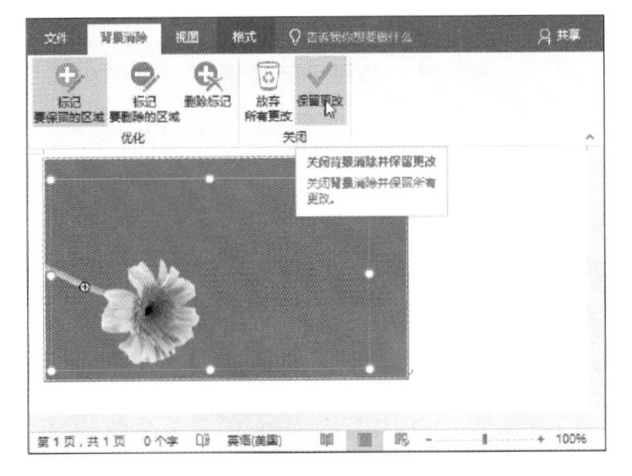

步骤 5 从中可以看到，只有标记的区域被保留，其他部分则全部被删除。

（2）调整图片亮度和对比度

步骤 1 选择图片后，单击“图片工具-格式”选项卡中的“校正”按钮，从列表中选择一种合适的效果即可。

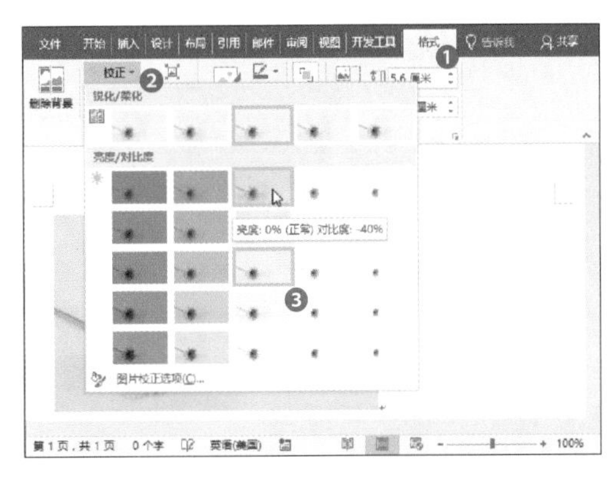

步骤 2 也可以在上一步骤中选择“图片校正选项”选项，打开“设置图片格式”窗格，在“亮度/对比度”选项下自定义图片的亮度和对比度。

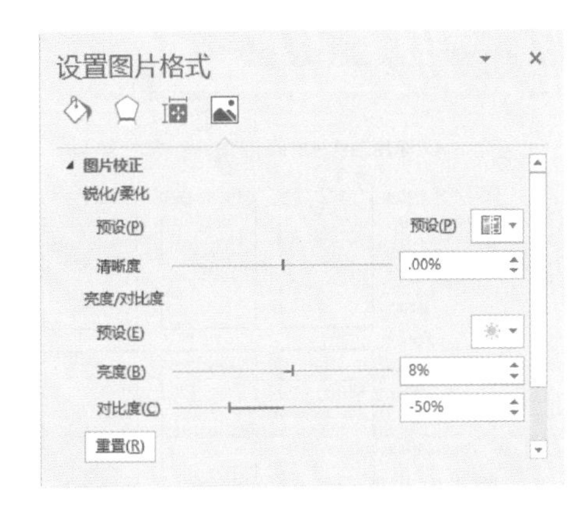

知识延伸：压缩和重设图片

选择图片，单击“图片工具-格式”选项卡中的“重设图片”右侧下拉按钮，从列表中选择合适的选项即可重设图片。

2.6 文本框的应用

文本框是个神奇的玩意，它可以出现在页面任何位置。在实际操作中，有时为了美化页面版式，就会用到文本框。有时为了突出主题文本或内容，也会用到文本框。

2.6.1 插入文本框

在文档中插入文本框的操作很简单，在“插入”选项卡中，单击“文本框”下拉按钮，在打开的列表中，选择一款文本框样式即可。

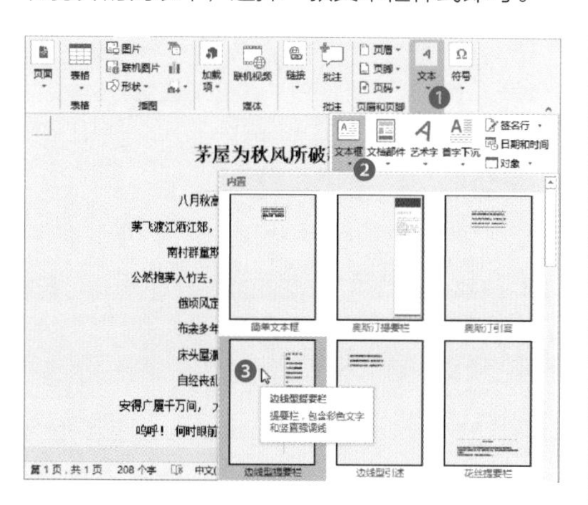

文本框插好后，就可以在里面输入想要的文字内容了。

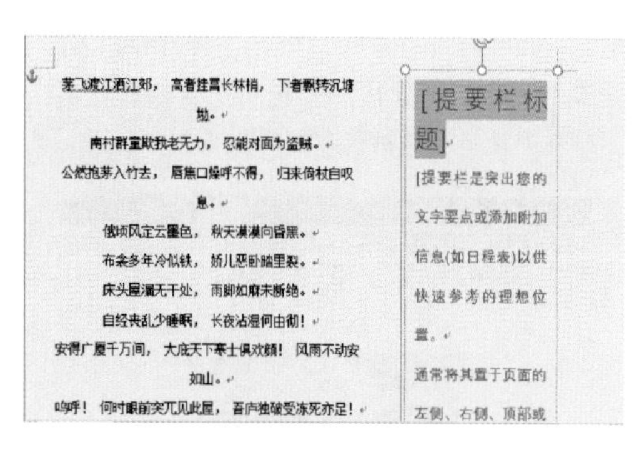

2.6.2 设置文本框的格式

插入文本框后，大家可以根据需要对它的格式进行设置。

选择文本框，在“绘图工具-格式”选项卡“形状样式”组中，可以设置文本框的填充颜色、边框颜色和粗细以及三维效果。

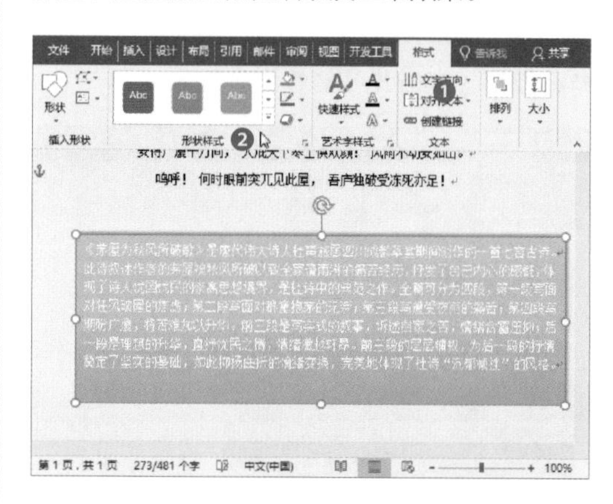

若需要对文本框格式做进一步设置的话，还可以右击文本框，在打开的右键菜单中选择“设置形状格式”命令，在打开“设置形状格式”窗格中，根据需要进行设置。

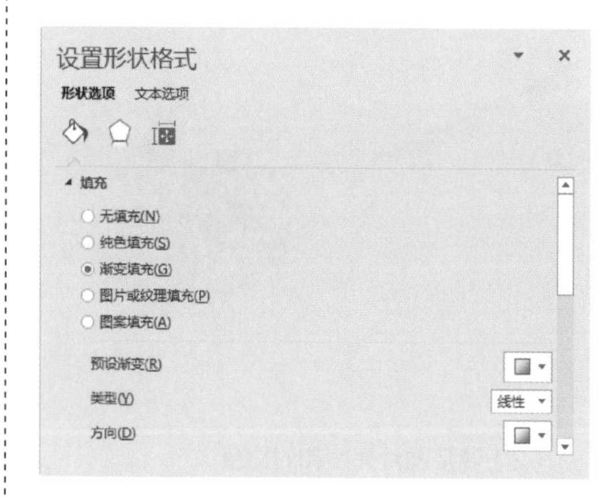

2.7 艺术字的应用

在Word中也可以插入艺术字内容。如果你想突出文本标题，就可以为它添加艺术字效果，这样可以使文档变得更加丰富多彩。

2.7.1 插入艺术字

插入艺术字其实很简单。打开文档，单击“插入”选项卡中的“艺术字”按钮，从中选择合适的艺术字效果。

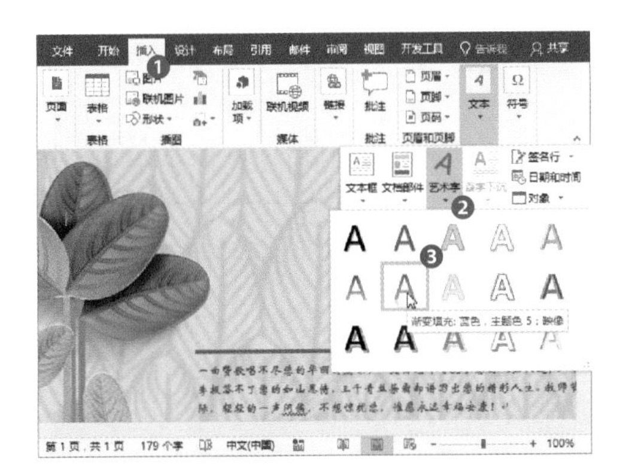

此时，文档页面会出现一个“请在此放置您的文字”虚线框，将它移至合适的位置后，输入文本即可。

2.7.2 设置艺术字的效果

艺术字插入后，还可以为它添加一些艺术效果。

步骤 1 设置阴影效果。选择艺术字，在“绘图工具-格式”选项卡中，单击“文字效果”下拉按钮，选择“阴影”选项，从其级联菜单中选择合适的阴影效果。

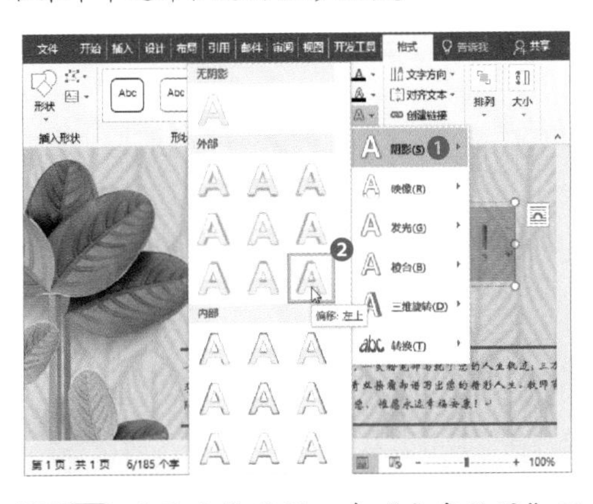

步骤 2 设置映像效果。在“文字效果”下拉列表中，选择“映像”选项，从其级联菜单中选择合适的映像效果。

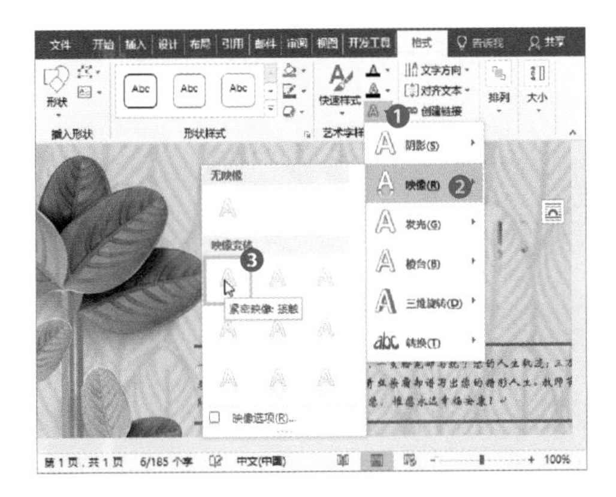

知识延伸：其他艺术效果

在“格式”选项卡中，单击“文字效果”下拉按钮，还可以从列表中选择“发光”“棱台”“三维旋转”“转换”选项，来设置艺术字的效果。

制作创意产品说明书

学完本章内容后，接下来练习制作一个产品说明书，其中涉及的知识点包括插入图片、艺术字等，大家可以根据我们提供的素材来制作，也可以自己创建其他相类似的说明书。

步骤 1 打开创建的空白文档，输入内容，并设置字体格式：宋体、四号。

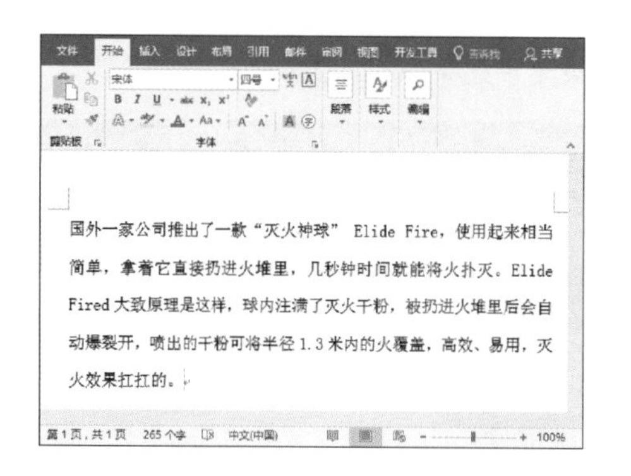

步骤 2 切换至“设计”选项卡，单击“页面颜色”按钮，从列表中选择合适的颜色。

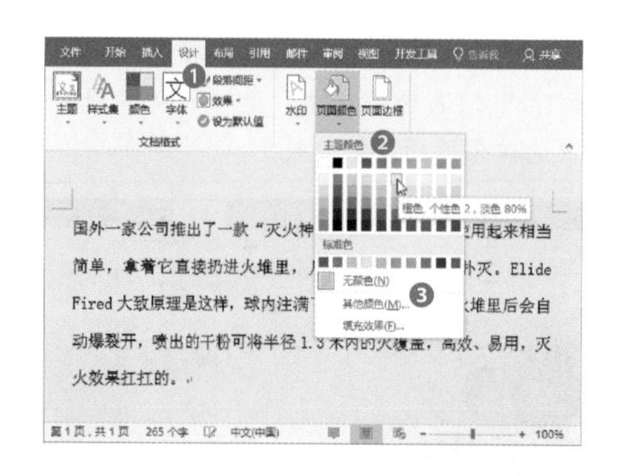

步骤 3 单击“设计”选项卡中的“页面边框”按钮。

步骤 4 打开“边框和底纹”对话框，选择“设置”组中的“方框”，然后设置其样式、颜色、宽度。设置完成后单击“确定”按钮。

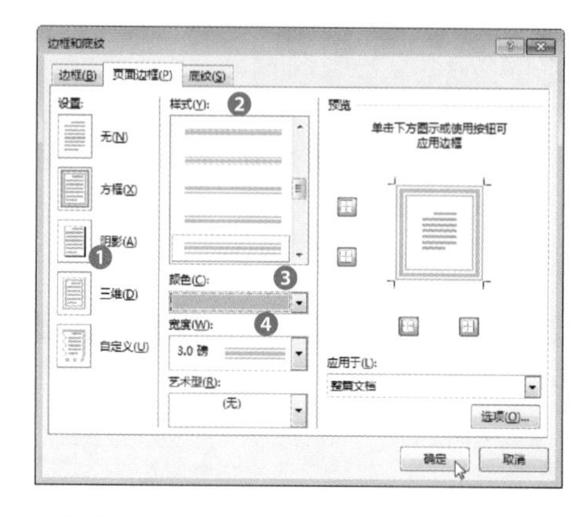

步骤 5 切换至“插入”选项卡，单击“图片”按钮。

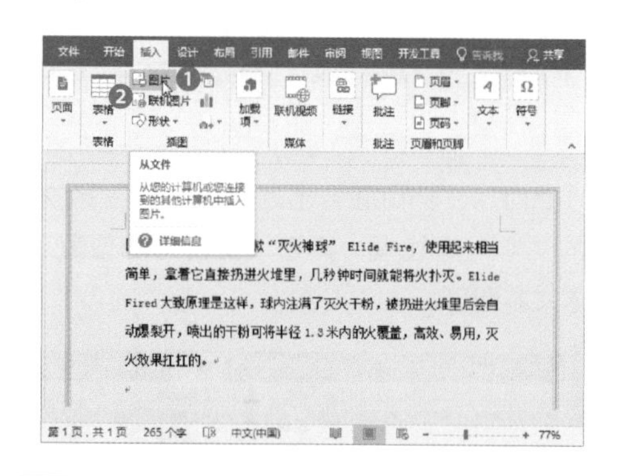

步骤 6 打开“插入图片”对话框，从中选择图片后，单击“插入”按钮，然后按照同样的方法插入其他图片。

步骤 7 选择图片，将光标放置在右下角的控制点上，按住鼠标左键不放，拖动鼠标至合适位置即可调整图片大小。然后调整其他图片的大小。

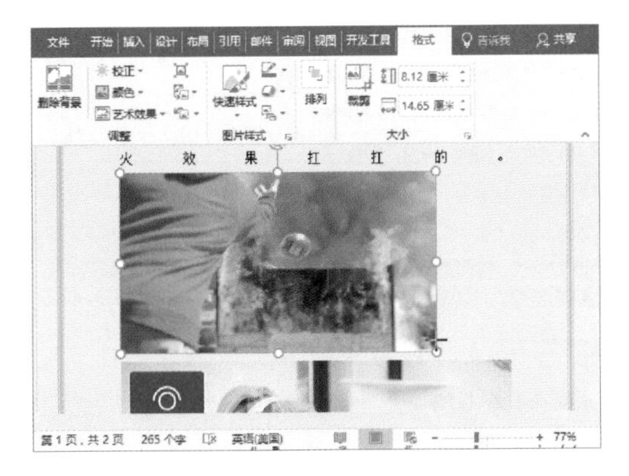

步骤 8 选择图片，单击“图片工具-格式”选项卡中的“裁剪”按钮。

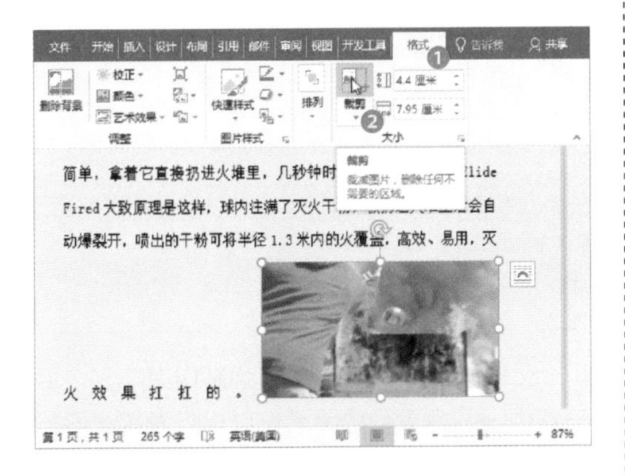

步骤 9 拖动裁剪点到合适位置即可裁剪图片。

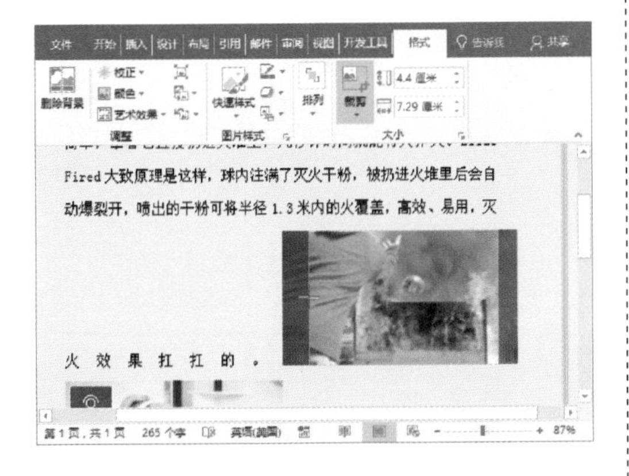

步骤 10 选择图片，单击“图片工具-格式”选项卡中的“校正”按钮，从列表中选择合适的效果。

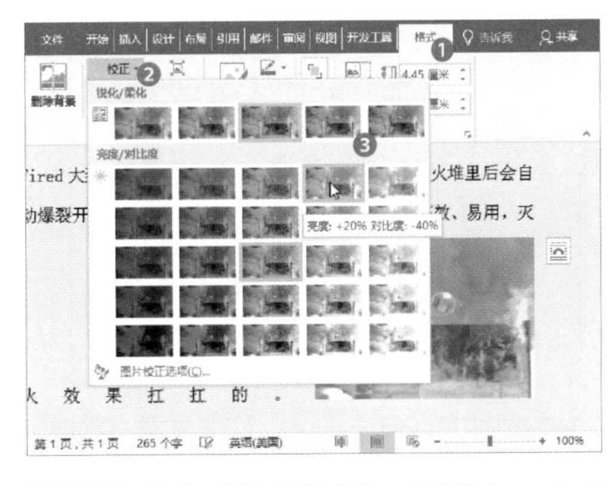

步骤 11 单击“快速样式”下拉按钮，从列表中选择合适的样式。

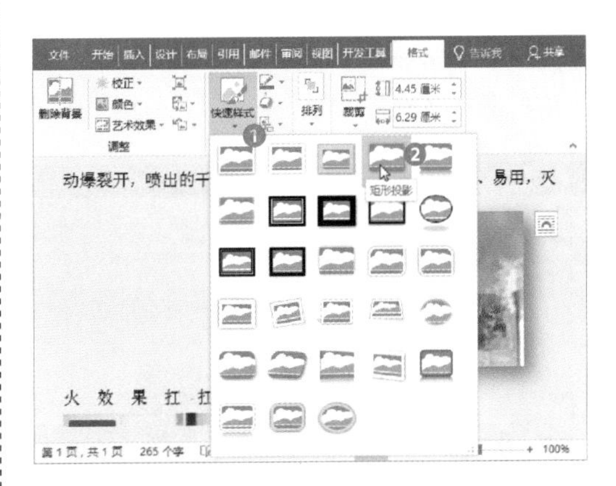

步骤 12 单击“排列”选项组的“环绕文字”下拉按钮，从列表中选择“紧密型环绕”选项，并将图片移至合适位置。

步骤 13 单击“插入”选项卡中的“文本框”按钮，从列表中选择“绘制文本框”选项。

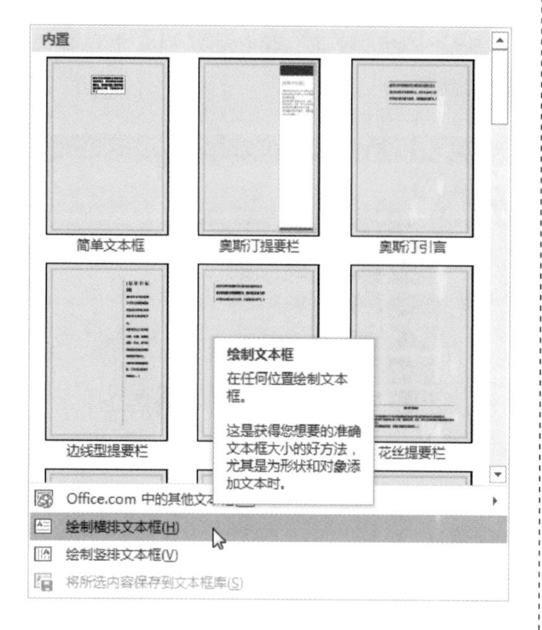

步骤 14 绘制好文本框后输入内容，并设置文本框和字体的格式。

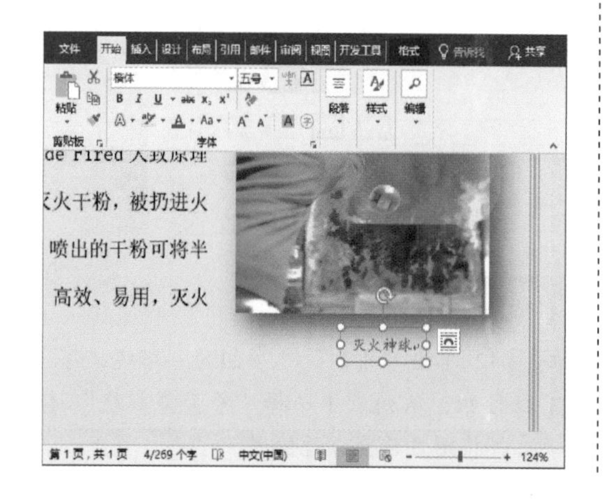

步骤 15 单击“插入”选项卡中的“艺术字”下拉按钮，从列表中选择合适的艺术字效果。

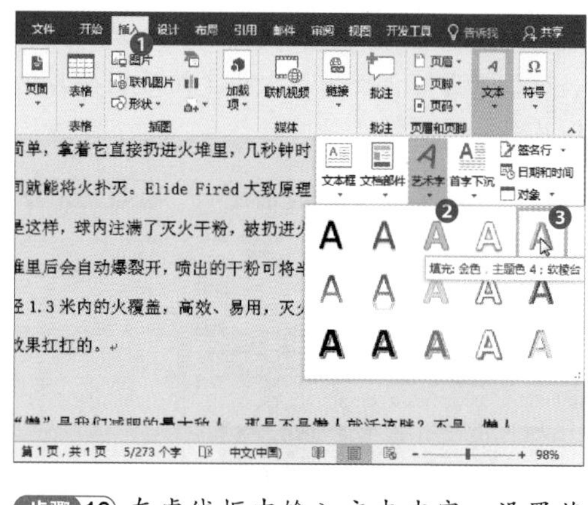

步骤 16 在虚线框中输入文本内容，设置艺术字的文本格式，然后将其移至合适位置。

至此，产品说明书文档就制作完毕了。至于其中一些设置参数大家可以自行发挥，不一定要和步骤一模一样。也许你会做得比我更好。

制作土特产宣传文案

打开“强化练习”实例文件夹，利用其中的素材文件，按照下列要求进行操作。

（1）新建空白文档，输入内容，设置文本格式：宋体、小四。

（2）为文档添加页面颜色和页面边框。

（3）插入图片，调整图片大小、设置图片效果，并将图片移至合适位置。

（4）插入文本框，输入文本：东坡回赠肉；设置文本框的形状填充：无填充；设置形状轮廓：无轮廓。

（5）设置文本框中的字体的格式：华文行楷、小四、蓝色。

（6）插入艺术字，输入文本：徐州特产介绍。

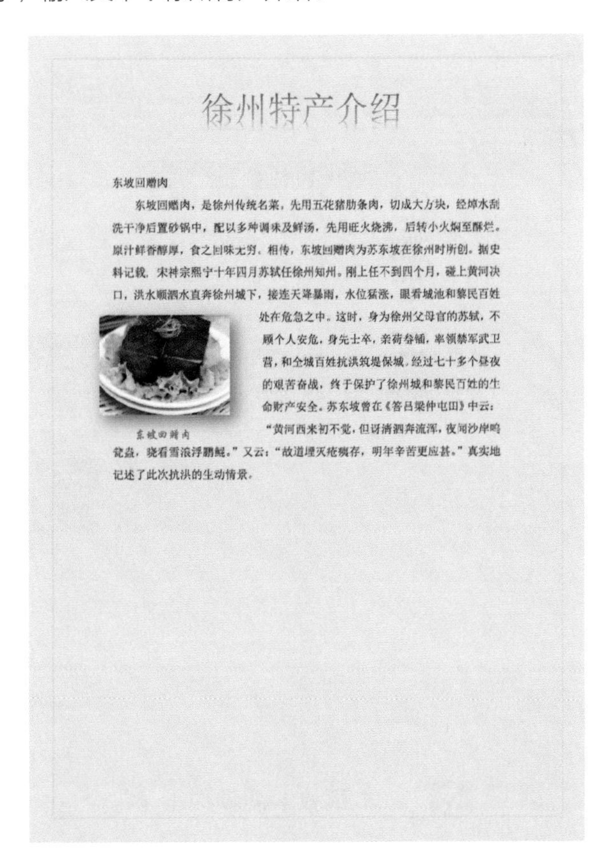
徐州特产介绍

东坡回赠肉

东坡回赠肉，是徐州传统名菜。先用五花猪肋条肉，切成大方块，经焯水刮洗干净后置砂锅中，配以多种调味及鲜汤，先用旺火烧沸，后转小火焖至酥烂。原汁鲜香醇厚，食之回味无穷。相传，东坡回赠肉为苏东坡在徐州时所创。据史料记载，宋神宗熙宁十年四月苏轼任徐州知州。刚上任不到四个月，碰上黄河决口，洪水顺泗水直奔徐州城下，接连天降暴雨，水位猛涨，眼看城池和黎民百姓处在危急之中。这时，身为徐州父母官的苏轼，不顾个人安危，身先士卒，亲荷畚锸，率领禁军武卫营，和全城百姓抗洪筑堤保城。经过七十多个昼夜的艰苦奋战，终于保护了徐州城和黎民百姓的生命财产安全。苏东坡曾在《答吕梁仲屯田》中云："黄河西来初不觉，但讶清泗奔流浑，夜闻沙岸鸣瓮盎，晓看雪浪浮鹏鲲。"又云："故道堙灭疮痍存，明年辛苦更应甚。"真实地记述了此次抗洪的生动情景。

东坡回赠肉

最终效果

第3章 巧用Word表格

知识导读

在制作费用清单、购物计划表、请假条等都需要用到表格，本章将重点讲解表格的创建、表格的基本操作、表格的美化、文本与表格的相互转换以及在表格中实现简单运算。

内容预览

将表格一分为二

9月份销售统计表			
产品名称	单价	数量	总金额
时尚风衣	185.00	300	55500
纯棉打底衫	66.00	1050	69300
PU短外套	99.00	800	79200
时尚短裤	62.00	1300	80600
超薄防晒衣	77.00	1100	84700
雪纺短袖	99.00	990	98010
修身长裤	110.00	900	99000
纯棉睡衣	103.00	1010	104030
运动套装	228.00	530	120840
雪纺连衣裙	128.00	1020	130560

计算“总金额”数据

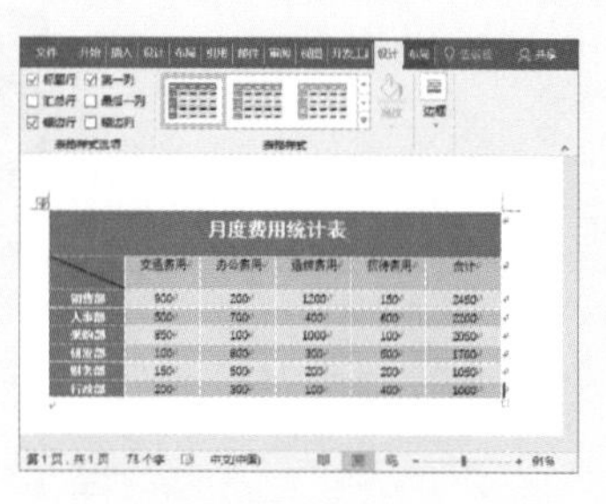

制作月度费用统计表

本章教学视频数量：6个

3.1 创建Word表格

表格的创建方法有很多种，在创建的时候可以根据当时情况来选择相应的方式。本节就重点向大家介绍一下创建表格的常规操作以及行或列的插入与删除。

3.1.1 常规插入与删除表格

插入和删除表格的方法有多种，下面介绍常规的插入与删除表格的方法。

步骤 1 插入表格。打开文档，将光标定位至需要插入表格处，单击“插入”选项卡中的“表格”按钮，在展开的列表中可以滑动鼠标选取行列数。

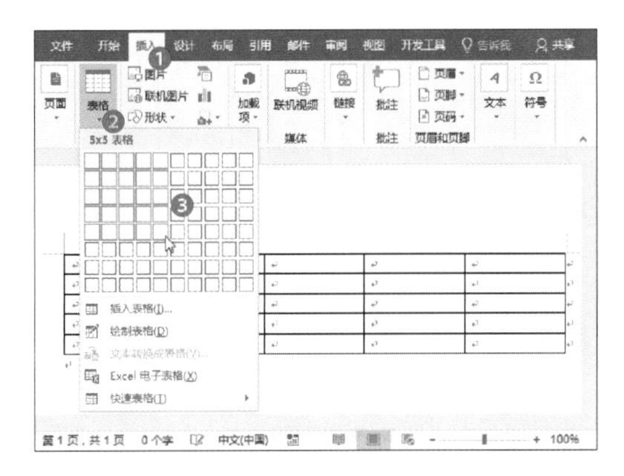

步骤 2 如果需要插入指定的行和列的表格，可以在“表格”列表中选择“插入表格”选项，打开“插入表格”对话框，从中设置表格的行列数，然后单击“确定”按钮。

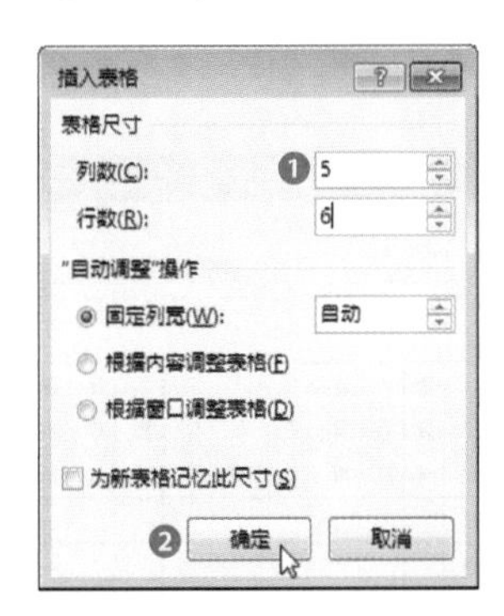

步骤 3 插入指定的行数、列数的表格，根据需要输入表格标题和内容即可。

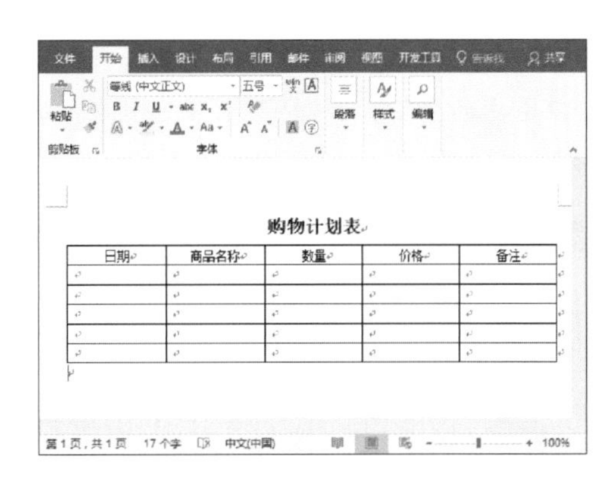

步骤 4 删除表格。选中表格，单击鼠标右键，从快捷菜单中选择“删除表格”命令。

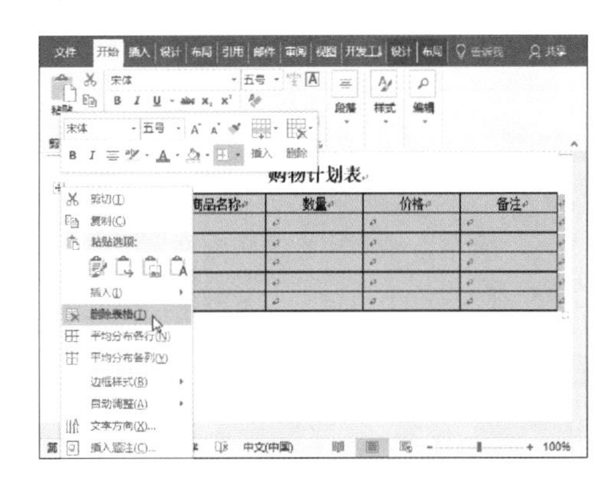

步骤 5 或者在表格内单击后，会显示“表格工具-布局”选项卡，单击“删除”按钮，从展开的列表中选择“删除表格”选项。

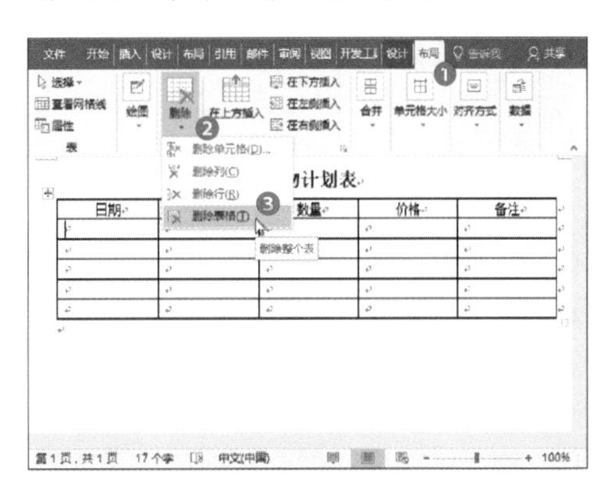

3.1.2 插入与删除行与列

插入表格后，在编辑表格的过程中经常会遇到需要增加行、列，或者删除行与列的情况，下面将分别介绍插入和删除行与列的方法。

（1）插入行/列

方法 1 功能区命令插入法。打开文档，将光标定位在表格内，单击“表格工具-布局”选项卡中的“在下方插入”按钮，可在所选行下方插入新行。

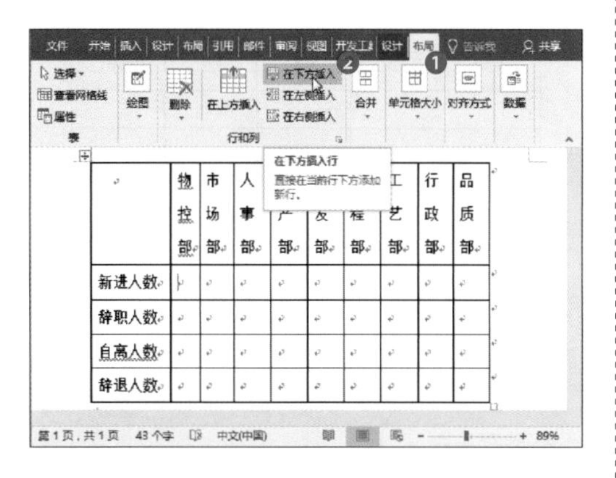

方法 2 右键快捷菜单法。将光标定位至单元格内，单击鼠标右键，在快捷菜单中选择“插入”命令，然后从其级联菜单中选择合适的命令即可。

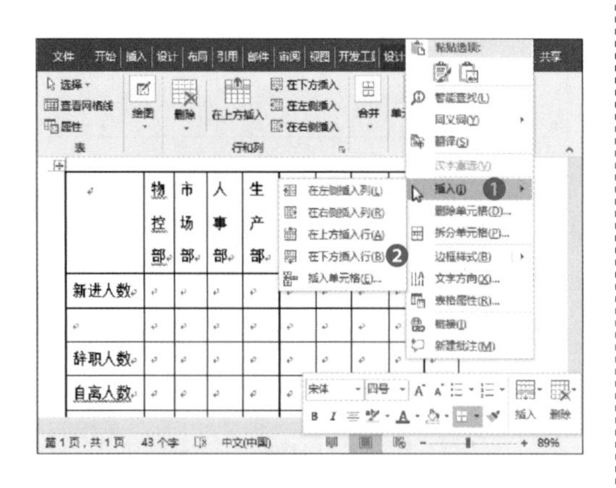

（2）删除行/列

方法 1 功能区命令删除法。选择单元格后，单击“表格工具-布局”选项卡中的“删除”按钮，从展开的列表中选择“删除行/列”选项，可删除单元格所在的行/列。

方法 2 右键快捷菜单法。选择单元格并右击，从快捷菜单中选择“删除单元格”命令。

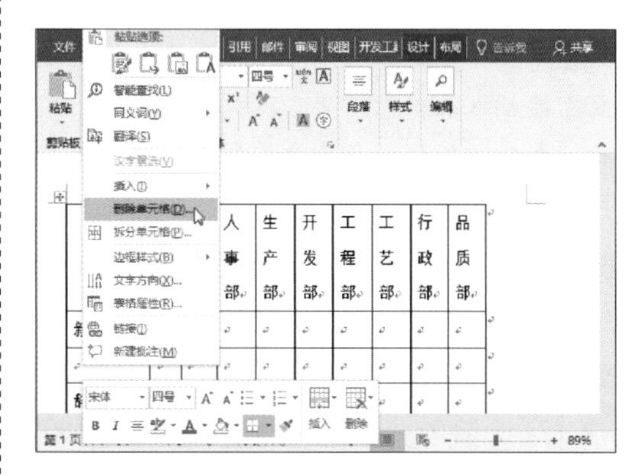

弹出“删除单元格”对话框，选中“删除整行”单选按钮。

单击“确定”按钮，关闭对话框，即可删除所选单元格所在的行。

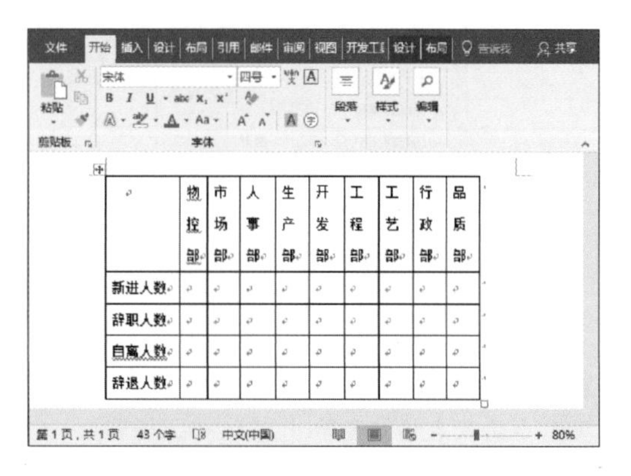

3.2 表格的基本操作

创建表格后，在编辑表格的过程中需要对表格进行一些基本的操作，例如选择单元格、调整表格的行高与列宽、单元格和表格的拆分与合并，这些基本操作你都熟悉吗？都熟悉的话，你可以跳过本节；不熟悉的话，就跟着我一块来学习吧！

3.2.1 选择单元格的方法

选择单元格的方法有多种，下面介绍两种选择单元格的方法。

方法 1 功能区命令选择单元格。将鼠标光标置于要选择的单元格中，单击“表格工具-布局”选项卡中的“选择”按钮，从列表中选择合适的命令即可。

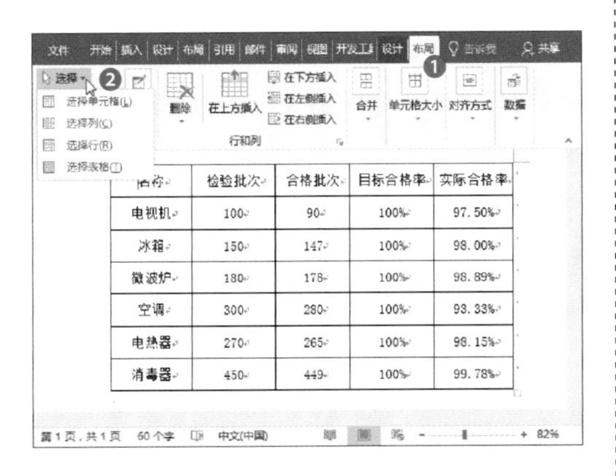

名称	检验批次	合格批次	目标合格率	实际合格率
电视机	100	90	100%	97.50%
冰箱	150	147	100%	98.00%
微波炉	180	178	100%	98.89%
空调	300	280	100%	93.33%
电热器	270	265	100%	98.15%
消毒器	450	449	100%	99.78%

方法 2 鼠标选择单元格。将鼠标光标移至要选择的单元格左下角，当光标变为黑色箭头时，单击该单元格即可将其选中。

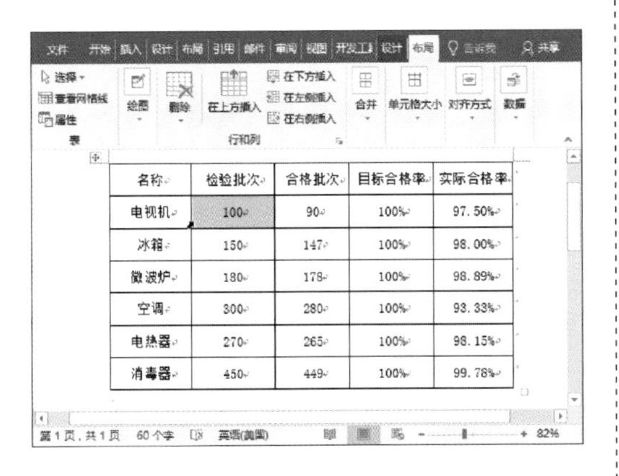

名称	检验批次	合格批次	目标合格率	实际合格率
电视机	100	90	100%	97.50%
冰箱	150	147	100%	98.00%
微波炉	180	178	100%	98.89%
空调	300	280	100%	93.33%
电热器	270	265	100%	98.15%
消毒器	450	449	100%	99.78%

3.2.2 设置行高与列宽

在编辑表格内容时，为了使表格看起来更加美观大方，可以调整表格的行高和列宽。

步骤 1 设置行高。打开文档后，将光标移到需要调整行高的左侧，此时光标向右倾斜，单击鼠标左键，选择该行。

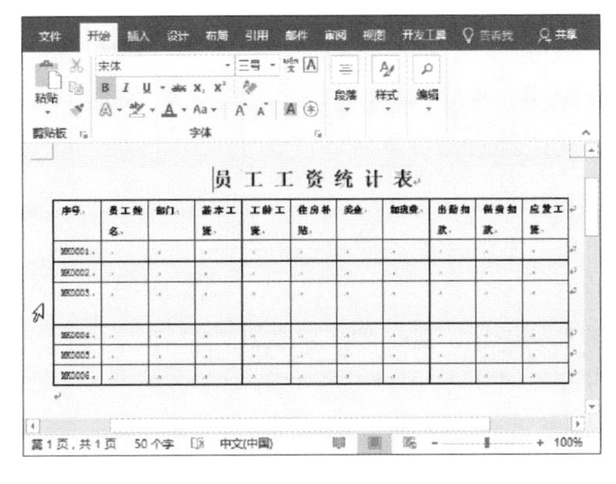

步骤 2 通过“表格工具-布局”选项卡“单元格大小”组中的“高度”数值框，设置行高。

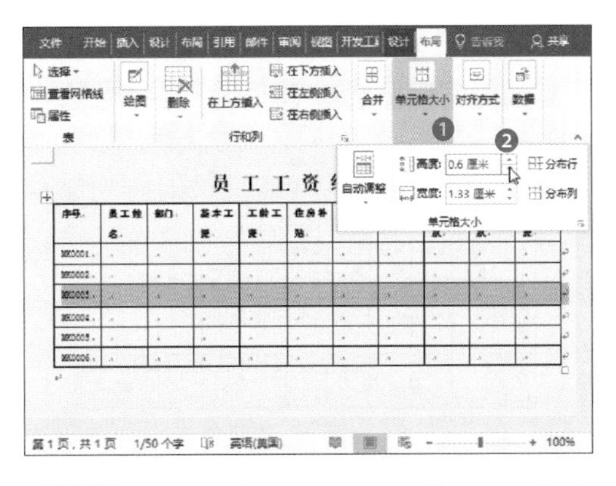

步骤 3 设置列宽。将光标移到需要调整列的最上方，光标变为向下的黑色箭头，单击鼠标左键选择该列。

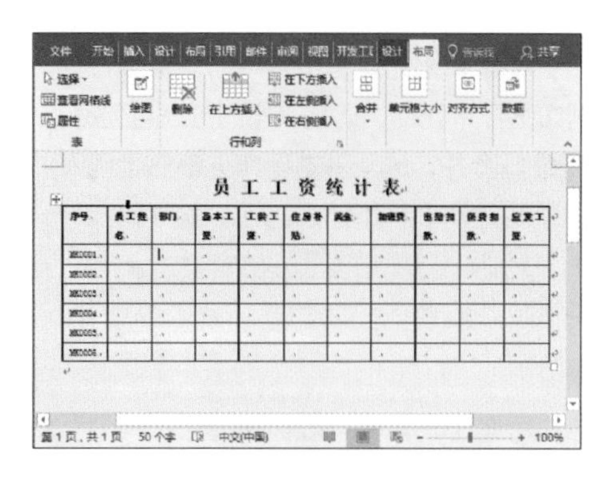

步骤 4 通过“表格工具-布局”选项卡“单元格大小”组中的“宽度”数值框，设置列宽。

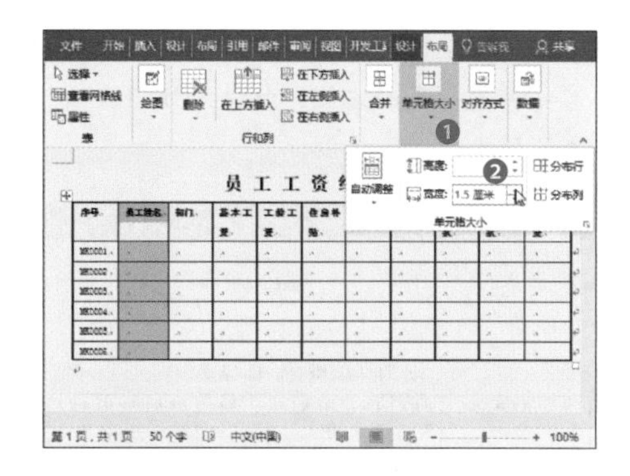

3.2.3 平均分布行高与列宽

如果希望多行、多列的间距是相同的，该如何设置呢？下面将对其操作进行介绍。

步骤 1 选择多行，单击“表格工具-布局”选项卡中的“分布行”按钮，可将所选行平均分布。

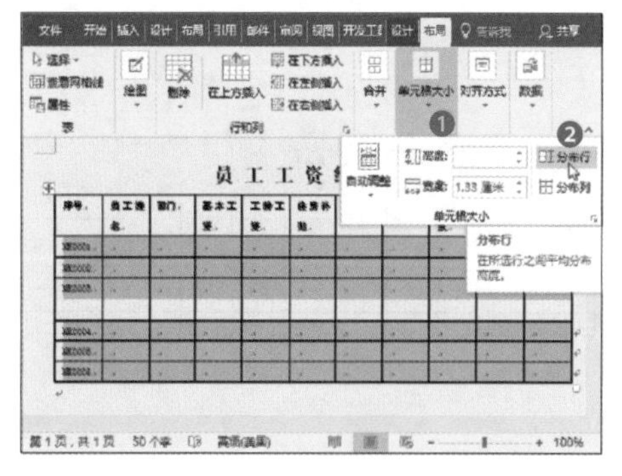

步骤 2 选择多列，单击“表格工具-布局”选项卡中的“分布列”按钮，可将所选列平均分布。

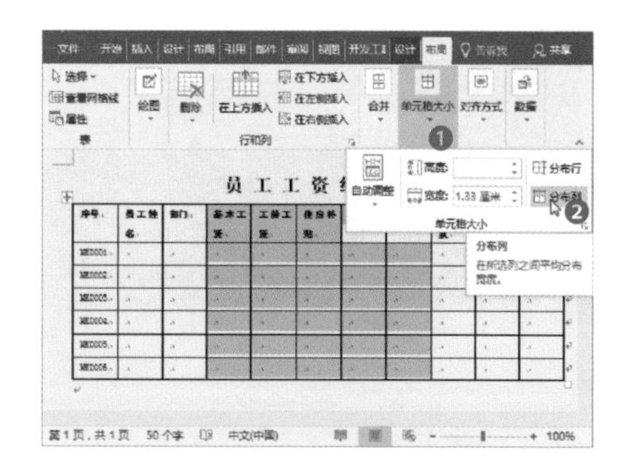

3.2.4 拆分/合并单元格

插入表格后，可以根据需要拆分或合并单元格。

（1）拆分单元格

步骤 1 将光标定位至需要拆分的单元格内，单击“表格工具-布局”选项卡中的“拆分单元格”按钮。

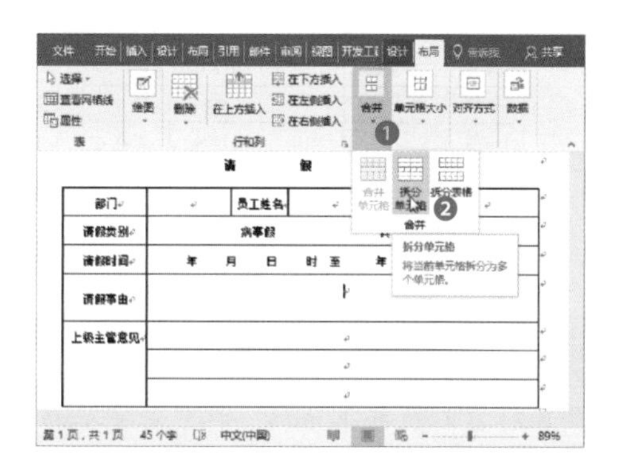

步骤 2 打开“拆分单元格”对话框，设置要拆分的行列数，设置完成后单击“确定”按钮即可。

（2）合并单元格

步骤 1 选择需要合并的单元格，单击“表格工具-布局”选项卡中的“合并单元格”按钮。

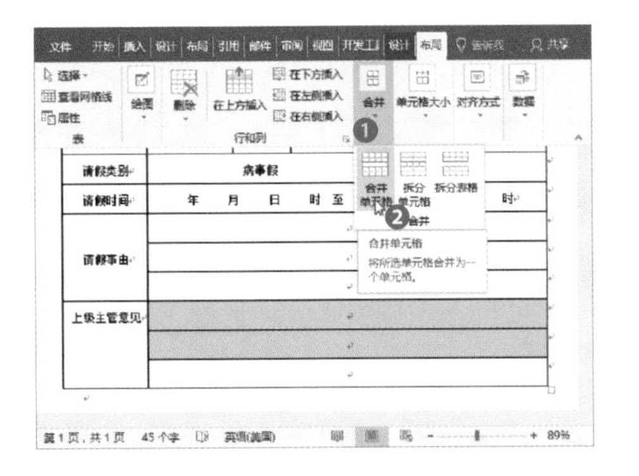

步骤 2 即可将所选单元格合并为一个单元格。

3.2.5 拆分/合并表格

很多人经常会把拆分/合并单元格和拆分/合并表格混淆不清。前者是对表格中某一个单元格进行操作，而后者就是对整个表格进行拆分或合并。也就是说把一个表格拆分成两个表格，反之就是把两个表格合并成一个表格。

（1）拆分表格

步骤 1 将光标定位到需要拆分的表格开始处，单击“表格工具-布局”选项卡中的“拆分表格”按钮。

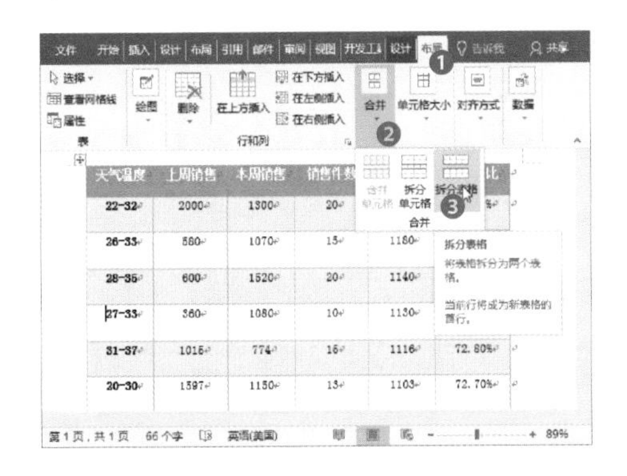

步骤 2 可将表格从光标处拆分为两个表格。

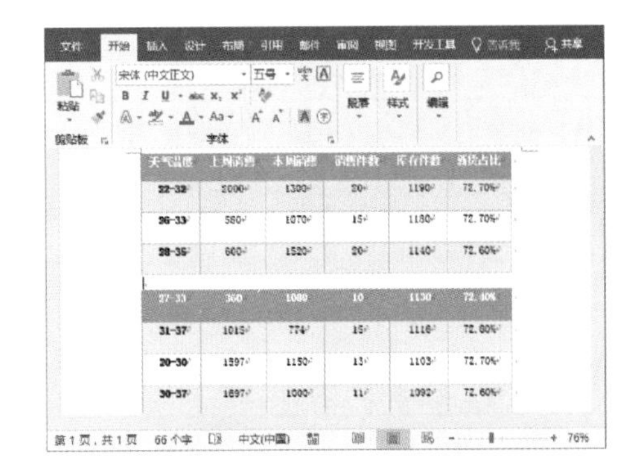

（2）合并表格

步骤 1 将光标定位到两个表格之间的空白处，按Delete键删除空格。

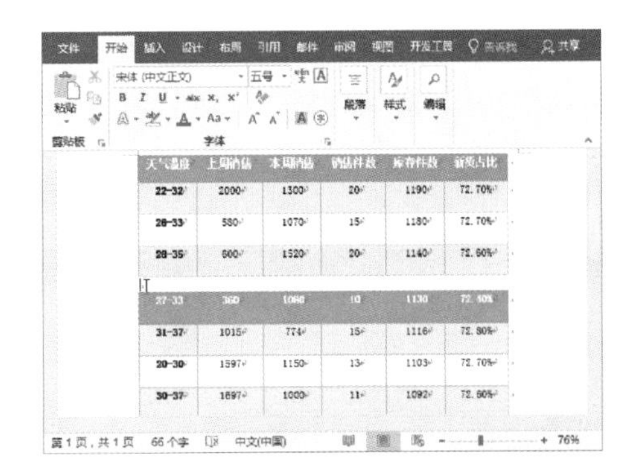

步骤 2 即可将两个表格合并，查看合并后的效果。

3.3 美化Word表格

通常表格创建后，总有这样或那样不如意的地方，那么可以根据需要对表格进行美化，使表格看起来更加美观。

3.3.1 设置表格边框线

一个精美别致的表格边框，可以让表格看起来更加舒服，并且也会让人容易看懂表格数据，下面将介绍如何设置表格边框线。

（1）应用内置边框样式

步骤 1 选择表格，单击“表格工具-设计”选项卡中的“边框样式”按钮，从列表中选择合适的样式。

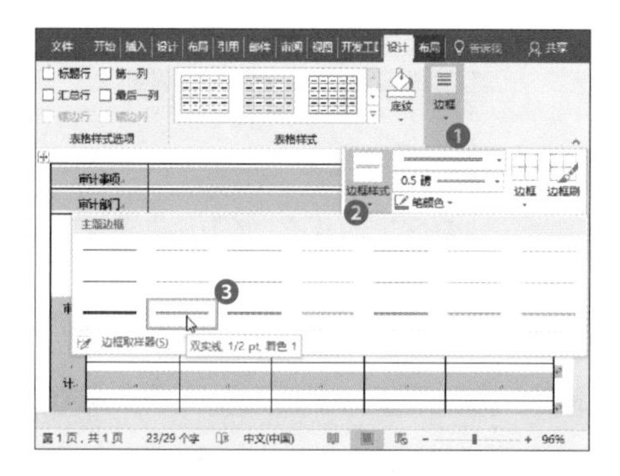

步骤 2 然后单击“边框”按钮，从列表中选择“外侧框线”选项。

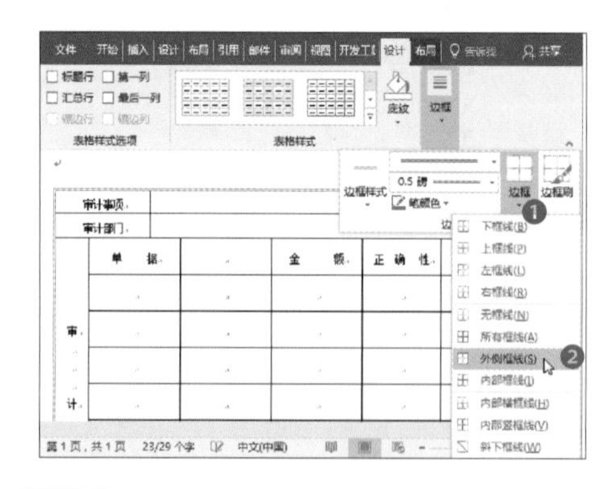

步骤 3 设置边框后的效果如图所示。

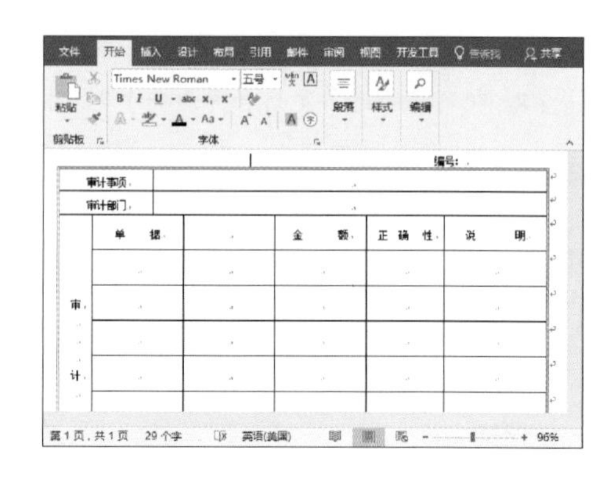

（2）自定义边框样式

步骤 1 选择表格，单击“表格工具-设计”选项卡中的“笔样式”按钮，从列表中选择合适的样式。

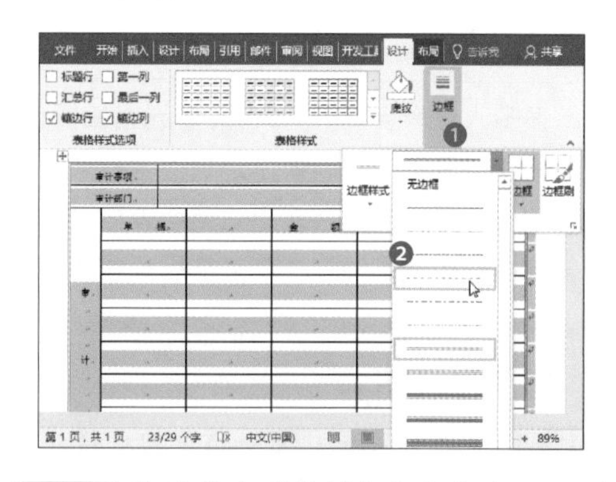

步骤 2 然后单击“笔划粗细”按钮，从列表中选择“1.0磅”选项。

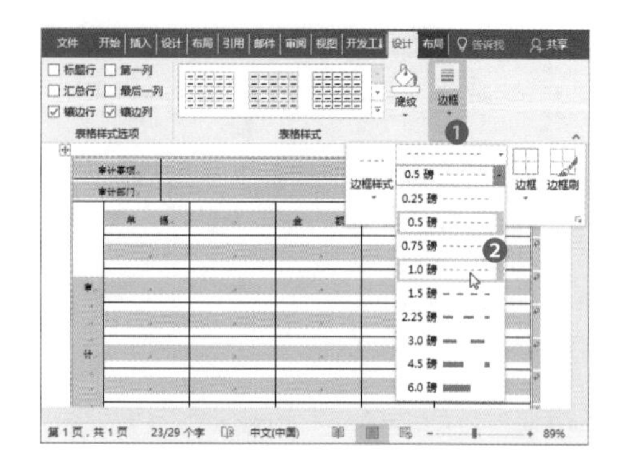

步骤 3 接着单击“笔颜色”按钮，从列表中选择合适的颜色。

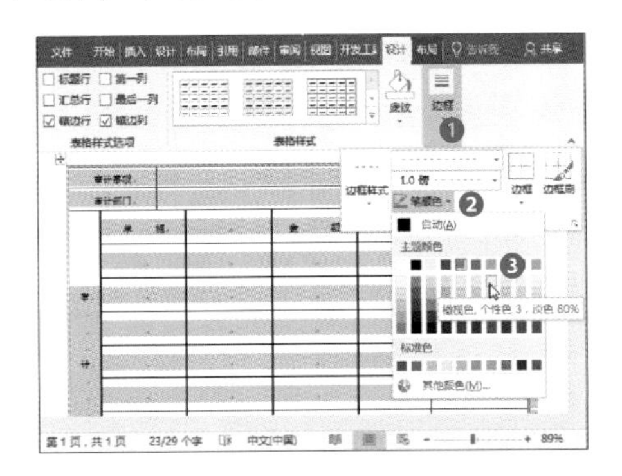

步骤 4 最后单击“边框”按钮，从列表中选择“内部框线”选项即可。

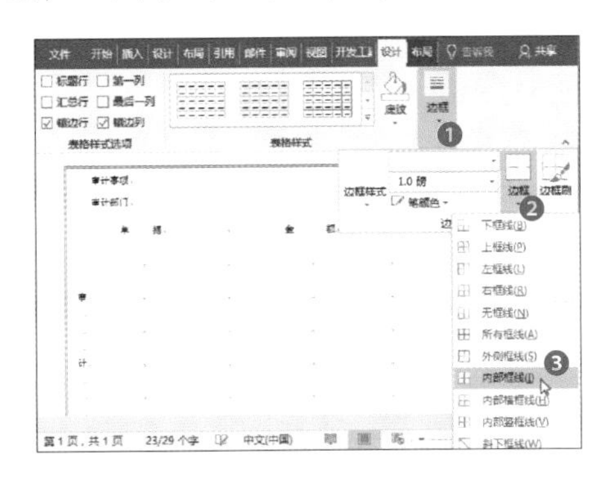

知识延伸：在表头中添加斜线

选择要添加斜线的单元格，单击“表格工具-设计”选项卡中的“边框”下拉按钮，从展开的列表中选择“斜下框线”选项，即可为选中的单元格添加斜线。

（3）使用边框刷

步骤 1 在更改笔样式、笔划粗细以及笔颜色后，接着单击“边框刷”按钮。

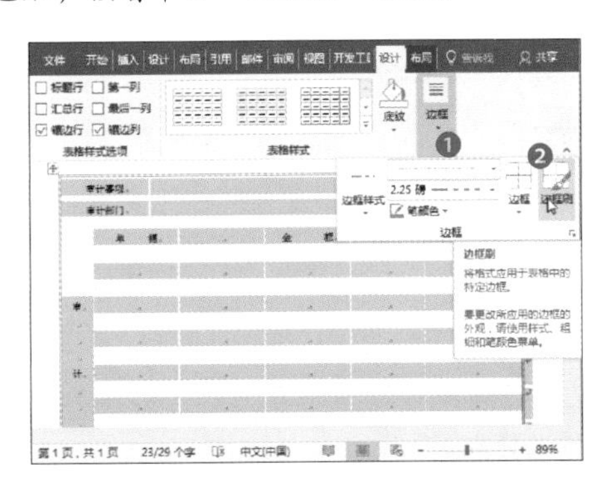

步骤 2 在需要应用设置样式的框线上单击，即可套用样式。

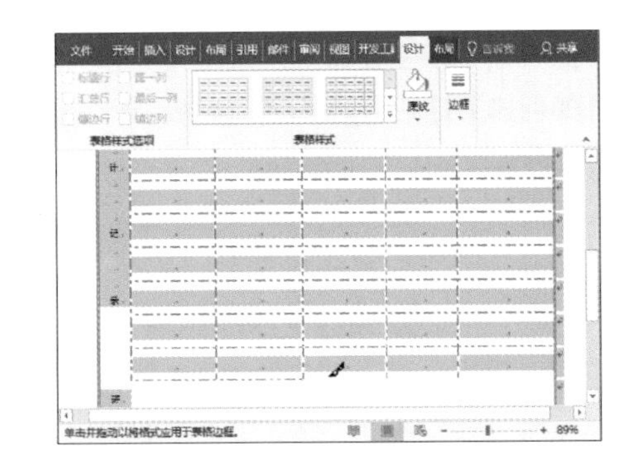

3.3.2 为表格添加底纹

对于表格中需要突出显示的内容，可以为其添加底纹。

步骤 1 选择需要添加底纹的单元格，单击“表格工具-设计”选项卡中的“底纹”按钮，从中选择合适的颜色即可。

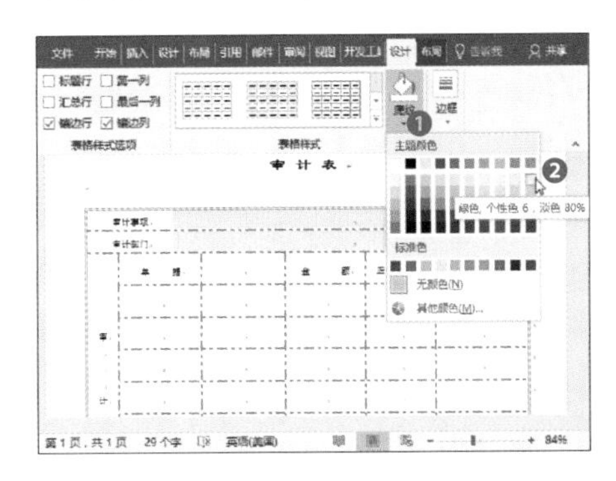

步骤 2 如果对底纹列表中的颜色不满意，还可以在底纹列表中选择“其他颜色”选项，在“颜色”对话框中选择满意的底纹颜色就可以了。

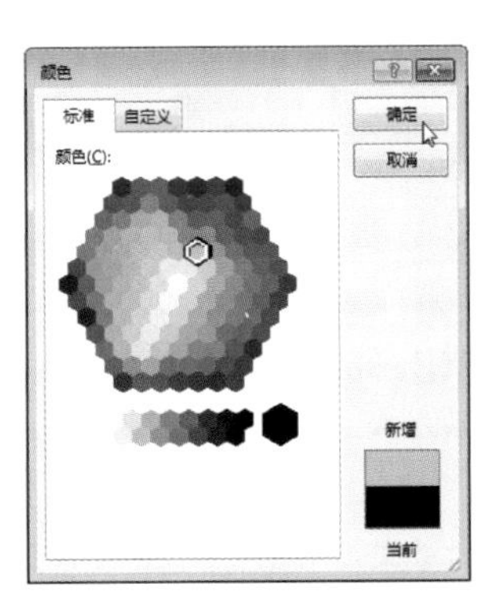

3.3.3 设置对齐方式

在表格中往往会包含大量的文本和数据，那么如何排列这些数据呢，下面将对表格内容的对齐设置操作进行介绍。

步骤 1 通过“表格工具-布局”选项卡设置。选择需要设置对齐的文本，单击“表格工具-布局”选项卡“对齐方式”组中的“水平居中”按钮。

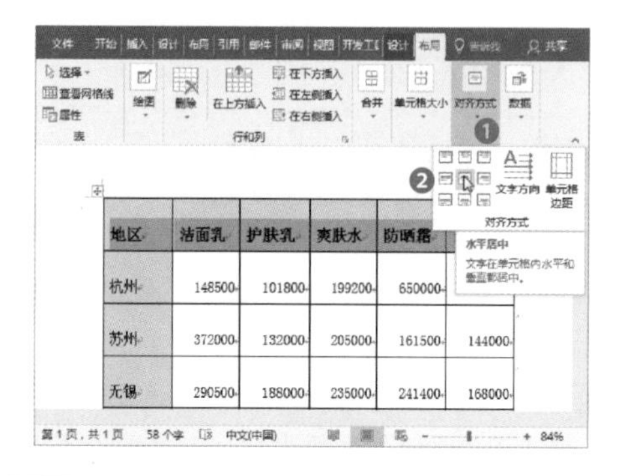

步骤 2 所选单元格中的文本会水平居中显示。

步骤 3 通过“开始”选项卡设置。选中表格中的文本，单击“开始”选项卡“段落”组中的“居中”按钮。

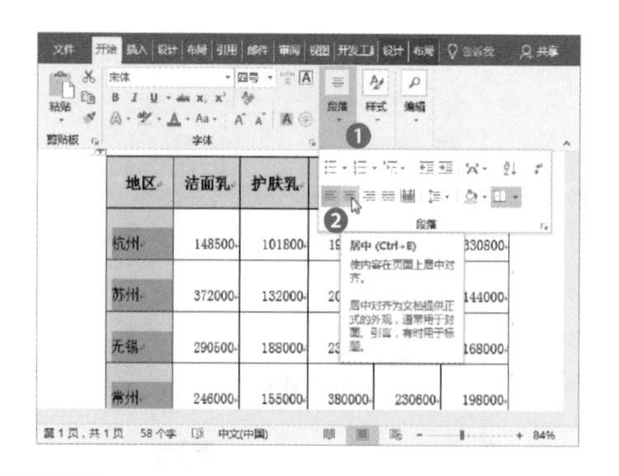

步骤 4 所选文本会居中对齐显示。

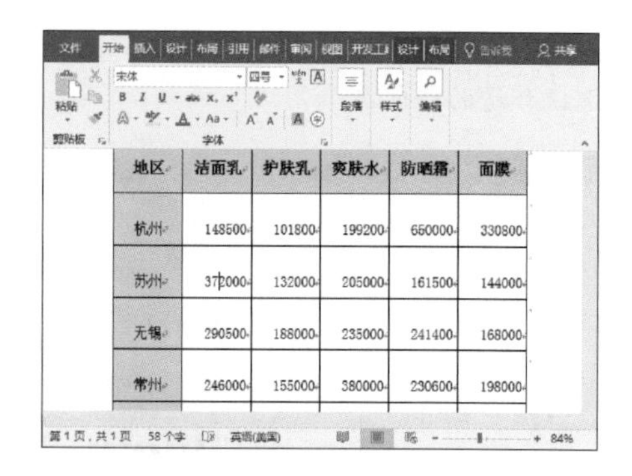

3.3.4 自动套用格式

除了可以自定义表格样式外，还可以自动套用Word文档提供的快速样式来美化表格，下面对其进行介绍。

步骤 1 选择表格，单击“表格工具-设计”选项卡“表格样式”组中的“其他”按钮。

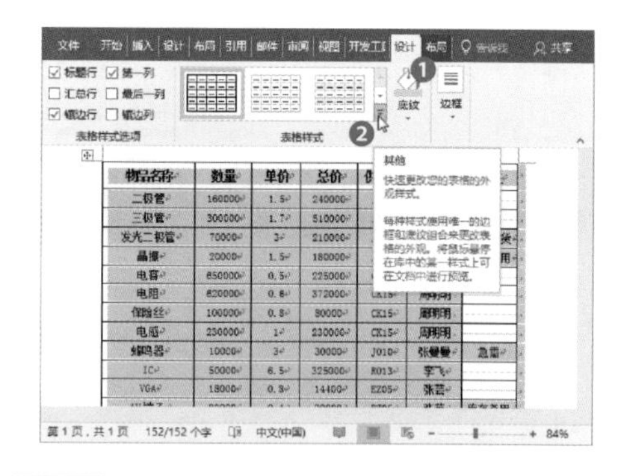

步骤 2 从展开的列表中选择合适的样式即可。

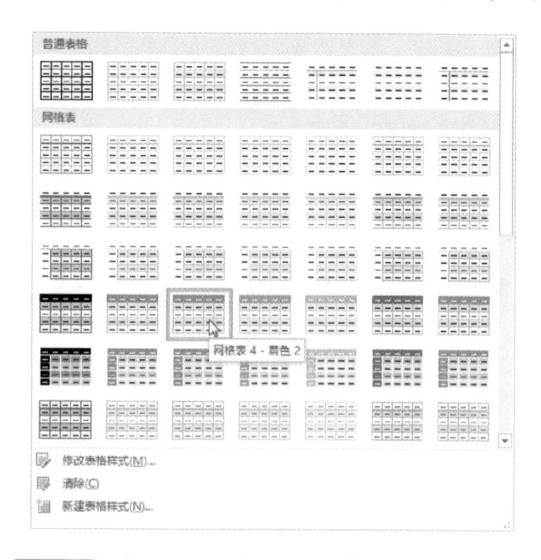

步骤 3 随后即可看到当前表格已经成功应用所选样式了。

3.4 文本与表格的相互转换

把文本转换为表格，或者把表格内容瞬间转换成文本形式，你知道该怎么操作吗？方法很简单，只需一键就能完成所有转换操作。不信，往下看。

3.4.1 将文本转换为表格

想要把文本快速转换为表格，可通过以下操作进行。

步骤 1 打开文档，选择所需文本，单击“插入”选项卡中的“表格”按钮，从中选择“文本转换成表格”选项。

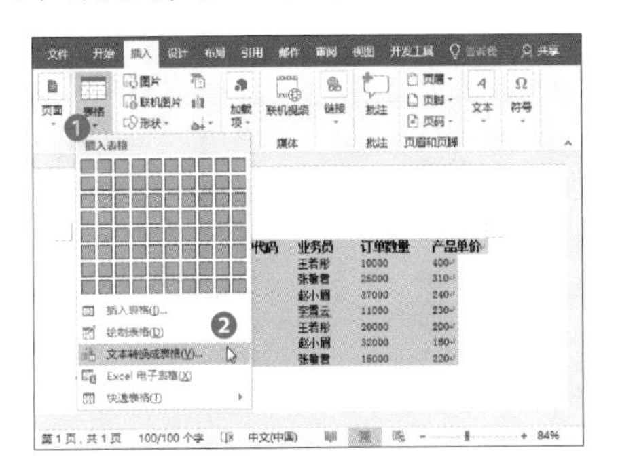

步骤 2 在“将文字转换成表格”对话框，设置好列数项，单击“确定”按钮。

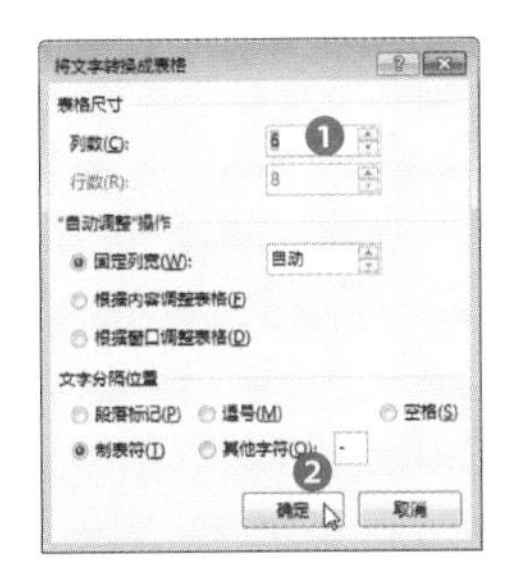

步骤 3 此时被选的文本已瞬间转换成表格了。

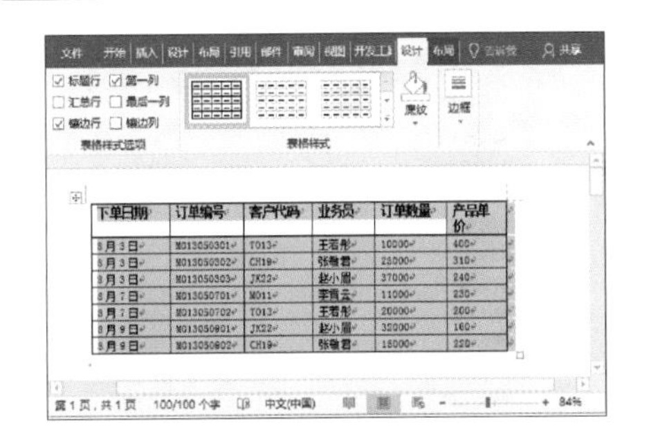

3.4.2 将表格转换为文本

反过来，表格如何转换为文本呢？

步骤 1 选择表格，单击“表格工具-布局”选项卡的“转换为文本”按钮。

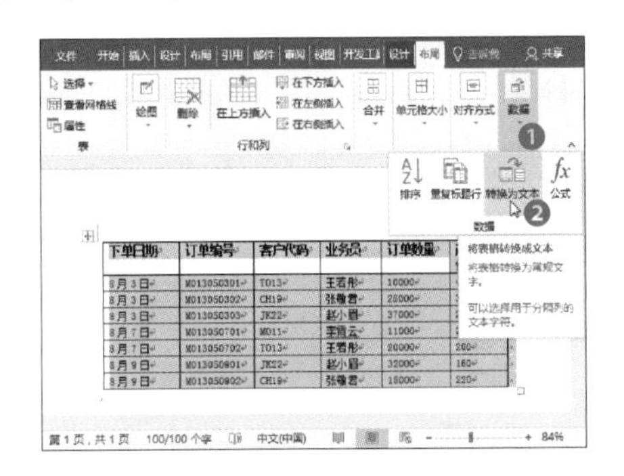

步骤 2 打开“表格转换成文本”对话框，选择文字分隔符项，这里保持默认，然后单击“确定”按钮。

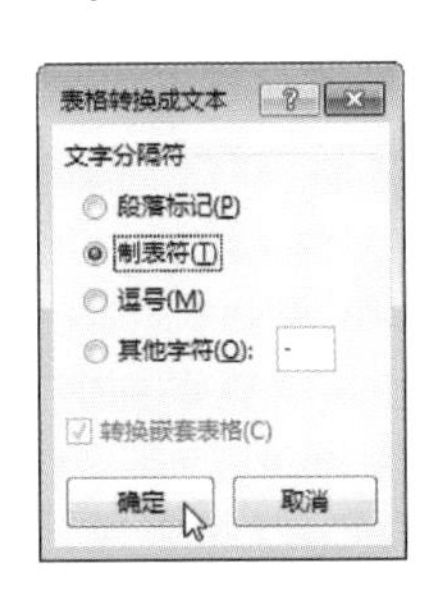

步骤 3 好了，完成转换操作。

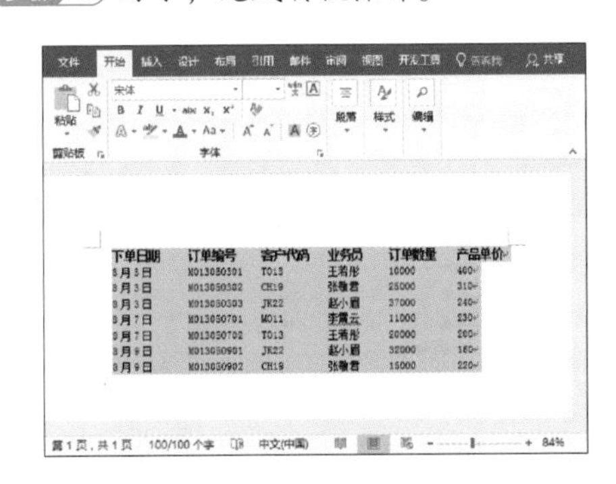

3.5 在表格中实现简单运算

如果在表格中需要简单地进行计算，无需使用计算器，使用Word自带的功能即可实现数据的计算。

3.5.1 计算和值

和值在计算中会常常用到，下面对其操作进行介绍。

步骤 1 打开文档，将光标定位到结果单元格。单击“表格工具-布局”选项卡中的“公式”按钮。

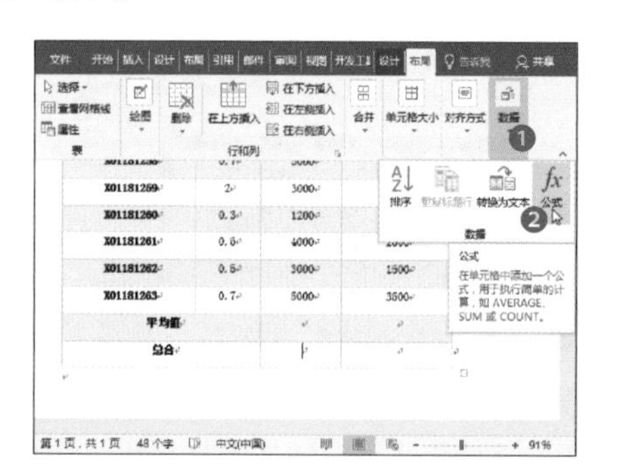

步骤 2 弹出“公式”对话框，默认公式即为求和公式，然后单击“确定”按钮即可。

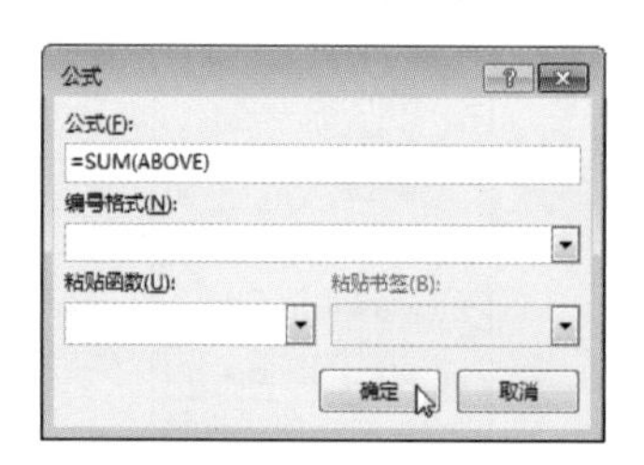

步骤 3 按照同样的方法计算其他数据之和。

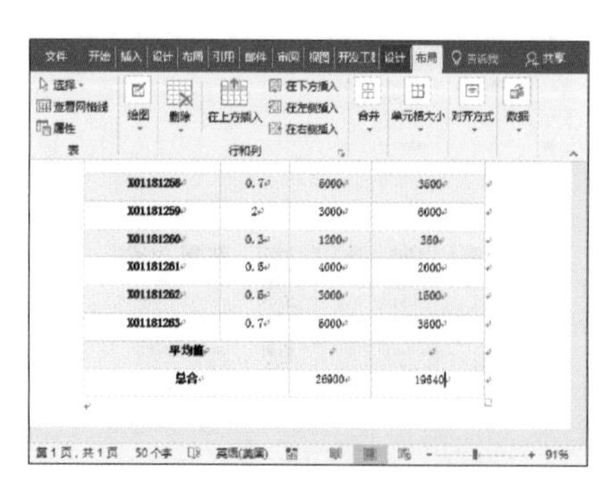

3.5.2 对数据实施排序

在Word中还可以对表格中的数据进行排序操作。

步骤 1 选择需要的数据，单击“表格工具-布局”选项卡中的“排序”按钮。

步骤 2 打开“排序”对话框，设置“主要关键字”为列4，“类型”为数字，单击“升序”单选按钮，然后单击“确定”按钮。

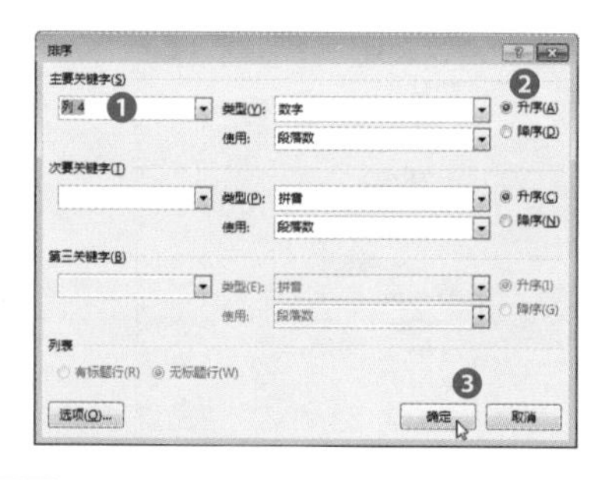

步骤 3 完成排序操作。

9月份销售统计表			
产品名称	单价	数量	总金额
时尚风衣	185.00	300	55500
纯棉打底衫	66.00	1050	69300
PU短外套	99.00	800	79200
时尚短裤	62.00	1300	80600
超薄防晒衣	77.00	1100	84700
雪纺短袖	99.00	990	98010
修身长裤	110.00	900	99000
纯棉睡衣	103.00	1010	104030
运动套装	228.00	530	120840
雪纺连衣裙	128.00	1020	130560

制作月度费用统计表

下面通过制作月度费用统计表来温习和巩固前面所学知识，其具体操作步骤介绍如下。

步骤 1 打开新建的空白文档，定位好光标，单击“表格”按钮，从列表中选择“插入表格”选项。

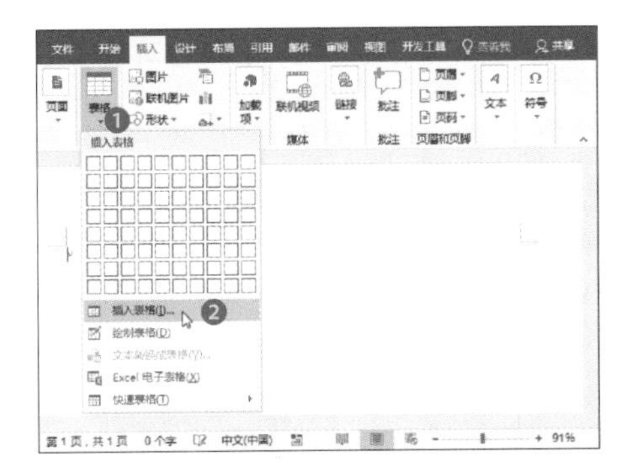

步骤 2 打开“插入表格”对话框，从中设置行数和列数，然后单击“确定”按钮。

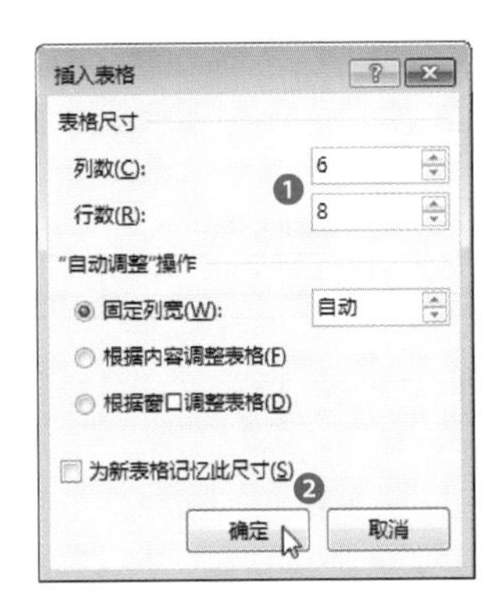

步骤 3 完成了一个8行6列表格的创建操作。

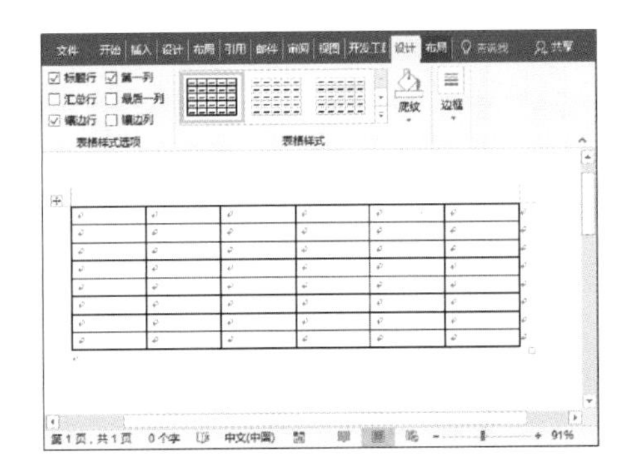

步骤 4 选中第一行单元格，单击“表格工具-布局”选项卡中的“合并单元格”按钮。

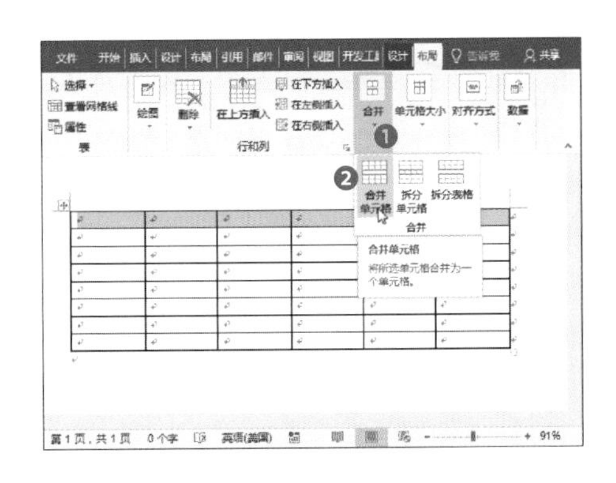

步骤 5 合并单元格后，在表格中输入数据内容。

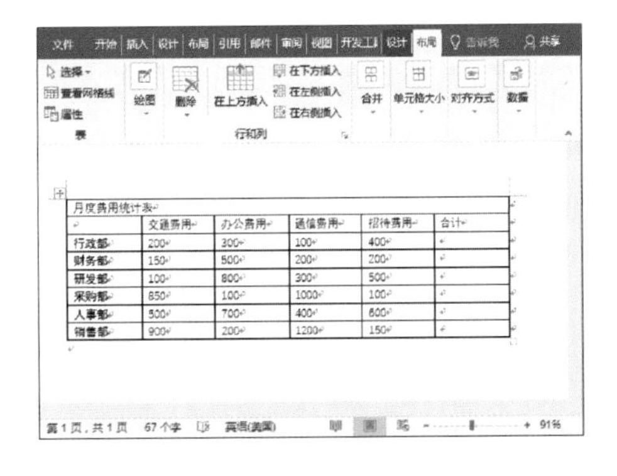

月度费用统计表					
	交通费用	办公费用	通信费用	招待费用	合计
行政部	200	300	100	400	
财务部	150	500	200	200	
研发部	100	800	300	500	
采购部	850	100	1000	100	
人事部	500	700	400	600	
销售部	900	200	1200	150	

技巧点拨：使用擦除功能合并单元格

将光标定位至表格内，单击“表格工具-布局”选项卡中的“橡皮擦”按钮，然后在需要合并单元格的分隔线上单击即可。

步骤 6 选择表格中的文本，单击“表格工具-布局”选项卡“对齐方式”组中的“水平居中”按钮。

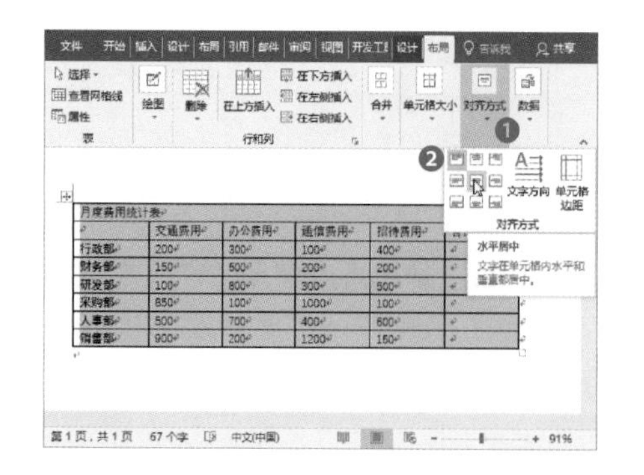

步骤 7 选中第一行，通过“表格工具-布局”选项卡中的“高度”数值框，调整行高。

步骤 8 将光标放置在需要调整行高的分割线上，当光标变为上下双向箭头时，按住鼠标左键不放向下拖动鼠标，调整行高。

步骤 9 选择标题文本，设置其字体格式：黑体、小二。

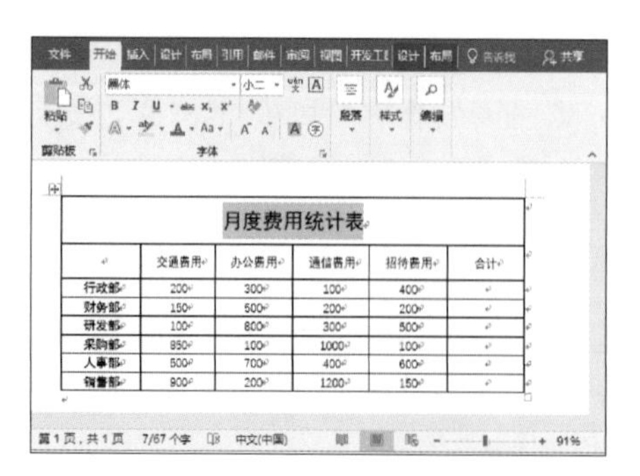

步骤 10 将光标定位至需要求和的单元格中，单击“表格工具-布局”选项卡中的“公式”按钮。

步骤 11 打开“公式”对话框，默认公式为求和公式，然后单击“确定”按钮。

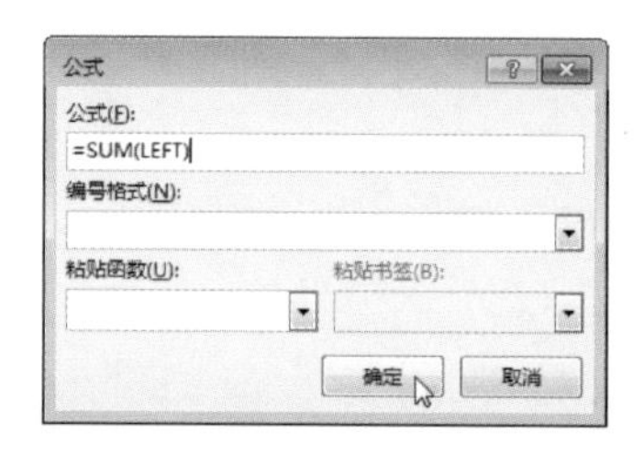

步骤 12 按照同样的方法，计算出其他单元格的合计值。

步骤 13 选择需要的数据，单击“表格工具-布局”选项卡中的“排序”按钮。

步骤14 打开“排序”对话框，设置“主要关键字”为列6，“类型”为数字，选择“降序”单选按钮，然后单击“确定”按钮。

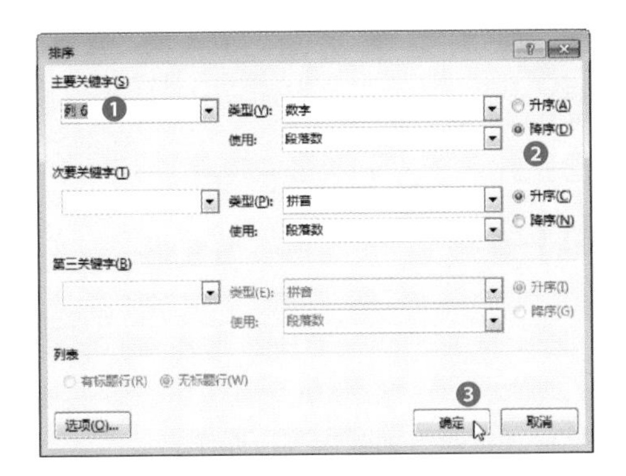

步骤15 返回编辑区，查看选中数据的排序效果。

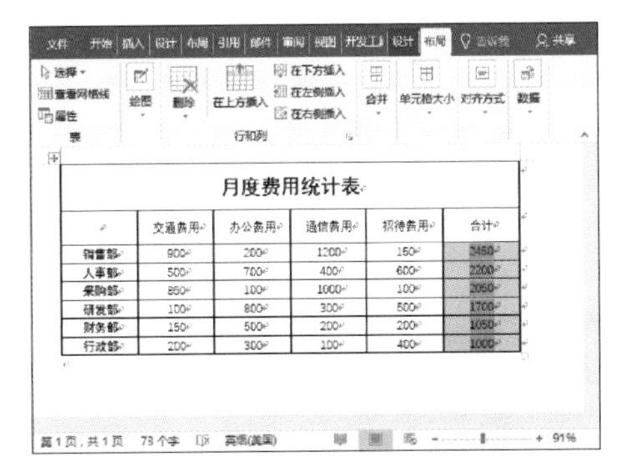

	交通费用	办公费用	通信费用	招待费用	合计
销售部	900	200	1200	150	2450
人事部	500	700	400	600	2200
采购部	850	100	1000	100	2050
研发部	100	800	300	500	1700
财务部	150	500	200	200	1050
行政部	200	300	100	400	1000

步骤16 选择表格，单击“表格工具-设计”选项卡“表格样式”组的“其他”按钮。

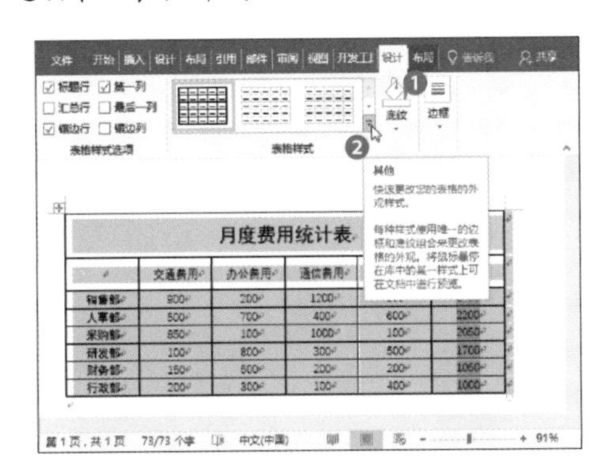

步骤17 从展开的列表中，选择合适的表格样式。

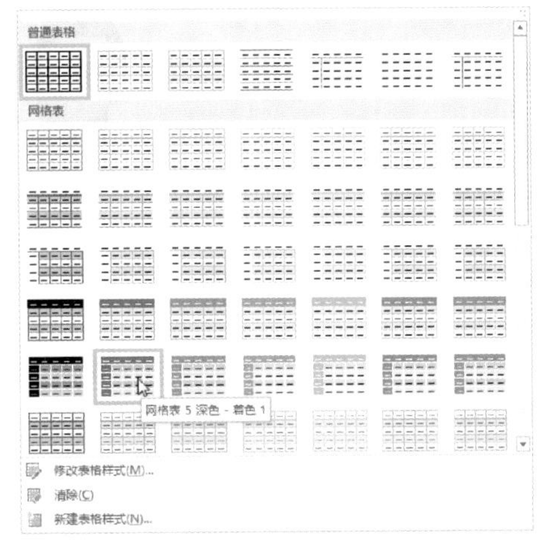

步骤18 将光标定位至第二行的第一个单元格中，单击“表格工具-设计”选项卡中的“边框”下拉按钮，从列表中选择“斜下框线”选项。

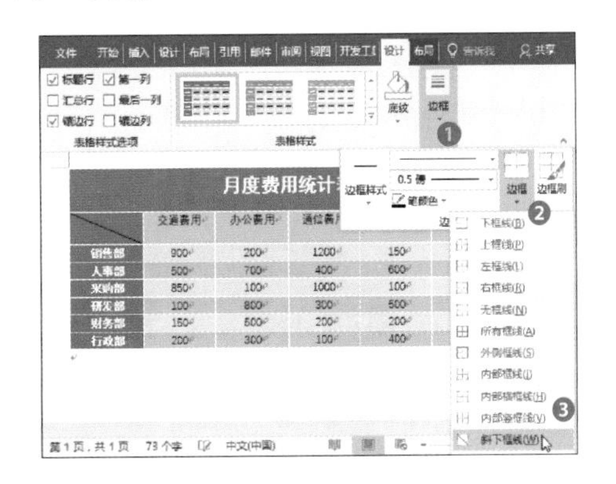

步骤19 至此完成表格所有的操作。

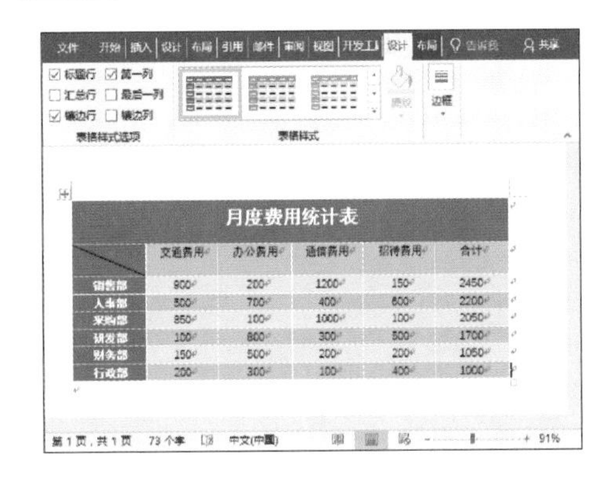

制作成绩统计表

打开“强化练习”实例文件夹，利用其中的素材文件，按照下列要求进行操作。

（1）利用“插入表格”命令，插入一个8行11列的表格。

（2）合并第一行的单元格，并输入文本内容：期末成绩统计表。

（3）设置文本内容的对齐方式：居中；设置字体格式：等线、五号。

（4）调整行高或列宽。

（5）利用公式命令，计算出总成绩。

（6）对总成绩进行升序排序。

（7）为表格应用内置的表格样式。

期末成绩统计表										
姓名	语文	数学	英语	物理	历史	地理	生物	化学	政治	总成绩
孙雷	71	56	80	75	62	84	71	65	76	640
马云	70	60	60	80	80	75	85	74	68	652
赵薇	80	90	60	70	85	78	65	70	89	687
韩梅	85	95	76	68	87	69	85	72	86	723
马薇	98	84	87	68	74	79	86	84	94	754
韩雪	88	95	67	95	87	82	96	97	86	793

最终效果

第4章 制作电子简历模板

知识导读

个人简历是每个求职者向用人单位介绍自己的资料，包括个人的基本信息、毕业院校、特长、工作经历等。简历的外观直接影响应聘的效果，一张精美的个人简历可以吸引招聘者的眼球，提高关注度，增加被录用的机会。下面将介绍如何制作美观大方的简历模板。

内容预览

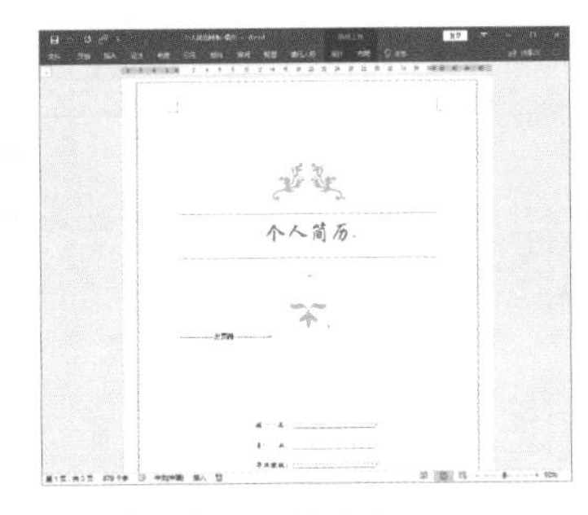

简历模板封面

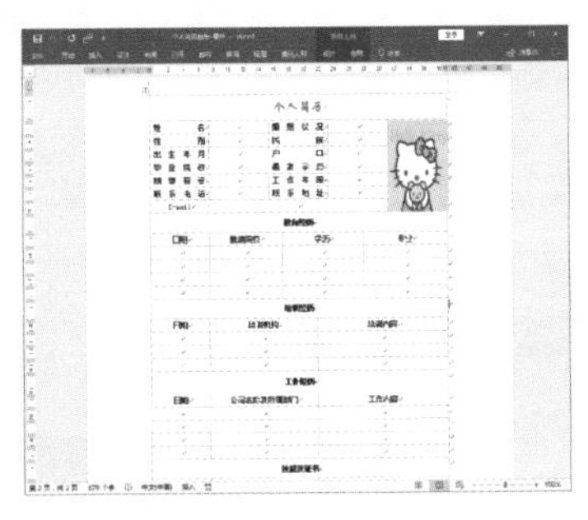

创建简历模板

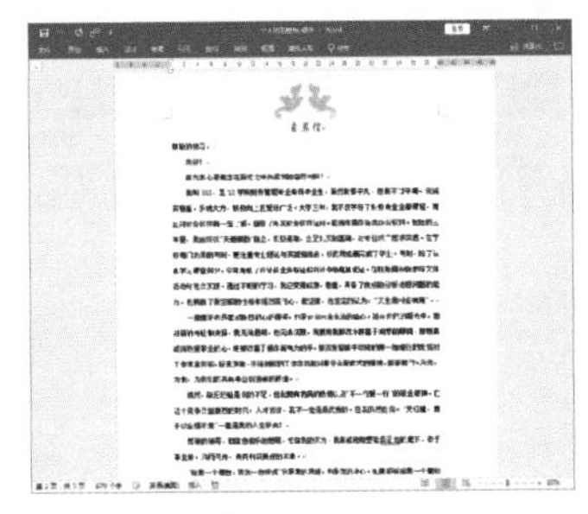

创建自荐信模板

本章教学视频数量：3个

4.1 制作简历封面

简历的封面很重要，因为它决定了招聘人员是否一眼能注意到你的简历，所以我们需要用心设计一下简历封面。其实制作简历的封面很简单，只需应用内置的封面样式，然后再根据需要进行简单的设计，最后输入内容即可。

4.1.1 设计封面版式

下面就来讲解如何设计封面版式。

步骤 1 新建空白文档，并命名为“个人简历模板”，打开空白文档，切换至“插入”选项卡，单击“封面”下拉按钮，从列表中选择“花丝”选项。

步骤 2 切换至“设计”选项卡，单击“页面边框”按钮。

步骤 3 打开“边框和底纹”对话框，在“页面边框”选项卡中，选择“设置”组中的“方框”选项，然后设置其“样式”“颜色”“宽度”，单击“应用于”下拉按钮，从列表中选择“本节-仅首页”选项，单击“确定”按钮。

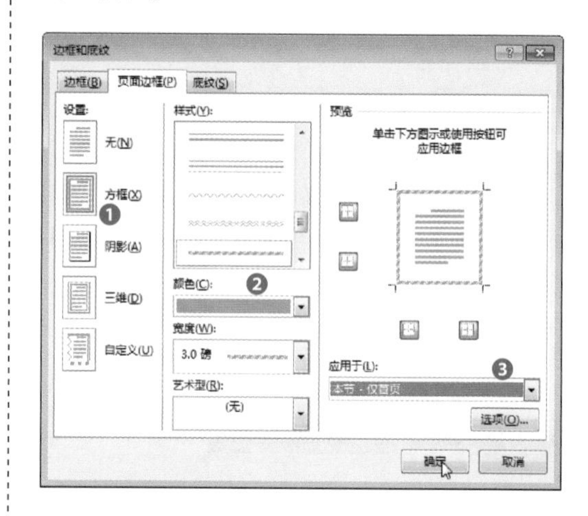

4.1.2 输入并调整封面内容

设计完成封面版式后，接下来需要输入内容。

步骤 1 在“文档标题”文本框中输入内容，并设置标题的字体格式：华文行楷、小初。

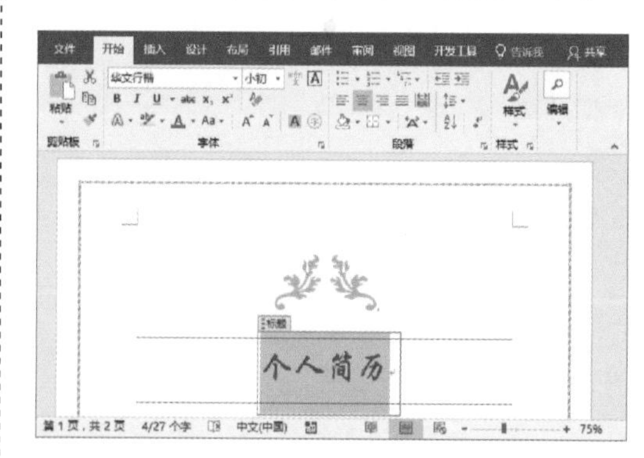

步骤 2 删除其他不需要的文本框，然后切换至“插入”选项卡，单击“文本框”下拉按钮，从展开的列表中选择“绘制文本框”选项。

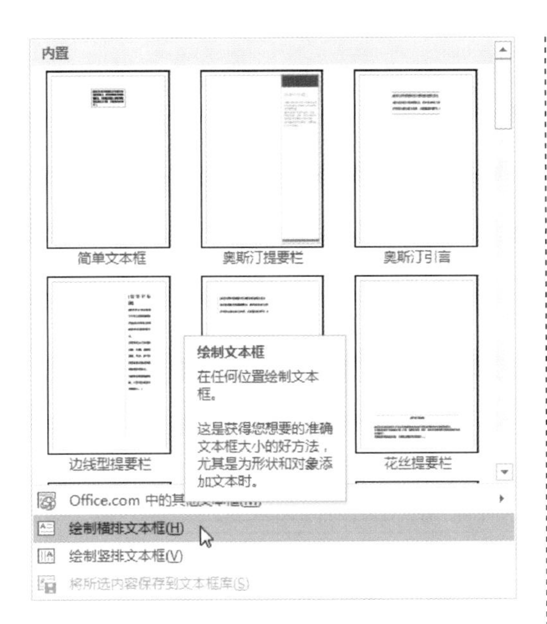

步骤 3 绘制一个文本框，输入文本，并设置文本的字体格式。

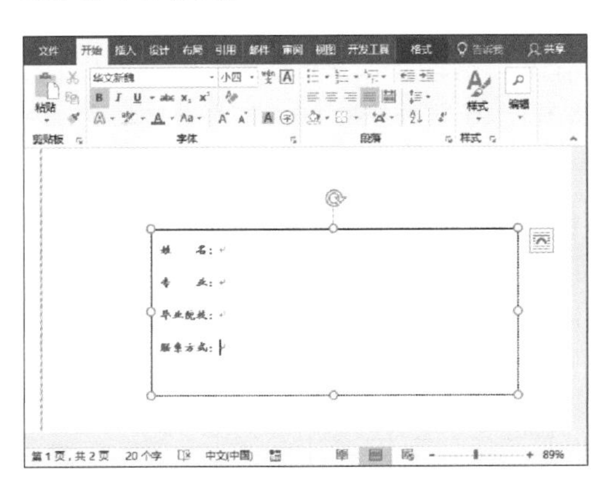

步骤 4 将光标定位至“姓名”后，单击“下划线”右侧的下拉按钮，从列表中选择“下划线”选项。

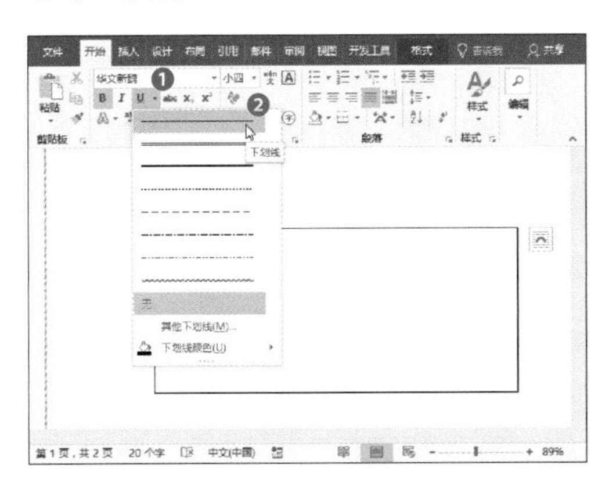

步骤 5 按空格键添加下划线，按照同样的方法在其他文本后添加下划线，并调整文本框的位置。

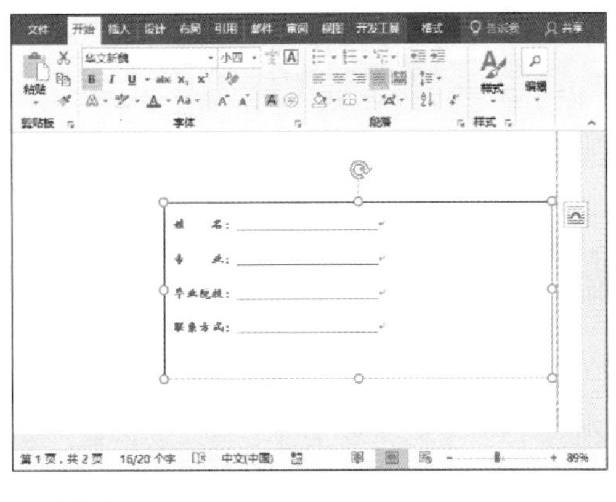

步骤 6 切换至“绘图工具-格式”选项卡，设置文本框格式：无填充、无轮廓。至此，简历封面制作完成。

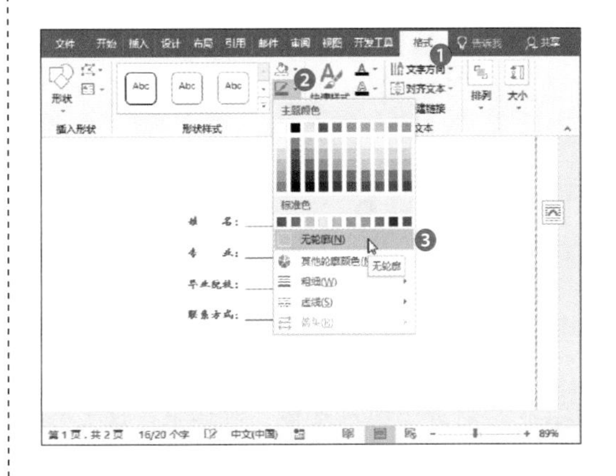

知识延伸：Word控件功能

在“开发工具”选项卡“控件”选项组中，可以添加所需的控件，其中控件类型包括格式文本内容控件、下拉列表内容控件、组合框内容控件、复选框内容控件、纯文本内容控件、图片内容控件等。

4.2 制作简历内容

接下来介绍如何制作简历的内容，其中运用的技巧包括表格的创建、图片的插入、段落的设置等。

4.2.1 创建并美化简历表

下面介绍简历表格的创建和美化操作。

步骤 1 将光标定位至需要插入表格处，单击“插入”选项卡中的“表格”下拉按钮，从列表中选择“插入表格”选项。

步骤 2 打开“插入表格”对话框，设置行列数，然后单击“确定”按钮。

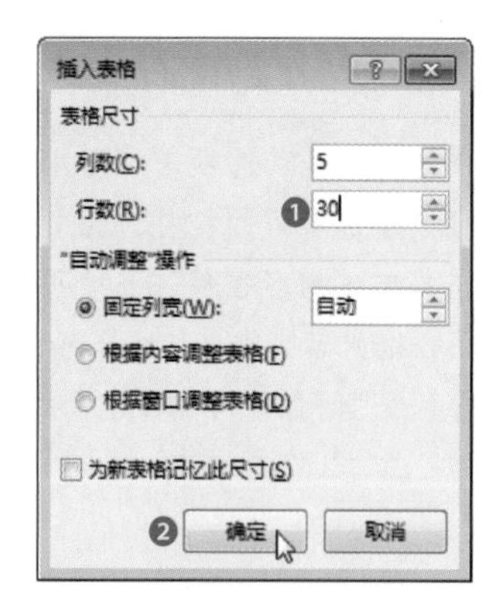

步骤 3 如果需要增加几行，则可以将光标移至左侧两行之间的分割线处，单击出现的⊕按钮，即可在分割线位置插入一个新行。

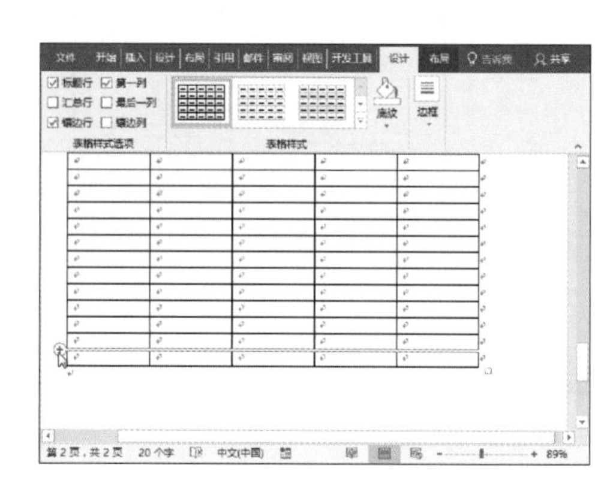

步骤 4 选择需要合并的单元格，单击“表格工具-布局”选项卡中的“合并单元格”按钮，合并单元格。

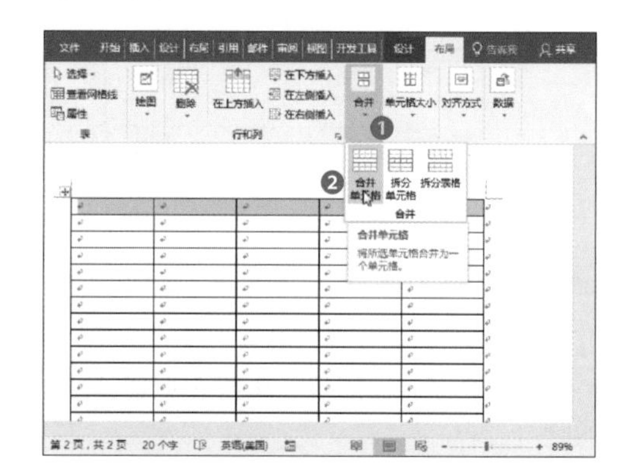

步骤 5 按照同样的方法，合并其他需要合并的单元格。

步骤 6 输入内容后，选择整个表格，单击鼠标右键，在快捷菜单中选择“表格属性”命令。

步骤 7 打开“表格属性”对话框，在“行”选项卡中，勾选“指定高度”复选框，在数值框内输入行高，单击“确定”按钮。

步骤 8 将光标放置在需要调整行高的分隔线上，当光标变为上下箭头时，按住鼠标左键不放，拖动鼠标至合适位置后，释放鼠标左键即可。

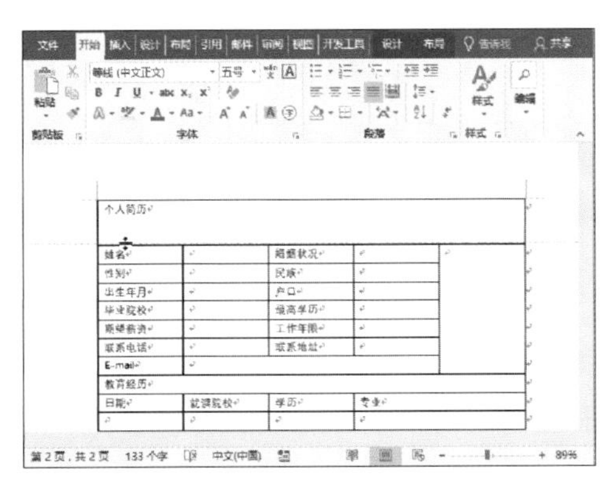

步骤 9 选中需要调整列宽的单元格，并将光标放在分隔线上，光标变为左右方向的箭头。

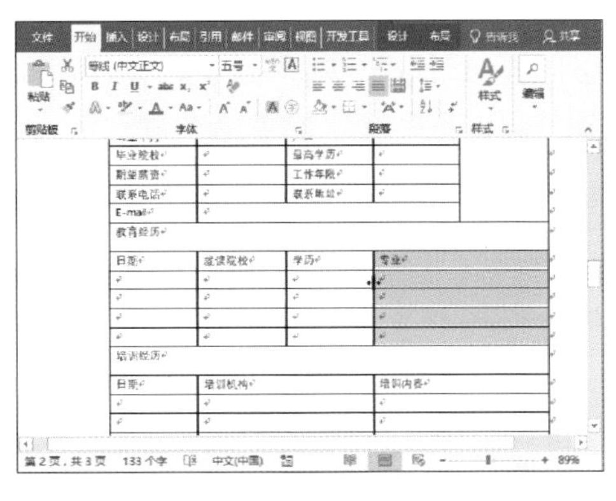

步骤 10 拖动鼠标调整列宽，然后按照同样的方法，调整其他单元格的列宽。

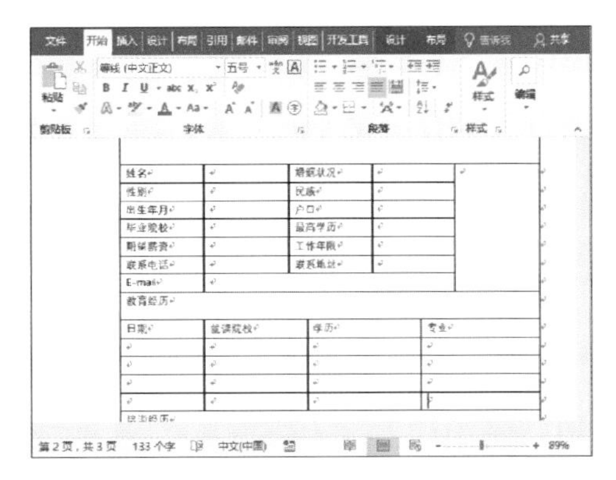

步骤 11 选中整个表格，单击“表格工具-布局”选项卡中“对齐方式”组的“水平居中”按钮。

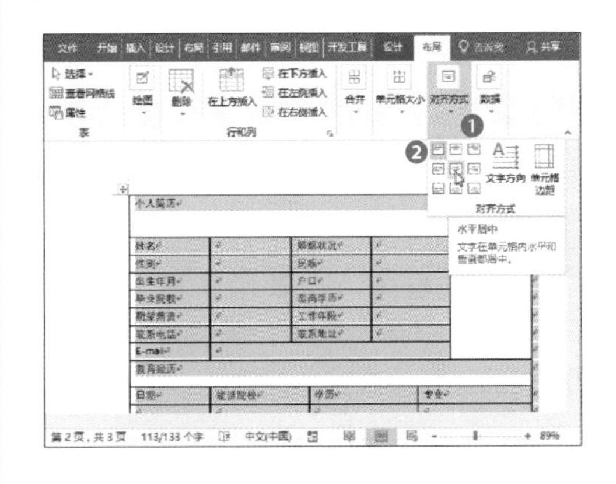

技巧点拨：使用右键对齐文本内容

选择需要对齐的文本内容，右击，从快捷菜单中选择“表格属性”命令，打开“表格属性”对话框，切换至“单元格”选项卡，从中对“垂直对齐方式”进行设置。

步骤 12 按住Ctrl键，选中部分单元格，在“开始”选项卡中，单击“段落”组的“分散对齐”按钮。

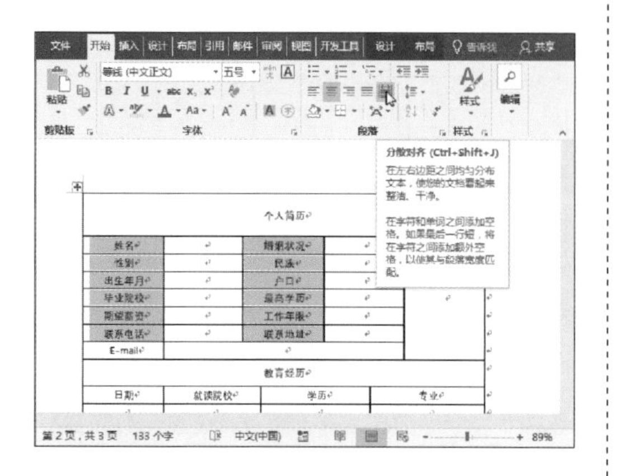

步骤 13 选择第一行中的文字，设置其字体格式：华文行楷、小二，并设置颜色。

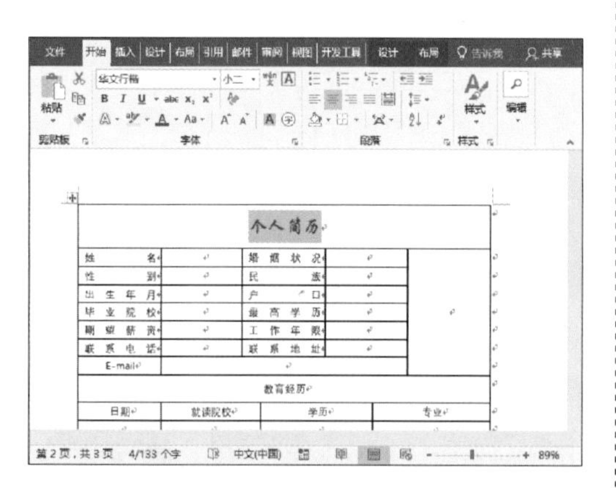

步骤 14 按住Ctrl键，选中部分单元格中的文字，并设置其字体格式：宋体、五号、加粗。

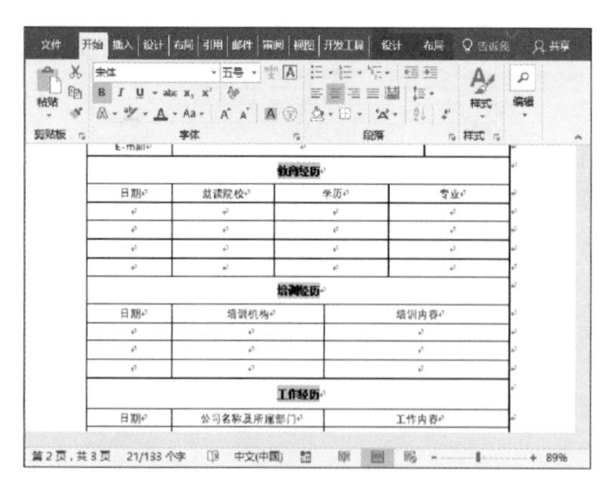

步骤 15 设置其他单元格中文字的字体格式：宋体、五号。

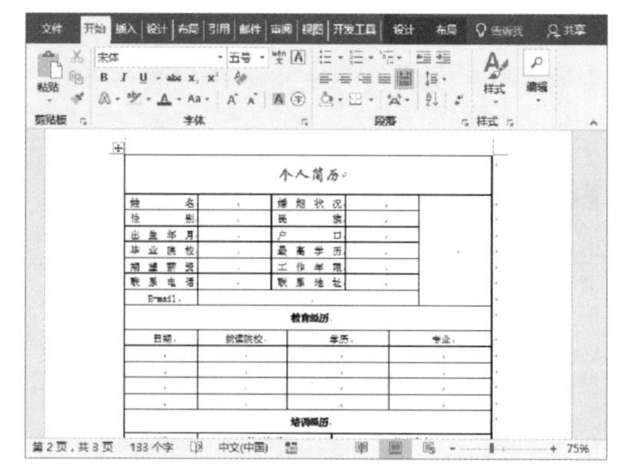

步骤 16 选择整个表格，单击“表格工具-设计”选项卡中的“笔样式”按钮，从列表中选择合适的样式。

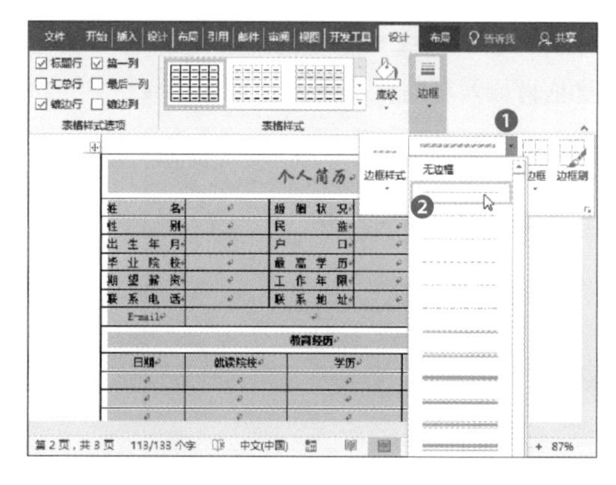

步骤 17 单击“笔划粗细”按钮，从列表中选择“1.0磅”选项。单击“笔颜色”按钮，从列表中选择合适的颜色。

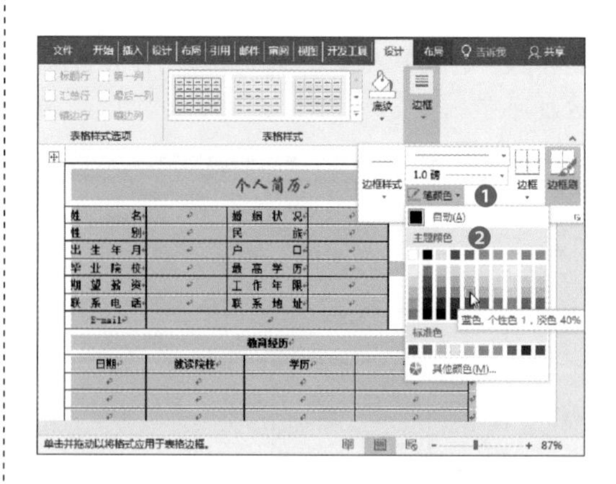

步骤 18 单击“边框”按钮，从列表中选择“所有框线”选项。将光标定位至需要插入图片处，单击“插入”选项卡中的“图片”按钮。

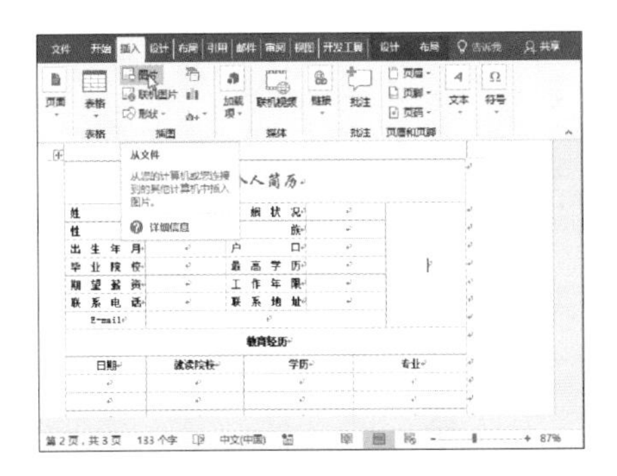

步骤 19 打开“插入图片”对话框，选择图片，然后单击“插入”按钮。

步骤 20 选中图片，单击鼠标右键，从快捷菜单中选择“大小和位置”命令。

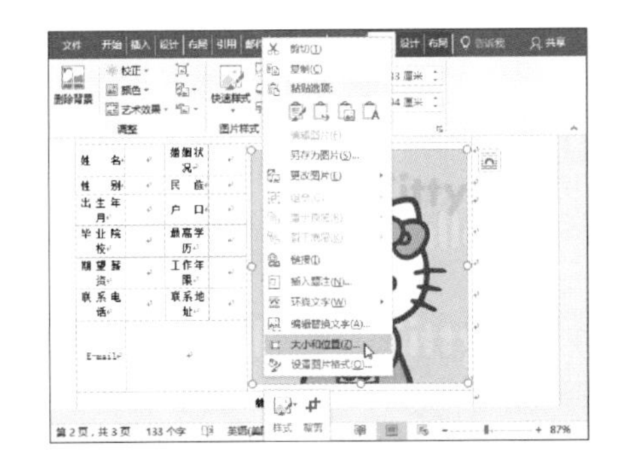

知识延伸：填充单元格

选择需要填充底纹的单元格，单击“表格工具-设计”选项卡中的“底纹”下拉按钮，从展开的列表中选择合适的颜色，即可为选中的单元格添加底纹颜色。

步骤 21 打开“布局”对话框，选中“文字环绕”选项卡，在“环绕方式”组中选择“浮于文字上方”选项，然后单击“确定”按钮。

步骤 22 照片已经悬浮在表格上方，将光标放置在照片的控制点上，拖动鼠标调整图片的大小，并调整图片的位置。

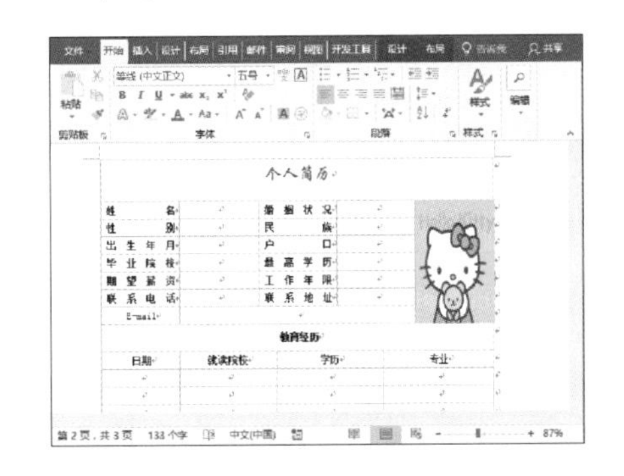

4.2.2 设计简历结尾页

简历表格设计完成后，在结尾页需要添加一封自荐信，来充分展示自己的优点，下面将介绍制作自荐信的操作。

步骤 1 输入内容后选中文本标题，设置其字体格式：华文行楷、小二，并设置其颜色及居中显示。

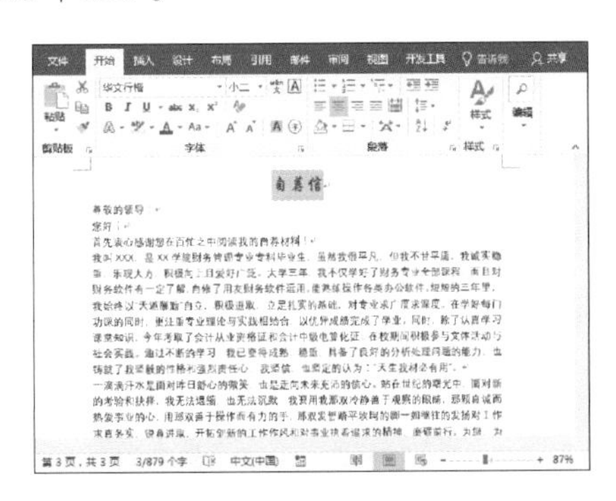

步骤 2 选择正文文本，设置其字体格式：宋体、五号，并单击“段落”组的对话框启动器按钮。

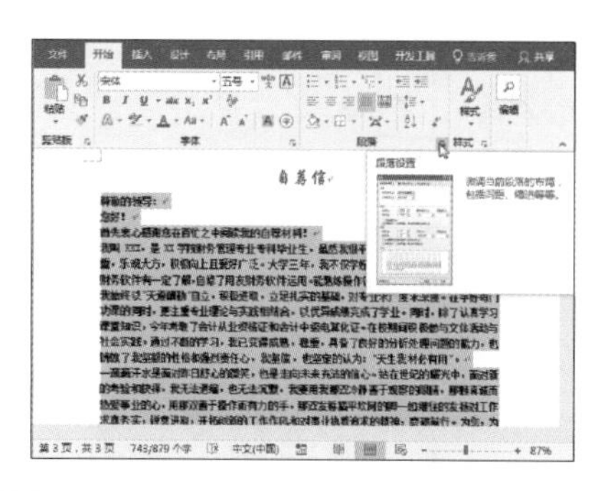

步骤 3 打开“段落”对话框，设置行距后单击“确定”按钮。再次打开“段落”对话框，设置“特殊格式”为“首行缩进”，最后单击“确定”按钮即可。

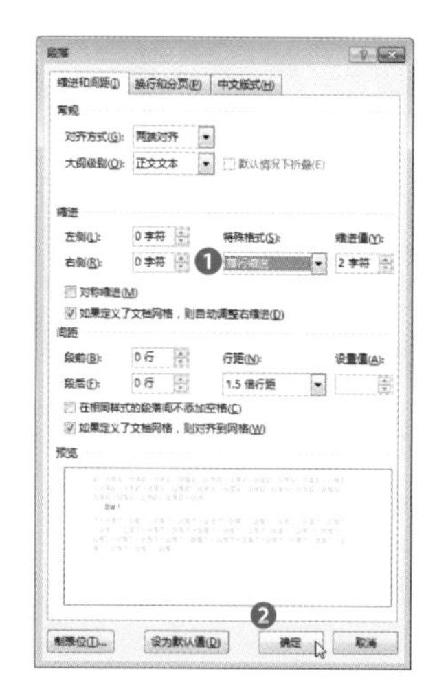

步骤 4 单击“插入”选项卡中的“图片”按钮，打开“插入图片”对话框，选择图片后单击“插入”按钮。

步骤 5 插入图片后调整图片的大小，然后单击“图片工具-格式”选项卡中的“环绕文字”下拉按钮，从列表中选择“浮于文字上方”选项。

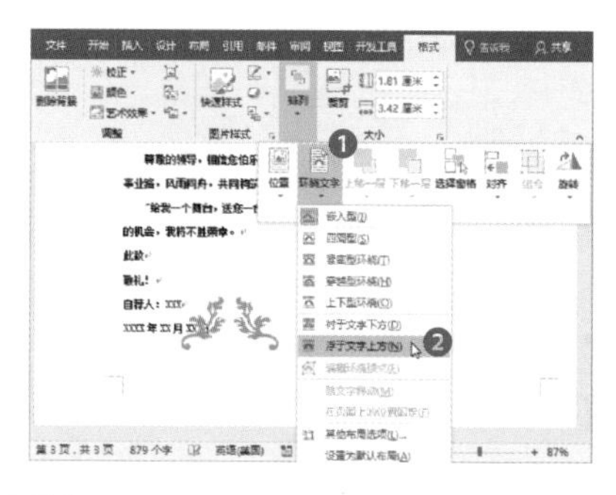

步骤 6 将图片移至合适位置后单击“图片工具-格式”选项卡中“颜色”右侧下拉按钮，从列表中选择合适的颜色。

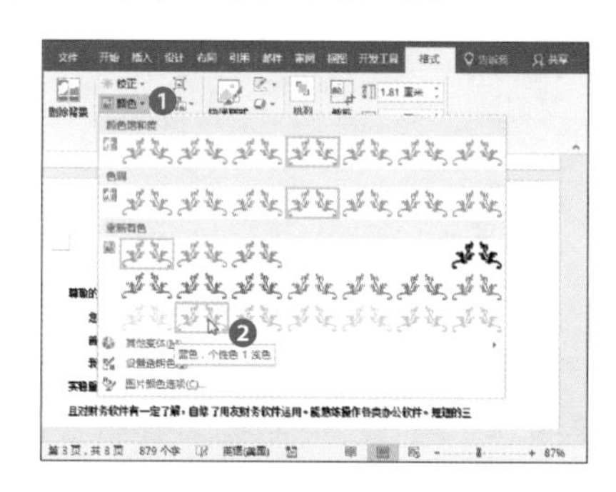

步骤 7 单击“快速样式”下拉按钮，从列表中选择合适的样式。

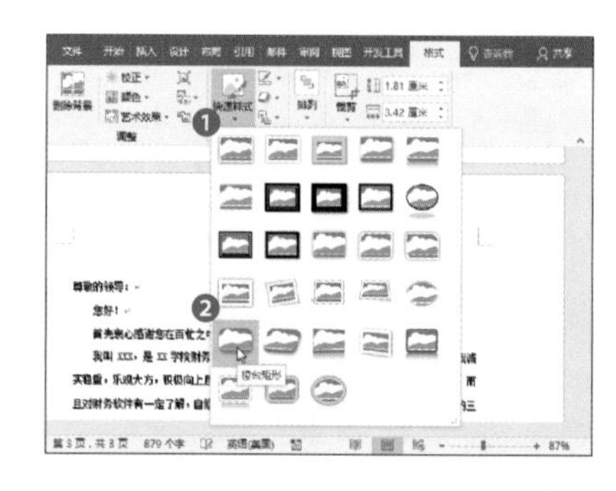

步骤 8 至此，简历结尾页已设计完成。

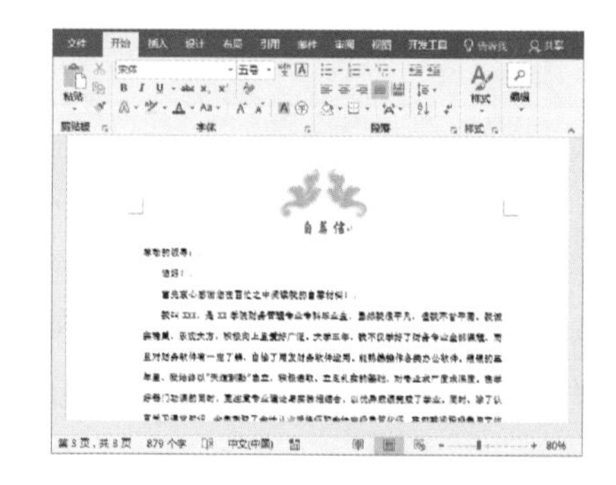

4.3 打印电子简历

简历制作完成后，需要将其打印出来，方便在应聘的时候拿给招聘者阅读查看，下面介绍如何打印电子简历。

步骤 1 打开文档，单击“文件”选项卡，在菜单列表中，选择“打印”选项，然后通过“份数”右侧的数值框设置打印份数。

步骤 2 在“打印机”列表中，选择所需的打印机型号。

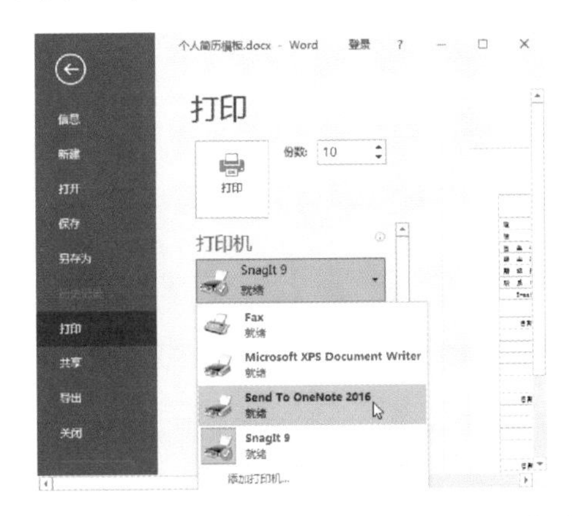

步骤 3 单击“打印范围”按钮，从列表中选择“打印所有页”选项。

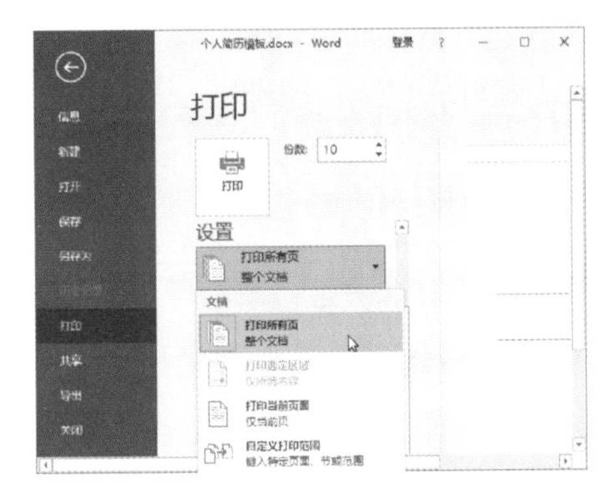

步骤 4 单击“方向”按钮，从列表中选择“纵向”选项。

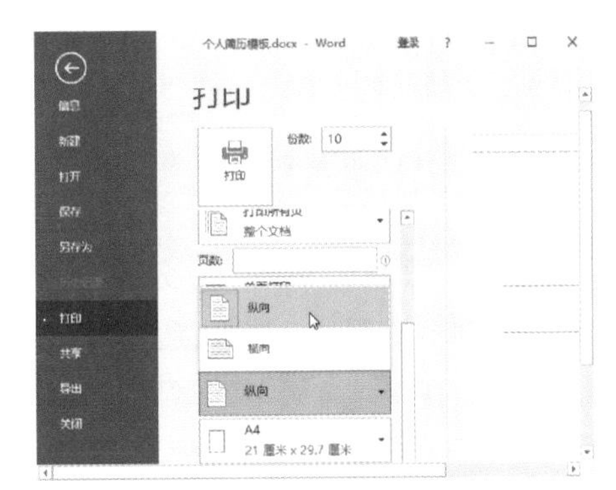

步骤 5 设置完成后，可以在打印预览中查看打印的效果。

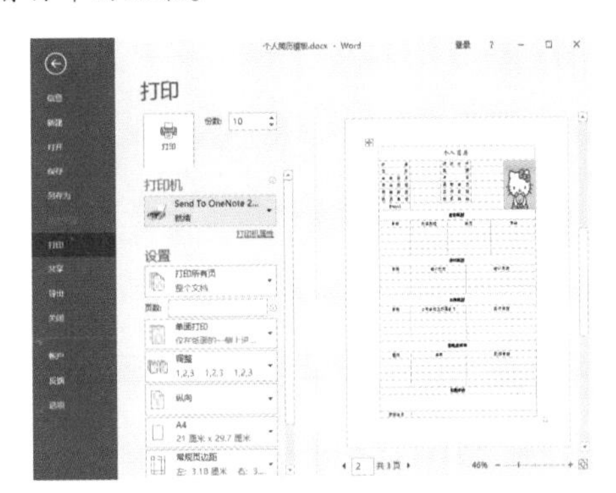

步骤 6 确认无误后，单击“打印”按钮即可打印。

学习本篇内容后，你掌握了Word的哪些基本操作呢，快来对照着自我检查一下吧！你也可以关注微信公众号:DSSF007，并回复关键字“爱学习”，即可获取Office知识思维导图及更多的学习资源。

- □ 输入符号/公式
- □ 设置字符/段落格式
- □ 查找和替换文本
- □ 修订文档
- □ 翻译文档
- □ 添加批注
- □ 创建目录
- □ 应用文档样式
- □ 设计页面背景
- □ 添加水印
- □ 双栏排版
- □ 自定义页眉页脚
- □ 图文混排
- □ 应用文本框
- □ 应用艺术字
- □ 编排表格
- □ 美化表格
- □ 文本与表格的相互转换
- □ 对表格内容实施运算

熟悉上述知识点内容后，你能快速制作出哪些常用的文档?

- 个人求职简历，用时____分钟；
- 企业通知类文档，用时____分钟；
- 常见（各类）总结报告，用时____分钟；
- 家庭日常收支报表，用时____分钟；
- 日常软件使用手册，用时____分钟；
- 宝宝作息时间表，用时____分钟；
- 房屋装修记录，用时____分钟。

在学习过程中，你认为哪方面的知识点还需要得到强化，还有什么疑问，欢迎你记录下来并反馈给我们，我们的QQ讨论群号：785058518，这里有专业的技术人员为你答疑解惑，期待你的加入。

第5章 玩转Excel表格操作

知识导读

Excel主要用于数据的处理与分析，是一款常用的电子表格。本章将重点介绍Excel的一些基础操作，包括工作表的插入与删除、移动与复制、工作表的保护、表格内容的输入以及工作表的美化。

内容预览

输入日期和时间

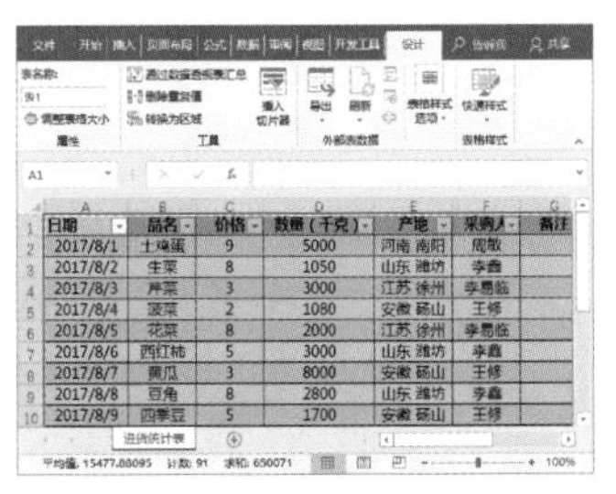

套用表格样式

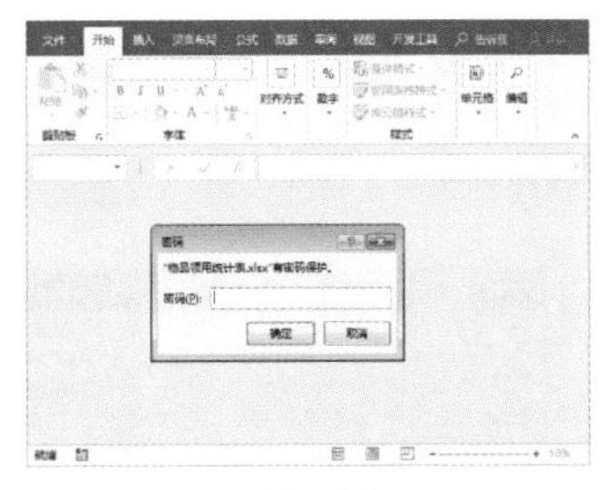

保护工作簿

本章教学视频数量：5个

5.1 工作表的基本操作

拿到一张工作表后，可能会对其表格进行插入/删除、复制/移动或者隐藏/显示等操作。这些都是工作表的基本操作，大家一定要熟练掌握。

5.1.1 插入与删除工作表

默认情况下，工作簿中只显示一个工作表，如果还需要增加一个或多个工作表，可以插入工作表，当然也可以删除不需要的工作表。

（1）插入工作表

方法 1 极速插入法。打开工作簿，单击Sheet1工作表后面的“新工作表”按钮即可快速插入Sheet2工作表。

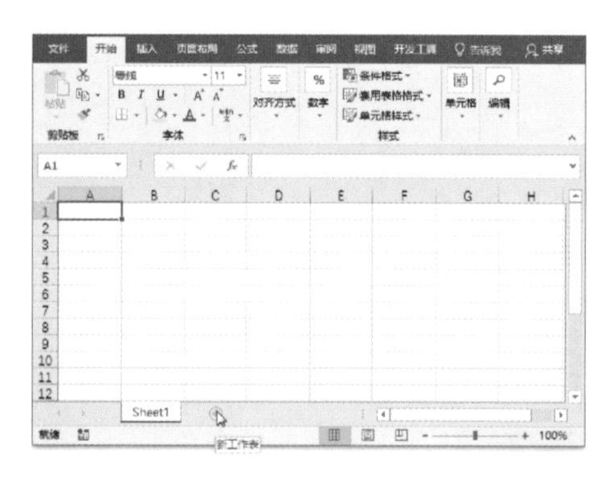

方法 2 右键插入法。打开工作簿，选中工作表标签并右击，从快捷菜单中选择“插入”命令。

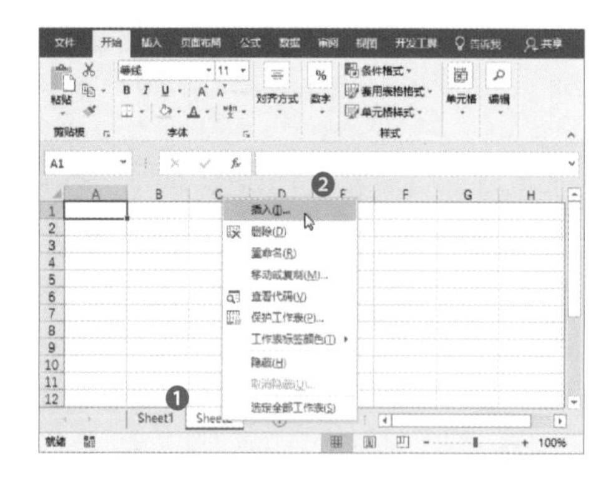

弹出“插入”对话框，选择“工作表”选项，然后单击“确定”按钮。

返回工作表中，可以看到在Sheet2工作表前面插入一个新工作表Sheet3。

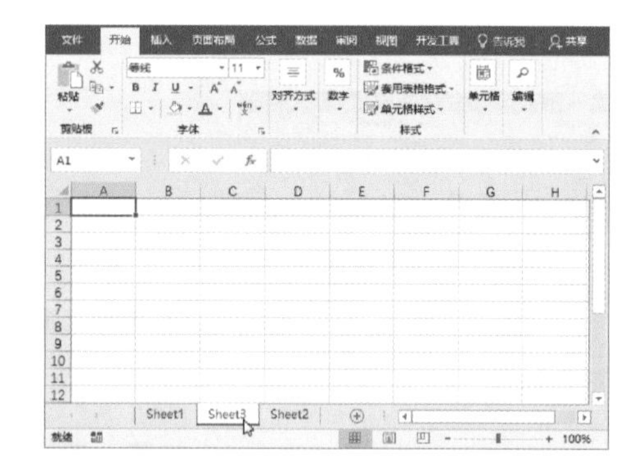

方法 3 功能区插入法。打开工作簿，单击“开始”选项卡中的“插入”按钮，从列表中选择“插入工作表”选项即可。

（2）删除工作表

删除工作表的操作方法很简单，只需选中要删除的工作表并右击，从弹出的快捷菜单中选择“删除”选项，即可将其删除。

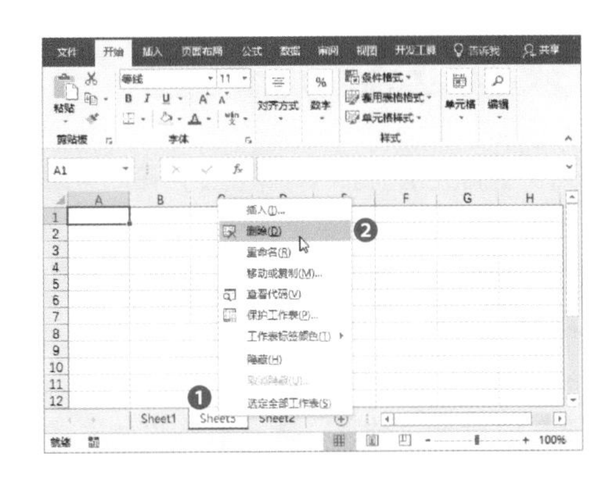

5.1.2 移动与复制工作表

如果觉得当前工作表不重要，想把它移到后面，或者想复制一个工作表做备份，该怎么操作呢？

方法 1 鼠标移动法。选中工作表标签，按住鼠标左键不放，拖动鼠标，将其拖动至想要放置的位置，放开鼠标即可。

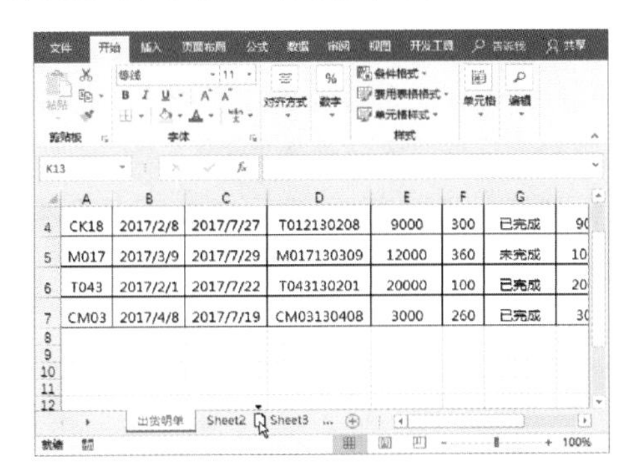

方法 2 右键菜单移动法。选择要移动的工作表标签，然后单击鼠标右键，从弹出的快捷菜单中选择“移动或复制”选项。

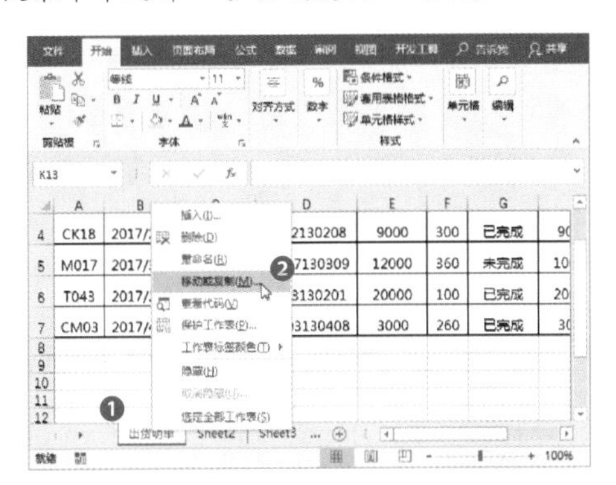

弹出“移动或复制工作表”对话框，在“下列选定工作表之前”列表中选择目标位置，不勾选“建立副本”复选框，则移动工作表；勾选“建立副本”复选框，则复制工作表，单击“确定”按钮。

想要把工作表移动或复制到其他工作簿中，则在“移动或复制工作表”对话框中，单击“工作簿”下三角按钮，选择要移动或复制到的工作簿。

5.1.3 隐藏与显示工作表

不想让别人看到某个工作表，可以把它隐藏起来。若想自己查看，再将其显示出来。

步骤 1 隐藏工作表。右击需要隐藏的工作表标签，从弹出的快捷菜单中选择“隐藏”命令即可。

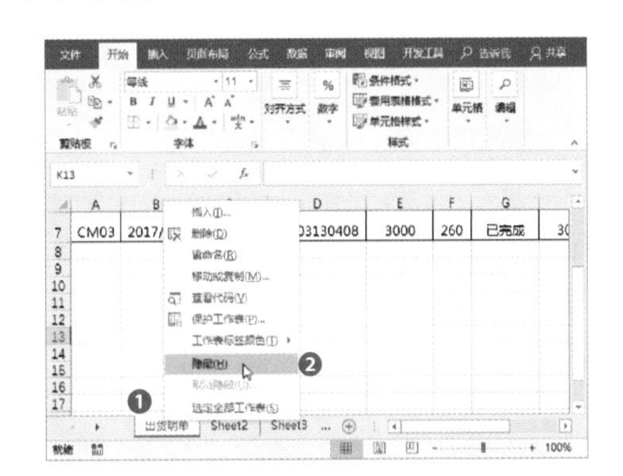

步骤 2 这时可以看到，选中的工作表标签已经被隐藏了。

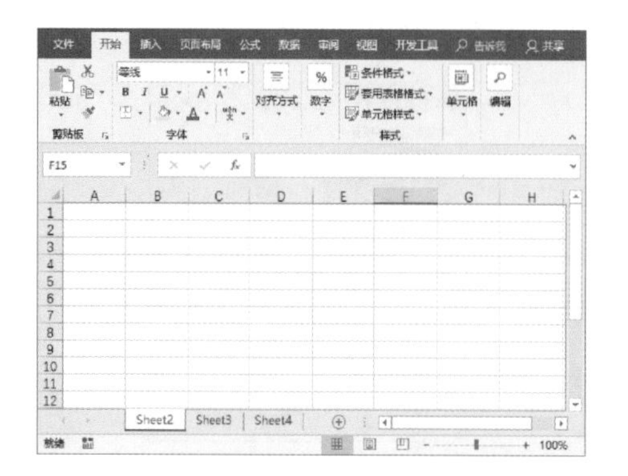

步骤 3 显示工作表。选中其他任意工作表标签并右击，从弹出的快捷菜单中选择“取消隐藏”命令。

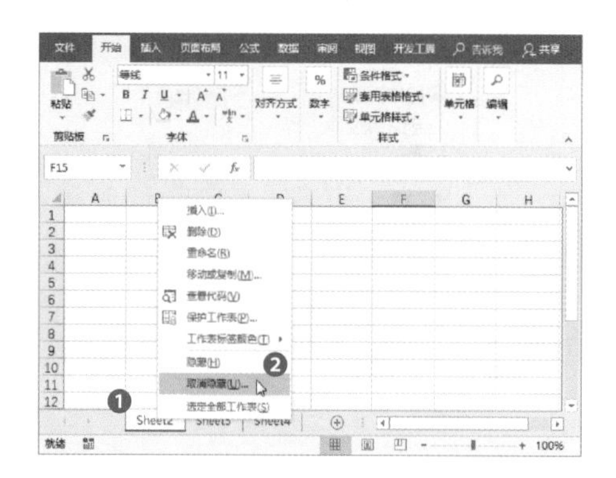

步骤 4 在打开的“取消隐藏”对话框中，选择需要取消隐藏的工作表，单击“确定”按钮即可。

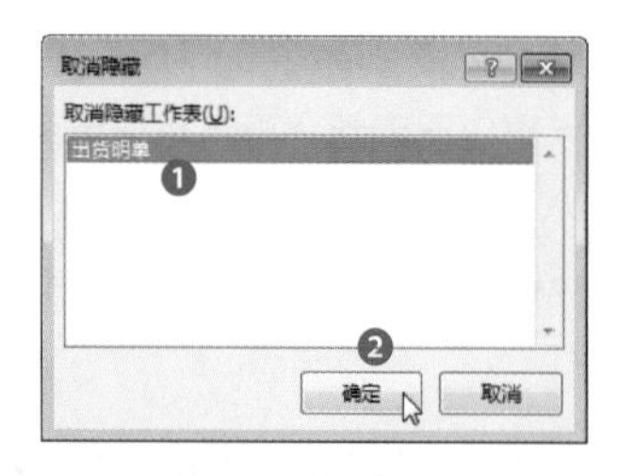

知识延伸：保护工作簿功能

将工作表隐藏后，还是能够很容易地将其显示出来，那如何才能使“取消隐藏”选项失效呢？这时可利用“保护工作簿”功能，将整个工作簿保护起来就可以了。

5.1.4 拆分与冻结工作表

在查看大型报表时，需要使用滚动条来查看全部内容，但随着数据的移动，一些内容就看不到了，该怎么办呢？这时拆分与冻结功能就能派上用场。

（1）拆分工作表

步骤 1 打开工作簿，选中表格中任意单元格，切换至“视图”选项卡，单击“窗口”选项组中的“拆分”按钮。

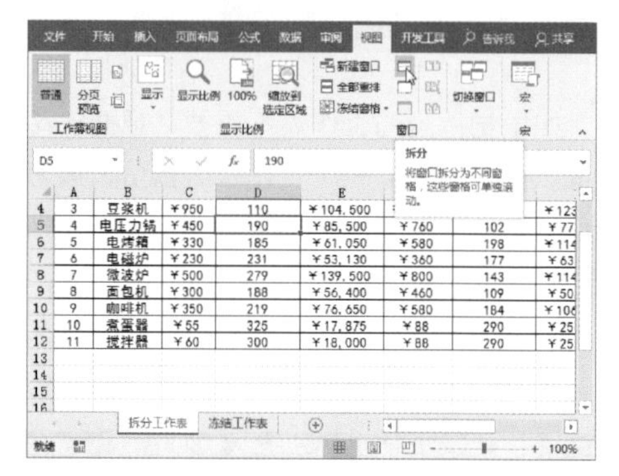

步骤 2 将当前表格区域沿着所选单元格左边框和上边框的方向拆分为4个窗格。

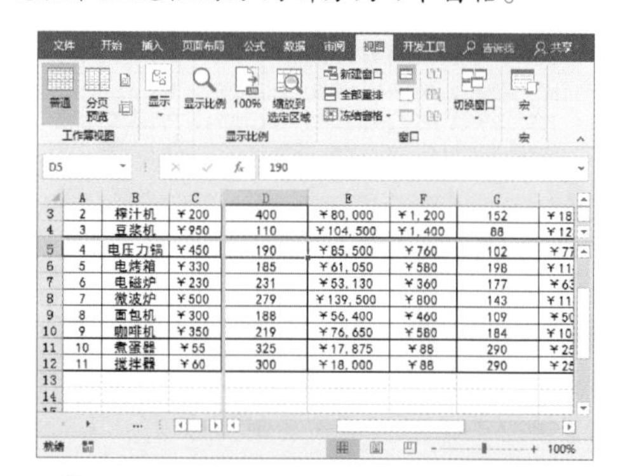

步骤 3 此时就可以通过垂直和水平滚动条分别在各个区域中查看不同的数据信息。

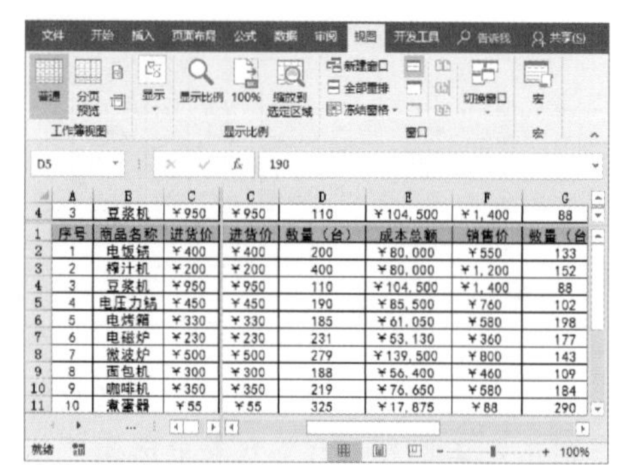

步骤 4 若要取消窗口拆分，则再次单击“窗口”组中的“拆分”按钮，即可恢复到工作表的初始状态。

（2）冻结工作表

步骤 1 冻结首行。打开工作簿，选中工作表任意单元格，切换至“视图”选项卡，单击“窗口”组中的“冻结窗格”下拉按钮，从列表中选择“冻结首行”选项。

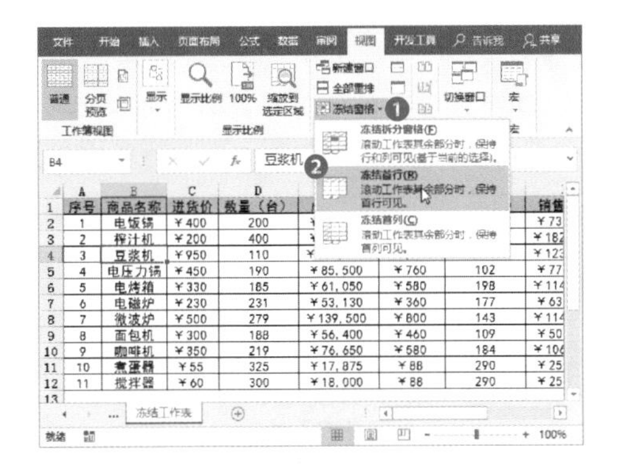

步骤 2 拖动上下滚动条，可以看到工作表首行一直保持可见状态。

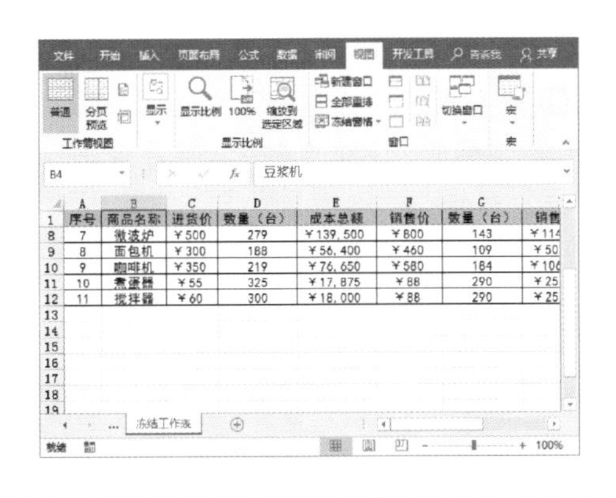

步骤 3 冻结首列。再次单击“冻结窗格”下拉按钮，从列表中选择“冻结首列”选项。

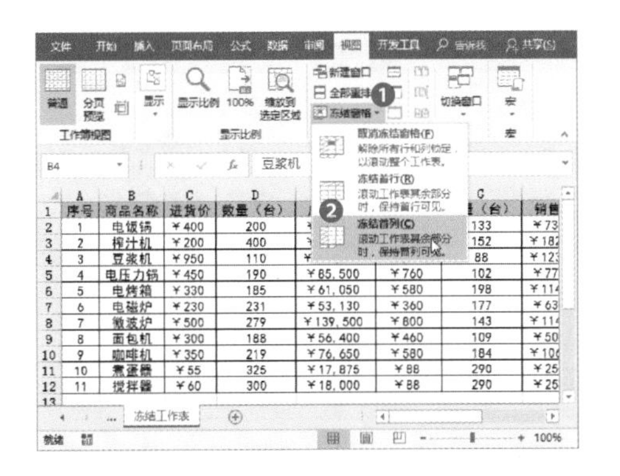

步骤 4 拖动左右滚动条后，发现首列始终显示在工作表的最左端。

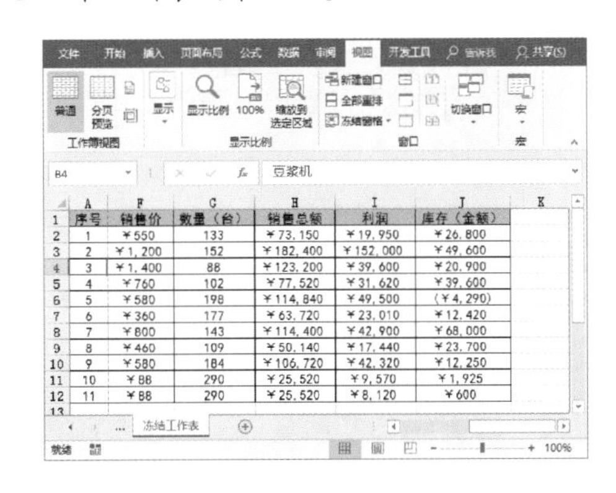

5.1.5 保护工作表

为了防止工作表中的内容被他人盗用，需设置密码来保护工作表。

（1）设置密码禁止打开工作表

步骤 1 打开工作表，在“文件”选项卡中，单击“保护工作簿”下拉按钮，从列表中选择“用密码进行加密”选项。

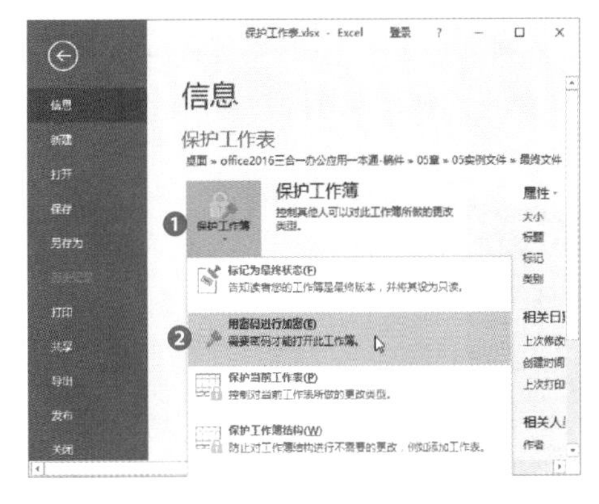

步骤 2 打开“加密文档”对话框，在“密码”文本框中输入密码，单击“确定”按钮，在弹出的“确认密码”对话框中再次输入相同的密码，最后单击“确定”按钮。

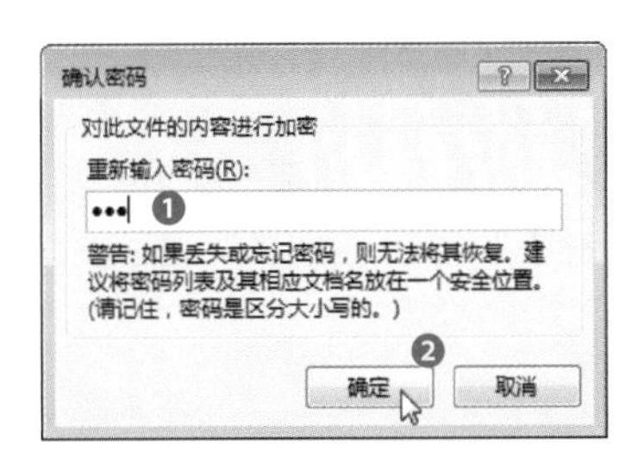

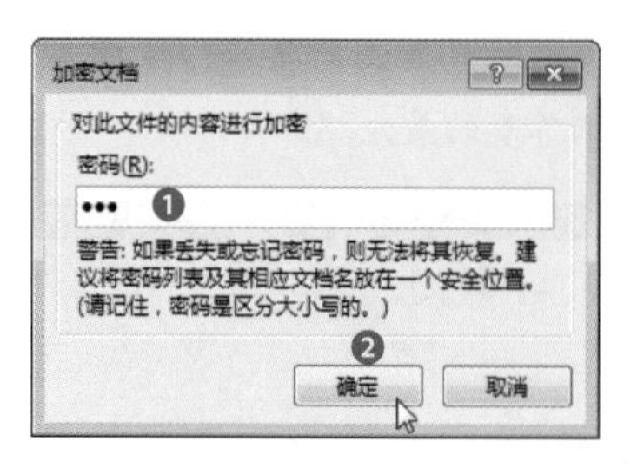

步骤 3 保存工作簿后，再次打开该工作簿，可以看到需要输入正确的密码才能打开工作表。

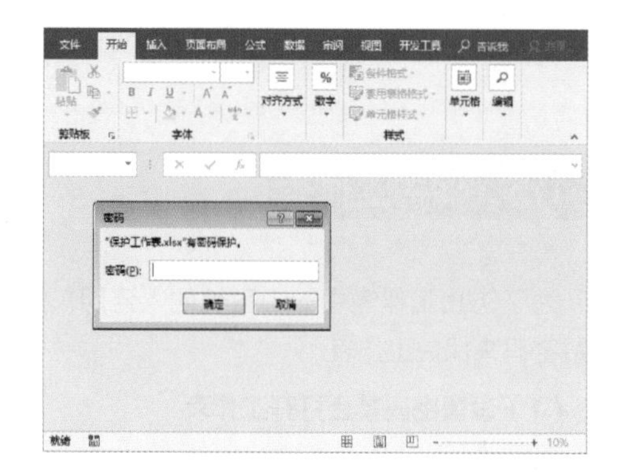

步骤 4 取消对工作表的密码加密，需要先输入正确的密码，打开工作表，然后在“文件”选项卡中，单击“保护工作簿”下拉按钮，在列表中选择“用密码进行加密”选项。在打开的“加密文档”对话框中清除密码即可。

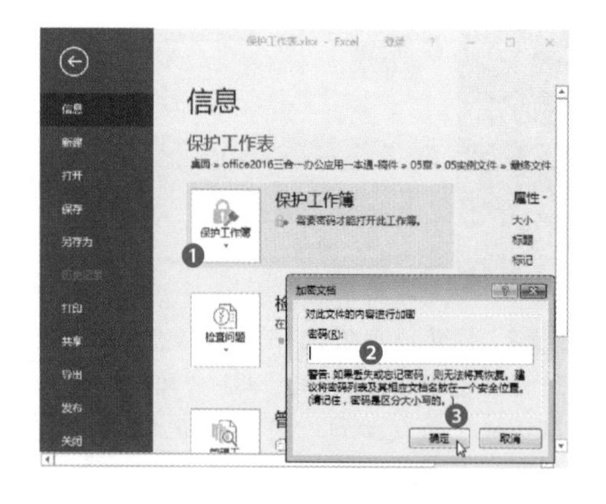

（2）设置密码禁止修改工作表

步骤 1 打开需要设置密码的工作表，切换至“审阅”选项卡，单击“保护”选项组的“保护工作表”按钮。

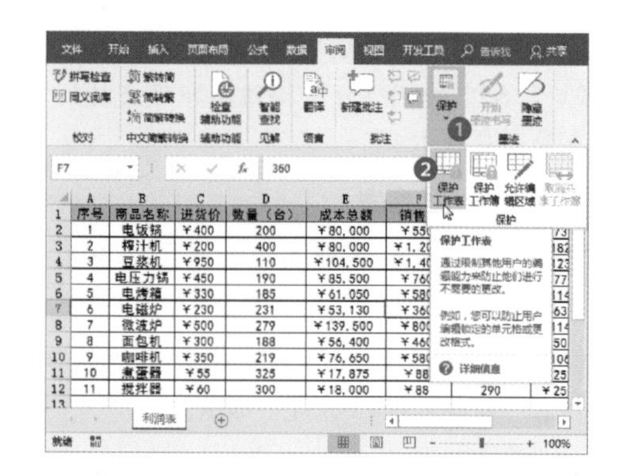

步骤 2 打开“保护工作表”对话框，在“取消工作表保护时使用的密码”文本框中输入密码，然后在“允许此工作表的所有用户进行”列表框中勾选相应的复选框，最后单击“确定”按钮。

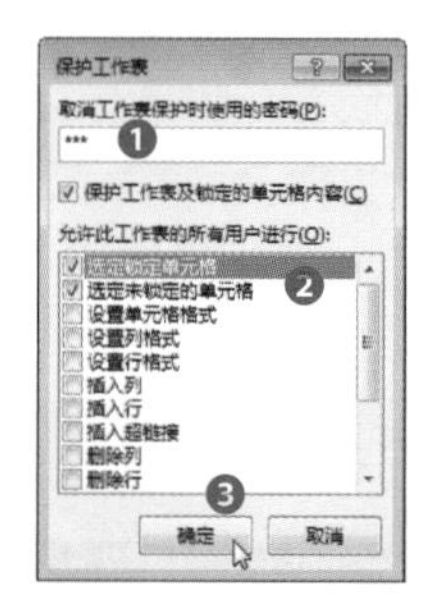

步骤 3 打开“确认密码”对话框，在“重新输入密码”文本框中输入密码，然后单击“确定”按钮。

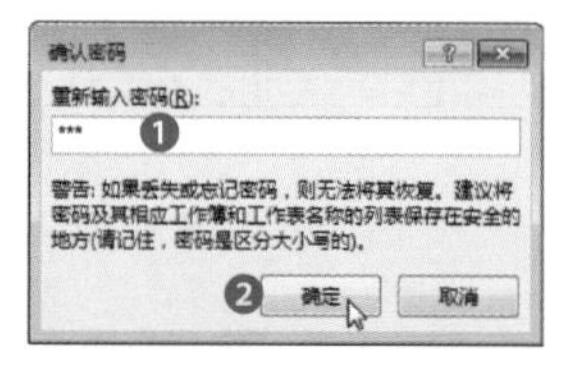

步骤 4 取消密码保护，则单击“审阅”选项卡中的“撤消工作表保护”按钮，在弹出的对话框中输入之前设置的密码即可。

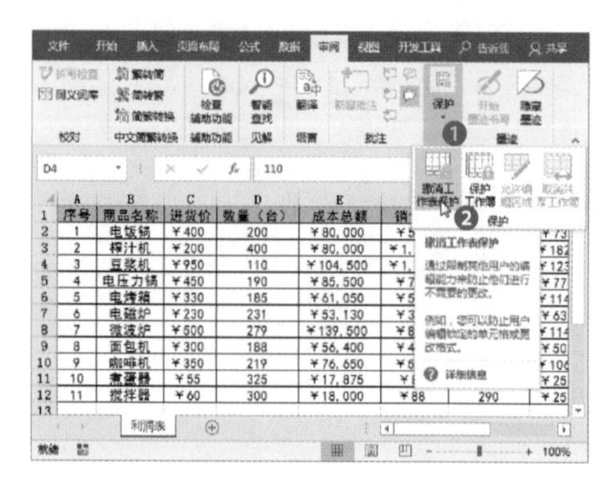

5.2 表格内容的输入操作

工作簿创建完成后，接下来需要在工作表中输入数据内容。数据输入分很多种类型，例如文本数据、数值数据、日期与时间数据等。这些数据大家都能输入正确吗？本节就向大家来介绍正确输入这些数据的方法。

5.2.1 输入文本内容

文本内容的输入非常简单。在Excel中文本数据默认的对齐方式为左对齐。

步骤 1 打开工作表，选择需要输入文本内容的单元格，这里选择A1单元格，输入所需内容。

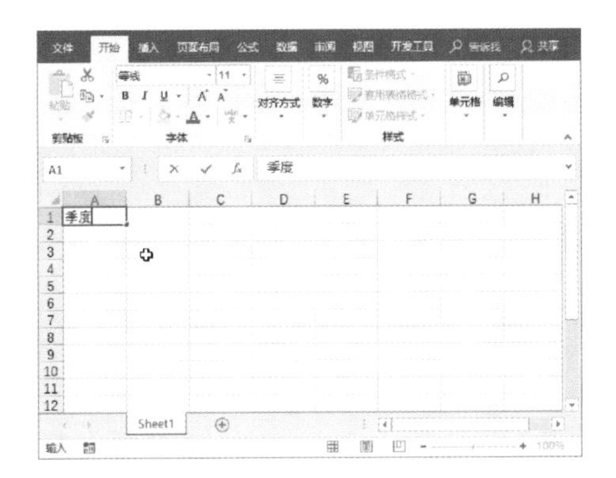

步骤 2 按下Enter键，确认输入。光标向下移动到了A2单元格。

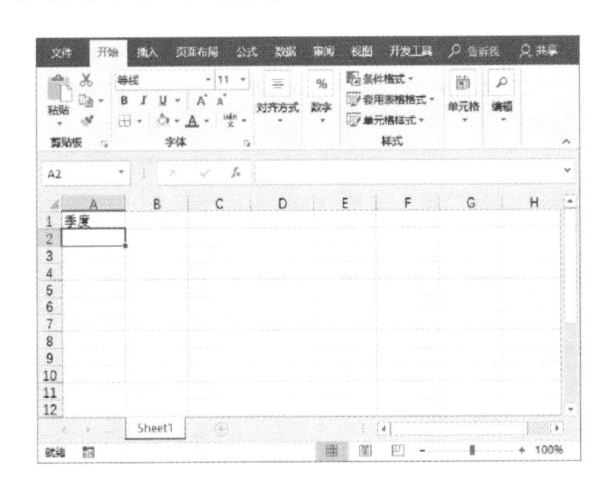

步骤 3 若希望按下Enter键时光标向右移动到B1单元格，可以进行相应的设置，在“文件”选项卡中，选择“选项”。

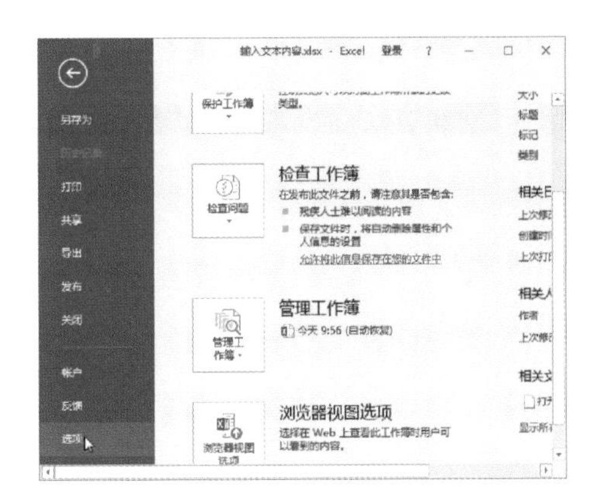

步骤 4 打开“Excel选项”对话框，选择“高级”选项，勾选“按Enter键后移动所选内容”复选框，单击“方向”下拉按钮，选择“向右”选项。

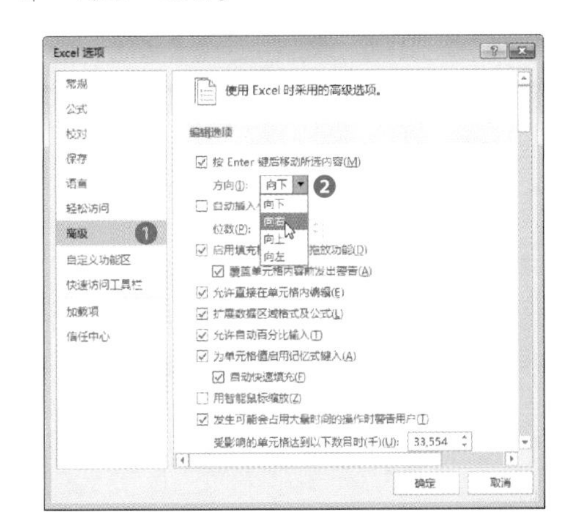

步骤 5 单击“确定”按钮，返回工作表，选中B1单元格，输入内容后按下Enter键，可以看到光标自动向右移动至C1单元格。

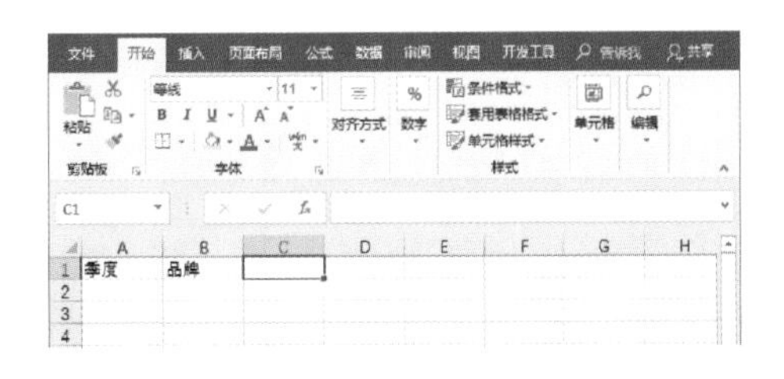

5.2.2 输入数字内容

在进行数据输入时，最常输入的类型就是数字了。

（1）输入负数

步骤 1 直接输入负数。选中需要输入负数的单元格，先输入负号，再输入数字，然后按Enter键确认输入即可。

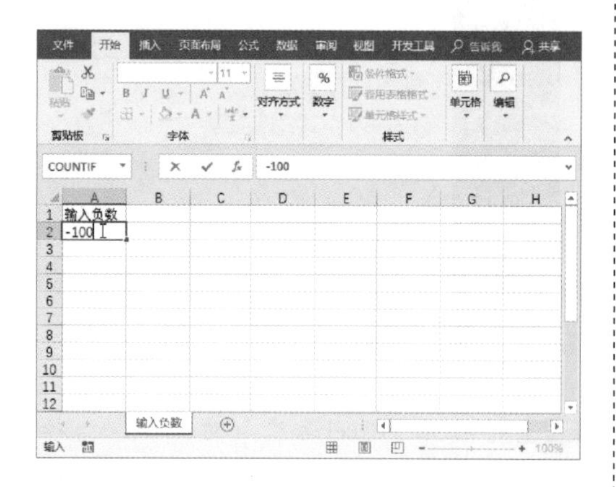

步骤 2 以括号的形式输入负数。选中需要输入负数的单元格，在输入数字时，为其添加括号，按下Enter键即可显示为负数。

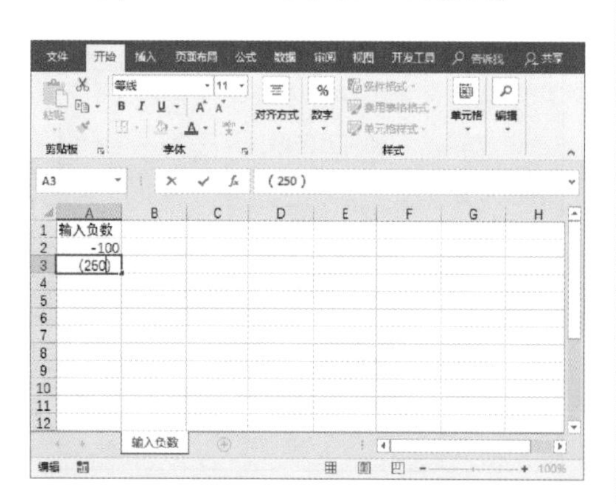

（2）输入分数

步骤 1 输入带分数。选中需要输入分数的单元格，先输入3，按下空格键，再输入1/3，然后按下Enter键。

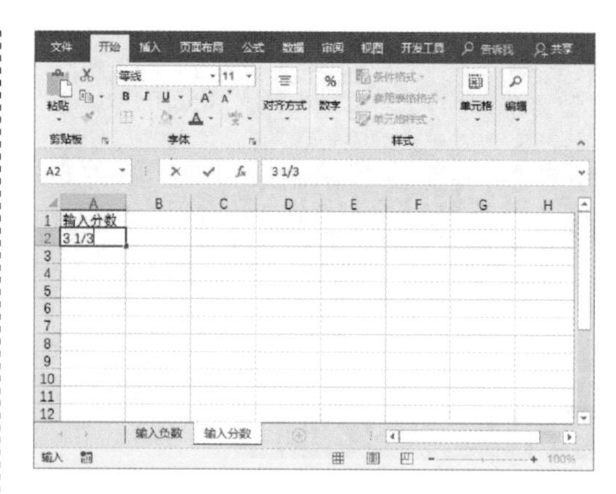

步骤 2 再次选中输入带分数的单元格，可以看到编辑栏中显示的数据，说明分数输入正确。

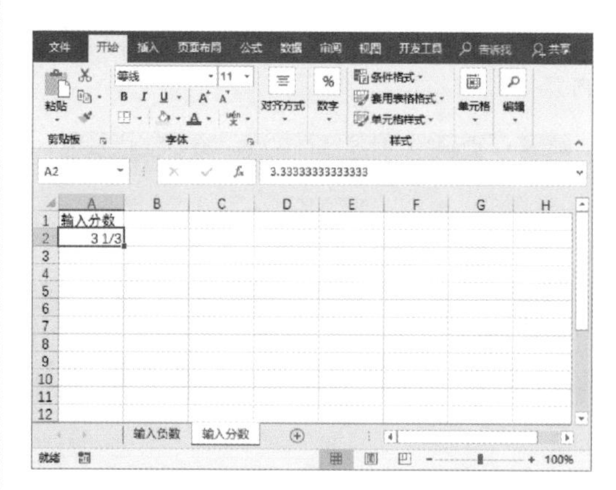

步骤 3 输入真分数。要输入真分数（不含整数部分且分子小于分母的分数），需要先输入0，按下空格键，再输入1/4，然后按下Enter键。

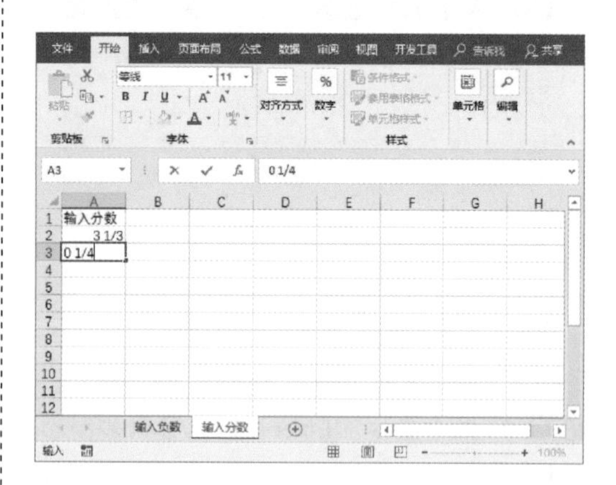

步骤 4 再次选中输入真分数的单元格，可以看到编辑栏中显示的是0.25，说明分数输入正确。

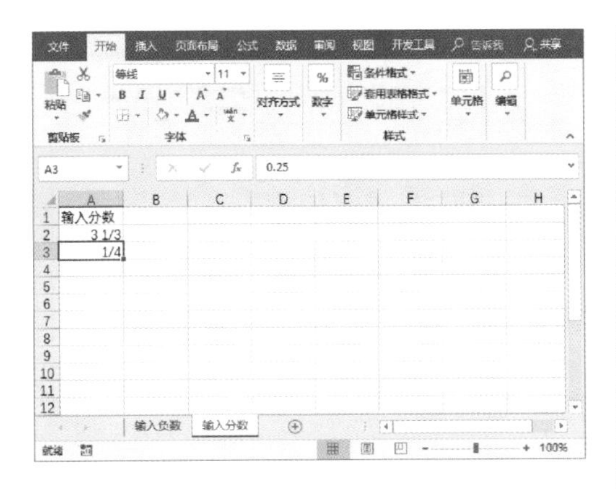

步骤 5 输入假分数。可以使用输入带分数的方法输入假分数3/2，先输入1，按下空格键，再输入1/2，然后按下Enter键。

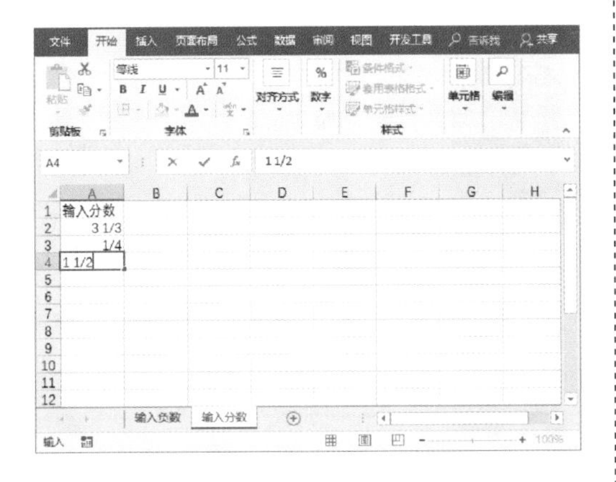

步骤 6 也可以使用输入真分数的方法来输入假分数3/2，先输入0，按下空格键，再输入3/2。

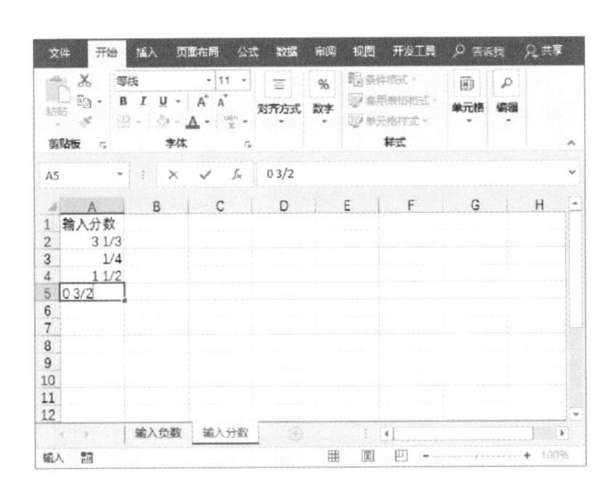

步骤 7 按下Enter键后，再次选中输入假分数的单元格，查看输入的效果。

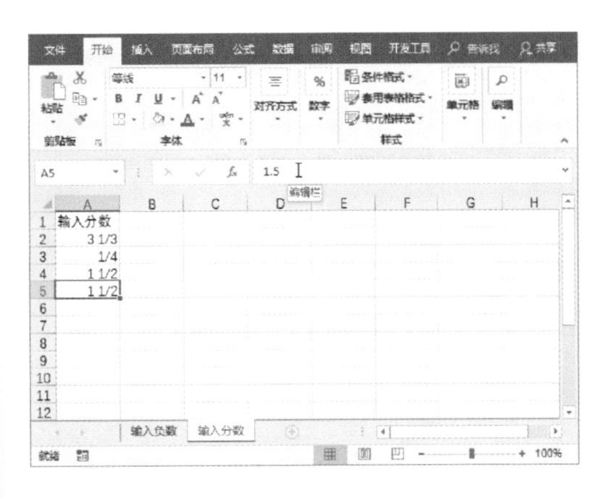

（3）输入以0开头的数字

步骤 1 选中需要输入数字的单元格A2，先输入英文状态下的单引号“'”，然后输入开头为0的数字。

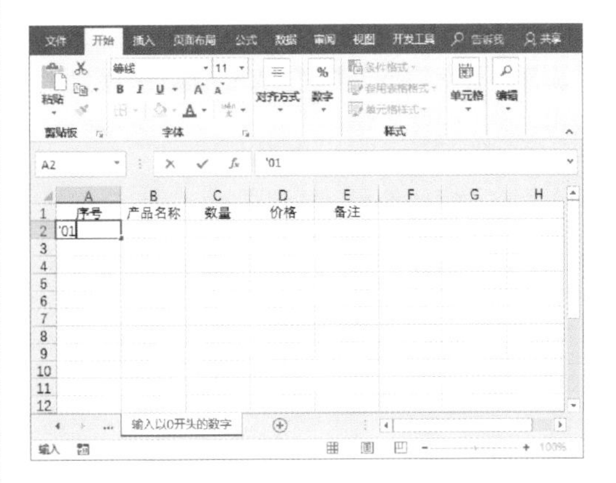

步骤 2 按下Enter键，即可在A2单元格中显示输入的数字01。

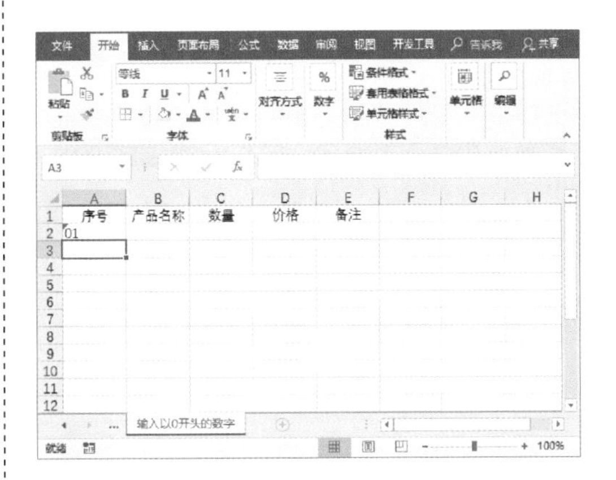

步骤 3 或选中单元格，然后通过右键菜单打开“设置单元格格式”对话框，从中设置其“分类”为“文本”，然后单击“确定”按钮。

（4）输入超过11位的数字

步骤 1 选中需要的单元格，切换至“开始”选项卡，单击“数字”组中的“数字格式”下拉按钮，从列表中选择“文本”选项。

步骤 2 随后就可以输入了。这里输入的是身份证号码。

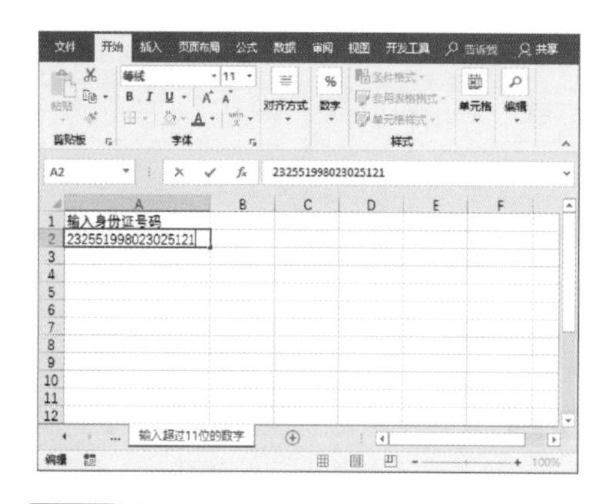

步骤 3 按下Enter键后，可以看到正确显示了18位的身份证号码。

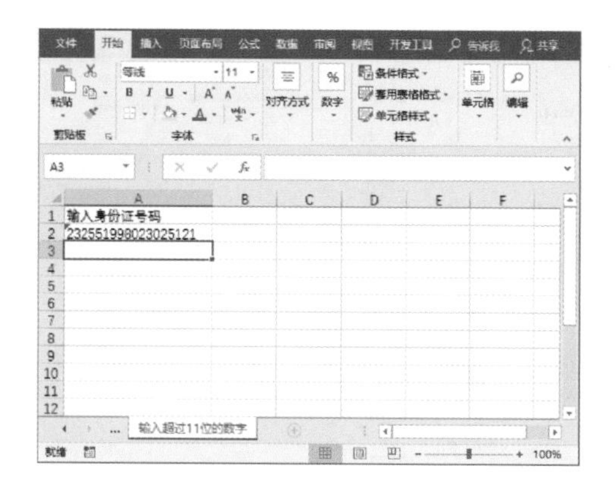

（5）自动输入小数点

步骤 1 打开工作表，在“文件”选项卡中，选择“选项”。

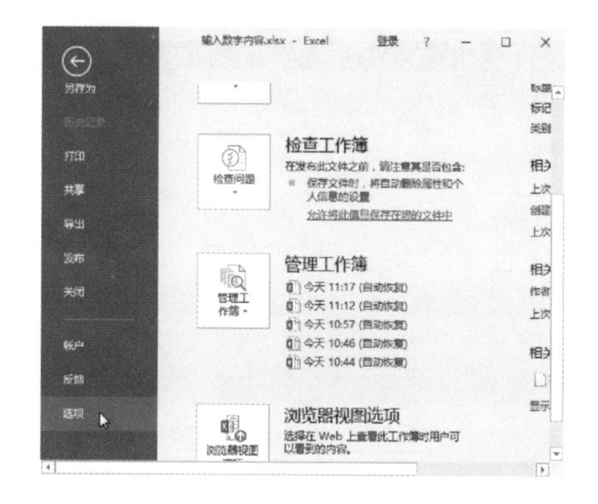

步骤 2 在“Excel选项”对话框中，选择“高级”选项，在“编辑选项”区域中勾选“自动插入小数点”复选框，然后在“位数”数值框中设置插入的小数位数。

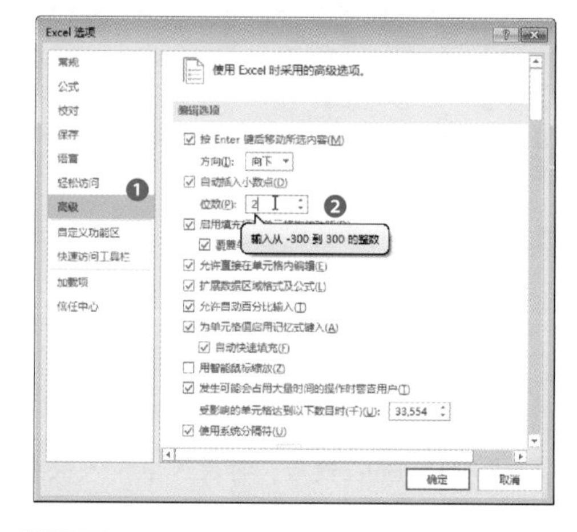

步骤 3 单击“确定”按钮，返回工作表中，输入数据。

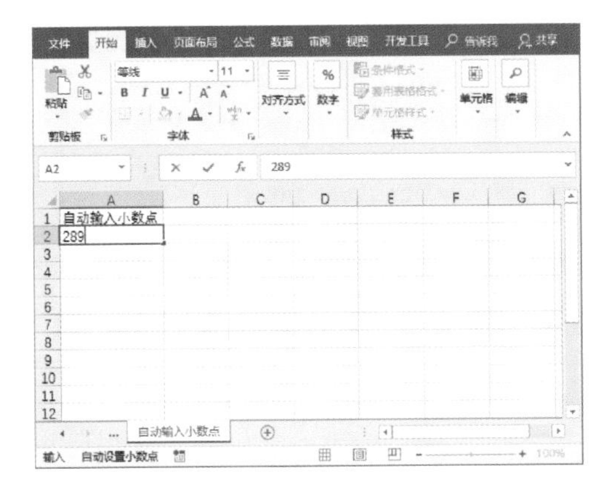

步骤 4 按下Enter键后，即可看到所输入的数值自动添加了两位小数点。

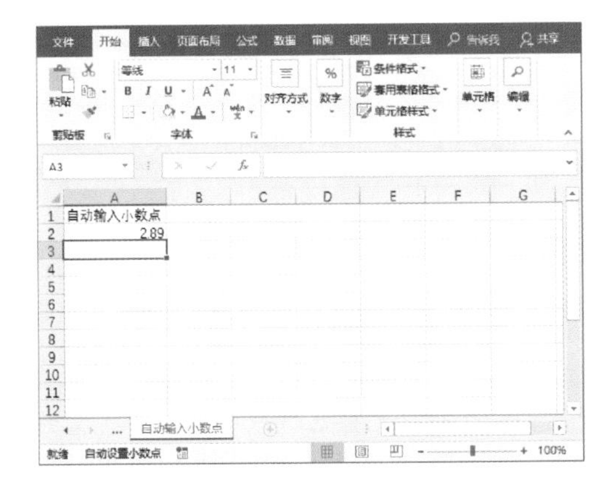

5.2.3 输入日期与时间

在工作表中还可以快速地输入当前日期与时间，并且能让其以不同的方式进行显示。

步骤 1 输入当前日期。打开工作表，选中要输入当前日期的单元格，然后按Ctrl+；组合键即可。

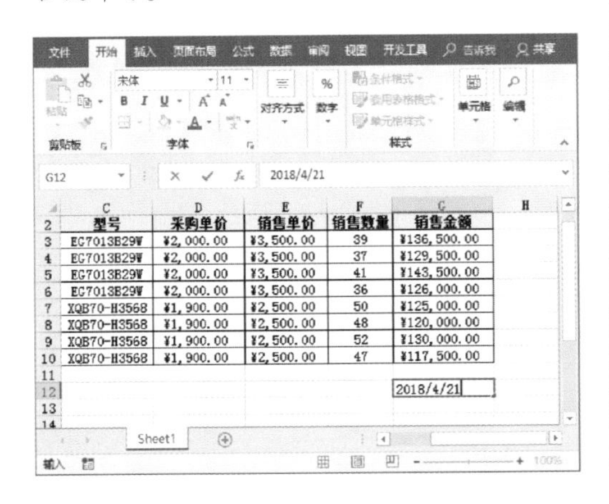

步骤 2 选中G12单元格，单击“开始”选项卡“数字”组中的“数字格式”下拉按钮，从列表中选择日期格式。

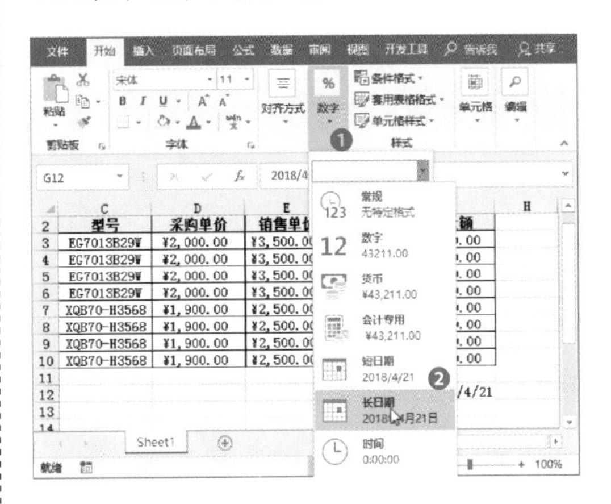

步骤 3 选择“长日期”选项后，可以看到日期的显示效果。

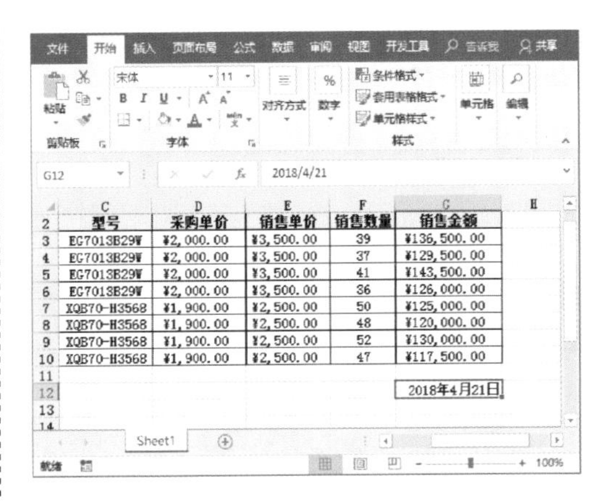

步骤 4 输入当前时间。选中要输入当前时间的单元格，然后按Ctrl+Shift+；组合键即可。

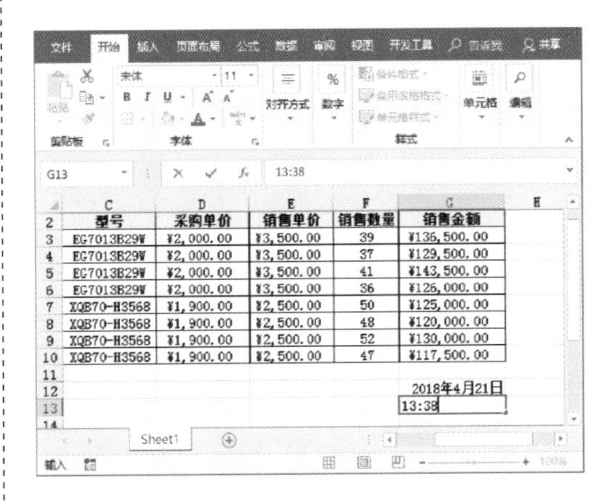

步骤 5 选中G13单元格，单击“开始”选项卡“数字”组的对话框启动器按钮。

步骤 6 打开“设置单元格格式”对话框，在“数字”选项卡中选择“时间”选项，然后在右侧的类型列表中选择合适的类型。

步骤 7 单击“确定”按钮，返回工作表中查看设置的时间格式。

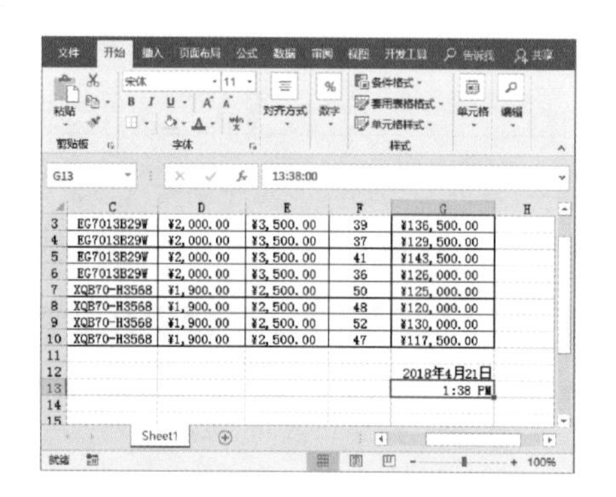

5.2.4 数据序列的填充

数据序列的填充操作很简单，下面就来介绍数据序列的填充方法。

步骤 1 在A2单元格输入日期，然后选中A2单元格，将光标放在该单元格右下角，光标会变成十字形。

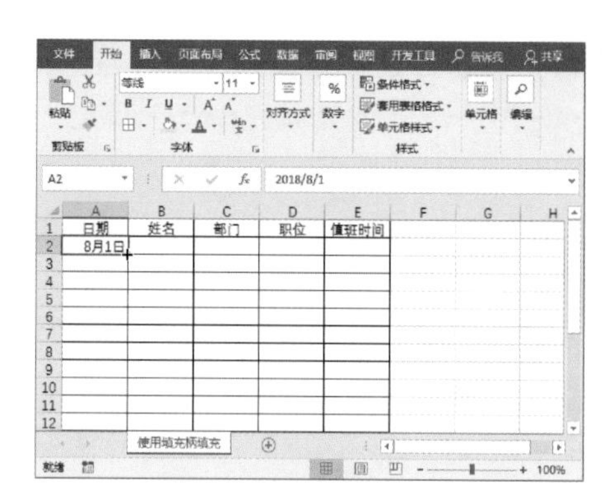

步骤 2 按住鼠标左键不放，向下拖动鼠标至所需单元格。

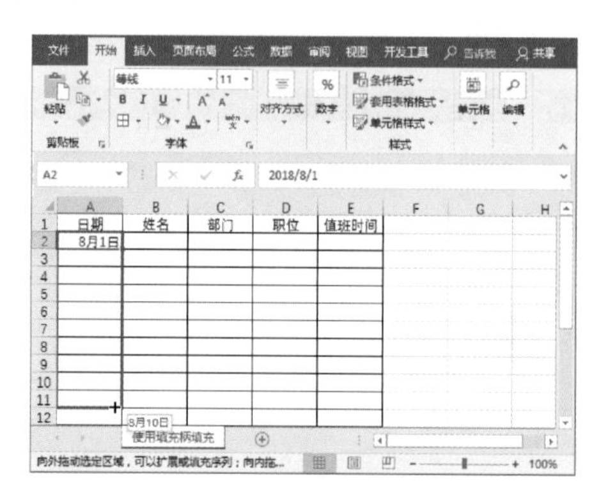

步骤 3 此时单元格区域中已填充了所需的日期序号，还可以单击“自动填充选项”下拉按钮，从列表中选择所需的填充选项。

技巧点拨：按Ctrl+D组合键快速填充日期

选中要填充的单元格区域，按Ctrl+D组合键就可以迅速填充该单元格区域了。多种方法，大家可以根据自己的习惯来选择。

5.3 美化工作表

工作表中的数据输入完成后，整体看起来会很单调，我们可以对工作表进行一些美化，让其多彩一些。例如调整行高列宽、合并单元格、添加边框线、设置对齐方式等。

5.3.1 设置单元格格式

首先我们需要对单元格格式进行一些设置。

（1）调整行高列宽

步骤 1 打开工作表，把光标放在左侧需要调整行高的分割线上，鼠标指针变为上下双向箭头，按住鼠标左键不放拖动鼠标调整行高。

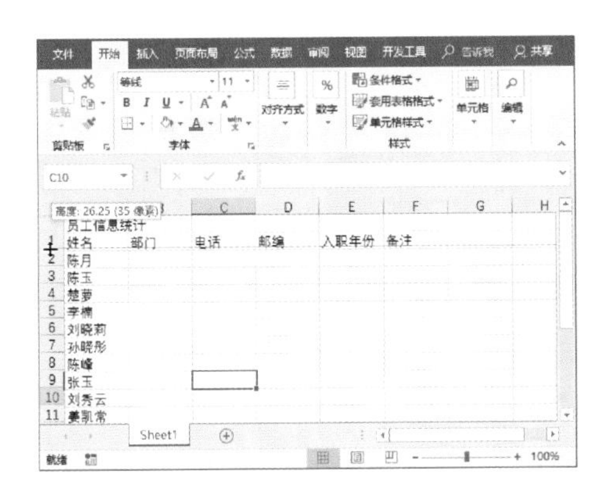

步骤 2 选择需要调整列宽的单元格，单击“开始”选项卡“单元格”组中的“格式”下拉按钮，从列表中选择“列宽”选项。

步骤 3 打开“列宽”对话框，输入合适的列宽值，然后单击“确定”按钮。

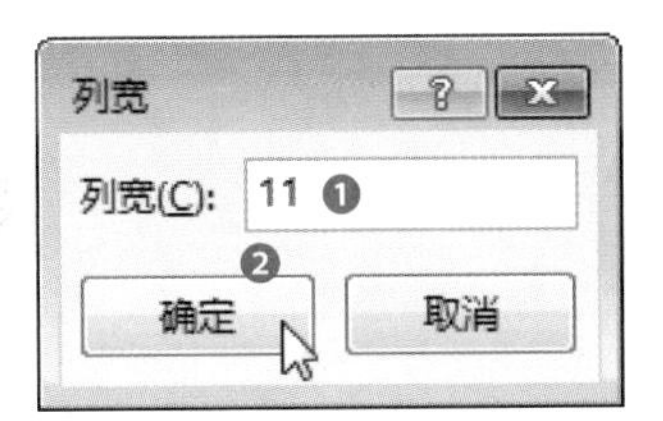

（2）合并单元格

步骤 1 通过对话框合并。选择A1:F1单元格区域，单击鼠标右键，从快捷菜单中选择“设置单元格格式”命令。

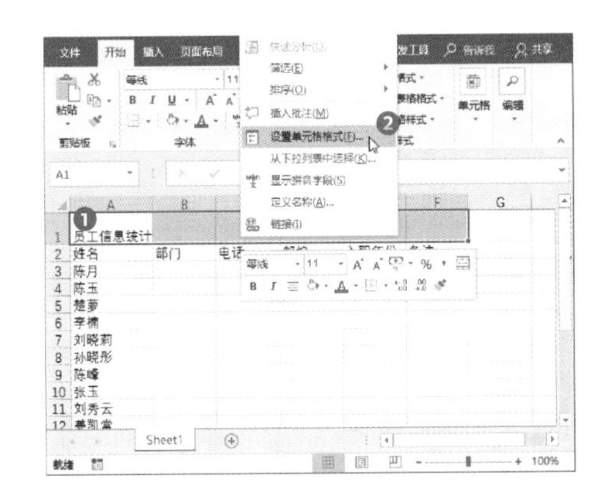

步骤 2 打开“设置单元格格式”对话框，切换至“对齐”选项卡，勾选“合并单元格”复选框，单击“确定”按钮即可。

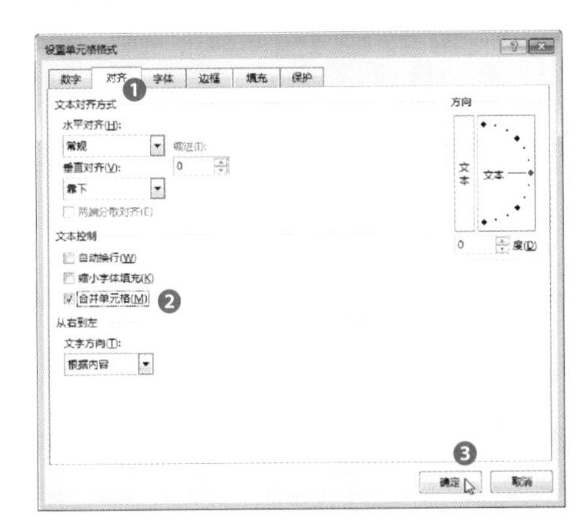

步骤 3 通过功能区按钮进行合并。选择A1:F1单元格区域，单击“开始”选项卡“对齐方式”组中的“合并后居中”下拉按钮，从列表中选择“合并后居中”选项。

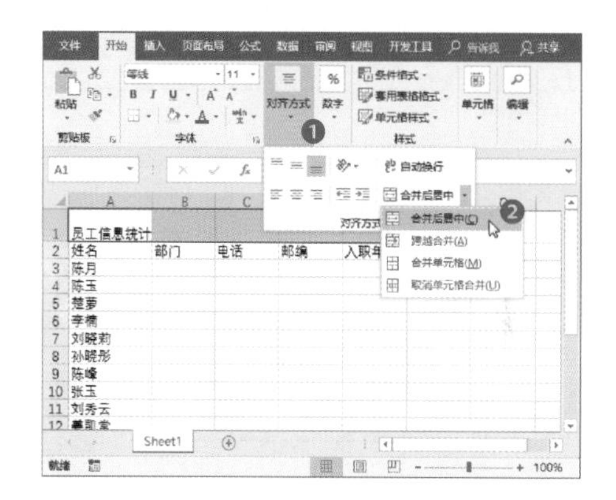

步骤 4 这时可查看合并居中后的效果。

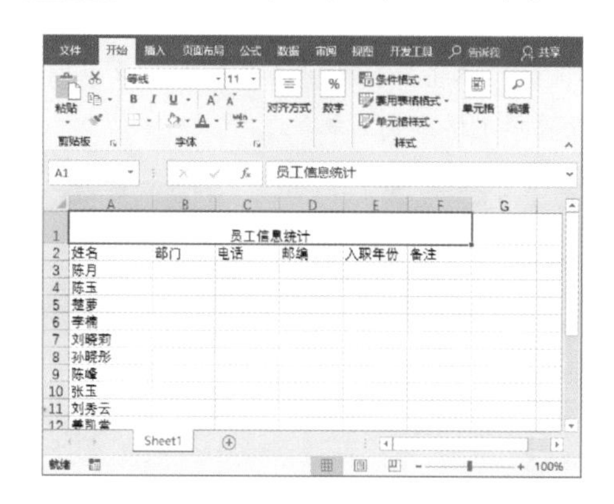

（3）添加边框线

步骤 1 打开工作表，选择需要添加边框的单元格区域，单击“开始”选项卡中的“边框”下拉按钮，从列表中选择“所有框线”选项。

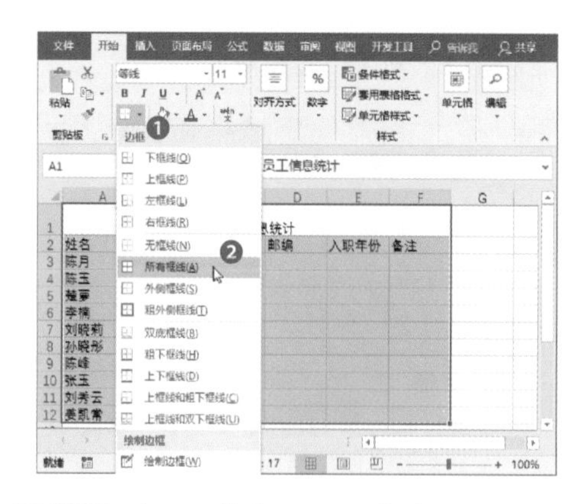

步骤 2 返回工作表，即可看到添加边框后的效果。

（4）设置对齐方式

步骤 1 选择A2：F12单元格区域，单击“开始”选项卡“对齐方式”组中的“垂直居中”和“居中”按钮即可。

步骤 2 还可以按下Ctrl+1快捷键，打开“设置单元格格式”对话框，切换至“对齐”选项卡，设置水平居中对齐和垂直居中对齐，然后单击“确定”按钮。

步骤 3 返回工作表查看设置后的效果。

5.3.2 套用单元格样式

为了让工作表中的某些单元格看起来更加醒目，突出重点，还可以为单元格套用单元格样式。

步骤 1 套用内置样式。打开工作表，选中需要套用单元格样式的A1:G1单元格区域，切换至“开始”选项卡，单击“样式”组中的“单元格样式”下拉按钮。

步骤 2 在打开的列表中选择所需的单元格样式。

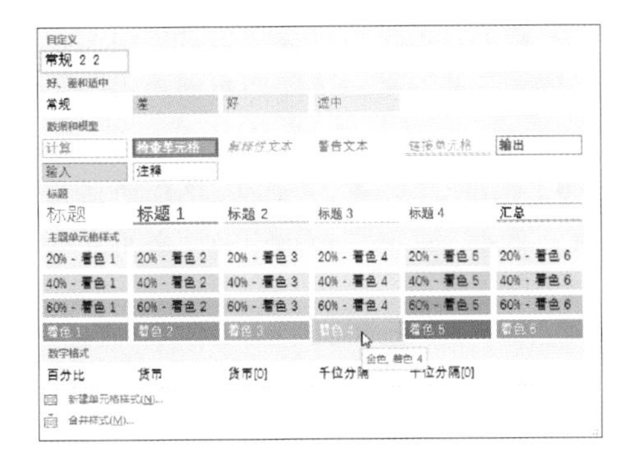

步骤 3 返回工作表，查看应用所需单元格样式的效果。

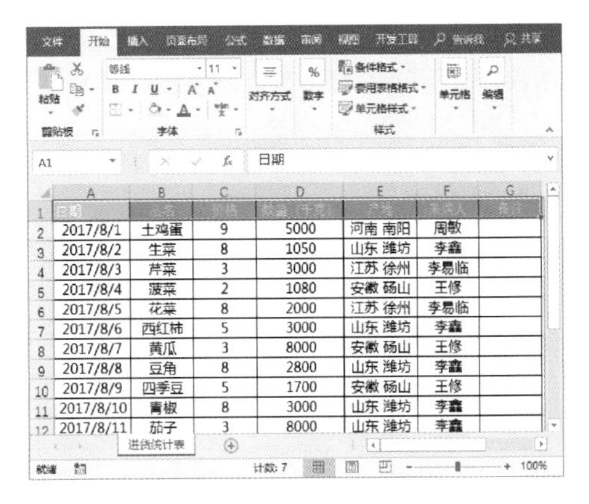

步骤 4 修改内置样式。单击“开始”选项卡中的“单元格样式”下拉按钮，选择所需的单元格样式并右击，从快捷菜单中选择“修改”命令。

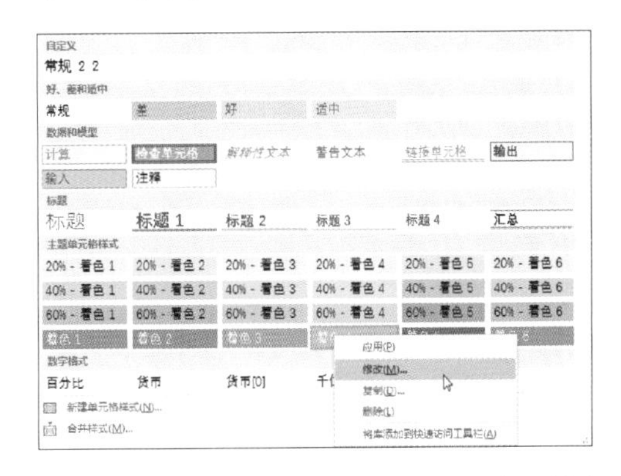

步骤 5 打开“样式”对话框，查看该样式所包含的格式，然后单击“格式”按钮。

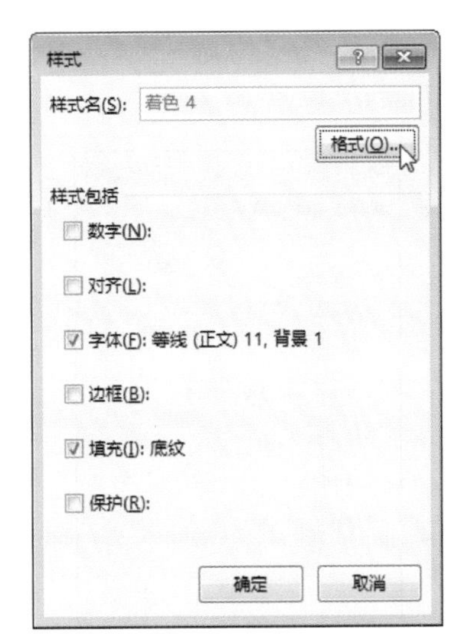

步骤 6 打开“设置单元格格式”对话框，根据需要对单元格的“数字”“对齐”“字体”“边框”以及“填充”等格式进行修改。

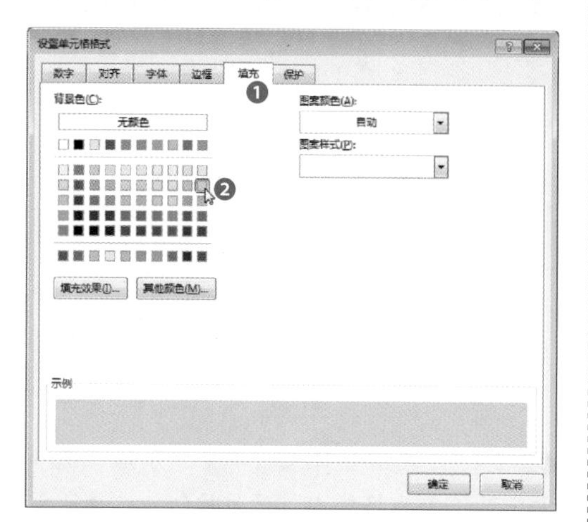

步骤 7 新建单元格样式。单击“开始”选项卡中的“单元格样式”下拉按钮，从列表中选择“新建单元格样式”选项。

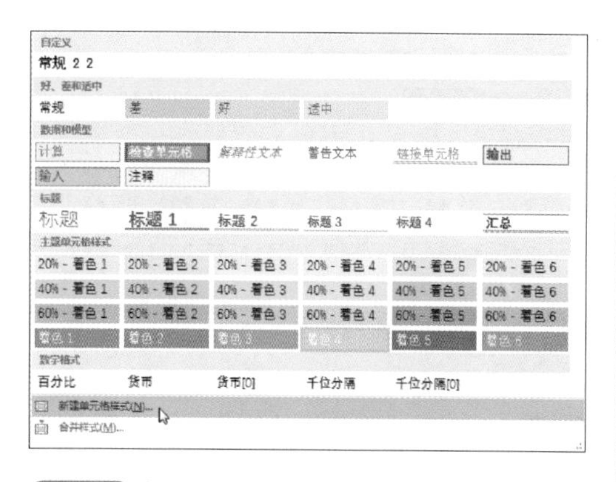

步骤 8 打开“样式”对话框，在“样式名”文本框中输入“报表标题”文字，然后单击“格式”按钮。

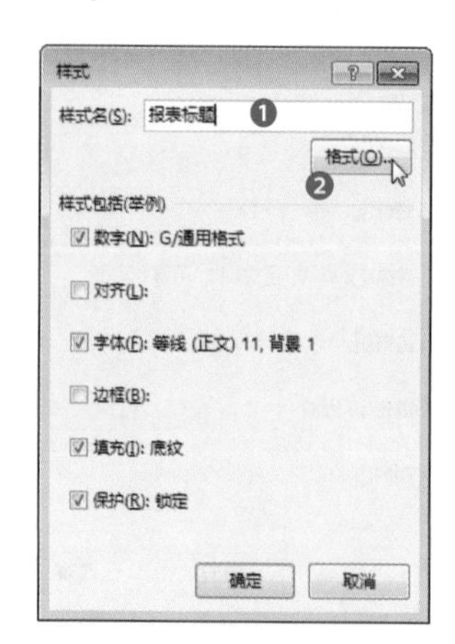

步骤 9 打开“设置单元格格式”对话框，切换至“字体”选项卡，设置单元格样式的字体、字形、字号以及字体颜色等。

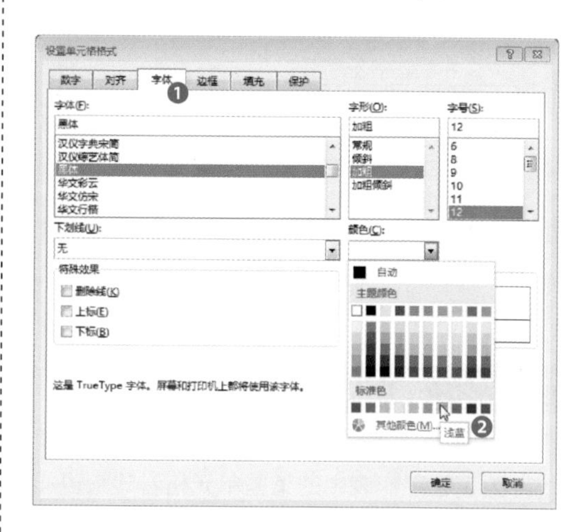

步骤 10 单击两次“确定”按钮，返回工作表中，再次单击“单元格样式”下拉按钮，在“自定义”区域中可以看到新建的“报表标题”单元格样式。

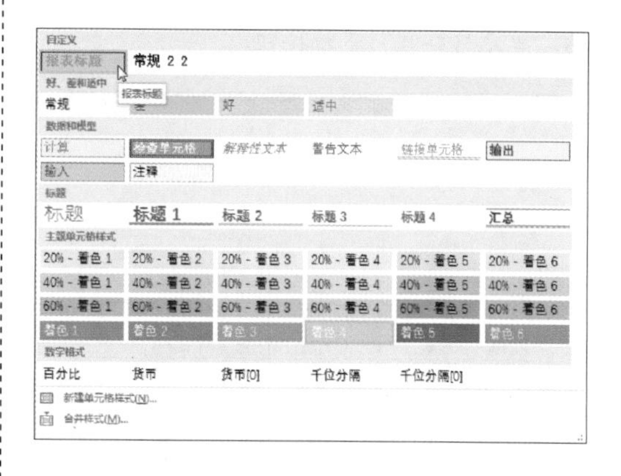

5.3.3 套用表格样式

大家可以通过套用表格样式，快速设置报表的单元格样式，下面对其操作进行详细介绍。

步骤 1 打开工作表，选中表格中的任意单元格，单击“开始”选项卡的“套用表格格式”下拉按钮。

步骤 2 在打开的列表中选择所需的表格样式。

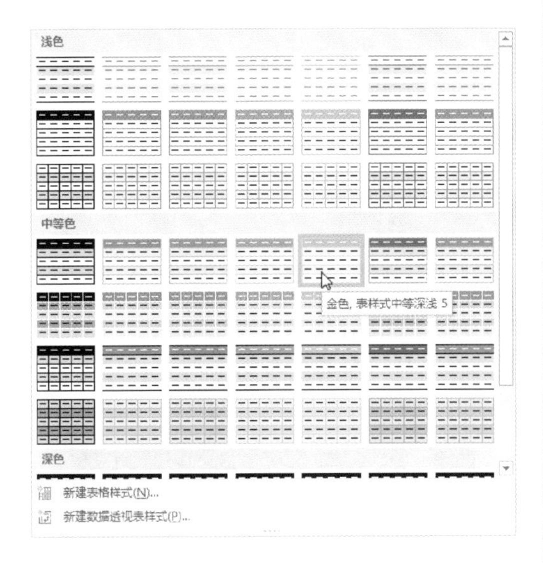

步骤 3 打开“套用表格式”对话框，“表数据的来源”文本框中自动选择了要应用表格样式的单元格区域，然后单击“确定”按钮。

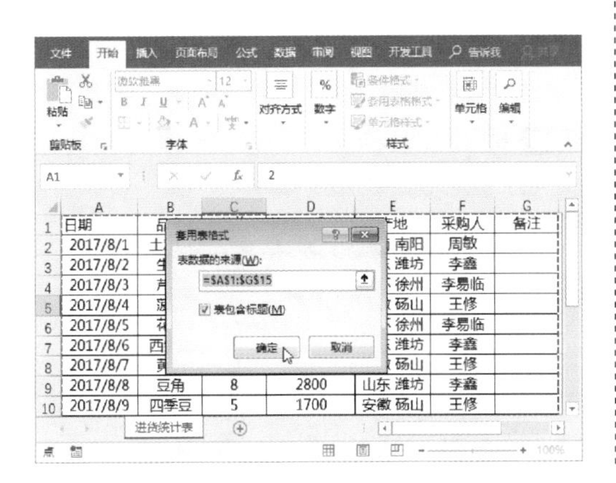

知识延伸：如何取消套用的表格样式

套用内置的表格样式后，如果想要删除这些样式，则先选中该表格，然后在“开始”选项卡中单击“清除”下拉按钮，从中选择“清除格式”选项就可以了。或者在“设计”选项卡中，单击“转换为区域”按钮，在打开的提示框中单击“是”按钮即可。

步骤 4 返回工作表，可以看到表格已经转换为可筛选的套用格式，在功能区出现了“表格工具-设计”选项卡，在该选项卡下，可以对表进行相应的编辑。

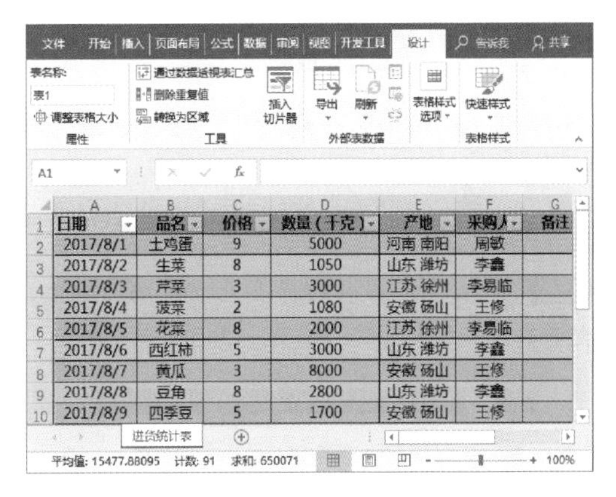

步骤 5 若想取消套用表格样式，可以单击“表格工具-设计”选项卡“工具”组中的“转换为区域”按钮，在打开的提示框中单击“是”按钮即可。

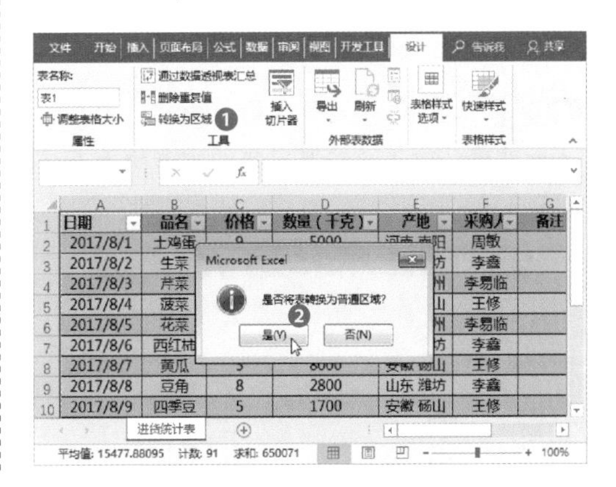

制作物品领用统计表

下面将通过制作物品领用统计表，来温习和巩固前面所学知识。

步骤 1 新建空白工作表，选择需要重命名的工作表标签，单击鼠标右键，从弹出的快捷菜单中选择“重命名”命令。

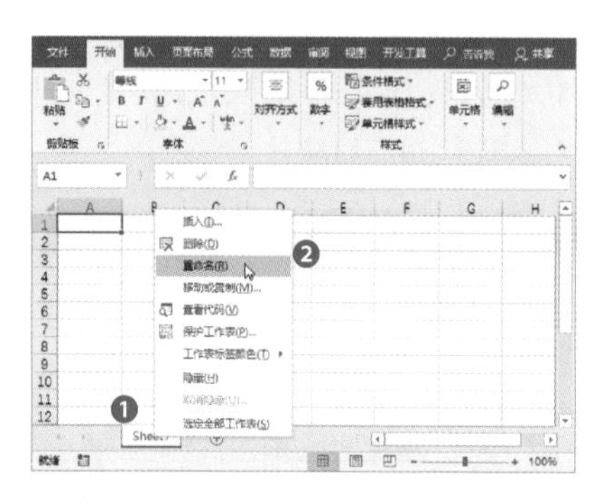

步骤 2 此时工作表的标签处于可编辑状态，然后输入工作表名称，按Enter键确认输入即可。

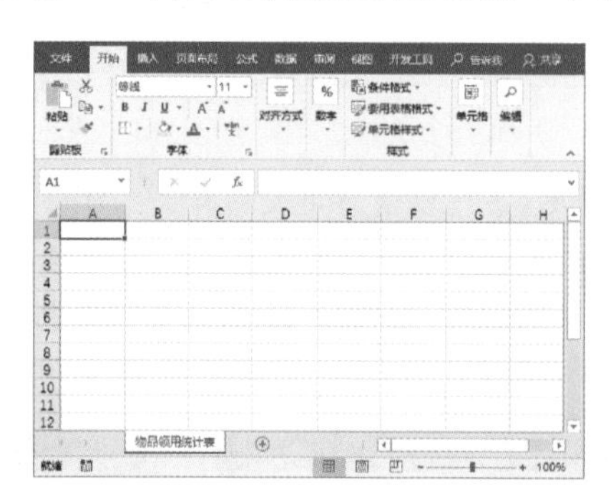

步骤 3 选择A1单元格，输入内容，然后按Enter键确认输入，按照同样的方法输入其他文本内容。

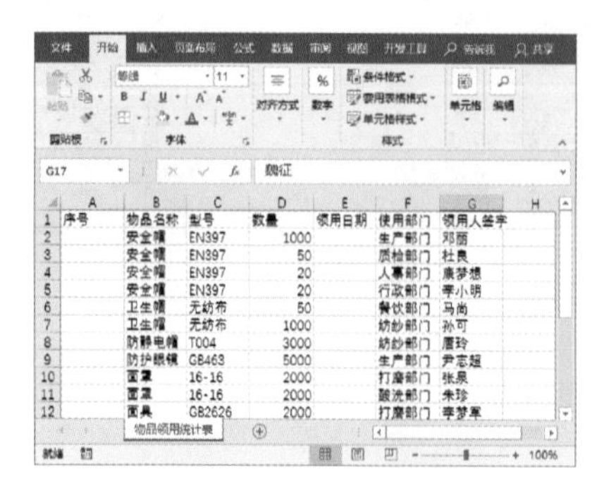

步骤 4 选择A2单元格，输入一个英文状态下的单引号“'”，然后再输入“001”。

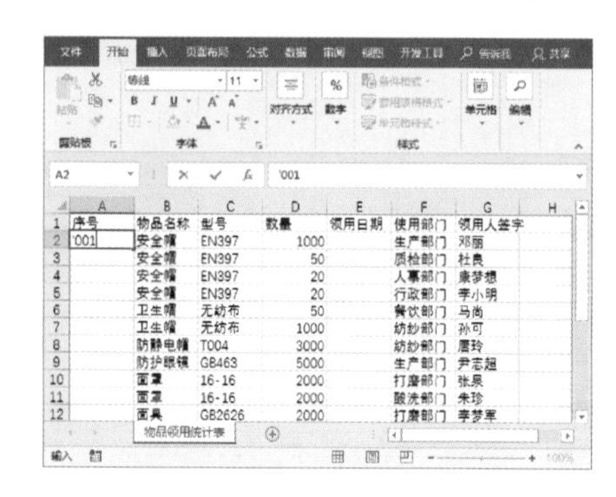

步骤 5 按Enter键确认输入，再次选中A2单元格，将鼠标光标移至单元格右下角，光标变为十字形。

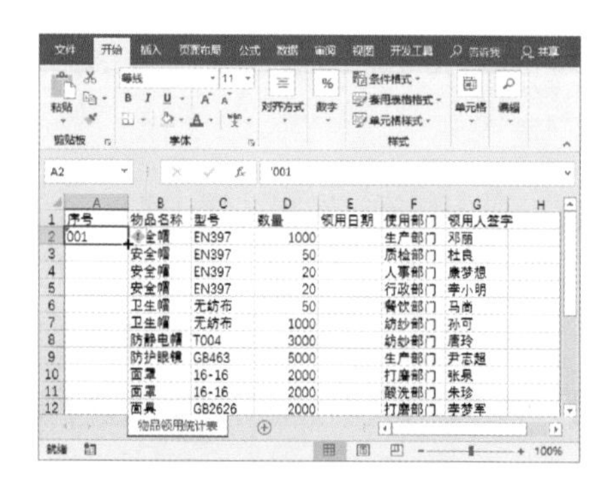

步骤 6 按住鼠标左键不放，向下拖动鼠标至A17单元格，放开鼠标即可。

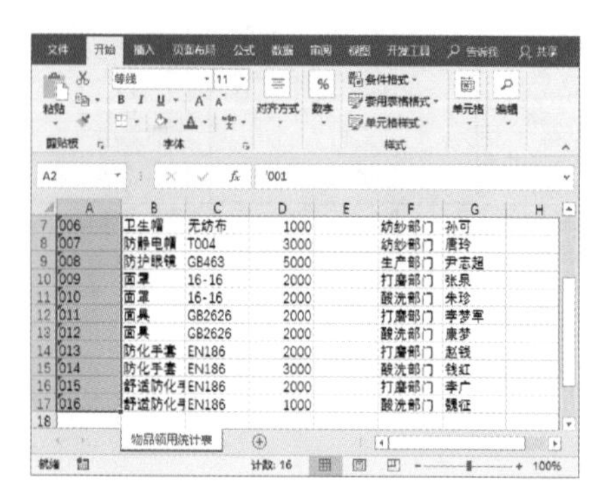

步骤 7 选择E2单元格输入日期，然后按Enter键确认输入。

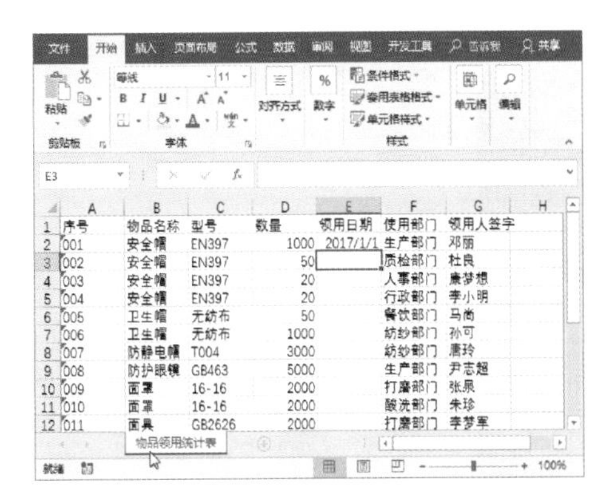

步骤 8 选择E2单元格，单击鼠标右键，从快捷菜单中选择“设置单元格格式”命令。

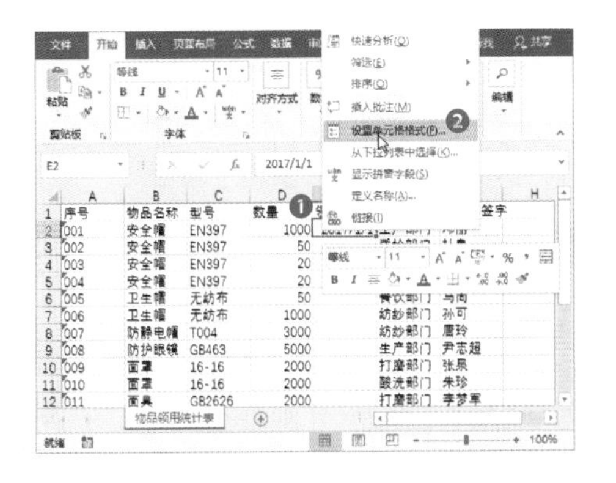

步骤 9 打开“设置单元格格式”对话框，在“数字”选项卡选择“日期”分类，然后在右侧的类型列表框中选择合适的类型，单击“确定”按钮。

步骤 10 按照同样的方法，输入其他日期，然后查看效果。

步骤 11 选择A1:G17单元格区域，单击“开始”选项卡中的“边框”下拉按钮，从列表中选择“所有框线”选项，为表格添加边框。

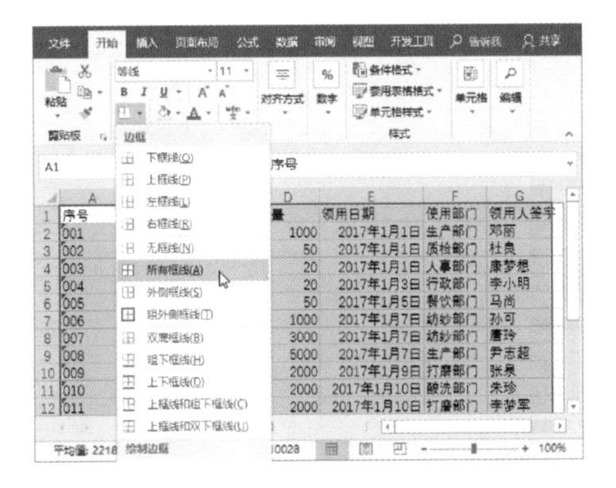

步骤 12 单击“开始”选项卡中的“格式”下拉按钮，从列表中选择“自动调整列宽”选项，调整单元格的列宽。

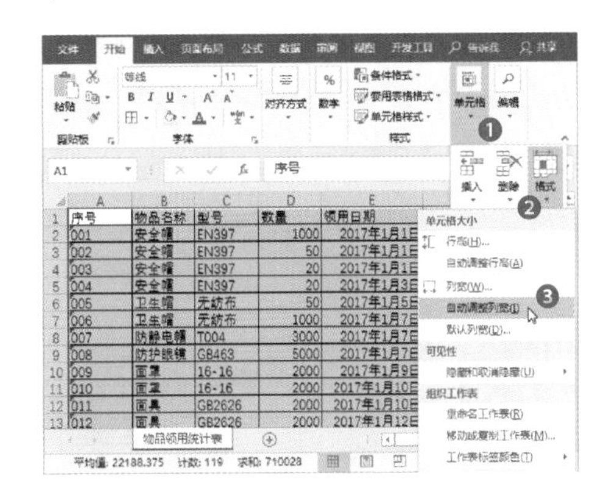

步骤 13 单击“对齐方式”组中的“垂直居中”和“居中”按钮，设置表格中文本的对齐方式。

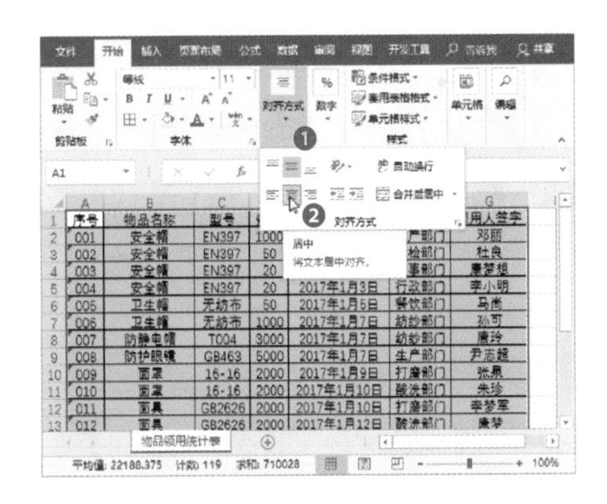

步骤 14 选择A1:G17单元格区域，单击“开始”选项卡“样式”组中的“套用表格格式”下拉按钮。从展开的列表中选择合适的表格样式。

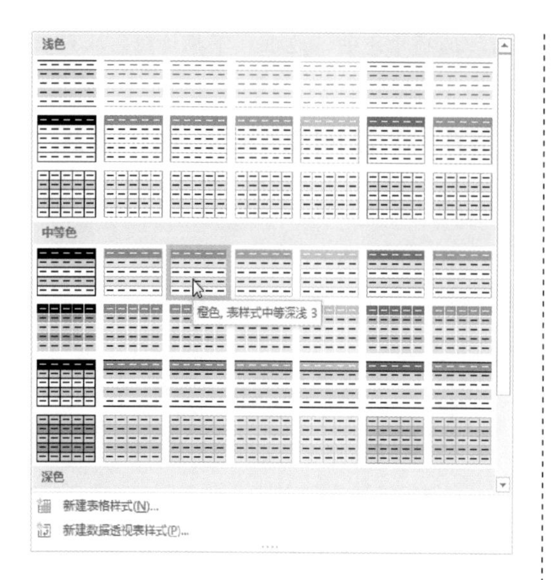

步骤 15 打开“套用表格式”对话框，“表数据的来源”文本框中自动选择了要应用表格样式的单元格区域，然后单击“确定”按钮。

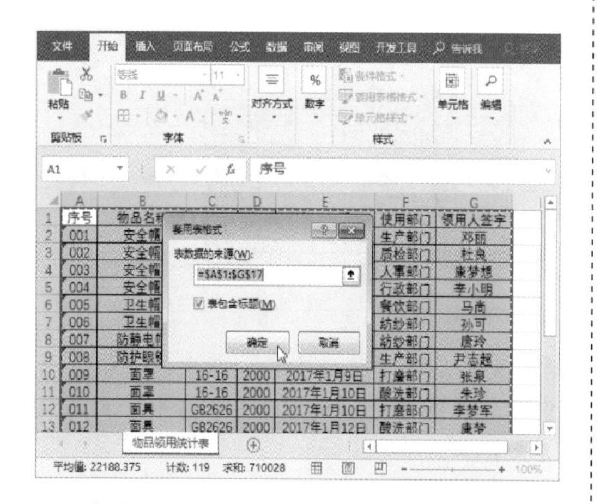

步骤 16 单击“表格工具-设计”选项卡中的“转换为区域”按钮，将其转换为表格形式。

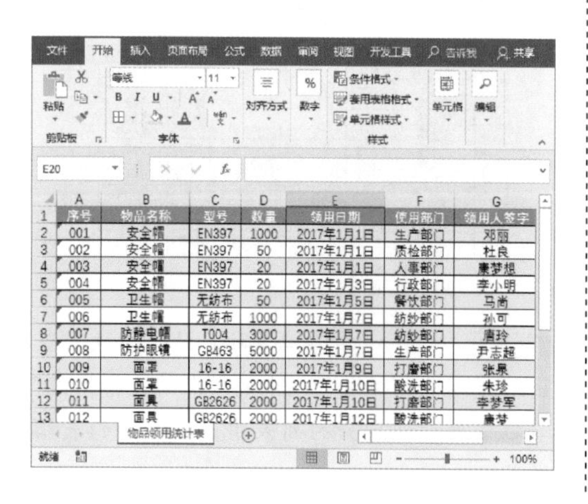

序号	物品名称	型号	数量	领用日期	使用部门	领用人签字
001	安全帽	EN397	1000	2017年1月1日	生产部门	邓丽
002	安全帽	EN397	50	2017年1月1日	质检部门	杜良
003	安全帽	EN397	20	2017年1月1日	人事部门	康梦想
004	安全帽	EN397	20	2017年1月3日	行政部门	李小明
005	卫生帽	无纺布	50	2017年1月5日	餐饮部门	马尚
006	卫生帽	无纺布	1000	2017年1月7日	纺纱部门	孙可
007	防静电帽	T004	3000	2017年1月7日	纺纱部门	唐玲
008	防护眼镜	GB463	5000	2017年1月7日	生产部门	尹志超
009	面罩	16-16	2000	2017年1月9日	打磨部门	张晁
010	面罩	16-16	2000	2017年1月10日	酸洗部门	朱珍
011	面具	GB2626	2000	2017年1月10日	打磨部门	李梦军
012	面具	GB2626	2000	2017年1月12日	酸洗部门	康琴

步骤 17 在“文件”选项卡中，单击“保护工作簿”下拉按钮，从列表中选择“用密码进行加密”选项。

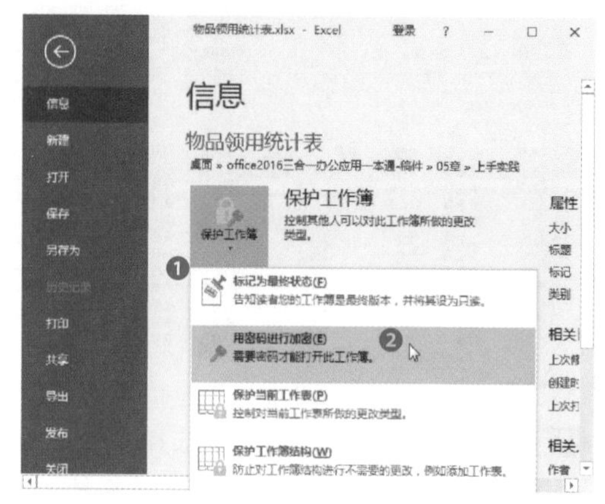

步骤 18 打开“加密文档”对话框，在“密码”文本框中输入密码，单击“确定”按钮，在弹出的“确认密码”对话框中再次输入相同的密码，最后单击“确定”按钮。

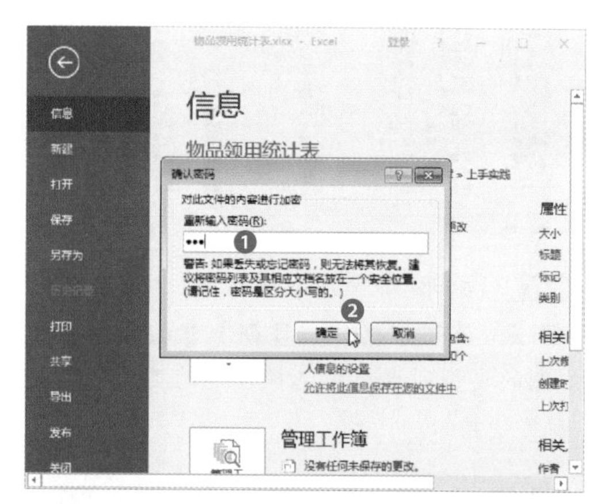

步骤 19 保存工作簿后，再次打开该工作簿，可以看到需要输入正确的密码才能打开工作表。

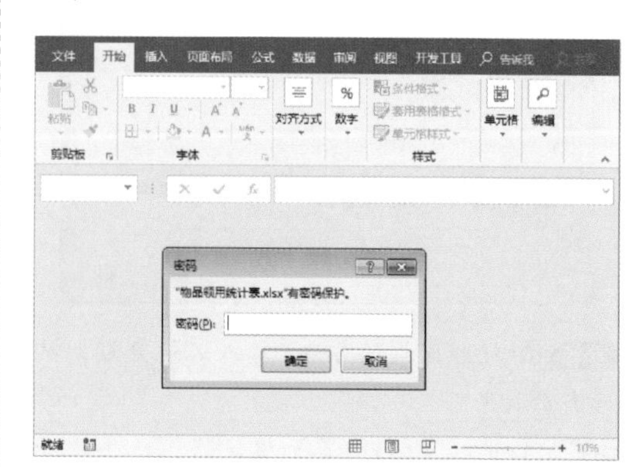

制作员工工资报表

打开“强化练习”实例文件夹，利用其中的素材文件，按照下列要求进行操作。

（1）输入文本内容，再输入开头为0的工号。

（2）设置入职时间的日期格式。

（3）为表格添加边框，调整行高和列宽。

（4）设置文本的对齐方式：垂直居中、居中。

（5）利用“套用表格格式”功能，为表格添加所需的样式。

工号	姓名	所属部门	职务	入职时间	工作年限	基本工资	工龄工资
001	张小燕	财务部	经理	2005年8月1日	12	2800	1200
002	顾玲	销售部	经理	2006年12月1日	11	2000	1100
003	李佳明	生产部	经理	2007年3月9日	10	2000	1000
004	顾君名	办公室	经理	2009年9月1日	8	2500	800
005	周勇	人事部	经理	2006年11月10日	11	2500	1100
006	王薛莲	设计部	经理	2008年10月1日	9	3500	900
007	周小菁	销售部	主管	2009年4月6日	8	2000	800
008	张艳	采购部	经理	2010年6月2日	7	2000	700
009	朱烨琳	销售部	员工	2013年9月8日	4	2000	400
010	张天爱	生产部	员工	2013年2月1日	5	2000	500
011	辛欣悦	人事部	主管	2011年9月1日	6	2500	600
012	何珏	设计部	主管	2012年6月8日	5	3500	500
013	吴亭	销售部	员工	2013年1月1日	5	2000	500
014	计芳	设计部	员工	2017年9月10日	0	3500	0

最终效果

第6章 便捷的公式与函数

知识导读

Excel拥有强大的计算功能，应用公式与函数可以瞬间完成非常复杂的计算，简化了手动计算的过程。在Excel中，系统提供了多种函数类型，熟练掌握这些函数，可以迅速地解决工作中遇到的问题，下面我们就来感受一下公式和函数的魅力。

内容预览

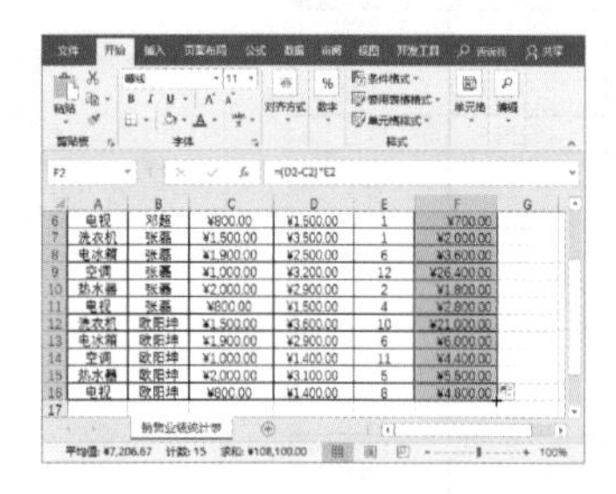

复制公式

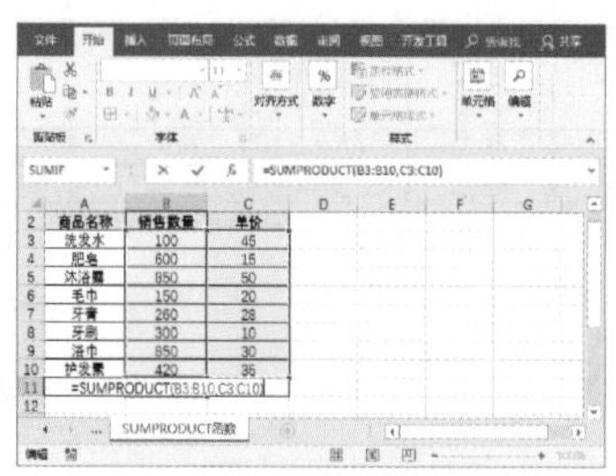

求和类函数

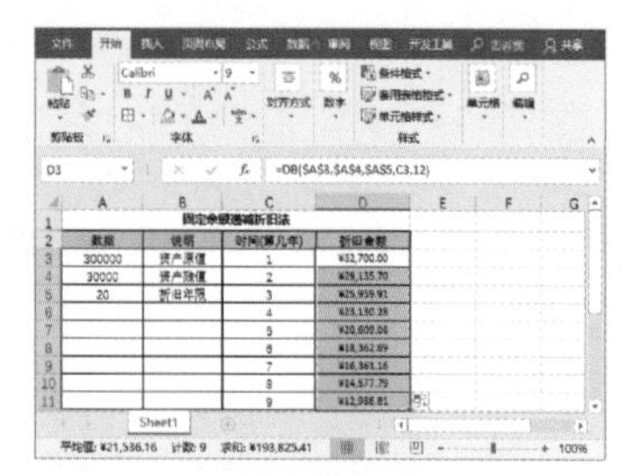

财务函数

本章教学视频数量：5个

6.1 了解Excel公式

Excel公式比较复杂，所以在学习使用公式之前，先来了解一下什么是运算符、公式的运算顺序以及单元格的引用。

6.1.1 运算符

运算符是公式中各个运算对象的纽带，对公式中的数据进行特定类型的运算。此外，Excel包含4种类型的运算符，分别为算术运算符、比较运算符、文本运算符和引用运算符。

（1）算术运算符

算术运算符能完成基本的数学运算，包括加、减、乘、除和百分比等。

算术运算符	名称	含义	示例
+	加号	加法	A1+B1
-	减号	减法	A1-B1
	负号	求相反数	-10
*	乘号	乘法	A1*2
/	除号	除法	A1/3
%	百分号	百分比	20%
^	脱字号	乘幂	3^2

（2）比较运算符

比较运算符用于比较两个值，结果是一个逻辑值TRUE或FALSE，表示真或假。若满足条件则返回逻辑值TRUE，若未满足条件则返回逻辑值FALSE。

比较运算符	名称	含义	示例
=	等号	等于	A1=B1
>	大于号	大于	A1>B1
<	小于号	小于	A1<B1
>=	大于或等于号	大于或等于	A1>=B1
<=	小于或等于号	小于或等于	A1<=B1
<>	不等于号	不等于	A1<>B1

（3）文本运算符

文本运算符表示使用“&”（和号）连接多个字符，结果为一个文本。

文本运算符	名称	含义	示例
&	和号	将两个文本连接在一起形成一个连续的文本	A1&B1

（4）引用运算符

引用运算符主要用于在工作表中进行单元格或区域之间的引用。

引用运算符	名称	含义	示例
:	冒号	区域运算符，生成对两个引用之间的单元格的引用，包括这两个引用	A1:C6
（空格）	空格	交叉运算符，生成对两个引用共同的单元格引用	(B1:B6 A2:D4)
,	逗号	联合运算符，将多个引用合并为一个引用	(A1:C6,D2:E8)

6.1.2 公式的运算顺序

在执行计算时，公式的运算顺序会影响计算结果。当公式的运算顺序不同得到的结果也不同，因此对我们来说，熟悉公式运算的次序以及更改次序是非常重要的。

公式的运算顺序是按照特定次序计算结果，通常情况下是由公式从左向右的顺序进行运算，但是如果公式中包含多个运算符，则要按照一定的规则次序进行计算。

如果公式中包含相同优先级的运算符，例如包含乘和除、加和减等，则顺序为从左到右进行计算。

如果需要更改运算的顺序，可以通过添加括号的方法。

例如，5+4*5计算的结果为25，该运算的顺序为先乘法后加法，先计算4*5，再计算5+20。如果添加括号，（5+4）*5则计算结果为45，该运算的顺序为先加法后乘法，先计算5+4，再计算9*5。

6.1.3 单元格的引用

单元格的引用在公式中非常重要，单元格的引用方式有三种，分别为相对引用、绝对引用和混合引用。

（1）相对引用

该引用形式表示若公式所在单元格的位置改变，则引用也随之改变。如果多行或多列地复制或填充公式，引用会自动调整。例如将B3单元格中的相对引用复制到B4单元格，将自动从“=A1”调整到“=A2”。

	A	B	C	D
1	60			
2	120			
3		=A1		
4				
5				

	A	B	C	D
1	60			
2	120			
3		60		
4		120		
5				

（2）绝对引用

公式中的绝对单元格引用总是在特定位置引用单元格。如果公式所在单元格的位置改变，绝对引用则保持不变。例如将单元格B1中的绝对引用复制到单元格B2，则该绝对引用在两个单元格中是一样的。

	A	B	C	D
1	30	=A1		
2	50			
3				
4				
5				

	A	B	C	D
1	30	30		
2	50	30		
3				
4				
5				

（3）混合引用

混合引用具有绝对列和相对行或绝对行和相对列两种。如果公式所在单元格的位置改变，则相对引用将改变，而绝对引用则不变。例如利用混合引用计算各季度占全年的百分比值。

	A	B	C	D
1		销量	百分比	
2	第一季度	50000	=B2/B$6	
3	第二季度	45000		
4	第三季度	35200		
5	第四季度	56230		
6	年度总销量	186430		
7				

	A	B	C	D
1		销量	百分比	
2	第一季度	50000	27%	
3	第二季度	45000	24%	
4	第三季度	35200	19%	
5	第四季度	56230	30%	
6	年度总销量	186430	100%	
7				

6.2 应用公式

在学习了运算符和运算顺序以及单元格的引用后，我们对公式也有了最初的了解，下面就来介绍一下公式的应用。例如，输入公式、编辑公式以及复制公式等。

6.2.1 输入公式

一个完整的公式，通常由运算符和数组组成，下面介绍如何输入公式。

步骤 1 打开工作表，选中A1单元格，先输入“=”，然后输入公式“3*7+1”。

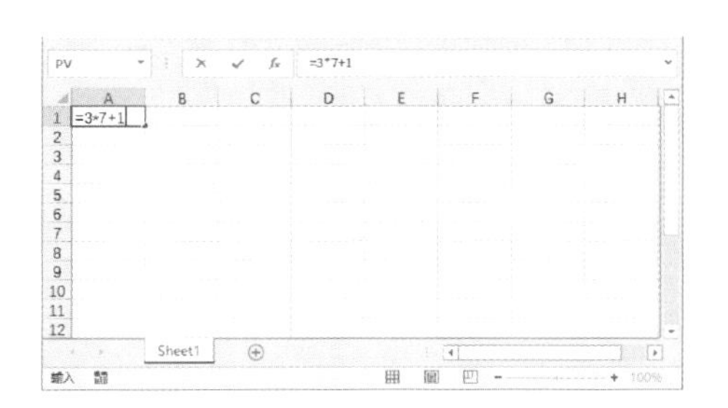

步骤 2 输入公式后按Enter键确认，查看计算结果。

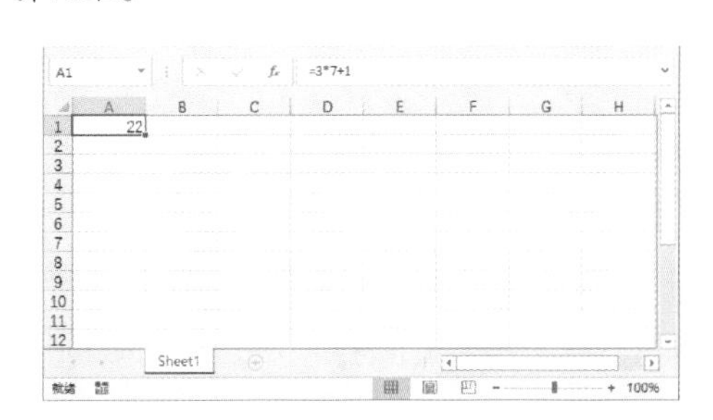

步骤 3 输入公式时也可以以“+”正号或“-”负号开始。以“+”正号开始，在A1单元格输入公式“+3+2*6”，然后单击编辑栏左侧的“输入”按钮。

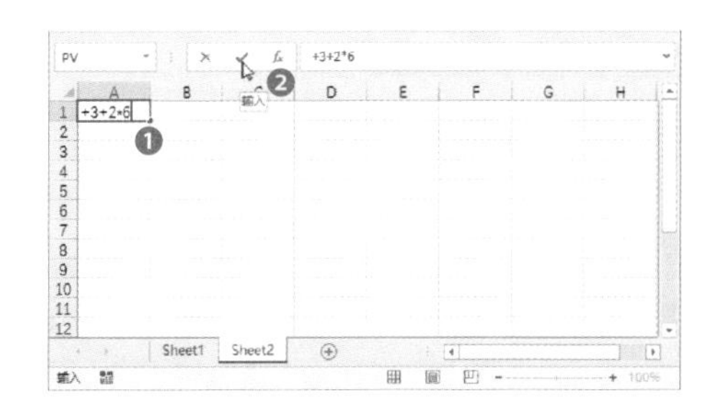

步骤 4 在该单元格中显示计算结果为15，在编辑栏中可以看到系统自动在公式的前面加上了“=”。

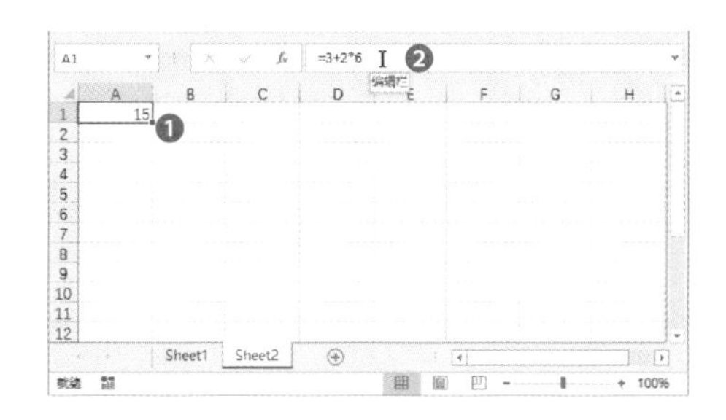

步骤 5 以“-”负号开始，在A2单元格输入公式“-3+2*6”，然后按Enter键确认。

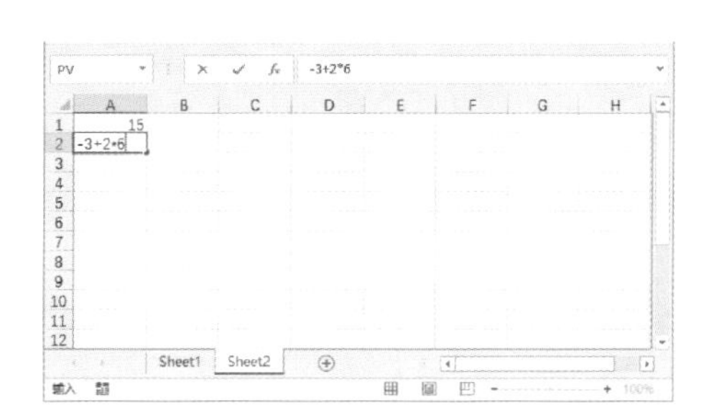

步骤 6 在该单元格中显示计算结果为9，在编辑栏中可以看到系统自动在公式前面加上了“=”。

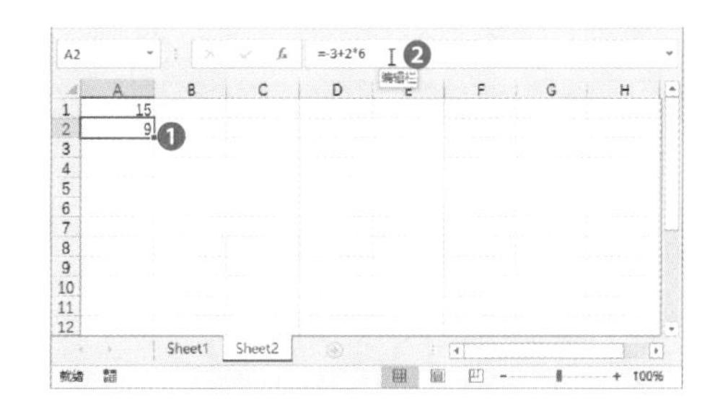

由上面的例子可以看出，在公式前面加正号或负号，系统会自动在公式前面添加“=”，但是添加正负号时计算的结果是不同的，所以在输入公式时应该以“=”开始。

6.2.2 编辑公式

如果在工作表中输入的公式不合理或者错误，那么如何进行编辑或修改呢？

方法 1 双击修改法。打开工作表，选中F3单元格并双击，单元格处于可编辑状态。

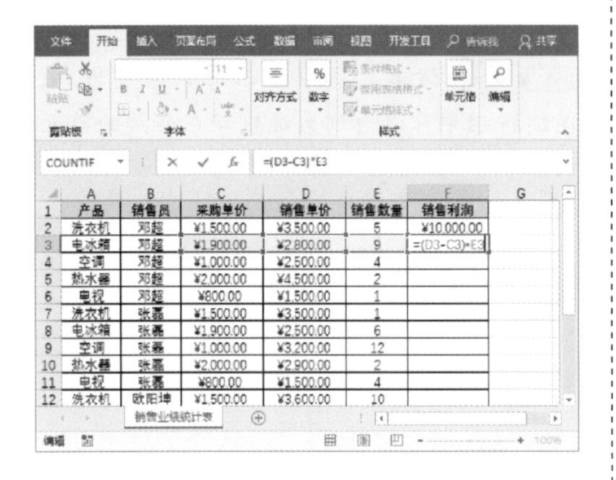

根据需要将公式修改为“=D3*E3-C3*E3”。

按Enter键执行计算，查看计算结果。

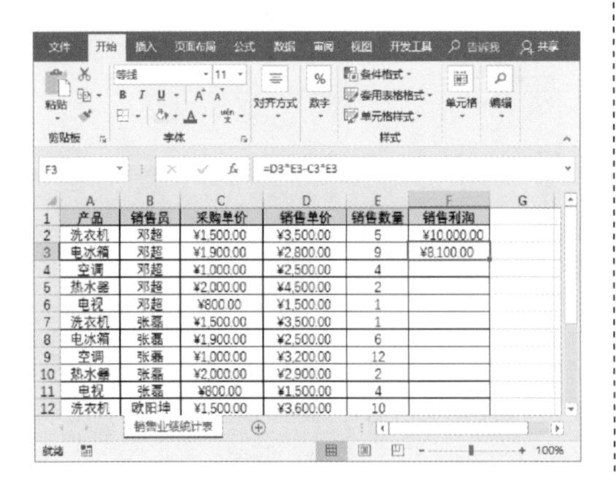

技巧点拨：使用F2功能键修改公式

选中需要修改的公式，按F2功能键，该单元格进入可编辑状态，随后对单元格进行修改即可。

方法 2 编辑栏修改法。选中F3单元格，在编辑栏中将原有的公式修改为“=D3*E3-C3*E3”即可。

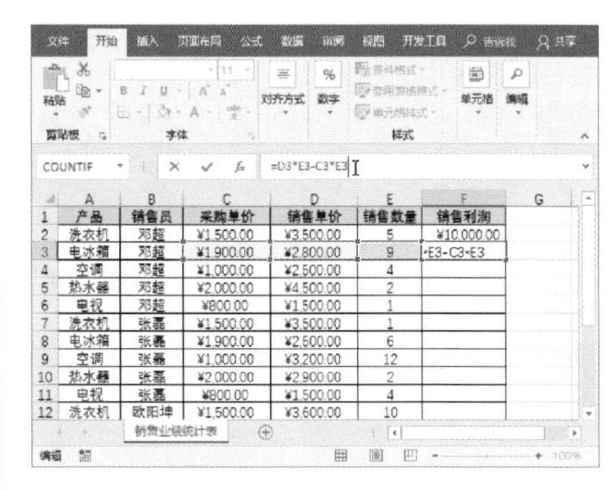

知识延伸：使用特定符号替代“=”

通常在输入公式时，会先输入“=”为起始符号，除此之外，大家还可以使用“+”或“-”运算符号来替代“=”。

在所需单元格或公式编辑栏中，先输入“+”或“-”后，再输入相关的运算符和函数，按Enter键，系统会在输入的公式前面自动添加“=”。

6.2.3 复制公式

如果对某列或某行应用相同的公式，通常采用复制公式的方法，既简单又节省时间。

步骤 1 选择性粘贴。打开工作表，选中F2单元格，输入公式“=（D2-C2）*E2”。

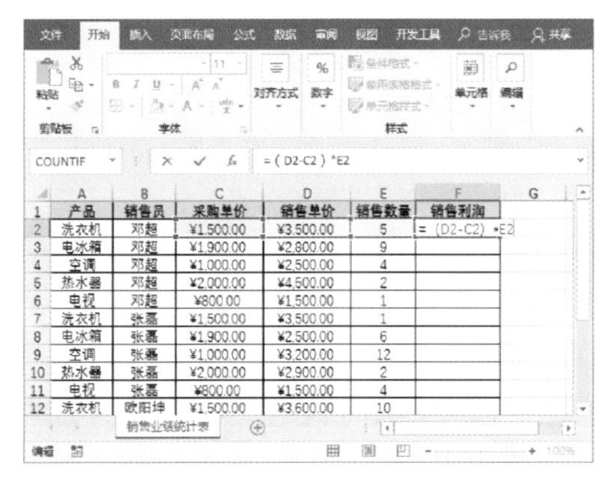

步骤 2 按Enter键执行计算，再次选中F2单元格，单击“开始”选项卡“剪贴板”组中的“复制”按钮。

步骤 3 选中需要粘贴的单元格区域，这里选择F3:F16单元格区域，单击“开始”选项卡“剪贴板”组的“粘贴”下拉按钮，从列表中选择“公式”选项。

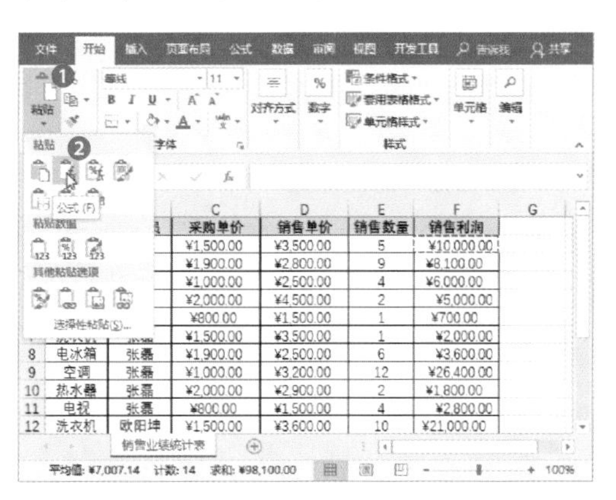

步骤 4 返回工作表中，查看复制公式的效果。

步骤 5 拖拽填充柄。选中F2单元格，将光标移至单元格右下角，光标变为十字形。

步骤 6 按住鼠标左键不放，向下拖动鼠标，复制公式至F16单元格，查看计算结果。

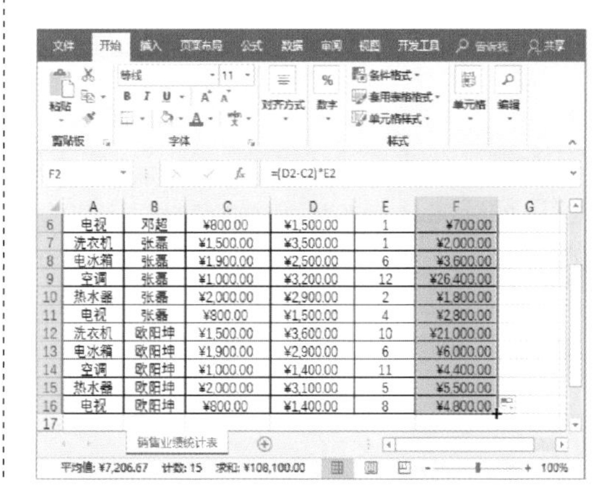

6.3 了解Excel函数

前面学习了公式的相关知识，接下来就来了解一下函数。函数与公式是两种不同的计算方式，但两者之间也有着密不可分的联系，函数是预先定义好的公式。

6.3.1 常用函数的类型

Excel提供了大量的函数，包括13种类型，例如统计函数、文本函数、逻辑函数、信息函数等。别害怕，认真学习就不会觉得太难。

（1）财务函数

财务函数可以满足一般的财务计算需要。例如FV、PMT、PV以及DB函数等。

已知某公司投资与营业现金流量数据，假定资本成本率为10%，求净现值。

步骤 1 选中B8单元格，输入公式“=NPV(B2,C6:G6)-B5”，按Enter键确认输入。

步骤 2 上述过程在计算净现值时，是基于第0年的投资发生在期末来考虑的。假设第0年的投资发生在期初，则应将B5单元格的值修改为“-80000”。

步骤 3 选中B8单元格，输入公式“=NPV(B2,B5,C6:G6)”。按Enter键得到计算结果。

（2）日期与时间函数

通过使用日期与时间函数，可以在公式中分析处理日期值和时间值。例如YEAR、TODAY、DATE、WORKDAY函数等。

利用该函数可以很方便地计算出某项任务的完成日期。

步骤 1 打开工作表，在单元格D3中输入公式“=WORKDAY(B3,C3,C$9:C$13)”，其中C9:C13单元格区域为一些节日的放假安排。

步骤 2 输入完成后按Enter键确认，然后再次选中D3单元格，将公式向下复制到D6单元格即可。

（3）统计函数

统计函数用于对数据区域进行统计分析。例如AVERAGE、COUNTIF、COUNT、MAX、MIN函数等。

利用MAX函数和MIN函数计算采购费用的最大值和最小值。

步骤 1 打开工作表，选择B11单元格，输入公式“=MAX(B2:B10)”，然后按Enter键确认输入，即可求出最大值。

步骤 2 选择B12单元格，输入公式“=MIN(B2:B10)”，然后按Enter键确认，即可求出最小值。

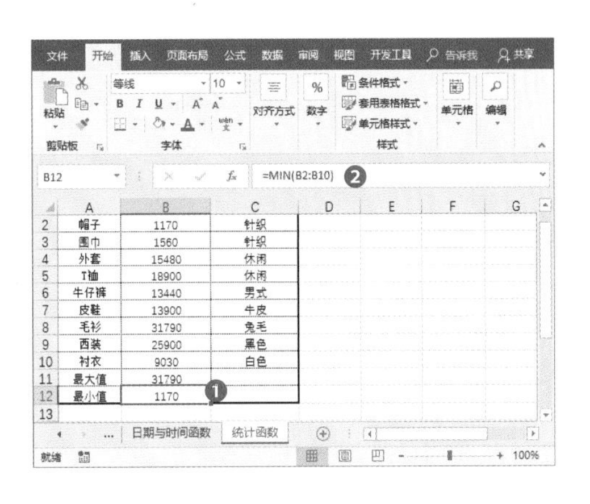

（4）查找与引用函数

使用查找与引用函数查找数据清单或表格中特定数值，或者查找某一单元格的引用，例如CHOOSE、INDEX、LOOKUP、MATCH、OFFSET函数等。

利用LOOKUP函数，查找出“司马懿”的成绩。

> **技巧点拨：LOOKUP函数**
>
> LOOKUP函数用于从单行、单列区域或从一个数组中返回值。
>
> 该函数的语法是：LOOKUP（lookup_value,lookup_vector,result_vector）。

步骤 1 打开工作表，选中F2单元格，输入公式“=LOOKUP(E2,A2:A11,C2:C11)”。

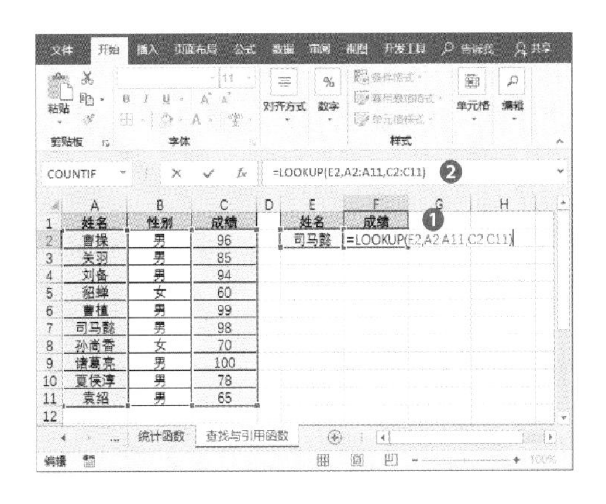

步骤 2 输入公式后按Enter键确认输入，查看计算结果。

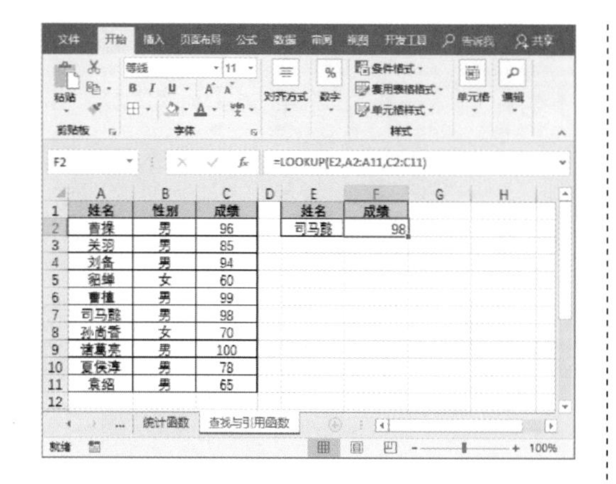

（5）文本函数

使用文本函数在公式中处理文字串。例如FIND、LEFT、LEN、RIGHT函数等。

利用LEN函数计算出“身份证号码”的字符个数。

步骤 1 打开工作表，选择C2单元格，输入公式“=LEN(B2)”。

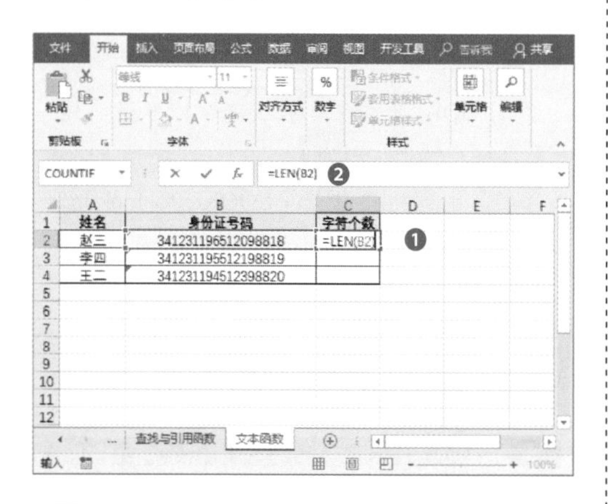

步骤 2 输入完成后按Enter键确认输入，并向下复制公式，查看计算结果。

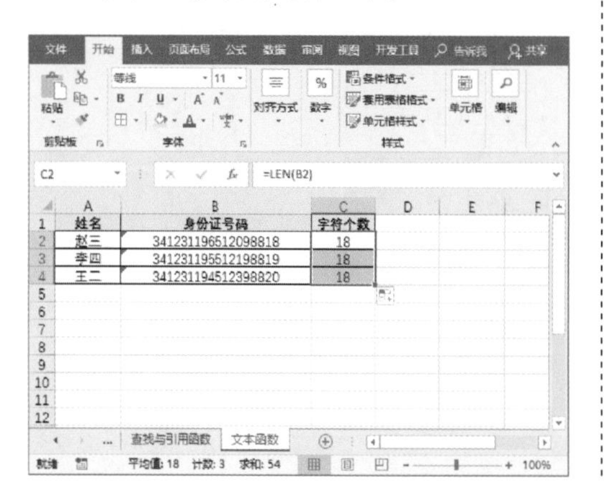

（6）逻辑函数

使用逻辑函数可以进行真假值的判断。例如AND、FALSE、IF、OR函数等，其中比较常用的是IF函数。

利用IF函数，计算出员工考核成绩等级。

步骤 1 打开工作表，选择E3单元格，之后输入公式并按Enter键进行确认，以对成绩作出判断。其中，小于5输出为A，小于10输出为B，小于15的输出为C，大于等于15的输出为D。

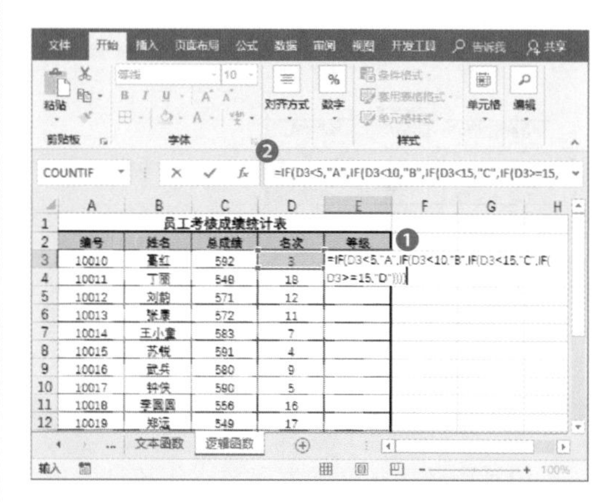

步骤 2 选择E3单元格，向下复制公式，查看计算结果。

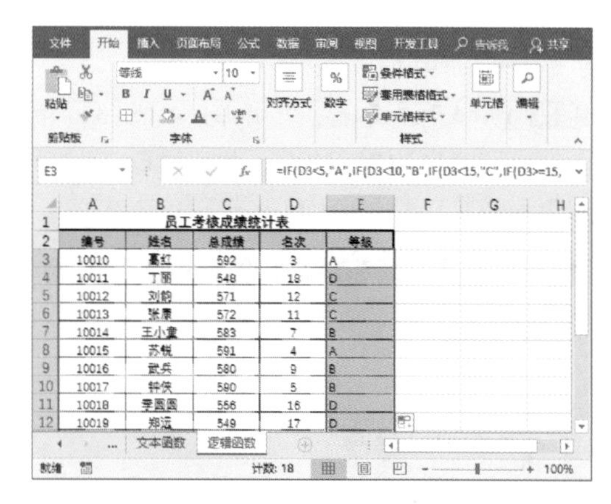

（7）信息函数

使用信息函数确定存储在单元格中的数据类型。例如CELL、TYPE、ISODD函数等。

利用ISODD函数判断编号是否为单数。

步骤 1 打开工作表，选择E2单元格，输入公式“=ISODD(A2)”，以判断当前编号是否为单数。

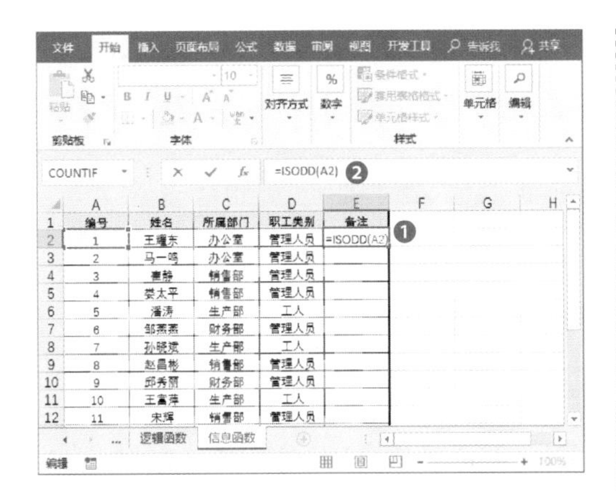

步骤 2 按Enter键确认输入，然后再次选择E2单元格，向下复制公式，若当前编号为单数，则返回TRUE，否则将返回FLASE。

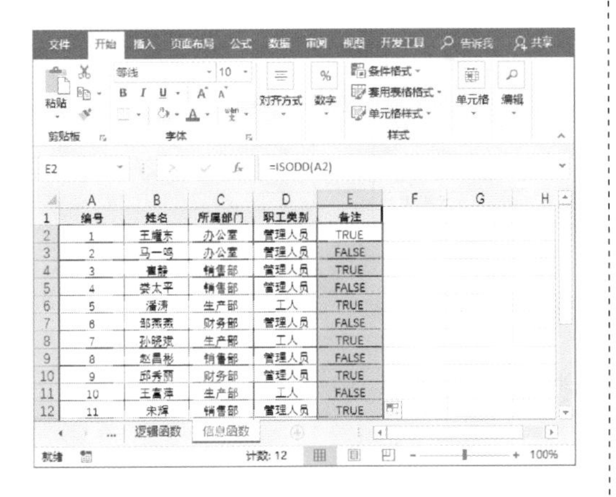

> **技巧点拨：双击填充柄复制公式**
>
> 选中所需复制单元格，将光标移至单元格右下角，当光标变为黑色十字形时，双击鼠标，即可将公式复制到最后一行。

6.3.2 输入与修改函数

接下来我们该如何输入函数，输入错误后又该如何修改呢，下面将分别对其进行介绍。

(1) 输入函数

步骤 1 打开工作表，选中D12单元格，切换至“公式”选项卡，单击“插入函数”按钮。

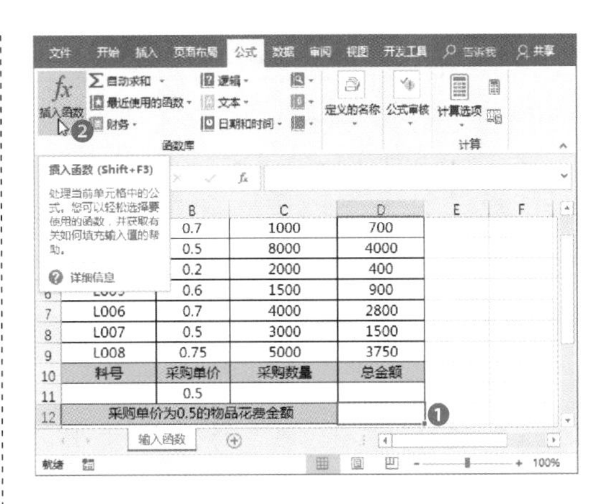

步骤 2 打开“插入函数”对话框，在“选择函数”列表框中选择DSUM函数，然后单击“确定”按钮。

步骤 3 打开“函数参数”对话框，单击Database文本框右侧的折叠按钮。

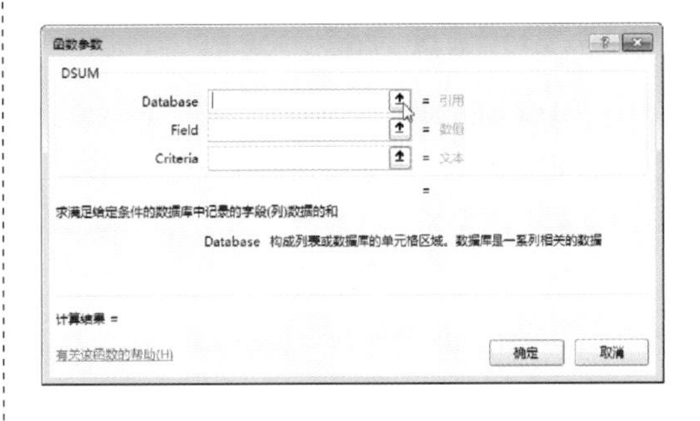

步骤 4 返回工作表中，选择A1:D9单元格区域，然后单击折叠按钮。

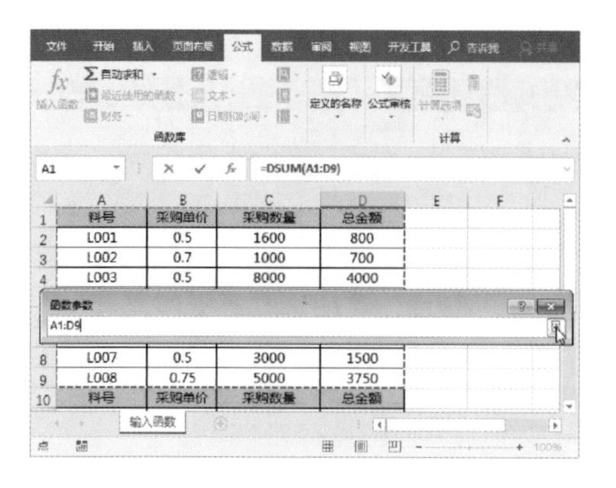

步骤 5 返回“函数参数”对话框，分别在另外两个文本框中输入参数。

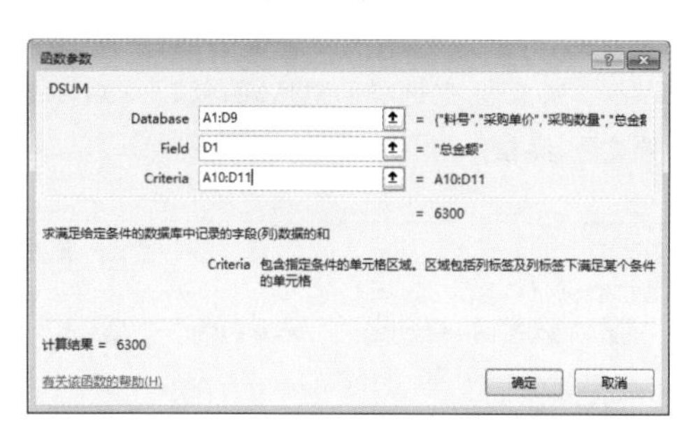

步骤 6 单击“确定”按钮，返回工作表中查看计算结果。

D12 =DSUM(A1:D9,D1,A10:D11)

	A	B	C	D
1	料号	采购单价	采购数量	总金额
2	L001	0.5	1600	800
3	L002	0.7	1000	700
4	L003	0.5	8000	4000
5	L004	0.2	2000	400
6	L005	0.6	1500	900
7	L006	0.7	4000	2800
8	L007	0.5	3000	1500
9	L008	0.75	5000	3750
10	料号	采购单价	采购数量	总金额
11		0.5		
12	采购单价为0.5的物品花费金额			6300

技巧点拨：直接输入函数

除了使用对话框输入函数外，还可以直接在结果单元格或公式编辑栏中手动输入公式。使用这种方法的一般是对函数比较熟悉。如果不了解当前函数的结构，还是选择使用对话框输入法为好。

（2）修改函数

步骤 1 打开工作表，选中D12单元格，输入公式“=SUM(D2:D11)”，按Enter键执行计算。

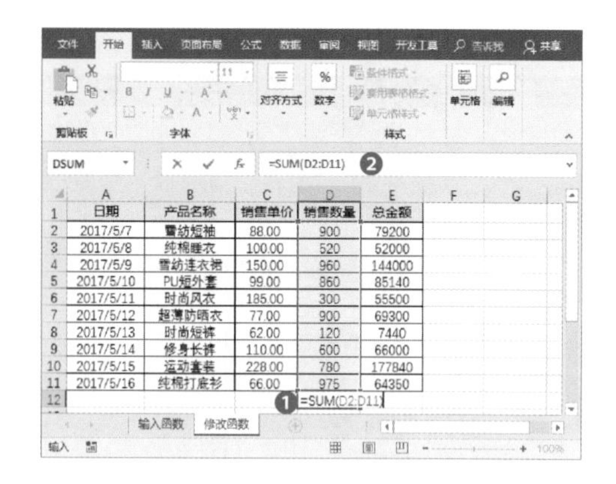

步骤 2 再次选中D12单元格并双击，进入可编辑状态，将SUM修改为AVERAGE。

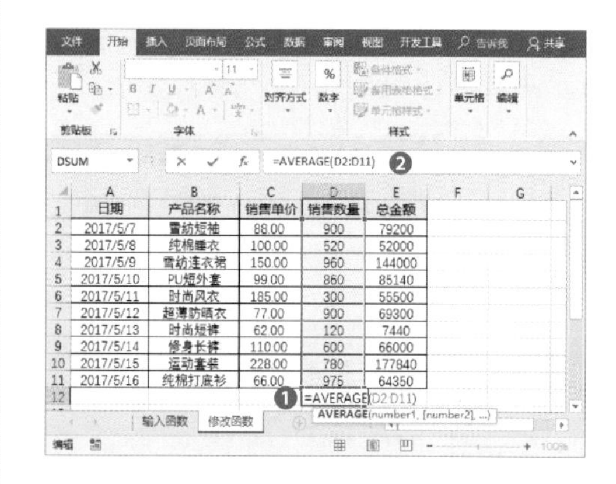

步骤 3 按Enter键执行计算，结果表示计算产品的平均销售数量。

技巧点拨：显示工作表中所有公式

如果想要对表格中所有公式进行检查，只需按“Ctrl+`”组合键即可；再次按“Ctrl+`”组合键，就会隐藏公式，显示结果。

6.4 数学与三角函数的应用

在Excel中，数学与三角函数算是比较常用的函数了，我们时常会使用数学与三角函数进行一些简单的计算，例如对数据进行求和、求平均值等。常用的数学与三角函数包括SUM、SUMIF函数等。

6.4.1 求和类函数

求和类函数有很多，例如SUM、SUMIF函数等。

（1）SUM函数

SUM函数用来计算单元格区域中所有数值的和，该函数的语法很简单：SUM（待求和的数值）。SUM函数最多可以设置255个参数。

使用SUM函数计算员工的实发工资。

步骤 1 打开工作表，选中F2单元格，输入公式“=SUM(B2:E2)”。

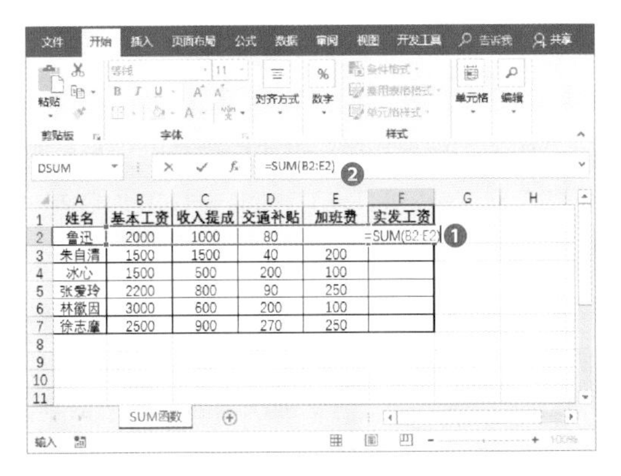

步骤 2 按Enter键确认输入，然后再次选中F2单元格，向下复制公式，查看计算结果。

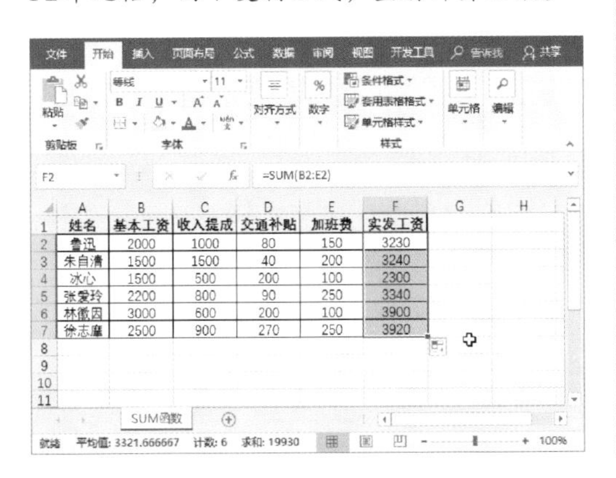

（2）SUMIF函数

SUMIF函数是一个条件求和函数，要求求和的参数必须满足某条件。

使用SUMIF函数计算商品代码以K开头的总库存量。

步骤 1 打开工作表，选中D13单元格，单击编辑栏左侧的“插入函数”按钮。

步骤 2 打开“插入函数”对话框，在“选择函数”列表框中选择SUMIF函数，单击“确定”按钮。

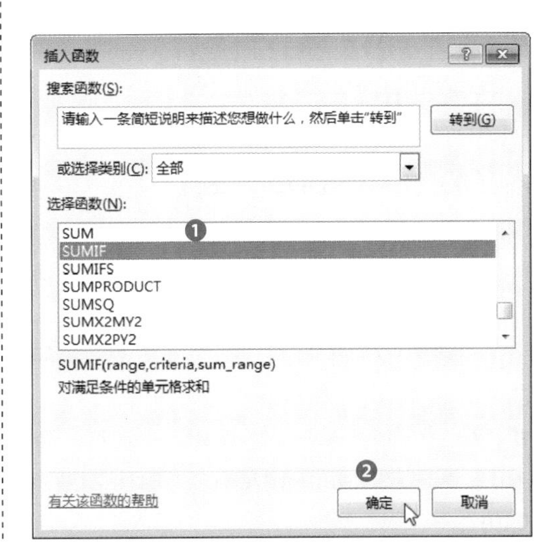

步骤 3 打开“函数参数”对话框，在Range文本框中输入“A2:A11”，表示引用条件区域。

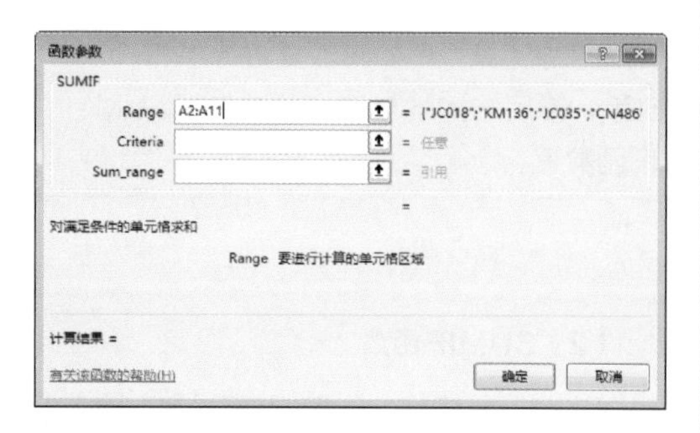

步骤 4 在Criteria文本框中输入“K*”，在Sum_range文本框中输入“C2:C11”，表示求和的区域。

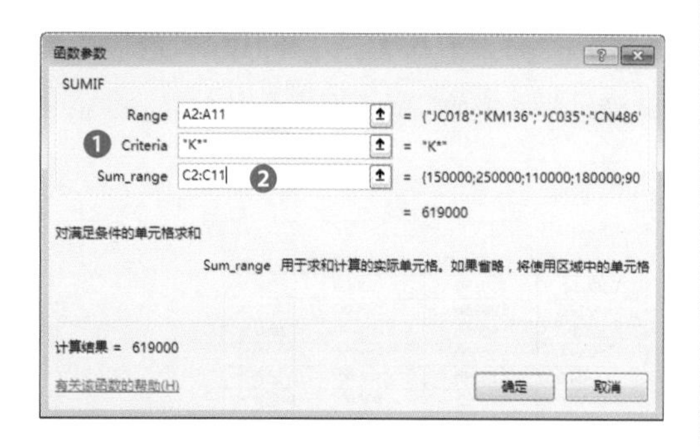

步骤 5 单击“确定”按钮，返回工作表，查看计算结果。

D13 =SUMIF(A2:A11,"K*",C2:C11)

	A	B	C	D
1	商品代码	上周销售件数	目前库存的数量	补货情况
2	JC018	209560	150000	已补货
3	KM136	306980	250000	已补货
4	JC035	150000	110000	未补货
5	CN486	132000	180000	已补货
6	OP047	110050	90000	已补货
7	KL892	85632	90000	已补货
8	KJ570	81456	189000	已补货
9	JC965	65890	180000	已补货
10	OR456	55874	60000	已补货
11	KH019	40000	90000	未补货
12				
13	商品代码以K开头的总库存量			619000

SUM函数　SUMIF函数

（3）SUMPRODUCT函数

SUMPRODUCT函数表示在指定的数组中，把数组之间的对应的元素相乘，然后再求和。

使用SUMPRODUCT函数计算洗浴用品的总销售额。

步骤 1 打开工作表，选择B11单元格，输入公式“=SUMPRODUCT(B3：B10，C3：C10)。

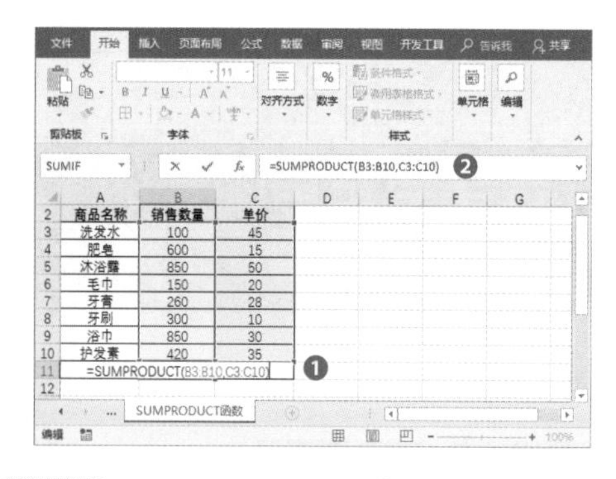

SUMIF =SUMPRODUCT(B3:B10,C3:C10) 2

	A	B	C
2	商品名称	销售数量	单价
3	洗发水	100	45
4	肥皂	600	15
5	沐浴露	850	50
6	毛巾	150	20
7	牙膏	260	28
8	牙刷	300	10
9	浴巾	850	30
10	护发素	420	35
11	=SUMPRODUCT(B3:B10,C3:C10) 1		

SUMPRODUCT函数

步骤 2 按Enter键执行计算，即可得到洗浴用品的总销售额。

B11 =SUMPRODUCT(B3:B10,C3:C10)

	A	B	C
1	6月份洗浴用品销售情况表		
2	商品名称	销售数量	单价
3	洗发水	100	45
4	肥皂	600	15
5	沐浴露	850	50
6	毛巾	150	20
7	牙膏	260	28
8	牙刷	300	10
9	浴巾	850	30
10	护发素	420	35
11	合计	109480	

SUMPRODUCT函数

6.4.2 数据取舍类函数

取舍函数是按指定要求对数值做出相应取舍的函数，例如INT、TRUNC、ROUND等。

（1）TRUNC函数

TRUNC函数按指定要求截取小数，该函数有两个参数，TRUNC（Number，Number_digits）（前者表示需要截尾的数字，后者表示保留几位小数）。

使用TRUNC函数计算保留到（角）的数值。

步骤 1 打开工作表，选中E2单元格，输入公式“=TRUNC(D2，1)”。

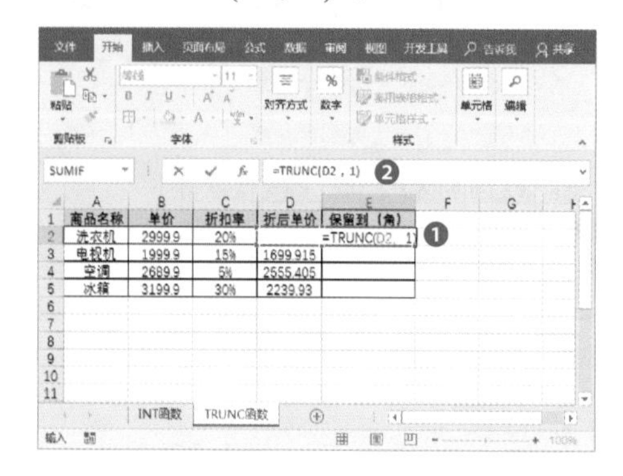

SUMIF =TRUNC(D2，1) 2

	A	B	C	D	E
1	商品名称	单价	折扣率	折后单价	保留到（角）
2	洗衣机	2999.9	20%		=TRUNC(D2，1) 1
3	电视机	1999.9	15%	1699.915	
4	空调	2689.9	5%	2555.405	
5	冰箱	3199.9	30%	2239.93	

INT函数　TRUNC函数

步骤 2 按Enter键执行计算，查看将折后单价保留到（角）后的效果。

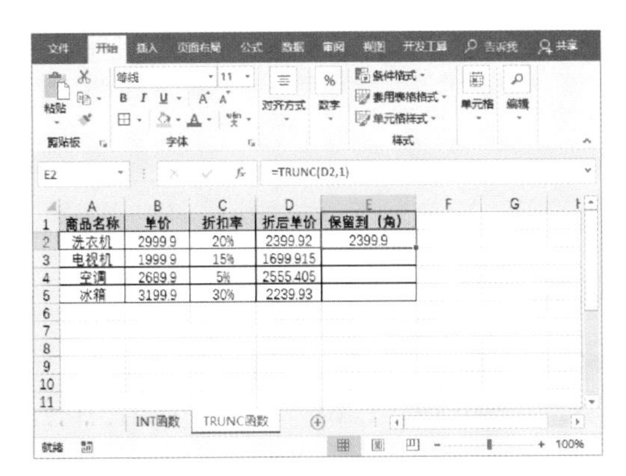

步骤 3 向下复制公式，查看最终效果。

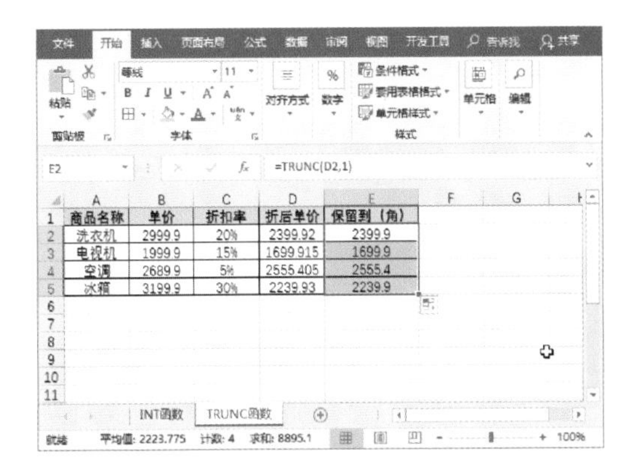

技巧点拨：INT函数

INT函数将数值向下取整为最接近的整数，INT函数只有一个参数，且不管参数的小数位数是多少都不会四舍五入，只会向下取整数部分。

该函数的语法结构比较简单：INT（number），其中“number”参数表示要进行计算的数值。

（2）ROUND函数

ROUND函数可以按指定位数对数字进行取舍，该函数在截取数值之前会进行四舍五入。

使用ROUND函数将折后单价四舍五入到一位小数。

步骤 1 打开工作表，选择E2单元格，输入公式“=ROUND(D2，1)”。

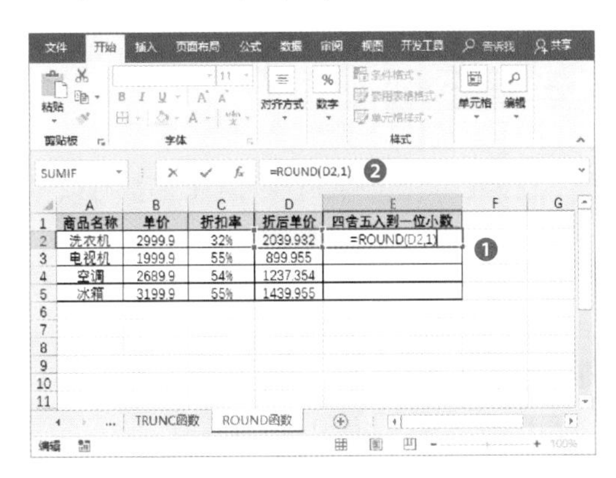

步骤 2 按Enter键确认，复制公式后查看四舍五入到一位小数的效果。

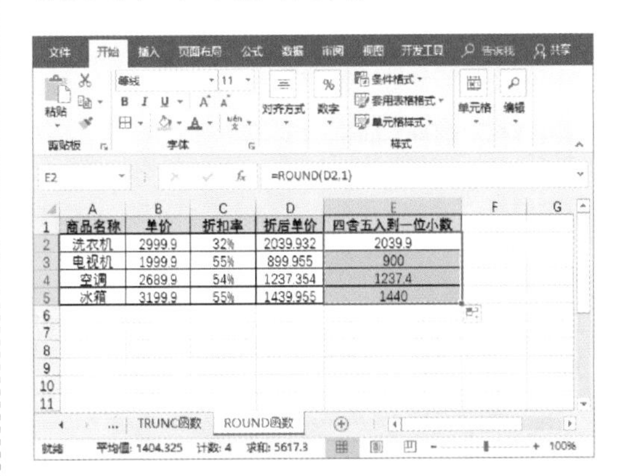

6.5 文本函数的应用

在工作中有时会用到文本函数，文本函数是指在公式中处理文字串的函数，主要用于查找或提取文本中的特殊字符或转换数据类型。常用的文本函数包括CONCATENATE、MID等。

6.5.1 文本的合并

在Excel中CONCATENATE函数可以将多个文本合并为一个文本。

使用CONCATENATE函数将姓名和职务合并到一个单元格。

步骤 1 打开工作表，选中D2单元格，输入公式“=CONCATENATE(A2，C2)”。

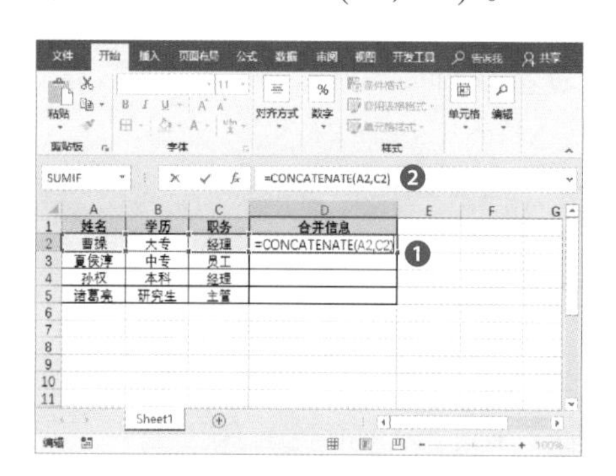

步骤 2 按Enter键执行计算，然后将公式向下复制，查看合并效果。

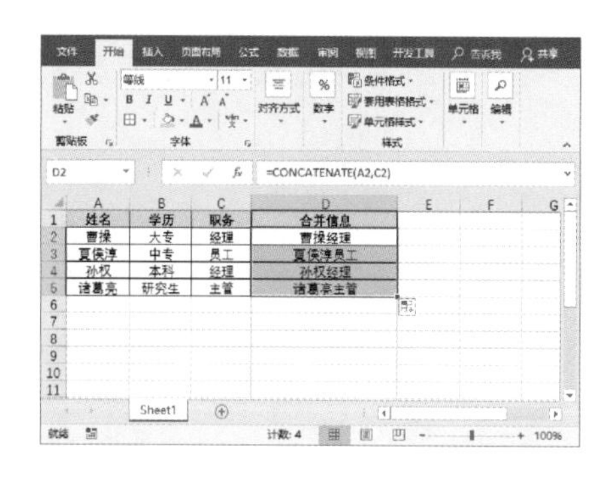

6.5.2 提取字符

MID函数可以从一个文本字符串提取指定数量的字符。

使用MID函数从身份证号中提取出生日期。

步骤 1 打开工作表，选择B2单元格，输入公式“=MID(B1,7,4)&"年"&MID(B1,11,2)&"月"&MID(B1，13，2)&"日"”。

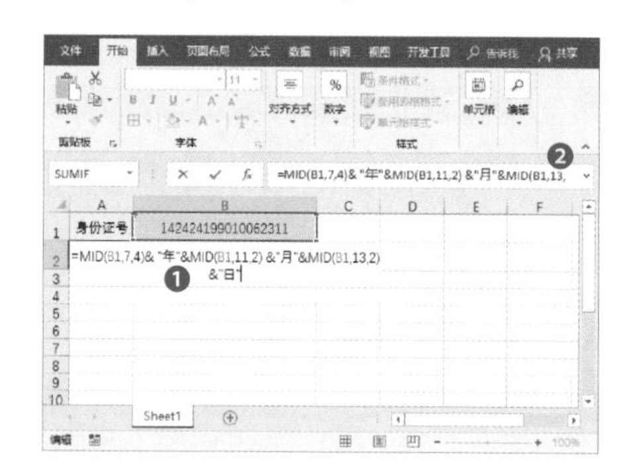

步骤 2 输入完成后按Enter键确认，查看提取出生日期的效果。

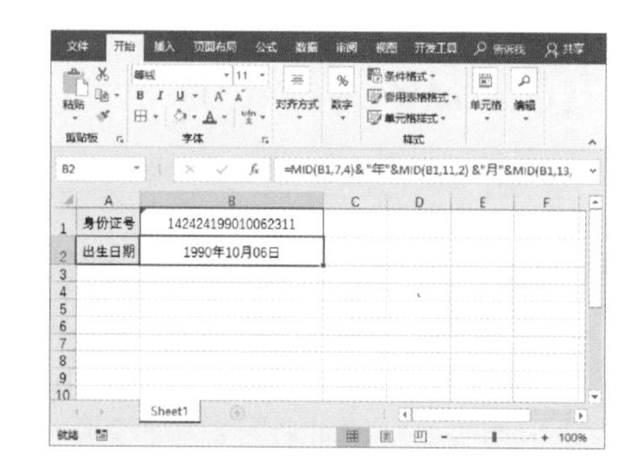

6.5.3 字符的转换

在Excel中转换一个字符串的大小写的函数有UPPER、LOWER和PROPER函数。下面分别介绍其应用方法。

（1）UPPER函数

步骤 1 打开工作表，选中B2单元格，输入公式“=UPPER(A2)”。

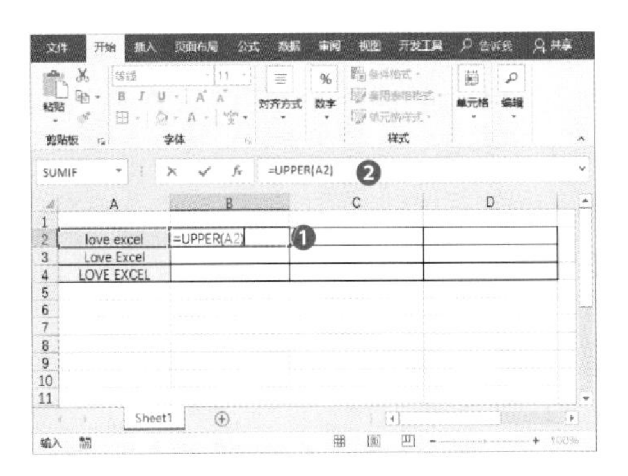

步骤 2 按Enter键执行计算，结果表示将A2单元格中的字符转换为大写。然后将公式向下复制即可。

（2）LOWER函数

步骤 1 选中C2单元格，输入公式“=LOWER(A2)”。

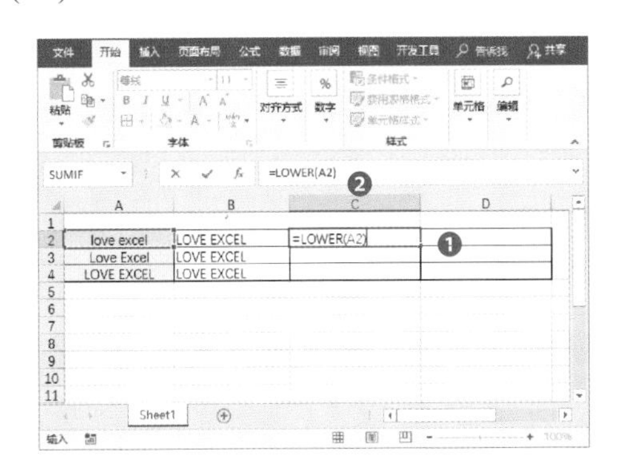

步骤 2 按Enter键执行计算，结果表示将A2单元格中的字符转换为小写。然后将公式向下复制即可。

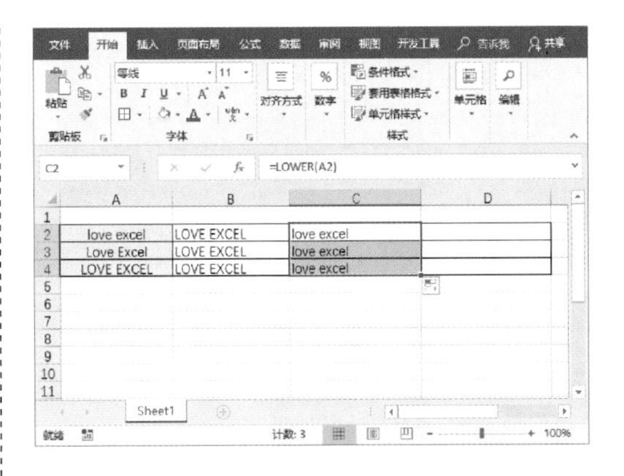

（3）PROPER函数

步骤 1 选中D2单元格，输入公式“=PROPER(A2)”。

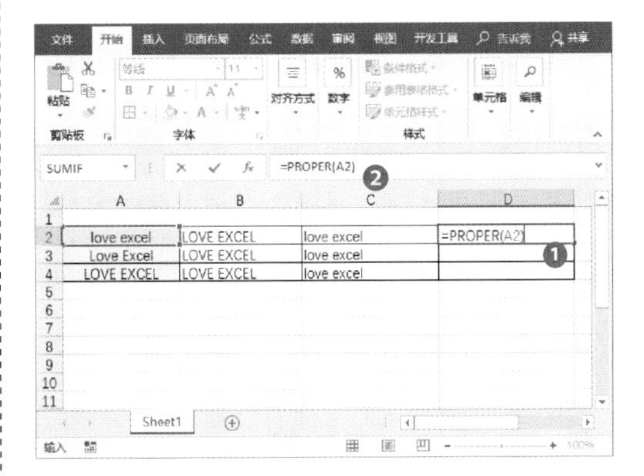

步骤 2 按Enter键执行计算，结果表示将A2单元格中的字符首字母大写，其余小写。然后将公式向下复制即可。

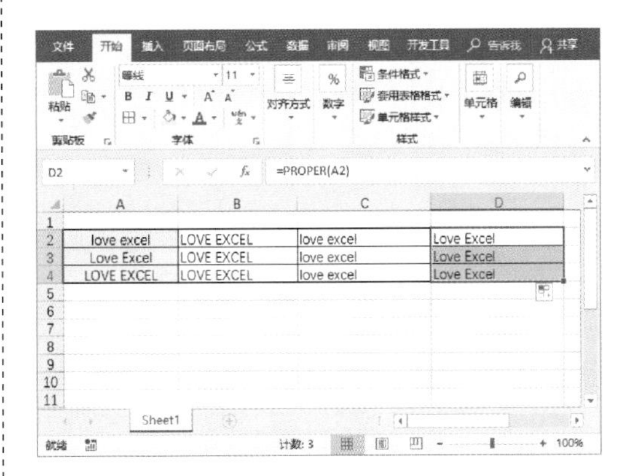

6.6 日期与时间函数的应用

日期与时间函数也是最常见的函数，在数据处理时经常会对日期与时间数据进行编辑处理。常用的日期与时间函数包括DATE、DAY、YEAR等。

6.6.1 年月日函数

Excel提供了多种日期函数以及日期函数的运用方法，例如YEAR、MONTH、DAY等。

（1）基本日期函数

基本日期函数包括YEAR、MONTH和DAY，下面将利用基本日期函数提取日期中的年月日。

步骤 1 提取年份。打开工作表，选中B2单元格，输入公式“=YEAR(A2)”。

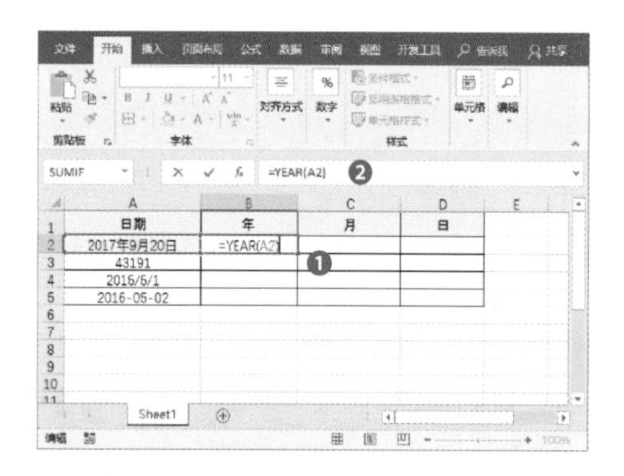

步骤 2 按Enter键执行计算，并向下复制公式，查看提取年份的结果。

步骤 3 提取月份。选中C2单元格，输入公式“=MONTH(A2)”。

步骤 4 按Enter键执行计算，并向下复制公式，查看提取月份的结果。

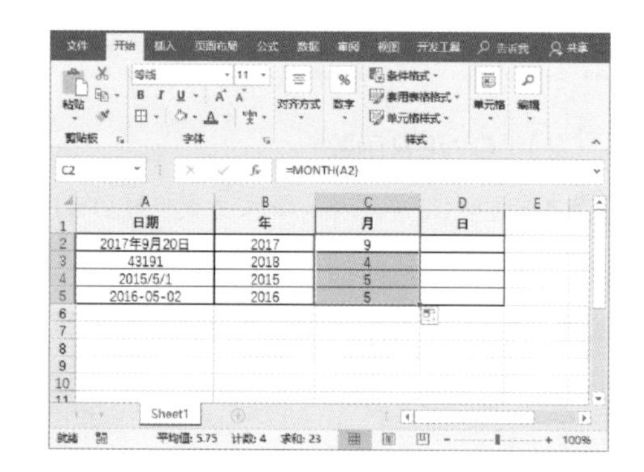

步骤 5 提取天数。选中D2单元格，输入公式“=DAY(A2)”。

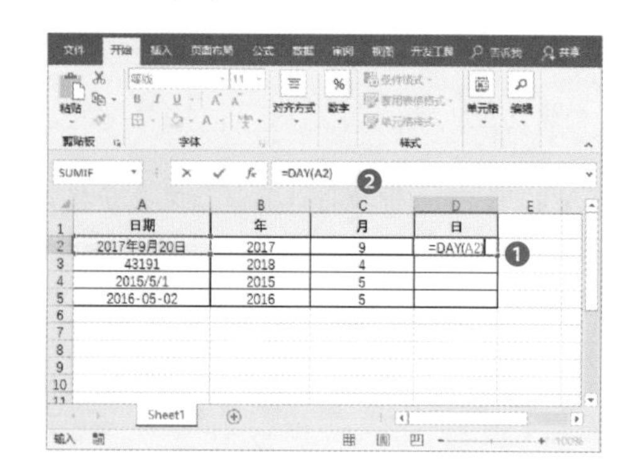

步骤 6 按Enter键执行计算，并向下复制公式，查看提取天数的结果。

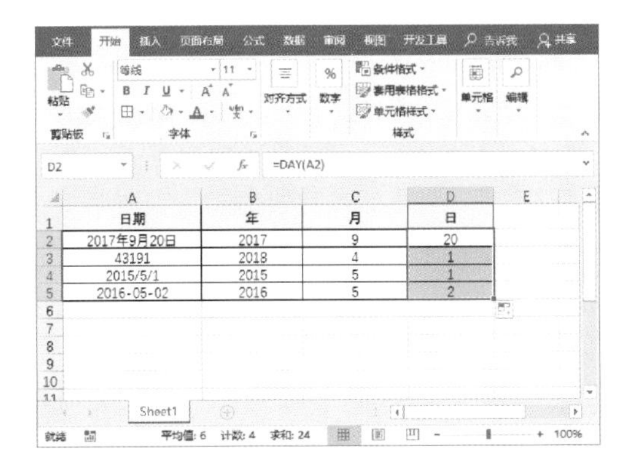

	A	B	C	D
1	日期	年	月	日
2	2017年9月20日	2017	9	20
3	43191	2018	4	1
4	2015/5/1	2015	5	1
5	2016-05-02	2016	5	2

（2）生成当前日期和时间

在Excel中使用TODAY和NOW函数可以生成当前日期和时间。

步骤 1 生成当前日期。打开工作表，选中C2单元格，输入公式“=TODAY()”，按Enter键执行计算。

	A	B	C	D	E	F
1	家用电器2017年销售业绩					
2		当前日期：	=TODAY()		当前时间：	
3	分公司	第1季度	第2季度	第3季度	第4季度	总计
4	北京	125341	178924	168745	245698	718708
5	上海	216043	240896	132056	164892	753887
6	广州	315687	308791	164587	354960	1144025
7	深圳	350841	159836	213059	103547	827283
8	厦门	150579	198500	326178	203406	878663
9	成都	124879	248961	250796	341260	965896
10	杭州	160792	204691	123412	309854	798749
11	南京	198752	159787	131033	135607	625179
12	西安	135789	240965	302467	213058	892279
13	兰州	248052	198053	156984	103569	706658

步骤 2 生成当前时间。选中F2单元格输入公式“=NOW()”，然后按Enter键执行计算。

	A	B	C	D	E	F
1	家用电器2017年销售业绩					
2		当前日期：	2018/4/24		当前时间：	2018/4/24 18:22
3	分公司	第1季度	第2季度	第3季度	第4季度	总计
4	北京	125341	178924	168745	245698	718708
5	上海	216043	240896	132056	164892	753887
6	广州	315687	308791	164587	354960	1144025
7	深圳	350841	159836	213059	103547	827283
8	厦门	150579	198500	326178	203406	878663
9	成都	124879	248961	250796	341260	965896
10	杭州	160792	204691	123412	309854	798749
11	南京	198752	159787	131033	135607	625179
12	西安	135789	240965	302467	213058	892279
13	兰州	248052	198053	156984	103569	706658

6.6.2 计算员工退休日期

在进行员工管理时，计算员工的退休日期是比较重要的。使用DATE函数计算退休日期，计算依据是男员工的退休年龄为60周岁，女员工的退休年龄为55周岁。

步骤 1 打开工作表，选中E2单元格，输入公式“=DATE(YEAR(C2)+(B2="男")*5+55,MONTH(C2),DAY(C2)+1)”。

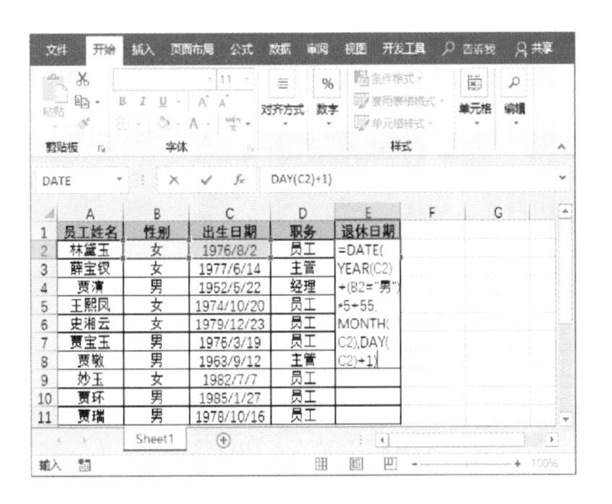

	A	B	C	D	E
1	员工姓名	性别	出生日期	职务	退休日期
2	林黛玉	女	1976/8/2	员工	=DATE(YEAR(C2)+(B2="男")*5+55,MONTH(C2),DAY(C2)+1)
3	薛宝钗	女	1977/6/14	主管	
4	贾演	男	1952/5/22	经理	
5	王熙凤	女	1974/10/20	员工	
6	史湘云	女	1979/12/23	员工	
7	贾宝玉	男	1976/3/19	员工	
8	贾敬	男	1963/9/12	主管	
9	妙玉	女	1982/7/7	员工	
10	贾环	男	1985/1/27	员工	
11	贾瑞	男	1978/10/16	员工	

步骤 2 按Enter键执行计算，E2单元格中计算出退休日期。

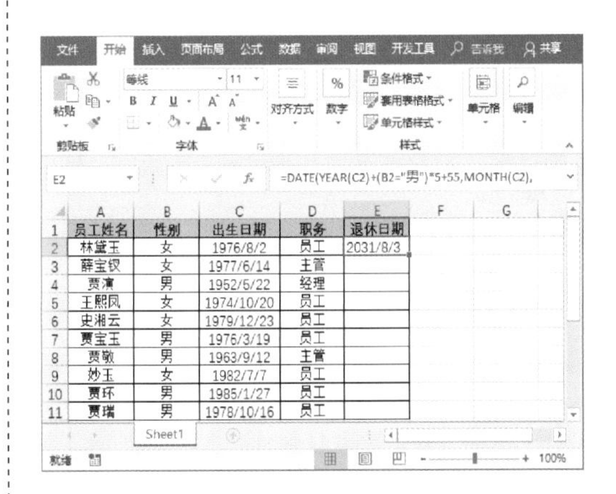

	A	B	C	D	E
1	员工姓名	性别	出生日期	职务	退休日期
2	林黛玉	女	1976/8/2	员工	2031/8/3
3	薛宝钗	女	1977/6/14	主管	
4	贾演	男	1952/5/22	经理	
5	王熙凤	女	1974/10/20	员工	
6	史湘云	女	1979/12/23	员工	
7	贾宝玉	男	1976/3/19	员工	
8	贾敬	男	1963/9/12	主管	
9	妙玉	女	1982/7/7	员工	
10	贾环	男	1985/1/27	员工	
11	贾瑞	男	1978/10/16	员工	

步骤 3 向下复制公式，计算出所有员工的退休日期。

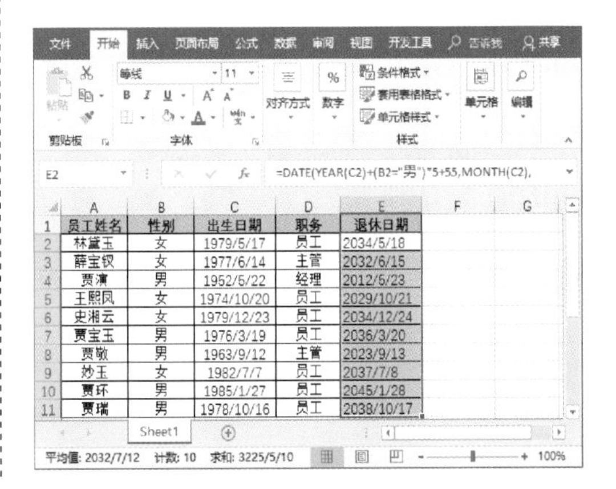

	A	B	C	D	E
1	员工姓名	性别	出生日期	职务	退休日期
2	林黛玉	女	1979/5/17	员工	2034/5/18
3	薛宝钗	女	1977/6/14	主管	2032/6/15
4	贾演	男	1952/5/22	经理	2012/5/23
5	王熙凤	女	1974/10/20	员工	2029/10/21
6	史湘云	女	1979/12/23	员工	2034/12/24
7	贾宝玉	男	1976/3/19	员工	2036/3/20
8	贾敬	男	1963/9/12	主管	2023/9/13
9	妙玉	女	1982/7/7	员工	2037/7/8
10	贾环	男	1985/1/27	员工	2045/1/28
11	贾瑞	男	1978/10/16	员工	2038/10/17

6.6.3 计算星期值

在工作和生活中经常会遇到需要计算某个日期是星期几。使用WEEKDAY函数计算文明工地检查日期。

步骤 1 打开工作表，选择E3单元格，单击编辑栏左侧的“插入函数”按钮。

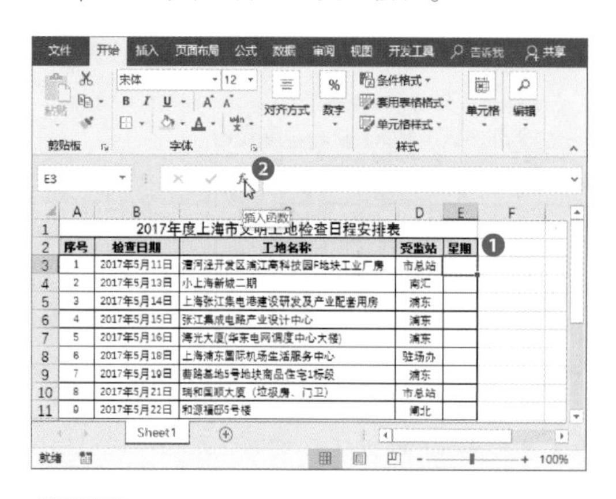

步骤 2 打开“插入函数”对话框，在“选择函数”列表框中选择WEEKDAY函数，单击“确定”按钮。

知识延伸：WEEKDAY函数

WEEKDAY函数返回1 ~ 7的整数，表示星期几。语法格式为：WEEKDAY (serial_number, return_type)。其中，serial_number为需要返回星期几的日期，return_type为返回值类型的数字，不同的参数种类返回值也不同。

步骤 3 打开“函数参数”对话框，输入相关参数，单击“确定”按钮。

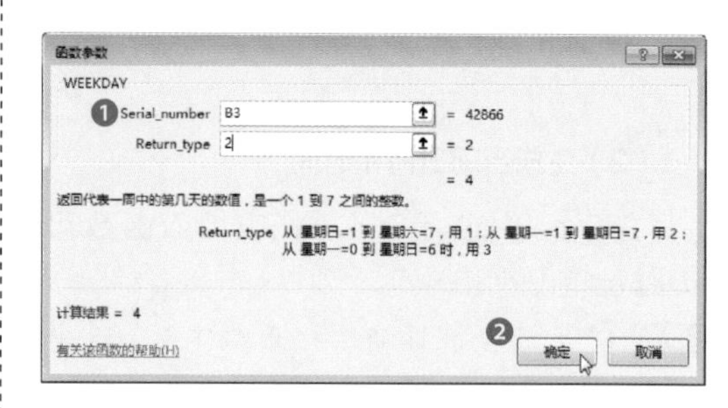

步骤 4 返回工作表，查看计算结果。

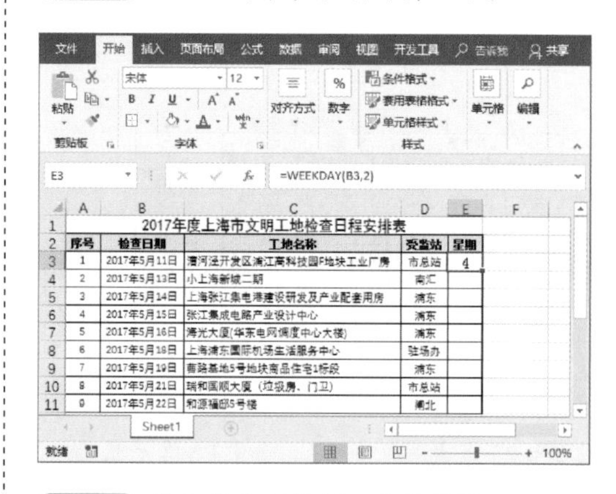

步骤 5 将公式向下复制，查看结果。

6.7 财务函数的应用

财务函数也是不可忽视的一种函数，在处理财务方面的计算和核算中起着重要作用，常用的财务函数包括PV、NPV、DB、DDB等。

6.7.1 PV函数计算贴现

在Excel中提供PV函数可以计算出固定支付的贷款或存储的现值。

例如，假设贴现率为3.5%，如果想在15年后获得本利和5万元，则现在需要存入银行多少钱。

步骤 1 根据案例输入数值，建立模型。

步骤 2 选择B6单元格，单击编辑栏左侧的“插入函数”按钮。

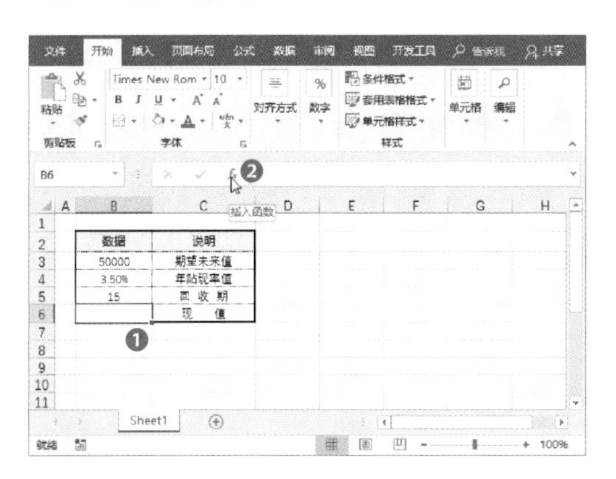

步骤 3 打开“插入函数”对话框，在“选择函数”列表框中选择PV函数，单击“确定”按钮。

步骤 4 打开“函数参数”对话框，分别输入相关参数，单击“确定”按钮。

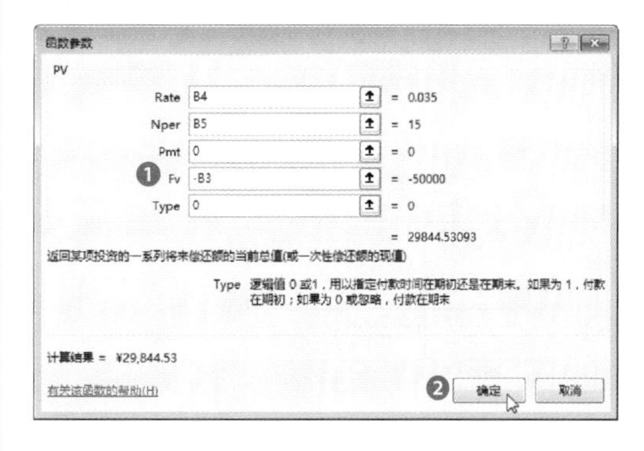

步骤 5 返回工作表，查看计算结果。

6.7.2 DB函数计算固定余额递减折旧

如果想要计算资产的每年折旧额，可以使用DB函数。

例如，要求采用固定余额递减法折旧，则在使用周期里，机器每年的折旧额是多少。

步骤 1 输入数据，建立固定余额递减法折旧模型。

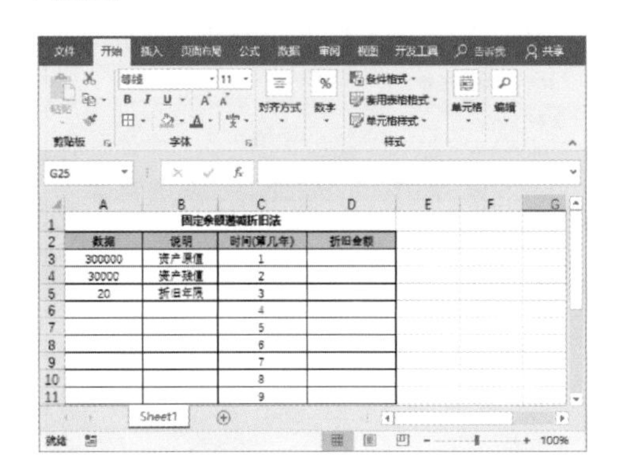

步骤 2 选中D3单元格，输入公式“=DB (A3,A4,A5,C3,12)”。

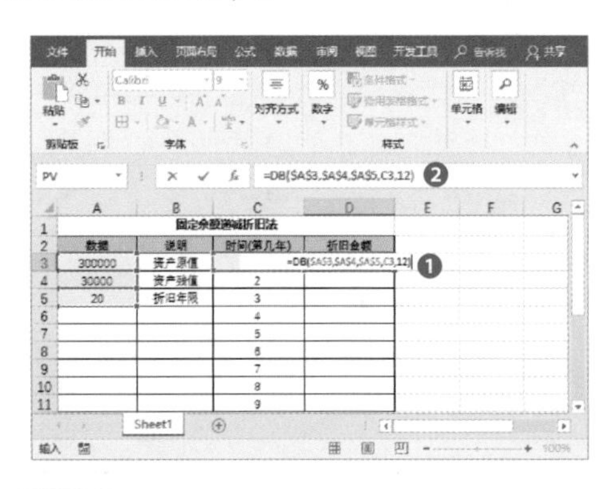

步骤 3 按Enter键执行计算，并向下复制公式，得到每年的折旧金额。

6.7.3 FV函数计算未来值

利用FV函数的累计求和功能计算未来值。

例如，某家庭欲为子女建立教育基金，决定每月月初存入银行8000元，按月息0.25%计算，18年后该教育基金的本利和为多少。

步骤 1 根据案例输入数值，建立模型。

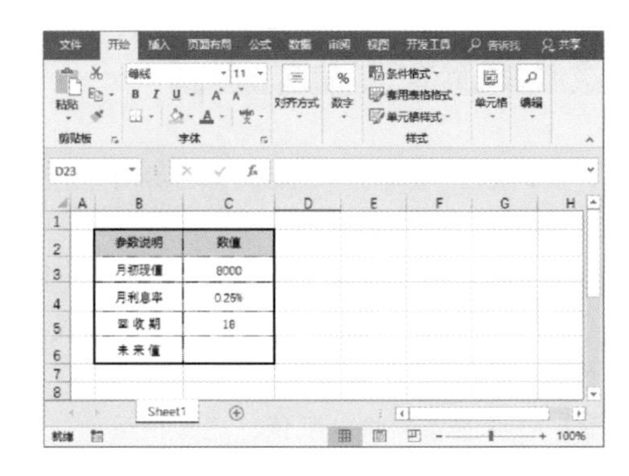

步骤 2 选中C6单元格，输入公式“=FV(C4,C5*12,C3,0,1)”，然后按Enter键执行计算，查看计算结果。

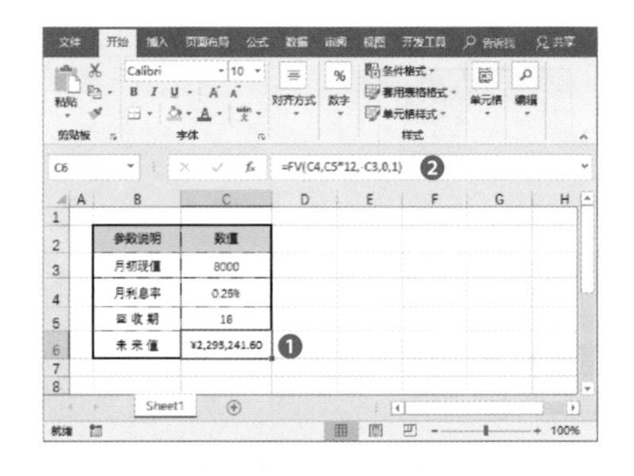

知识延伸：FV函数解析

FV函数语法为：FV(rate,nper,pmt,pv,type)，其中，rate为各期利率；nper为总投资期；pmt为各期所应付的金额；PV为现值；type为数字0或1。

制作员工信息表

学完本章内容后，接下来练习制作一个员工信息表，其中涉及的知识点包括文本函数的应用、日期与时间函数的应用、SUM函数的应用等。

步骤 1 新建工作表，制作员工信息表的基本框架，并输入相关员工信息。

步骤 2 选中H2单元格，输入公式“=MID(G2,7,4)&" 年 "&MID(G2,11,2)&" 月 "&MID(G2,13,2) &" 日 "”。

步骤 3 按Enter键确认，向下复制公式，计算出生日期。

步骤 4 选中I2单元格，输入公式“= FLOOR (DAYS360 (F2,TODAY ())/365,1)”。

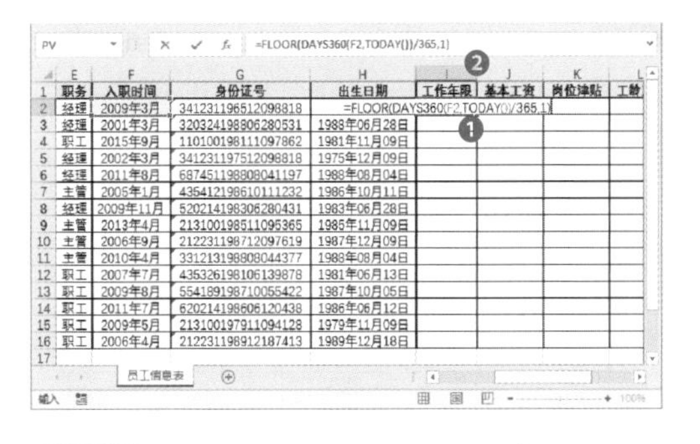

PV =FLOOR(DAYS360(F2,TODAY())/365,1)

	E	F	G	H	I	J	K	L
1	职务	入职时间	身份证号	出生日期	工作年限	基本工资	岗位津贴	工龄
2	经理	2009年3月	341231196512098818	=FLOOR(DAYS360(F2,TODAY())/365,1)				
3	经理	2001年3月	320324198806280531	1988年06月28日				
4	职工	2015年9月	110100198111097862	1981年11月09日				
5	经理	2002年3月	341231197512098818	1975年12月09日				
6	经理	2011年8月	687451198808041197	1988年08月04日				
7	主管	2005年1月	435412198610111232	1986年10月11日				
8	经理	2009年11月	520214198306280431	1983年06月28日				
9	主管	2013年4月	213100198511095365	1985年11月09日				
10	主管	2006年9月	212231198712097619	1987年12月09日				
11	主管	2010年4月	331213198808044377	1988年08月04日				
12	职工	2007年7月	435326198106139878	1981年06月13日				
13	职工	2009年8月	554189198710055422	1987年10月05日				
14	职工	2011年7月	620214198606120438	1986年06月12日				
15	职工	2009年5月	213100197911094128	1979年11月09日				
16	职工	2006年4月	212231198912187413	1989年12月18日				
17								

员工信息表

步骤 5 按Enter键确认，并向下复制公式，计算出工作年限。

步骤 6 选中J2单元格，输入公式“=IF (D2= " 行政部 ",2500, IF(D2=" 财务部 ",2800, IF(D2=" 人事部 ",2300, IF(D2=" 销售部 ",2000, IF(D2=" 采购部 ",2400, IF(D2=" 研发部 ",3000))))))”。

步骤 7 按Enter键确认，然后向下复制公式，计算出基本工资。

步骤 8 选中K2单元格，输入公式“=IF(E2="经理", 3000, IF(E2="主管",2500,IF(E2="职工",2000,)))”。

PV =IF(E2="经理",3000,IF(E2="主管",2500,IF(E2="职工",2000,)))

	职务	入职时间	身份证号	出生日期	工作年限	基本工资	岗位津贴	工龄
2	经理	2009年3月	341231196512098818	1965年12月09日	9	¥2,3	=IF(E2="经理",3000,IF(E2="主管",2500,IF(E2="职工",2000,)))	
3	经理	2001年3月	320324198806280531	1988年06月28日	16	¥2,5		
4	职工	2015年9月	110100198111097862	1981年11月09日	2	¥2,5		
5	经理	2002年3月	341231197512098818	1975年12月09日	15	¥2,800.00		
6	经理	2011年8月	687451198808041197	1988年08月04日	6	¥2,300.00		
7	主管	2005年1月	435412198610111232	1986年10月11日	13	¥3,000.00		
8	经理	2009年11月	520214198306280431	1983年06月28日	8	¥2,000.00		
9	主管	2013年4月	213100198511095365	1985年11月09日	4	¥2,000.00		
10	主管	2006年9月	212231198712097619	1987年12月09日	11	¥2,800.00		
11	主管	2010年4月	331213198808044377	1988年08月04日	7	¥2,400.00		
12	职工	2007年7月	435326198106139878	1981年06月13日	10	¥2,400.00		
13	职工	2009年8月	554189198710055422	1987年10月05日	8	¥2,800.00		
14	职工	2011年7月	620214198606120438	1986年06月12日	6	¥2,000.00		
15	职工	2009年5月	213100197911094128	1979年11月09日	8	¥2,000.00		
16	职工	2006年4月	212231198912187413	1989年12月18日	11	¥2,500.00		

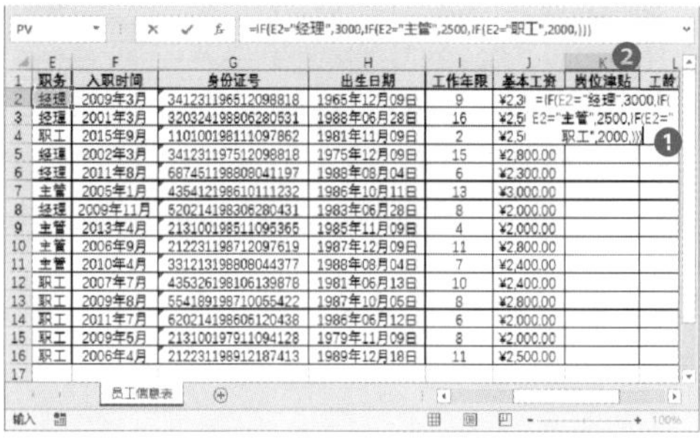

步骤 9 按Enter键确认，然后向下复制公式，计算出岗位津贴。

K2 =IF(E2="经理",3000,IF(E2="主管",2500,IF(E2="职工",2000,)))

	职务	入职时间	身份证号	出生日期	工作年限	基本工资	岗位津贴
2	经理	2009年3月	341231196512098818	1965年12月09日	9	¥2,300.00	¥3,000.00
3	经理	2001年3月	320324198806280531	1988年06月28日	16	¥2,500.00	¥3,000.00
4	职工	2015年9月	110100198111097862	1981年11月09日	2	¥2,500.00	¥2,000.00
5	经理	2002年3月	341231197512098818	1975年12月09日	15	¥2,800.00	¥3,000.00
6	经理	2011年8月	687451198808041197	1988年08月04日	6	¥2,300.00	¥3,000.00
7	主管	2005年1月	435412198610111232	1986年10月11日	13	¥3,000.00	¥2,500.00
8	经理	2009年11月	520214198306280431	1983年06月28日	8	¥2,000.00	¥3,000.00
9	主管	2013年4月	213100198511095365	1985年11月09日	4	¥2,000.00	¥2,500.00
10	主管	2006年9月	212231198712097619	1987年12月09日	11	¥2,800.00	¥2,500.00
11	主管	2010年4月	331213198808044377	1988年08月04日	7	¥2,400.00	¥2,500.00
12	职工	2007年7月	435326198106139878	1981年06月13日	10	¥2,400.00	¥2,000.00
13	职工	2009年8月	554189198710055422	1987年10月05日	8	¥2,800.00	¥2,000.00
14	职工	2011年7月	620214198606120438	1986年06月12日	6	¥2,000.00	¥2,000.00
15	职工	2009年5月	213100197911094128	1979年11月09日	8	¥2,000.00	¥2,000.00
16	职工	2006年4月	212231198912187413	1989年12月18日	11	¥2,500.00	¥2,000.00

平均值: ¥2,466.67 计数: 15 求和: ¥37,000.00

步骤 10 选中L2单元格，输入公式“=IF(I2<=5, I2*100, IF(I2>5, I2*150))”。

PV =IF(I2<=5,I2*100,IF(I2>5,I2*150))

	出生日期	工作年限	基本工资	岗位津贴	工龄工资	工资合计	退休日期
2	1965年12月09日	9	¥2,300.00	=IF(I2<=5,I2*100,IF(I2>5,I2*150))			
3	1988年06月28日	16	¥2,500.00	¥3,000.00			
4	1981年11月09日	2	¥2,500.00	¥2,000.00			
5	1975年12月09日	15	¥2,800.00	¥3,000.00			
6	1988年08月04日	6	¥2,300.00	¥3,000.00			
7	1986年10月11日	13	¥3,000.00	¥2,500.00			
8	1983年06月28日	8	¥2,000.00	¥3,000.00			
9	1985年11月09日	4	¥2,000.00	¥2,500.00			
10	1987年12月09日	11	¥2,800.00	¥2,500.00			
11	1988年08月04日	7	¥2,400.00	¥2,500.00			
12	1981年06月13日	10	¥2,400.00	¥2,000.00			
13	1987年10月05日	8	¥2,800.00	¥2,000.00			
14	1986年06月12日	6	¥2,000.00	¥2,000.00			
15	1979年11月09日	8	¥2,000.00	¥2,000.00			
16	1989年12月18日	11	¥2,500.00	¥2,000.00			

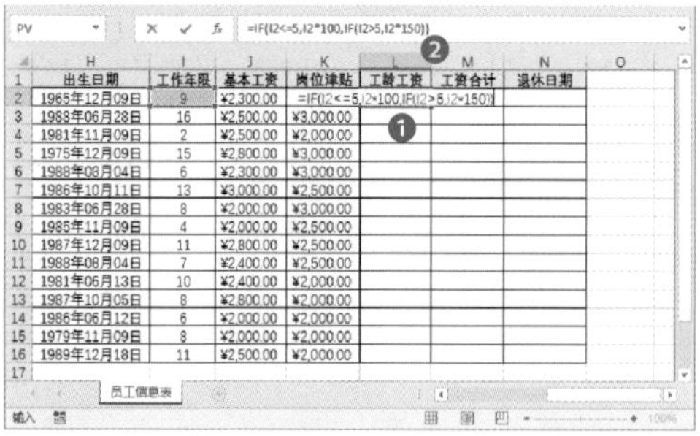

步骤 11 按Enter键确认，然后向下复制公式，计算出工龄工资。

步骤 12 选中M2单元格，输入公式“=SUM(J2:L2)”。

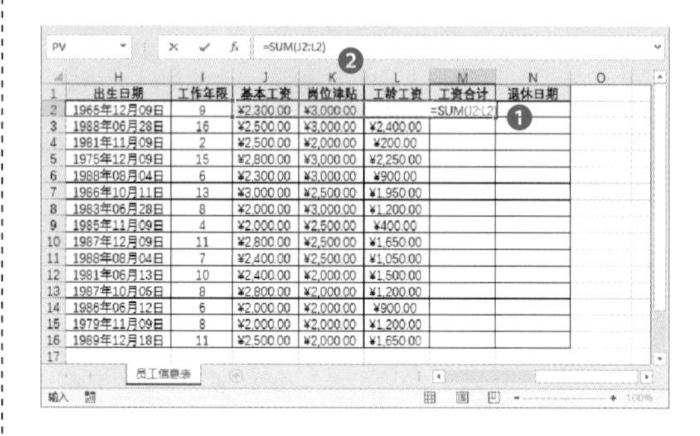

步骤 13 按Enter键确认，然后复制公式，计算出工资合计。

步骤 14 选中N2单元格，输入公式“=DATE(VALUE(MID(G2,7,4))+(C2="男")*5+55, VALUE(MID(G2,11,2)),VALUE(MID(G2,13,2)) -1)”。

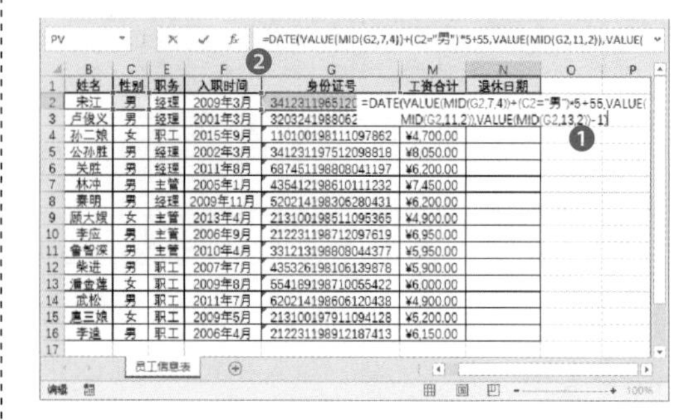

步骤 15 按Enter键确认，然后向下复制公式，计算出退休日期。

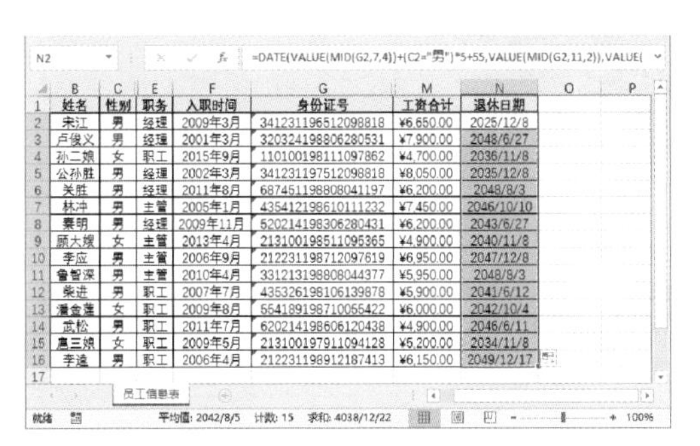

N2　=DATE(VALUE(MID(G2,7,4))+(C2="男")*5+55,VALUE(MID(G2,11,2)),VALUE(

	B	C	E	F	G	M	N
1	姓名	性别	职务	入职时间	身份证号	工资合计	退休日期
2	宋江	男	经理	2009年3月	341231196512098818	¥6,650.00	2025/12/8
3	卢俊义	男	经理	2001年3月	320324198806280531	¥7,900.00	2048/6/27
4	孙二娘	女	职工	2015年9月	110100198111097862	¥4,700.00	2036/11/8
5	公孙胜	男	经理	2002年3月	341231197512098818	¥8,050.00	2035/12/8
6	关胜	男	经理	2011年8月	687451198808041197	¥6,200.00	2048/8/3
7	林冲	男	主管	2005年1月	435412198610111232	¥7,450.00	2046/10/10
8	秦明	男	经理	2009年11月	520214198306280431	¥6,200.00	2043/6/27
9	顾大嫂	女	主管	2013年4月	213100198511095365	¥4,900.00	2040/11/8
10	李应	男	主管	2006年9月	212231198712097619	¥6,950.00	2047/12/8
11	鲁智深	男	主管	2010年4月	331213198808044377	¥5,950.00	2048/8/3
12	柴进	男	职工	2007年7月	435326198106139878	¥5,900.00	2041/6/12
13	潘金莲	女	职工	2009年8月	554189198710055422	¥6,000.00	2042/10/4
14	武松	男	职工	2011年7月	620214198606120438	¥4,900.00	2046/6/11
15	扈三娘	女	职工	2009年5月	213100197911094128	¥5,200.00	2034/11/8
16	李逵	男	职工	2006年4月	212231198912187413	¥6,150.00	2049/12/17
17							

知识延伸：DAYS360函数

DAYS360函数将一年按照360天计算，返回两日期间相差的天数。该函数的语法格式为：DAYS360(start_date,end_date,[method])。其中，参数start_date表示计算的起始日期；参数end_date表示计算的终止日期；参数method是一个逻辑值。

步骤 16 至此，员工信息表就制作完成了，查看最终效果。

	A	B	C	D	E	F	G	H	I	J	K	L	M	N
1	工号	姓名	性别	部门	职务	入职时间	身份证号	出生日期	工作年限	基本工资	岗位津贴	工龄工资	工资合计	退休日期
2	001	宋江	男	人事部	经理	2009年3月	341231196512098818	1965年12月09日	9	¥2,300.00	¥3,000.00	¥1 350.00	¥6,650.00	2025/12/8
3	002	卢俊义	男	行政部	经理	2001年3月	320324198806280531	1988年06月28日	16	¥2,500.00	¥3,000.00	¥2 400.00	¥7,900.00	2048/6/27
4	003	孙二娘	女	行政部	职工	2015年9月	110100198111097862	1981年11月09日	2	¥2,500.00	¥2,000.00	¥200.00	¥4,700.00	2036/11/8
5	004	公孙胜	男	财务部	经理	2002年3月	341231197512098818	1975年12月09日	15	¥2,800.00	¥3,000.00	¥2 250.00	¥8,050.00	2035/12/8
6	005	关胜	男	人事部	经理	2011年8月	687451198808041197	1988年08月04日	6	¥2,300.00	¥3,000.00	¥900.00	¥6,200.00	2048/8/3
7	006	林冲	男	研发部	主管	2005年1月	435412198610111232	1986年10月11日	13	¥3,000.00	¥2,500.00	¥1 950.00	¥7,450.00	2046/10/10
8	007	秦明	男	销售部	经理	2009年11月	520214198306280431	1983年06月28日	8	¥2,000.00	¥3,000.00	¥1 200.00	¥6,200.00	2043/6/27
9	008	顾大嫂	女	销售部	主管	2013年4月	213100198511095365	1985年11月09日	4	¥2,000.00	¥2,500.00	¥400.00	¥4,900.00	2040/11/8
10	009	李应	男	财务部	主管	2006年9月	212231198712097619	1987年12月09日	11	¥2,800.00	¥2,500.00	¥1 650.00	¥6,950.00	2047/12/8
11	010	鲁智深	男	采购部	主管	2010年4月	331213198808044377	1988年08月04日	7	¥2,400.00	¥2,500.00	¥1 050.00	¥5,950.00	2048/8/3
12	011	柴进	男	采购部	职工	2007年7月	435326198106139878	1981年06月13日	10	¥2,400.00	¥2,000.00	¥1 500.00	¥5,900.00	2041/6/12
13	012	潘金莲	女	财务部	职工	2009年8月	554189198710055422	1987年10月05日	8	¥2,800.00	¥2,000.00	¥1 200.00	¥6,000.00	2042/10/4
14	013	武松	男	销售部	职工	2011年7月	620214198606120438	1986年06月12日	6	¥2,000.00	¥2,000.00	¥900.00	¥4,900.00	2046/6/11
15	014	扈三娘	女	销售部	职工	2009年5月	213100197911094128	1979年11月09日	8	¥2,000.00	¥2,000.00	¥1 200.00	¥5,200.00	2034/11/8
16	015	李逵	男	行政部	职工	2006年4月	212231198912187413	1989年12月18日	11	¥2,500.00	¥2,000.00	¥1 650.00	¥6,150.00	2049/12/17
17														

制作应收账款统计表

打开“强化练习”实例文件夹，利用其中的素材文件，按照下列要求进行操作。

（1）制作应收账款统计表的基本框架，输入相关信息。

（2）输入公式，计算未收账款。

（3）利用日期和时间函数TODAY，计算当前日期。利用WORKDAY函数，计算到期日期。

（4）利用逻辑函数IF，计算是否到期和未到期金额。

（5）利用SUM函数计算合计值。

应收账款统计表

当前日期　2018/4/25

交易日期	客户名称	应收账款	已收账款	未收账款	到期日期	是否到期	未到期金额
2018/3/1	包子铺	¥ 43,300.00		¥ 43,300.00	2018/4/12	是	¥ -
2018/3/5	粥记	¥ 46,000.00	¥ 10,000.00	¥ 36,000.00	2018/4/16	是	¥ -
2018/3/15	油条店铺	¥ 57,000.00		¥ 57,000.00	2018/4/26	否	¥ 57,000.00
2018/4/11	小龙虾铺	¥ 23,600.00		¥ 23,600.00	2018/5/23	否	¥ 23,600.00
2018/4/11	鱼馆	¥ 32,000.00		¥ 32,000.00	2018/7/4	否	¥ 32,000.00
2018/4/15	大饼记	¥ 50,000.00		¥ 50,000.00	2018/7/6	否	¥ 50,000.00
2018/4/16	煎饼店铺	¥ 69,000.00		¥ 69,000.00	2018/7/9	否	¥ 69,000.00
2018/4/20	零零食	¥ 39,000.00		¥ 39,000.00	2018/7/13	否	¥ 39,000.00
	合计	¥ 359,900.00	¥ 10,000.00	¥ 349,900.00			¥ 270,600.00

最终效果

第7章 数据的处理与分析

知识导读

在日常生活中，我们可以利用Excel电子表格进行各种数据的处理和分析，本章将介绍在工作表中对数据进行排序、筛选、分类汇总以及条件格式和数据透视表的应用。

内容预览

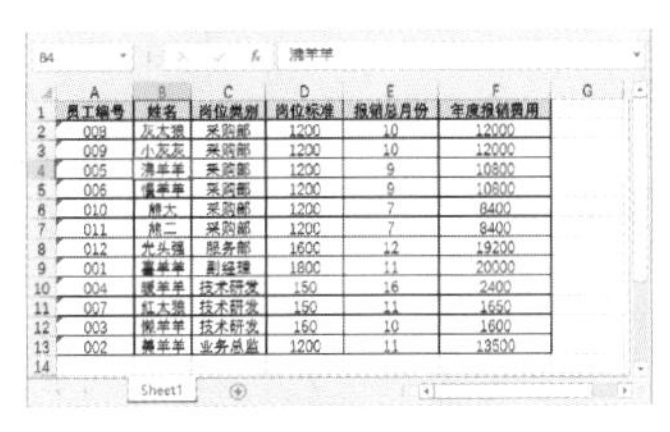

员工编号	姓名	岗位类别	岗位标准	报销总月份	年度报销费用
008	灰太狼	采购部	1200	10	12000
009	小灰灰	采购部	1200	10	12000
005	沸羊羊	采购部	1200	9	10800
006	慢羊羊	采购部	1200	9	10800
010	熊大	采购部	1200	7	8400
011	熊二	采购部	1200	7	8400
012	光头强	服务部	1600	12	19200
001	喜羊羊	副经理	1800	11	20000
004	暖羊羊	技术研发	150	16	2400
007	红太狼	技术研发	150	11	1650
003	懒羊羊	技术研发	160	10	1600
002	美羊羊	业务总监	1200	11	13500

复杂排序

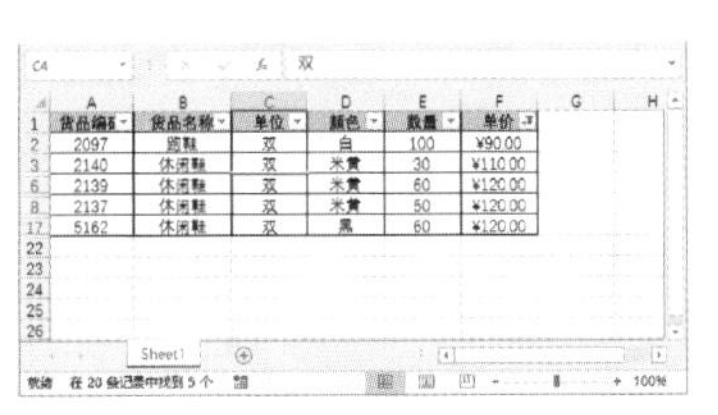

货品编号	货品名称	单位	颜色	数量	单价
2097	跑鞋	双	白	100	¥90.00
2140	休闲鞋	双	米黄	30	¥110.00
2139	休闲鞋	双	米黄	60	¥120.00
2137	休闲鞋	双	米黄	50	¥120.00
5162	休闲鞋	双	黑	60	¥120.00

自定义筛选

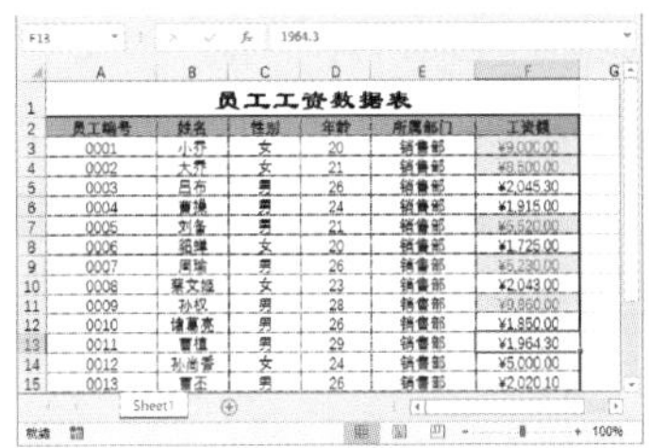

员工工资数据表

员工编号	姓名	性别	年龄	所属部门	工资额
0001	小乔	女	20	销售部	¥9,000.00
0002	大乔	女	21	销售部	¥8,500.00
0003	吕布	男	26	销售部	¥2,045.30
0004	曹操	男	24	销售部	¥1,915.00
0005	刘备	男	21	销售部	¥6,520.00
0006	貂蝉	女	20	销售部	¥1,725.00
0007	周瑜	男	26	销售部	¥5,230.00
0008	蔡文姬	女	23	销售部	¥2,043.00
0009	孙权	男	28	销售部	¥9,860.00
0010	诸葛亮	男	26	销售部	¥1,850.00
0011	曹植	男	29	销售部	¥1,964.30
0012	孙尚香	女	24	销售部	¥5,000.00
0013	曹丕	男	26	销售部	¥2,020.10

突显指定数据

本章教学视频数量：5个

7.1 排序功能的应用

工作表的数据过多时，会显得非常混乱，没有条理。这时使用排序功能，可以让表格中的数据按照一定的顺序排列，使表格看起来更加清楚直观。

7.1.1 简单排序

简单排序是指对表格中的某一列进行排序，非常容易使用。下面介绍对表格中的数据进行升序排序。

步骤 1 打开工作表，选中C列中任意数据单元格，切换至“数据”选项卡，单击“排序和筛选”组的“升序”按钮。

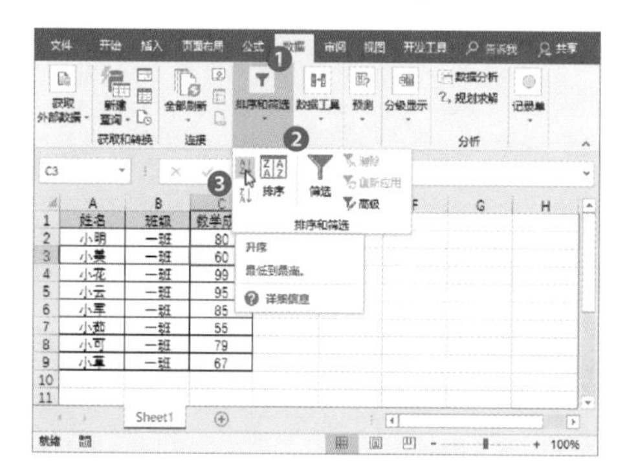

步骤 2 随后即可看到“数学成绩”列已经按照从低到高进行升序排序了。

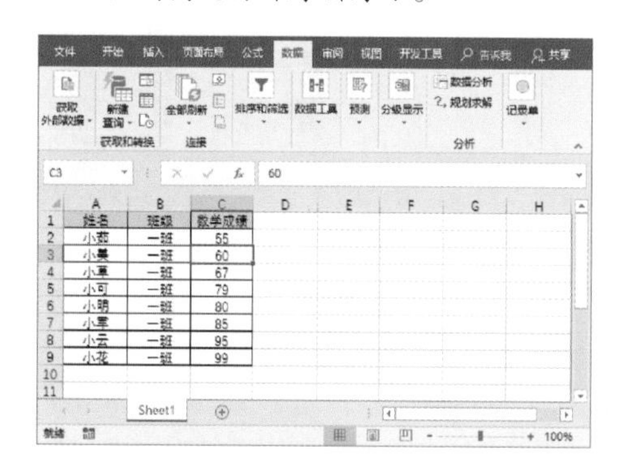

7.1.2 复杂排序

复杂排序虽然听名字觉得会很复杂，其实也是比较简单的。

步骤 1 打开工作表，选中表格中任意单元格，切换至“数据”选项卡，单击“排序和筛选”组的“排序”按钮。

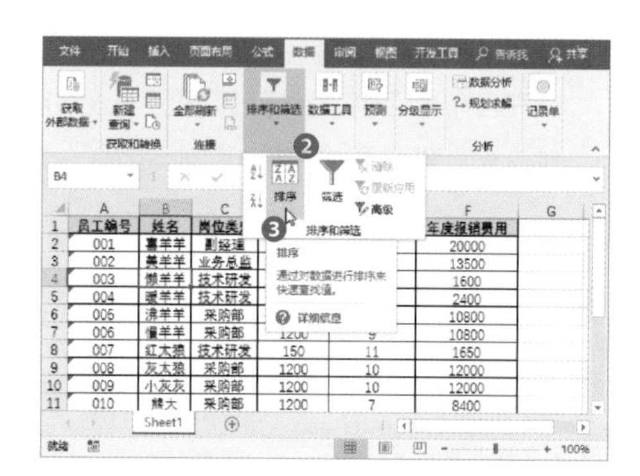

步骤 2 打开“排序”对话框，设置主要关键字依次为“岗位类别”“单元格值”“升序”，然后单击“添加条件”按钮。

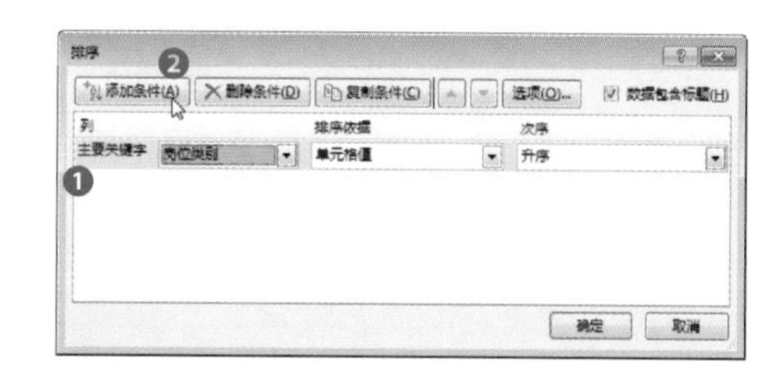

步骤 3 设置次要关键字依次为“年度报销费用”“单元格值”“降序”，然后单击“确定”按钮。

步骤 4 返回工作表，查看排序效果，表格数据在按照岗位类别升序排序的基础上，降序排序年度报销费用。

	A	B	C	D	E	F
1	员工编号	姓名	岗位类别	岗位标准	报销总月份	年度报销费用
2	008	灰太狼	采购部	1200	10	12000
3	009	小灰灰	采购部	1200	10	12000
4	005	沸羊羊	采购部	1200	9	10800
5	006	慢羊羊	采购部	1200	9	10800
6	010	熊大	采购部	1200	7	8400
7	011	熊二	采购部	1200	7	8400
8	012	光头强	服务部	1600	12	19200
9	001	喜羊羊	副经理	1800	11	20000
10	004	暖羊羊	技术研发	150	16	2400
11	007	红太狼	技术研发	150	11	1650
12	003	懒羊羊	技术研发	150	10	1600
13	002	美羊羊	业务总监	1200	11	13500

7.1.3 按笔画排序

在工作中，有时需要对某些数据按笔画排序，下面介绍具体操作步骤。

步骤 1 打开工作表，选中表格中任意单元格，单击“数据”选项卡“排序和筛选”组中的“排序”按钮。

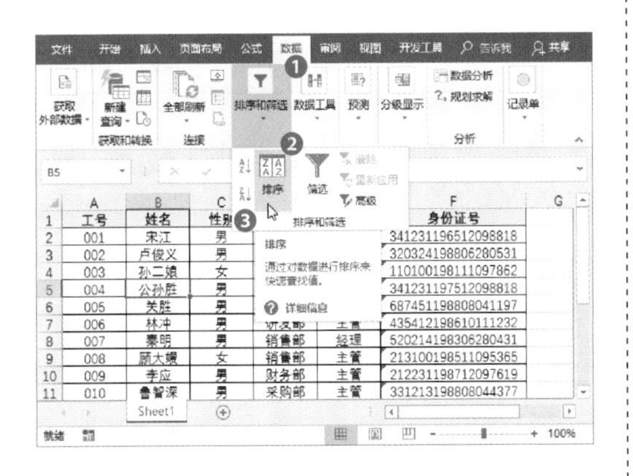

步骤 2 打开“排序”对话框，单击“主要关键字”下拉按钮，选择“姓名”选项，保持其他选项设置不变，单击“选项”按钮。

步骤 3 打开“排序选项”对话框，选中“笔画排序”单选按钮，单击“确定”按钮。

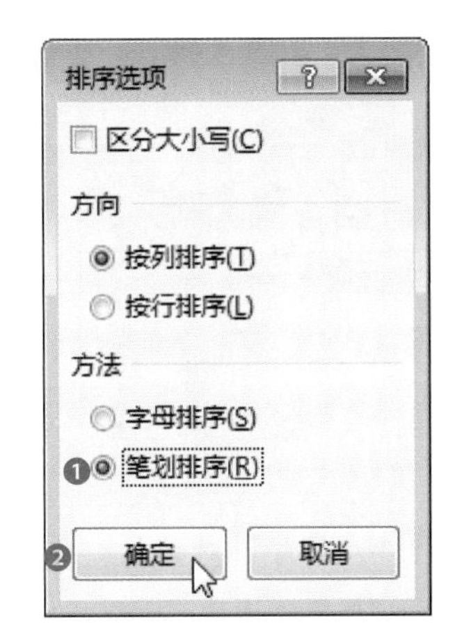

步骤 4 返回“排序”对话框，再次单击“确定”按钮，返回工作表中查看按笔画进行排序的效果。

	A	B	C	D	E	F
1	工号	姓名	性别	部门	职务	身份证号
2	004	公孙胜	男	财务部	经理	341231197512098818
3	002	卢俊义	男	行政部	经理	320324198806280531
4	005	关胜	男	人事部	经理	687451198808041197
5	003	孙二娘	女	行政部	职工	110100198111097862
6	009	李应	男	财务部	主管	212231198712097619
7	015	李逵	男	行政部	职工	212231198912187413
8	001	宋江	男	人事部	经理	341231196512098818
9	013	武松	男	销售部	职工	620214198606120438
10	006	林冲	男	研发部	主管	435412198610111232
11	007	秦明	男	销售部	经理	520214198306280431
12	008	顾大嫂	女	销售部	主管	213100198511095365
13	011	柴进	男	采购部	职工	435326198106139878
14	014	扈三娘	女	销售部	职工	213100197911094128
15	010	鲁智深	男	采购部	主管	331213198808044377
16	012	潘金莲	女	财务部	职工	554189198710055422

技巧点拨：关于按笔画进行排序

对Excel中的数据按笔画进行排序时，Excel是依次按照姓名中的第一个字、第二个字、第三个字的笔画顺序进行排序，而不是按照姓名的总笔画来排序的。

7.1.4 自定义排序

有的表格中可能存在一些特殊的序列，这时可以根据需要创建自定义序列，按照自定义序列进行排序。

步骤 1 打开工作表，选中表格中任意单元格，单击“数据”选项卡“排序和筛选”组中的“排序”按钮。

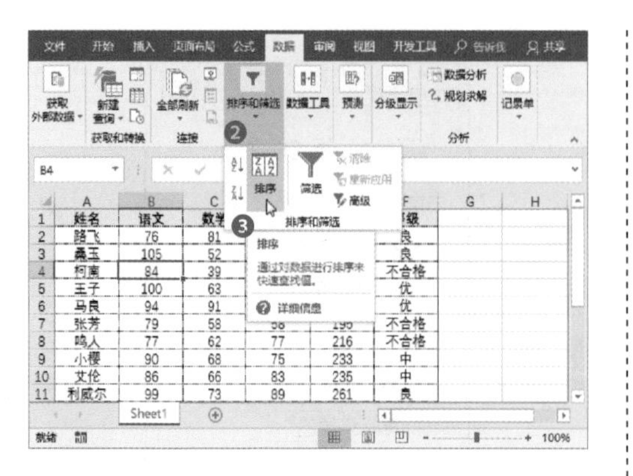

步骤 2 打开“排序”对话框，单击“主要关键字”下拉按钮，选择“等级”选项。

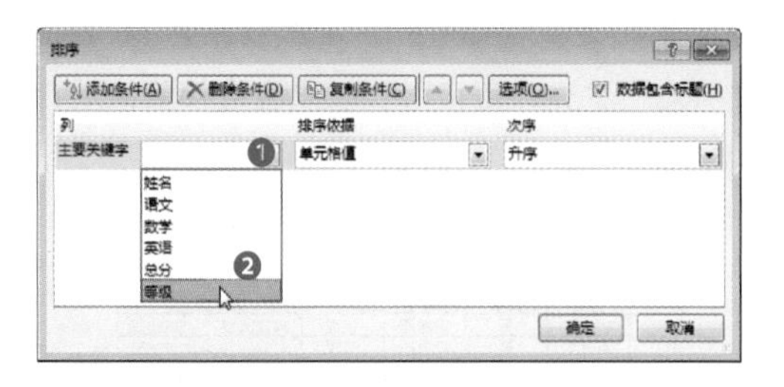

步骤 3 保持“排序依据”的默认设置不变，单击“次序”下拉按钮，选择“自定义序列”选项。

步骤 4 打开“自定义序列”对话框，在“输入序列”文本框中输入自定义的序列，然后单击“添加”按钮。

步骤 5 这时可以看到，在“自定义序列”列表框中显示了自定义的选项，单击“确定”按钮。

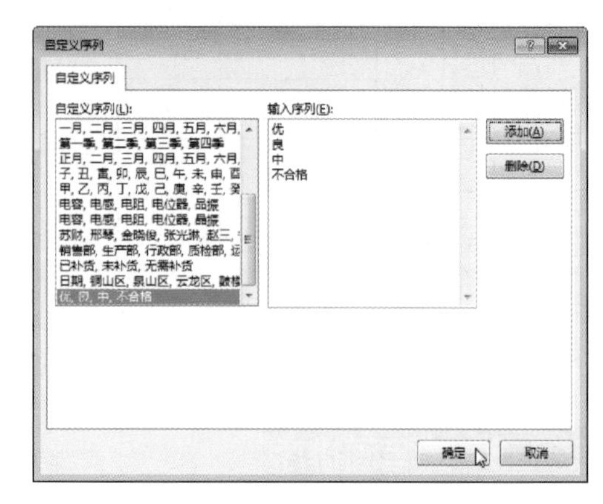

步骤 6 返回“排序”对话框，在“次序”中即可显示刚刚自定义的序列，单击“确定”按钮。

步骤 7 返回工作表中，查看按等级进行自定义排序的效果。

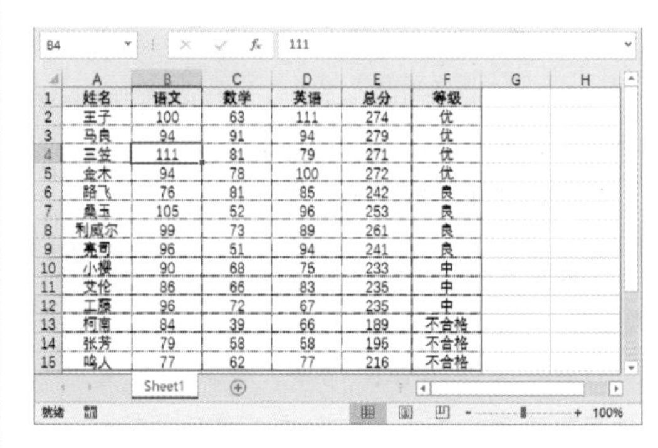

姓名	语文	数学	英语	总分	等级
王子	100	63	111	274	优
马良	94	91	94	279	优
三笠	111	81	79	271	优
金木	94	78	100	272	优
路飞	76	81	85	242	良
桑玉	105	52	96	253	良
利威尔	99	73	89	261	良
亮司	96	51	94	241	良
小樱	90	68	75	233	中
艾伦	86	66	83	235	中
工藤	96	72	67	235	中
柯南	84	39	66	189	不合格
张芳	79	58	58	195	不合格
鸣人	77	62	77	216	不合格

知识延伸：按照颜色也能排序

如果对相同颜色的数据进行排序，可打开“排序”对话框，设置好“主要关键字”，在“排序依据”下拉列表中，选择“字体颜色”选项，然后在“次序”列表中，调整好颜色的顺序，单击“确定”按钮就可以了。

7.2 筛选功能的应用

筛选就是从复杂的数据中将符合条件的数据快速查找出来，极大地节省了时间。在Excel中，筛选分为自动筛选、自定义筛选、高级筛选、模糊筛选等。

7.2.1 自动筛选

自动筛选可以筛选条件比较简单的数据。

步骤 1 打开工作表，选中表格中任意单元格，切换至“数据”选项卡，单击“排序和筛选”组中的“筛选”按钮。

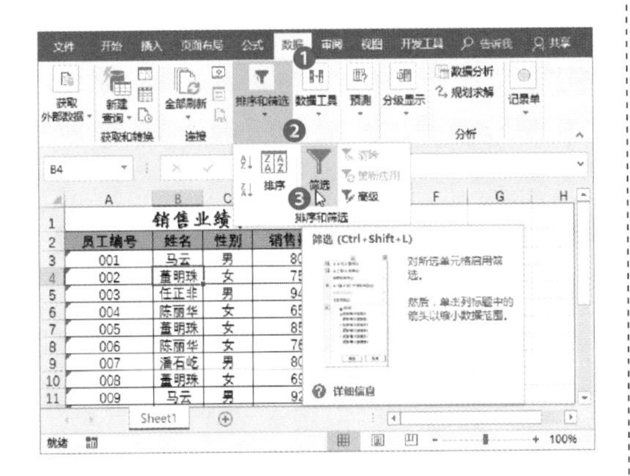

步骤 2 启用筛选功能后，在数据列的标题单元格中会出现下拉箭头按钮。

步骤 3 单击需要筛选的字段如“姓名”，在展开的下拉列表中取消“全选”复选框后，勾选“马云”复选框。

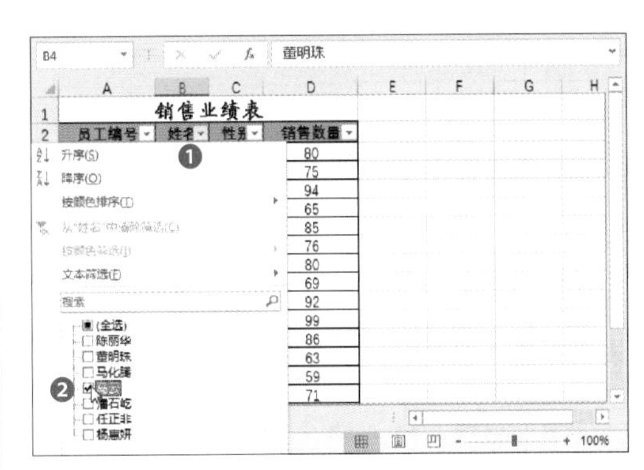

步骤 4 单击“确定”按钮，即可看到工作表中显示的筛选结果。

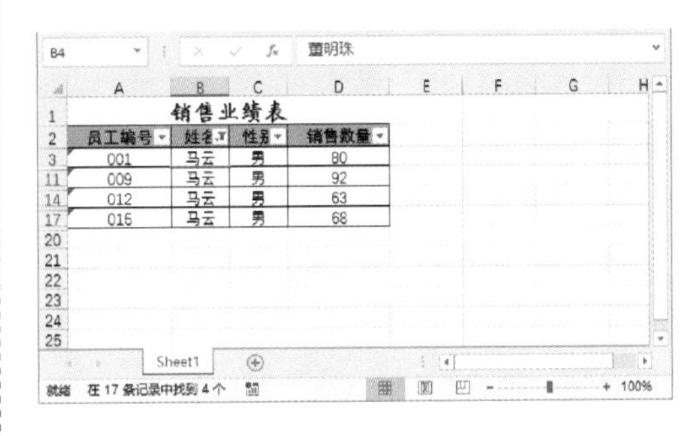

> **技巧点拨：清除筛选**
>
> 如果想要清除工作表中的所有筛选，并重新显示所有行，可以单击“数据”选项卡“排序和筛选”组中的“清除”按钮即可。

7.2.2 自定义筛选

如果想要设置更多的筛选条件时，可以使用自定义筛选功能。

步骤 1 打开工作表，选中表格中任意单元格，单击“数据”选项卡“排序和筛选”组中的“筛选”按钮。

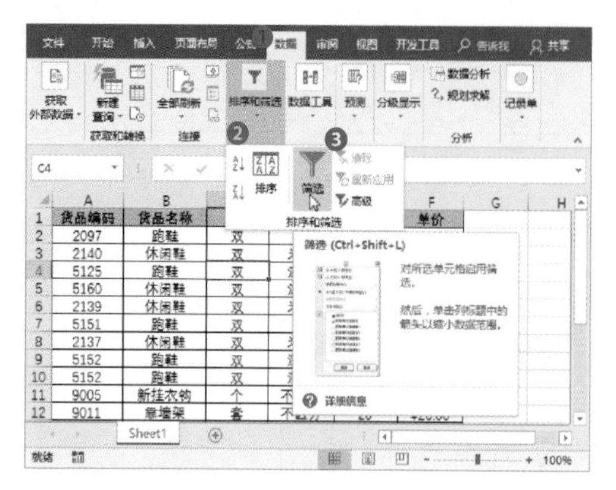

步骤 2 然后单击“单价”下拉按钮，从列表中选择“数字筛选>自定义筛选”选项。

步骤 3 打开“自定义自动筛选方式”对话框，设置单价“大于或等于”90，“小于或等于”120，然后单击“确定”按钮。

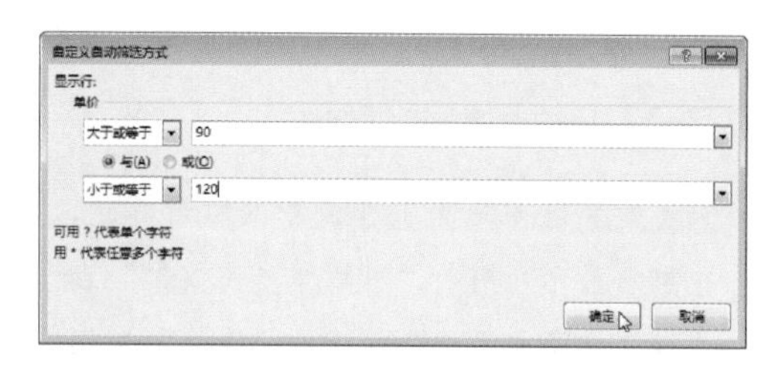

步骤 4 返回工作表，查看自定义筛选的结果。

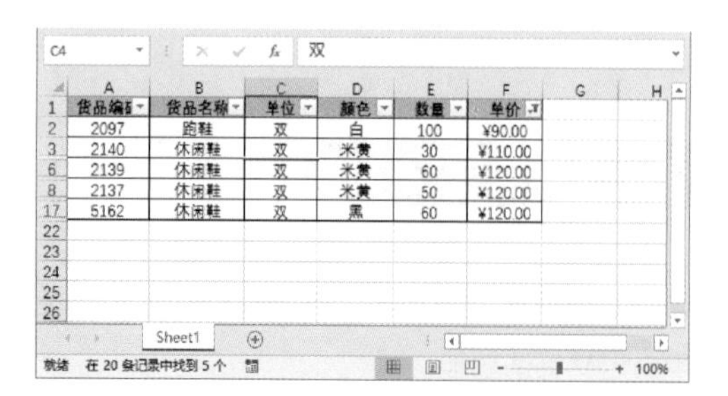

7.2.3 高级筛选

如果想要进行条件更加复杂的筛选，也是可以的，使用高级筛选功能就能实现。

步骤 1 打开工作表，在工作表下方建立列标题行，然后输入筛选条件。

步骤 2 选中工作表中任意单元格，切换至“数据”选项卡，单击“排序和筛选”组中的“高级”按钮。

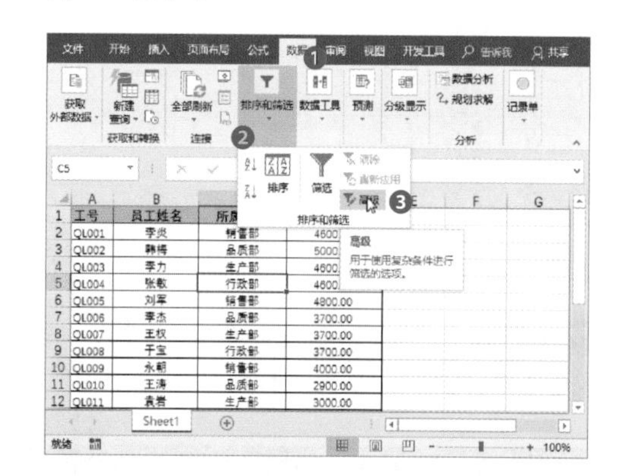

步骤 3 打开“高级筛选”对话框，保持“列表区域”文本框中默认选择的单元格区域不变，单击“条件区域”后面的折叠按钮。

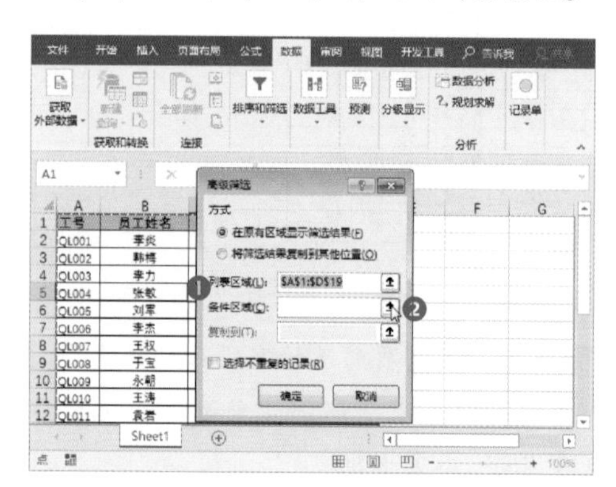

步骤 4 返回工作表，选择设置筛选条件的单元格区域，再次单击折叠按钮，返回“高级筛选”对话框，单击“确定”按钮。

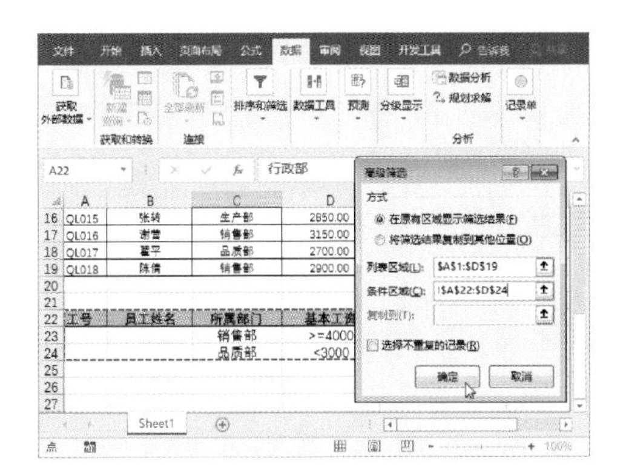

步骤 5 返回工作表中，查看高级筛选结果。

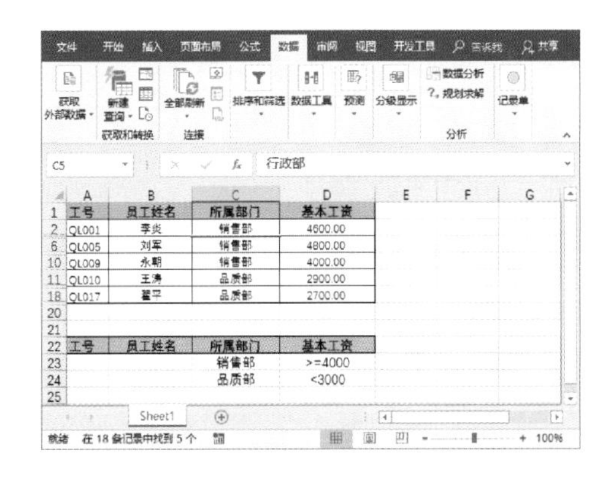

7.2.4 模糊筛选

当不能确定要筛选的内容时，不要着急，可以使用模糊筛选功能来实现。

步骤 1 打开工作表，选中工作表中任意单元格，单击“数据”选项卡“排序和筛选”组的“筛选”按钮。

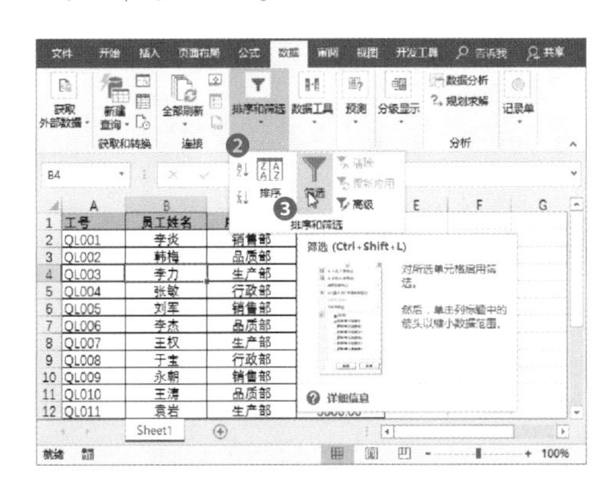

步骤 2 进入筛选模式，单击“员工姓名”筛选按钮，在展开的下拉列表中选择“文本筛选>自定义筛选”选项。

步骤 3 打开“自定义自动筛选方式”对话框，设置“员工姓名”为“等于”“李?”，然后单击“确定”按钮。

步骤 4 返回工作表，即可看到把姓李的员工都筛选出来了。

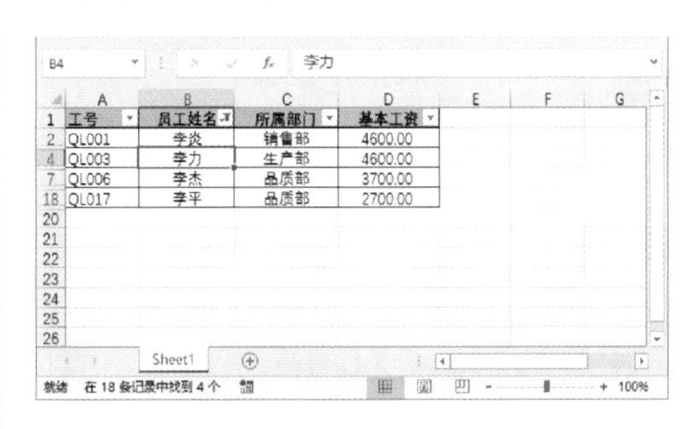

知识延伸：在受保护工作表中筛选

在“审阅”选项卡的“保护”组中，单击“保护工作表”按钮。在“保护工作表”对话框的“取消工作表保护时使用的密码”方框中，输入设定的密码，然后在“允许此工作表的所有用户进行”列表中，在保持默认勾选的选项上，再勾选“使用自动筛选”复选框。再次确认设定的密码，完成操作。

7.2.5 输出筛选结果

当把数据筛选出来后，想要将筛选的结果显示在别的工作表中，该如何操作呢，下面将对其进行介绍。

步骤 1 打开工作表，创建筛选条件后，切换到目标工作表，单击“数据”选项卡中的“高级”按钮。

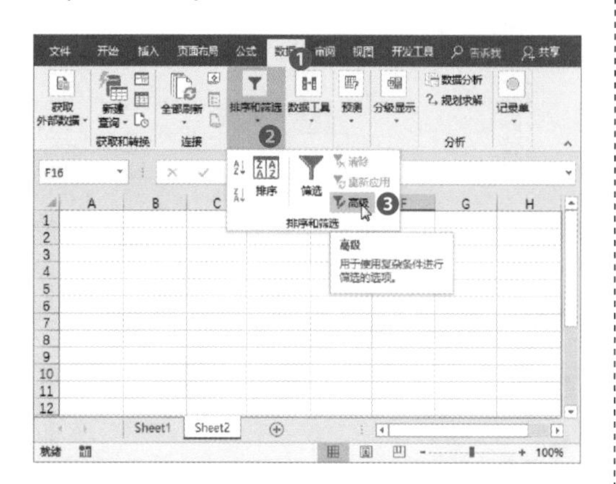

步骤 2 打开“高级筛选”对话框，选中“将筛选结果复制到其他位置”单选按钮，设置“列表区域”和“条件区域”，单击“复制到”右侧的折叠按钮。

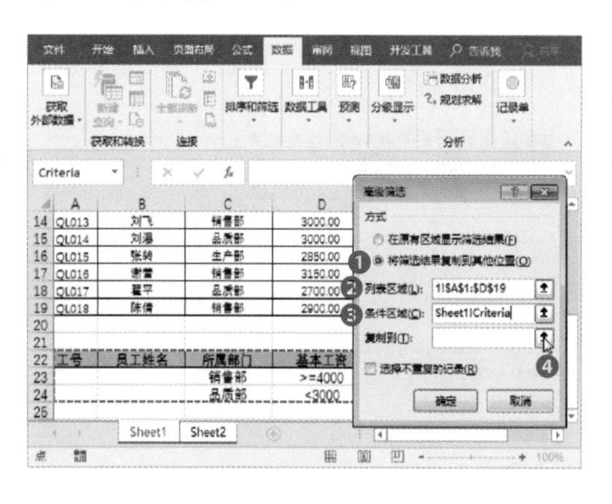

步骤 3 返回目标工作表，选择要复制到的位置，然后再次单击折叠按钮，返回“高级筛选”对话框，单击“确定”按钮。

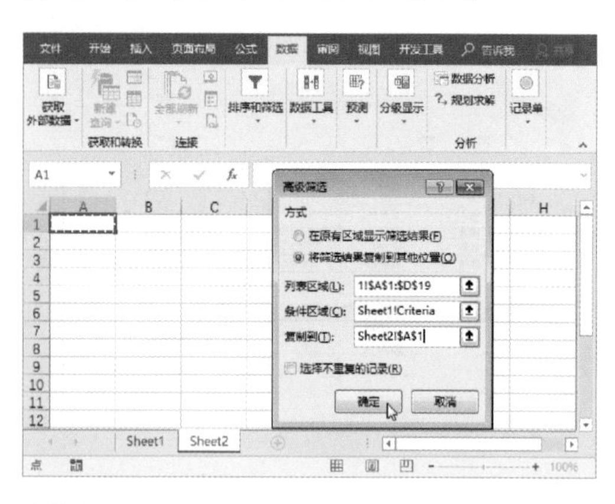

步骤 4 返回工作表，即可将筛选结果输出到指定位置。

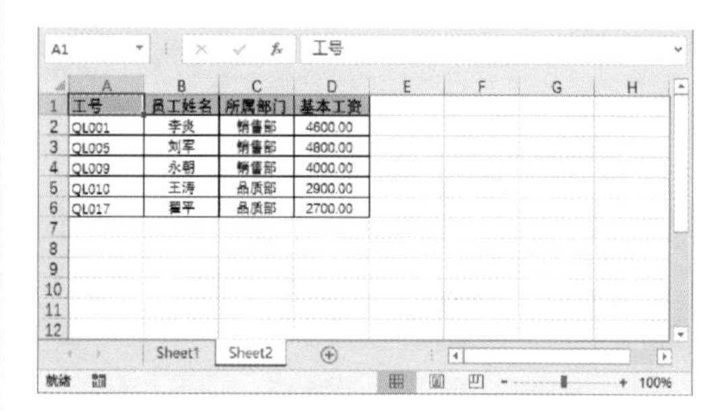

技巧点拨：输出时的注意事项

如果是直接在原工作表中执行高级筛选操作，并将其指定输出到其他工作表，那么在单击“确定”按钮后，系统将给出提示信息，表示Excel将不支持此种操作。

7.3 对数据进行分类汇总

在日常工作中，有时会遇到需要对数据进行汇总统计的情况，即对每一类数据进行求和、求平均等，这时可以使用分类汇总功能，对数据进行分类汇总。

7.3.1 单项分类汇总

单项分类汇总是指对某类数据进行汇总求和等操作，从而按类别来分析数据。

步骤 1 打开工作表，选中“合同号”列中任意单元格，然后单击“数据”选项卡中的“升序”按钮。

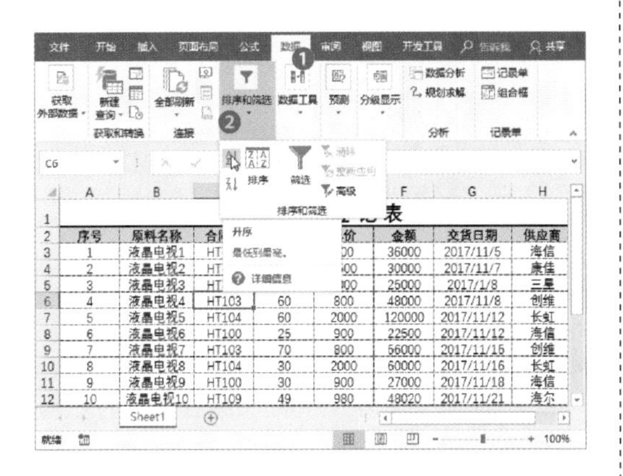

步骤 2 对“合同号”进行排序后，单击“分级显示”组的“分类汇总”按钮。

步骤 3 打开“分类汇总”对话框，设置“分类字段”为“合同号”，“汇总方式”为“求和”，“选定汇总项”为“金额”，然后单击“确定”按钮。

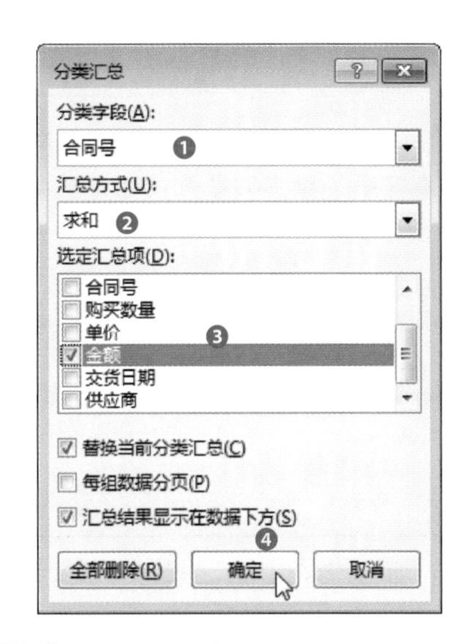

步骤 4 返回工作表中，可以看到已经对“合同号”字段进行了求和汇总。

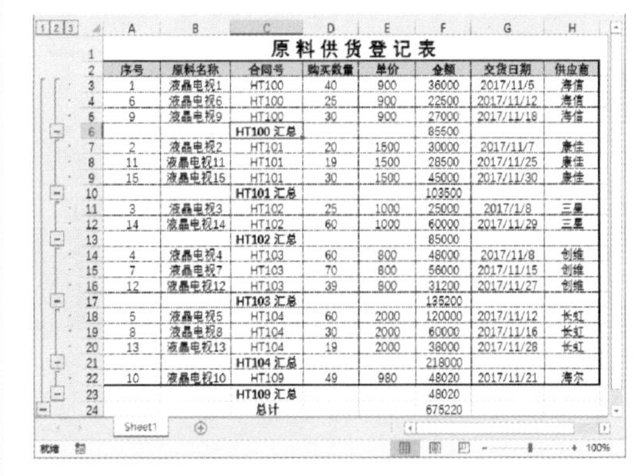

原料供货登记表

序号	原料名称	合同号	购买数量	单价	金额	交货日期	供应商
1	液晶电视1	HT100	40	900	36000	2017/11/5	海信
6	液晶电视6	HT100	25	900	22500	2017/11/12	海信
9	液晶电视9	HT100	30	900	27000	2017/11/18	海信
		HT100 汇总			85500		
2	液晶电视2	HT101	20	1500	30000	2017/11/7	康佳
11	液晶电视11	HT101	19	1500	28500	2017/11/25	康佳
15	液晶电视15	HT101	30	1500	45000	2017/11/30	康佳
		HT101 汇总			103500		
3	液晶电视3	HT102	25	1000	25000	2017/1/8	三星
14	液晶电视14	HT102	60	1000	60000	2017/11/29	三星
		HT102 汇总			85000		
4	液晶电视4	HT103	60	800	48000	2017/11/8	创维
7	液晶电视7	HT103	70	800	56000	2017/11/15	创维
12	液晶电视12	HT103	39	800	31200	2017/11/27	创维
		HT103 汇总			135200		
5	液晶电视5	HT104	60	2000	120000	2017/11/12	长虹
8	液晶电视8	HT104	30	2000	60000	2017/11/16	长虹
13	液晶电视13	HT104	19	2000	38000	2017/11/28	长虹
		HT104 汇总			218000		
10	液晶电视10	HT109	49	980	48020	2017/11/21	海尔
		HT109 汇总			48020		
		总计			675220		

7.3.2 嵌套分类汇总

当需要处理比较复杂的数据时，可以使用嵌套分类汇总，它可以在一个分类汇总的基础上，对其他字段进行再次分类汇总。

步骤 1 打开工作表，切换至“数据”选项卡，单击“排序和筛选”组中的“排序”按钮。

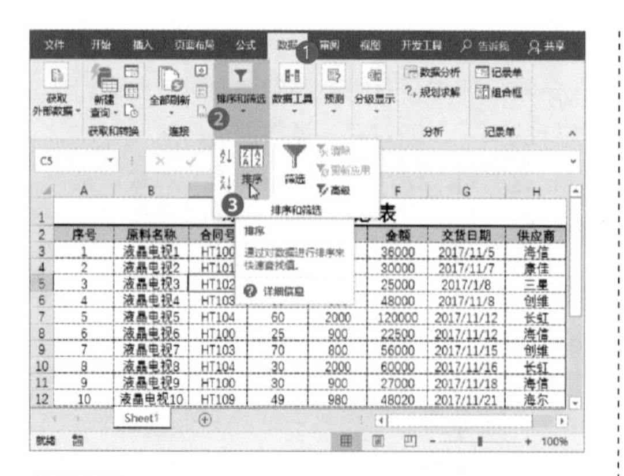

步骤 2 打开“排序”对话框，分别设置“主要关键字”和“次要关键字”的排序条件，然后单击“确定”按钮。

步骤 3 返回工作表后，单击“分级显示”选项组中的“分类汇总”按钮。

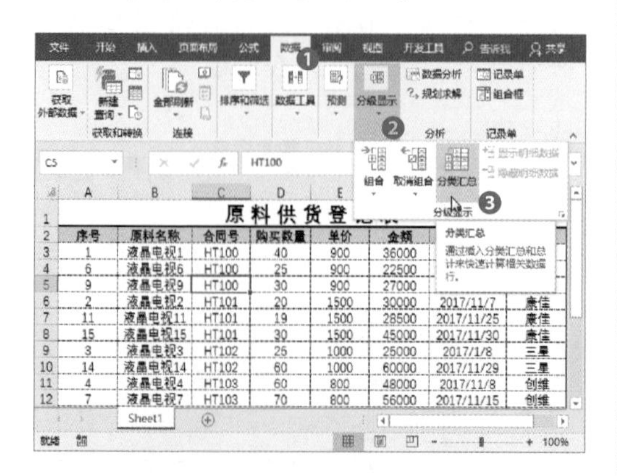

> **技巧点拨：关于分类汇总的多条件排序**
>
> 在设置多条件排序的条件时，设置排序条件的先后顺序必须和汇总数据的类别顺序一致。

步骤 4 打开“分类汇总”对话框，对“合同号”字段进行分类汇总设置，最后单击“确定”按钮。

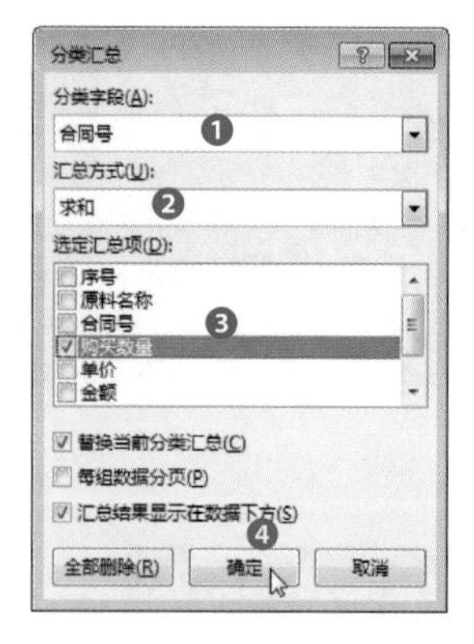

步骤 5 打开“分类汇总”对话框，对“供应商”字段进行分类汇总设置，并取消勾选“替换当前分类汇总”复选框。

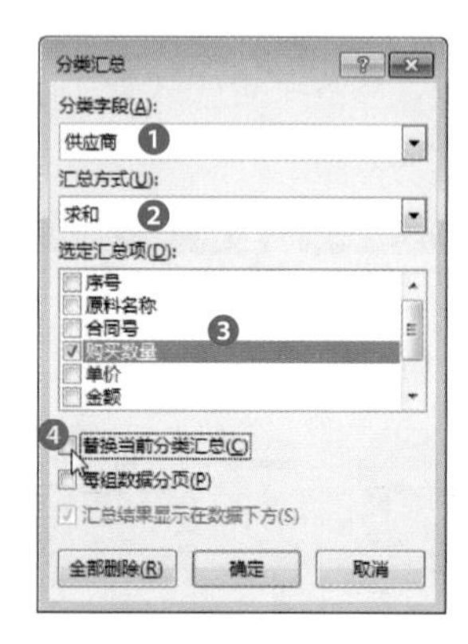

步骤 6 单击“确定”按钮，返回工作表，可以看到对“合同号”和“供应商”的“购买数量”进行了汇总。

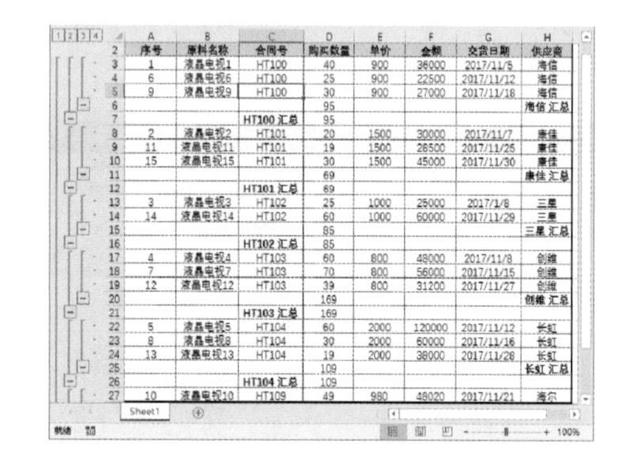

7.3.3 复制分类汇总结果

进行分类汇总后，如果想要将汇总的结果复制到其他工作表中，该怎么办呢，下面介绍具体操作方法。

步骤 1 打开执行过分类汇总的工作表，单击列标题左侧的按钮2，将明细数据全部隐藏，然后选择整个工作表的数据区域。

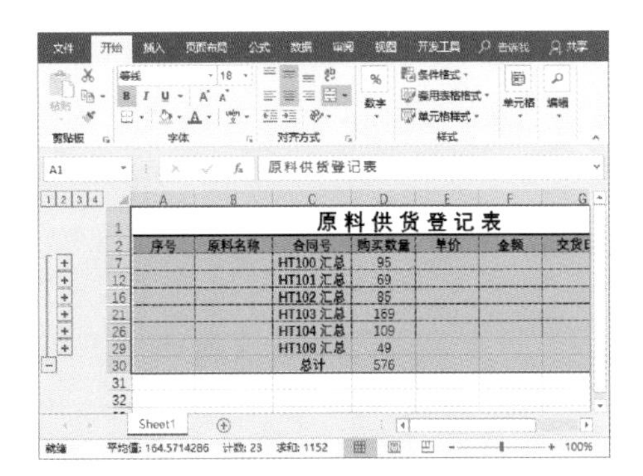

步骤 2 单击“开始”选项卡“编辑”组中的“查找和选择”下拉按钮，从列表中选择“定位条件”选项。

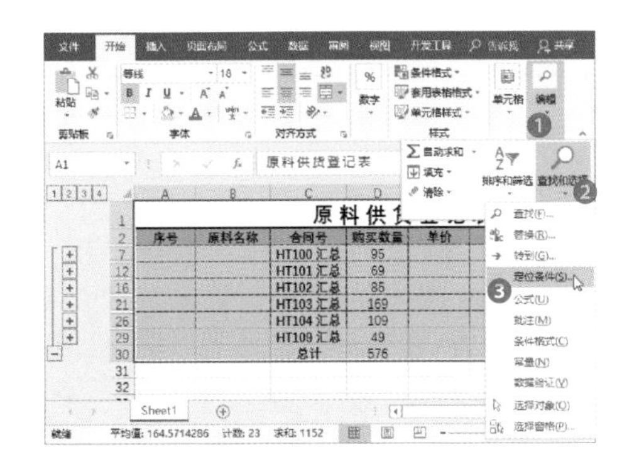

步骤 3 打开“定位条件”对话框，选择“可见单元格”单选按钮，然后单击“确定”按钮。

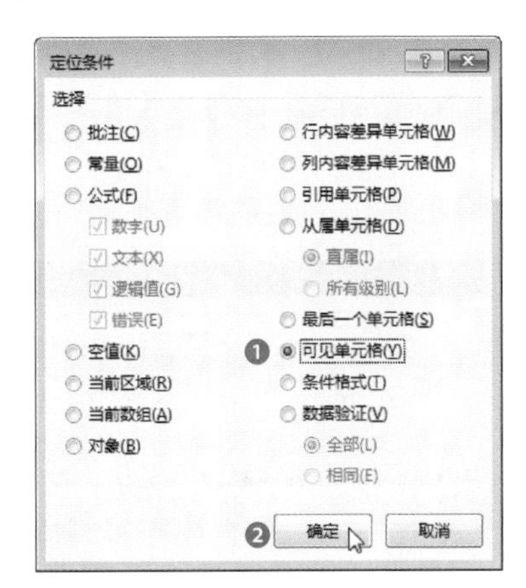

步骤 4 此时，所选的单元格区域中各单元格周围出现虚线边框，然后按Ctrl+C组合键进行复制。

步骤 5 切换到新工作表中，按Ctrl+V组合键进行粘贴。此时即可发现得到的工作表内容仅包含汇总数据。

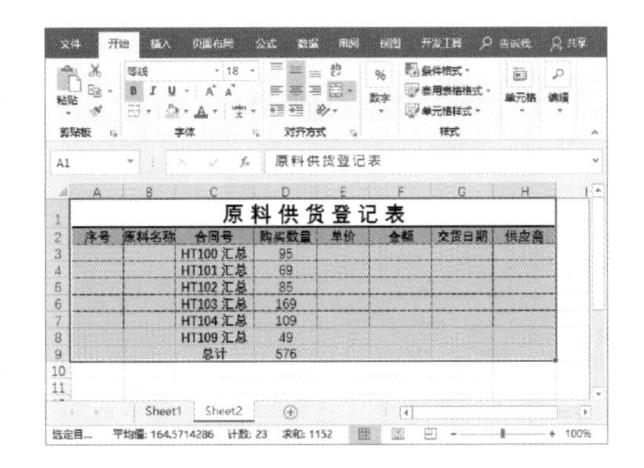

7.3.4 取消分类汇总

如果不再需要数据以分类汇总的方式显示，可以将其清除，也可以将其隐藏或者删除工作表中所有的分类汇总。

（1）清除分类汇总的分级显示

步骤 1 打开工作表，单击“数据”选项卡“分级显示”组中的“取消组合”下拉按钮，从列表中选择“清除分级显示”选项。

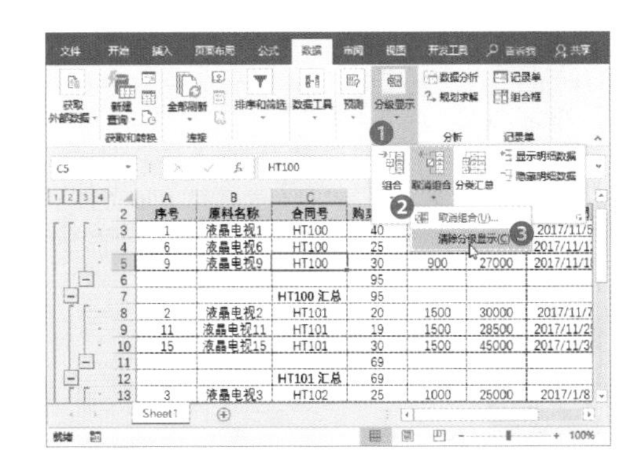

步骤 2 查看清除分级显示后的效果。

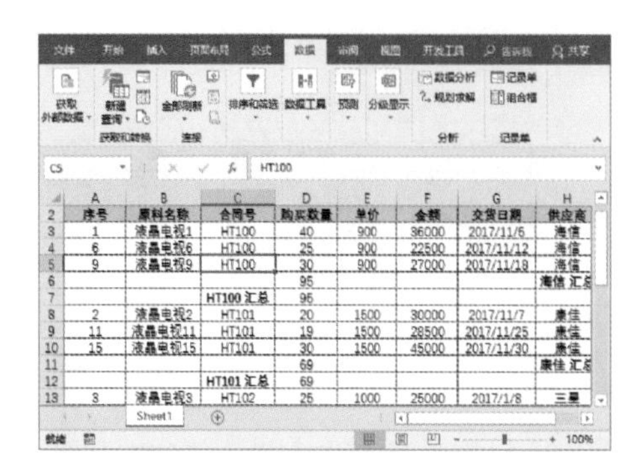

步骤 3 清除分类汇总的分级显示后，如果想要重新显示分级显示，则需要单击“分级显示”组的对话框启动器按钮。

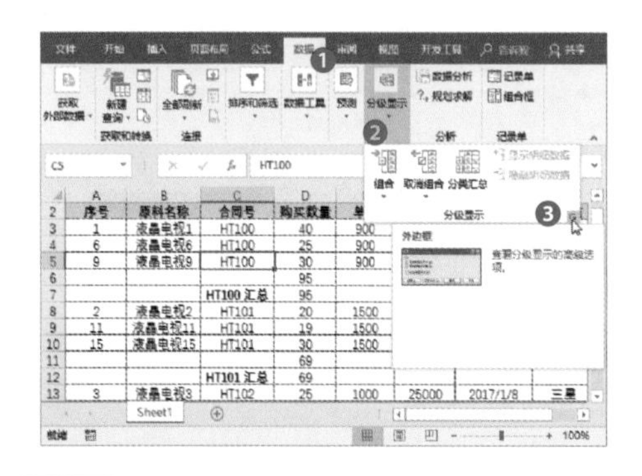

步骤 4 打开“设置”对话框，从中单击“创建”按钮即可。

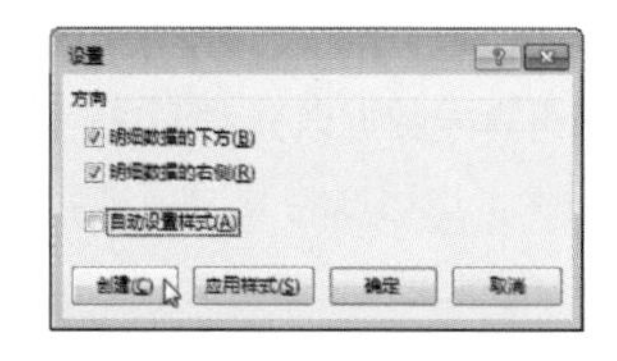

（2）隐藏分类汇总的分级显示

步骤 1 打开工作表，在“文件”列表中，选择“选项”选项。

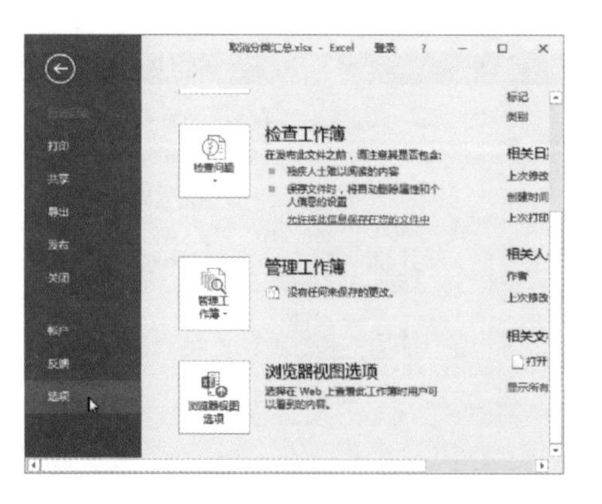

步骤 2 打开“Excel选项”对话框，选择“高级”选项，在“此工作表的显示选项”区域中取消勾选“如果应用了分级显示，则显示分级显示符号”复选框。

知识延伸：显示分类汇总的分级显示

如果想要显示分类汇总的分级显示，再次执行“文件>选项”命令，打开“Excel选项”对话框，勾选“如果应用了分级显示，则显示分级显示符号”复选框。

步骤 3 单击“确定”按钮，返回工作表中，可以看到已经隐藏了分级显示符号。

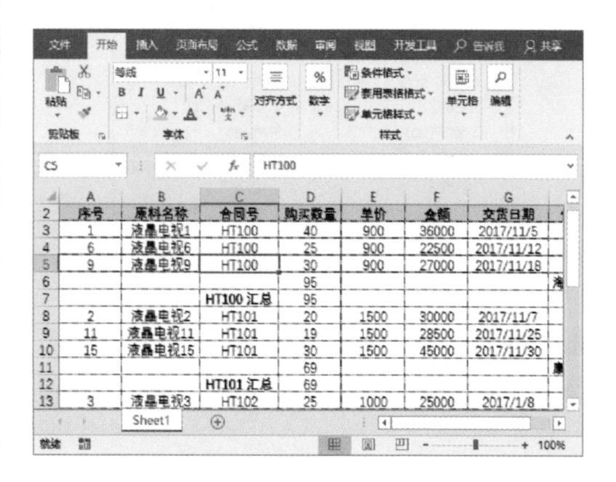

（3）删除工作表中所有的分类汇总

步骤 1 打开工作表，单击“数据”选项卡“分级显示”组中的“分类汇总”按钮。

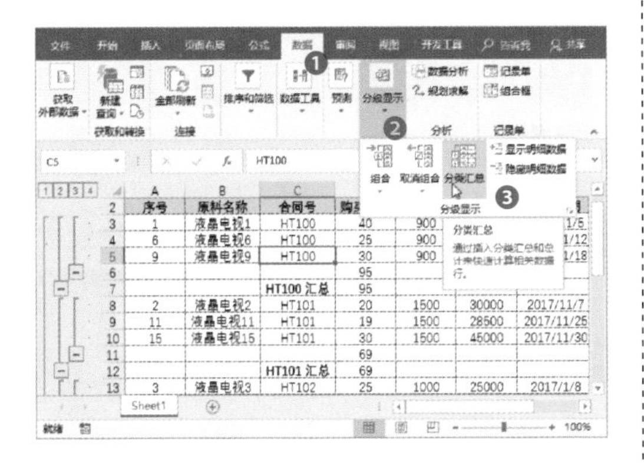

步骤 2 打开“分类汇总”对话框，单击“全部删除”按钮。

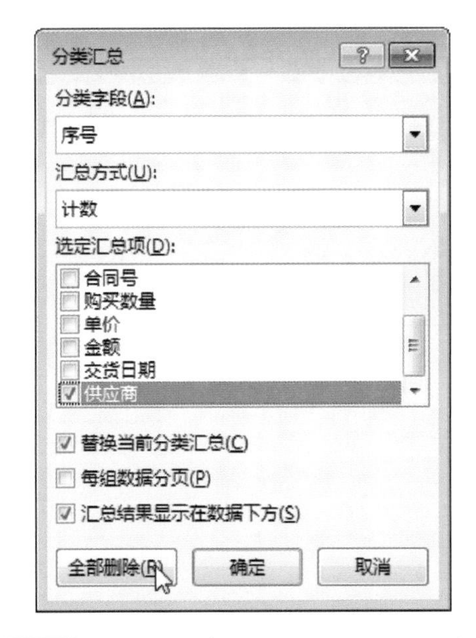

步骤 3 返回工作表，查看删除分类汇总后的效果。

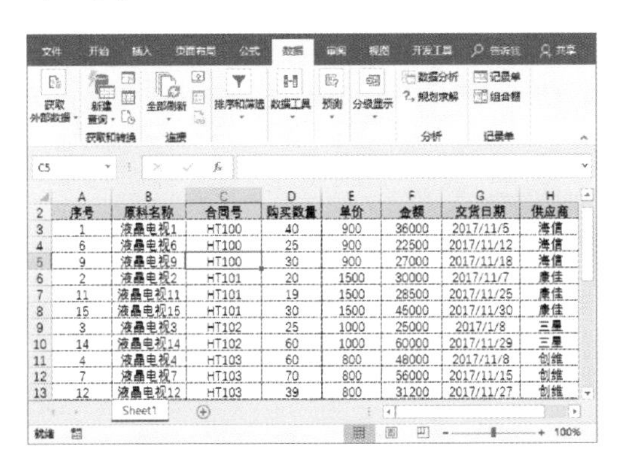

7.3.5 多张明细表生成汇总表

在工作中，有时会遇到需要将不同的明细数据合并在一起，生成一个汇总表格，下面介绍操作方法。

步骤 1 打开包含各个地区销售报表的工作簿，新建一个“汇总”工作表，选择新建工作表中的A1单元格。

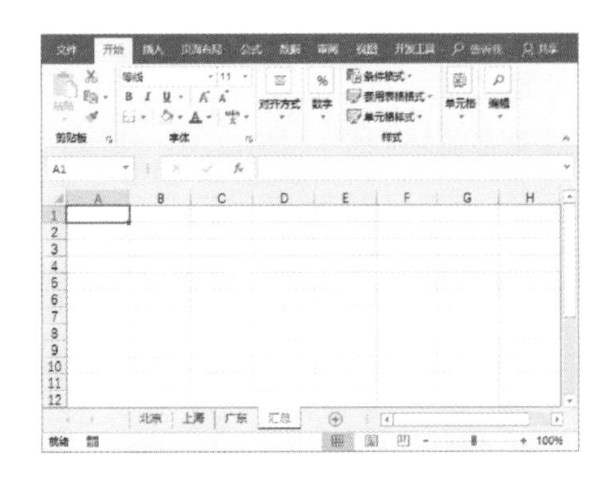

步骤 2 切换至“数据”选项卡，单击“数据工具”组中的“合并计算”按钮。

步骤 3 打开“合并计算”对话框，在“函数”下拉列表中选择“求和”选项，然后单击“引用位置”文本框右侧的范围按钮。

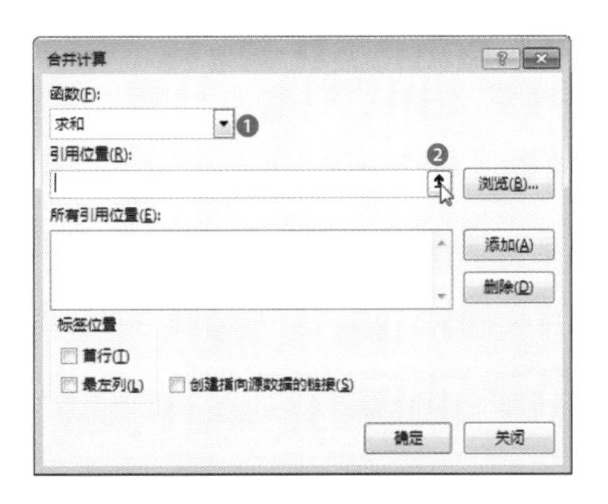

步骤 4 切换至“北京”工作表，选中A1:E7单元格区域后，再次单击范围选取按钮。

> **技巧点拨：删除所有引用位置**
>
> 添加多个引用位置后，若发现添加错误，可以选择相应的引用位置，然后单击“删除”按钮进行删除即可。

步骤 5 返回“合并计算”对话框，单击“添加”按钮。

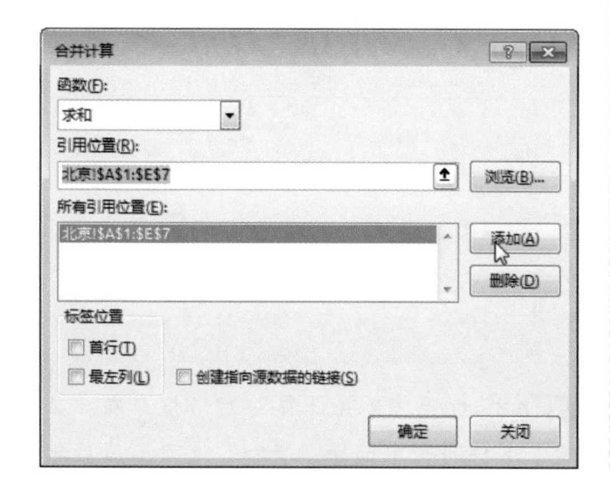

步骤 6 按照同样的方法，添加“上海”和“广东”销售报表，然后勾选“首行”和“最左列”复选框。

步骤 7 单击“确定”按钮，返回工作表中，查看“汇总”工作表中的合并计算结果。

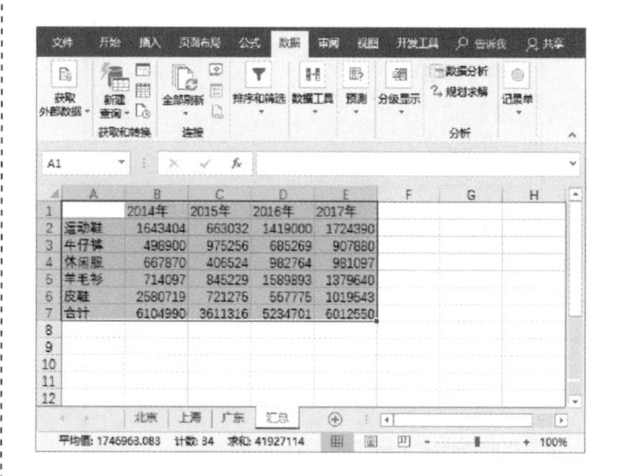

7.4 条件格式的应用

条件格式就是根据条件使用数据条、色阶和图标集等，使表格中的数据可以更加直观地显示。

7.4.1 突显指定数据

如果想要突出指定数据，可以使用条件格式功能，例如突出显示工作表中工资额大于5000元的单元格。

步骤 1 打开工作表，选中F3:F20单元格区域，单击“开始”选项卡“样式”组中的“条件格式”下拉按钮，从列表中选择“突出显示单元格规则>大于”选项。

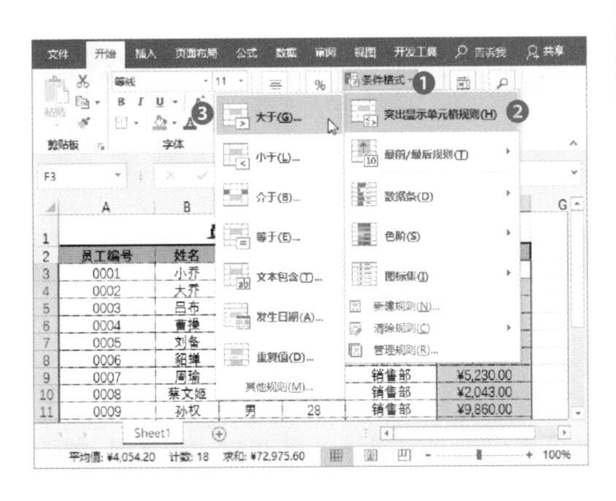

步骤 2 打开“大于”对话框，在“为大于以下值的单元格设置格式”文本框中输入“5000”，单击“设置为”下拉按钮，从列表中选择“黄填充色深黄色文本”选项，然后单击“确定”按钮。

步骤 3 返回工作表中，查看设置条件格式的效果。

员工编号	姓名	性别	年龄	所属部门	工资额
0001	小乔	女	20	销售部	¥9,000.00
0002	大乔	女	21	销售部	¥8,500.00
0003	吕布	男	26	销售部	¥2,045.30
0004	曹操	男	24	销售部	¥1,915.00
0005	刘备	男	21	销售部	¥5,520.00
0006	貂蝉	女	20	销售部	¥1,725.00
0007	周瑜	男	26	销售部	¥5,230.00
0008	蔡文姬	女	23	销售部	¥2,043.00
0009	孙权	男	28	销售部	¥9,860.00
0010	诸葛亮	男	26	销售部	¥1,850.00
0011	曹植	男	29	销售部	¥1,964.30
0012	孙尚香	女	24	销售部	¥5,000.00
0013	曹丕	男	26	销售部	¥2,020.10

7.4.2 使用数据条展示数据大小

在工作表中可以使用数据条来展示数据的大小，数值越大，数据条越长，反之数据条越短。

步骤 1 打开工作表，选择F3:F20单元格区域，单击“开始”选项卡“样式”组中的“条件格式”下拉按钮，从列表中选择“数据条”选项，然后在其级联菜单中选择所需的数据条样式。

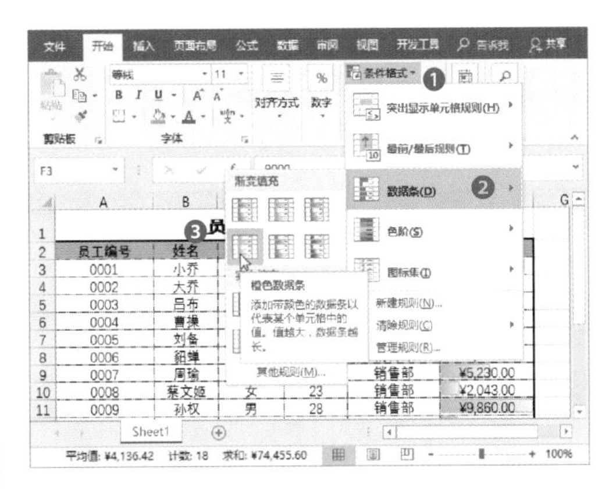

步骤 2 这时可以看到为F3:F20单元格区域添加数据条的效果。

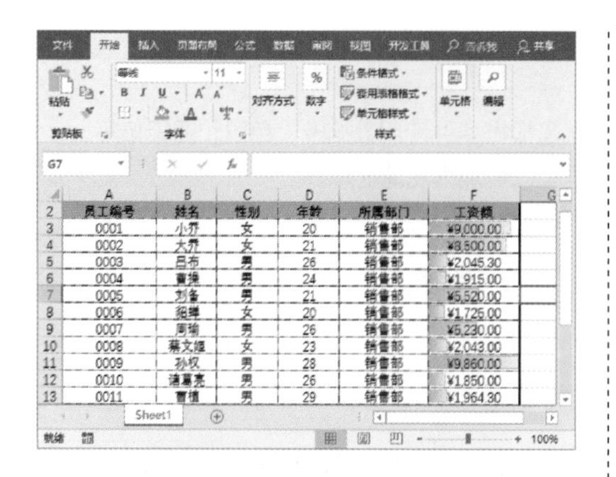

7.4.3 使用色阶反映数据大小

在对表格中的数据进行比较时，可以使用色阶功能，来显示数据的整体分布情况。

步骤 1 打开工作表，选中F3:F20单元格区域，单击“开始”选项卡“样式”组中的“条件格式”下拉按钮。

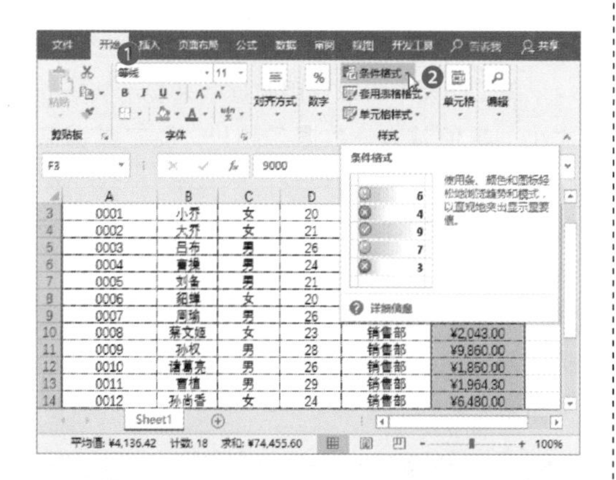

步骤 2 从展开的下拉列表中选择“色阶”选项，然后在其级联菜单中选择合适的样式。

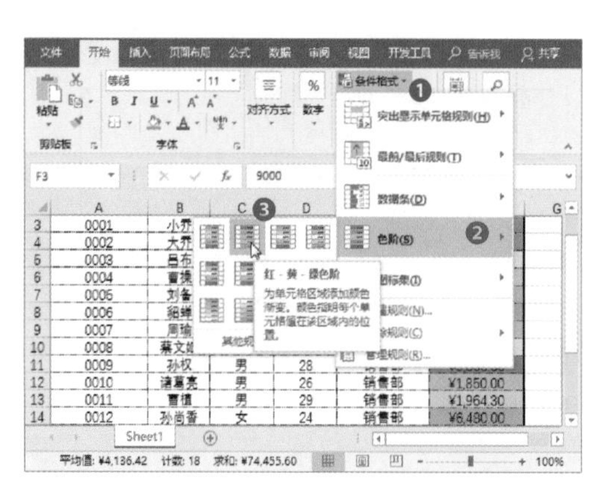

> **知识延伸：认识色阶**
>
> 色阶是在一个单元格区域中显示双色渐变或三色渐变，其中颜色的底纹表示单元格中的值，从图中可以看出，数值越大的单元格，填充颜色越接近红色，数值越小的单元格，填充颜色越接近绿色，数值居中的单元格，填充颜色接近于黄色。

步骤 3 这时可以看到F3:F20单元格区域应用色阶后的效果。

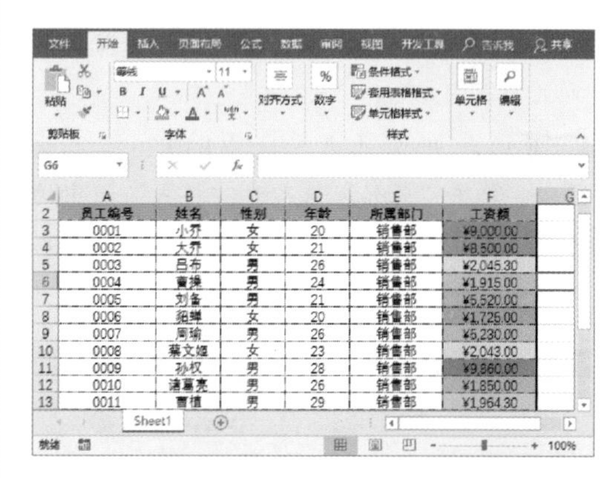

7.4.4 使用图标集对数据进行分类

使用图标集功能，对数据进行等级划分，使数据可以直观地呈现出来。

步骤 1 打开工作表，选择F3:F20单元格区，单击“开始”选项卡“样式”组的“条件格式”下拉按钮，从列表中选择“图标集>其他规则”选项。

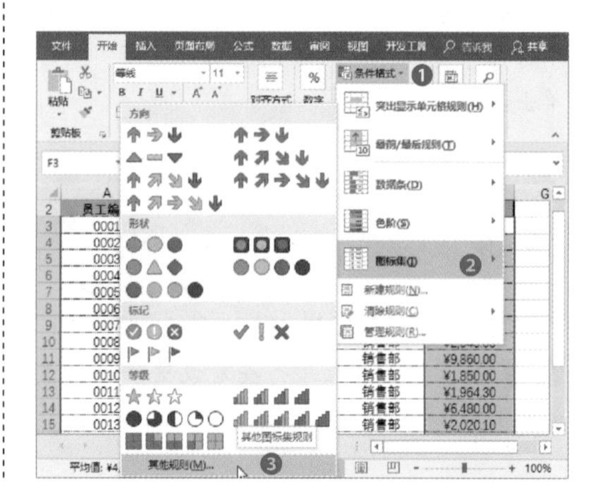

步骤 2 打开“新建格式规则”对话框，设置“格式样式”为“图标集”，在“图标样式”列表中选择需要的样式，然后设置各个数值段的划分标准。

步骤 3 单击“确定”按钮，返回工作表，可以看到运用图标集后的效果。

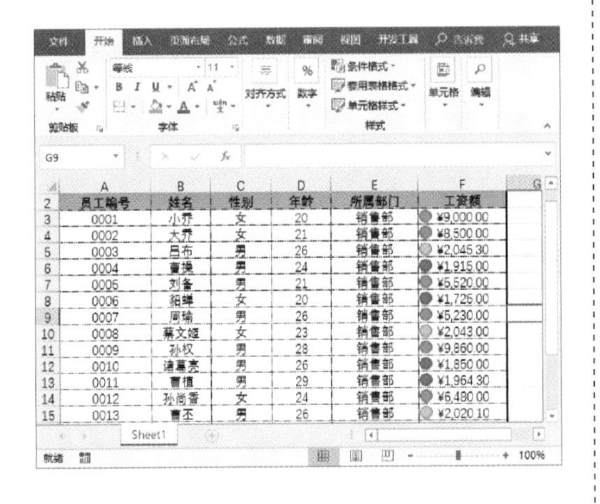

7.4.5 清除条件格式

如果不再需要工作表中的条件格式，可以将其清除。

步骤 1 打开工作表，单击“开始”选项卡“样式”组中的“条件格式”下拉按钮，从列表中选择“管理规则”选项。

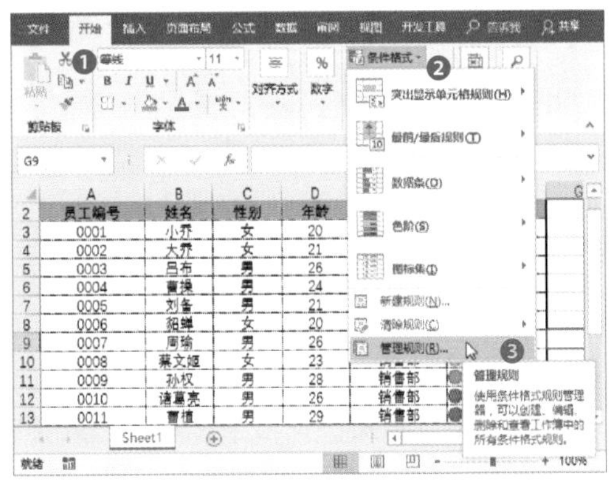

步骤 2 打开“条件格式规则管理器”对话框，选择需要删除的条件格式规则，单击“删除规则”按钮即可。

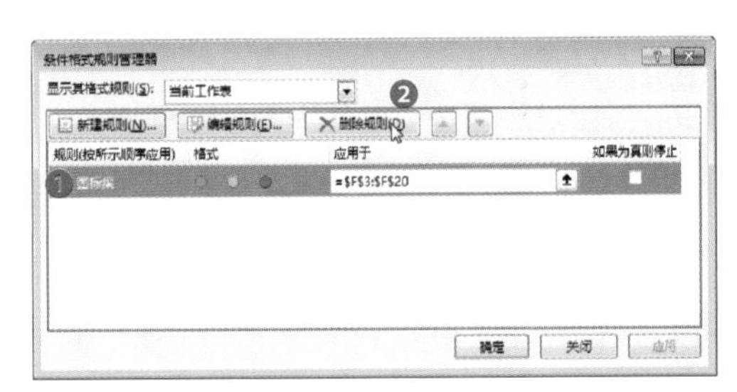

步骤 3 返回工作表，查看清除条件格式后的效果。

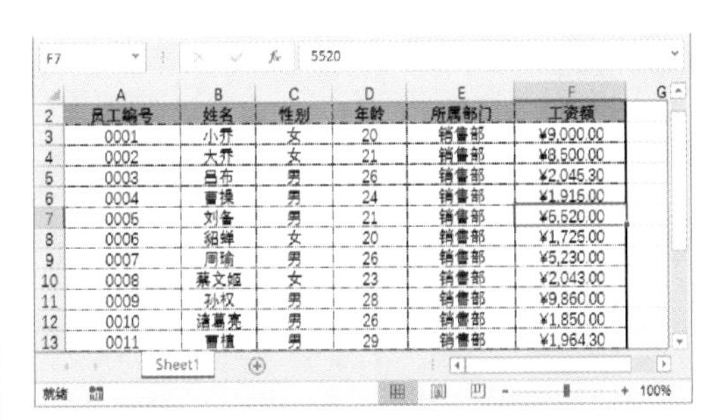

7.5 数据透视表的应用

前面介绍了数据的排序、筛选、分类汇总等，接下来将介绍数据透视表的应用。数据透视表可以快速汇总大量数据，利用数据透视表也可以实现数据的排序和筛选，下面来认识一下数据透视表吧。

7.5.1 创建数据透视表

步骤 1 打开工作表，选中表格中任意单元格，切换至“插入”选项卡，单击“表格”组中的“数据透视表”按钮。

步骤 2 打开“创建数据透视表”对话框，保持默认选择的单元格区域不变，单击“确定”按钮。

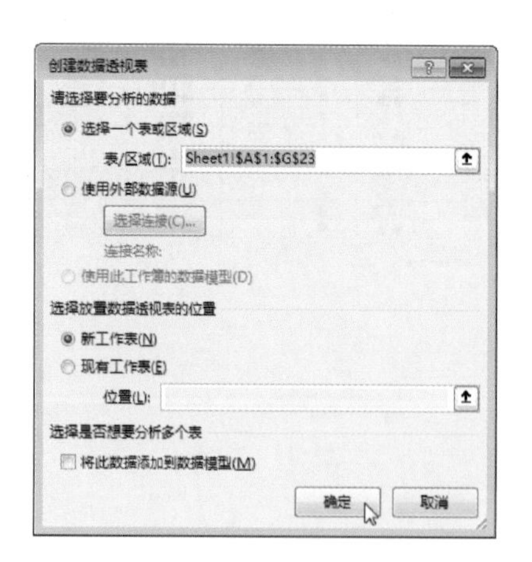

步骤 3 这时可以看到在新工作表中创建一个空白数据透视表，同时打开“数据透视表字段”窗格。

步骤 4 在“选择要添加到报表的字段”列表框中勾选相应的复选框，即可向数据透视表中添加显示字段。

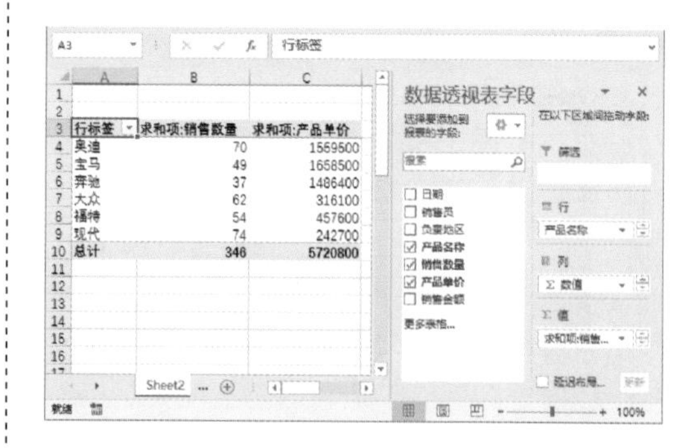

7.5.2 调整数据透视表的布局

数据透视表创建完成后，还可以调整数据透视表的布局，来满足我们对报表结构的需求。

（1）调整字段的显示顺序

步骤 1 打开数据透视表，选择要重新排序的字段，然后右击，从弹出的快捷菜单中选择“移动”选项，然后从其级联菜单中进行相应的选择。

步骤 2 改变行位置的操作与调整列位置的操作是相似的，只需右击需要调整顺序的行字段，从弹出的快捷菜单中选择“移动”选项，然后从其级联菜单中进行相应的选择即可。

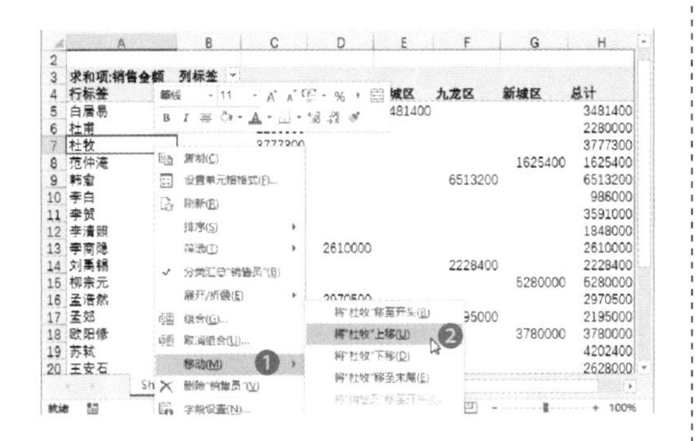

（2）隐藏分类汇总数据

步骤 1 打开数据透视表，切换至“数据透视表工具-设计”选项卡，单击“布局”组中的“分类汇总”下拉按钮，从列表中选择“不显示分类汇总”选项。

步骤 2 选择后系统自动隐藏数据透视表中的汇总项。

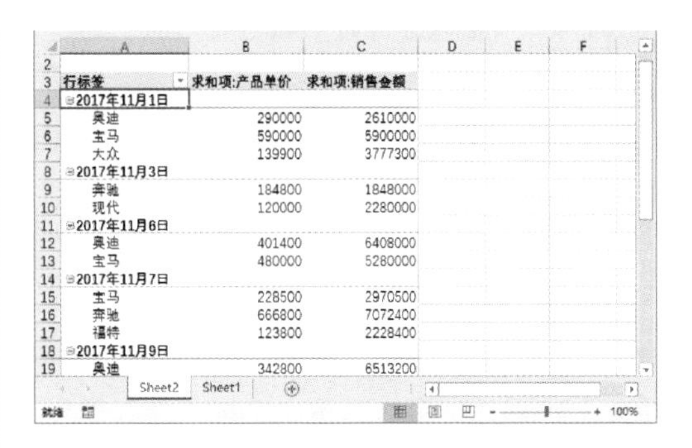

步骤 3 如果想要恢复分类汇总项的显示，需要再次单击“分类汇总”下拉按钮，根据需要选择“在组的底部显示所有分类汇总”或“在组的顶部显示所有分类汇总”选项即可。

（3）调整数据透视表的页面布局

步骤 1 以压缩形式显示。打开数据透视表，单击“数据透视表工具-设计”选项卡“布局”组中的“报表布局”下拉按钮，从列表中选择“以压缩形式显示”选项。

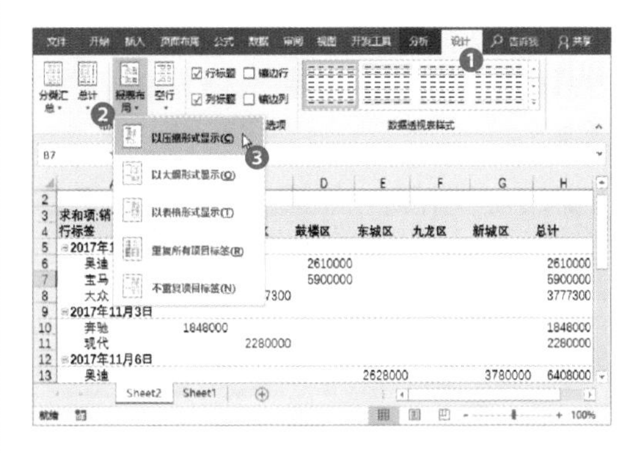

步骤 2 查看以压缩形式显示效果。

步骤 3 以大纲形式显示。单击“报表布局”下拉按钮，从列表中选择“以大纲形式显示”选项。

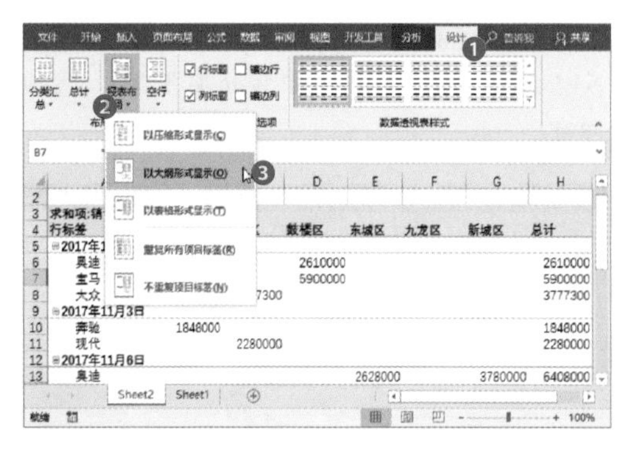

步骤 4 查看以大纲形式显示效果。

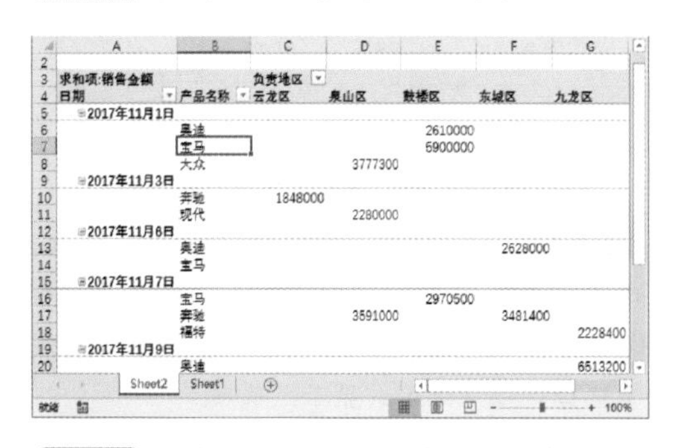

步骤 5 以表格形式显示。单击“报表布局”下拉按钮，从列表中选择“以表格形式显示”选项。

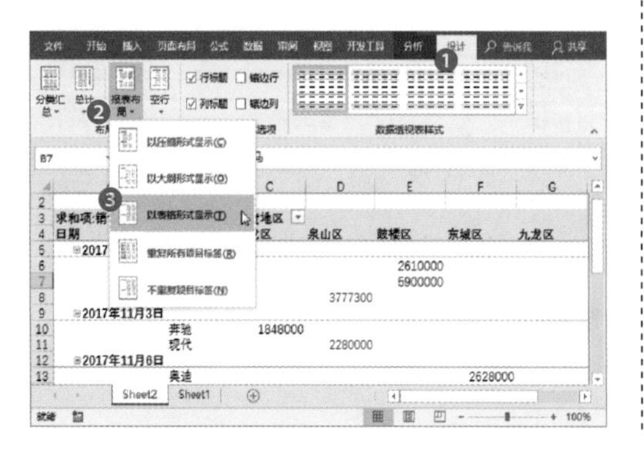

步骤 6 查看以表格形式显示效果。

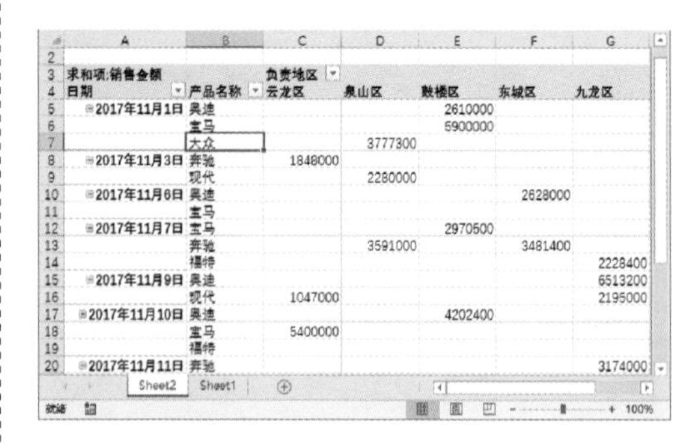

步骤 7 重复所有项目标签。重复所有项目标签是指在当前数据透视表中所有行字段的项均重复显示。单击“报表布局”下拉按钮，选择“重复所有项目标签”选项即可。

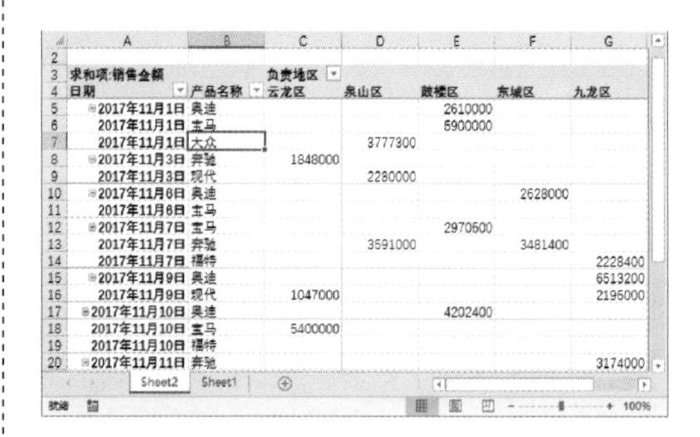

步骤 8 不重复项目标签。在“报表布局”下拉列表中，选择“不重复项目标签”选项，此时系统会恢复到默认设置。

（4）更改字段名称

步骤 1 打开数据透视表，可以看到该透视表的“值”字段均自动添加了“求和项：”。

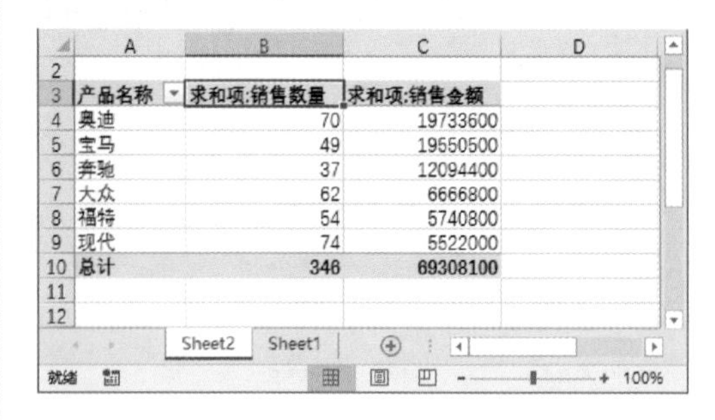

步骤 2 单击B3单元格，在“编辑栏”中输入新字段内容，按Enter键即可完成字段重命名操作。

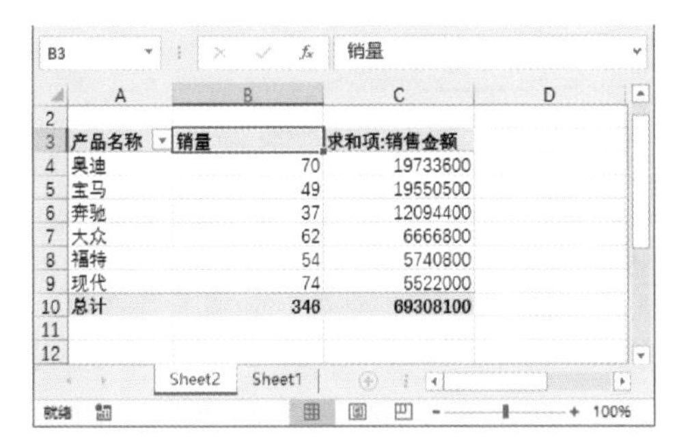

步骤 3 按照同样的方法，更改其他值字段内容。

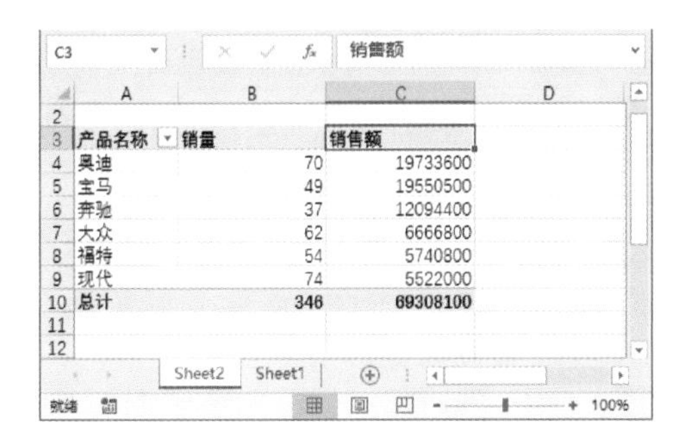

7.5.3 对数据透视表中的数据进行分析

还可以在数据透视表中对数据进行分析，例如筛选数据、添加计算字段等。

（1）使用切片器筛选数据

步骤 1 打开数据透视表，选中数据透视表中任意单元格，单击“数据透视表工具-分析”选项卡“筛选”组中的“插入切片器”按钮。

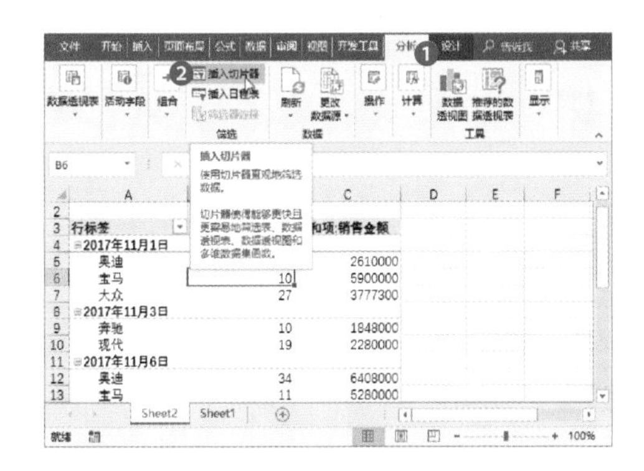

步骤 2 打开“插入切片器”对话框，选择要插入的切片器的字段，单击“确定”按钮。

步骤 3 返回工作表中，可以看到已经插入了“日期”和“产品名称”两个切片器，调整切片器的大小，并将切片器移至合适位置。

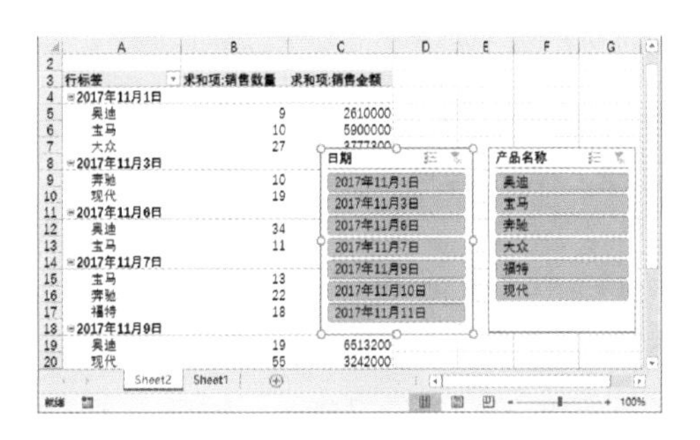

步骤 4 选择“日期”切片器中的“2017年11月1日”选项，数据透视表中会立即显示对应的数据明细情况。

步骤 5 然后在“产品名称”切片器中选择“宝马”选项，数据透视表显示所有宝马的数据明细。

步骤 6 如果想要清除某一切片器中的筛选，则单击切片器右上角的“清除筛选器”按钮即可。

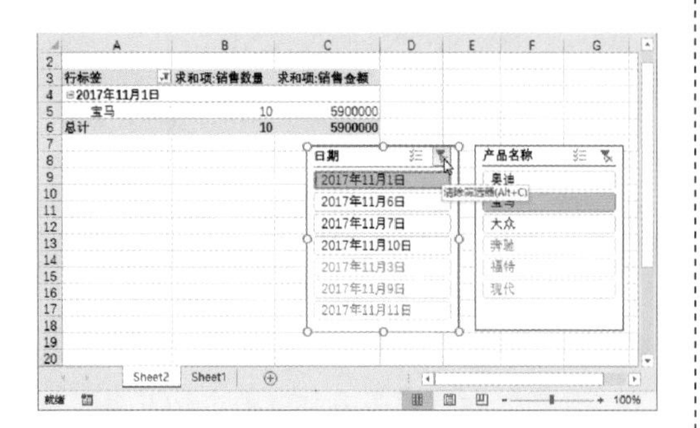

步骤 7 如果想要删除切片器，则选中要删除的切片器，在键盘上按下Delete键即可。

（2）添加计算字段

步骤 1 打开数据透视表，选中数据透视表中任意单元格，单击“数据透视表工具-分析”选项卡“计算”组中的“字段、项目和集”下拉按钮，从列表中选择“计算字段”选项。

步骤 2 打开“插入计算字段”对话框，将“名称”修改为“销售单价”，在“公式”文本框中输入公式，然后单击“确定”按钮。

步骤 3 返回工作表中，查看添加“销售单价”字段的效果。

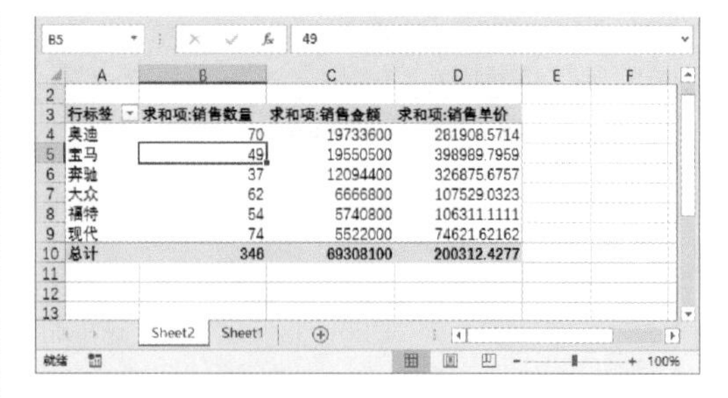

知识延伸：添加计算项

在数据透视表中添加计算项，即选择“列标签”单元格后单击“分析”选项卡中的“字段、项目和集”下拉按钮，从列表中选择“计算项”选项，然后在打开的对话框中进行设置即可。

（3）为数据进行归类分组

步骤 1 打开数据透视表，可以看到按照日期逐一记录了当天的销售数量。

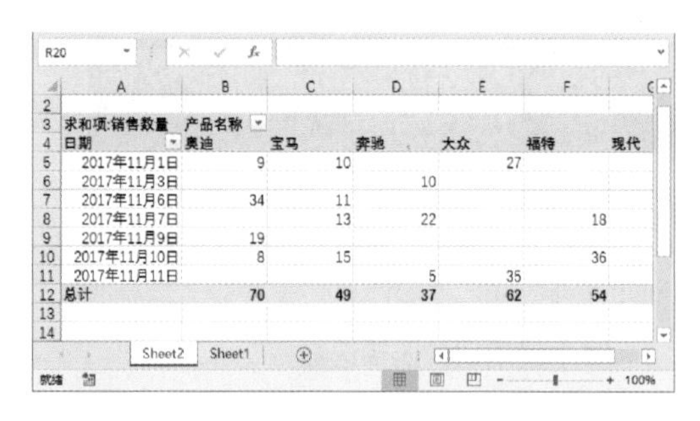

步骤 2 选中“日期”字段的字段标题或其任意一个字段项，单击鼠标右键，从弹出的快捷菜单中选择“组合”命令。

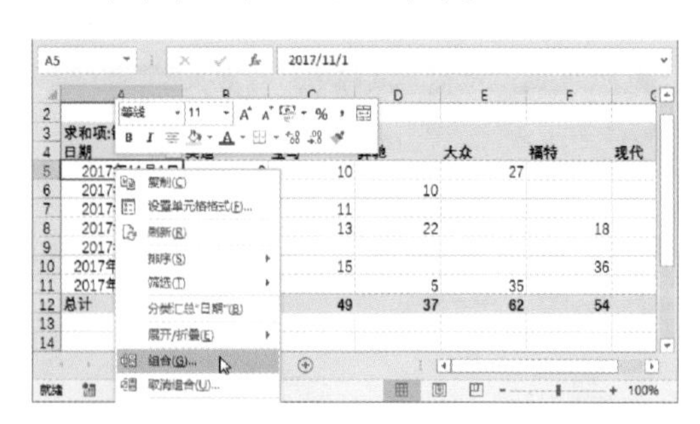

步骤 3 打开“组合”对话框，从中进行设置，其中起始和终止日期保持默认，在“步长”列表框中选择“日”，在“天数”文本框中输入“3”，单击“确定”按钮。

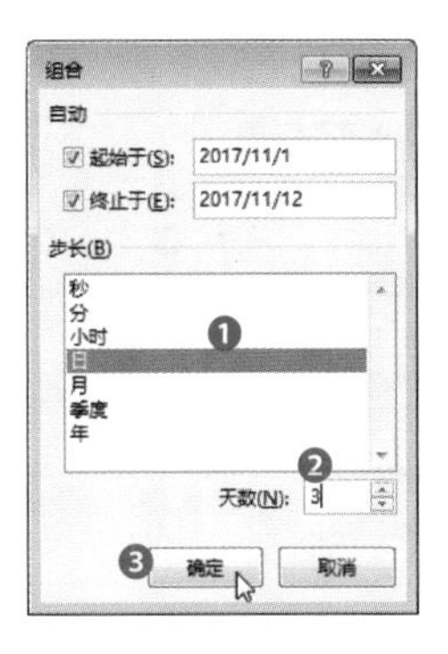

步骤 4 返回工作表，查看组合的结果。

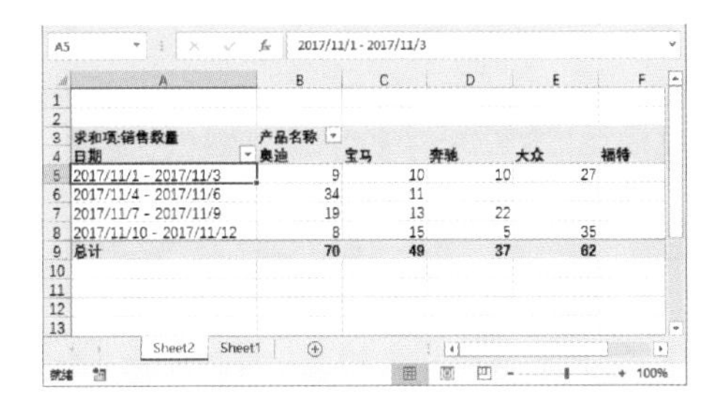

	A	B	C	D	E	F
3	求和项:销售数量	产品名称				
4	日期	奥迪	宝马	奔驰	大众	福特
5	2017/11/1 - 2017/11/3	9	10	10	27	
6	2017/11/4 - 2017/11/6	34	11			
7	2017/11/7 - 2017/11/9	19	13	22		
8	2017/11/10 - 2017/11/12	8	15	5	35	
9	总计	70	49	37	62	

步骤 5 若想要取消组合，则选择数据透视表中“日期”字段的任意一个字段项，单击“数据透视表工具-分析”选项卡“组合”组中的“取消组合”按钮即可。

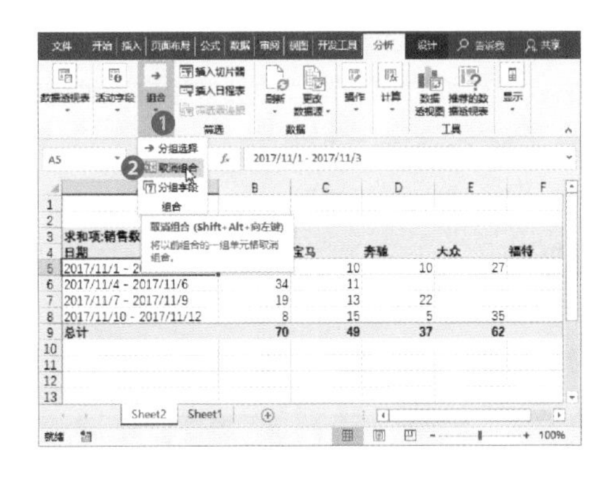

（4）设置值显示方式

步骤 1 打开数据透视表，右击“求和项：销售金额”字段，从弹出的快捷菜单中选择“值字段设置”命令。

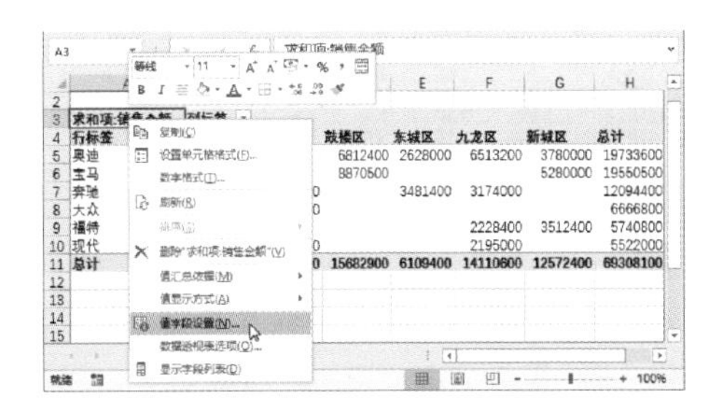

步骤 2 打开“值字段设置”对话框，切换到“值显示方式”选项卡。

步骤 3 在“值显示方式”下拉列表框中选择“总计的百分比”选项。

知识延伸：给数据透视表数据排序

右击需要排序的数据列中的任意单元格，在弹出的菜单中选择“排序”选项，在其级联菜单中选择“升序”即可。

步骤 4 单击“确定”按钮，返回工作表中，查看设置的效果。

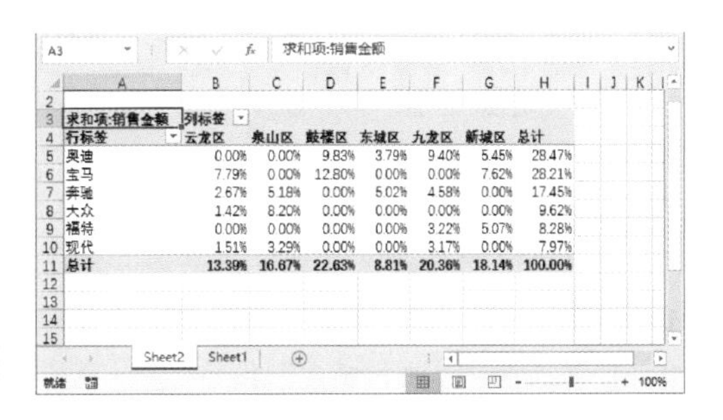

	A	B	C	D	E	F	G	H
3	求和项:销售金额	列标签						
4	行标签	云龙区	泉山区	鼓楼区	东城区	九龙区	新城区	总计
5	奥迪	0.00%	0.00%	9.83%	3.79%	9.40%	5.45%	28.47%
6	宝马	7.79%	0.00%	12.80%	0.00%	0.00%	7.62%	28.21%
7	奔驰	2.67%	5.18%	0.00%	5.02%	4.58%	0.00%	17.45%
8	大众	1.42%	8.20%	0.00%	0.00%	0.00%	0.00%	9.62%
9	福特	0.00%	0.00%	0.00%	0.00%	3.22%	5.07%	8.28%
10	现代	1.51%	3.29%	0.00%	0.00%	3.17%	0.00%	7.97%
11	总计	13.39%	16.67%	22.63%	8.81%	20.36%	18.14%	100.00%

（5）刷新数据透视表

方法 1 功能区命令法。打开数据透视表，选择数据透视表中任意单元格，单击“数据透视表工具-分析”选项卡中的“刷新”下拉按钮，从列表中选择“刷新”选项即可。

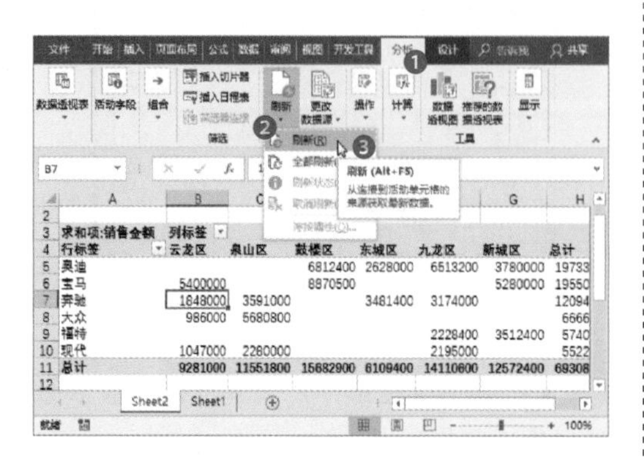

方法 2 右键菜单法。还可以右击数据透视表中任意单元格，从弹出的快捷菜单中选择“刷新”命令。

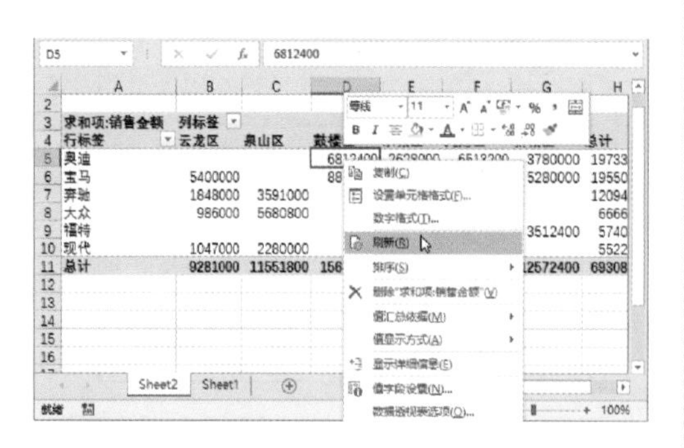

方法 3 自动刷新。单击“数据透视表工具-分析”选项卡中的“选项”按钮。

打开“数据透视表选项”对话框，切换至“数据”选项卡，勾选“打开文件时刷新数据”复选框，单击“确定”按钮。

重启Excel即可生效，此后每次打开数据透视表便会自动刷新数据。

7.5.4 数据透视图的应用

数据透视图是数据透视表内数据的一种表现方式，数据透视图可以使数据更直观地显示出来，下面对其进行详细介绍。

（1）创建数据透视图

步骤 1 打开工作表，选择表中任意单元格，切换至“插入”选项卡，单击“数据透视图”按钮。

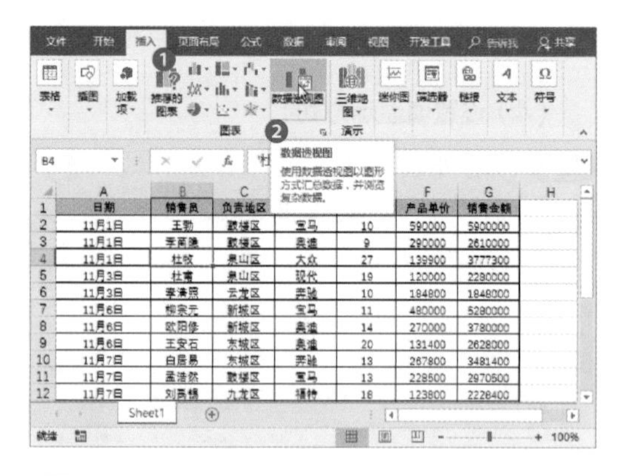

步骤 2 打开“创建数据透视图”对话框，设置“表/区域”选项，并设置其位置为“新工作表”，然后单击“确定”按钮。

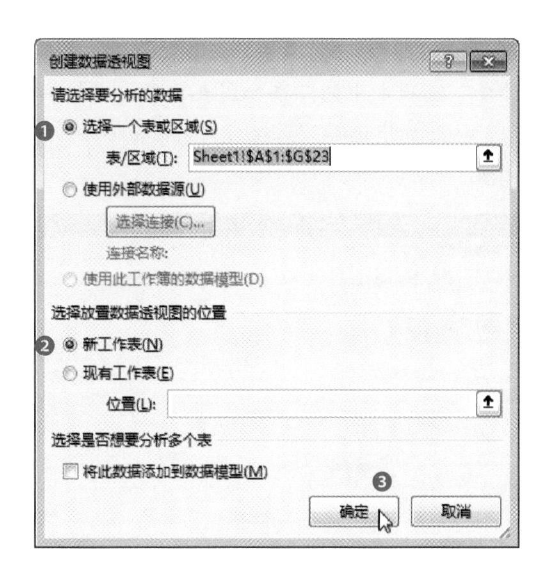

步骤 3 进入数据透视图界面，在编辑区中会出现一个图表区域，接着在右侧的“数据透视图字段”窗格中进行设置。

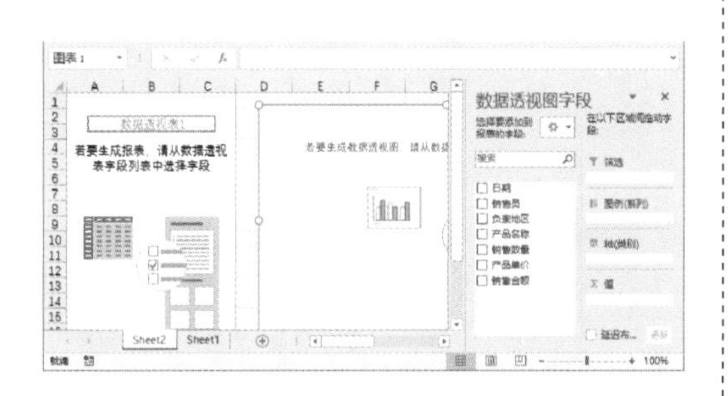

步骤 4 将“负责地区”字段拖至“图例（系列）”区，将“产品名称”字段拖至“轴（类别）”区，将“销售数量”字段拖至“值”区，即可创建出相应的图表。

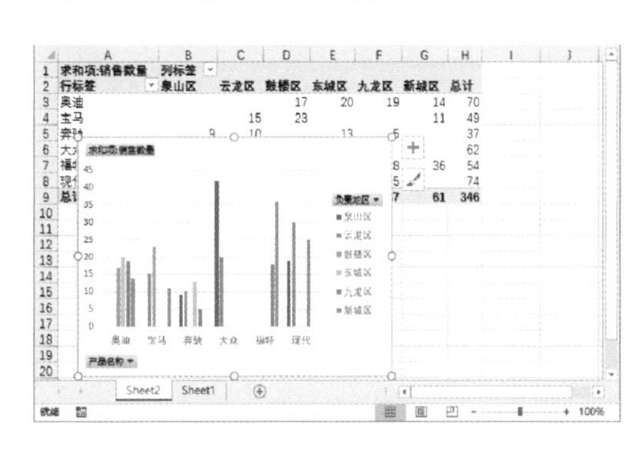

（2）更改数据透视图的类型

步骤 1 打开包含数据透视图的工作表，选中数据透视图，切换至“数据透视图工具-设计”选项卡，单击“更改图表类型”按钮。

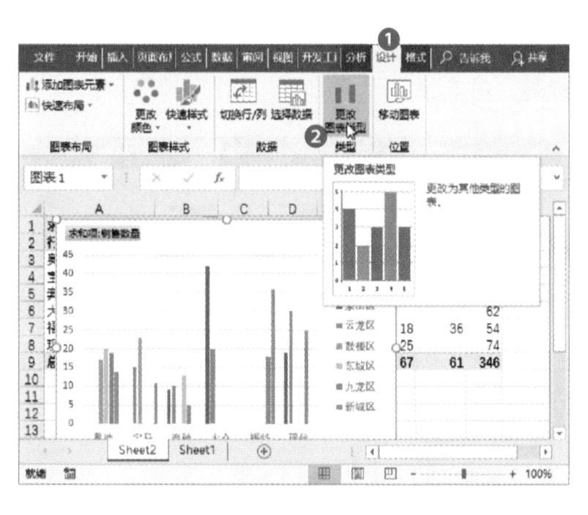

步骤 2 打开“更改图表类型”对话框，选择合适的图表，在此选择“三维堆积条形图”，然后单击“确定”按钮。

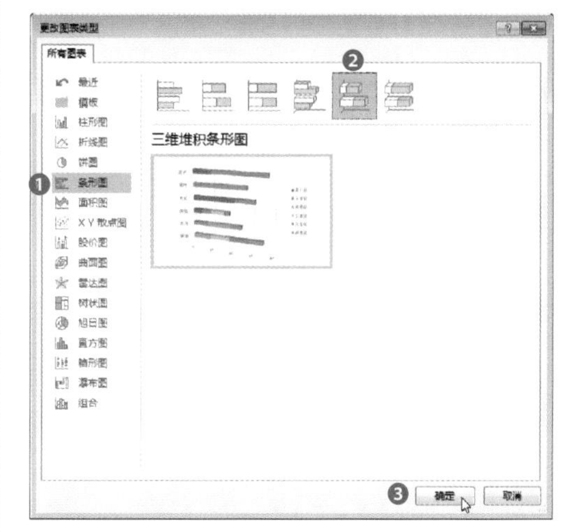

步骤 3 返回工作表中，查看更改图表后的效果。

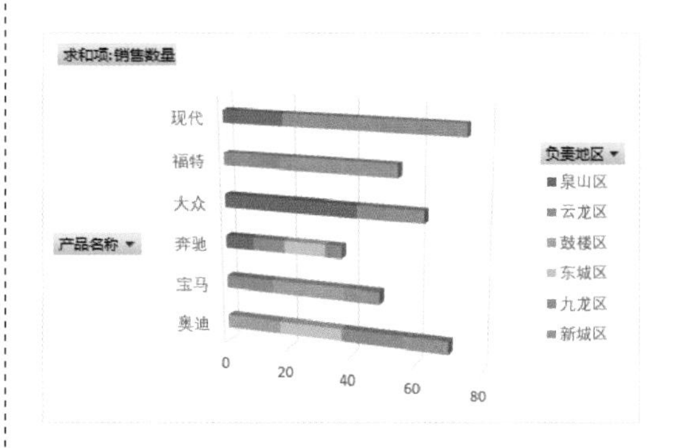

（3）设置数据透视图的布局

步骤 1 打开包含数据透视图的工作表，选中数据透视图，切换至“数据透视图工具-设计”选项卡，单击“图表布局”组的“添加图表元素”下拉按钮，从列表中选择“图表标题>图表上方”选项。

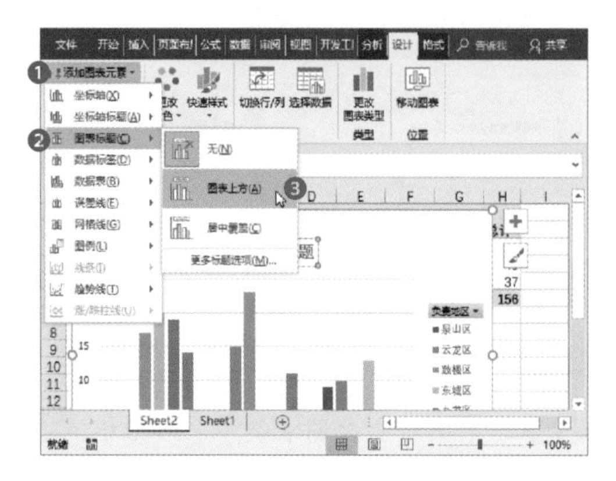

步骤 2 在标题文本框中输入标题，然后选择标题，在“开始”选项卡“字体”组中设置字体。

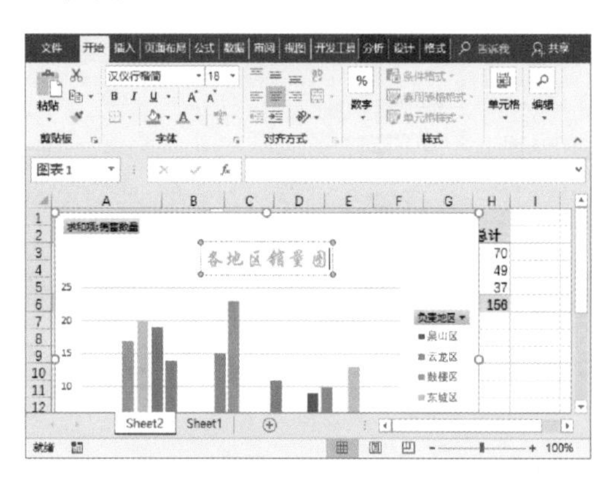

步骤 3 选中图表，单击“数据透视图工具-设计”选项卡中的“添加图表元素”下拉按钮，从列表中选择“数据标签>数据标签外”选项。

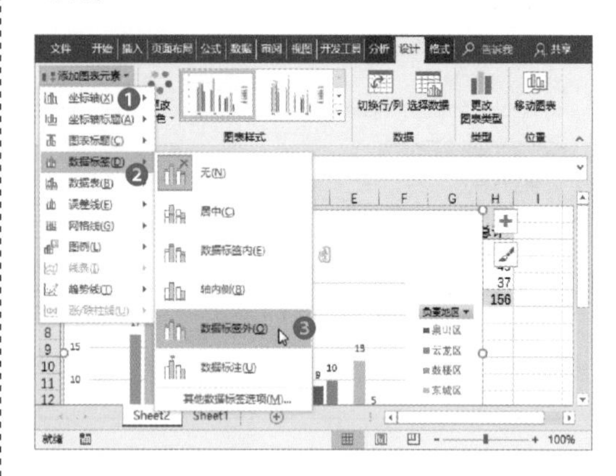

步骤 4 设置完成后，返回工作表，查看设置后的效果。

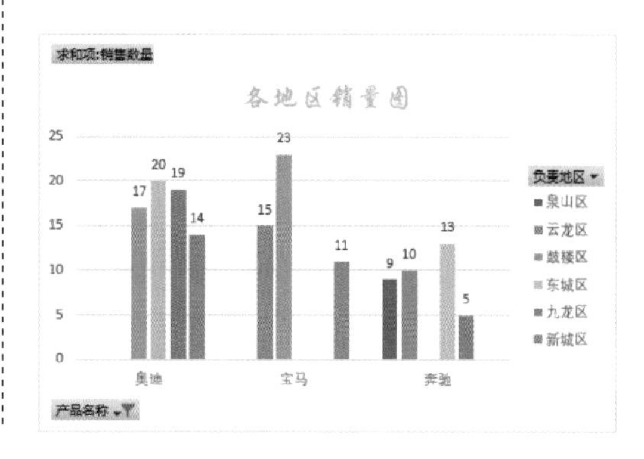

制作洗衣机销量汇总表

学完本章内容后，接下来练习制作洗衣机销售汇总表，其中涉及的知识点包括排序、分类汇总等，大家可以自己创建其他相类似的汇总表，也可以根据我们提供的素材来制作。

步骤 1 打开工作表，选中表格中任意单元格，切换至“数据”选项卡，单击“排序和筛选”组中的“排序”按钮。

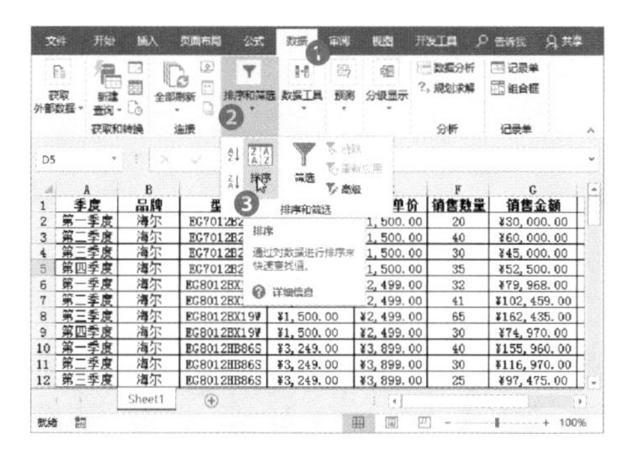

	A	B	C	D	E	F	G
1	季度	品牌	型		单价	销售数量	销售金额
2	第一季度	海尔	EG7012B2		1,500.00	20	¥30,000.00
3	第二季度	海尔	EG7012B2		1,500.00	40	¥60,000.00
4	第三季度	海尔	EG7012B2		1,500.00	30	¥45,000.00
5	第四季度	海尔	EG7012B2		1,500.00	35	¥52,500.00
6	第一季度	海尔	EG8012BX		2,499.00	32	¥79,968.00
7	第二季度	海尔	EG8012BX		2,499.00	41	¥102,459.00
8	第三季度	海尔	EG8012BX19W	¥1,500.00	¥2,499.00	65	¥162,435.00
9	第四季度	海尔	EG8012BX19W	¥1,500.00	¥2,499.00	30	¥74,970.00
10	第一季度	海尔	EG8012HB86S	¥3,249.00	¥3,899.00	40	¥155,960.00
11	第二季度	海尔	EG8012HB86S	¥3,249.00	¥3,899.00	30	¥116,970.00
12	第三季度	海尔	EG8012HB86S	¥3,249.00	¥3,899.00	25	¥97,475.00

步骤 2 打开“排序”对话框，设置“主要关键字”为“季度”，单击“次序”下拉按钮，从列表中选择“自定义序列”选项。

步骤 3 打开“自定义序列”对话框，在“输入序列”文本框中输入自定义的序列，然后单击“添加”按钮。

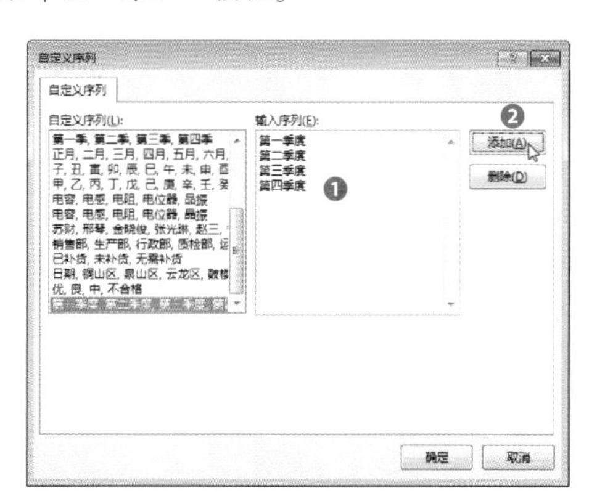

步骤 4 单击“确定”按钮，返回“排序”对话框，在“次序”列表框中显示自定义的序列，然后单击“确定”按钮。

步骤 5 返回工作表，查看排序结果。

C63　XQB70-H8568

	A	B	C	D	E	F	G
1	季度	品牌	型号	采购单价	销售单价	销售数量	销售金额
2	第一季度	海尔	EG7012B29W	¥1,000.00	¥1,500.00	20	¥30,000.00
20	第二季度	海尔	EG7012B29W	¥1,000.00	¥1,500.00	40	¥60,000.00
21	第二季度	海尔	EG8012BX19W	¥1,500.00	¥2,499.00	41	¥102,459.00
36	第二季度	美的	MG80-1213EDS	¥1,398.00	¥1,698.00	36	¥61,128.00
37	第二季度	美的	MG90-eco31	¥1,898.00	¥2,298.00	27	¥62,046.00
38	第三季度	海尔	EG7012B29W	¥1,000.00	¥1,500.00	30	¥45,000.00
39	第三季度	海尔	EG8012BX19W	¥1,500.00	¥2,499.00	65	¥162,435.00
54	第三季度	美的	MG80-1213EDS	¥1,398.00	¥1,698.00	40	¥67,920.00
55	第三季度	美的	MG90-eco31	¥1,898.00	¥2,298.00	31	¥71,238.00
56	第四季度	海尔	EG7012B29W	¥1,000.00	¥1,500.00	35	¥52,500.00
57	第四季度	海尔	EG8012BX19W	¥1,500.00	¥2,499.00	30	¥74,970.00
58	第四季度	海尔	EG8012HB86S	¥3,249.00	¥3,899.00	28	¥109,172.00
59	第四季度	海尔	XQB55-M1269	¥500.00	¥700.00	45	¥31,500.00
60	第四季度	海尔	XQB75-M1269S	¥899.00	¥1,299.00	39	¥50,661.00
61	第四季度	海尔	XQG70-B10866	¥1,899.00	¥2,299.00	37	¥85,063.00
62	第四季度	海信	XQB70-H3568	¥498.00	¥748.00	47	¥35,156.00

Sheet1　就绪　100%

步骤 6 单击“分级显示”组中的“分类汇总”按钮。

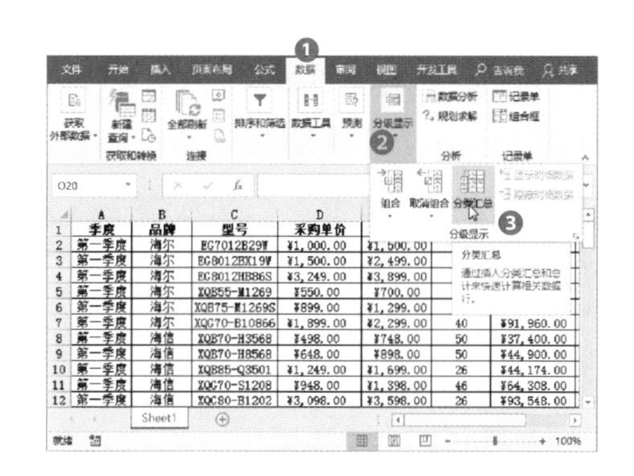

	A	B	C	D	E	F	G
1	季度	品牌	型号	采购单价			
2	第一季度	海尔	EG7012B29W	¥1,000.00	¥1,500.00		
3	第一季度	海尔	EG8012BX19W	¥1,500.00	¥2,499.00		
4	第一季度	海尔	EG8012HB86S	¥3,249.00	¥3,899.00		
5	第一季度	海尔	XQB55-M1269	¥550.00	¥700.00		
6	第一季度	海尔	XQB75-M1269S	¥899.00	¥1,299.00		
7	第一季度	海尔	XQG70-B10866	¥1,899.00	¥2,299.00	40	¥91,960.00
8	第一季度	海信	XQB70-H3568	¥498.00	¥748.00	50	¥37,400.00
9	第一季度	海信	XQB70-H8568	¥648.00	¥898.00	50	¥44,900.00
10	第一季度	海信	XQB85-Q3501	¥1,249.00	¥1,699.00	26	¥44,174.00
11	第一季度	海信	XQG70-S1208	¥948.00	¥1,398.00	46	¥64,308.00
12	第一季度	海信	XQC80-B1202	¥3,098.00	¥3,598.00	26	¥93,548.00

步骤 7 打开“分类汇总”对话框，在“分类字段”列表中选择“季度”选项，在“选定汇总项”列表框中勾选“销售金额”和“销售利润”复选框，单击“确定”按钮。

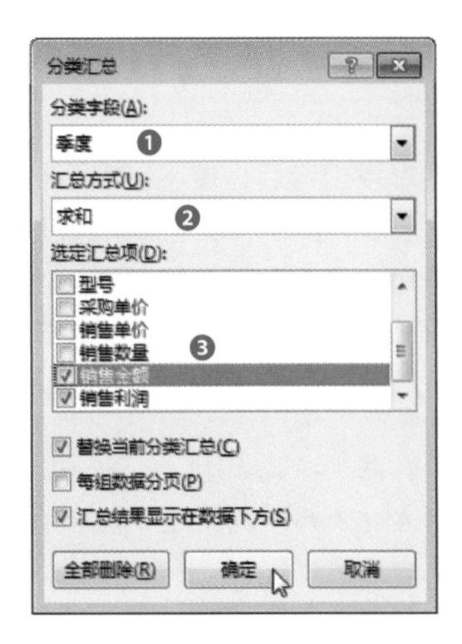

步骤 8 返回工作表中，查看分类汇总后的效果。

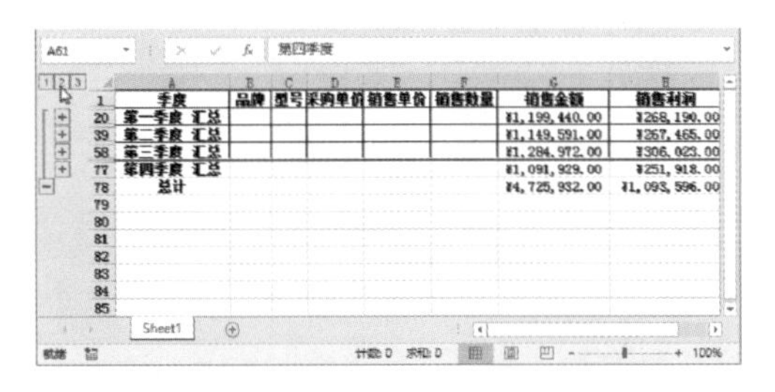

步骤 9 单击列标题左侧的按钮2，将明细数据全部隐藏，只显示分类汇总的结果。

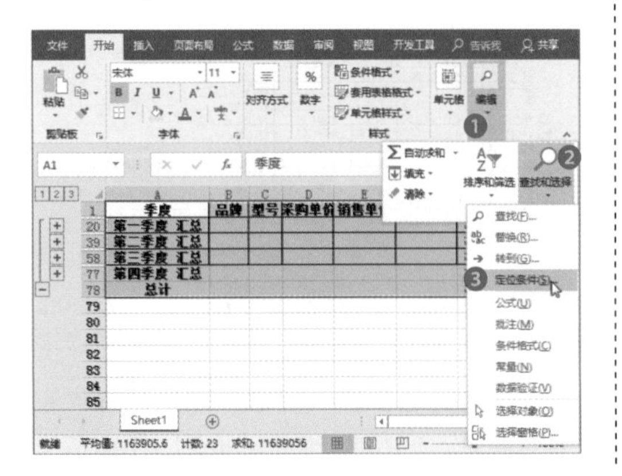

步骤 10 选择汇总结果，切换至“开始”选项卡，单击“编辑”组中的“查找和选择”下拉按钮，从列表中选择“定位条件”选项。

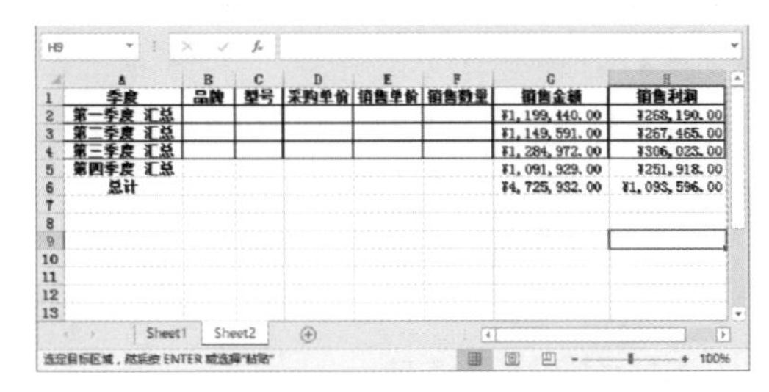

步骤 11 打开“定位条件”对话框，选中“可见单元格”单选按钮，然后单击“确定”按钮。

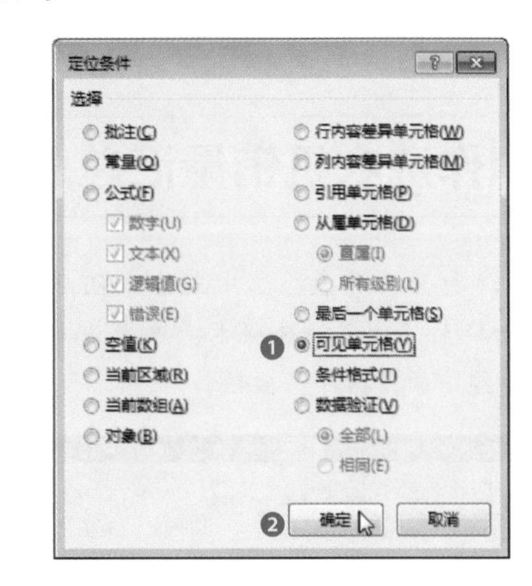

步骤 12 返回工作表，按Ctrl+C组合键进行复制。

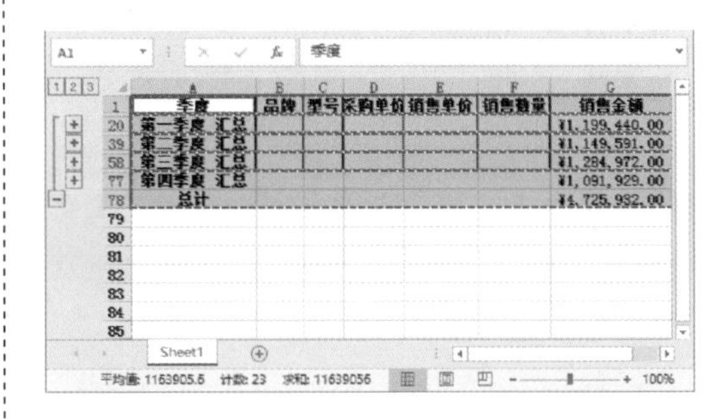

步骤 13 新建一个工作表，然后选择需要粘贴的位置，按Ctrl+V组合键进行粘贴，适当调整单元格的宽度，查看复制分类汇总后的效果。

创建洗衣机销售数据透视表

打开“强化练习”实例文件夹，利用其中的素材文件，按照下列要求进行操作。

（1）以“洗衣机销售报表”原始文件为数据源，在“插入”选项卡，单击“数据透视表”按钮，创建出每季度各品牌洗衣机销售情况的数据透视表。

（2）将数据透视表的报表布局更改为“以表格形式显示”。

（3）插入切片器，利用切片器筛选出“第三季度”的“海尔”销售明细情况。

（4）删除切片器。

（5）更改字段名称。

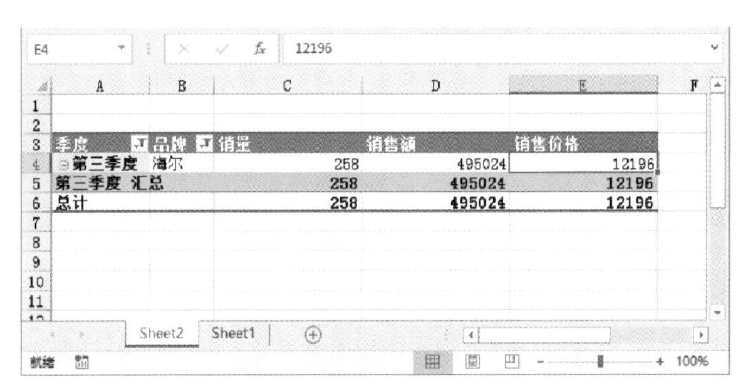

季度	品牌	销量	销售额	销售价格
第三季度	海尔	258	495024	12196
第三季度 汇总		258	495024	12196
总计		258	495024	12196

最终效果

第8章 数据的图形化展示

知识导读

在Excel中用图表来展示数据会更有说服力，而且比较直观，Excel提供了多种类型的图表，例如柱形图、条形图、饼图、折线图和面积图等，此外，还增加了迷你图功能。

内容预览

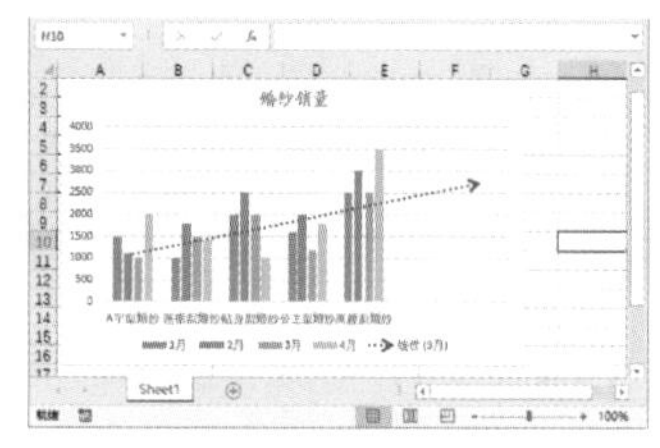

添加趋势线

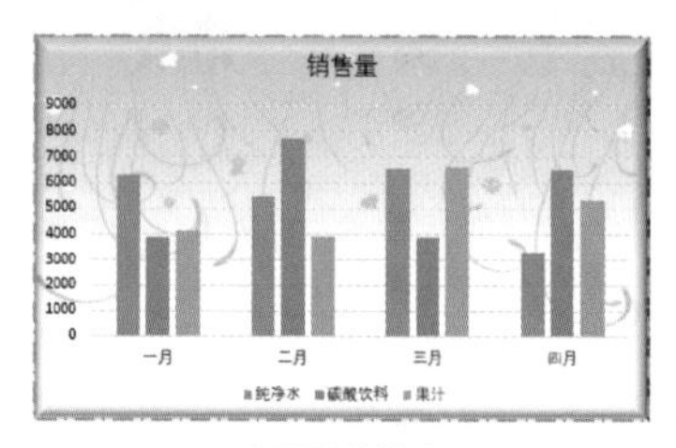

应用形状样式

创建一组迷你图

本章教学视频数量：5个

8.1 Excel图表创建

在分析数据时，往往会创建一个图表来展示数据，这样可以更好的理解数据的含义。

8.1.1 图表的类型

Excel提供了14种类型的图表，常见的图表类型有柱形图、折线图、饼图、条形图、面积图、XY（散点图）、股价图、曲面图、雷达图、树状图、旭日图、直方图、箱形图和瀑布图等。

在“插入图表”对话框的“所有图表”选项卡中可查看图表类型。

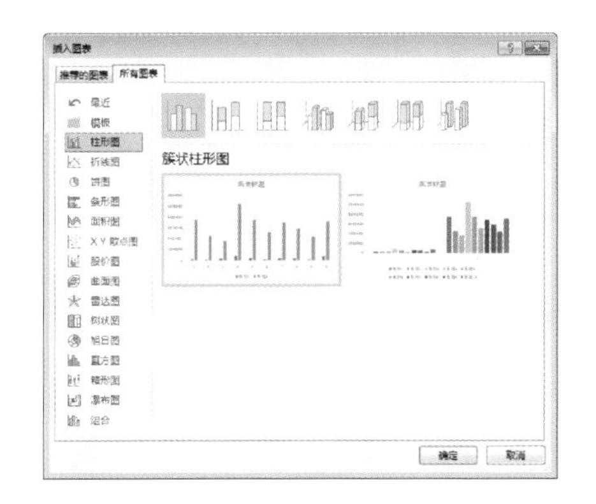

知识延伸：选择数据

创建图表时，首先在工作表中为图表选中数据，若创建的数据是连续的单元格区域时，则可以选择该区域或是该区域中任意单元格。

8.1.2 创建图表

创建图表其实很简单，先选中数据区域，然后再插入图表。

步骤 1 选中单元格中的数据区域，切换至“插入”选项卡，单击“图表”组中的“插入柱形图”按钮。

步骤 2 从展开的列表中选择“簇状柱形图”选项即可。

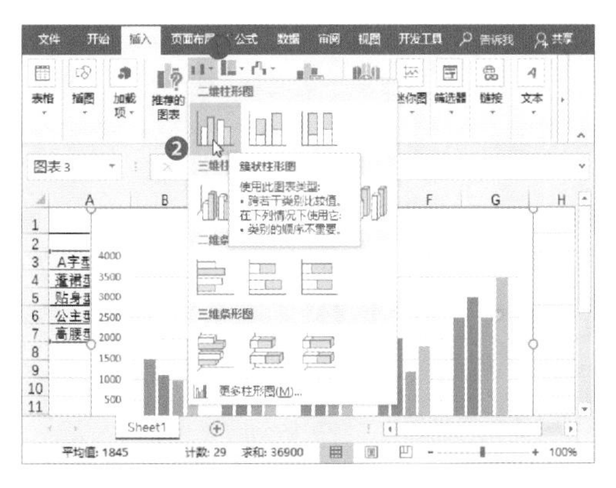

步骤 3 使用推荐的图表创建。单击“插入”选项卡“图表”组中的“推荐的图表”按钮。

步骤 4 打开“插入图表”对话框，切换至“所有图表”选项卡，选择合适的图表，这里选择“折线图”，单击“确定”按钮。

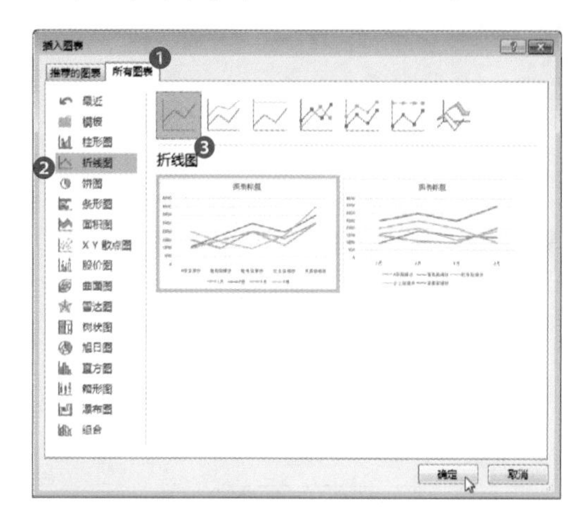

步骤 5 返回工作表中，查看创建图表的效果。

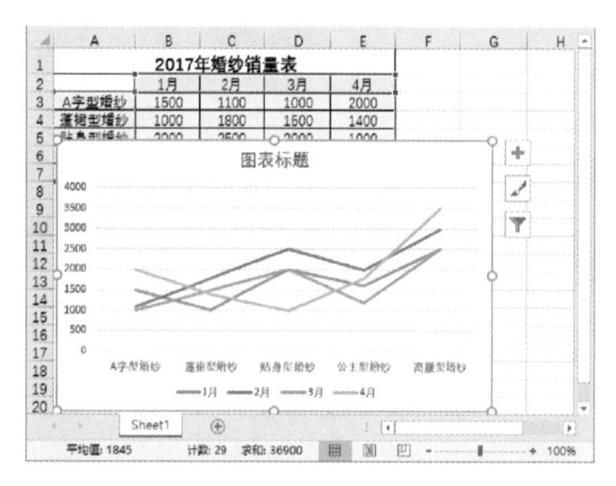

步骤 6 使用快捷键创建图表。选中数据区域，然后按Alt+F1组合键，即可在数据所在的工作表中创建一个图表。

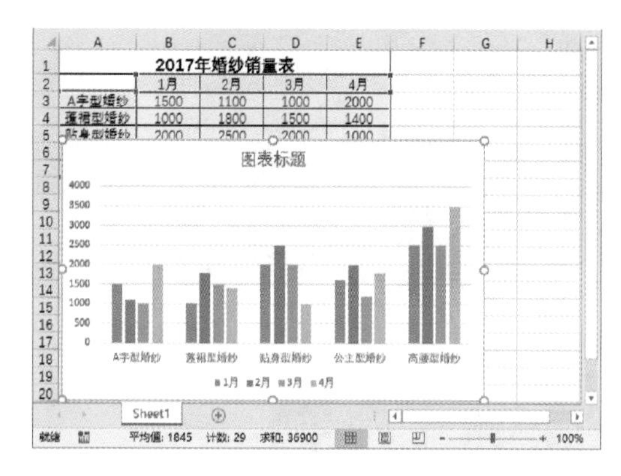

步骤 7 如果按F11功能键，可创建一个名为Chart1的图表工作表。

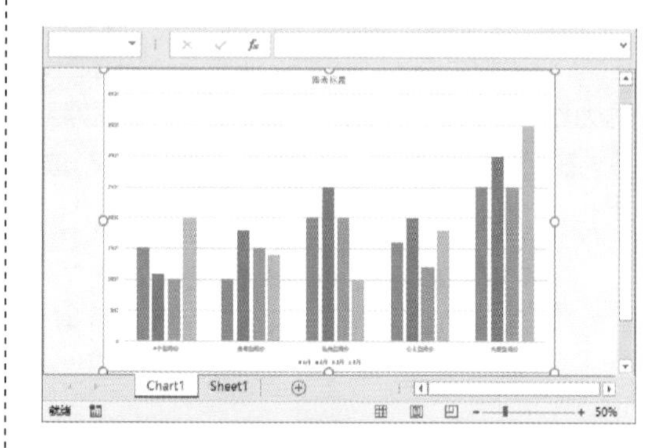

知识延伸：删除图表

创建图表后，如果想要删除图表，可以选中图表，切换至“开始”选项卡，单击“剪贴板”组中的“剪切”按钮可将图表删除。如果想要彻底删除图表，在键盘上按下Delete键即可。

8.2 对Excel图表进行编辑

图表创建完成后，接下来可以将图表编辑成需要的样式，例如更改图表类型、添加图表标题、设置数据标签等。

8.2.1 更改图表类型

如果插入的图表不合适，可以更改图表类型。

步骤 1 选中图表，切换至"图表工具-设计"选项卡，单击"类型"组中的"更改图表类型"按钮。

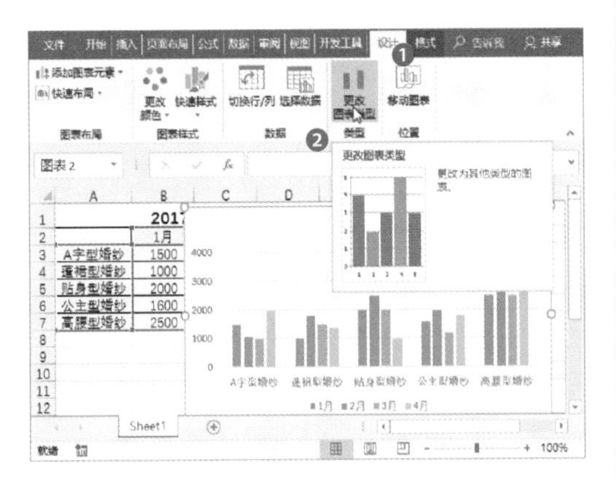

步骤 2 打开"更改图表类型"对话框，切换至"所有图表"选项卡，选择"折线图"，然后单击"确定"按钮。

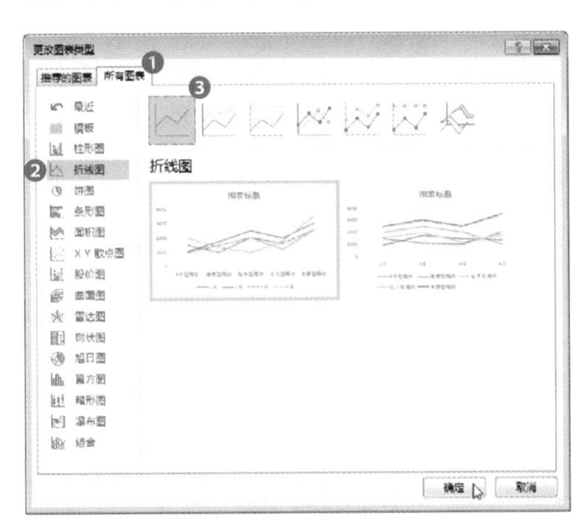

步骤 3 返回工作表中，查看将柱形图更改为折线图的效果。

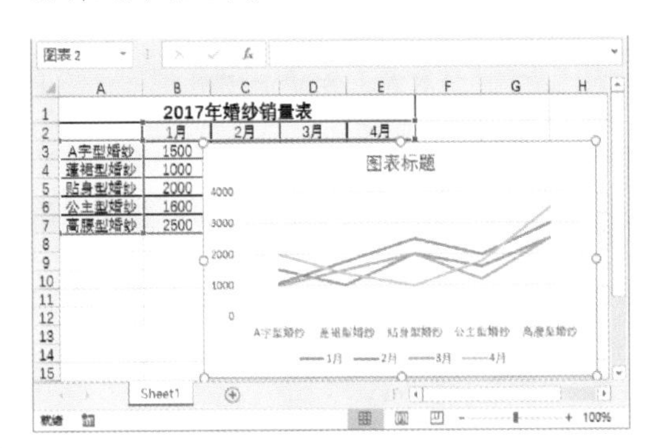

8.2.2 添加图表标题

创建图表后，要为其添加图表标题，这样可以更清楚地知道各数据之间的关系。

方法 1 功能区添加法。选中需要添加标题的图表，在"图表工具-设计"选项卡中单击"添加图表元素"下拉按钮。

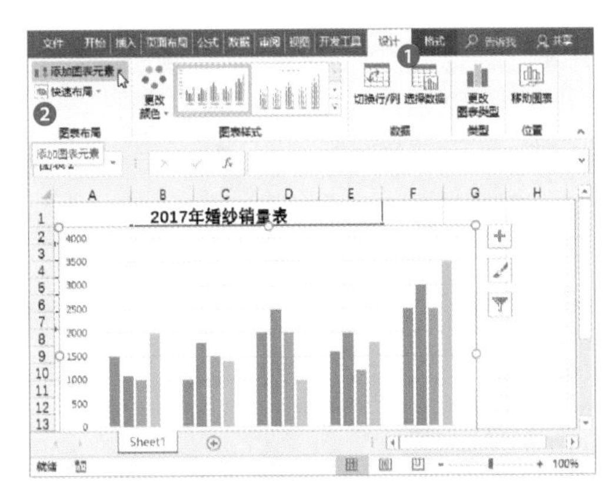

从中选择"图表标题"选项，并在其级联菜单中，选择"图表上方"选项。

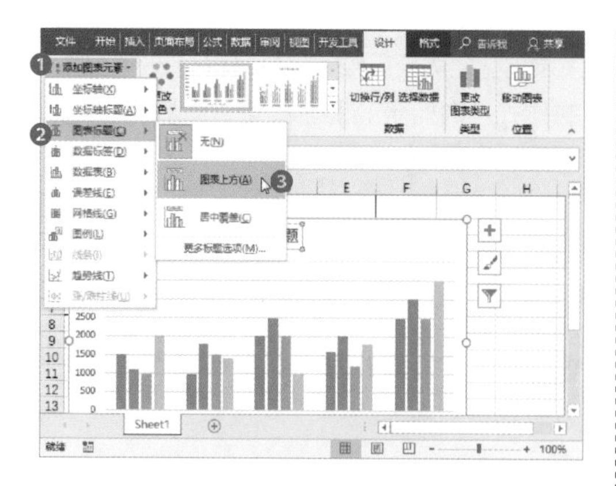

此时，在图表上方显示“图表标题”文本框，输入内容即可。

方法 2 快捷按钮法。选中图表，单击右侧的“图表元素”按钮，然后单击“图表标题”右侧的小三角按钮，从中选择“图表上方”选项。

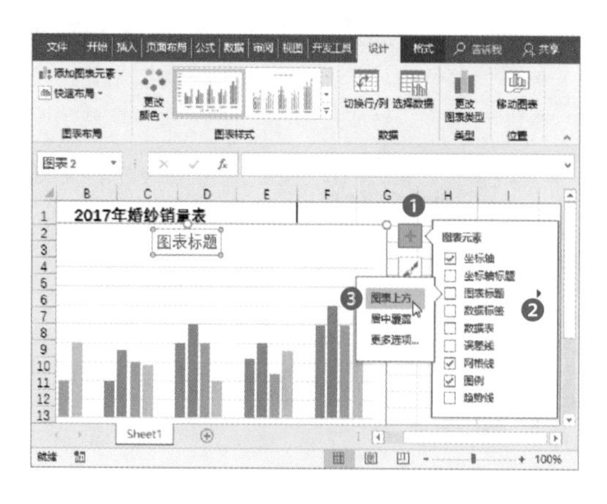

在图表的上方出现一个文本框，输入标题即可。

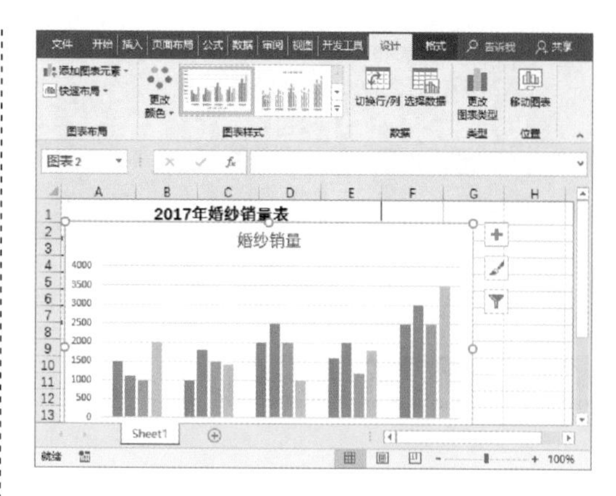

选中标题文本内容，切换至“开始”选项卡，在“字体”组中设置标题的字体格式。

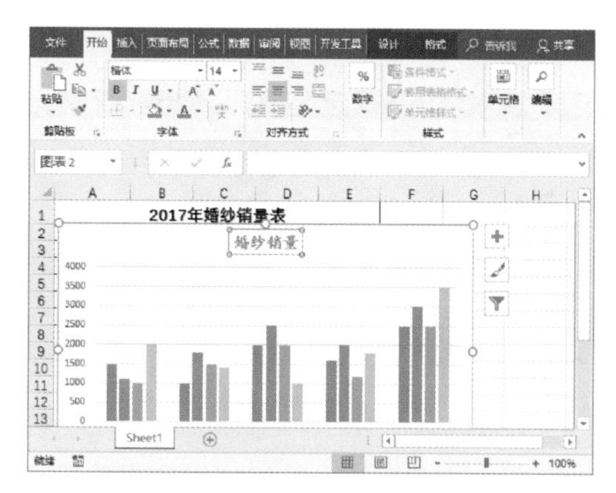

技巧点拨：从单元格获取标题

在创建图表之前，选择表格数据时，将表头的文字内容一起选中，这样在插入的图表中将自动插入标题。

8.2.3 设置数据标签

为图表添加数据标签后，可以对标签的样式进行设置，好让标签看起来与众不同。

步骤 1 选中图表，在“图表工具-设计”选项卡中单击“添加图表元素”按钮，从中选择“数据标签”选项，并在其级联菜单中选择“数据标签外”选项。

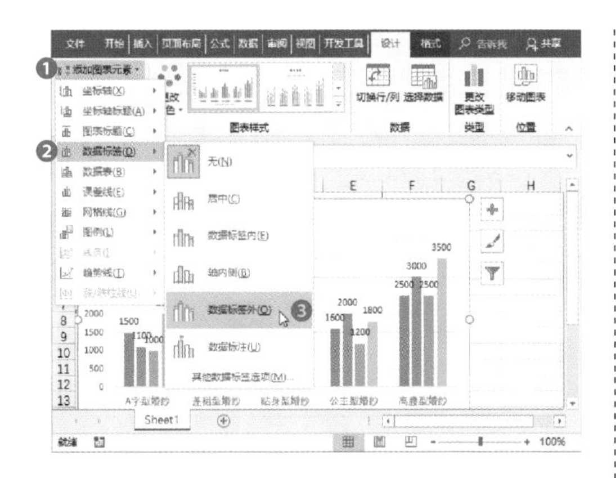

步骤 2 返回工作表中，查看添加数据标签的效果。

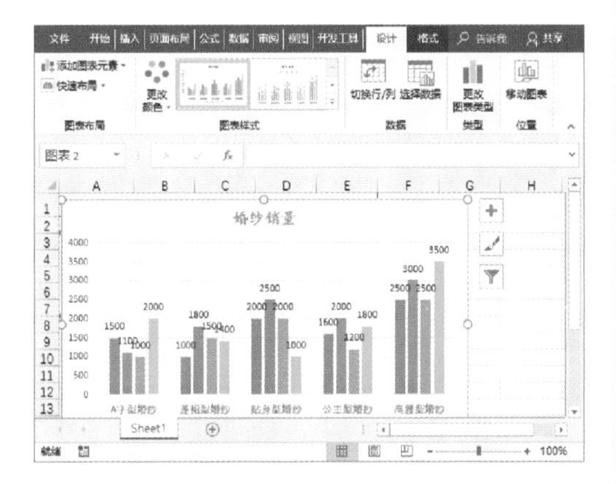

步骤 3 选中需要设置的数据标签，单击鼠标右键，从弹出的快捷菜单中选择“字体”命令。

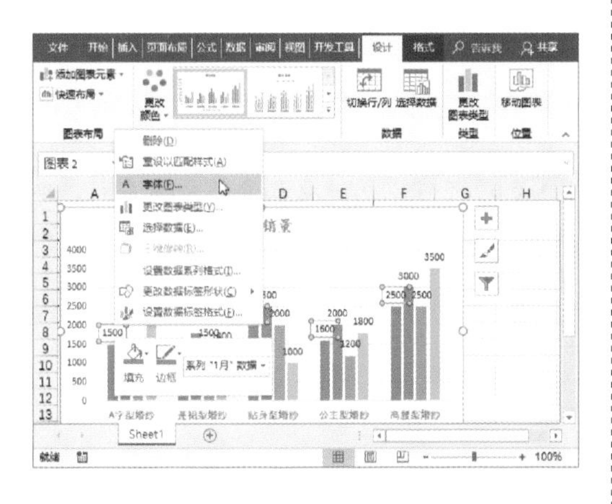

步骤 4 打开“字体”对话框，从中将字体颜色设置为“蓝色”，然后单击“确定”按钮。

步骤 5 再次右击数据标签，在快捷菜单中选择“设置数据标签格式”命令。

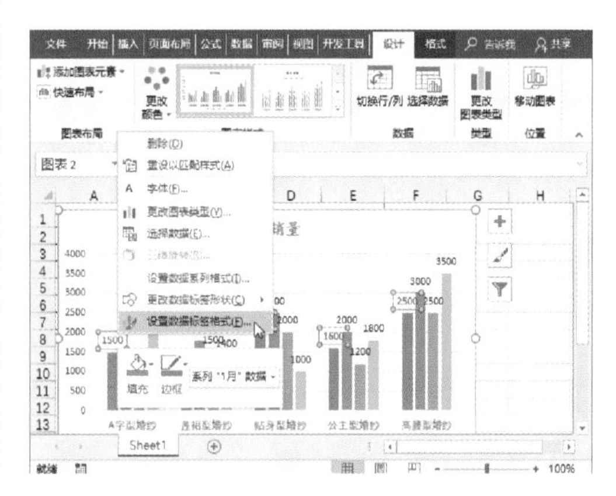

步骤 6 打开“设置数据标签格式”窗格，在“填充与线条”选项卡中，选中“纯色填充”单选按钮，并设置其颜色。

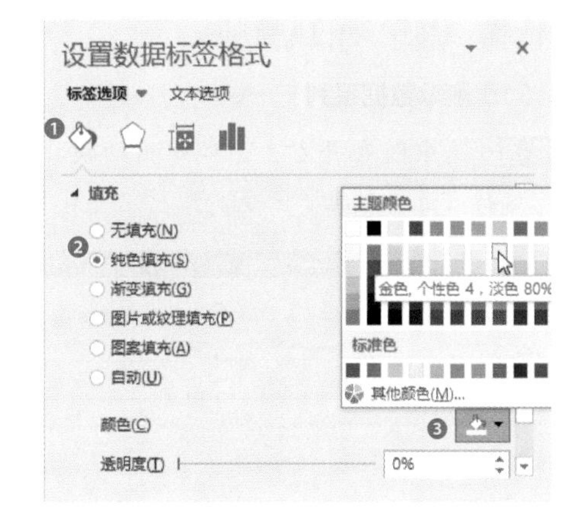

步骤 7 在当前窗格的“边框”选项组中，选中“实线”单选按钮，然后设置边框颜色。

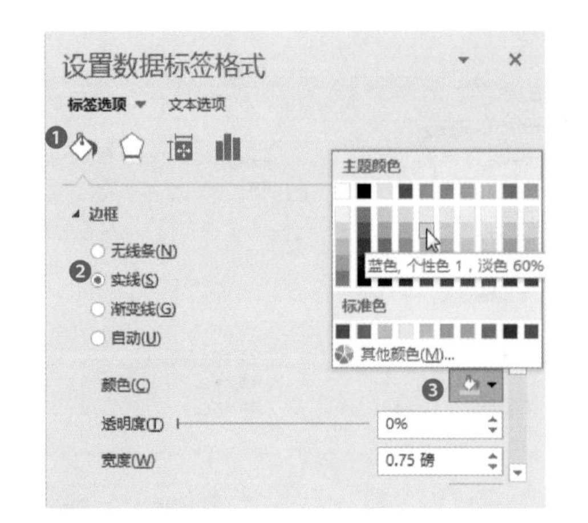

步骤 8 关闭窗格，查看设置数据标签后的效果。

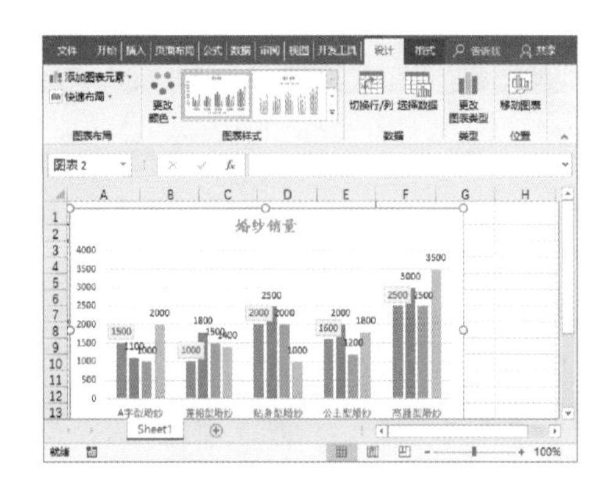

8.2.4 添加/删除数据系列

图表中的数据系列不是一成不变的，如果不需要某一系列，可以将其删除。

（1）删除数据系列

步骤 1 选中图表并右击，从弹出的快捷菜单中选择“选择数据”命令。

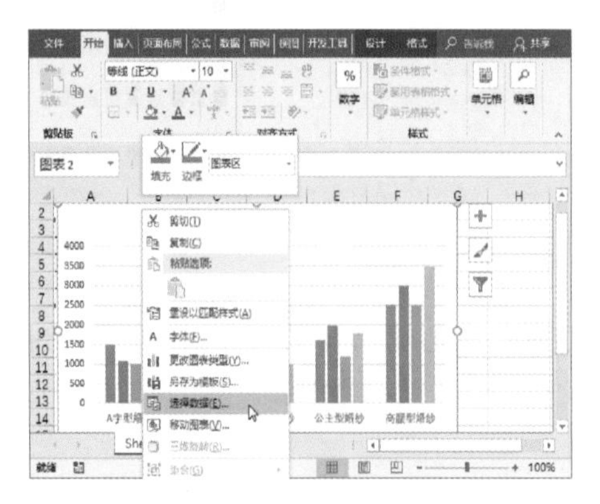

步骤 2 打开“选择数据源”对话框，在“图例项（系列）”列表框中选择要删除的系列，然后单击“删除”按钮。

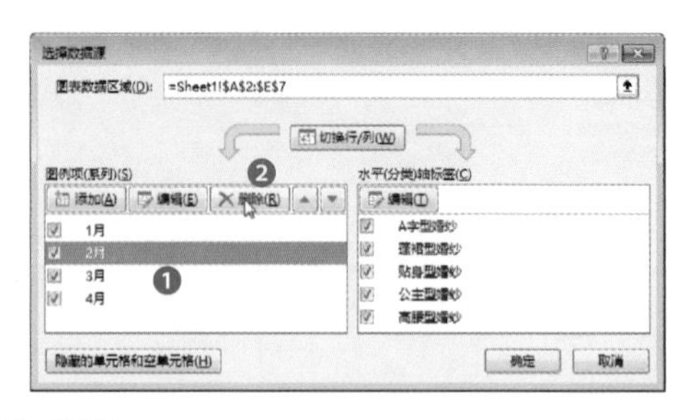

步骤 3 按照同样的方法，删除其他不需要的系列，然后单击“确定”按钮。

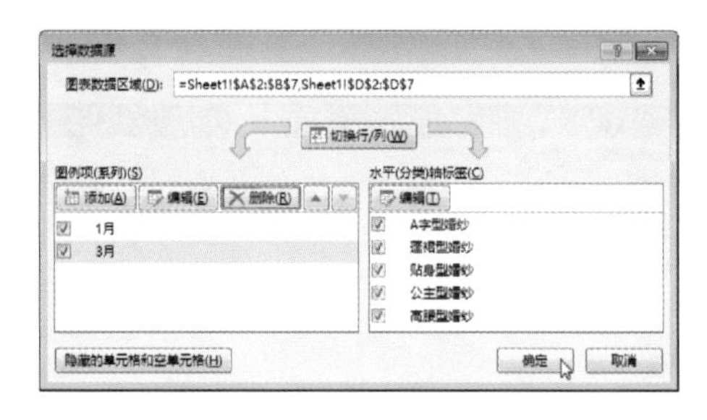

步骤 4 返回工作表中，发现多余的两条数据系列被删除了。

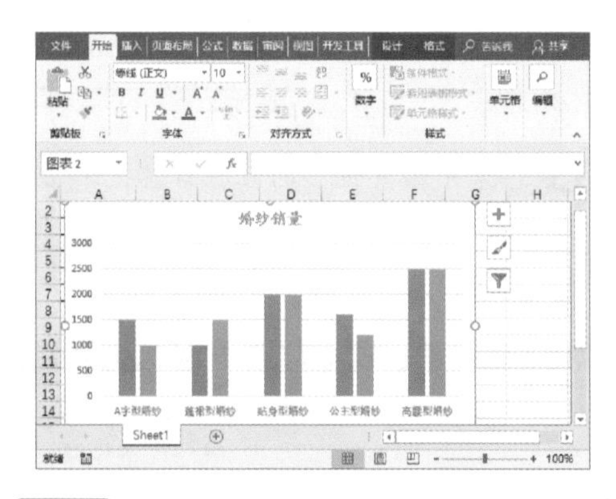

步骤 5 还可以选择要删除的数据系列，单击鼠标右键，从弹出的快捷菜单中选择“删除”命令。

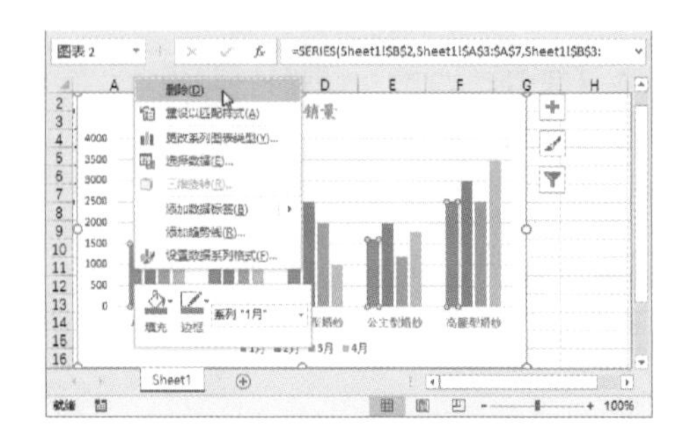

步骤 6 查看删除数据系列后的效果。

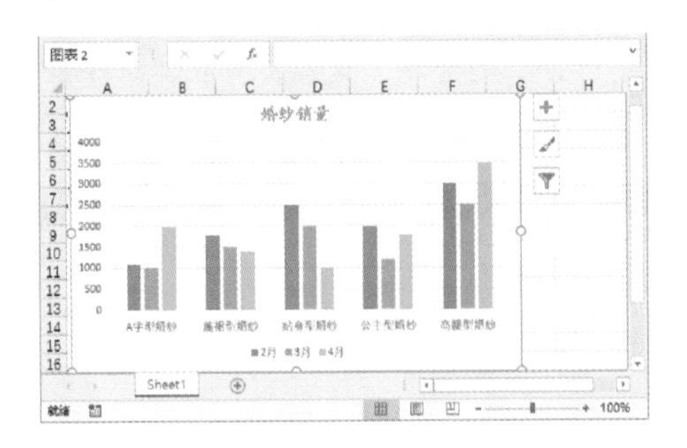

> **技巧点拨：删除数据系列**
>
> 在打开的“选择数据源”对话框中，在“图例项”和“水平轴标签”区域，取消勾选需要删除的复选框，也可以删除数据系列。

（2）添加数据系列

步骤 1 选中需要创建图表的单元格区域，切换至“插入”选项卡，单击“插入柱形图”按钮，从中选择“簇状柱形图”选项。

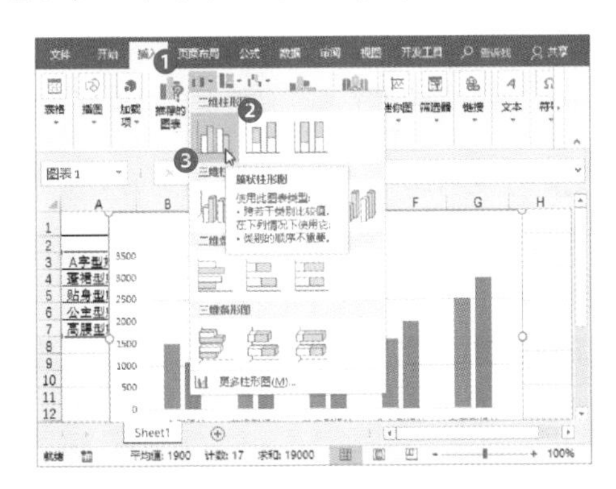

步骤 2 打开“图表工具-设计”选项卡，单击“选择数据”按钮。

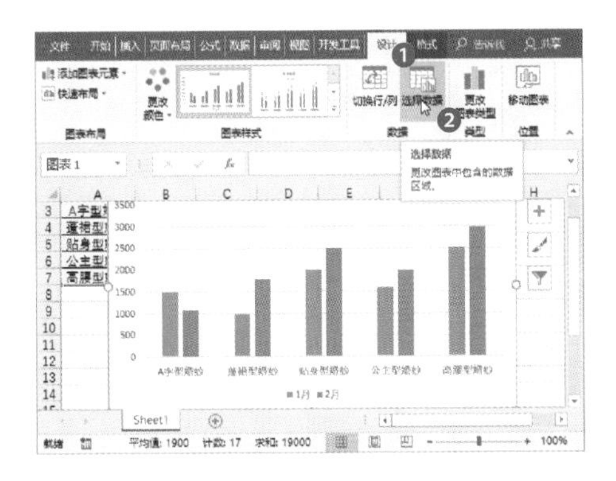

步骤 3 打开“选择数据源”对话框，从中单击“添加”按钮。

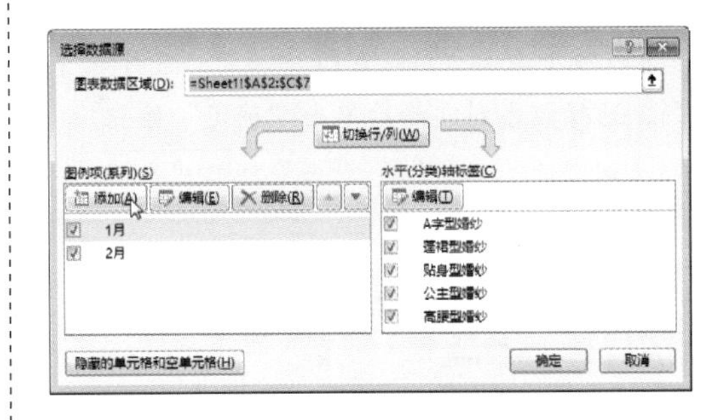

步骤 4 打开“编辑数据系列”对话框，单击“系列名称”文本框右侧折叠按钮。

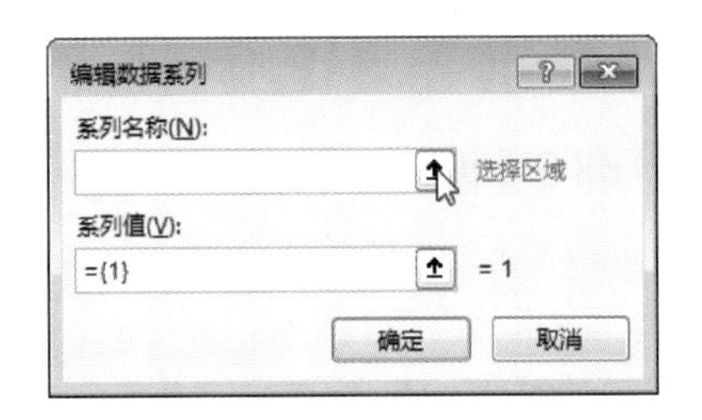

步骤 5 返回工作表中，选择D2单元格对应的“3月”为系列名称，然后再次单击折叠按钮。

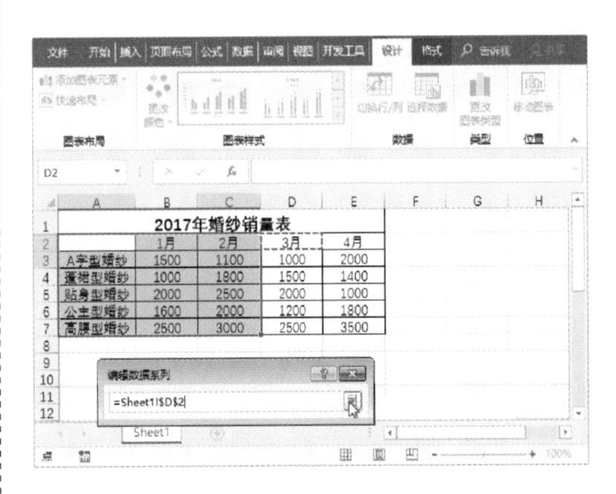

步骤 6 返回“编辑数据系列”对话框，按照同样的方法，在“系列值”文本框中添加数据系列对应的单元格地址，然后单击“确定”按钮。

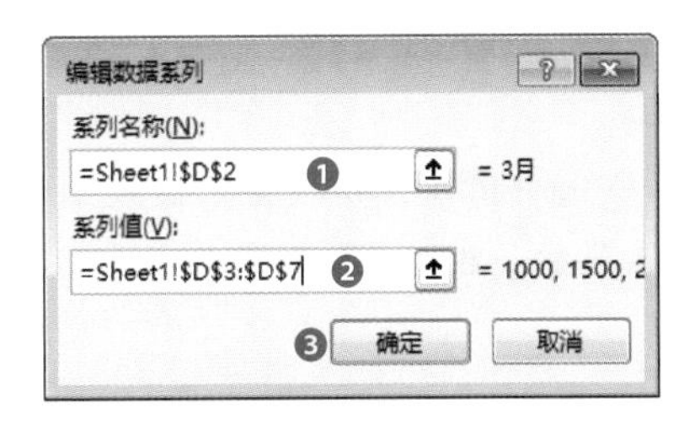

步骤 7 返回"选择数据源"对话框，在"图例项(系列)"列表框中多了"3月"系列，选择该系列，然后单击"确定"按钮。

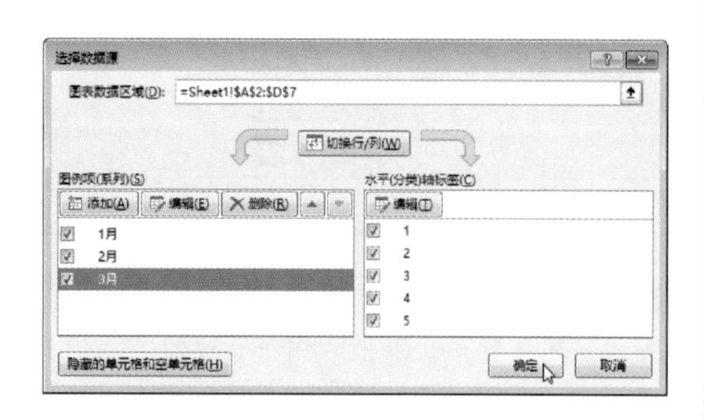

> **知识延伸：添加垂直线**
>
> 在"图表工具-设计"选项卡中，单击"添加图表元素"下拉按钮，从列表中选择"线条>垂直线"选项，即可为图表添加垂直线。

步骤 8 返回工作表中，可以看到图表上多了"3月"这个数据系列。

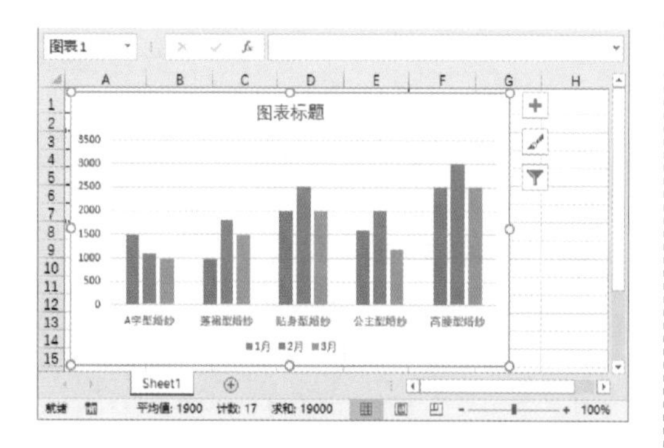

8.2.5 添加趋势线

可以为图表添加趋势线，来展示数据的变化趋势。

步骤 1 选中图表，切换至"图表工具-设计"选项卡，单击"添加图表元素"按钮，从中选择"趋势线"选项，并在其级联菜单中，选择"线性预测"选项。

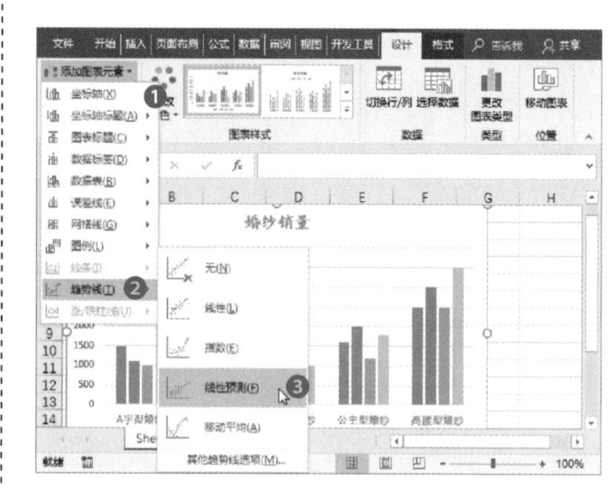

步骤 2 打开"添加趋势线"对话框，选择需添加的系列，单击"确定"按钮。

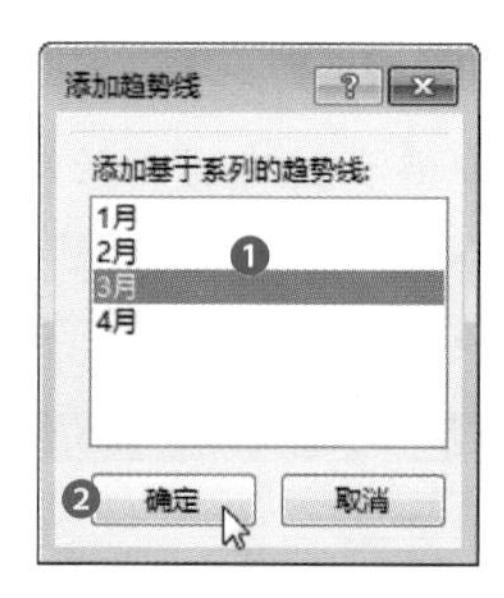

步骤 3 返回工作表中，选中添加的趋势线，单击鼠标右键，从弹出的快捷菜单中选择"设置趋势线格式"选项。

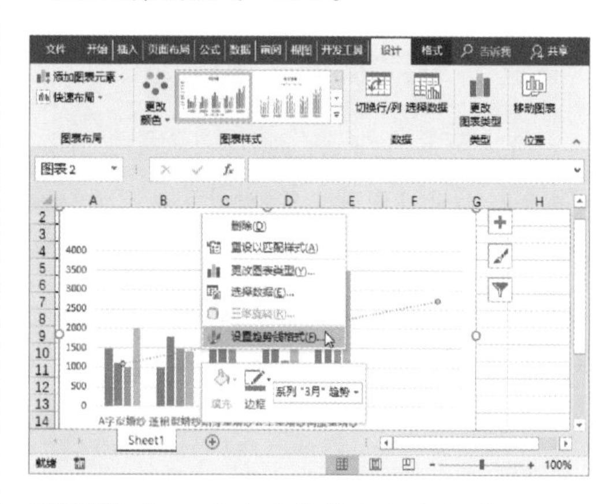

步骤 4 打开"设置趋势线格式"窗格，可在其中调整趋势线的种类、线型以及颜色等。

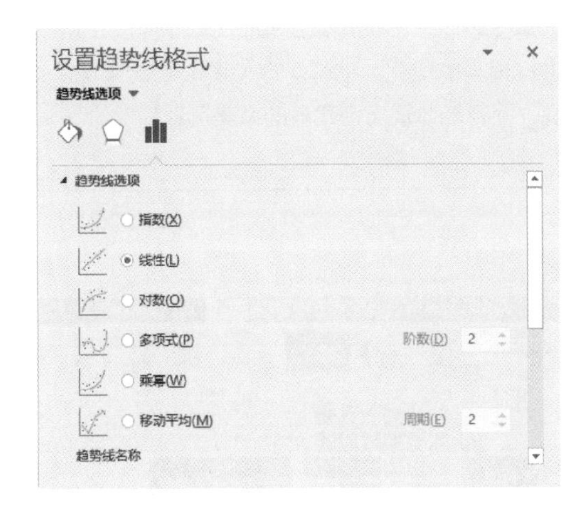

步骤 5 设置完成后关闭窗格，查看添加趋势线的效果。

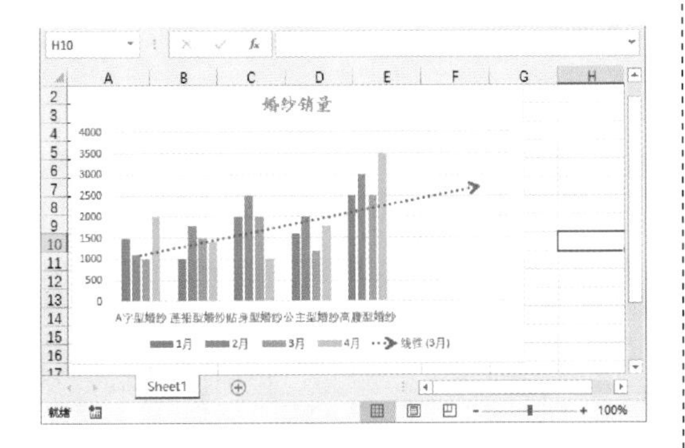

8.2.6 添加误差线

误差线可形象地表现出数据的随机波动，误差线主要应用于条形图、柱形图、折线图等。

步骤 1 选中图表，在“图表工具-设计”选项卡中单击“添加图表元素”按钮，从中选择“误差线”选项，并在其级联菜单中，选择“其他误差线选项”选项。

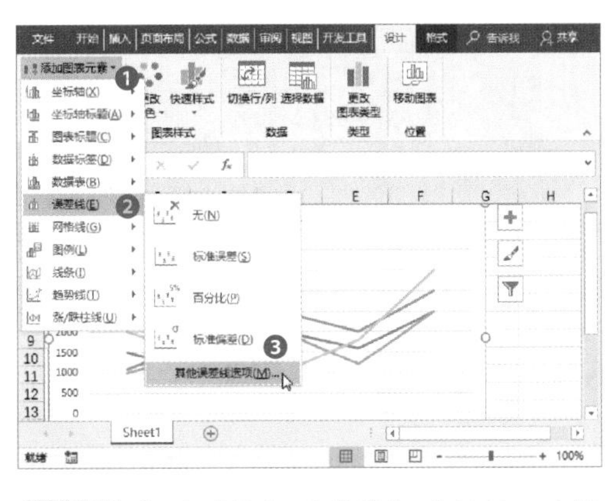

步骤 2 打开“添加误差线”对话框，选择需要添加误差线的系列，然后单击“确定”按钮。

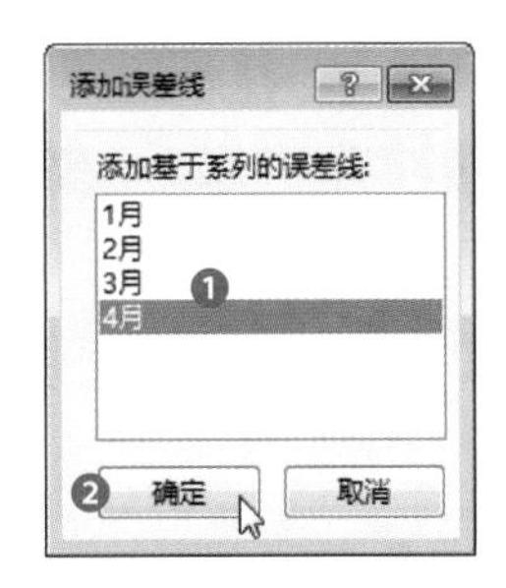

步骤 3 可以在“设置误差线格式”窗格中，设置好其格式。完成后关闭窗格，查看添加误差线的效果。

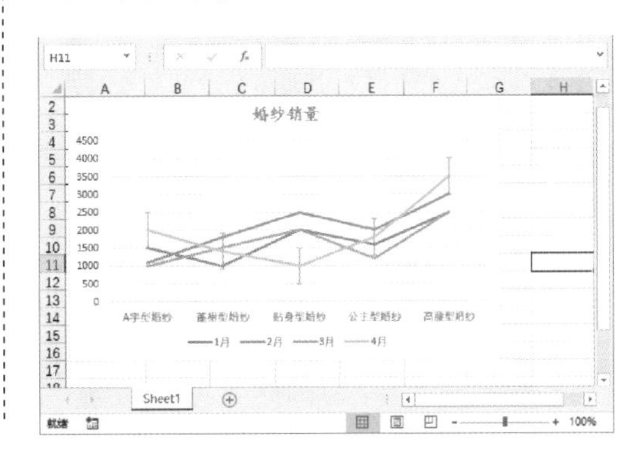

8.3 对Excel图表进行美化

创建图表后，不仅可以编辑图表，还可以对图表进行适当的美化，这样可以使图表看起来更加美观，而且能体现出创建者的审美情趣。

8.3.1 应用图表样式

Excel为我们提供了多种图表样式，我们可以直接使用这些样式。

步骤 1 选中图表，切换至“图表工具-设计”选项卡，单击“图表样式”组的“其他”按钮。

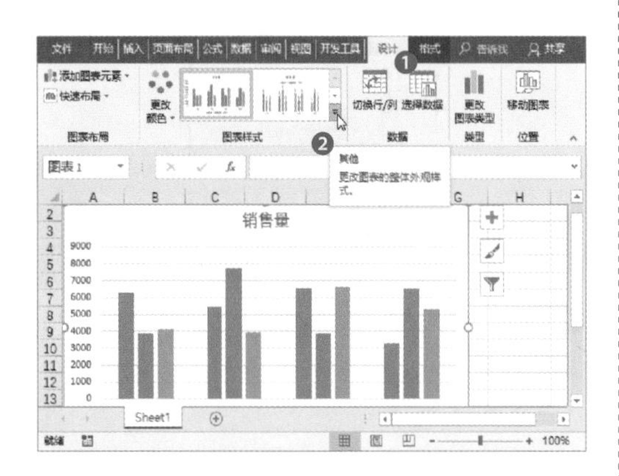

步骤 2 从展开的列表中选择合适的图表样式。

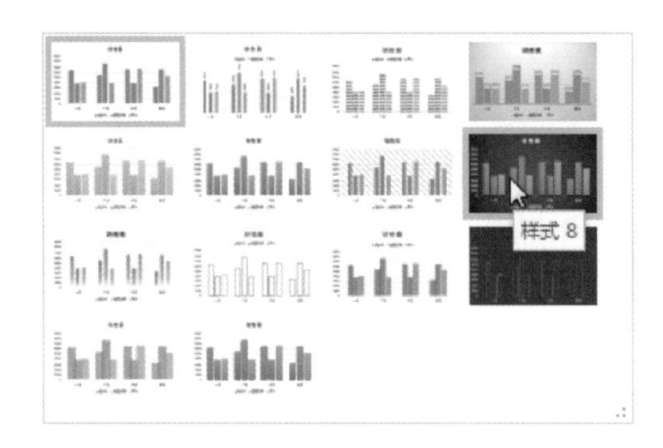

步骤 3 单击“更改颜色”按钮，从列表中选择合适的颜色。

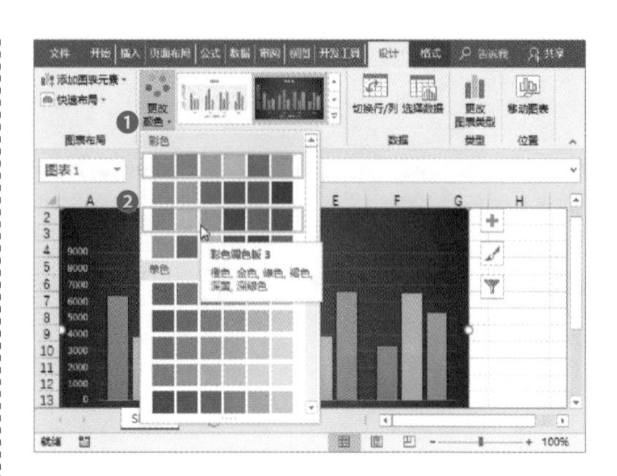

步骤 4 返回工作表中，查看应用图表样式后的效果。

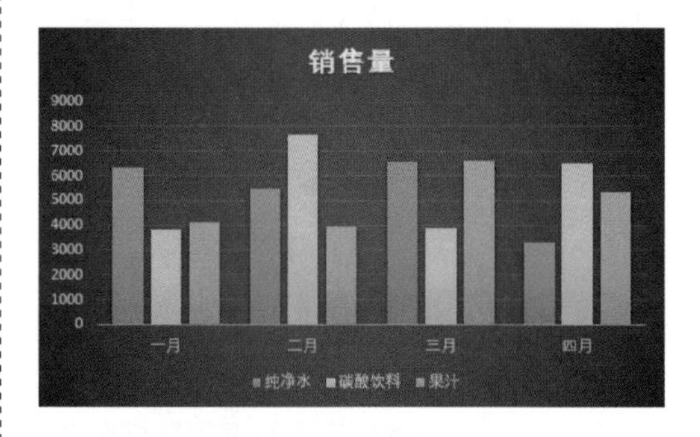

8.3.2 应用形状样式

还可以为图表应用形状样式，下面将对其操作方法进行详细介绍。

步骤 1 选中图表，切换至“图表工具-格式”选项卡，单击“形状样式”组的“其他”按钮。

知识延伸：更改数据系列颜色技巧

右击图表中某一组数据系列，在弹出的快捷菜单中选择“设置数据系列格式”

命令，打开“设置数据系列格式”窗格，单击“填充与线条”按钮，然后在“填充”区域选择“纯色填充”选项，然后设置颜色即可。

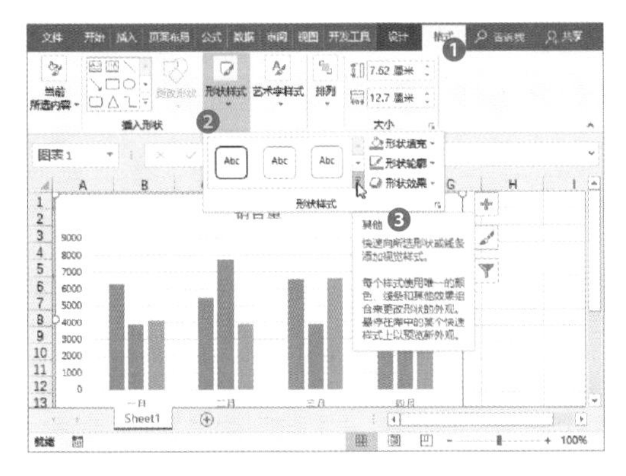

步骤 2 从展开的列表中选择合适的形状样式。

步骤 3 返回工作表中，查看应用了形状样式后的图表效果。

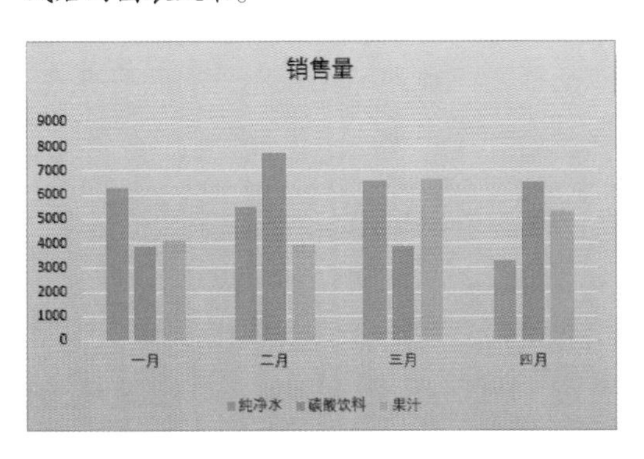

步骤 4 设置形状轮廓。单击“形状轮廓”按钮，从列表中选择“虚线”选项，然后在其级联菜单中选择“长划线-点”选项。

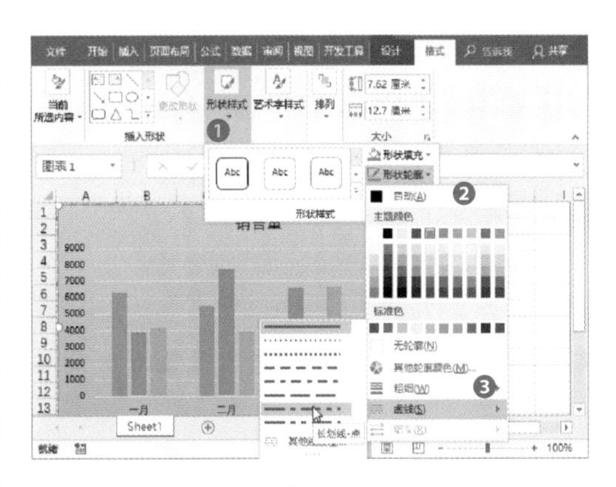

步骤 5 再次单击“形状轮廓”按钮，从列表中选择“粗细”选项，然后在其级联菜单中选择“1.5磅”。

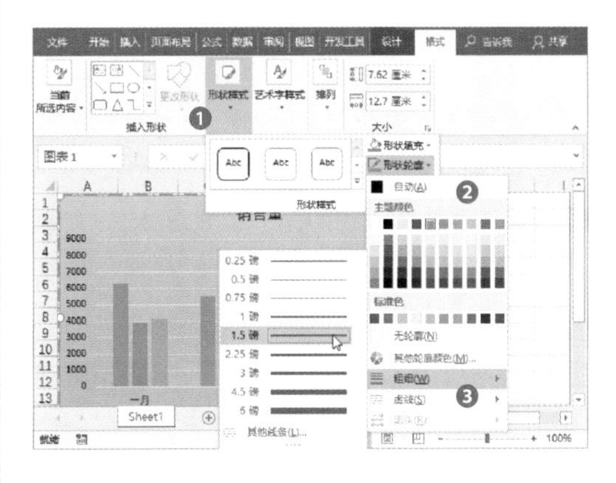

步骤 6 返回工作表中，查看为图表应用轮廓的效果。

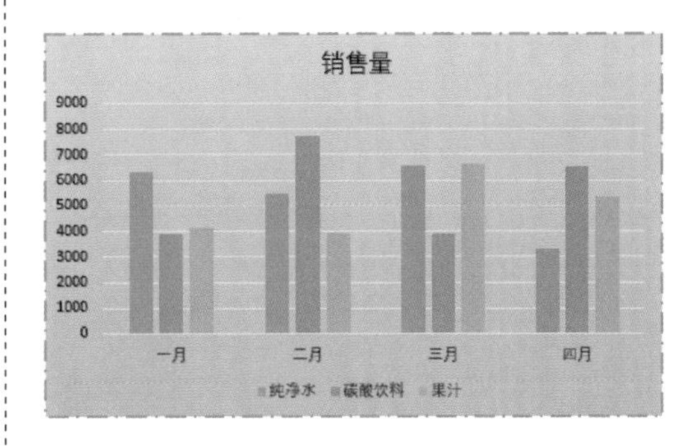

步骤 7 设置形状效果。单击“形状样式”组的“形状效果”按钮，从列表中选择“预设”选项，然后从其级联菜单中选择合适的预设效果。

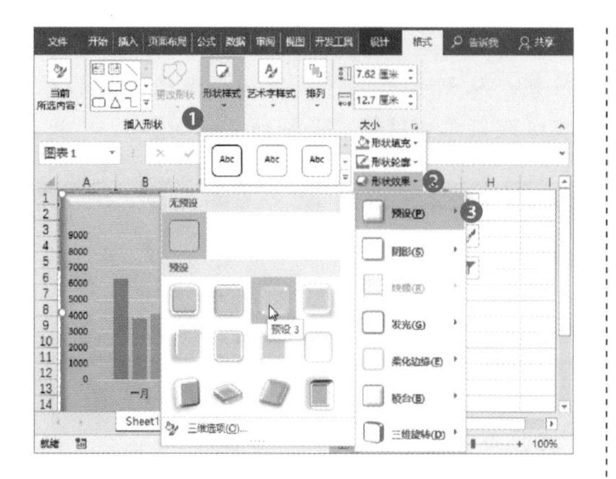

步骤 8 返回工作表中，查看设置形状效果后的图表。

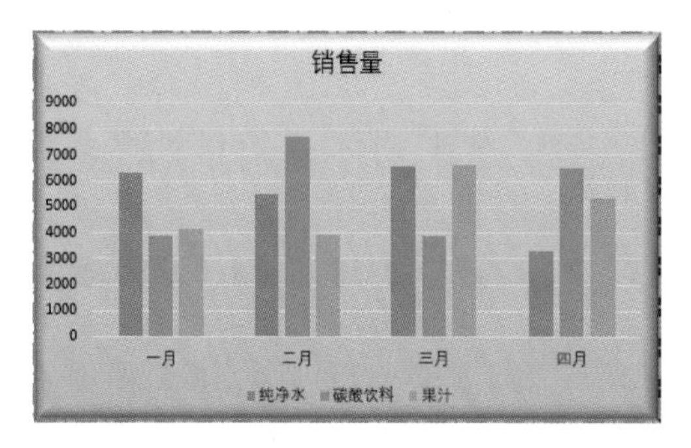

步骤 9 设置背景图片。选中图表，单击“形状样式”组中的“形状填充”按钮，从列表中选择“图片”选项。

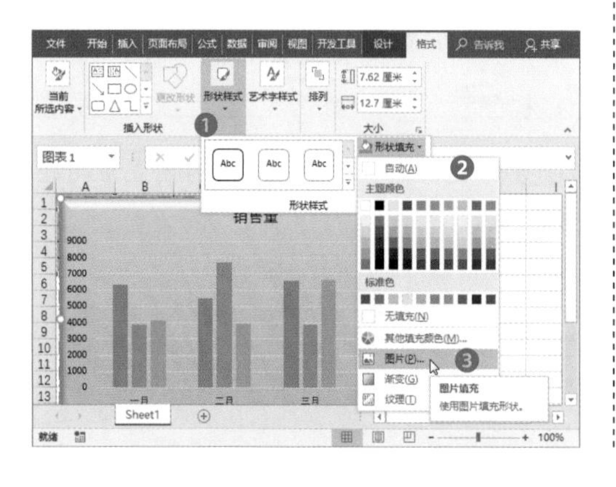

步骤 10 打开“插入图片”对话框，选择需要的图片，单击“插入”按钮。

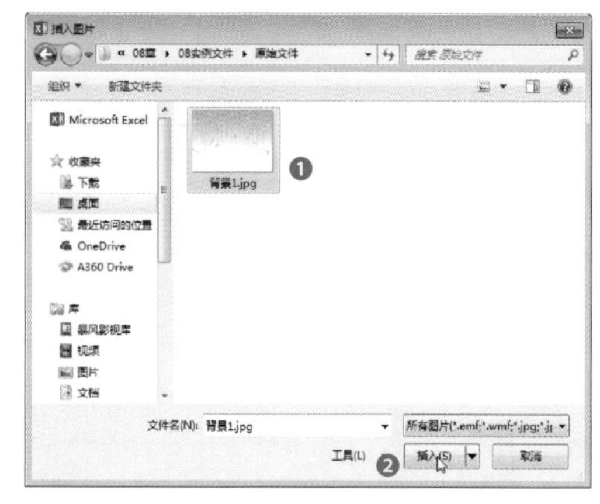

步骤 11 返回工作表中，查看设置背景图片后的效果。

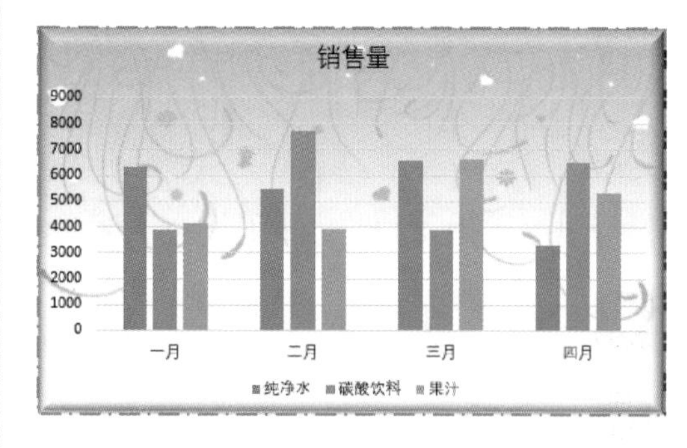

知识延伸：在窗格中添加背景图片

选中图表，单击鼠标右键，从弹出的快捷菜单中选择“设置图表区域格式”命令，打开“设置图表区域格式”窗格，在“填充”区域选中“图片或纹理填充”单选按钮，然后单击“文件”按钮即可。

8.4 在Excel中添加迷你图

迷你图是工作表单元格中的一个微型图表，在数据表格的旁边创建迷你图，可以使数据的变化趋势一目了然。迷你图的类型有三种，分别是折线迷你图、柱形迷你图和盈亏迷你图。

8.4.1 迷你图的创建

迷你图的创建很简单，可以根据需要创建单个迷你图，或一组迷你图。

（1）创建单个迷你图

步骤 1 选中需要插入迷你图的单元格，切换至“插入”选项卡，单击“迷你图”组中的“柱形图”按钮。

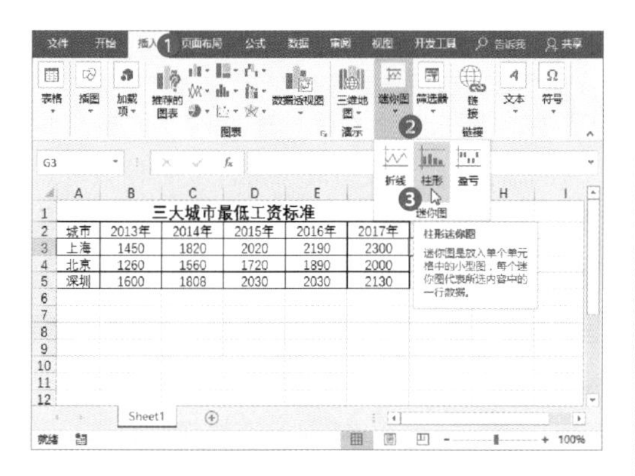

步骤 2 打开“创建迷你图”对话框，单击“数据范围”编辑框右侧折叠按钮。

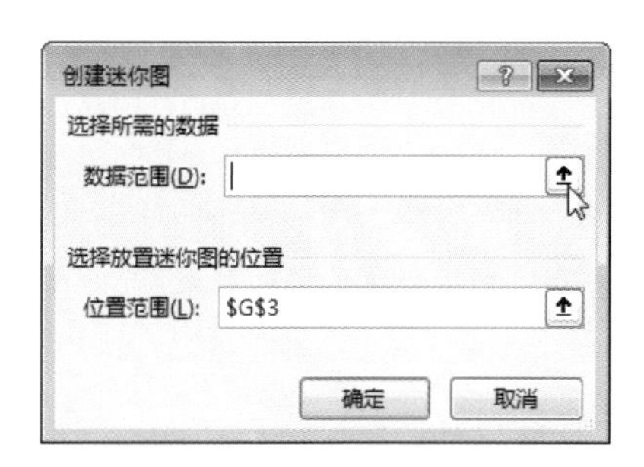

步骤 3 返回工作表，拖动鼠标选中工作表中的数据区域，然后再次单击折叠按钮。

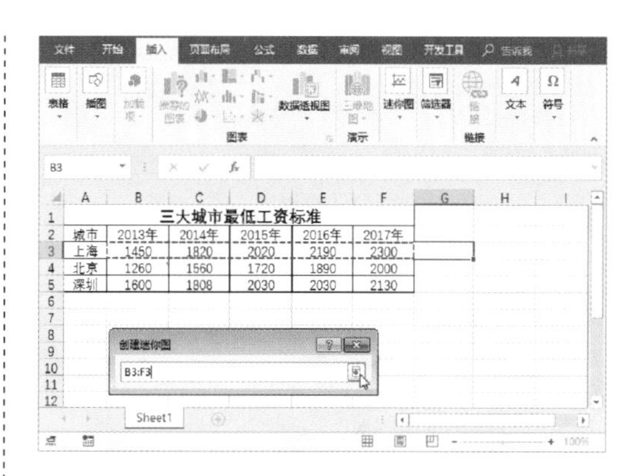

步骤 4 返回“创建迷你图”对话框，此时在“数据范围”编辑框中已经添加了数据所在单元格的地址，单击“确定”按钮。

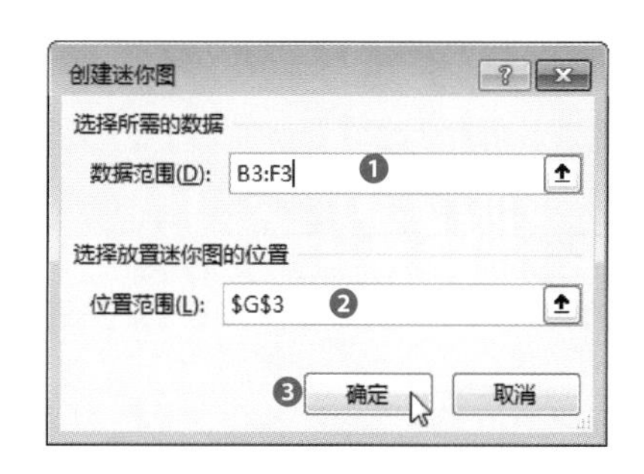

步骤 5 返回工作表，可以看到选定单元格中已经出现了迷你图。

（2）创建一组迷你图

步骤 1 选中G3:G5单元格区域，单击“插入”选项卡“迷你图”组中的“柱形图”按钮。

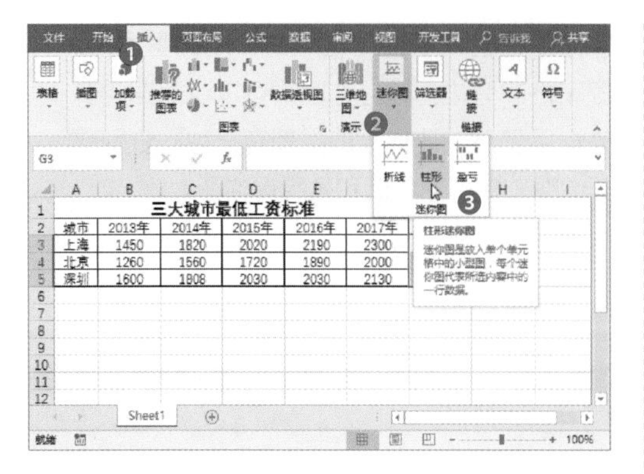

步骤 2 打开“创建迷你图”对话框，设置“数据范围”区域，然后单击“确定”按钮。

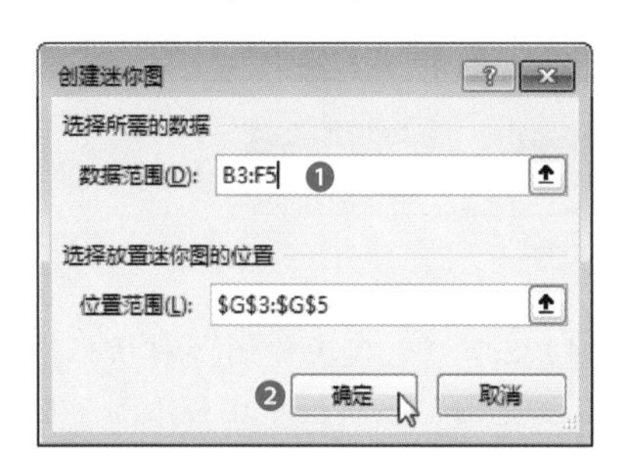

步骤 3 返回工作表中，查看创建一组迷你图的效果。

8.4.2 快速填充迷你图

迷你图创建完成后，可以将迷你图快速填充到相邻的单元格区域。

方法 1 填充命令法。选中F2:F4单元格区域，单击“开始”选项卡“编辑”组的“填充”下拉按钮，从列表中选择“向下”选项。

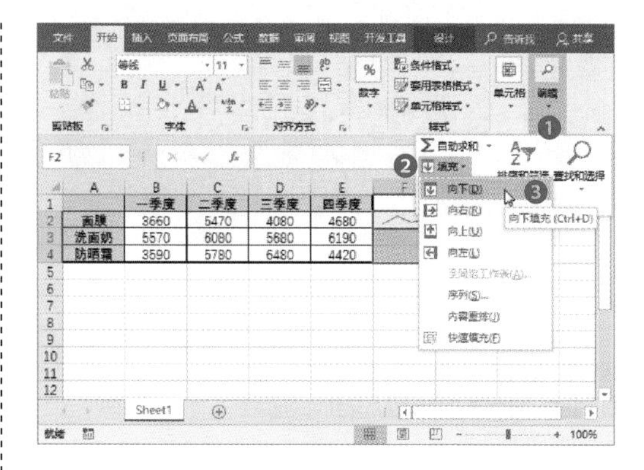

返回工作表，查看填充效果。

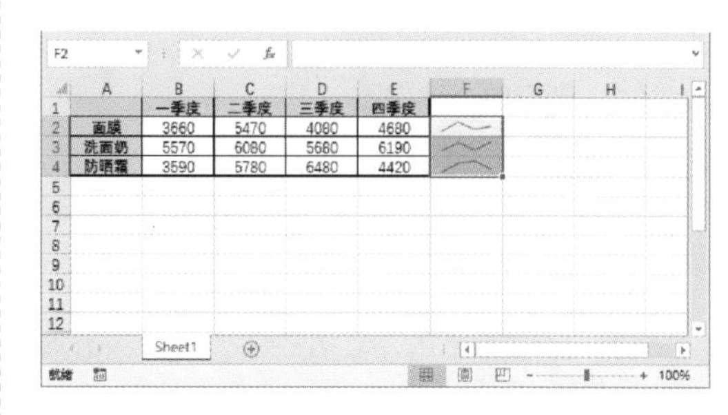

方法 2 填充柄填充法。选中F2单元格，将光标放在该单元格的右下角，当光标变为黑色十字形时，按住鼠标左键不放向下拖动鼠标进行填充。

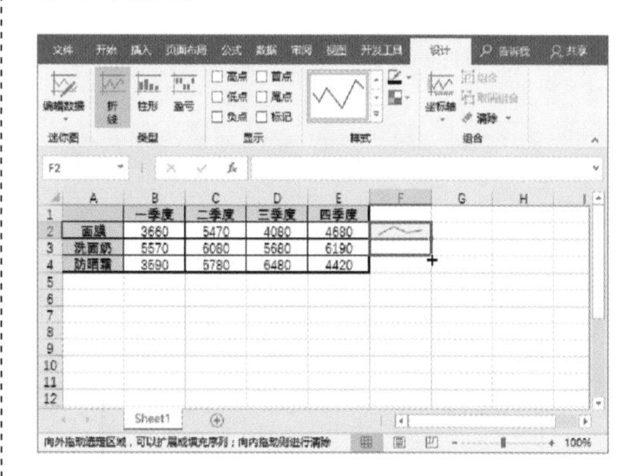

查看填充折线迷你图的效果。

8.4.3 更改迷你图类型

如果对创建的迷你图类型不满意，还可以更改迷你图类型。

步骤 1 更改一组迷你图类型。选中一组迷你图中任意单元格，切换至“迷你图工具-设计”选项卡，单击“柱形图”按钮。

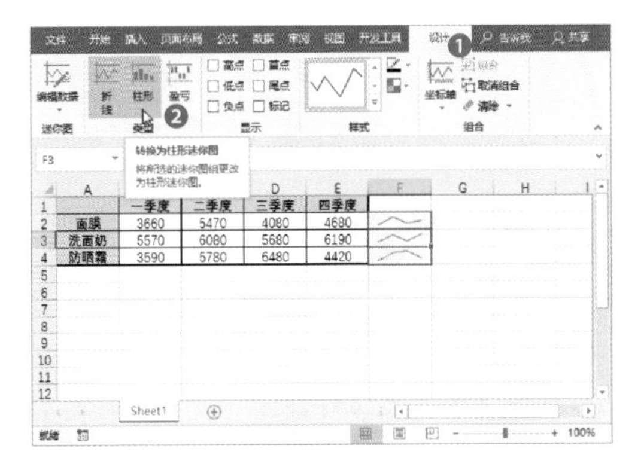

步骤 2 查看折线迷你图更改为柱形迷你图后的效果。

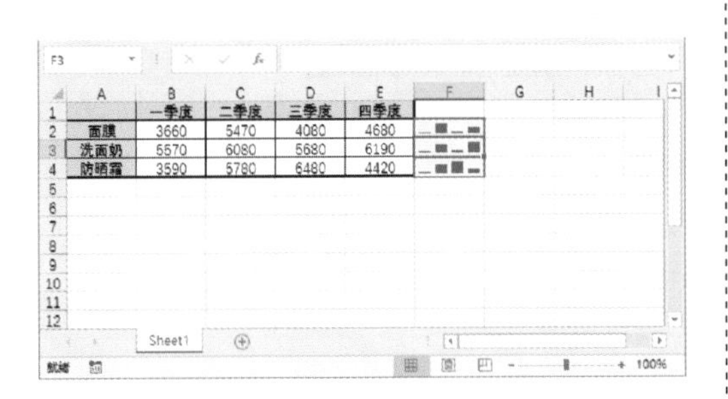

步骤 3 更改单个迷你图类型。选中任意迷你图单元格，单击“迷你图工具-设计”选项卡中的“取消组合”按钮。

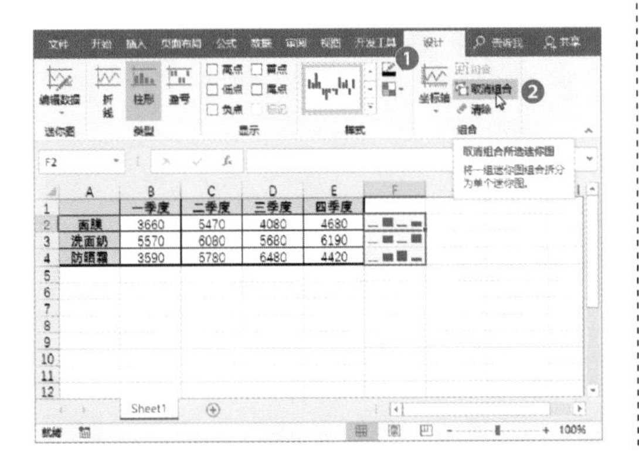

步骤 4 然后再单击“设计”选项卡中的“折线图”按钮。

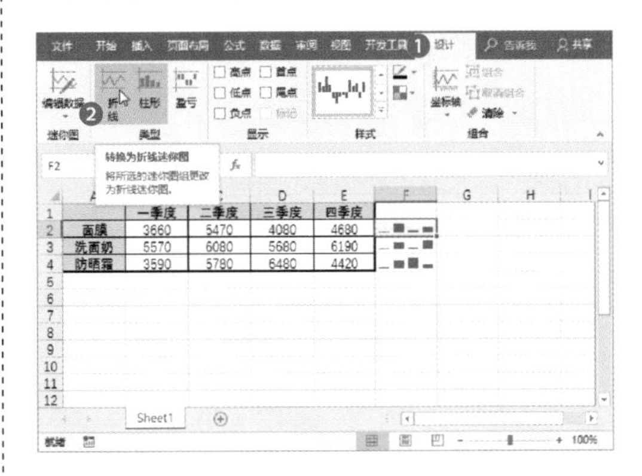

步骤 5 查看更改F2单元格迷你图为折线图的效果。

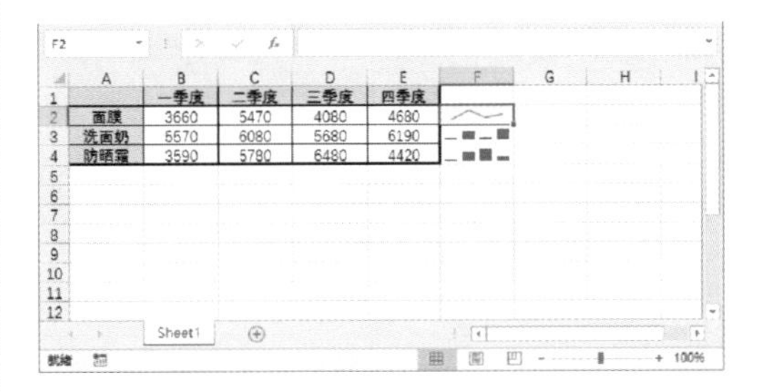

8.4.4 添加迷你图的数据点

创建迷你图后，还可以为迷你图添加数据点。

步骤 1 选中任意迷你图单元格，切换至“迷你图工具-设计”选项卡，勾选“显示”组中的“首点”和“尾点”复选框，则折线迷你图首、尾被突出标记。

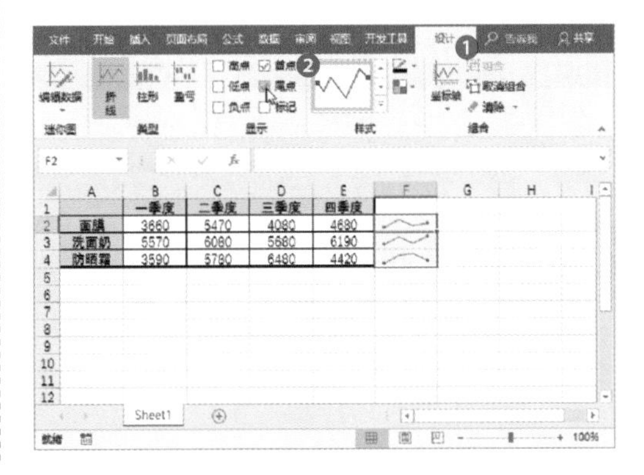

步骤 2 勾选“高点”和“低点”复选框，则折线迷你图中的最高点和最低点被突出标记。

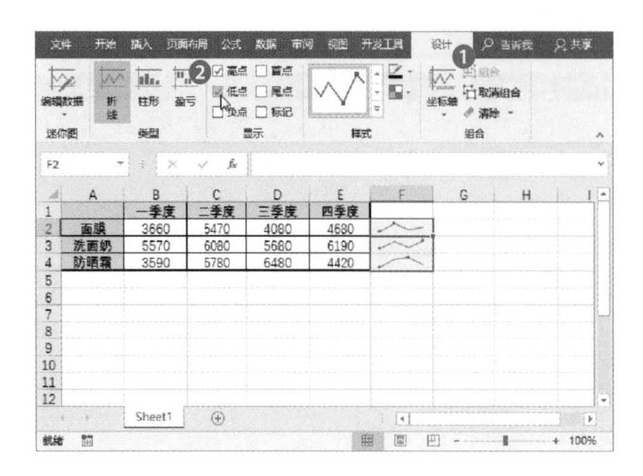

步骤 3 勾选“标记”复选框，则为折线迷你图添加数据点标记。

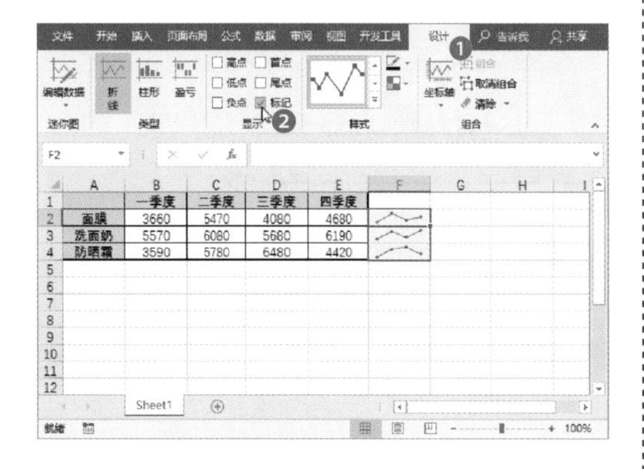

8.4.5 清除迷你图

如果不需要迷你图，可以将迷你图清除。

方法 1 菜单命令清除。选中迷你图所在单元格，切换至“迷你图工具-设计”选项卡，单击“清除”下拉按钮，从列表中选择“清除所选的迷你图”或“清除所选的迷你图组”选项。

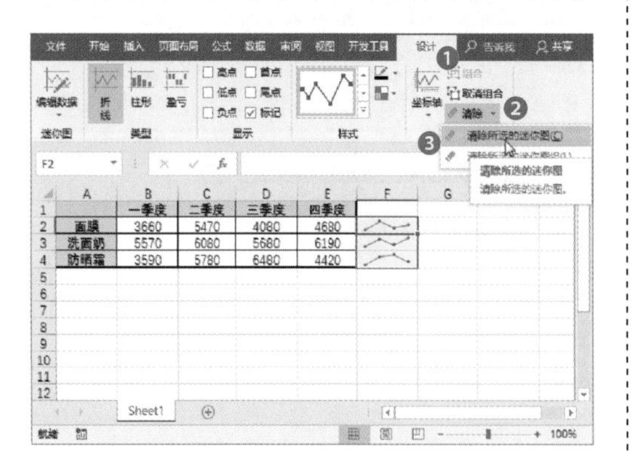

方法 2 右键命令清除。选中迷你图所在单元格，右击，从快捷菜单中选择“迷你图”选项，并在其级联菜单中选择“清除所选的迷你图”或“清除所选的迷你图组”命令。

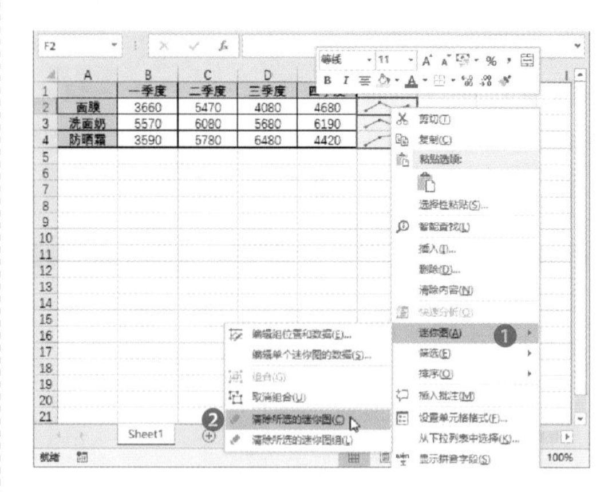

方法 3 覆盖单元格。按Ctrl+C组合键复制一个空白单元格，然后按Ctrl+V组合键粘贴到迷你图所在单元格内。

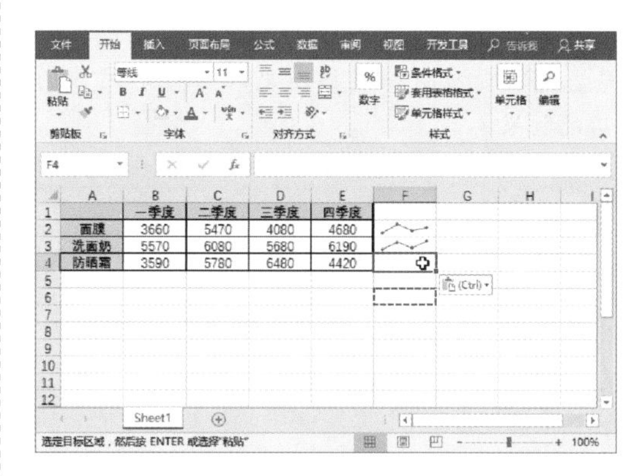

知识延伸：利用删除单元格法清除迷你图

选中迷你图所在的单元格，在右键菜单中选择“删除”命令，在弹出的“删除”对话框中单击“确定”按钮即可。

制作蔬菜销售分析图表

学完本章内容后，接下来练习制作一个蔬菜销售分析图表，其中涉及的知识点包括创建图表、更改图表类型、添加图表标题等。

步骤 1 打开工作表，选中需要创建图表的单元格区域，切换至“插入”选项卡，单击“图表”组中的“插入饼图”按钮，从列表中选择合适的图表类型，这里选择“饼图”选项。

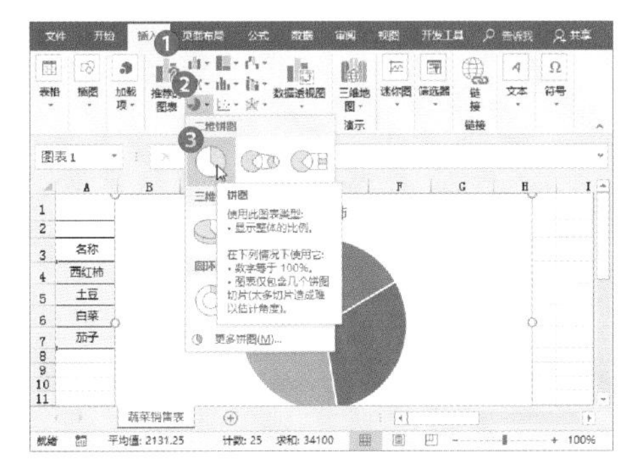

步骤 2 返回工作表，查看插入饼图的效果。

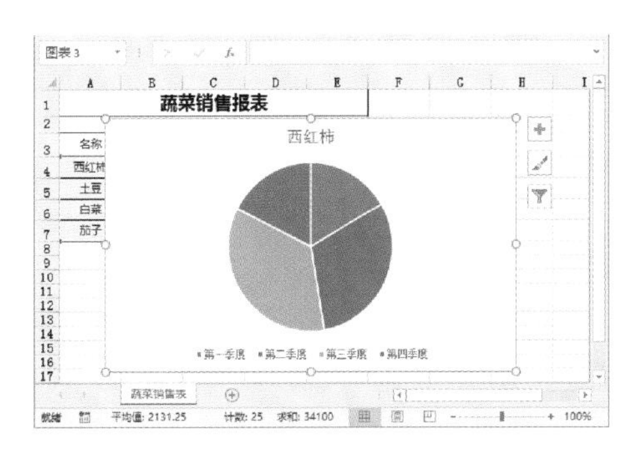

> **技巧点拨：使用推荐的图表**
>
> 还可以使用推荐的图表创建。单击“插入”选项卡中的“推荐的图表”按钮，打开“插入图表”对话框，从中选择合适的图表类型即可。

步骤 3 如果觉得使用的图表类型不能很好地表现数据，可以更换图表类型。选中图表，单击“图表工具-设计”选项卡中的“更改图表类型”按钮。

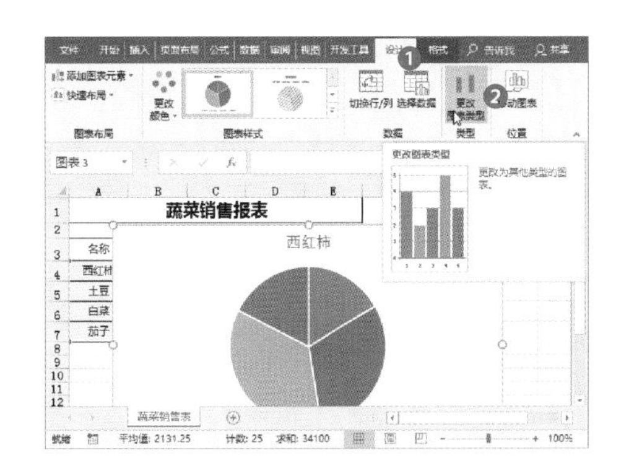

步骤 4 打开“更改图表类型”对话框，选择“柱形图”类型中的“簇状柱形图”，单击“确定”按钮。

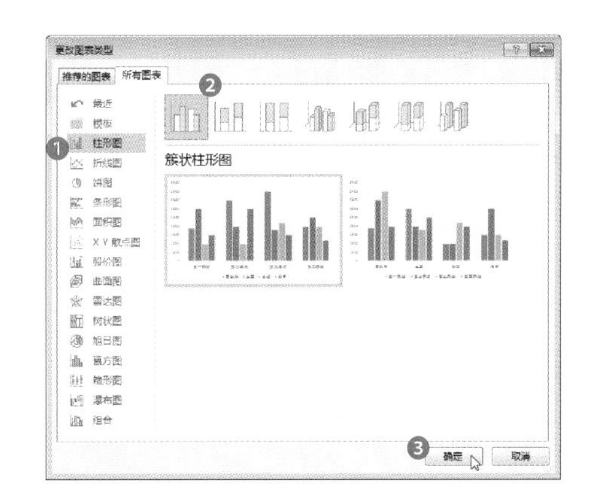

步骤 5 返回工作表，查看更改图表类型后的效果。

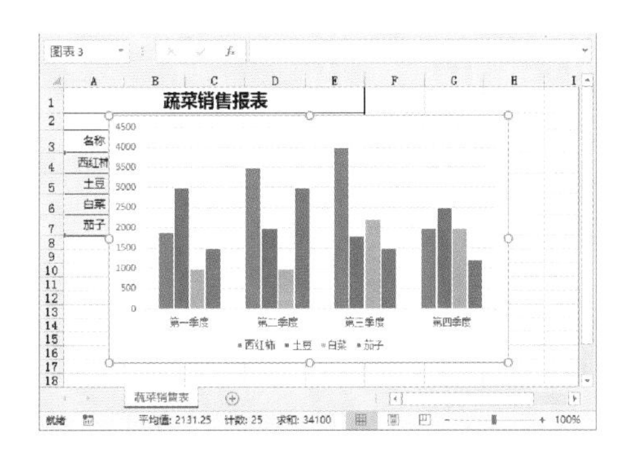

步骤 6 选中图表，单击“图表工具-设计”选项卡中的“添加图表元素”按钮，从中选择“图表标题”选项，并在其级联菜单中选择“图表上方”选项。

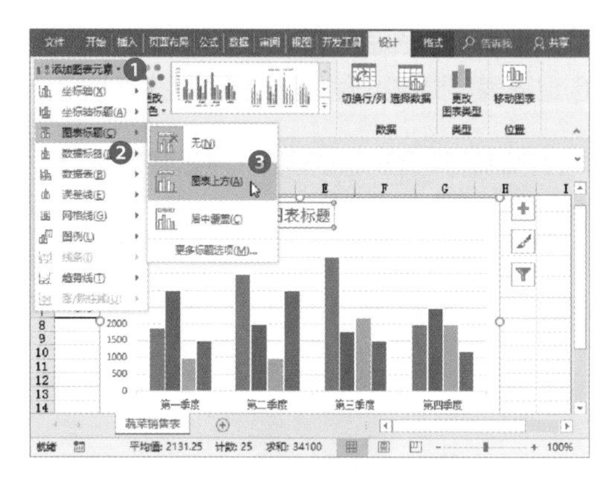

步骤 7 在图表的上方出现标题的文本框，输入标题文本。

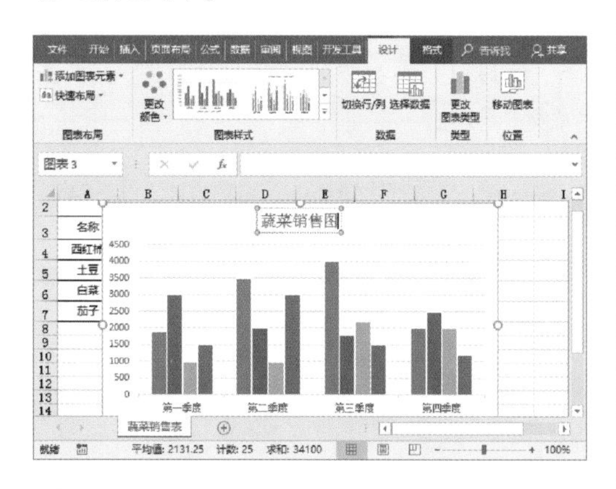

步骤 8 选择标题文本，切换至“开始”选项卡，在“字体”组中设置字体、字号和颜色等。

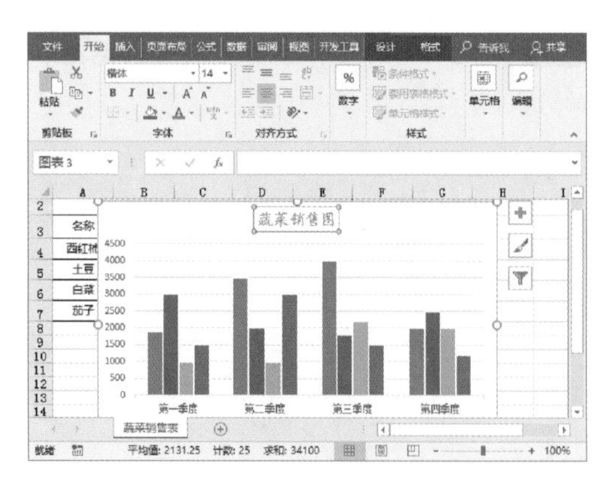

步骤 9 选中图表，单击“图表工具-设计”选项卡中的“添加图表元素”按钮，从中选择“数据标签”选项，并在其级联菜单中选择“数据标签外”选项。

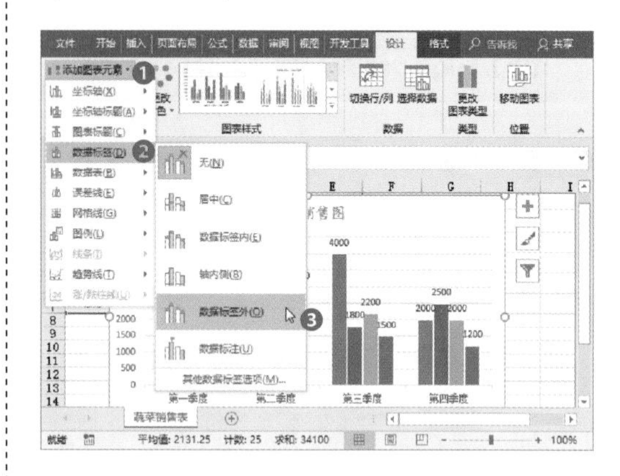

步骤 10 再次单击“添加图表元素”按钮，从中选择“趋势线”选项，然后选择“线性预测”选项。

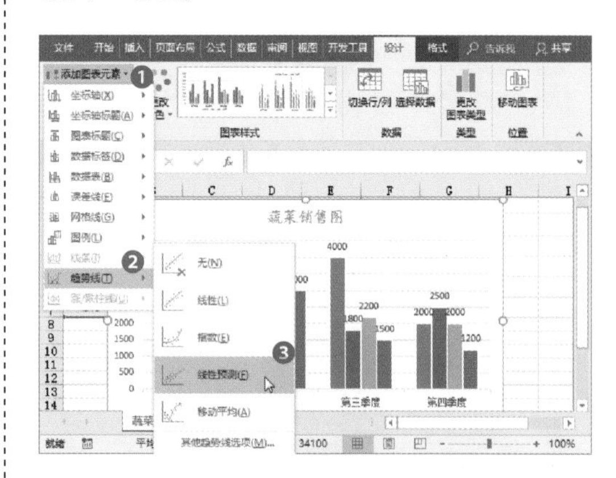

步骤 11 打开“添加趋势线”对话框，选择需要添加趋势线的系列，然后单击“确定”按钮。

步骤12 返回工作表中，查看添加趋势线的效果。

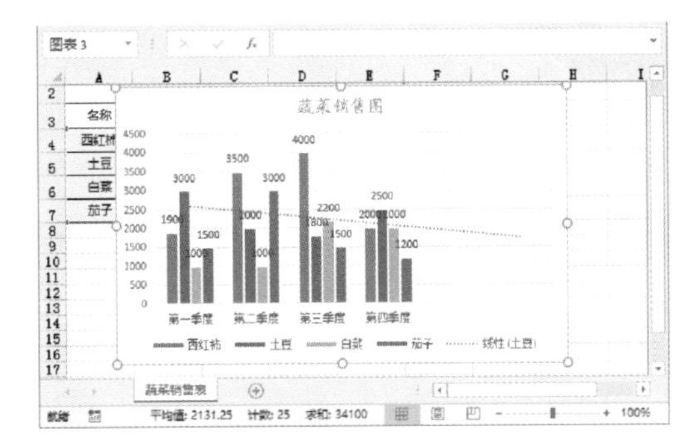

步骤13 选中图表，单击“图表工具-设计”选项卡“图表样式”组的“其他”按钮，从列表中选择合适的图表样式。

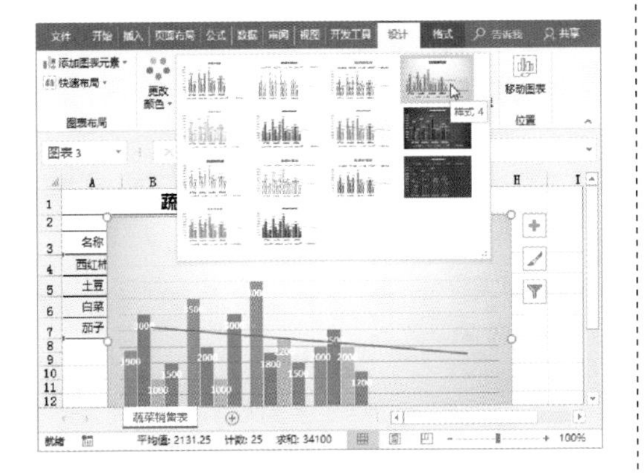

步骤14 切换至“图表工具-格式”选项卡，单击“形状样式”组中的“形状效果”下拉按钮，从列表中选择“预设”选项，然后在其级联菜单中选择“预设3”选项。

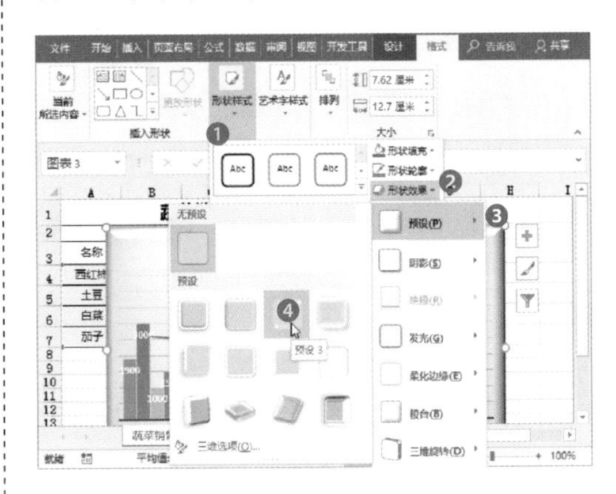

步骤15 返回工作表，查看设置图表样式后的效果。

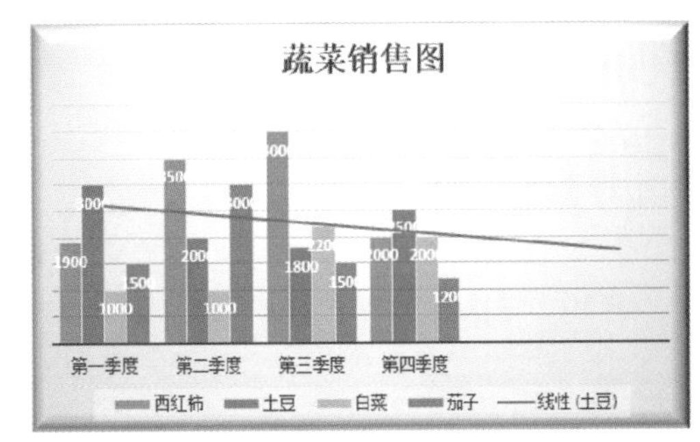

制作沙发销量图表

打开“强化练习”实例文件夹，利用其中的素材文件，按照下列要求进行操作。

（1）选择数据区域，创建折线图表。

（2）添加图表标题，并设置标题文本格式：华文新魏、16号、加粗、蓝色。

（3）添加数据标签，更改图表样式为样式5。

（4）设置形状填充为绿色，设置形状轮廓：划线-点、3磅、金色。

（5）设置形状效果：预设>预设7。

（6）设置数据标签的格式。

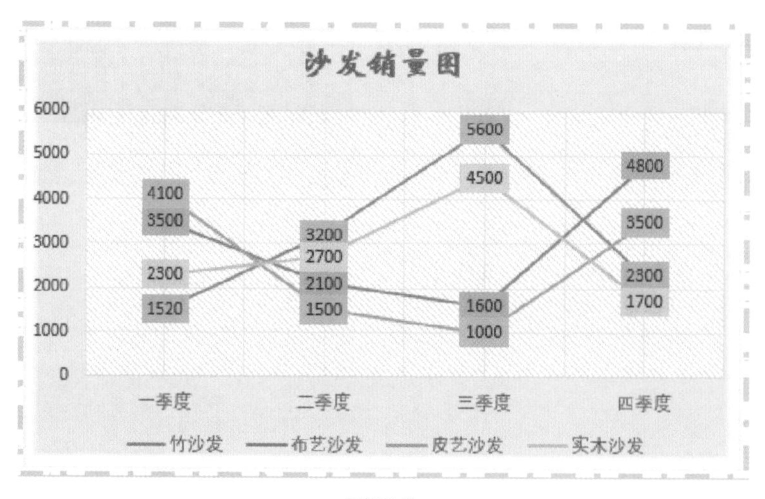

最终效果

制作各地区瓷砖销售分析表

知识导读

本章通过制作各地区瓷砖销售分析表来巩固前面所学的相关知识，如创建数据透视表、对数据透视表中的数据进行分析、创建数据透视图等。

内容预览

制作表格的表头

添加计算字段

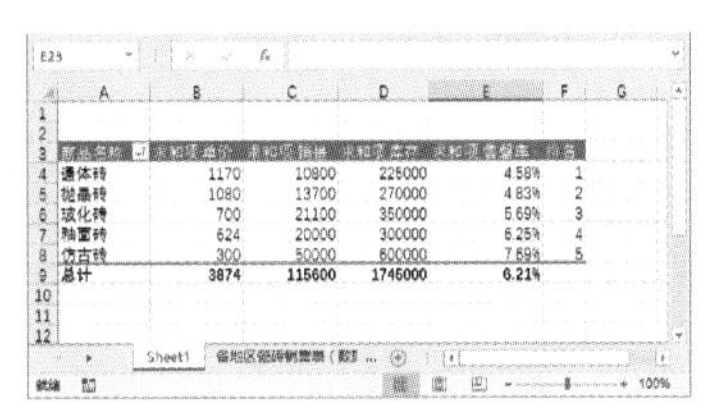

设置数据透视表显示方式

本章教学视频数量：3个

9.1 制作各地区瓷砖销售表

在对各地区瓷砖销售表进行分析之前，可以利用之前所学的知识先创建各地区瓷砖销售表。

9.1.1 制作表格结构

新建工作表后，首先需要制作表格结构。

步骤 1 打开新建的工作表，双击工作表标签，输入“各地区瓷砖销售表（数据源）”名称，按Enter键确认。

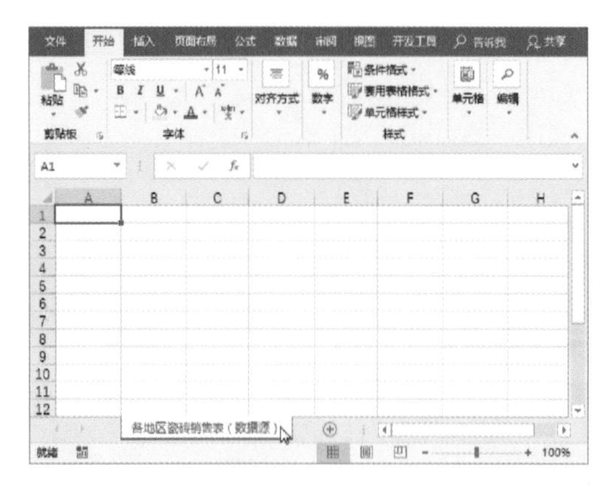

步骤 2 选中A1单元格，输入“日期”，然后按Enter键确认。

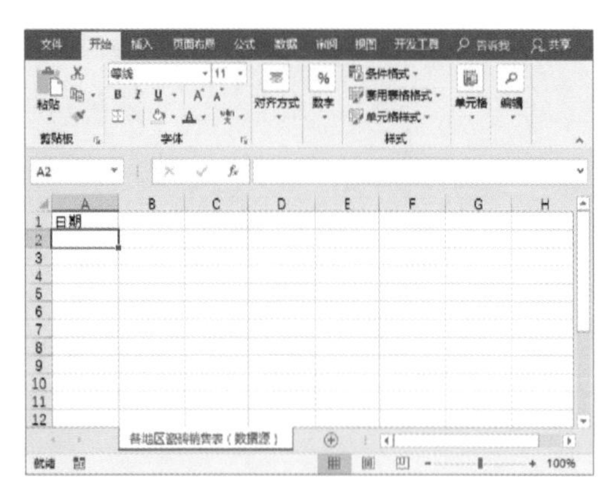

步骤 3 按照同样的方法，输入工作表的表头内容。

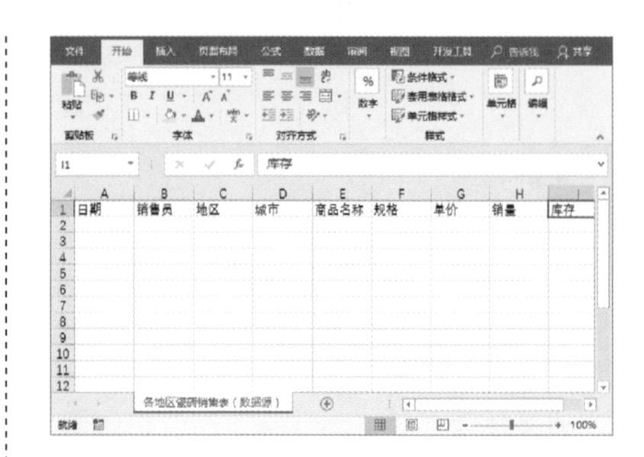

步骤 4 选中A1:I1单元格区域，切换至“开始”选项卡，在“字体”组中设置字体格式：微软雅黑、11号，并设置居中对齐。

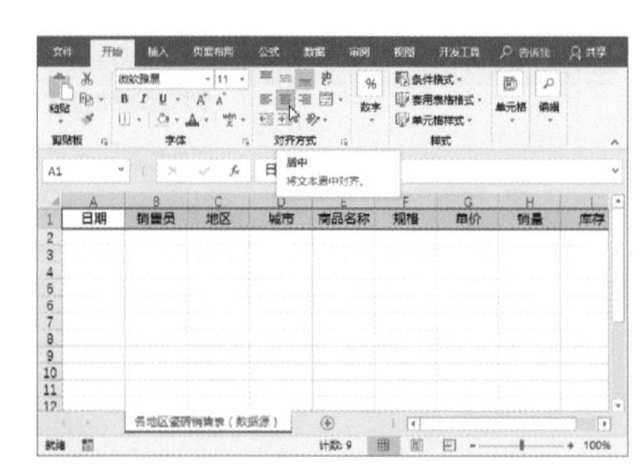

步骤 5 单击“字体”组中的“填充颜色”下拉按钮，从列表中选择合适的颜色作为底纹颜色。

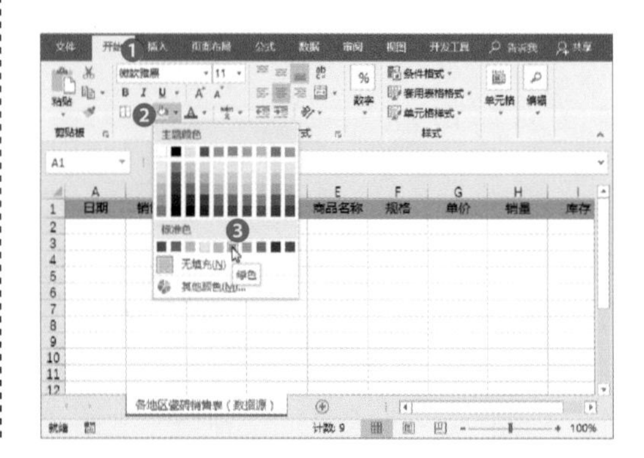

步骤 6 选择A1:I55单元格区域，单击“字体”组中的“边框”下拉按钮，从列表中选择“所有框线”选项。

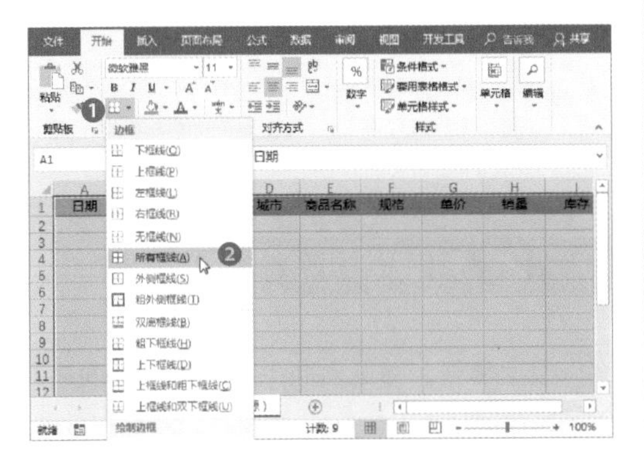

步骤 7 至此，表格的表头制作完成，返回工作表，查看最终效果。

9.1.2 设置表格内容格式

表格的结构制作完成后，接下来需要输入表格内容，并设置其格式。

步骤 1 输入内容后，选择A2:A55单元格区域，单击鼠标右键，从弹出的快捷菜单中选择“设置单元格格式”命令。

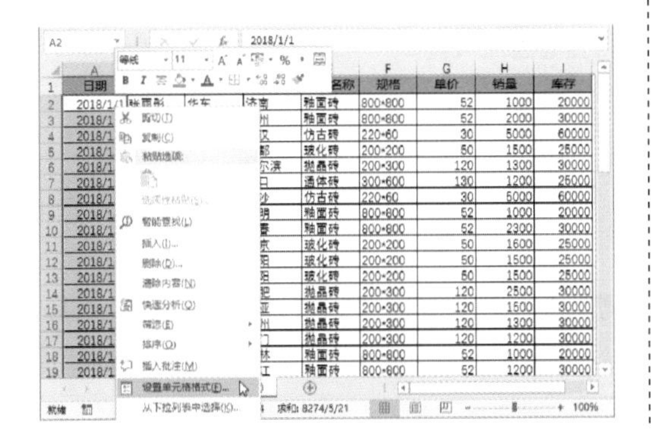

步骤 2 打开“设置单元格格式”对话框，在“分类”区域选择“日期”选项，在右侧的类型列表框中选择合适的日期类型，然后单击“确定”按钮。

步骤 3 返回工作表，选中G2:G55单元格区域，单击“开始”选项卡中的“数字格式”下拉按钮，从列表中选择“货币”选项。

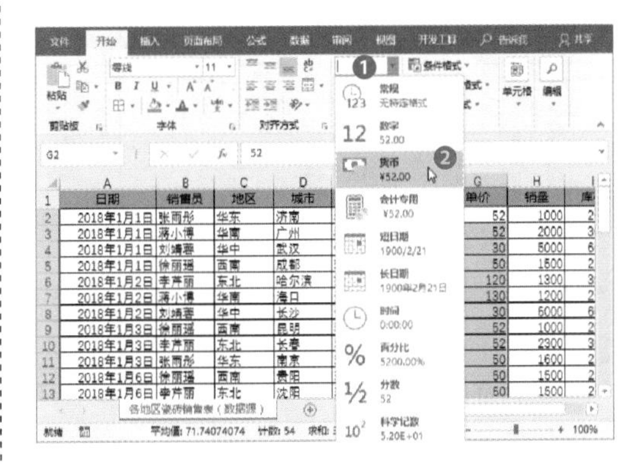

步骤 4 选择A2:I55单元格区域，在“字体”组中，设置字体的格式：等线、10号，并且居中对齐。适当调整各列的宽度，查看最终效果。

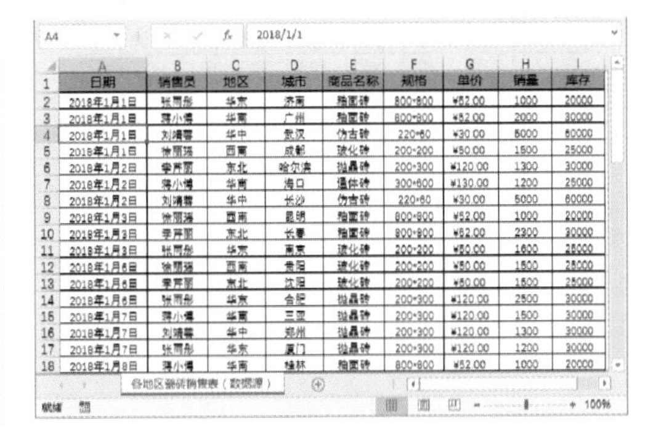

9.2 分析各地区瓷砖销售表中的数据

利用数据透视表对各地区瓷砖销售进行分析，包括对数据进行排序、筛选、数据透视表和数据透视图的应用等。

9.2.1 对数据进行排序

在各地区瓷砖销售表中对销量进行升序排序。

步骤 1 打开工作表，选中H列任意单元格，切换至“数据”选项卡，单击“排序和筛选”组中的“升序”按钮。

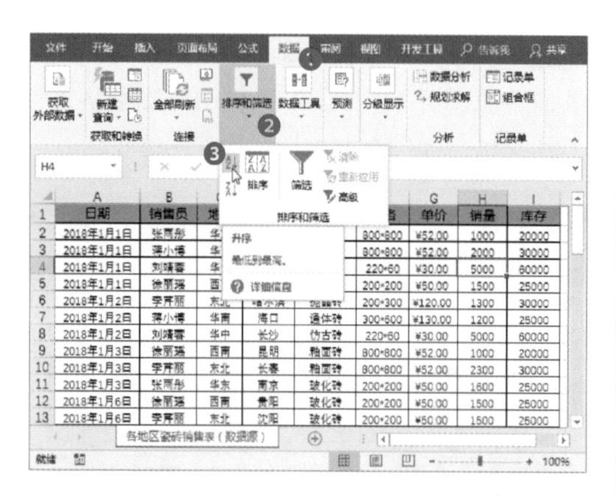

步骤 2 返回工作表中，查看按销量进行升序排序的效果。

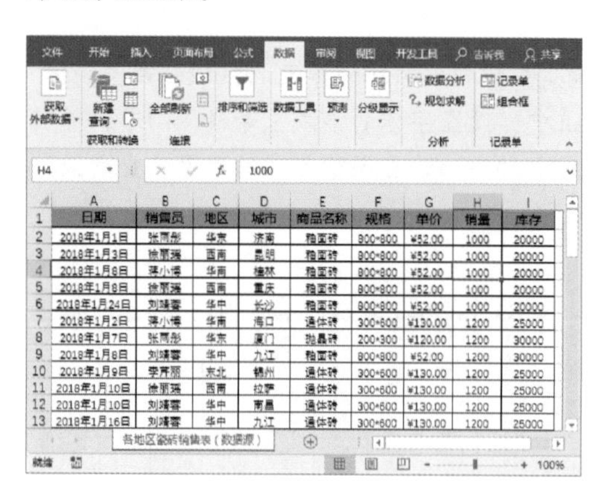

9.2.2 对数据进行筛选

根据需要，筛选出商品名称为“釉面砖”的销售情况。

步骤 1 打开工作表，选中表格任意单元格，切换至“数据”选项卡，单击“排序和筛选”组中的“筛选”按钮。

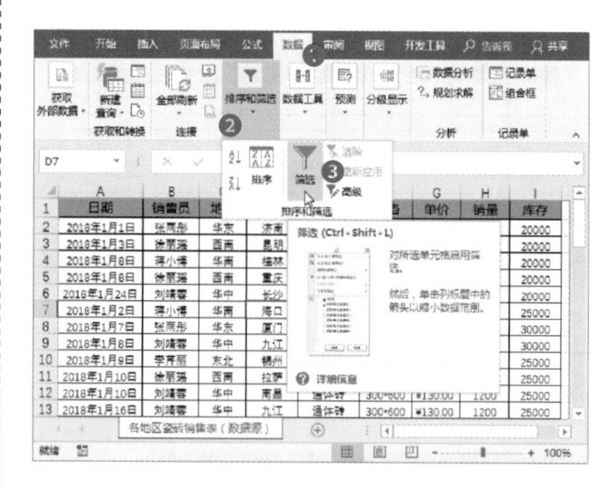

步骤 2 单击“商品名称”筛选按钮，在列表中取消对“全选”的选择，然后勾选“釉面砖”复选框，单击“确定”按钮。

步骤 3 返回工作表，查看筛选出商品名称为“釉面砖”的销售情况。

	日期	销售员	地区	城市	商品名称	规格	单价	销量	库存
2	2018年1月1日	张雨彤	华东	济南	釉面砖	800*800	¥52.00	1000	20000
3	2018年1月3日	徐丽瑶	西南	昆明	釉面砖	800*800	¥52.00	1000	20000
4	2018年1月8日	蒋小博	华南	桂林	釉面砖	800*800	¥52.00	1000	20000
5	2018年1月8日	徐丽瑶	西南	重庆	釉面砖	800*800	¥52.00	1000	20000
6	2018年1月24日	刘靖蓉	华中	长沙	釉面砖	800*800	¥52.00	1000	20000
9	2018年1月6日	刘靖蓉	华中	九江	釉面砖	800*800	¥52.00	1200	30000
37	2018年1月31日	蒋小博	华南	海口	釉面砖	800*800	¥52.00	1500	20000
39	2018年1月1日	蒋小博	华南	广州	釉面砖	800*800	¥52.00	2000	30000
40	2018年1月27日	徐丽瑶	西南	昆明	釉面砖	800*800	¥52.00	2000	30000
42	2018年1月3日	李开丽	东北	长春	釉面砖	800*800	¥52.00	2300	30000
44	2018年1月9日	李开丽	东北	吉林	釉面砖	800*800	¥52.00	3000	30000
45	2018年1月31日	刘靖蓉	华中	长沙	釉面砖	800*800	¥52.00	3000	30000

9.2.3 数据透视表的应用

利用数据透视表可以分析表格中的数据。

（1）创建数据透视表

步骤 1 打开工作表，选中表格中任意单元格，切换至“插入”选项卡，单击“表格”组中的“数据透视表”按钮。

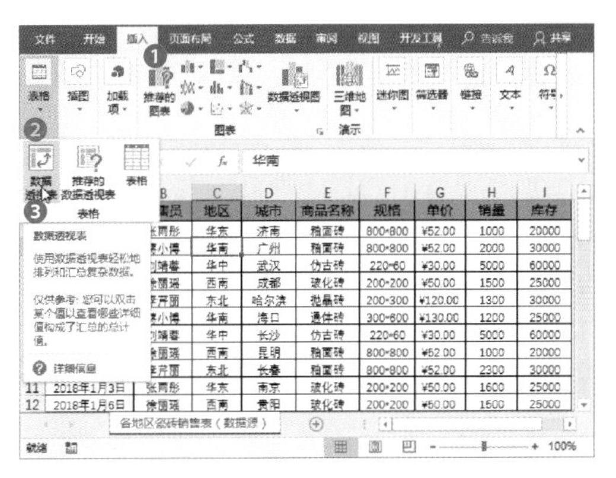

步骤 2 打开“创建数据透视表”对话框，保持“表/区域”设置不变，单击“确定”按钮。

步骤 3 这时可以看到在新工作表中创建一个空白数据透视表，同时打开“数据透视表字段”窗格。

步骤 4 在“选择要添加到报表的字段”列表框中勾选相应的复选框，即可向数据透视表中添加显示字段。

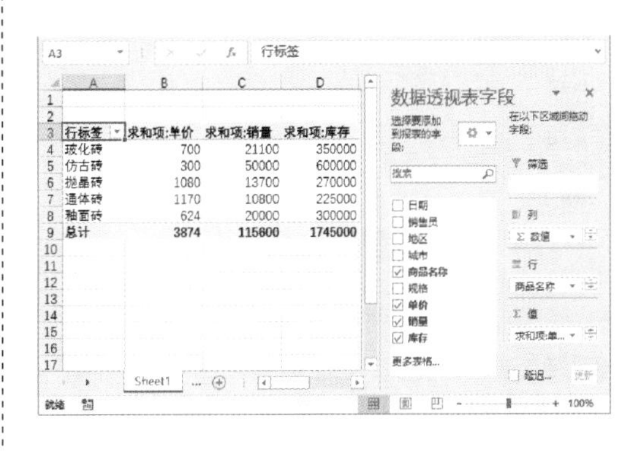

行标签	求和项:单价	求和项:销量	求和项:库存
玻化砖	700	21100	350000
仿古砖	300	50000	600000
抛晶砖	1080	13700	270000
通体砖	1170	10800	225000
釉面砖	624	20000	300000
总计	3874	115600	1745000

> **知识延伸：改变数据透视表字段的显示方式**
>
> 单击“选择要添加到报表的字段”右侧的“工具”下拉按钮，从列表中根据需要进行选择，即可改变数据透视表字段的显示方式。

（2）添加计算字段

步骤 1 打开数据透视表，选中数据透视表中任意单元格，单击“数据透视表工具-分析”选项卡“计算”组中的“字段、项目和集”下拉按钮，从列表中选择“计算字段”选项。

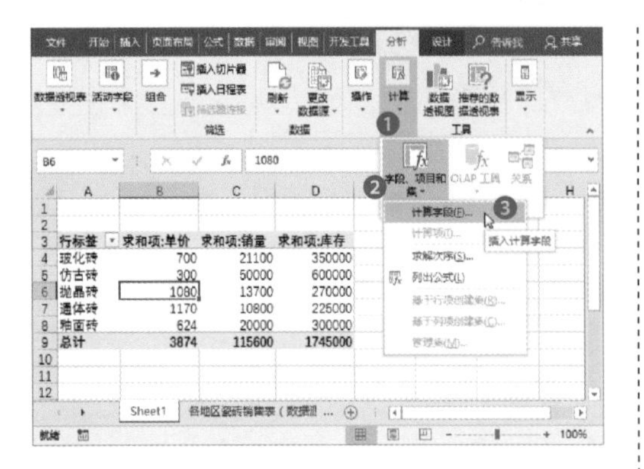

步骤 2 打开“插入计算字段”对话框，在“名称”文本框中，输入“售罄率”字段。

步骤 3 在“公式”文本框中，清除“=0”。然后在“字段”列表中，双击“销量”字段，此时在“公式”文本框中即会显示“=销量”字样。

步骤 4 在“公式”文本框中输入“/”和“( )”，然后在“字段”列表中，双击“库存”字段。在“公式”文本框中输入“+”，并再次在“字段”列表中，双击“销量”字段，完成公式的输入操作。

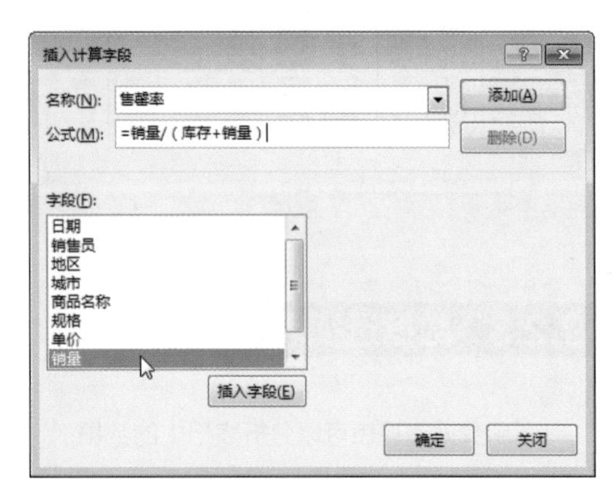

步骤 5 单击“确定”按钮。完成“求和项：售罄率”字段的添加操作。

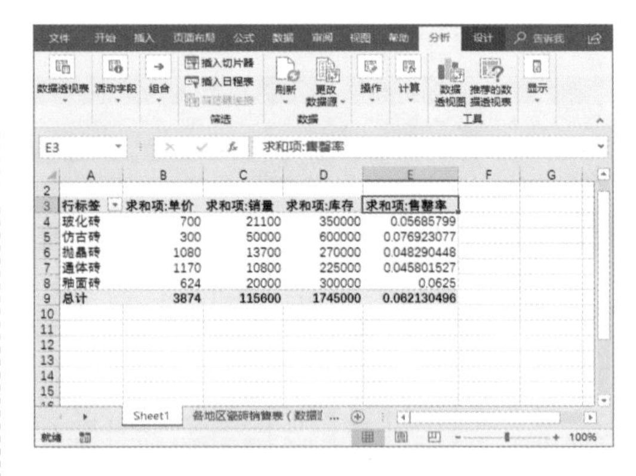

步骤 6 选择E4：E9单元格区域，单击鼠标右键，在快捷菜单中选择“数字格式”选项。

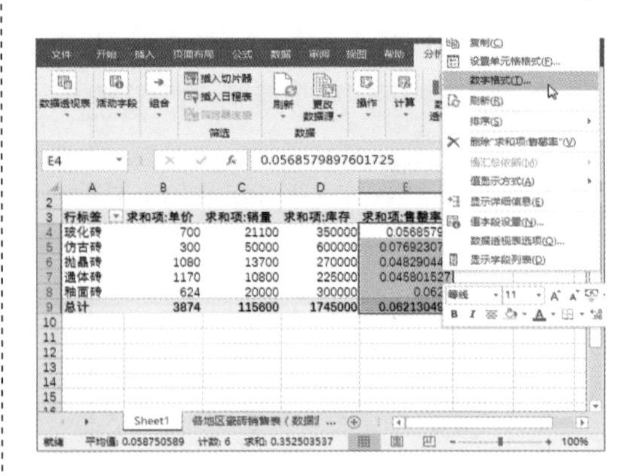

步骤 7 打开“设置单元格格式”对话框，设置“百分比”格式，然后单击“确定”按钮。

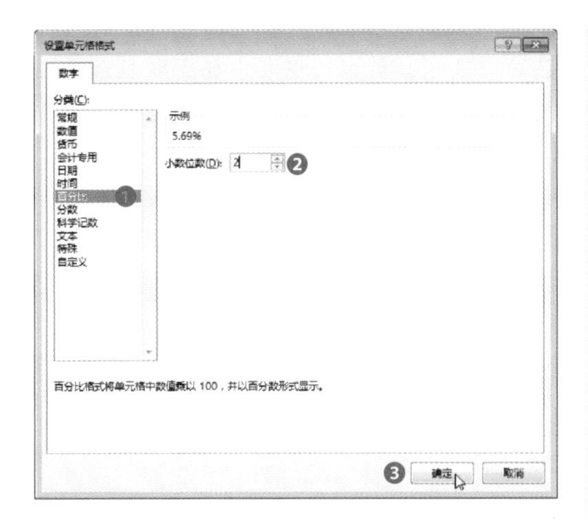

步骤 8 返回工作表中，查看设置百分比格式的效果。

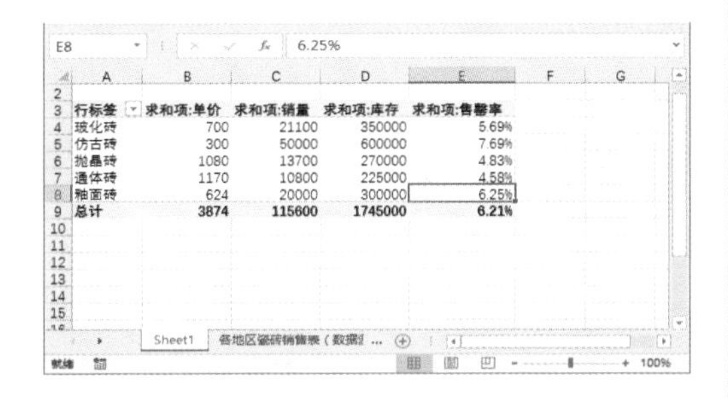

	行标签	求和项:单价	求和项:销量	求和项:库存	求和项:售罄率
4	玻化砖	700	21100	350000	5.69%
5	仿古砖	300	50000	600000	7.69%
6	抛晶砖	1080	13700	270000	4.83%
7	通体砖	1170	10800	225000	4.58%
8	釉面砖	624	20000	300000	6.25%
9	总计	3874	115600	1745000	6.21%

步骤 9 在“数据透视表字段”窗格中，将“售罄率”字段移动至“值”区域中，并将其字段重命名为“排名”。

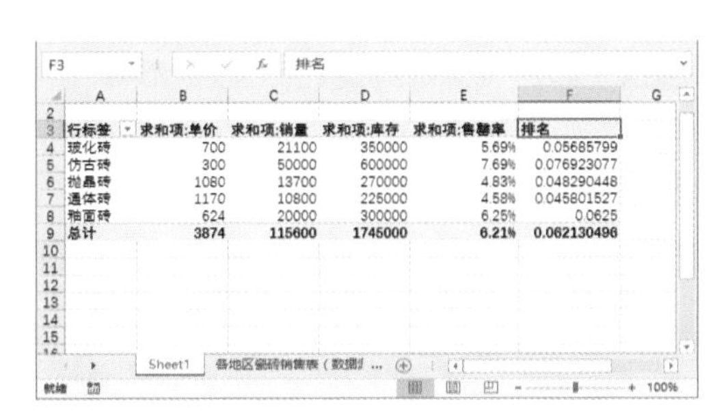

	行标签	求和项:单价	求和项:销量	求和项:库存	求和项:售罄率	排名
4	玻化砖	700	21100	350000	5.69%	0.05685799
5	仿古砖	300	50000	600000	7.69%	0.076923077
6	抛晶砖	1080	13700	270000	4.83%	0.048290448
7	通体砖	1170	10800	225000	4.58%	0.045801527
8	釉面砖	624	20000	300000	6.25%	0.0625
9	总计	3874	115600	1745000	6.21%	0.062130496

步骤 10 右击该字段下任意单元格。在快捷菜单中选择“值显示方式”选项，并在级联菜单中选择“升序排列”选项。

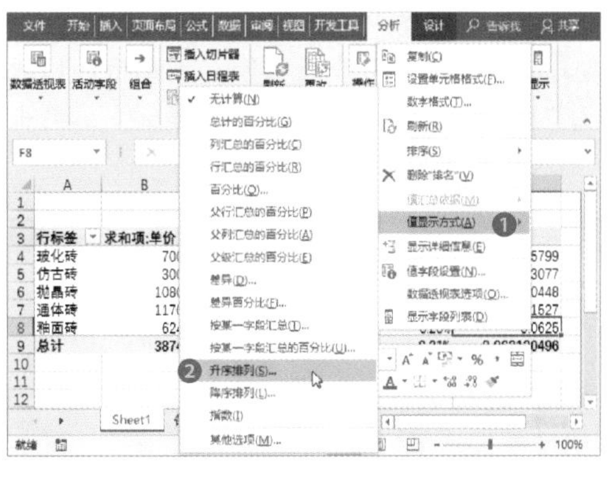

步骤 11 打开“值显示方式（排名）”对话框，单击“确定”按钮即可完成排名操作。

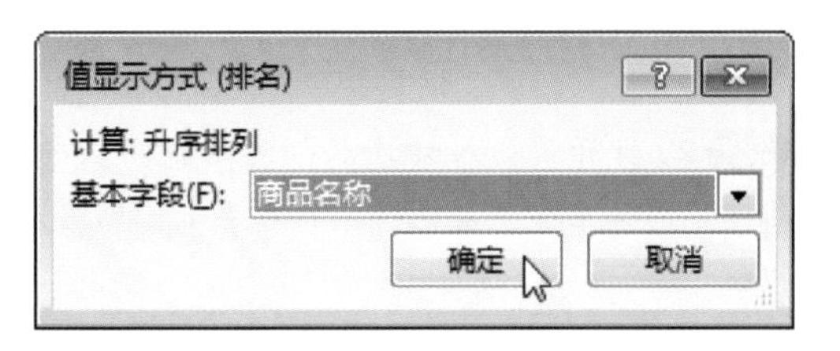

步骤 12 返回工作表，查看最终效果。

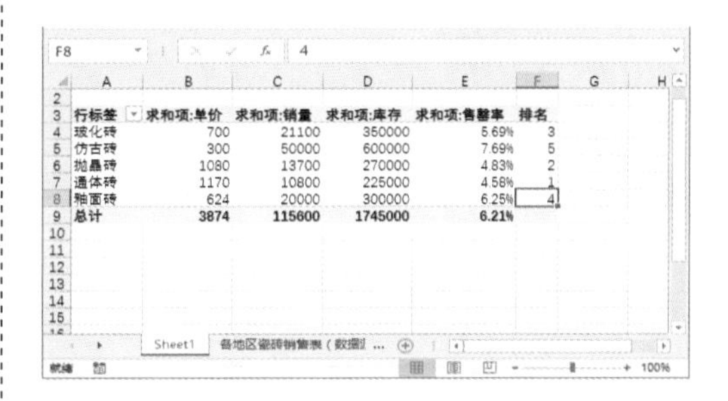

	行标签	求和项:单价	求和项:销量	求和项:库存	求和项:售罄率	排名
4	玻化砖	700	21100	350000	5.69%	3
5	仿古砖	300	50000	600000	7.69%	5
6	抛晶砖	1080	13700	270000	4.83%	2
7	通体砖	1170	10800	225000	4.58%	1
8	釉面砖	624	20000	300000	6.25%	4
9	总计	3874	115600	1745000	6.21%	

步骤 13 选中F4 : F8单元格区域。单击“数据”选项卡“排序和筛选”选项组中的“升序”按钮，将排名以升序方式进行排序。

	行标签	求和项:单价	求和项:销量	求和项:库存	求和项:售罄率	排名
4	通体砖	1170	10800	225000	4.58%	1
5	抛晶砖	1080	13700	270000	4.83%	2
6	玻化砖	700	21100	350000	5.69%	3
7	釉面砖	624	20000	300000	6.25%	4
8	仿古砖	300	50000	600000	7.69%	5
9	总计	3874	115600	1745000	6.21%	

（3）使用切片器筛选数据

步骤 1 选择数据透视表任意单元格，切换至“数据透视表工具-分析”选项卡，单击“插入切片器”按钮。

步骤 2 打开“插入切片器”对话框，从中勾选“商品名称”复选框，然后单击“确定”按钮。

步骤 3 返回工作表，可以看到已经插入了“商品名称”切片器，调整切片器的大小，并将其移至合适位置。

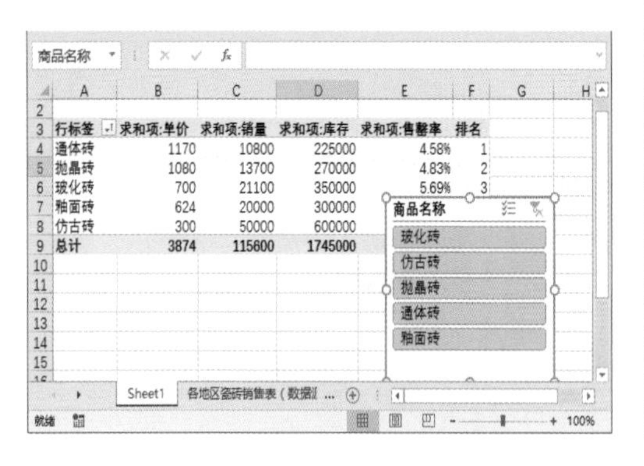

步骤 4 选择“商品名称”切片器中的“抛晶砖”选项，数据透视表中会立即显示对应的数据明细情况。

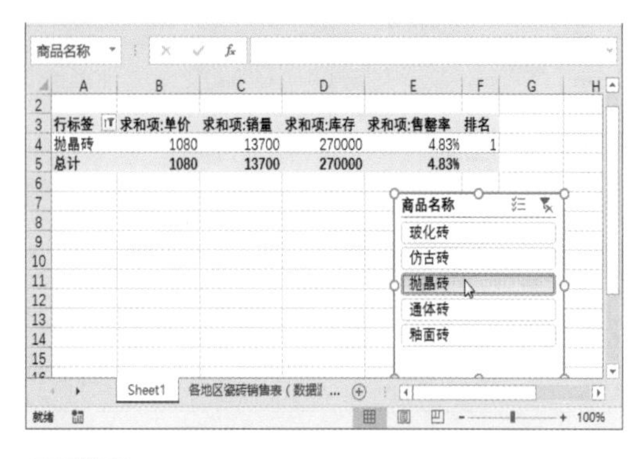

步骤 5 如果想要取消切片器对某数据的筛选，只需单击切片器右上角的“清除筛选器”按钮即可。

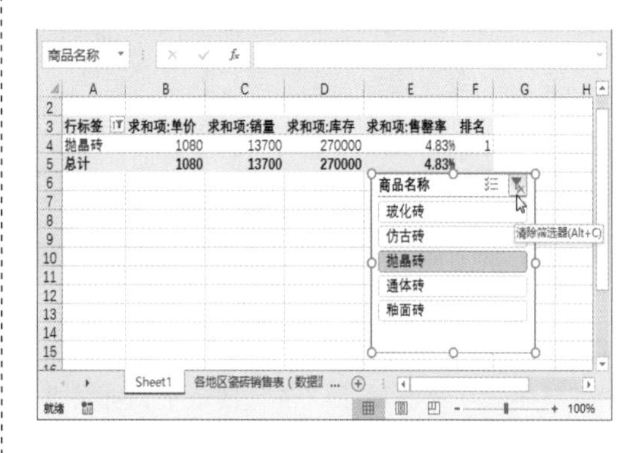

（4）设置数据透视表显示方式

步骤 1 选中数据透视表中任意单元格，单击“数据透视表工具-设计”选项卡“数据透视表样式”组的“其他”按钮。

步骤 2 在打开的列表中选择合适的样式即可。

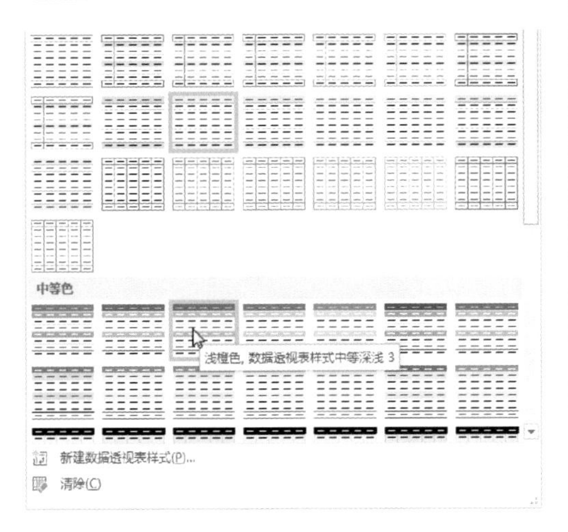

步骤 3 单击“报表布局”下拉按钮，从列表中选择“以表格形式显示”选项。

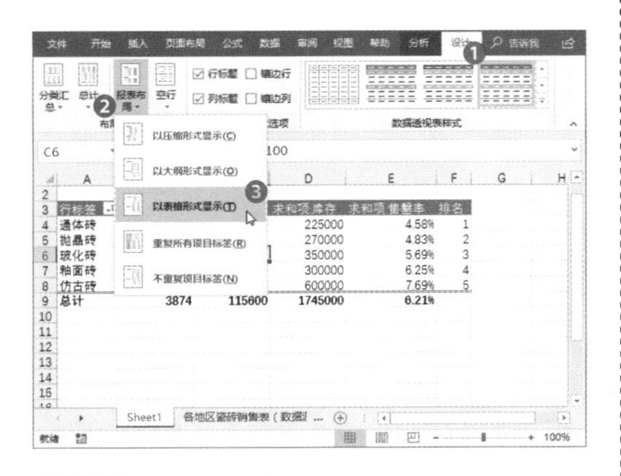

步骤 4 返回工作表中，查看最终效果。

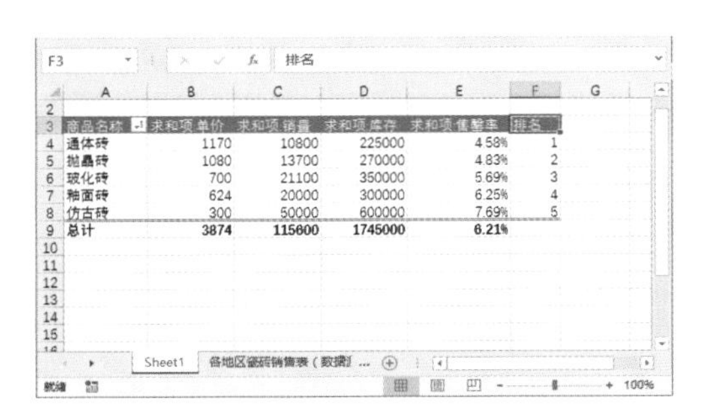

商品名称	求和项:单价	求和项:销量	求和项:库存	求和项:售罄率	排名
通体砖	1170	10800	225000	4.58%	1
抛晶砖	1080	13700	270000	4.83%	2
玻化砖	700	21100	350000	5.69%	3
釉面砖	624	20000	300000	6.25%	4
仿古砖	300	50000	600000	7.69%	5
总计	3874	115600	1745000	6.21%	

9.2.4 数据透视图的应用

利用数据透视表分析数据后，接下来可以使用数据透视图，使数据更直观地呈现出来。

（1）创建数据透视图

步骤 1 打开工作表，选择表中任意单元格，切换至“插入”选项卡，单击“数据透视图”按钮。

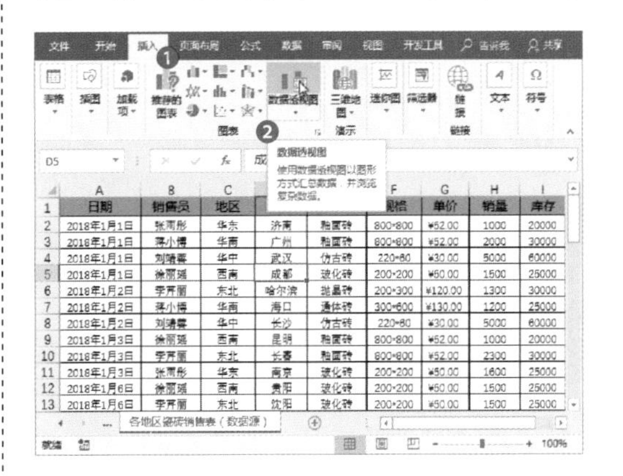

步骤 2 打开“创建数据透视图”对话框，设置“表/区域”选项，并设置其位置为“新工作表”，然后单击“确定”按钮。

步骤 3 进入数据透视图界面，在编辑区中会出现一个图表区域，接着在右侧的“数据透视图字段”窗格中进行设置。

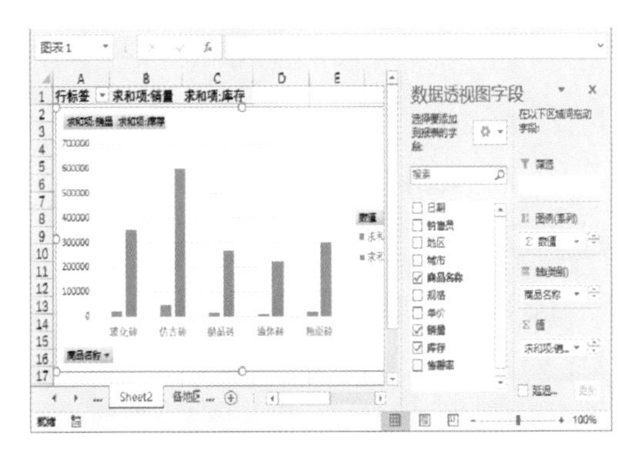

（2）筛选数据透视图内容

步骤 1 打开数据透视图，单击“商品名称”字段后的下拉按钮。

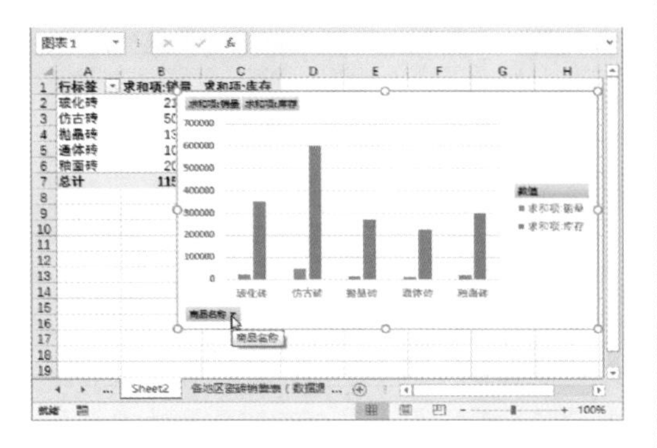

步骤 2 在展开的下拉列表中，取消对“全选”的选择，勾选“仿古砖”复选框，然后单击“确定”按钮。

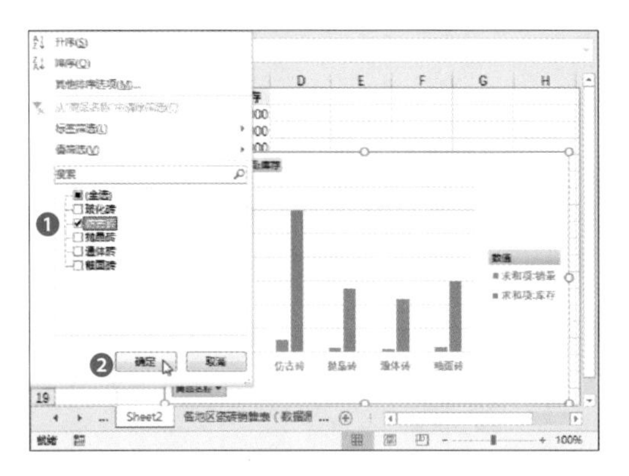

步骤 3 返回工作表，查看筛选出“仿古砖”的销售情况。

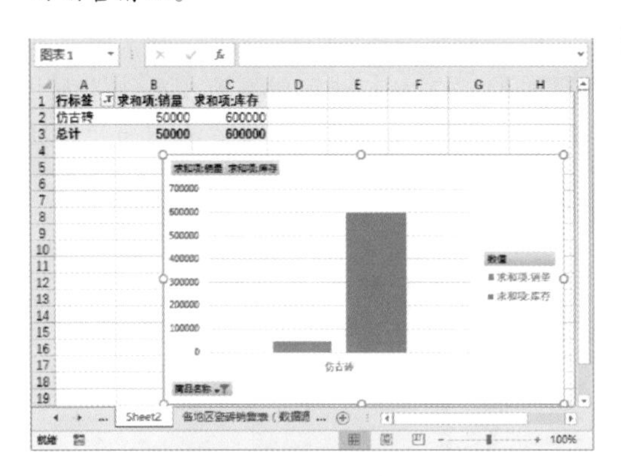

（3）调整数据透视图的布局

步骤 1 选中数据透视图，单击“数据透视图工具-设计”选项卡“图表样式”组的“其他”按钮，从列表中选择“样式9”选项。

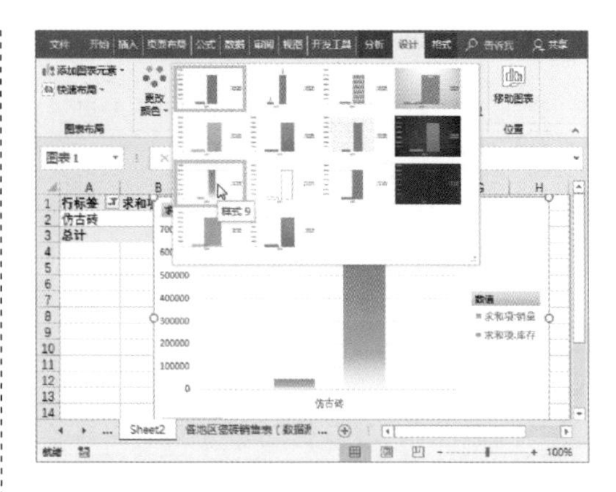

步骤 2 单击“添加图表元素”下拉按钮，从列表中选择“数据标签”选项，并从其级联菜单中选择“数据标签外”选项。

步骤 3 切换至“数据透视图工具-格式”选项卡，单击“形状样式”组中的“形状填充”下拉按钮，从列表中选择合适的颜色。

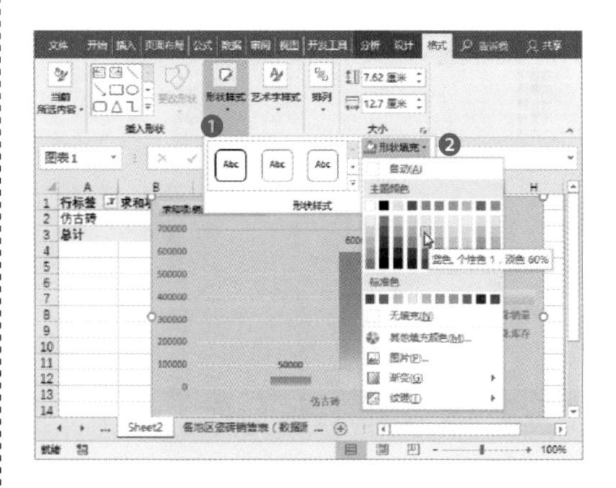

步骤 4 单击“形状效果”下拉按钮，从列表中选择“预设”选项，然后从其级联菜单中选择“预设4”选项。

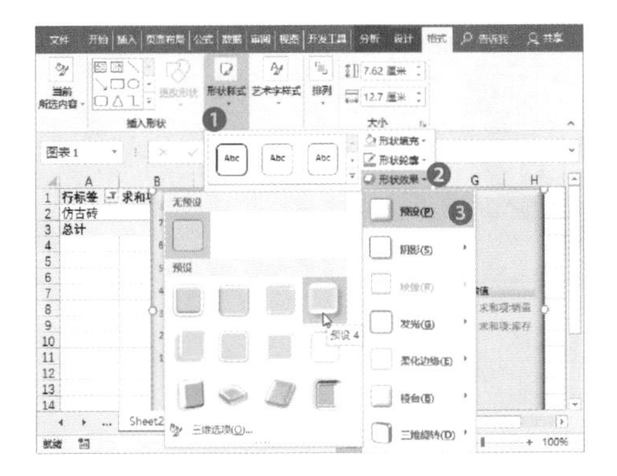

步骤 5 设置完成后，查看最终效果。

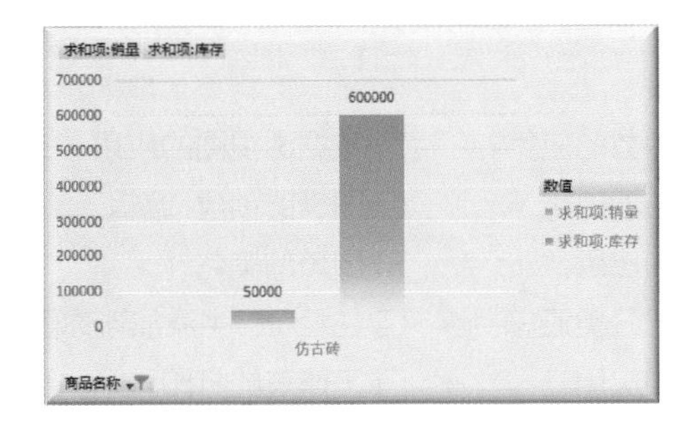

> **技巧点拨：三维选项**
>
> 还可以选择列表中的“三维选项”选项，打开“设置图表区格式”窗格，从中对形状效果进行详细的设置。

9.2.5 打印各地区瓷砖销售表

表格创建完成后，可以进行打印操作。

步骤 1 打开工作表，打开“文件”列表，选择“打印”选项。

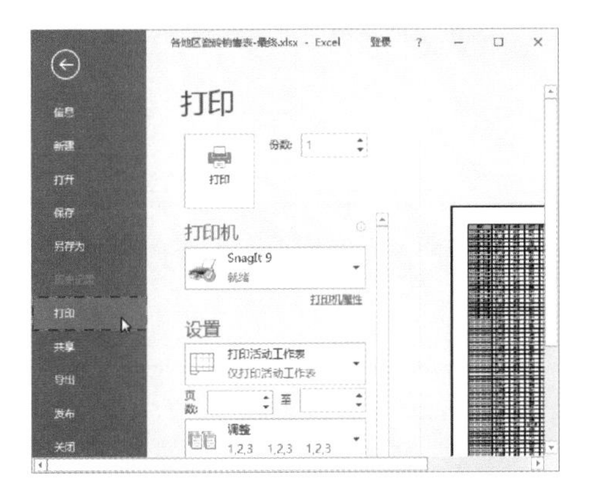

步骤 2 在“设置”区域，单击“纵向”下拉按钮，从列表中选择“横向”选项。

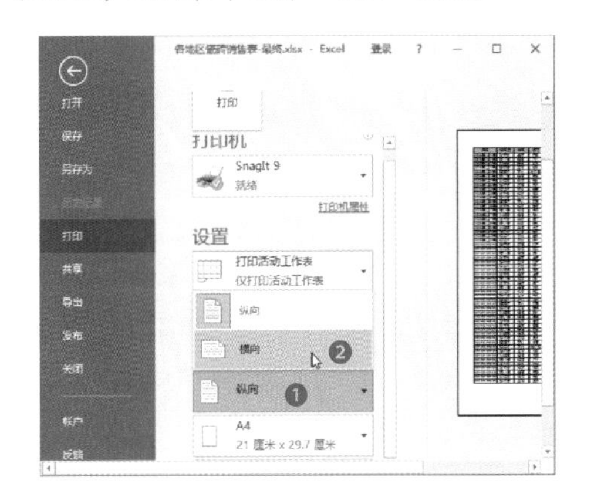

步骤 3 在右侧的打印预览区域，查看设置后的效果。

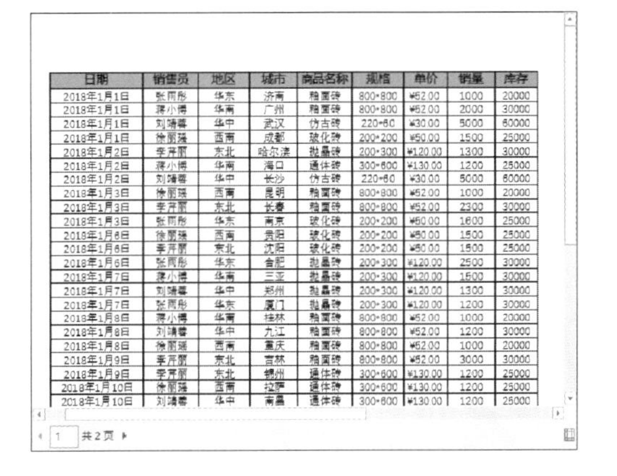

日期	销售员	地区	城市	商品名称	规格	单价	销量	库存
2018年1月1日	张雨彤	华东	济南	釉面砖	800*800	¥52.00	1000	20000
2018年1月1日	蒋小博	华南	广州	釉面砖	800*800	¥52.00	2000	30000
2018年1月1日	刘婧馨	华中	武汉	仿古砖	220*60	¥30.00	5000	60000
2018年1月1日	徐丽瑶	西南	成都	玻化砖	200*200	¥50.00	1500	25000
2018年1月2日	李芹丽	东北	哈尔滨	抛晶砖	200*300	¥120.00	1300	30000
2018年1月2日	蒋小博	华南	海口	通体砖	300*600	¥130.00	1200	25000
2018年1月2日	刘婧馨	华中	长沙	仿古砖	220*60	¥30.00	5000	60000
2018年1月3日	徐丽瑶	西南	昆明	釉面砖	800*800	¥52.00	1000	20000
2018年1月3日	李芹丽	东北	长春	釉面砖	800*800	¥52.00	2300	30000
2018年1月3日	张雨彤	华东	南京	玻化砖	200*200	¥50.00	1600	25000
2018年1月6日	徐丽瑶	西南	贵阳	玻化砖	200*200	¥50.00	1500	25000
2018年1月6日	李芹丽	东北	沈阳	玻化砖	200*200	¥50.00	1500	25000
2018年1月6日	张雨彤	华东	合肥	抛晶砖	200*300	¥120.00	2500	30000
2018年1月7日	蒋小博	华南	三亚	抛晶砖	200*300	¥120.00	1500	30000
2018年1月7日	刘婧馨	华中	郑州	抛晶砖	200*300	¥120.00	1300	30000
2018年1月7日	张雨彤	华东	厦门	抛晶砖	200*300	¥120.00	1200	30000
2018年1月8日	蒋小博	华南	桂林	釉面砖	800*800	¥52.00	1000	20000
2018年1月8日	刘婧馨	华中	九江	釉面砖	800*800	¥52.00	1200	30000
2018年1月8日	徐丽瑶	西南	重庆	釉面砖	800*800	¥52.00	1000	20000
2018年1月9日	李芹丽	东北	吉林	釉面砖	800*800	¥52.00	3000	30000
2018年1月9日	李芹丽	东北	锦州	通体砖	300*600	¥130.00	1200	25000
2018年1月10日	徐丽瑶	西南	拉萨	通体砖	300*600	¥130.00	1200	25000
2018年1月10日	刘婧馨	华中	南昌	通体砖	300*600	¥130.00	1200	25000

1 共2页

步骤 4 预览效果后，单击“打印”按钮即可。

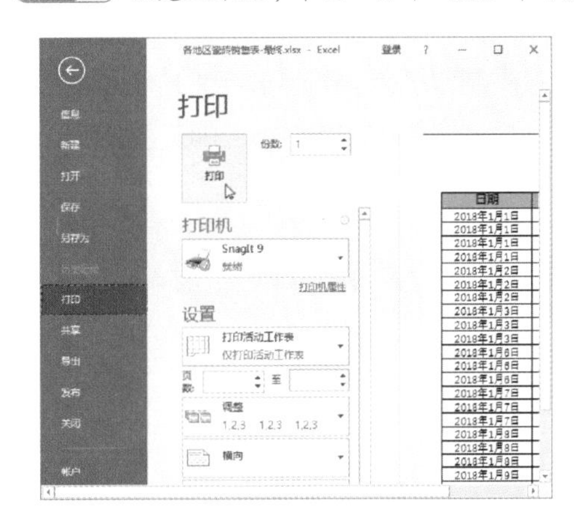

学习本篇内容后，你掌握了Excel的哪些基本操作呢，快来对照着自我检查一下吧！你也可以关注微信公众号：DSSF007，并回复关键字“爱学习”，即可获取Office知识思维导图及更多的学习资源。

- □ 工作表的操作
- □ 各类型数据的录入
- □ 公式的应用
- □ 常见数学函数的应用
- □ 常见文本函数的应用
- □ 常见日期与时间函数的应用
- □ 常见财务函数的应用
- □ 各类排序法的应用
- □ 筛选功能的应用
- □ 对数据进行分类汇总
- □ 条件格式的应用
- □ 数据透视表的应用
- □ 数据透视图的应用
- □ 图表的创建/编辑
- □ 图表的美化
- □ 在Excel中添加迷你图
- □ 工作表的打印/输出

熟悉上述知识点内容后，你能快速制作出哪些常用的文档？

- 制作家庭理财报告，用时____分钟；
- 制作房屋装修预算表，用时____分钟；
- 制作企业月度报表，用时____分钟；
- 制作考勤统计表，用时____分钟；
- 制作员工工资单，用时____分钟；
- 制作房贷还款计划，用时____分钟；
- 制作差旅费报销单，用时____分钟。

在学习过程中，你认为哪方面的知识点还需要得到强化，还有什么疑问，欢迎你记录下来并反馈给我们，我们的QQ讨论群号：785058518，这里有专业的技术人员为你答疑解惑，期待你的加入。

____

____

____

第10章 幻灯片必备基础操作

知识导读

PowerPoint（PPT）主要用于设计制作广告宣传、产品演示等的电子演示文稿。演示文稿由若干张幻灯片构成，每张幻灯片的内容既相互独立又相互联系。利用它可以生动直观地表达内容。本章将介绍幻灯片的基础操作，例如新建幻灯片、编辑幻灯片、插入艺术字等。

内容预览

插入图片

插入艺术字

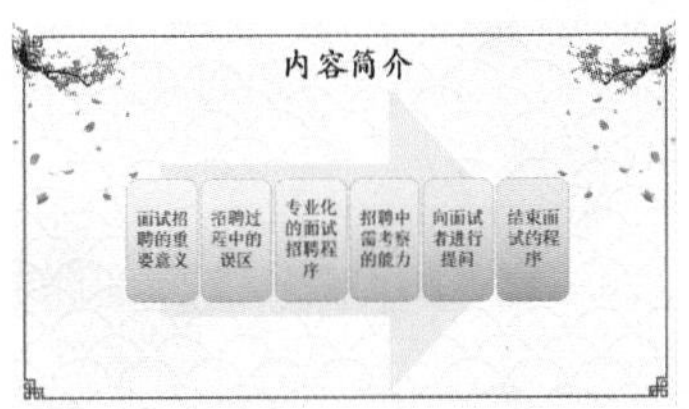

美化SmartArt图形

本章教学视频数量：4个

10.1 幻灯片的基本操作

幻灯片的基本操作包括新建幻灯片、复制/移动幻灯片、隐藏幻灯片。

10.1.1 新建幻灯片

如果想在演示文稿中添加一张新的幻灯片该如何操作呢，下面对其操作进行介绍。

方法 1 功能区命令法。选择一张幻灯片，单击“开始”选项卡“幻灯片”组的“新建幻灯片”按钮，从列表中选择一种合适的版式即可。

方法 2 右键菜单法。选择任意一张幻灯片，单击鼠标右键，从快捷菜单中选择“新建幻灯片”命令。

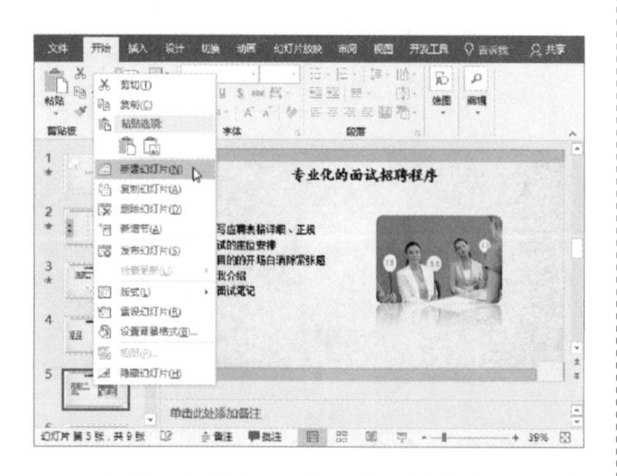

此时，在该幻灯片下方，将会出现一张新的空白幻灯片。

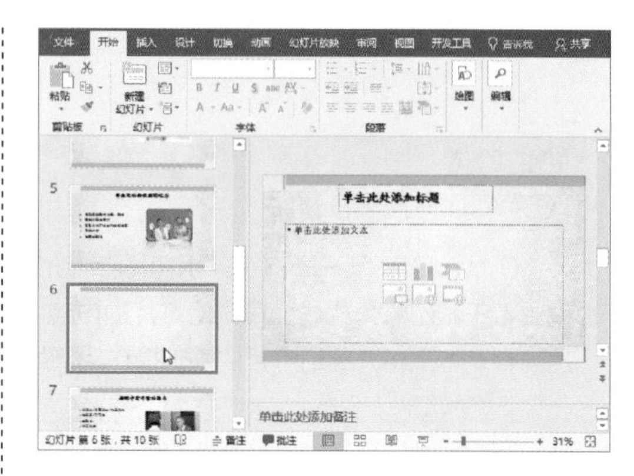

方法 3 快捷键法。选择幻灯片后，直接在键盘上按下Enter键，即可在所选幻灯片下方插入一张新的幻灯片。

10.1.2 复制/移动幻灯片

幻灯片一般是按照其播放顺序进行排列的，如果幻灯片的排列顺序不符合播放要求，就需要进行调整。

（1）复制幻灯片

步骤 1 选择需要复制的幻灯片，单击鼠标右键，从弹出的快捷菜单中选择“复制幻灯片”命令。

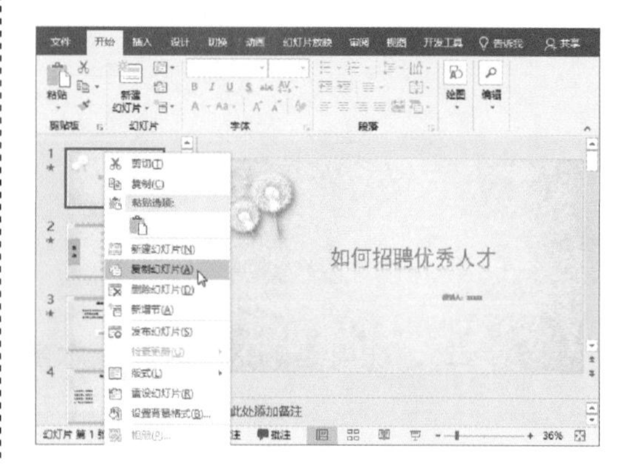

步骤 2 此时在所选幻灯片下方就会自动显示复制的幻灯片。

此外，还可以利用鼠标+键盘复制法来复制。选择幻灯片，在按住鼠标左键不放的同时按住Ctrl键，然后拖动鼠标至合适位置后，释放鼠标左键后松开Ctrl键即可。

（2）移动幻灯片

方法 1 右键菜单法。选择需要移动的幻灯片，单击鼠标右键，从弹出的快捷菜单中选择“剪切”命令。

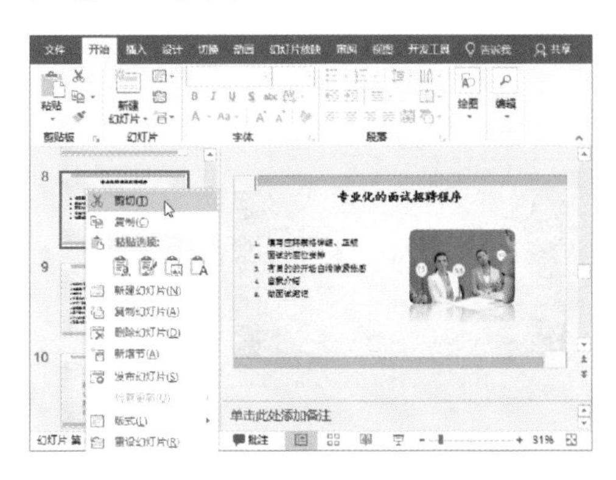

然后将光标定位至需要粘贴的位置，单击鼠标右键，从快捷菜单中选择“使用目标主题”命令即可。

方法 2 功能区按钮法。选择幻灯片，单击“开始”选项卡中的“剪切”按钮。

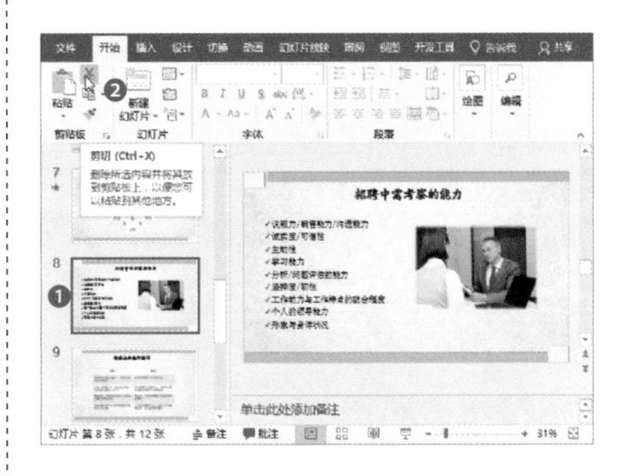

将光标定位至需要的位置，单击“粘贴”下拉按钮，从列表中选择“使用目标主题”选项。

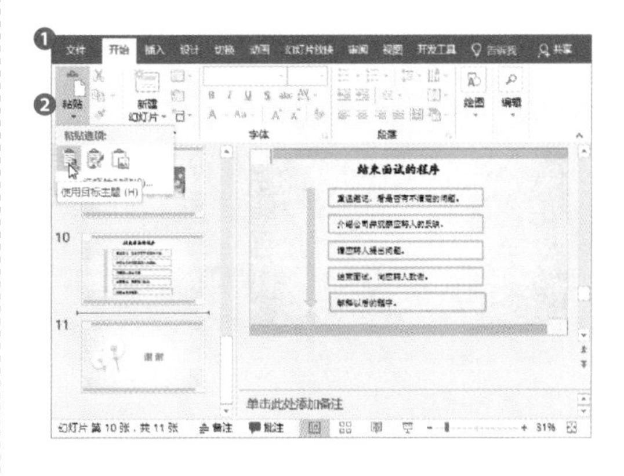

即可将幻灯片移动至光标所在处的位置。

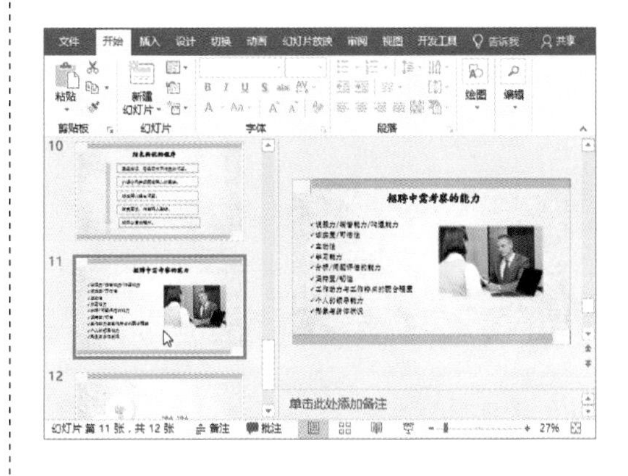

使用鼠标拖动法也可以移动幻灯片。选择幻灯片，按住鼠标左键不放，将其拖动至合适位置，释放鼠标即可。

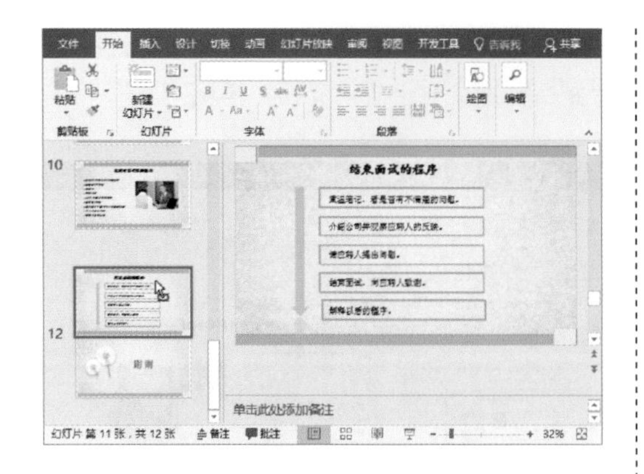

10.1.3 隐藏幻灯片

在播放幻灯片时，如果不想播放某张幻灯片，该怎么办？可以将该幻灯片隐藏掉。

方法 1 快捷菜单法。选择需要隐藏的幻灯片，单击鼠标右键，从弹出的快捷菜单中选择“隐藏幻灯片”命令。

此时，该幻灯片序号上出现隐藏符号，说明该幻灯片已经被隐藏了。

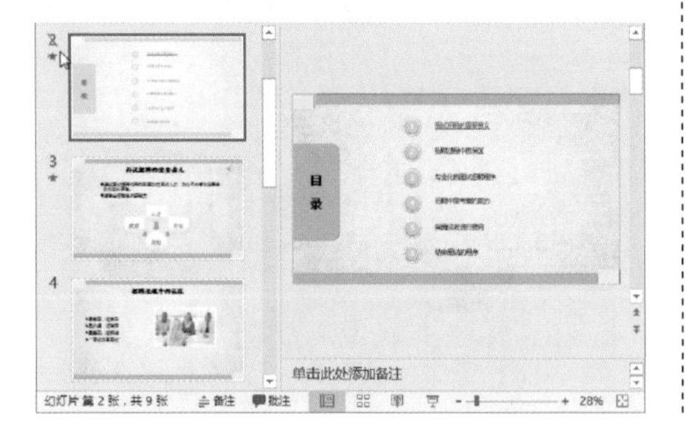

方法 2 功能区命令法。选择需要隐藏的幻灯片，单击“幻灯片放映”选项卡中的“隐藏幻灯片”按钮即可。

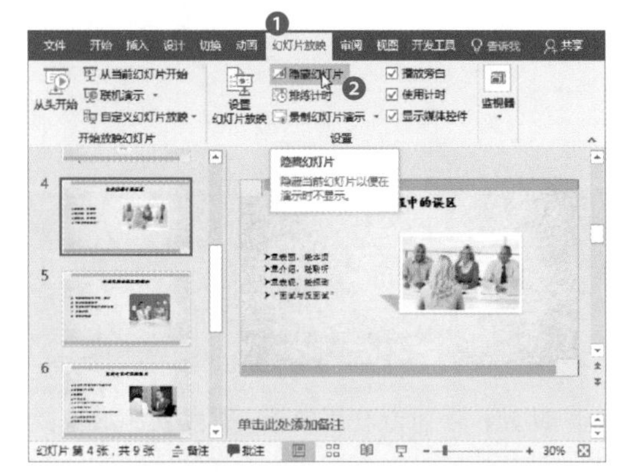

如果想要取消隐藏的幻灯片，就选择隐藏的幻灯片，单击鼠标右键，从中选择“隐藏幻灯片”即可将隐藏的幻灯片显示出来。

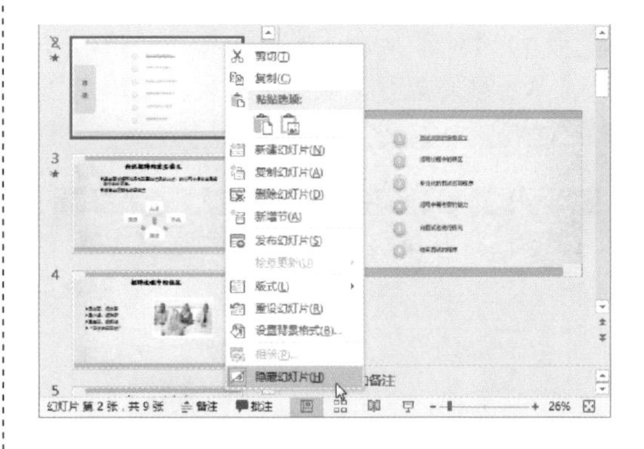

技巧点拨：功能区命令显示隐藏的幻灯片

选择隐藏的幻灯片，单击“幻灯片放映”选项卡中的“隐藏幻灯片”按钮，即可将隐藏的幻灯片显示出来。

10.2 幻灯片母版与版式

如果对当前的幻灯片版式不够满意，可以在母版视图中设计一个满足需求的幻灯片版式。

10.2.1 母版的应用

利用幻灯片母版功能，可以为演示文稿中的幻灯片设置统一的背景格式。

步骤 1 打开演示文稿，单击“视图”选项卡中的“幻灯片母版”按钮。

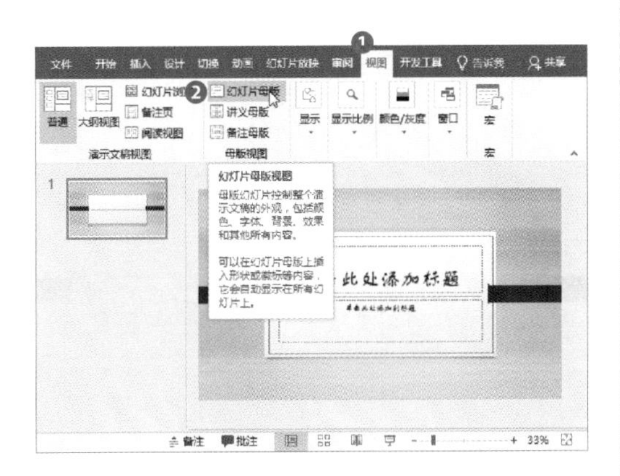

步骤 2 自动打开“幻灯片母版”选项卡，选中第一张幻灯片版式，单击鼠标右键，从中选择“设置背景格式”命令。

步骤 3 打开“设置背景格式”窗格，选中“图片或纹理填充”单选按钮，然后单击“文件”按钮。

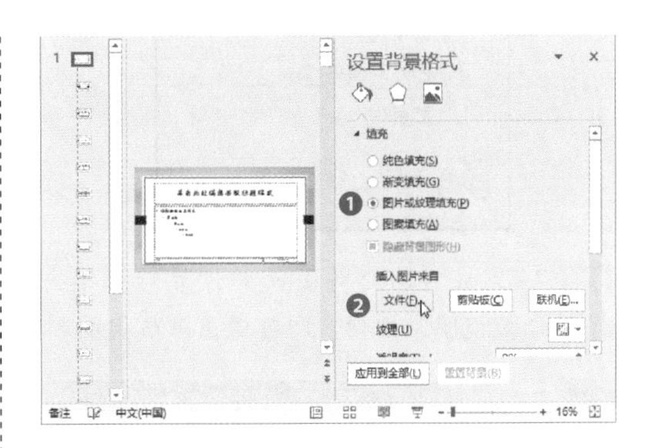

步骤 4 打开“插入图片”对话框，选择图片后单击“插入”按钮。

步骤 5 关闭窗格，选择第一张幻灯片版式，单击“母版版式”按钮。

步骤 6 打开"母版版式"对话框，从中可以选择在母版中显示哪些占位符，设置完成后，单击"确定"按钮。

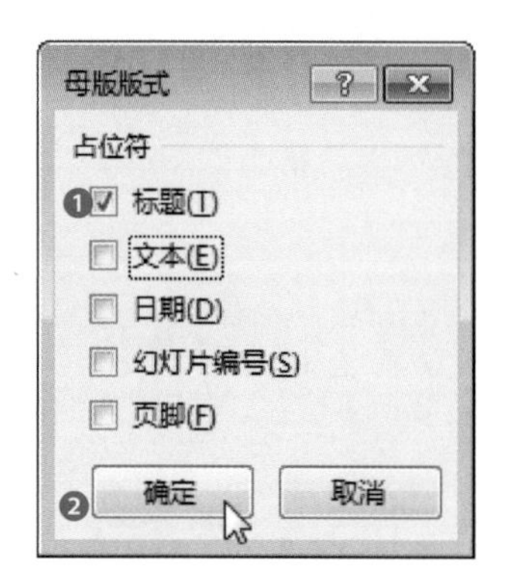

步骤 7 完成对幻灯片页面的设置后，单击"关闭母版视图"按钮，即可退出母版视图。

10.2.2 幻灯片版式

幻灯片版式是指幻灯片中的内容（文字、图片、图表等）在幻灯片上的排列方式，而版式又由占位符组成。

（1）标题幻灯片版式

由两个占位符组成，一个用于输入标题，另一个用于添加副标题。输入文本后文本的字体格式都会按照既定的格式显示，其格式与占位符中的字体预览格式一致。将光标定位至占位符中，即可添加内容。

（2）标题和内容版式

该版式由一个标题占位符和一个内容占位符组成，内容占位符可用于输入文本，插入表格、图表、SmartArt图形、本地图片、联机图片、视频文件等。单击相应对象的图标，即可根据提示插入该对象。

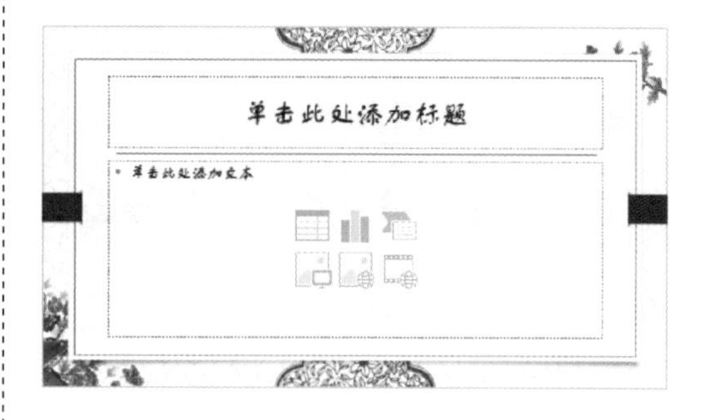

（3）两栏内容版式

该版式由三个占位符组成：一个标题占位符，两个内容占位符。

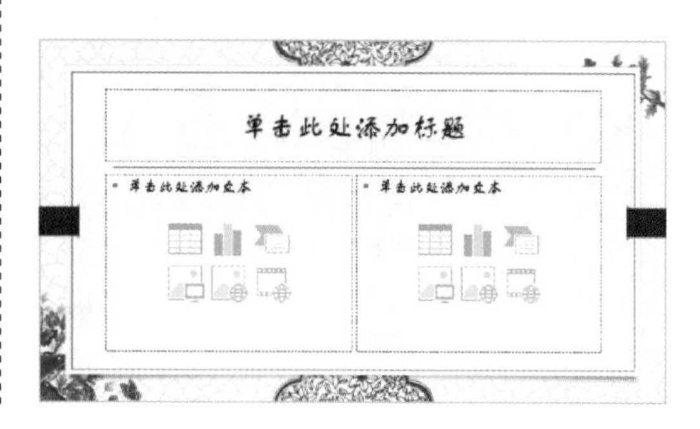

10.3 幻灯片页面的编辑

幻灯片的页面设置是演示文稿是否出彩的关键部分。幻灯片的页面主要由文字、图片、图形、影像等元素组成。

10.3.1 输入与编辑文本

输入文本相信大家都会，但想要设置得漂亮，就需要掌握一些方法了。

步骤 1 输入文本。打开演示文稿，可以看到“单击此处添加标题”“单击此处添加副标题”的虚线框。

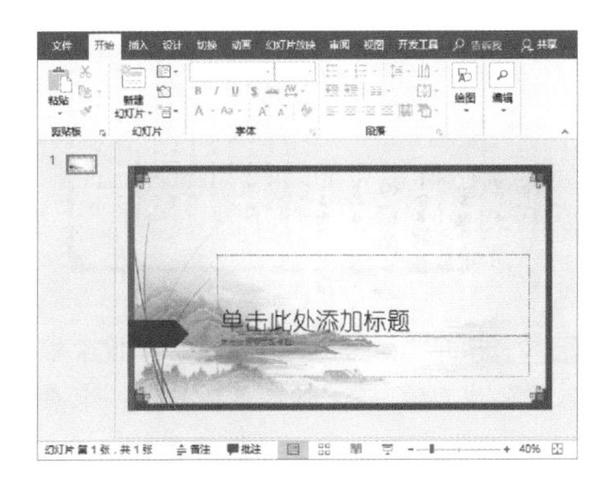

步骤 2 将光标定位至虚线框内，就可以输入文本内容了。

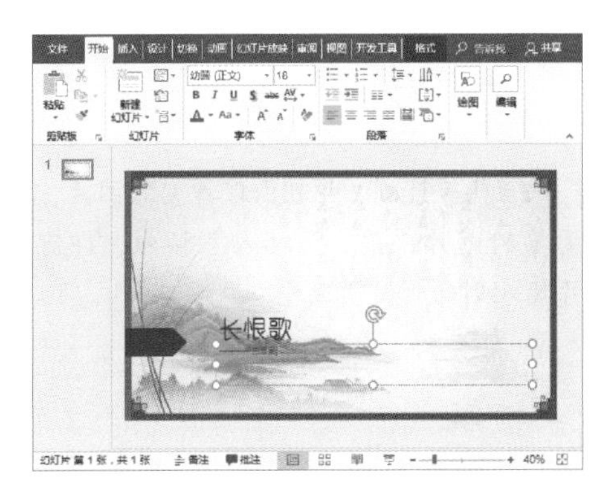

步骤 3 输入完成后，在虚线框外单击，即可完成输入。

步骤 4 编辑文本。选择需要编辑的文本，单击“开始”选项卡中的“字体”按钮，从列表中选择合适的字体。

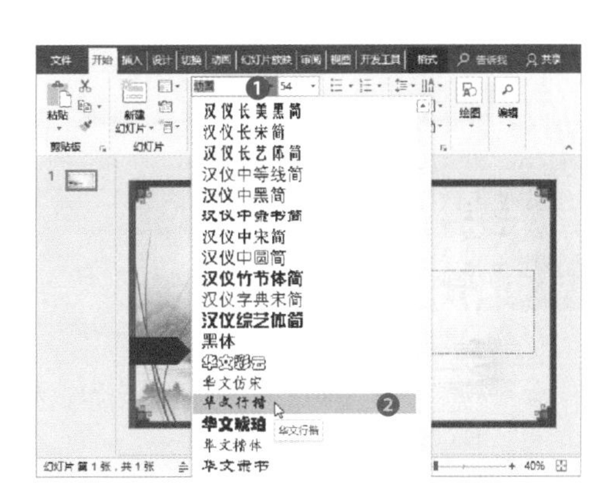

步骤 5 单击“开始”选项卡中的“字号”按钮，可以调整字号的大小。

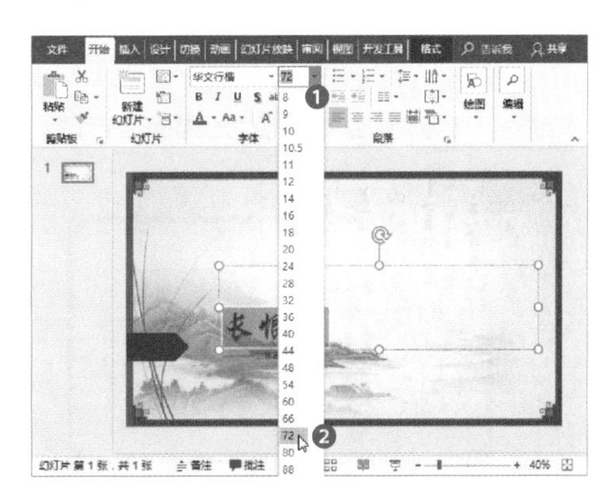

步骤 6 单击“开始”选项卡中的“字体颜色”按钮，可以调整文字颜色。

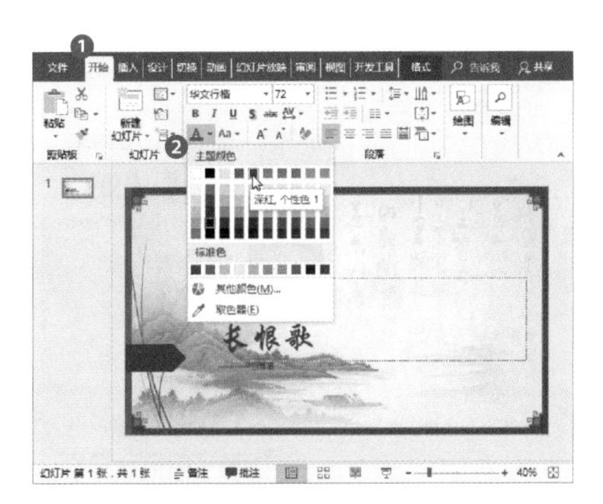

步骤 7 按照同样的方法，编辑其他文本，并将文本内容移至页面合适位置。

10.3.2 插入图片

在幻灯片中插入图片可以增加吸引力，并且能更好地对文本进行说明。

（1）插入图片

步骤 1 插入本地图片。选择需要插入图片的幻灯片，单击“插入”选项卡中的“图片”按钮。

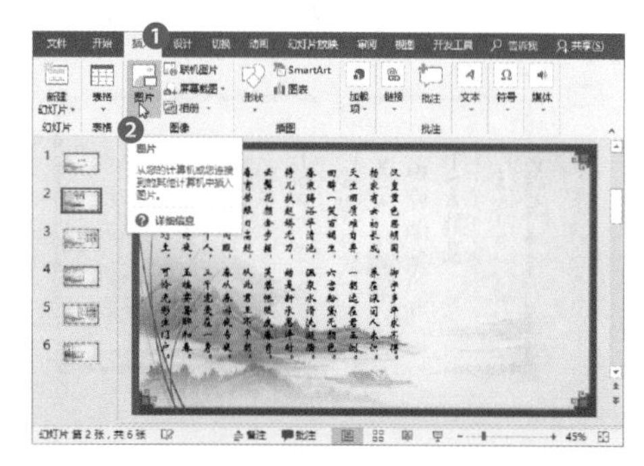

步骤 2 打开“插入图片”对话框，从中选择图片，单击“插入”按钮。

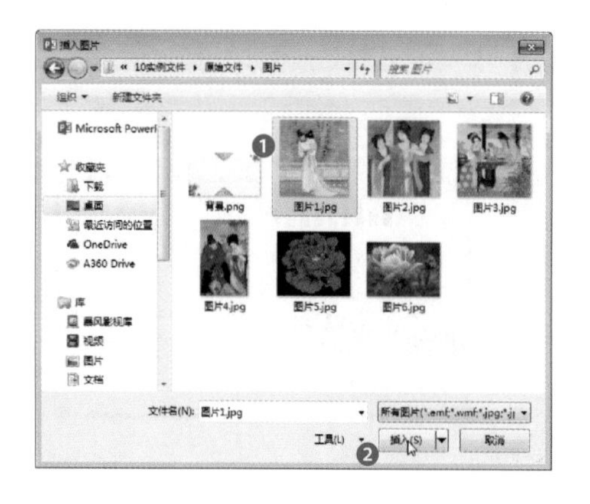

步骤 3 将图片插入到幻灯片中，调整图片的大小，并将其移至合适位置。

在对本地图片效果不满意时，还可以试着插入联机图片。

步骤 1 选择幻灯片，单击“插入”选项卡中的“联机图片”按钮。

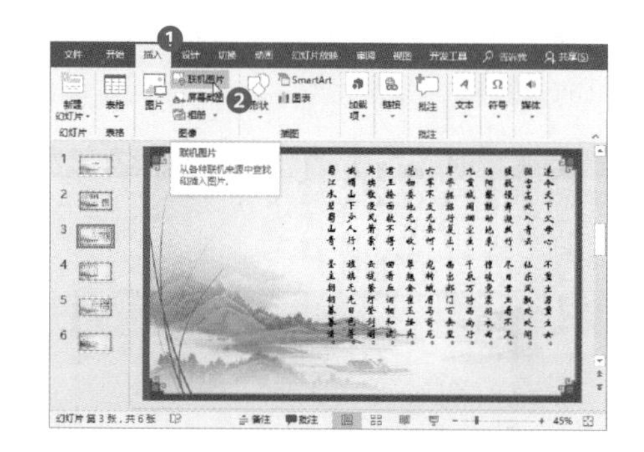

步骤 2 打开“插入图片”窗格，在搜索框中输入需要搜索的内容，然后单击“搜索”按钮。

步骤 3 稍等片刻，即可出现搜索的图片，选择需要的图片，单击“插入”按钮，即可将图片插入到幻灯片页面中。

（2）编辑图片

① 更换图片。

步骤 1 选择所需图片，单击“图片工具-格式”选项卡中的“更改图片”按钮。

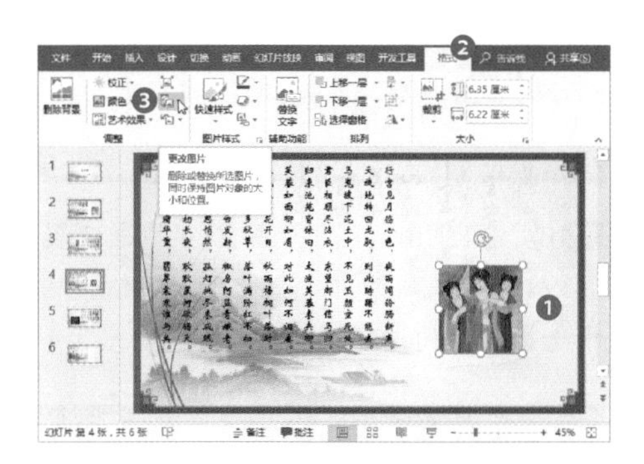

步骤 2 从展开的列表中选择“来自文件”选项。

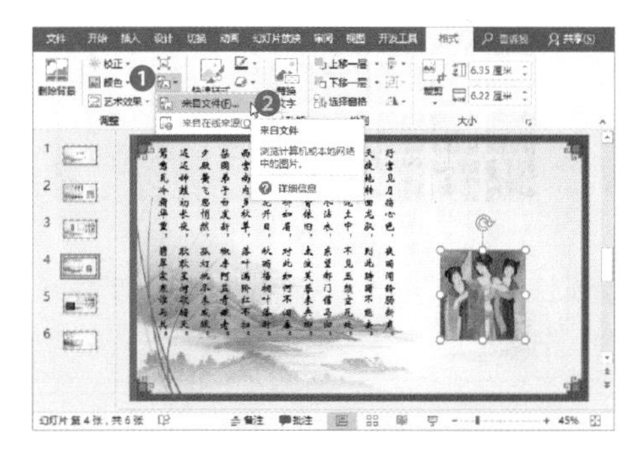

步骤 3 打开“插入图片”对话框，根据需要选择图片，然后单击“插入”按钮即可。

> **知识延伸：重设图片**
>
> 选择需要还原的图片，单击“图片工具-格式”选项卡中的“重设图片”按钮，从列表中选择合适的命令即可。

② 调整图片。

图片插入后，应对图片的大小进行适当调整，使图片达到最佳效果。

步骤 1 裁剪图片。选择所需图片，单击“图片工具-格式”选项卡中的“裁剪”按钮。

步骤 2 图片周围出现八个裁剪点，选择一个裁剪点，按住鼠标左键不放，拖动鼠标裁剪图片。

步骤 3 调整图片大小。选择图片，图片周围会出现八个控制点，拖动角部控制点，可以将图片等比例拉大或缩小。

步骤 4 如果拖动边控制点，可将图片横向或纵向拉大或缩小。

步骤 5 删除图片背景。选择图片，单击“图片工具-格式”选项卡中的“删除背景”按钮。

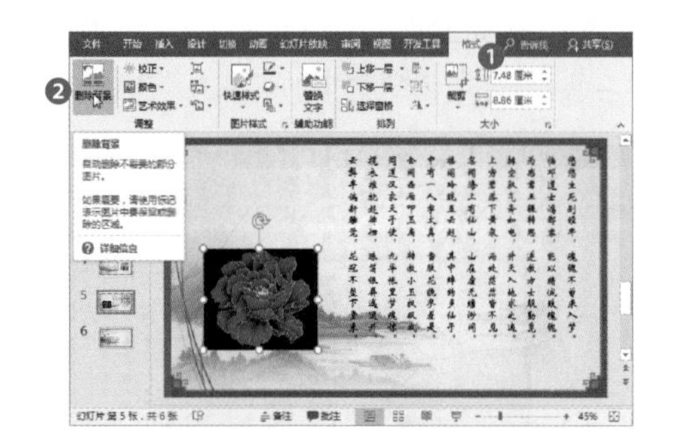

步骤 6 切换至“背景消除”选项卡，单击“标记要保留的区域”按钮。

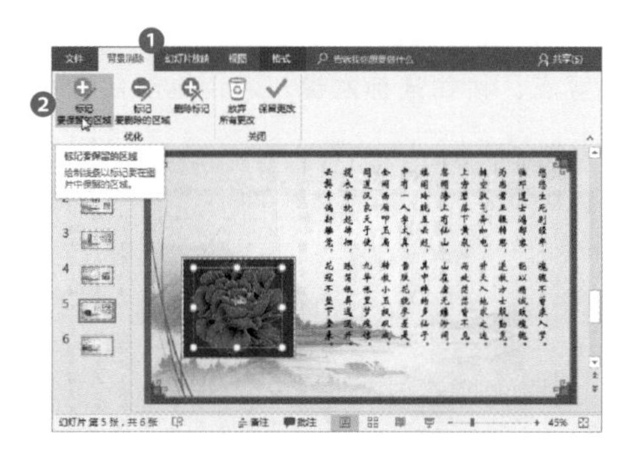

步骤 7 光标变为笔样式，在需要保留的区域单击。

步骤 8 标记完成后，单击“保留更改”按钮，就可以将图片的背景删除。

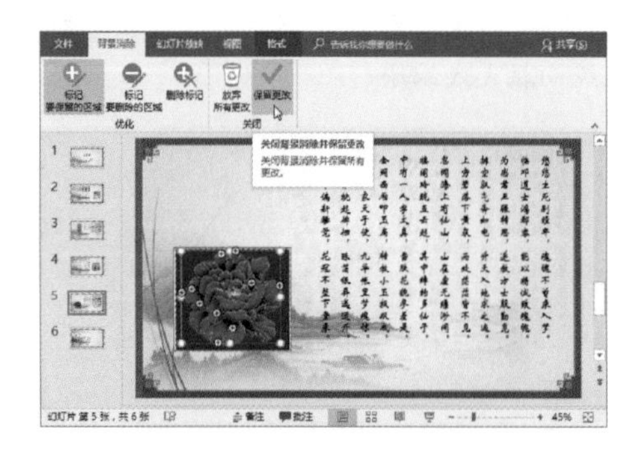

步骤 9 查看删除图片背景后的效果。

步骤 10 美化图片。选择图片，单击“图片工具-格式”选项卡中的“校正”按钮，从列表中选择合适的选项。

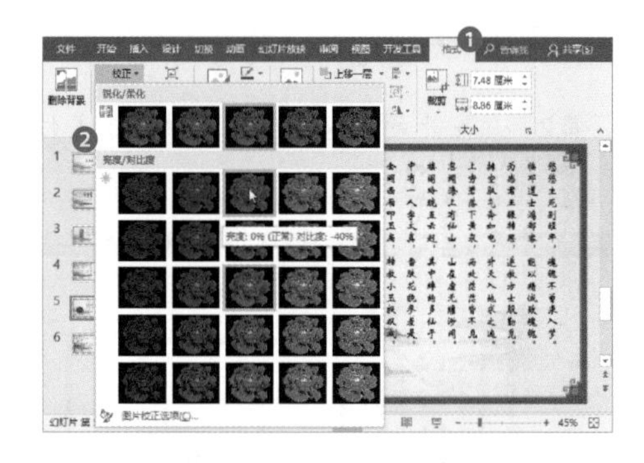

步骤 11 单击“颜色”按钮，从列表中选择合适的颜色。

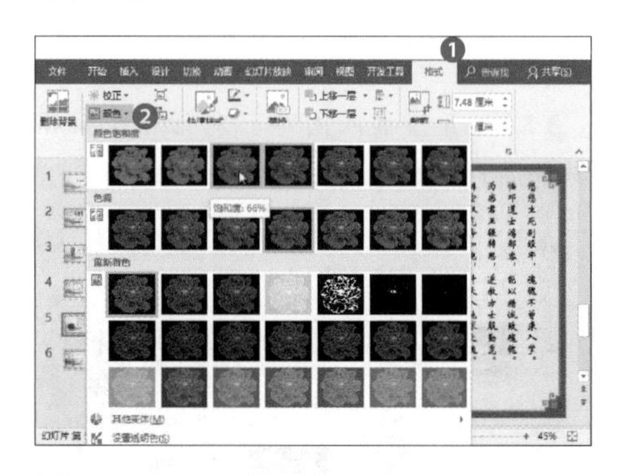

步骤 12 单击“艺术效果”按钮，从列表中选择合适的艺术效果。

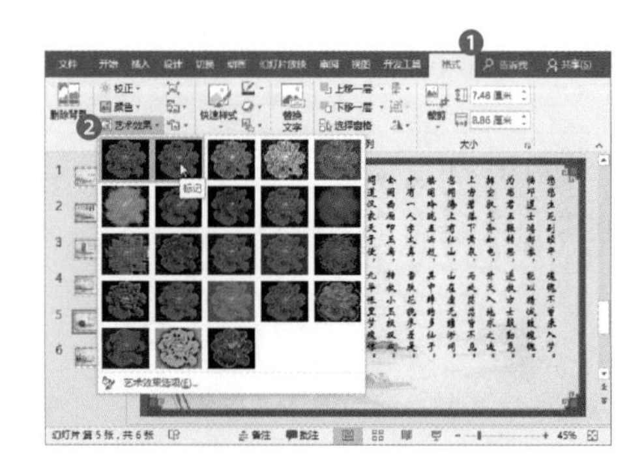

步骤 13 单击“快速样式”下拉按钮，从列表中选择合适的样式。

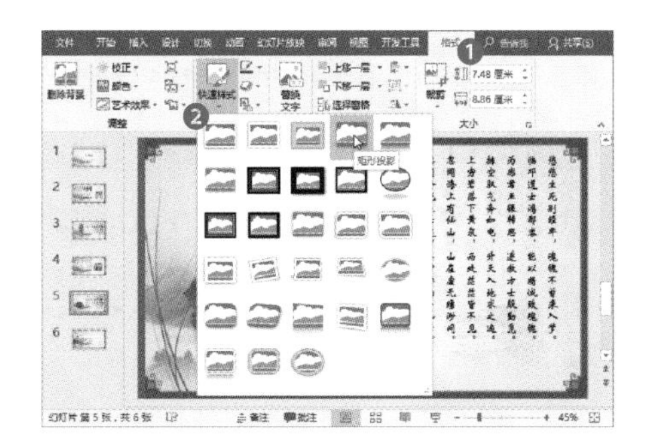

步骤 14 设置完成后，查看最终效果。

10.3.3 插入形状图形

形状图形既可以突出重点文字，也可以美化页面，甚至可以当作蒙版来弱化背景感太强的图片。

（1）插入形状

步骤 1 选择幻灯片，切换至“插入”选项卡，单击“形状”下拉按钮，从列表中选择“矩形”选项。

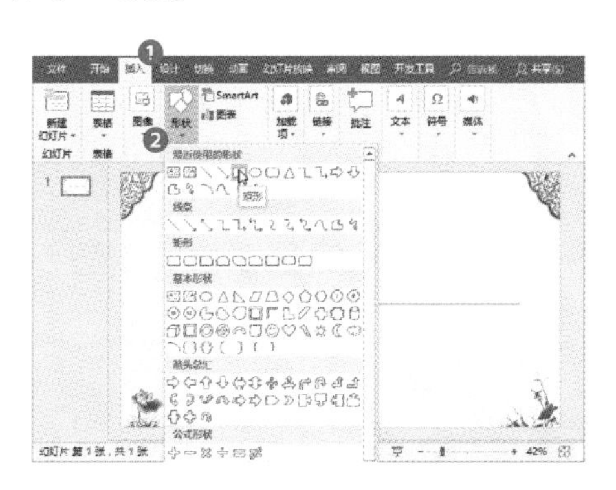

步骤 2 光标变为十字形，按住鼠标左键不放，拖动鼠标绘制图形，绘制完成后释放鼠标左键即可。

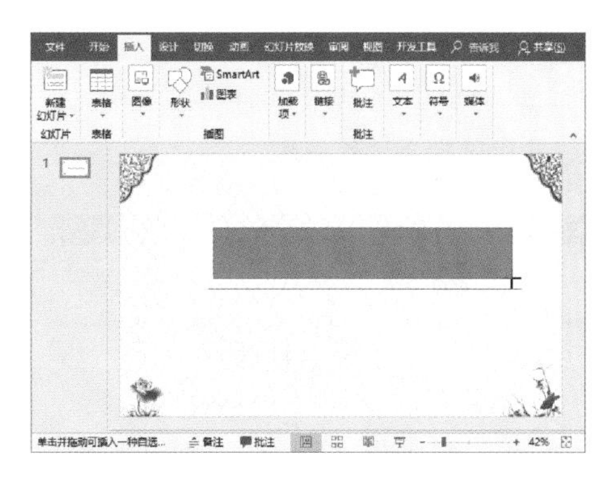

步骤 3 在绘制的图形中添加合适的文本内容就可以了。

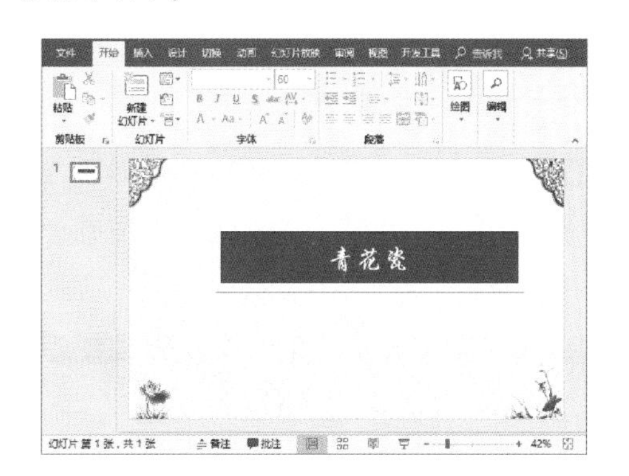

技巧点拨：在图形中添加文本

选择绘制的图形，单击鼠标右键，从弹出的快捷菜单中选择“编辑文字”命令即可。

（2）编辑形状

步骤 1 更改形状。选择图形，单击“绘图工具-格式”选项卡中的“编辑形状”按钮，从列表中选择“更改形状”选项，然后在其级联菜单中选择需要的形状。

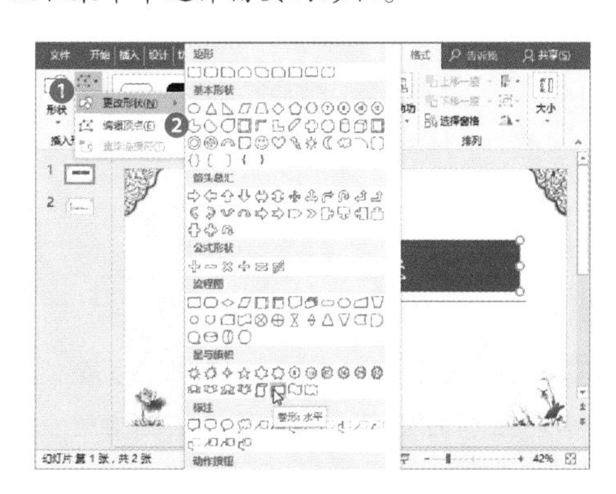

步骤 2 更改图形颜色。选择图形，单击“绘图工具-格式”选项卡中的“形状填充”按钮，从中选择合适的颜色。

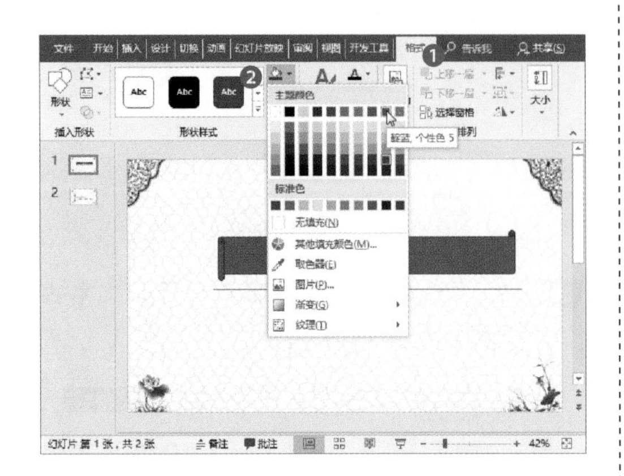

步骤 3 更改图形轮廓。选择图形，单击“绘图工具-格式”选项卡中的“形状轮廓”按钮，从列表中选择“无轮廓”选项。

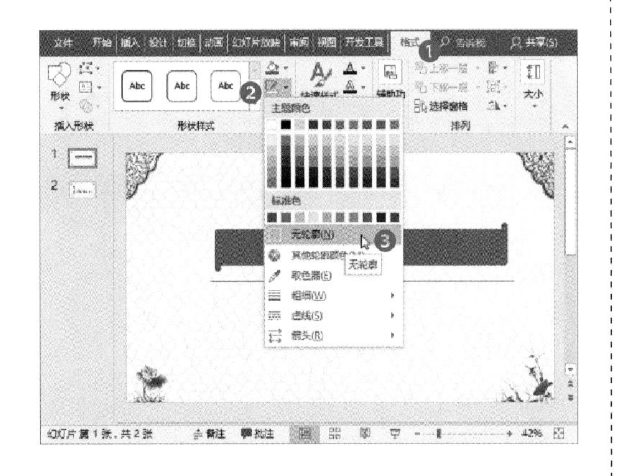

步骤 4 设置完成后，查看效果。

步骤 5 组合图形。按住Ctrl键不放，依次选择需要组合的图形，然后单击鼠标右键，从快捷菜单中选择“组合>组合”命令即可。

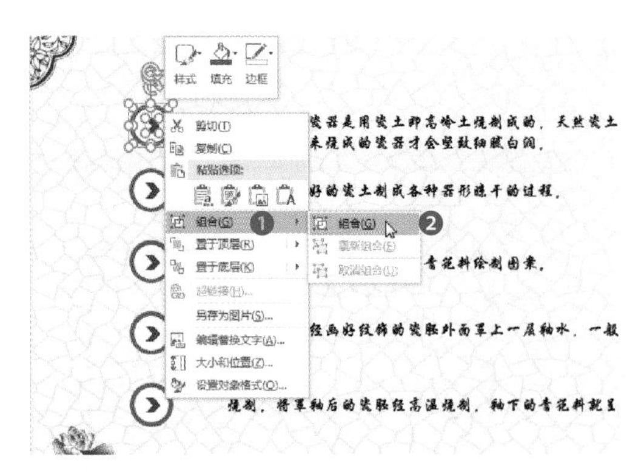

步骤 6 对齐图形。选择所有组合图形，单击“绘图工具-格式”选项卡“排列”组的“对齐”按钮，从列表中选择“纵向分布”选项。

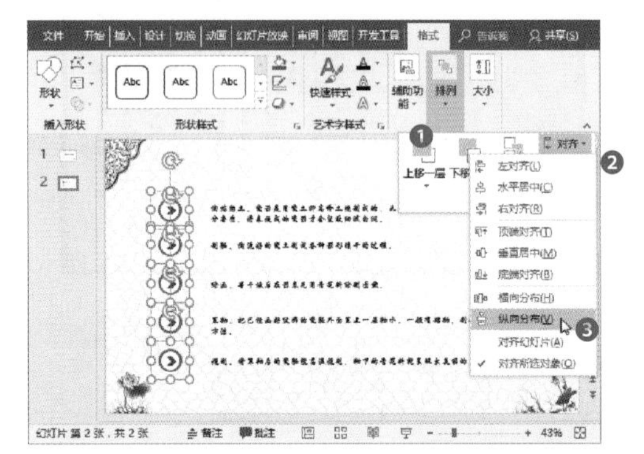

步骤 7 设置形状效果。选择图形，单击“绘图工具-格式”选项卡的“形状效果”按钮，从列表中选择合适的选项，然后再从级联菜单中选择合适的效果即可。

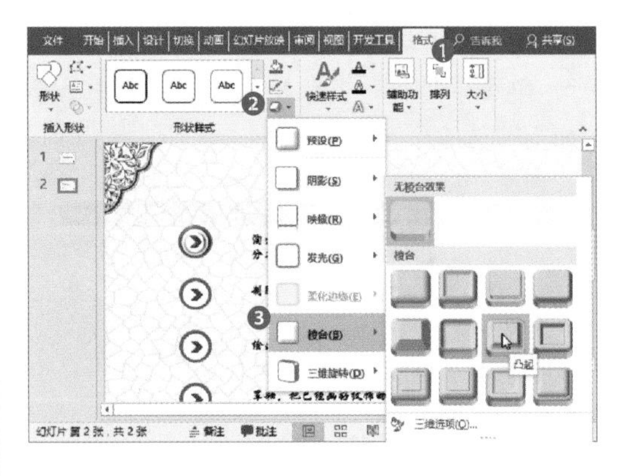

10.3.4 插入艺术字

插入艺术字可以使幻灯片看起来更加丰富多彩。

步骤 1 选择幻灯片，切换至“插入”选项卡，单击“文本”组中的“艺术字”下拉按钮，从列表中选择合适的选项。

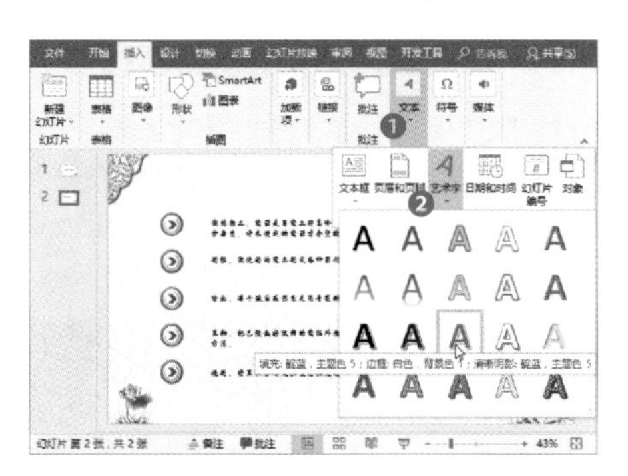

步骤 2 幻灯片页面中出现一个“请在此放置您的文字”文本框。

步骤 3 输入文本，然后将其移至页面合适位置即可。

步骤 4 选择艺术字，单击“绘图工具-格式”选项卡中“文本填充”按钮，从列表中选择“深红”选项。

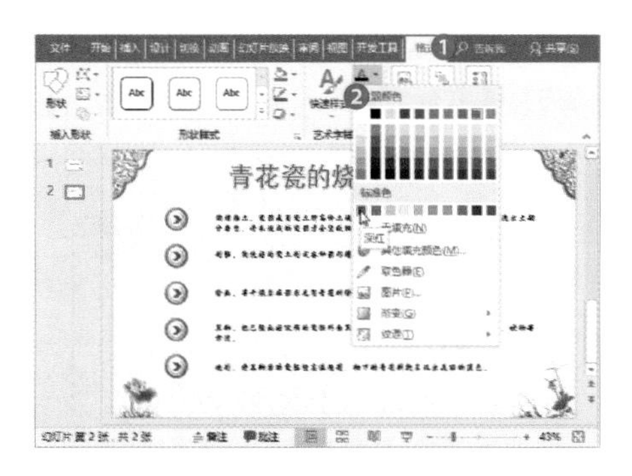

步骤 5 单击“文本轮廓”按钮，从列表中选择合适的轮廓颜色。

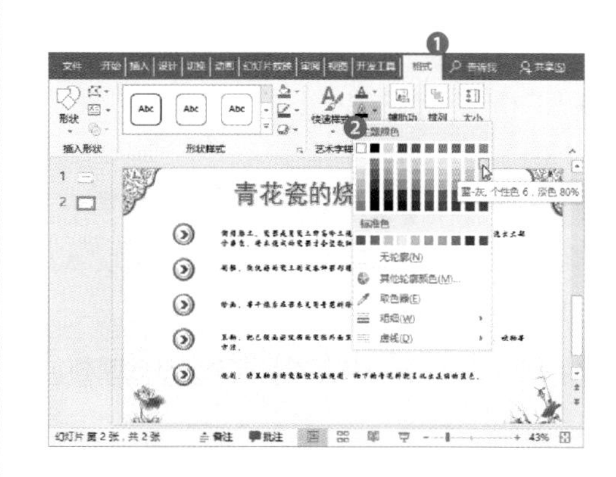

知识延伸：为艺术字填充图片效果

选中艺术字，单击“绘图工具-格式”选项卡中的“文本填充”按钮，从列表中选择“图片”选项，打开“插入图片”对话框，从中选择合适的图片，单击“插入”按钮即可。

步骤 6 单击“文本效果”按钮，从列表中选择“棱台”选项，然后从其级联菜单中选择“柔圆”选项即可。

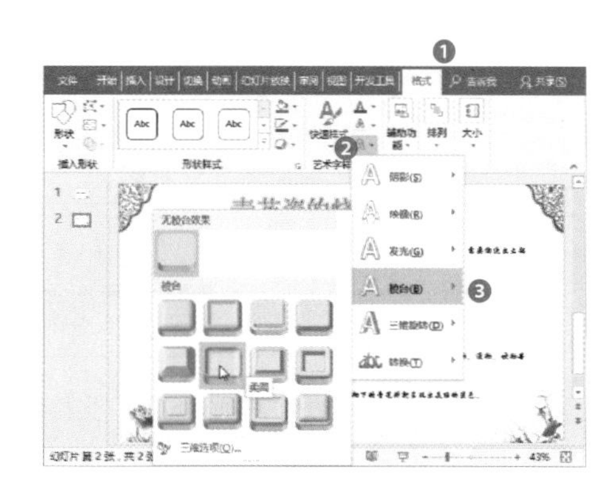

步骤 7 设置完成后，查看最终效果。

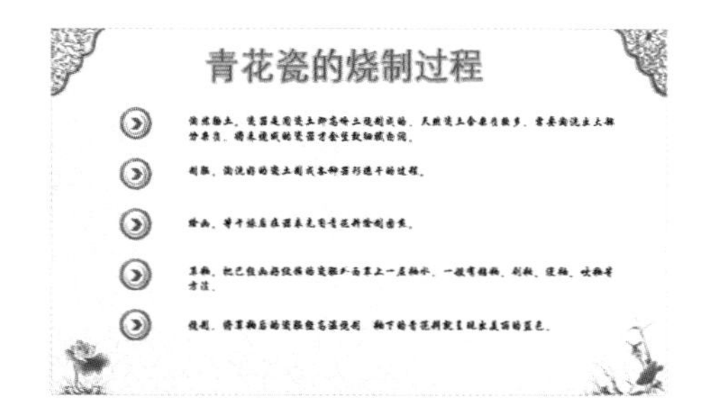

10.3.5 插入声音和影片对象

还可以在幻灯片中插入声音和影片，增加演示文稿的趣味性。

（1）插入声音

步骤 1 打开演示文稿，选择幻灯片，单击“插入”选项卡中的“音频”下拉按钮，从列表中选择“PC上的音频”选项。

步骤 2 打开“插入音频”对话框，选择音频文件，然后单击“插入”按钮。

步骤 3 将音频插入幻灯片页面后，根据需要将其移至合适位置即可。

步骤 4 此外，还可以插入录制的音频，即单击“音频”下拉按钮，从列表中选择“录制音频”选项。

技巧点拨：对音频图标进行美化

如果需要美化音频图标，则可以先选择音频图标，然后在“音频工具-格式”选项卡中对音频图标进行适当的美化。

步骤 5 打开“录制声音”对话框，单击录制按钮，开始录制声音。

步骤 6 录制好后，单击停止按钮，则停止录制声音。

步骤 7 单击播放按钮，则可以试听录制的声音，最后单击“确定”按钮即可。

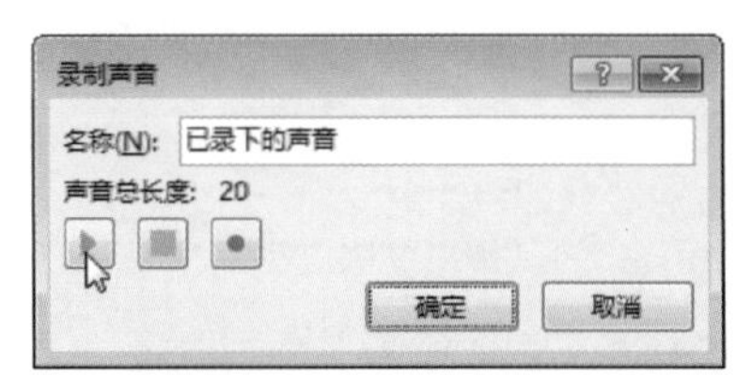

（2）插入影片

步骤 1 选择幻灯片，单击“插入”选项卡中的“视频”下拉按钮，从列表中选择“联机视频”选项。

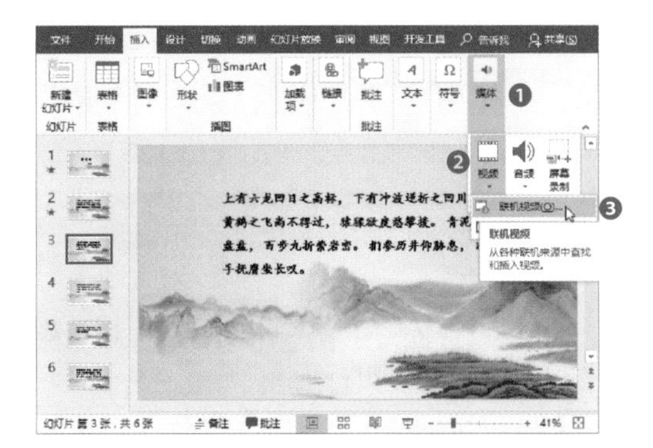

步骤 2 打开“插入视频”窗格，搜索相关视频后插入即可。

步骤 3 还可选择“PC上的视频”选项。

步骤 4 打开“插入视频文件”对话框，选择视频文件后单击“插入”按钮即可。

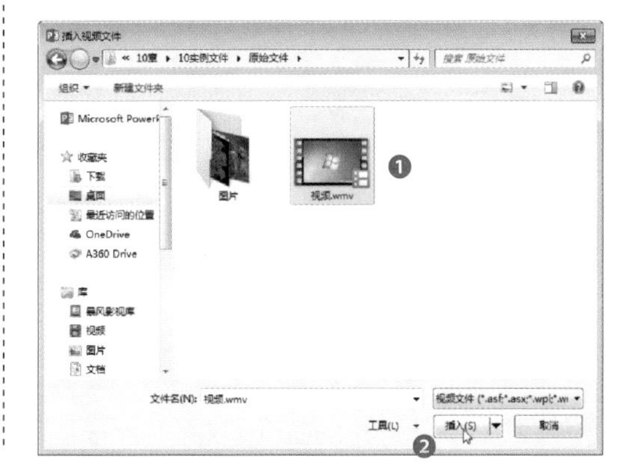

10.4 SmartArt图形的创建与编辑

SmartArt图形是信息和观点的视觉表达形式，在演示文稿中使用SmartArt图形可以既美观又有逻辑性地展示数据信息。系统提供了多种SmartArt图形，因此可以创建不同布局的SmartArt图形，并对其进行编辑。

10.4.1 创建SmartArt图形

步骤 1 打开演示文稿，选择幻灯片，单击“插入”选项卡中的SmartArt按钮。

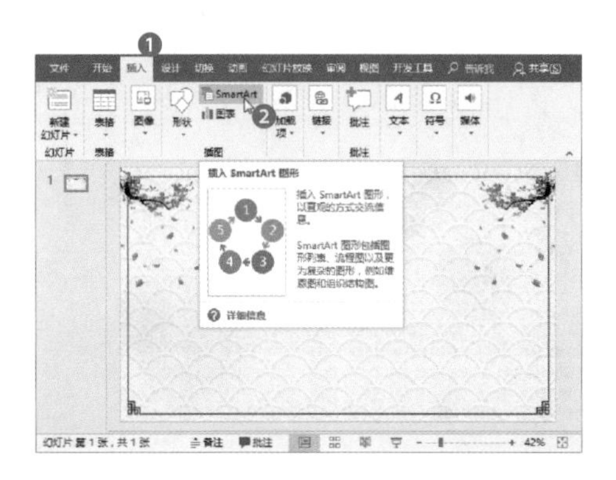

步骤 2 打开“选择SmartArt图形”对话框，选择“流程”选项，然后从中选择合适的流程图，单击“确定”按钮。

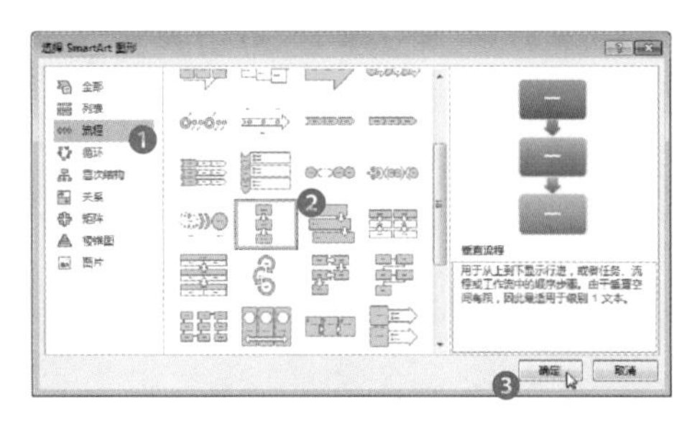

步骤 3 幻灯片中就插入了所选的SmartArt图形。

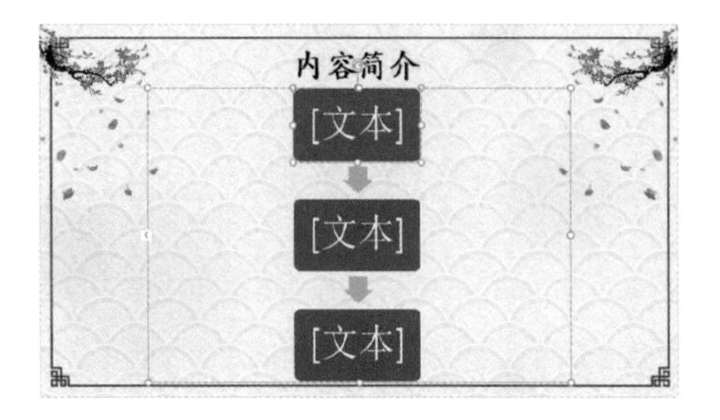

10.4.2 编辑SmartArt图形

插入SmartArt图形后，接下来可以根据喜好对SmartArt图形进行编辑。

步骤 1 为SmartArt图形添加形状。选择图形中的一个形状，切换至“SmartArt工具-设计”选项卡，单击“添加形状”按钮，从列表中选择“在后面添加形状”选项。

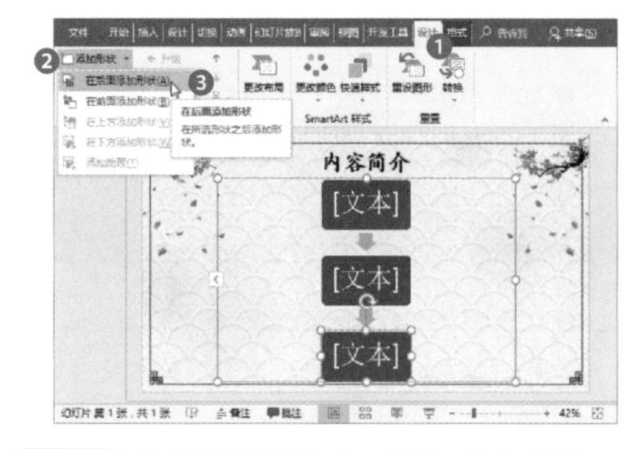

步骤 2 按照同样的方法，添加多个形状。

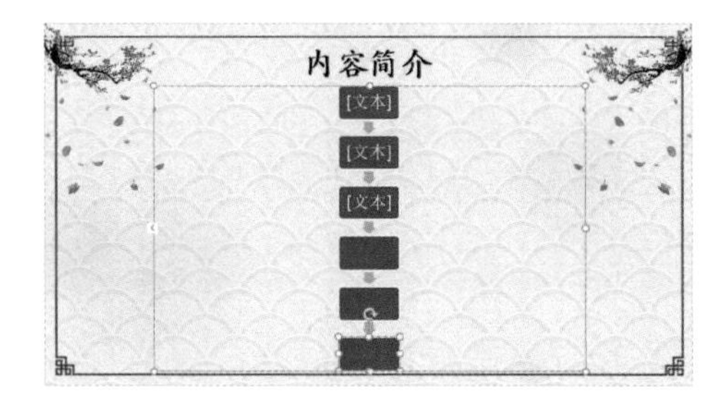

步骤 3 为SmartArt图形添加文本。将光标直接定位至需要添加文本处，然后输入文本即可。

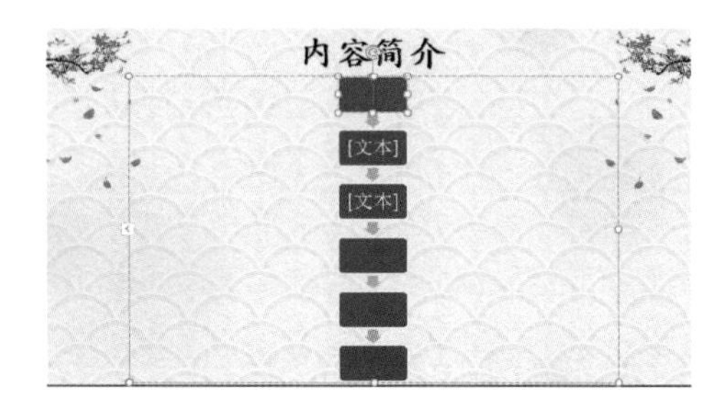

步骤 4 还可以单击SmartArt图形左侧的按钮，打开文本窗格。

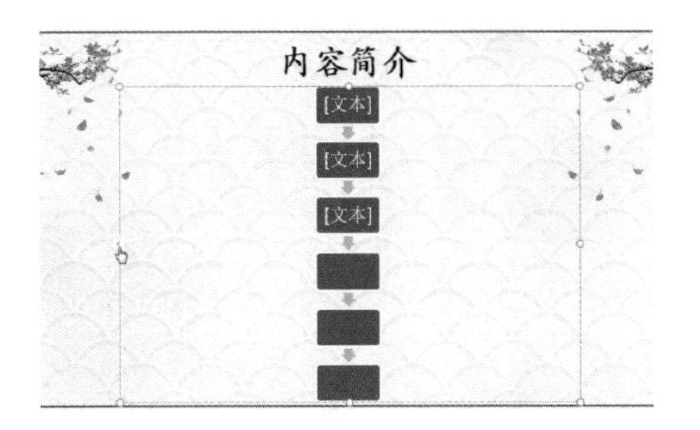

步骤 5 将光标定位至对应项，然后输入文本即可。

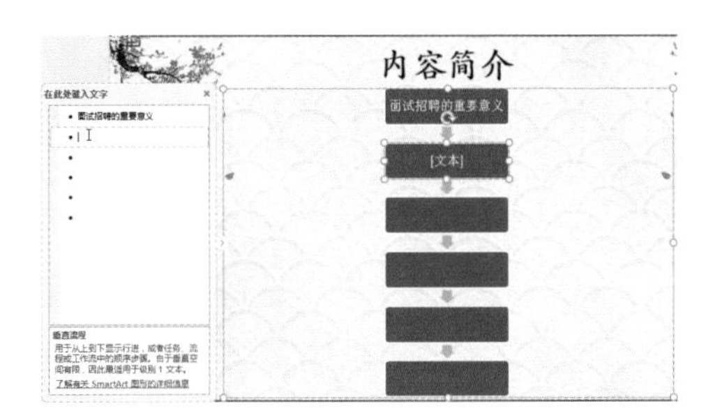

步骤 6 输入完成后，关闭文本窗格，查看效果。

步骤 7 更改SmartArt图形版式。选择SmartArt图形，单击“SmartArt工具-设计”选项卡中的“更改布局”下拉按钮。

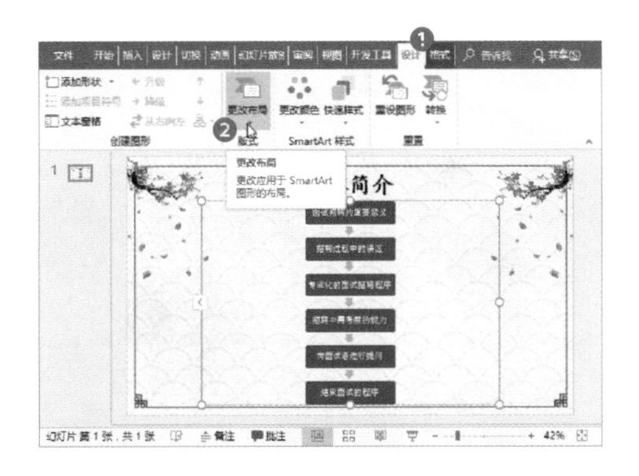

步骤 8 从列表中选择合适的版式。

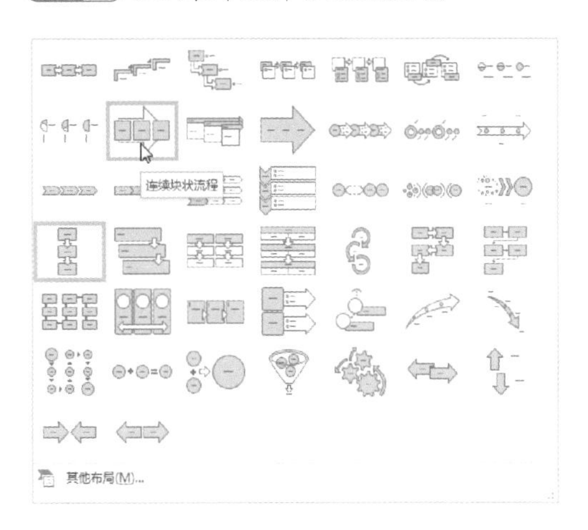

步骤 9 查看更改版式后的效果。

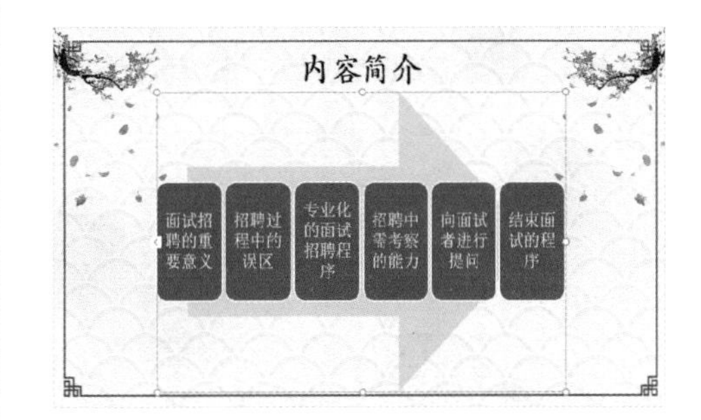

10.4.3 美化SmartArt图形

还可以对SmartArt图形进行美化，使其看起来更加美观。

步骤 1 选择SmartArt图形，单击“SmartArt工具-设计”选项卡中的“更改颜色”下拉按钮。

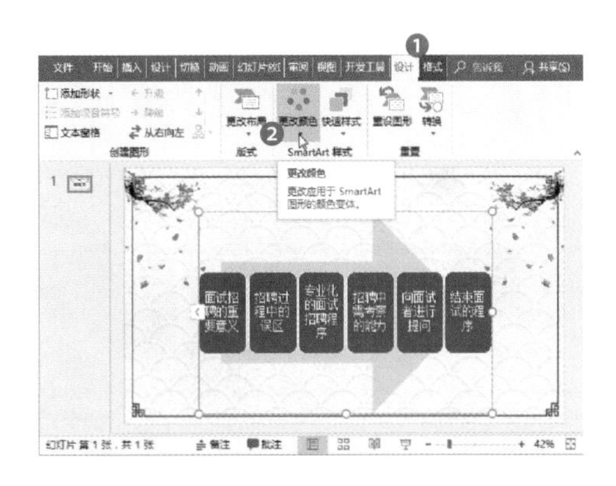

步骤 2 从展开的列表中选择合适的颜色。

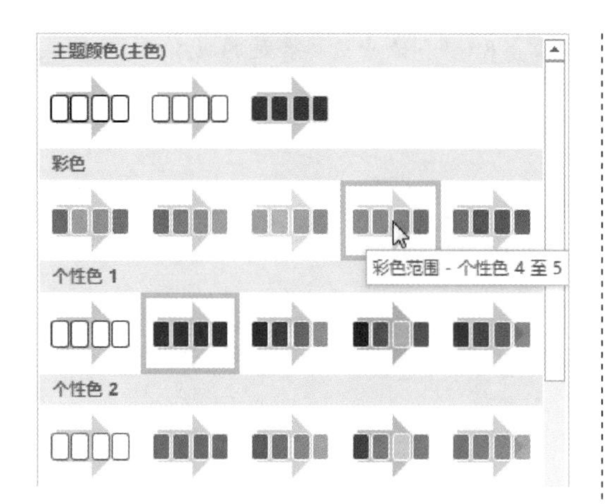

步骤 3 单击“SmartArt工具-设计”选项卡中的“快速样式”下拉按钮，从列表中选择合适的样式。

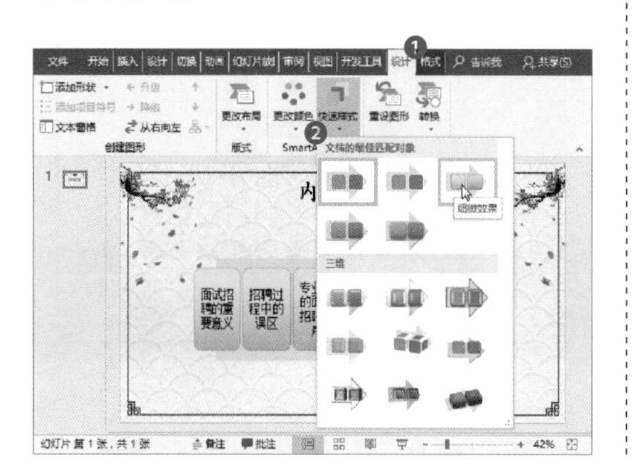

步骤 4 设置完成后，查看美化SmartArt图形后的效果。

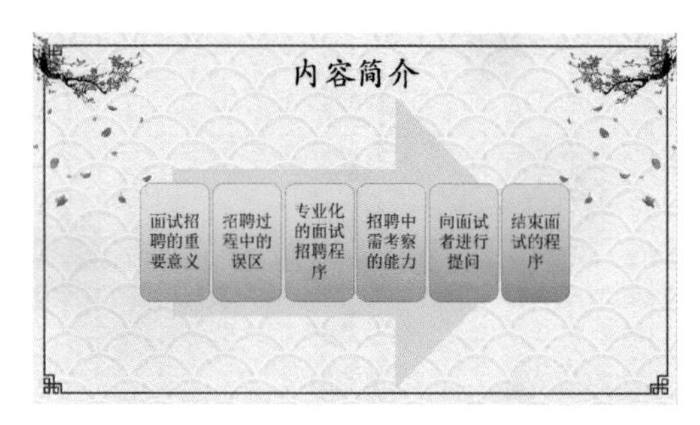

知识延伸：将SmartArt图形转换为形状

选择SmartArt图形，切换至“SmartArt工具-设计”选项卡，单击“转换”下拉按钮，从列表中选择“转换为形状”即可。

制作年度工作总结报告

学完本章内容后，接下来练习制作年度工作总结报告，其中涉及的知识点包括输入与编辑文本、插入图片、插入形状图形等。

步骤 1 打开新建的演示文稿，在“文件”选项卡中，选择“新建”选项。

步骤 2 在右侧选择合适的模板，这里选择“画廊”模板。

步骤 3 选择模板后，单击其右侧的“创建”图标按钮。

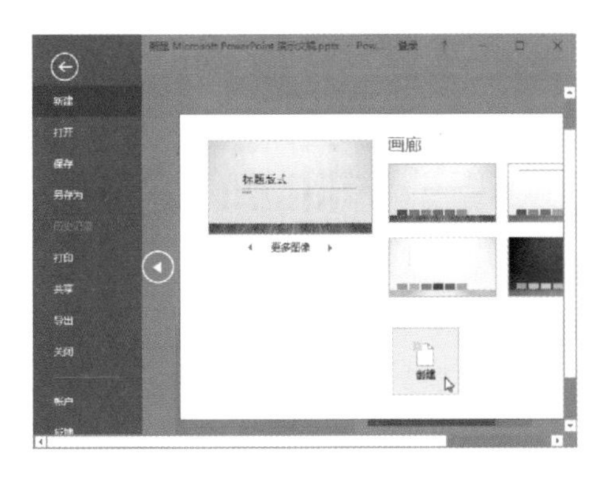

步骤 4 查看创建模板的文稿效果，然后将其保存。

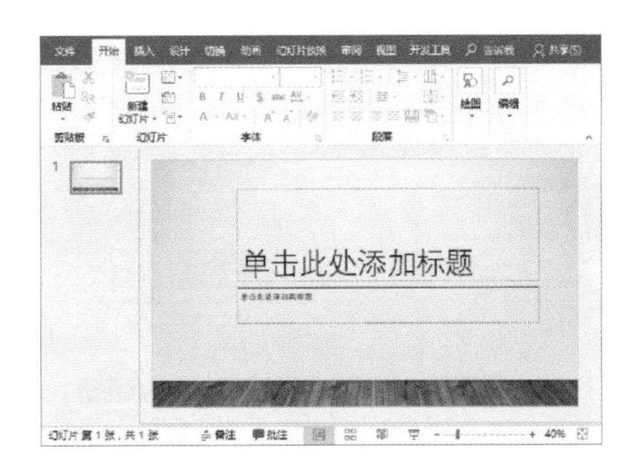

步骤 5 选择第一张幻灯片，输入标题和副标题。

步骤 6 选择标题文本，设置其字体格式：微软雅黑、66号、加粗。并单击“字体颜色”下拉按钮，从列表中选择合适的颜色。

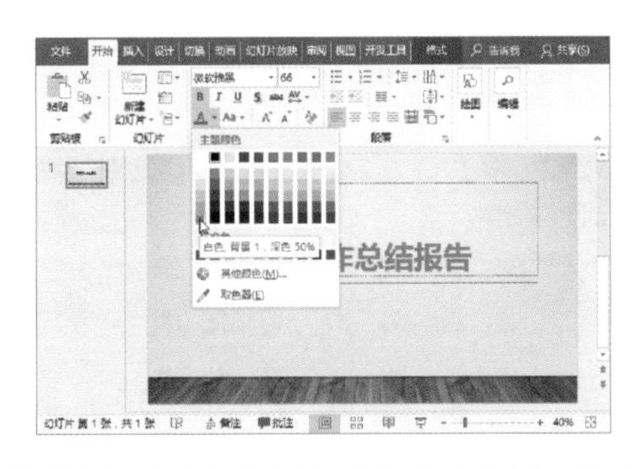

步骤 7 按照同样的方法设置副标题，然后将其移至页面合适位置。

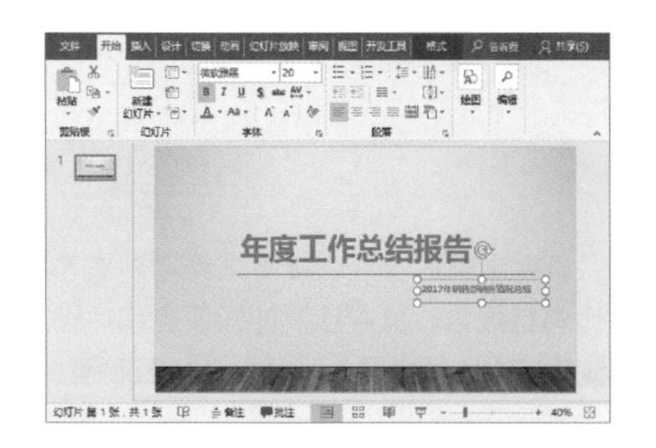

步骤 8 单击“插入”选项卡中的“图片”按钮。

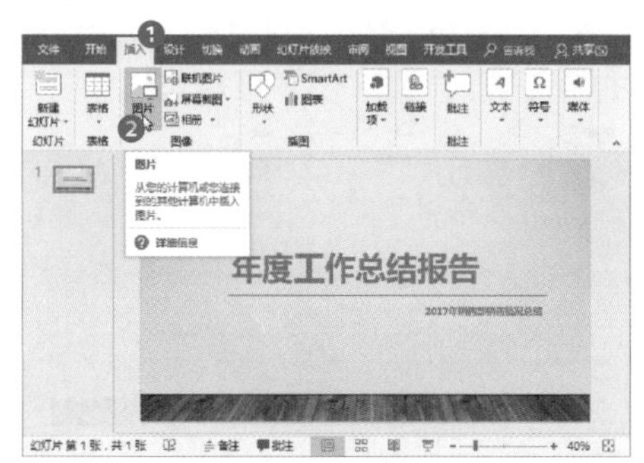

步骤 9 打开“插入图片”对话框，选择图片后单击“插入”按钮。

步骤 10 打开“图片工具-格式”选项卡，单击“颜色”下拉按钮，从列表中选择合适的颜色。

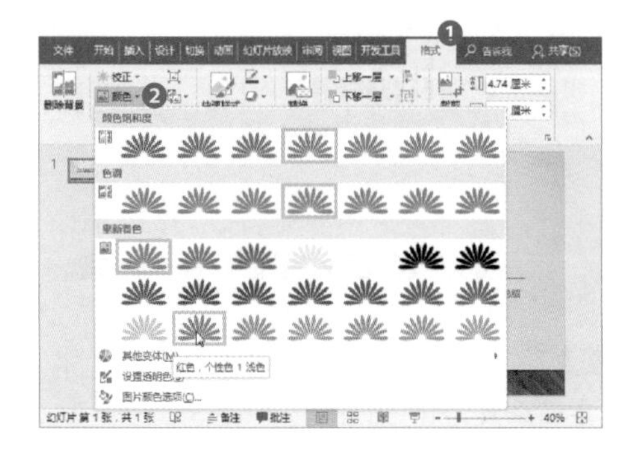

步骤 11 调整图片的大小，然后将其移至页面合适位置即可。

步骤 12 新建一张空白幻灯片，单击“插入”选项卡中的“形状”下拉按钮，从列表中选择“矩形”选项。

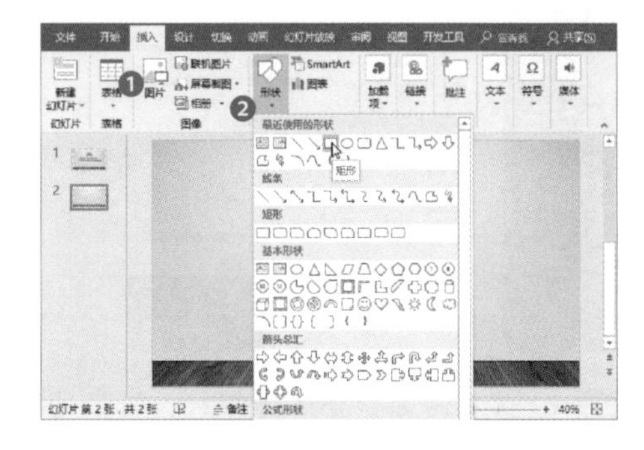

步骤 13 光标变为黑色十字形，按住鼠标左键不放，拖动鼠标绘制图形。

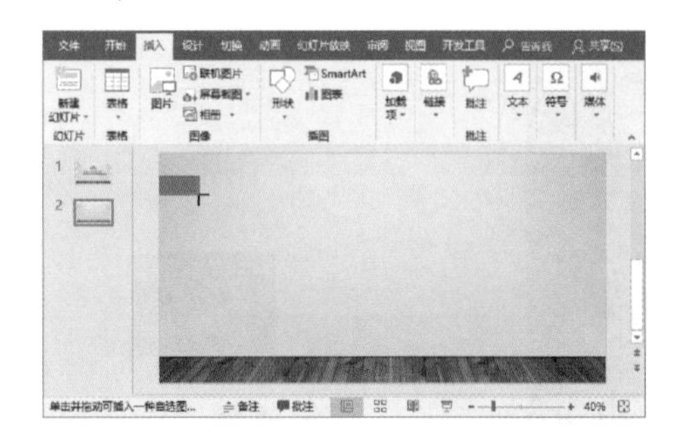

步骤 14 选中图形，单击“绘图工具-格式”选项卡中的“形状填充”按钮，从列表中选择“取色器”选项。

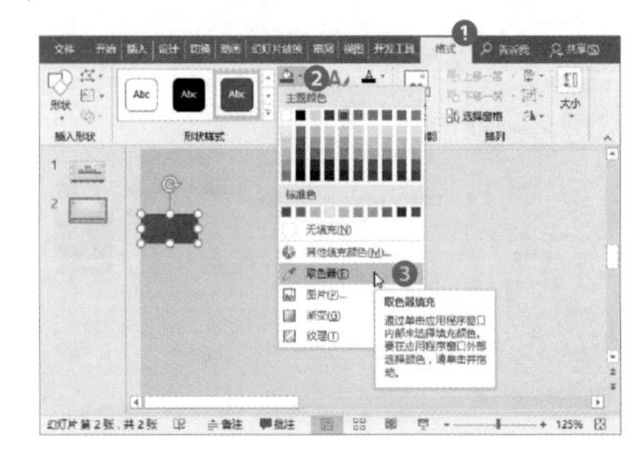

步骤15 当光标变为吸管形状时，在需要的颜色上单击，即可将颜色运用到图形上。

步骤16 单击“形状轮廓”按钮，从列表中选择“无轮廓”选项。

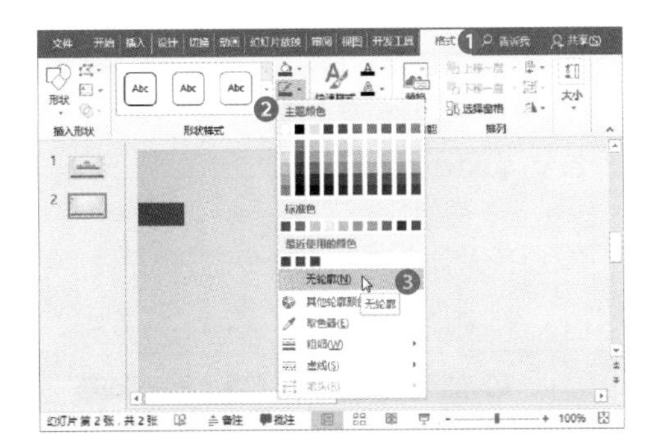

步骤17 选择“直线”形状图形，在矩形下方绘制一条直线。

步骤18 切换至“插入”选项卡，单击“文本框”下拉按钮，从列表中选择“绘制横排文本框”选项。

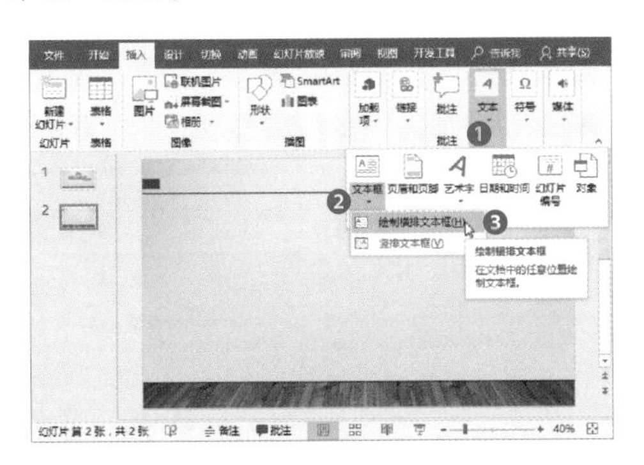

步骤19 绘制一个横排文本框，输入文本内容，然后设置字体格式。

步骤20 执行“插入>形状>矩形：圆角”命令，绘制一个圆角矩形。

步骤21 选择圆角矩形，切换至“绘图工具-格式”选项卡，单击“形状填充”按钮，从列表中选择合适的颜色。

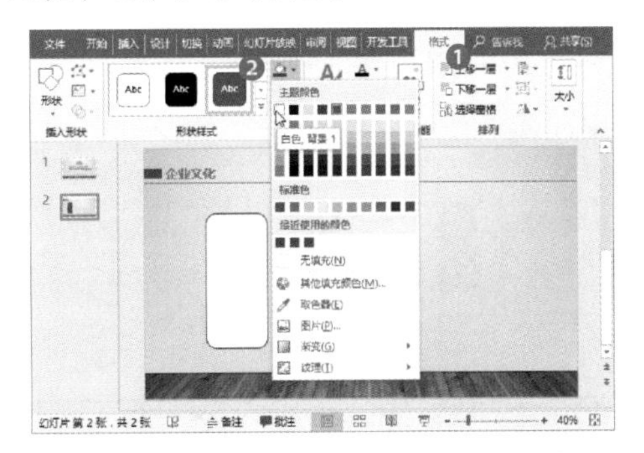

步骤22 单击“形状轮廓”按钮，从列表中选择“无轮廓”选项。

步骤 23 单击“形状效果”按钮，从列表中选择“阴影”选项，然后从其级联菜单中选择合适的阴影效果。

步骤 24 在形状中输入文本内容，然后设置字体格式。

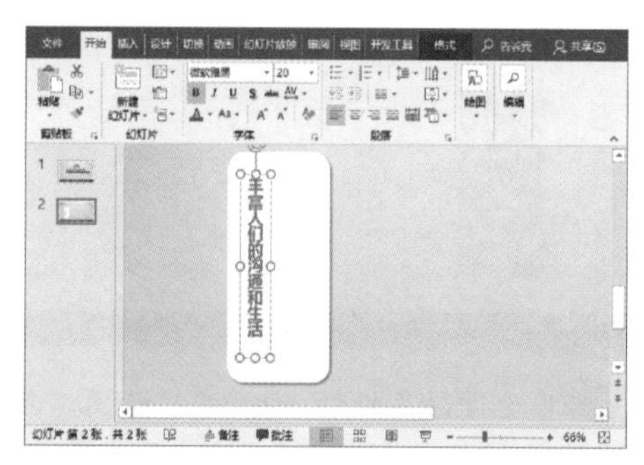

步骤 25 再次执行“插入>形状>矩形：圆角”命令，绘制一个圆角矩形，然后调整形状的大小和角度，将其移至合适位置。

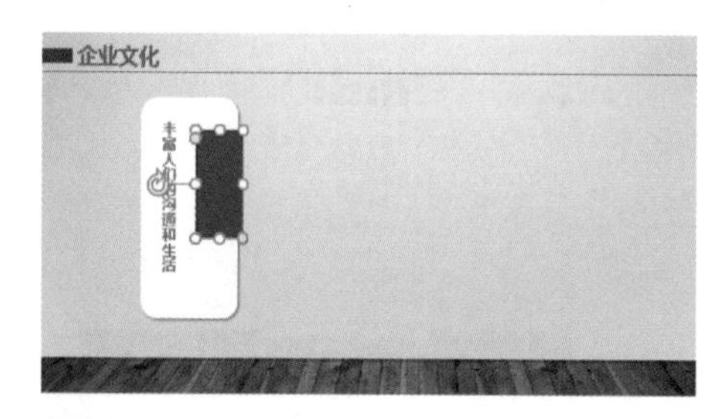

步骤 26 设置形状的填充颜色和轮廓，然后输入文本内容。

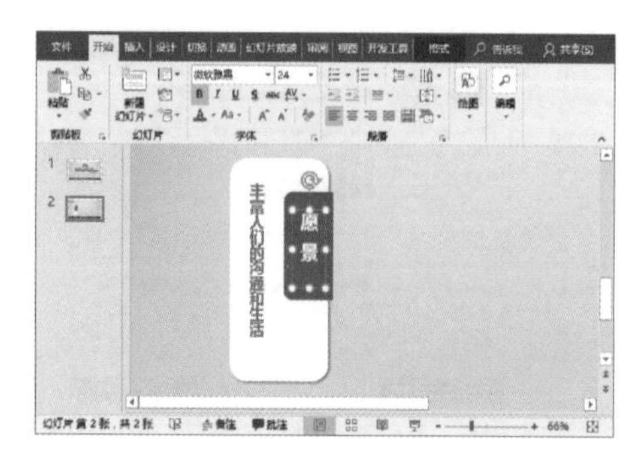

步骤 27 将图形复制，并更改图形中的文本内容。

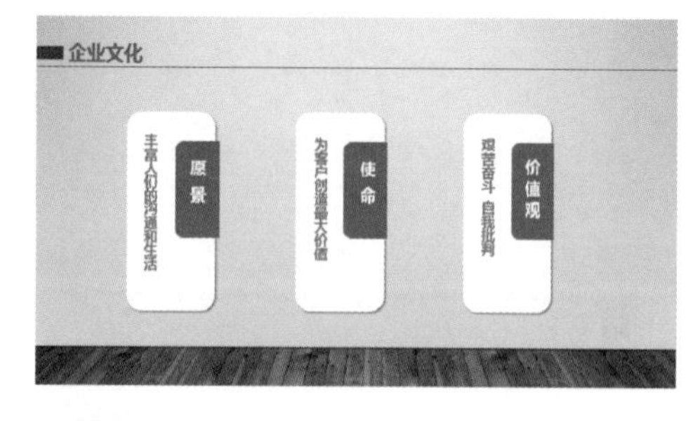

步骤 28 复制第二张幻灯片，删除幻灯片中多余的内容，然后输入标题。

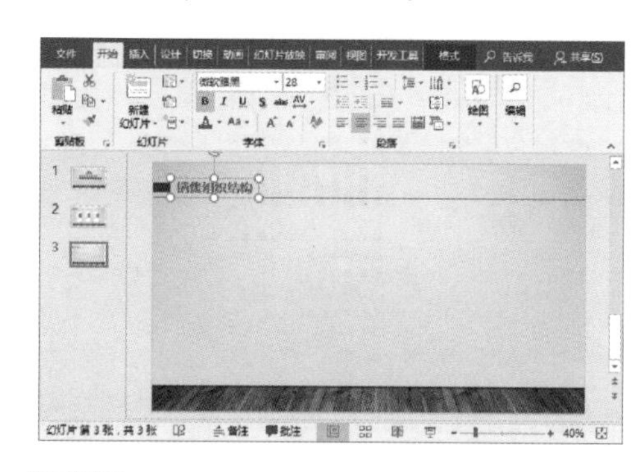

步骤 29 切换至“插入”选项卡，单击SmartArt按钮。

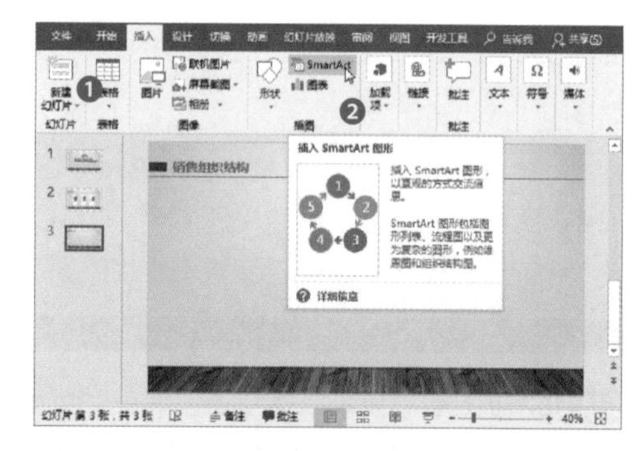

步骤 30 打开“选择SmartArt图形”对话框，选择“层次结构”选项，然后从中选择合适的流程图，单击“确定”按钮。

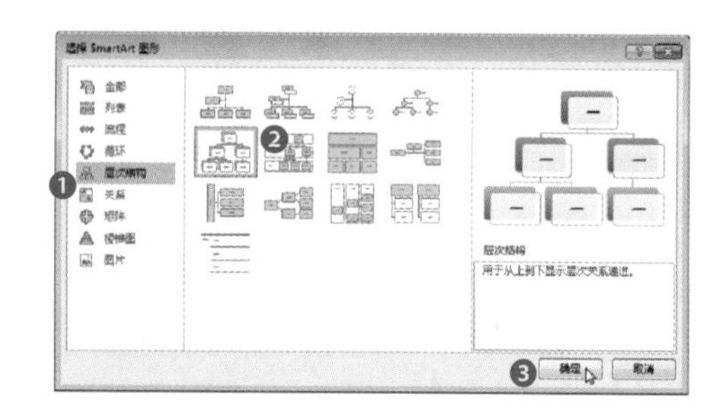

步骤 31 将SmartArt图形插入幻灯片中，选择图形中的一个形状，切换至“SmartArt工具-设计”选项卡，单击“添加形状”按钮，从列表中选择“在后面添加形状”选项。

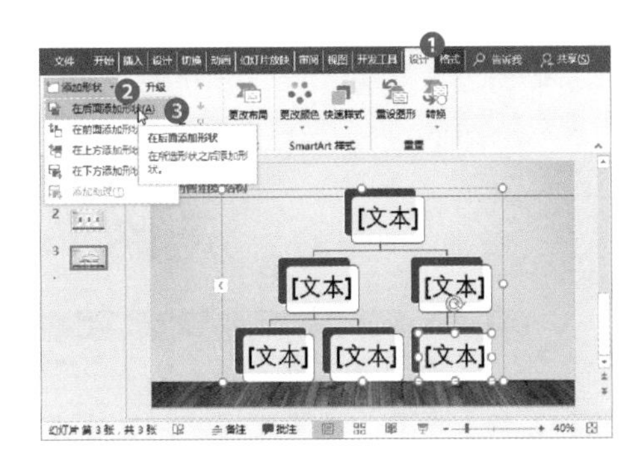

步骤 32 在形状中输入文本，然后调整SmartArt图形的大小和位置。

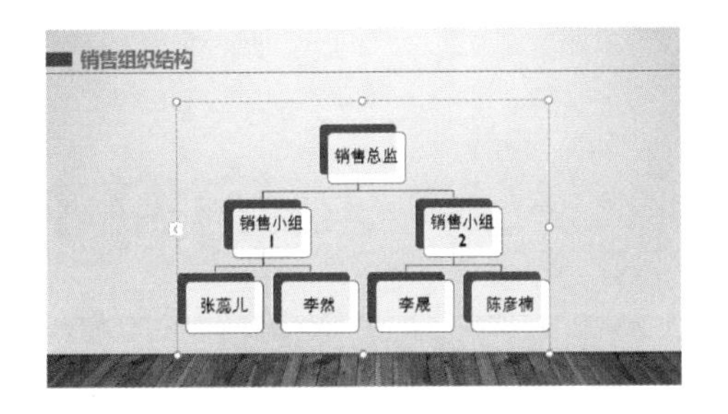

步骤 33 选择SmartArt图形下方的形状，单击“SmartArt工具-格式”选项卡中的“形状填充”按钮，从列表中选择合适的颜色。

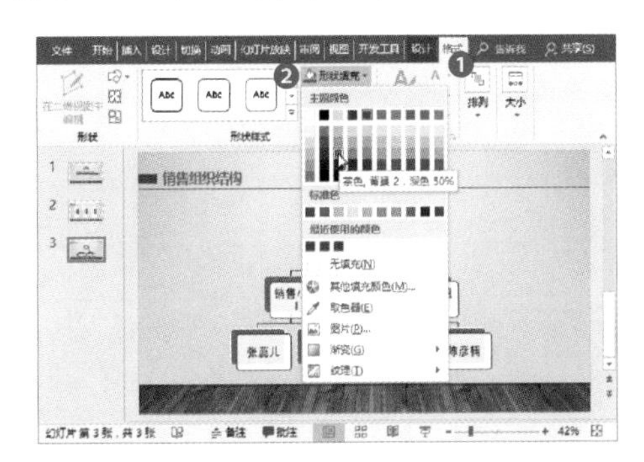

步骤 34 设置完成后查看效果。

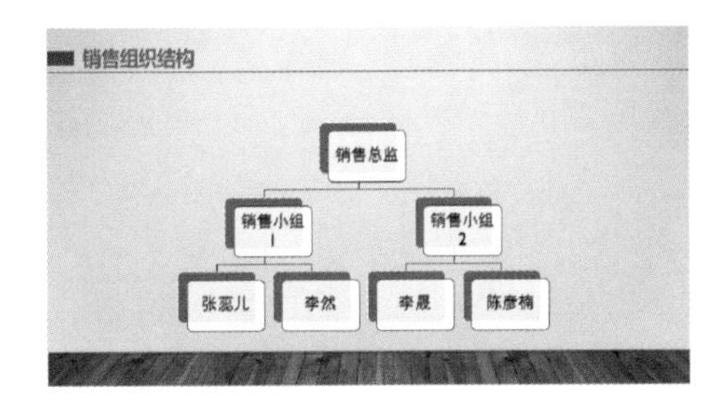

步骤 35 再次复制幻灯片，输入标题，然后单击“插入”选项卡中的“表格”下拉按钮，从列表中选择“插入表格”选项。

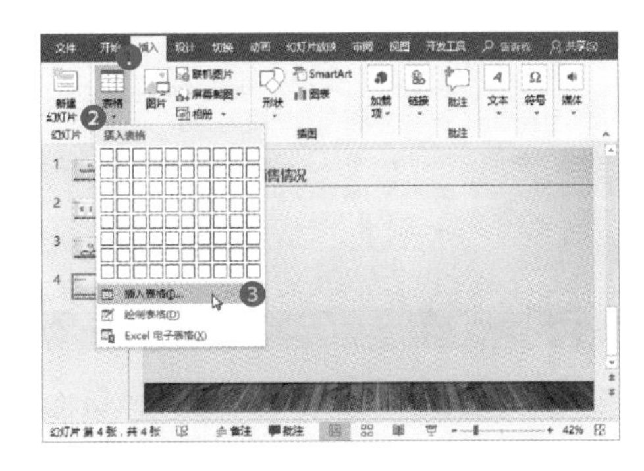

步骤 36 打开“插入表格”对话框，从中设置行列数，然后单击“确定”按钮。

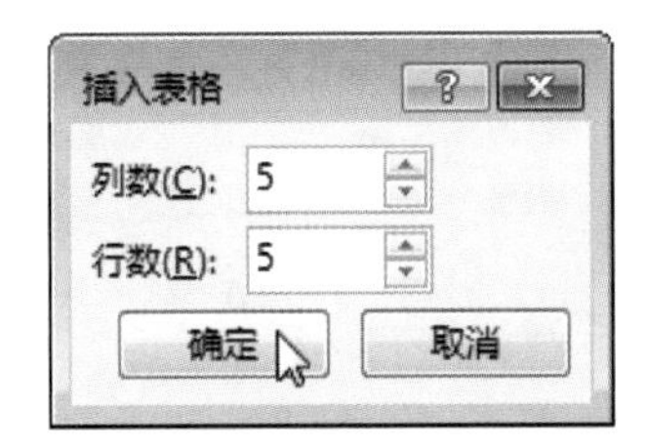

步骤 37 在幻灯片中插入了5行5列的表格，输入内容，然后调整表格的大小，将其移至合适位置。

名称	第一季度	第二季度	第三季度	第四季度
洗衣机	1900	3000	2000	2200
电视机	2500	4000	1800	2400
电冰箱	2500	2400	2400	2000
空调	3300	2000	1800	1600

步骤 38 选择表格，单击“表格工具-设计”选项卡“表格样式”组中的“其他”按钮，从列表中选择合适的选项即可。

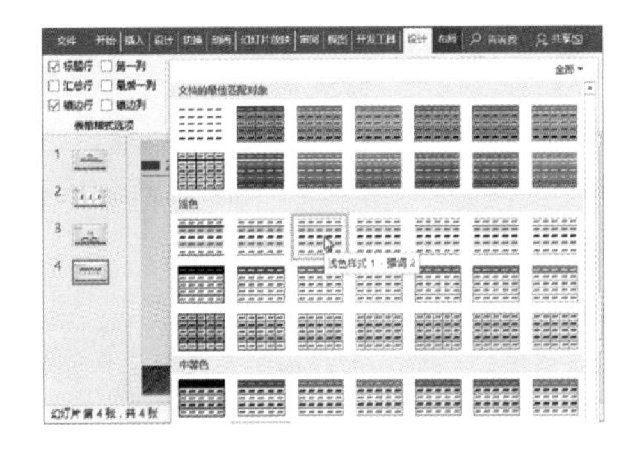

步骤 39 绘制一个文本框，在文本框中输入“单位：万元”，查看设置效果。

步骤 40 新建最后一张空白幻灯片，切换至“插入”选项卡，单击“艺术字”下拉按钮，从列表中选择合适的艺术字效果。

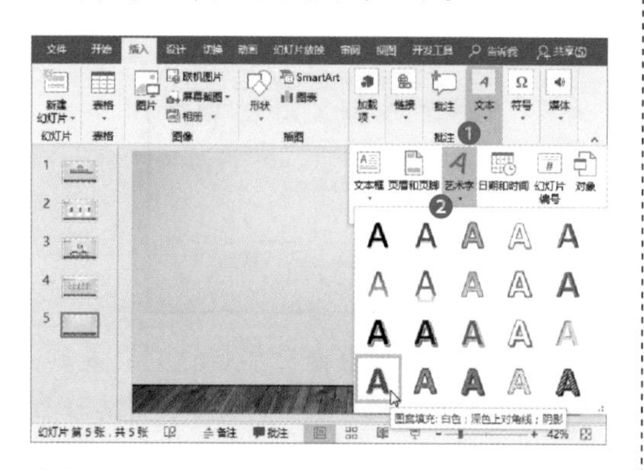

步骤 41 在文本框中输入文本，然后设置文本的字体格式，将其移至页面合适位置。

步骤 42 执行“插入>形状>直线”命令，在页面合适位置绘制一条直线。

步骤 43 插入图片，并美化图片，然后将图片放置合适位置，查看最终效果。

制作日常教学课件

打开“强化练习”实例文件夹，利用其中的素材文件，按照下列要求进行操作。

（1）在幻灯片母版选项卡中设置母版幻灯片和标题幻灯片的背景格式。

（2）在第一张幻灯片中输入标题“醉翁亭记”，设置字体格式：隶书、80号；副标题“欧阳修”，设置字体格式：隶书、24号。

（3）在第一张幻灯片中插入图片，并在“图片工具-格式”选项卡中，设置图片的颜色和图片样式：棱台形椭圆，黑色。

（4）在第二张幻灯片中输入内容，并绘制图形，设置图形的填充颜色：绿色；设置形状轮廓：橙色；设置形状效果：阴影-偏移、右下。

（5）在第三张幻灯片中输入内容，插入图片，并设置图片的格式。

（6）在第六张幻灯片中插入艺术字，并设置艺术字的文本填充：绿色；设置文本轮廓：金色。

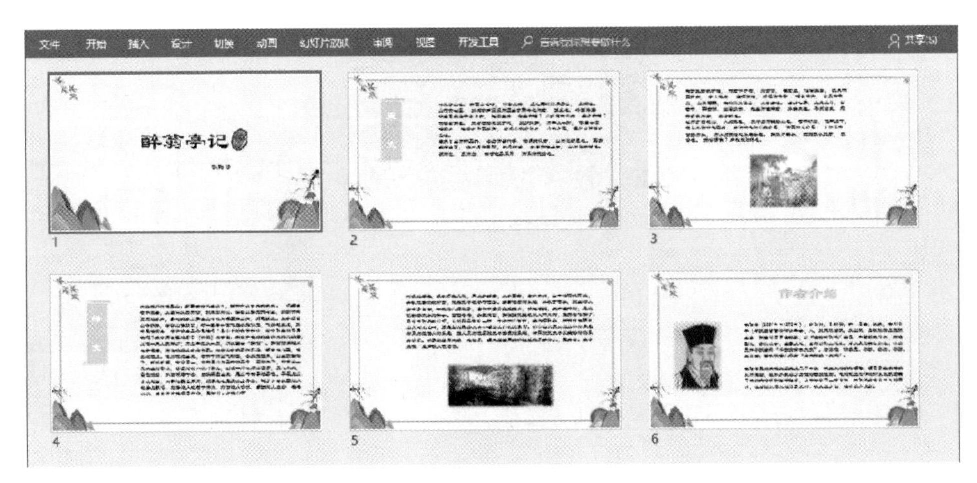

最终效果

第11章 为幻灯片添加动画效果

知识导读

为幻灯片添加动画效果，会使整个演示文稿更加生动活泼，平添了几分趣味。本章将对动画效果的制作进行介绍，包括添加动画效果、添加转场动画、添加动作超链接。

内容预览

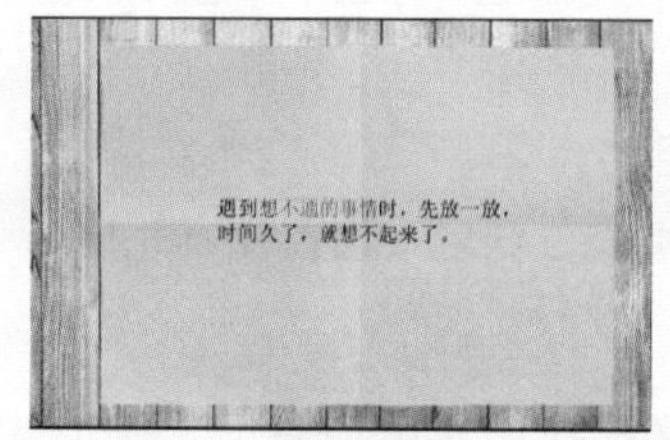

制作文本动画

日式折纸切换效果

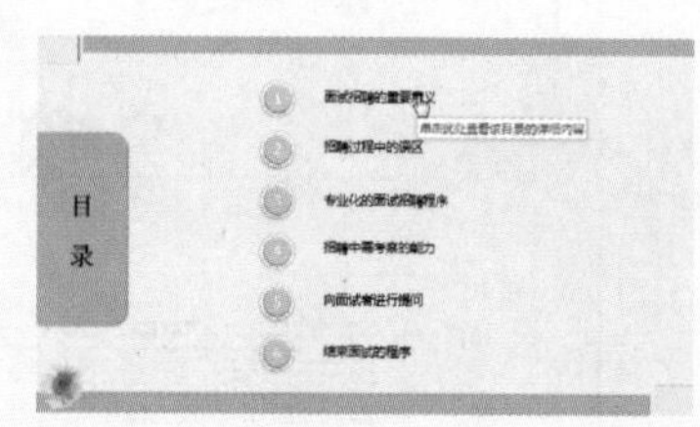

添加超链接

本章教学视频数量：5个

11.1 添加动画效果

PowerPoint（PPT）中的动画效果有四种类型，分别是进入动画、退出动画、强调动画和路径动画，将它们互相组合从而形成组合动画。我们可以发挥创造力，为幻灯片添加有趣又美观的动画效果。

11.1.1 进入和退出动画

进入动画可以使幻灯片中的对象从无到有，陆续出现在幻灯片中。退出动画则使对象从有到无，逐渐消失。一般这两种动画效果的使用频率比较高。

步骤 1 进入动画。选择需要添加动画效果的对象，单击“动画”选项卡中“动画”组中的“其他”按钮。

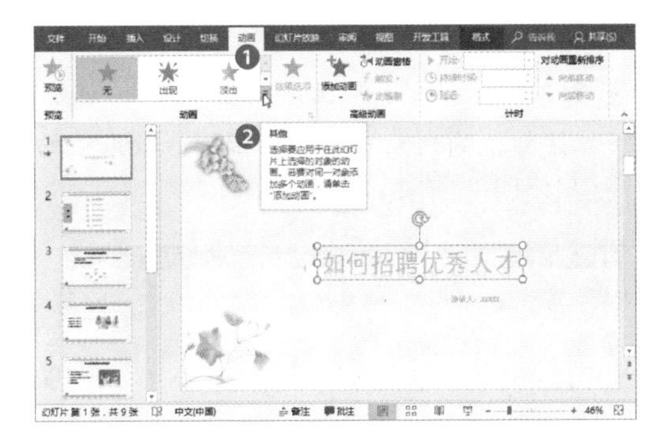

步骤 2 在展开的下拉列表中选择“进入”效果下的“浮入”效果。

步骤 3 单击“效果选项”下拉按钮，从列表中选择“下浮”选项。

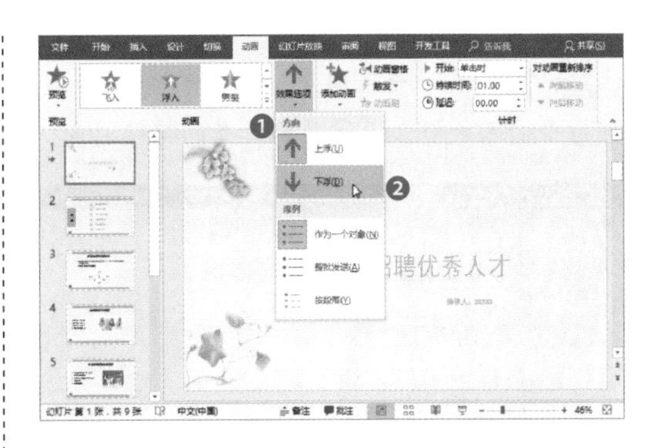

步骤 4 退出动画。单击“添加动画”下拉按钮，从列表中选择“退出”组中的“浮出”效果。

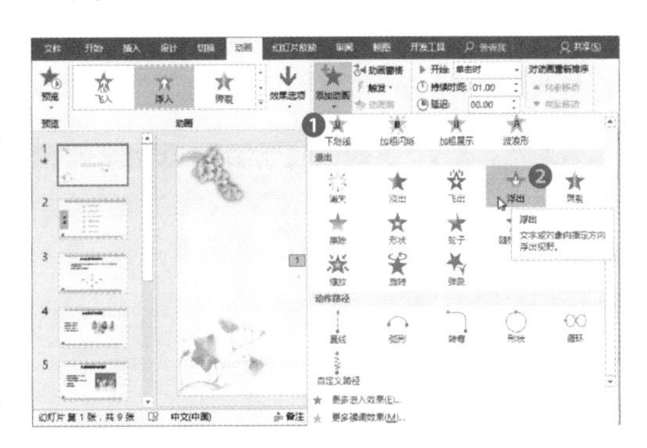

步骤 5 单击“效果选项”下拉按钮，从列表中选择“上浮”选项。

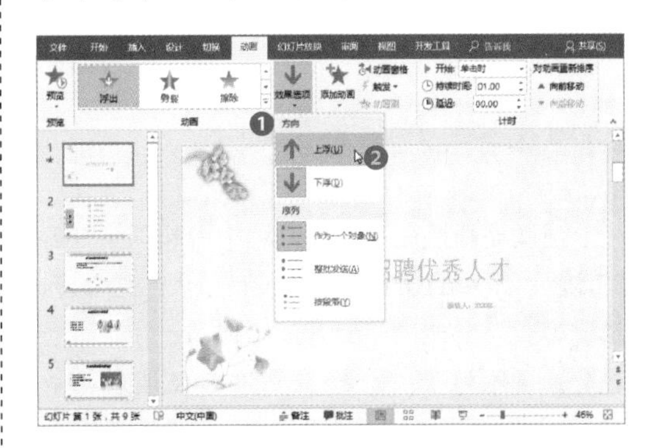

步骤 6 单击“开始”右侧的下拉按钮，从列表中选择“上一动画之后”选项。

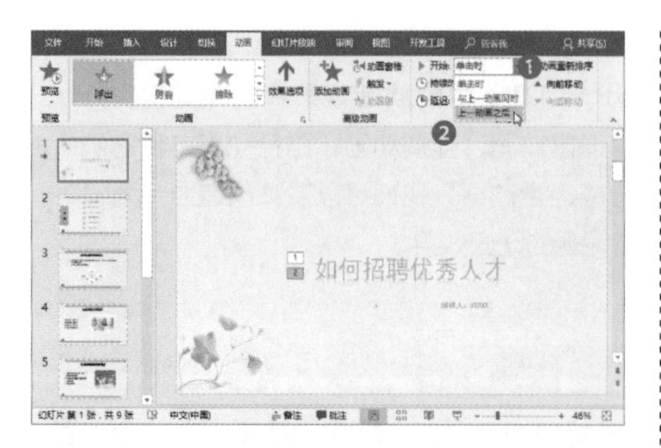

步骤 7 在“计时”组中的“持续时间”数值框中输入数值，设置动画效果的持续时间。

步骤 8 设置完成后单击“预览”按钮，预览动画效果。

11.1.2 强调动画

强调动画是在播放的过程中引起观众注意的动画，常用的强调动画效果有放大、陀螺旋、透明等。

步骤 1 陀螺旋。选择需要添加强调动画效果的对象，单击“动画”选项卡“动画”组中的“其他”按钮，从列表中选择“强调”效果下的“陀螺旋”效果。

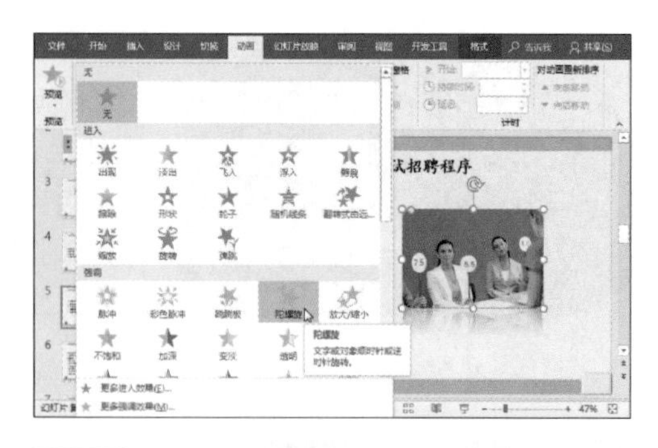

步骤 2 单击“效果选项”下拉按钮，从列表中选择“半旋转”选项。

步骤 3 放大/缩小动画。单击“添加动画”下拉按钮，从列表中选择“强调”效果下的“放大/缩小”效果。

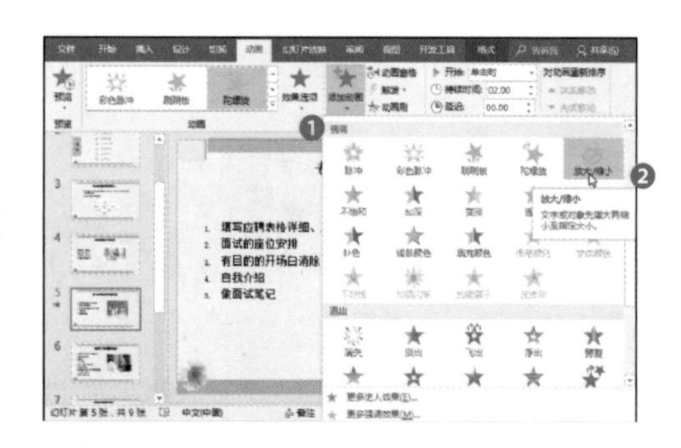

步骤 4 在“计时”组中，设置动画效果的“开始方式”：上一动画之后，并设置持续时间。

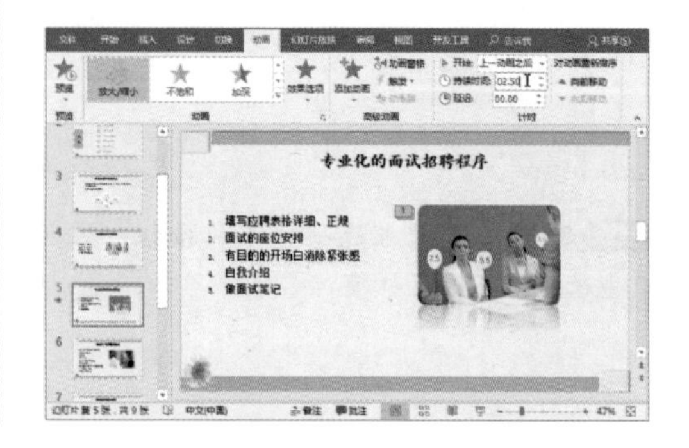

步骤 5 透明动画。选择需要添加强调动画效果的对象，单击“动画”选项卡“动画”组中的“其他”按钮，从列表中选择“强调”效果下的“透明”效果。

步骤 6 单击“效果选项”下拉按钮，从列表中选择“25%”选项。

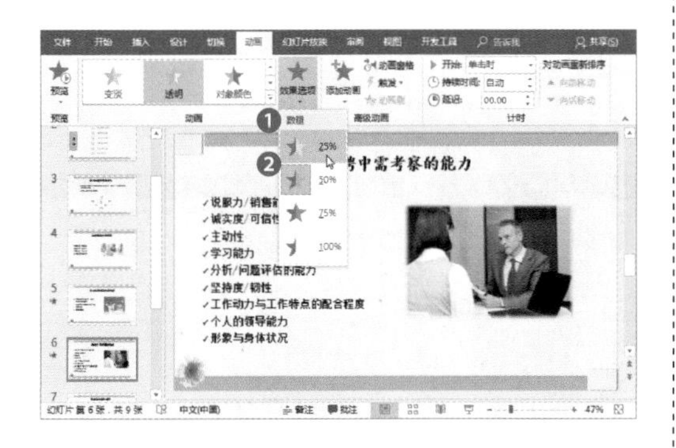

步骤 7 单击“预览”按钮，即可预览效果。

> **技巧点拨：更多强调效果**
>
> 如果对列表中的效果不满意，可以在列表中选择“更多强调效果”选项，打开“更改强调效果”对话框，从中选择需要的强调效果即可。

11.1.3 路径动画

使用路径动画可以制作出有趣的动画效果。

步骤 1 选择需要添加动画效果的对象，单击“动画”选项卡“动画”组中的“其他”按钮，从列表中选择“弧形”效果。

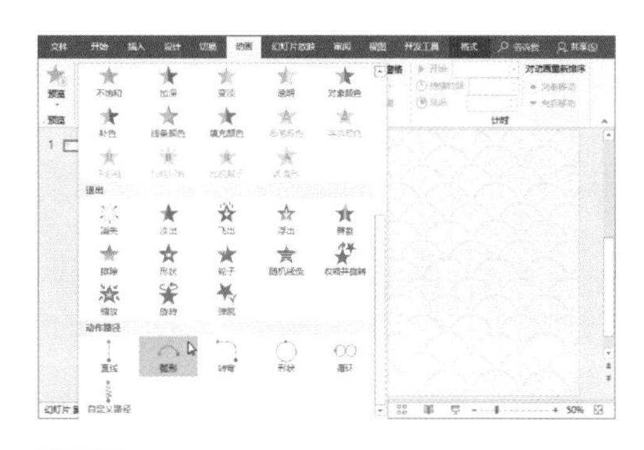

步骤 2 单击“效果选项”下拉按钮，从列表中选择“编辑顶点”选项。

步骤 3 动作路线由虚线变为红线，上面出现黑色的小方块即为可编辑的顶点。

步骤 4 将鼠标移至顶点上，按住鼠标左键不放拖动鼠标，即可移动顶点位置，改变路径形状。

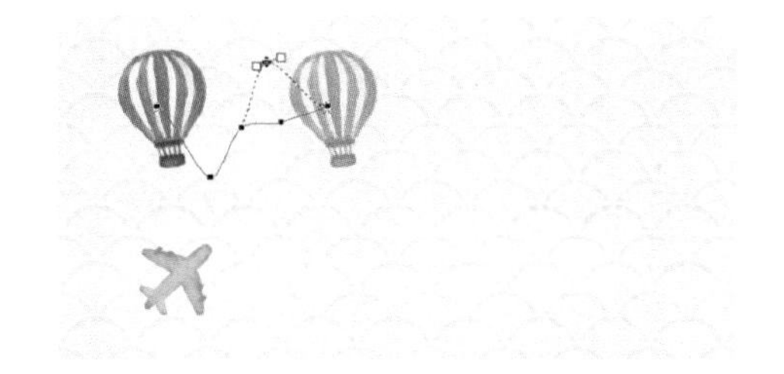

步骤 5 编辑好顶点后，单击“预览”按钮，进行预览即可。

步骤 6 自定义路径。选择对象，单击“动画”选项卡“动画”组中的“其他”按钮，从列表中选择“自定义路径”效果。

步骤 7 此时，鼠标变为十字形，在幻灯片中单击创建路径起点，然后按住鼠标左键不放，拖动鼠标绘制路径。

步骤 8 绘制完成后，按Esc键退出绘制，然后在绘制的路径上单击鼠标右键，从快捷菜单中选择“反转路径方向”命令。

步骤 9 此时，图片移动的方向与绘制的路径相反，单击“预览”按钮，进行预览即可。

11.1.4 组合动画

可以为同一个对象添加多个动画效果，并且这些动画效果可以一起出现。

步骤 1 选择需要添加组合动画的对象，单击“动画”选项卡“动画”组中的“其他”按钮，从展开的列表中选择“飞入”效果。

步骤 2 单击“效果选项”下拉按钮，从列表中选择“自右上部”选项。

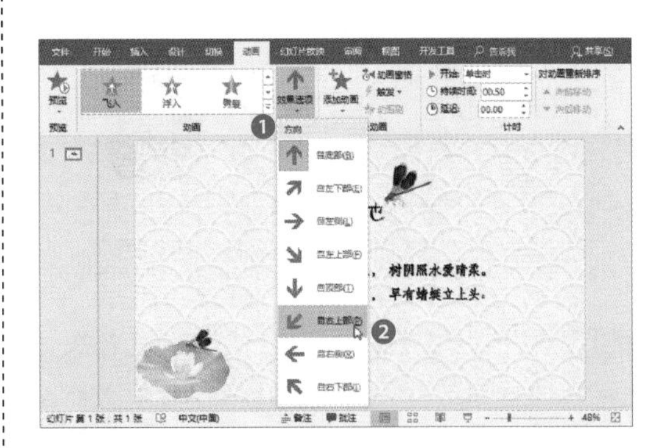

步骤 3 单击“添加动画”下拉按钮，从列表中选择“脉冲”效果。

步骤 4 在“计时”组中，设置“开始”方式为“与上一动画同时”，“持续时间”为02.50。

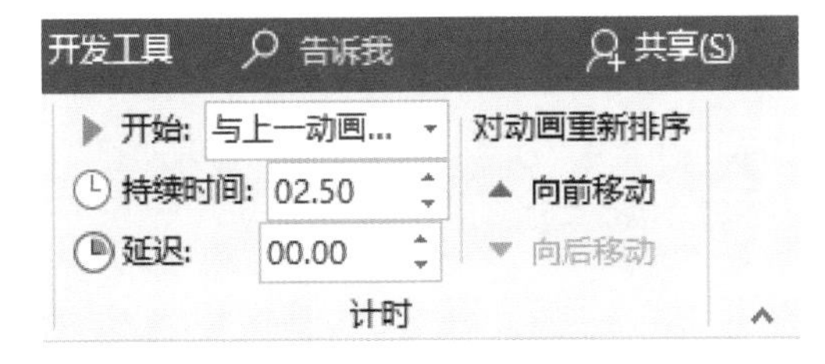

步骤 5 再次单击“添加动画”下拉按钮，从列表中选择“飞出”效果，为对象添加退出动画效果。

步骤 6 单击“效果选项”下拉按钮，从列表中选择“到左下部”选项。

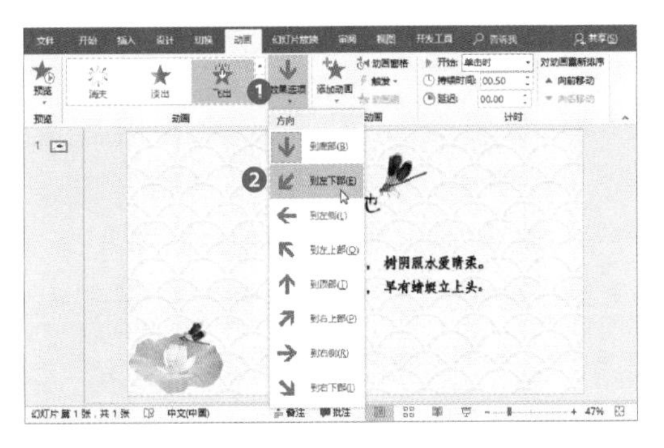

步骤 7 在“计时”组中，设置“开始”方式为“上一动画之后”，“持续时间”为00.50。

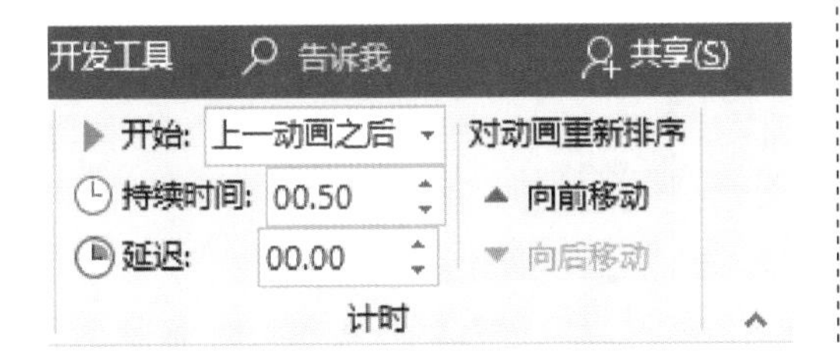

步骤 8 再次单击“添加动画”下拉按钮，从列表中选择“放大/缩小”效果。

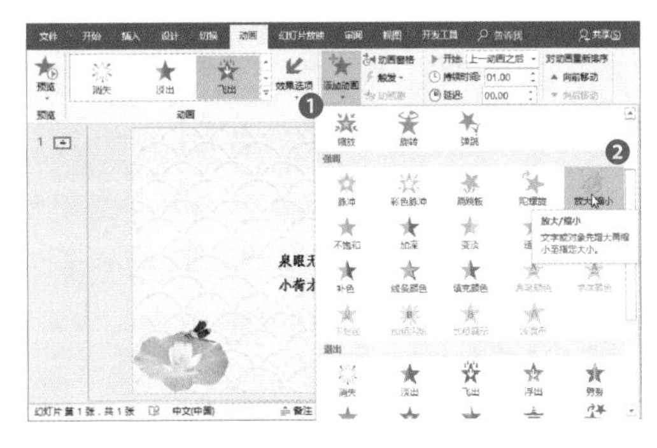

步骤 9 在“计时”组中，设置“开始”方式为“与上一动画同时”，“持续时间”为00.01。

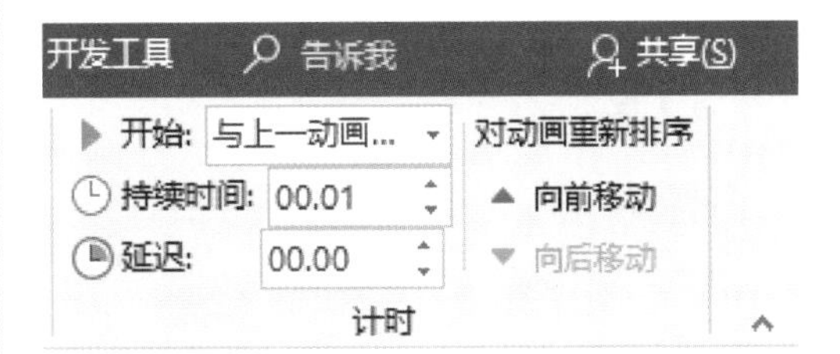

这样就为该对象添加了多种动画效果。

知识延伸：飞入速度的调整

为对象应用“飞入”进入动画效果后，单击“动画”选项卡“动画”组中的对话框启动器按钮，打开“飞入”对话框，切换到“计时”选项卡，从中可以对动画的持续时间进行设置，即在“期间”选项中进行设置。

11.2 各类常规动画的制作

前面介绍了进入动画、退出动画、强调动画等，下面将介绍这些动画的具体应用。

11.2.1 制作文本动画

文本动画可以让文本看起来更具有视觉效果，下面以为文字添加“飞入+脉冲”动画效果为例。

步骤 1 选中文字所在的文本框，单击“动画”选项卡“动画”组的“其他”按钮，从列表中选择“飞入”效果。

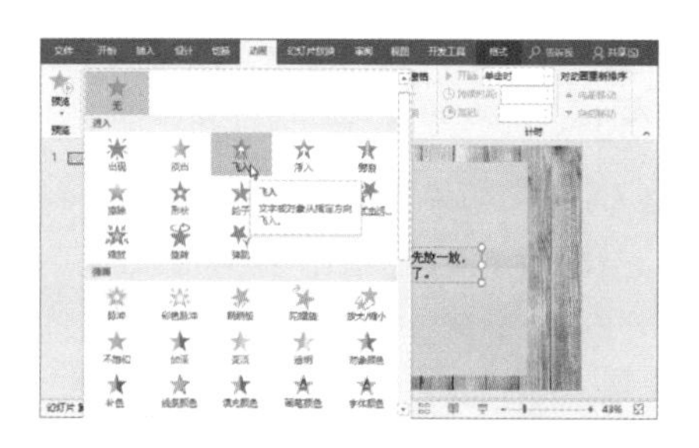

步骤 2 单击“效果选项”下拉按钮，从列表中选择“自顶部”选项。

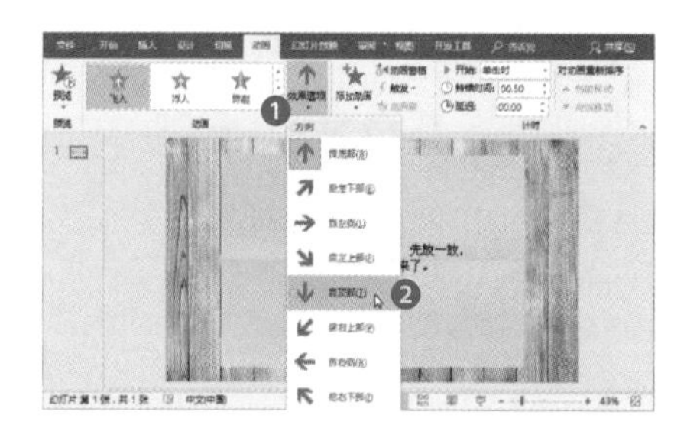

步骤 3 单击“添加动画”下拉按钮，从列表中选择“脉冲”效果。

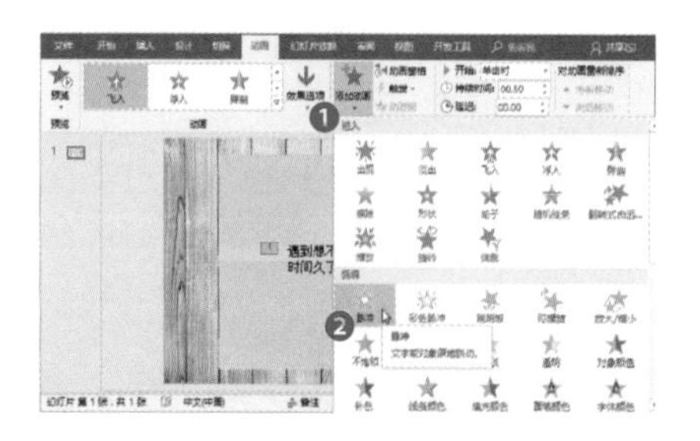

步骤 4 单击“高级动画”组中的“动画窗格”按钮，打开该窗格。

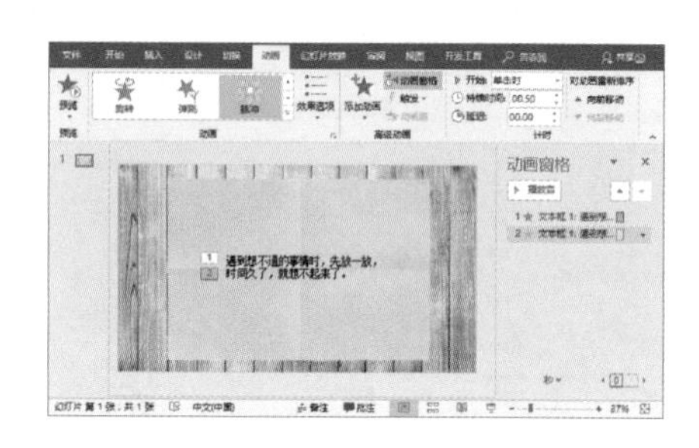

步骤 5 在“动画窗格”中双击第一个动作，打开“飞入”对话框。

步骤 6 将“动画文本”设置为“按字母”，延迟“15%”，设置弹跳结束为“0.3秒”，然后单击“确定”按钮。

步骤 7 双击“动画窗格”中的“脉冲”动作，打开该对话框。

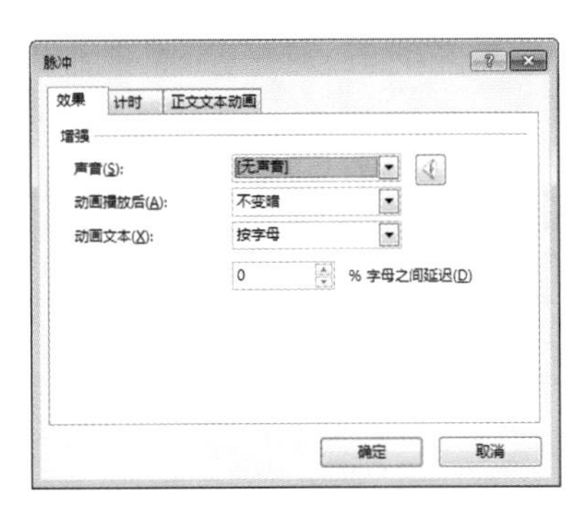

步骤 8 在“效果”选项卡中，将“动画文本”设置为延迟15%。

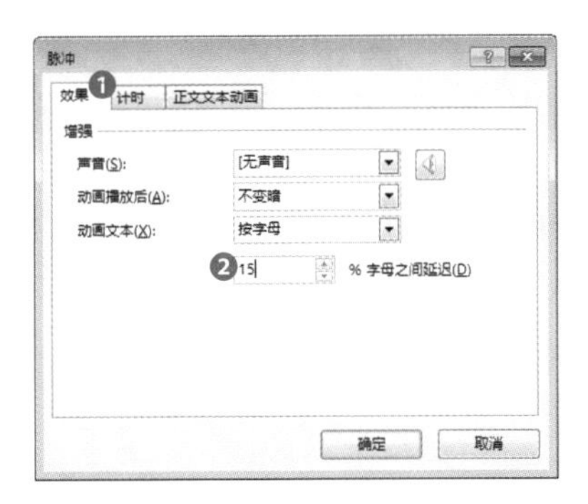

步骤 9 切换至“计时”选项卡，将“开始”设置为“上一动画之后”，“期间”为“快速（1秒）”，然后单击“确定”按钮。

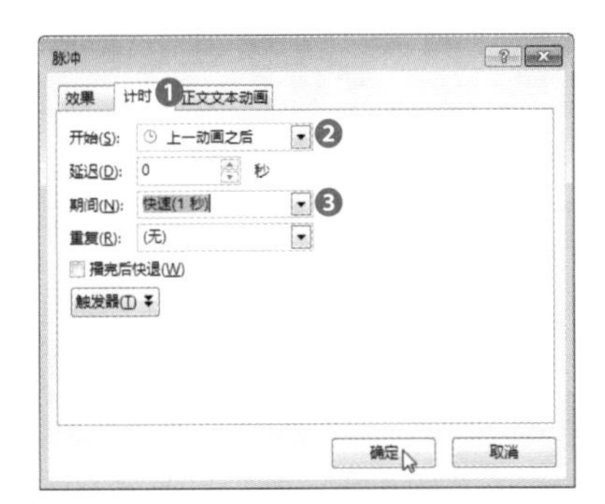

步骤 10 返回演示文稿，单击“预览”按钮，可以预览效果。

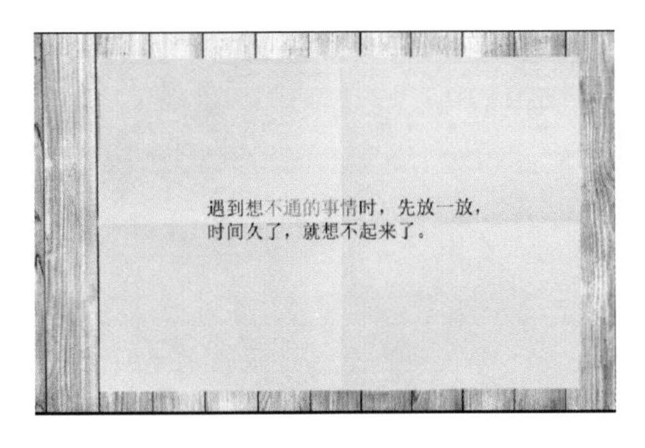

11.2.2 制作图片动画

为图片添加动画可以提升图片的动感和美感，下面以“使用图片制作过场动画”为例。

步骤 1 按住Shift键的同时，选中四张图片，单击“动画”选项卡“动画”组中的“其他”按钮，从列表中选择“飞入”效果。

步骤 2 单击“效果选项”下拉按钮，从列表中选择“自右侧”选项。

步骤 3 单击“开始”右侧下拉按钮，从列表中选择“上一动画之后”选项。

步骤 4 选中右侧三张图片并复制。

步骤 5 保持复制的三张图片为选中状态，然后单击“图片工具-格式”选项卡中的“颜色”按钮，从列表中选择浅灰色。

步骤 6 然后将复制的图片整齐地覆盖在原图上面。

步骤 7 保持复制的图片为选中状态，然后切换至“动画”选项卡，单击“动画”组中的“其他”按钮，从列表中选择“淡出”效果，将“飞入”效果更改为“淡出”效果。

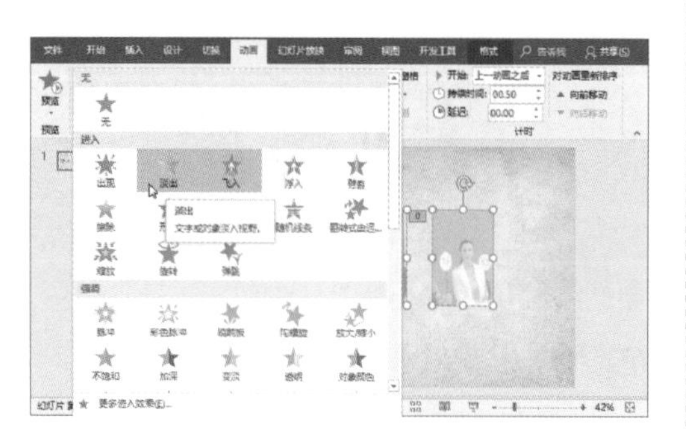

步骤 8 在“计时”组中，设置“开始”方式：与上一动画同时，“延迟”设置为0.5秒。

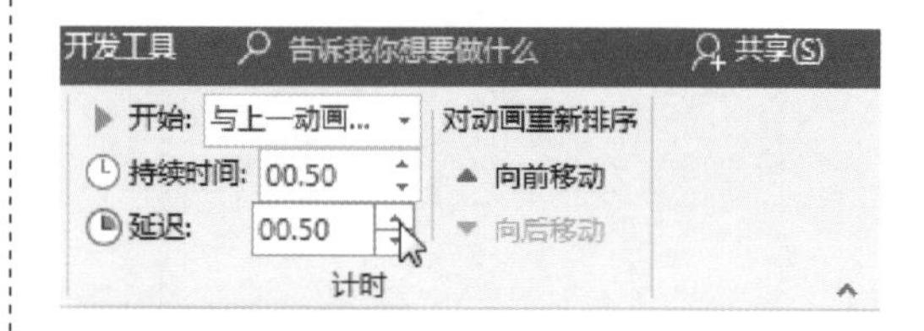

步骤 9 复制第一张图片，并将图片放大，然后单击“图片工具-格式”选项卡中的“图片边框”按钮，从列表中选择“粗细”选项，并从其级联菜单中选择“6磅”。

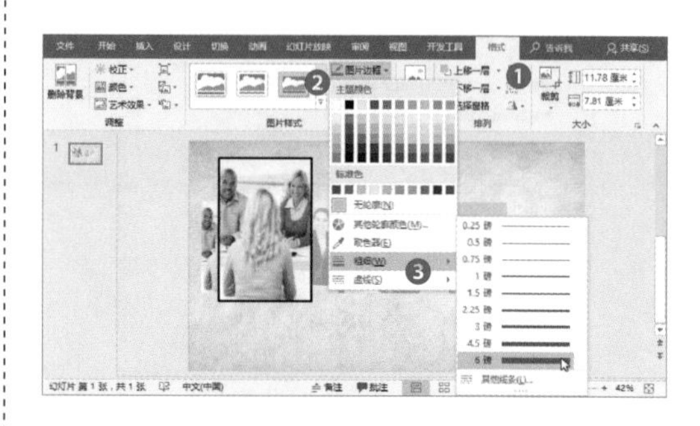

步骤 10 再次单击“图片边框”按钮，从列表中选择合适的颜色。

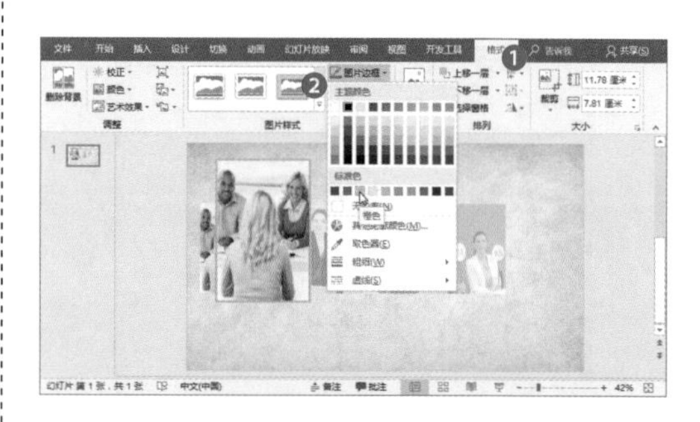

步骤 11 单击“裁剪”下拉按钮，从列表中选择“裁剪为形状”选项，然后从其级联菜单中选择“矩形：圆角”选项。

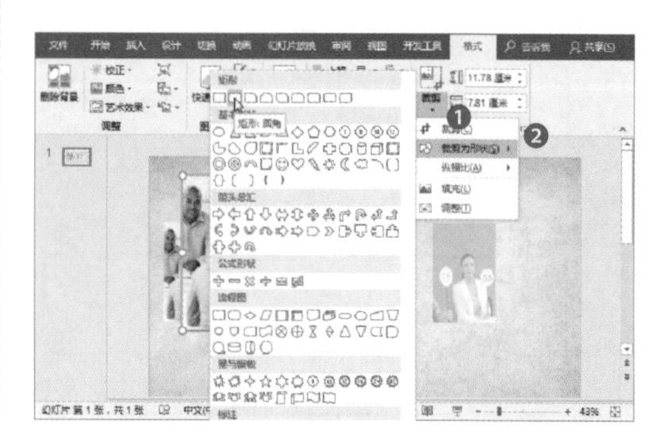

步骤 12 将复制的图片覆盖到原图上方。

步骤 13 选中复制的图片，切换至“动画”选项卡，单击“动画”组中的“其他”按钮，从列表中选择“缩放”效果。

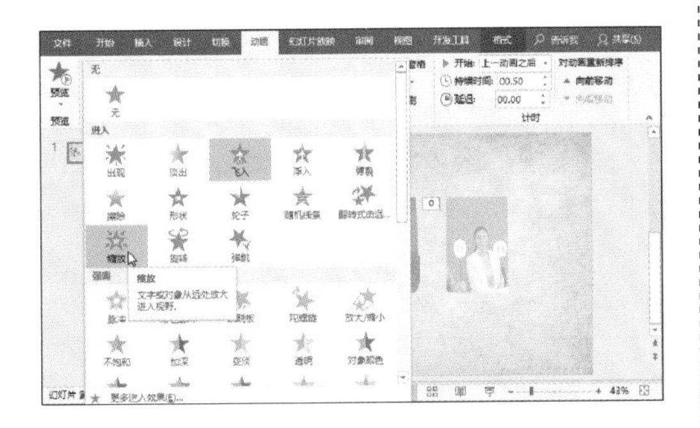

步骤 14 单击“开始”右侧下拉按钮，从列表中选择“与上一动画同时”选项。

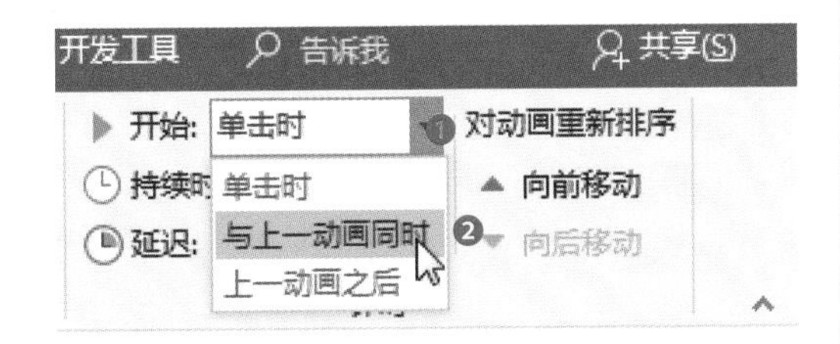

步骤 15 最后单击“预览”按钮，预览效果。

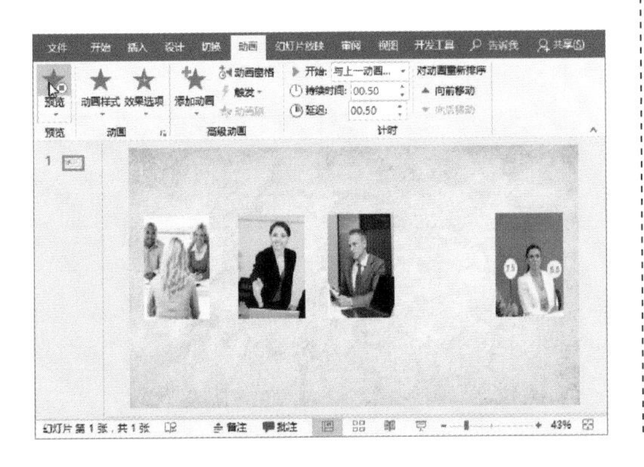

> **技巧点拨：“动画”和“添加动画”的区别**
>
> 在“动画”选项卡，直接选择动画列表中的动画效果会替代该对象之前已被赋予的动画效果，而在“添加动画”列表中选择动画效果则是在原动画之后叠加。

11.2.3 制作图表动画

如果希望图表的展现方式更加生动、更具有层次感，该如何操作呢？下面以“为饼图添加动画”为例进行介绍。

步骤 1 选中幻灯片中的饼图图表，单击“动画”选项卡“动画”组的“其他”按钮，从列表中选择“轮子”效果。

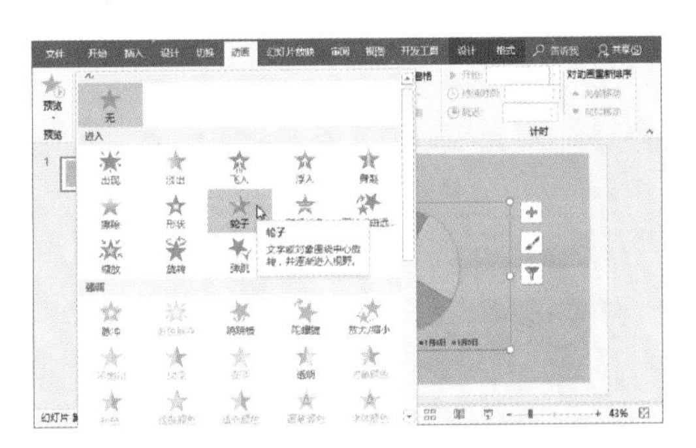

步骤 2 单击“动画窗格”按钮，打开“动画窗格”窗格。

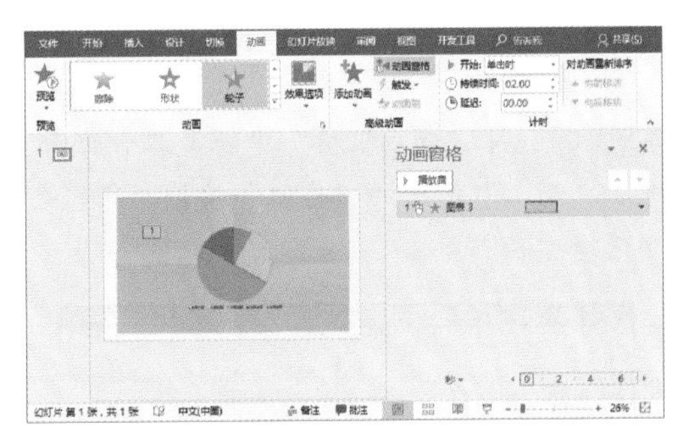

步骤 3 在“动画窗格”中，双击刚才所添加的动画动作，打开“轮子”对话框，切换至“图表动画”选项卡，单击“组合图表”下拉按钮，从列表中选择“按分类”选项。

步骤 4 取消勾选“通过绘制图表背景启动动画效果”复选框，然后单击“确定”按钮。

步骤 5 饼图中的每个分类扇区可以依次分别显示轮子的动画效果，然后单击箭头，展开各部分内容。

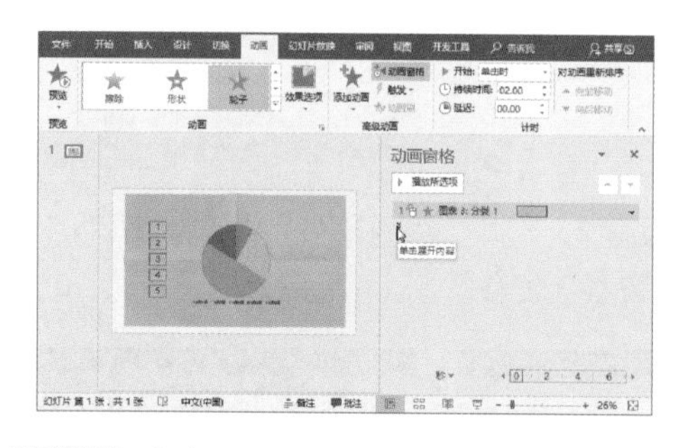

步骤 6 选中“动画窗格”中的第二个动作，单击“动画”组中的“其他”按钮，从列表中选择“擦除”效果。

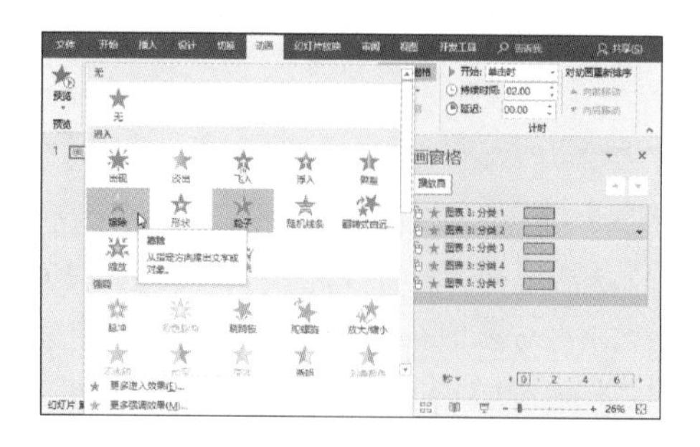

步骤 7 选中“动画窗格”中的第三个动作，单击“动画”组中的“其他”按钮，从列表中选择“随机线条”效果。

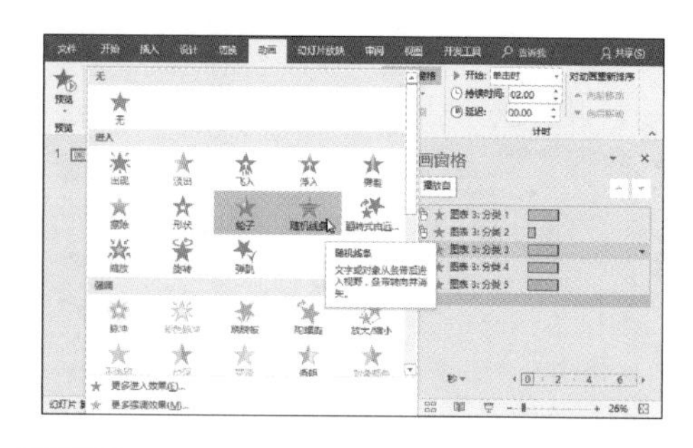

步骤 8 选中“动画窗格”中的第四个动作，单击“动画”组中的“其他”按钮，从列表中选择“淡出”效果。

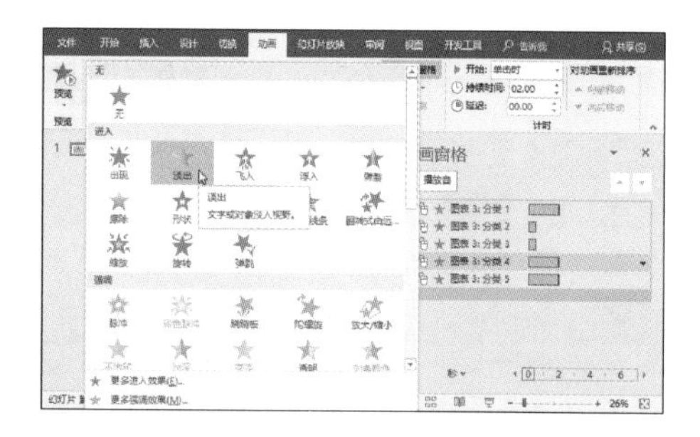

步骤 9 选中“动画窗格”中的第五个动作，单击“动画”组中的“其他”按钮，从列表中选择“形状”效果。

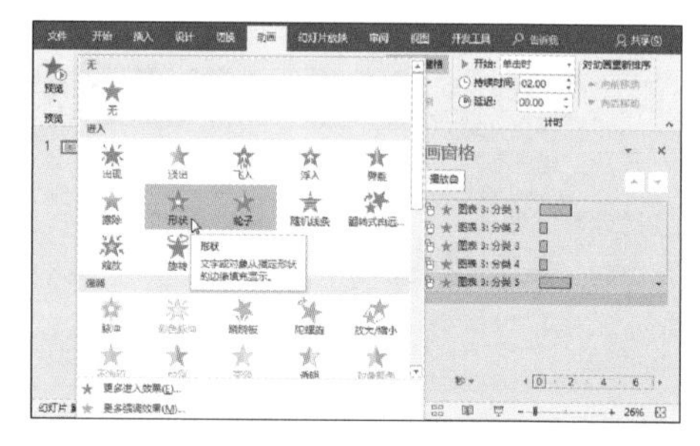

步骤 10 关闭窗格，单击“预览”按钮，预览效果。

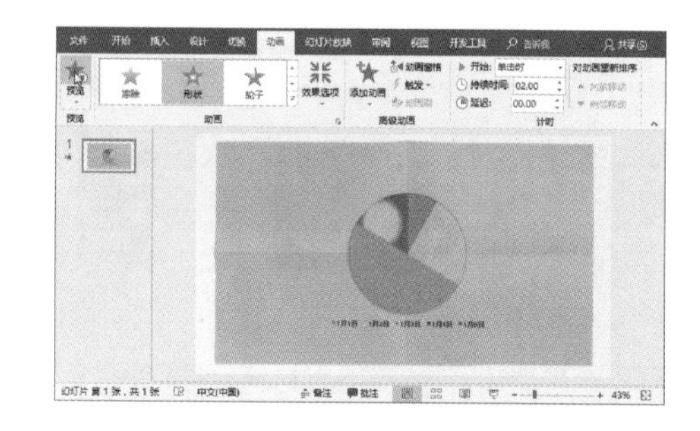

11.2.4 制作流程图动画

为流程图添加动画效果，可以更加生动形象地展示事物的流程，将以“为流程图添加逐个擦除动画”为例进行介绍。

步骤 1 选中图形，单击“动画”选项卡“动画”组中的“其他”按钮，从列表中选择“擦除”效果。

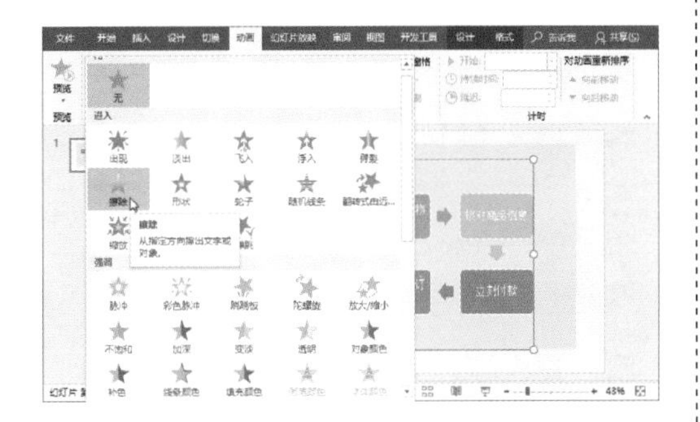

步骤 2 单击“效果选项”下拉按钮，从列表中选择“逐个”选项。

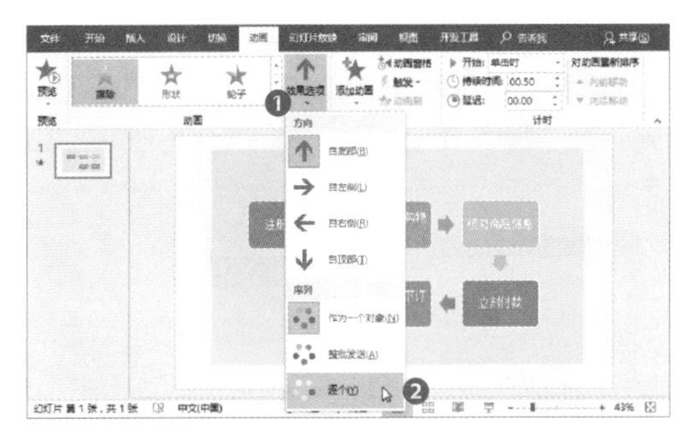

步骤 3 打开“动画窗格”窗格，选中第1个动画动作，单击“效果选项”下拉按钮，从列表中选择“自左侧”选项。

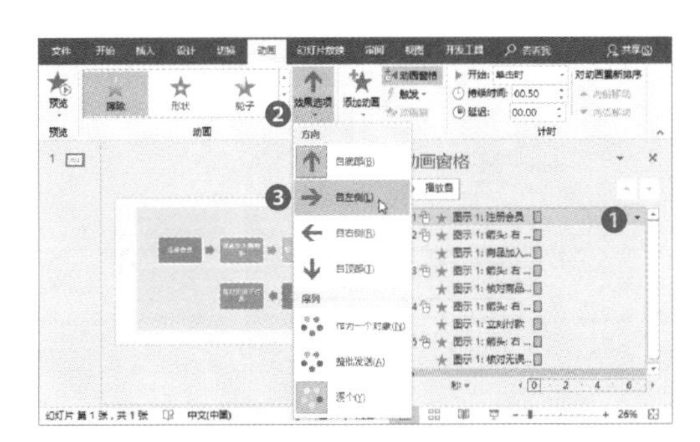

步骤 4 在“动画窗格”中选中第2、3、4、5个动画动作，从“效果选项”列表中选择“自左侧”选项。

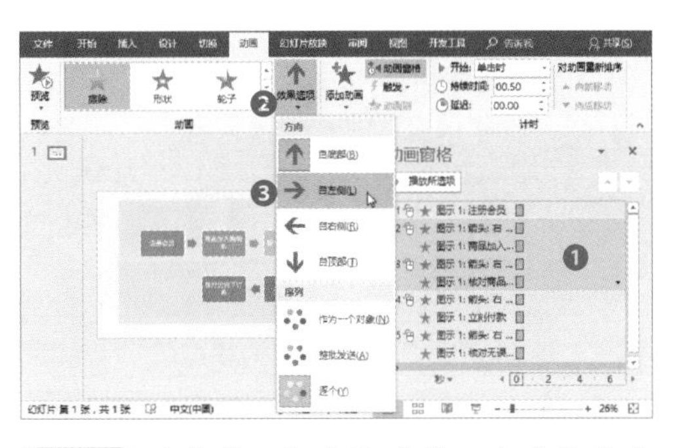

步骤 5 选中第6个动画动作，从“效果选项”列表中选择“自顶部”选项。

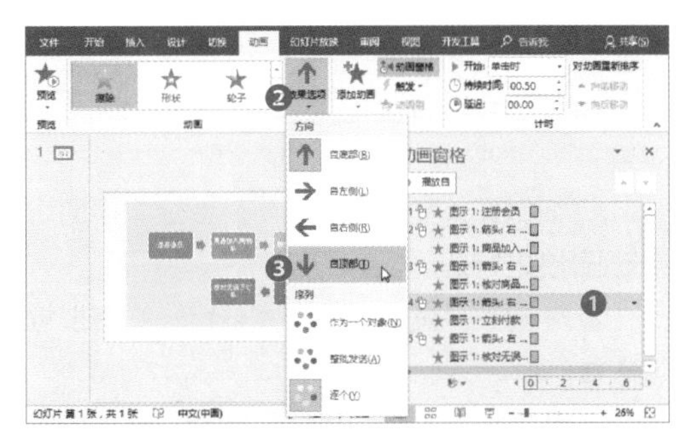

步骤 6 选中第7、8、9个动画动作，从“效果选项”列表中选择“自右侧”选项。

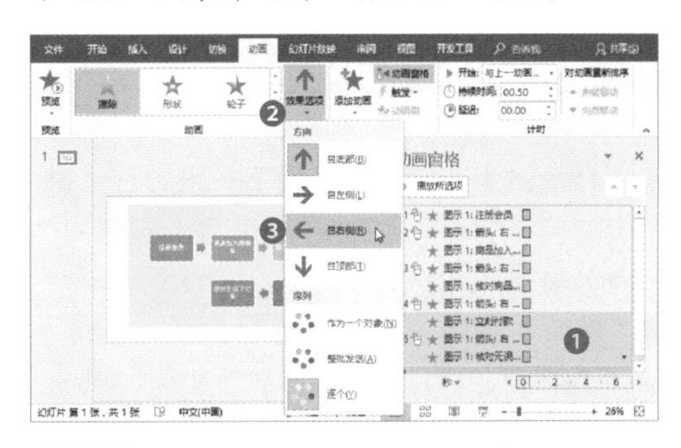

步骤 7 选中每一个动画动作，单击“开始”右侧下拉按钮，从列表中选择“上一动画之后”选项。

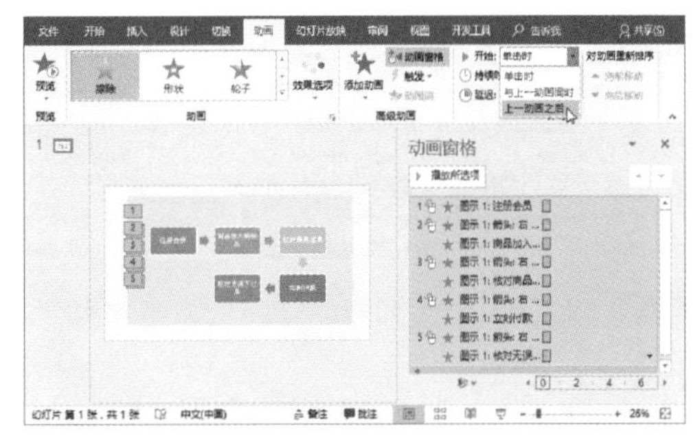

步骤 8 关闭窗格，单击“预览”按钮，预览效果即可。

11.3 添加转场动画

所谓转场动画即切换动画。PowerPoint中不仅可以为单张幻灯片中的文字或图片元素添加动画效果，还可以为多张幻灯片的转场间隙添加动画。

11.3.1 常用切换动画的类型

PowerPoint中包含了“细微型”“华丽型”和“动态内容”三大类30多种切换动画效果。

① 细微型。其切换效果与早期版本中的切换动画比较类似。

② 华丽型。其动画效果大多比较富有视觉冲击力。

③ 动态内容。其切换类型会对幻灯片中的内容元素提供动画效果。

11.3.2 添加切换动画效果

切换效果决定了切换到下一张幻灯片时，该幻灯片以何种方式显示，为幻灯片设置一个切换效果，可以让幻灯片更加出彩。

步骤 1 选择幻灯片，单击“切换”选项卡的“切换到此幻灯片”组中的“其他”按钮。

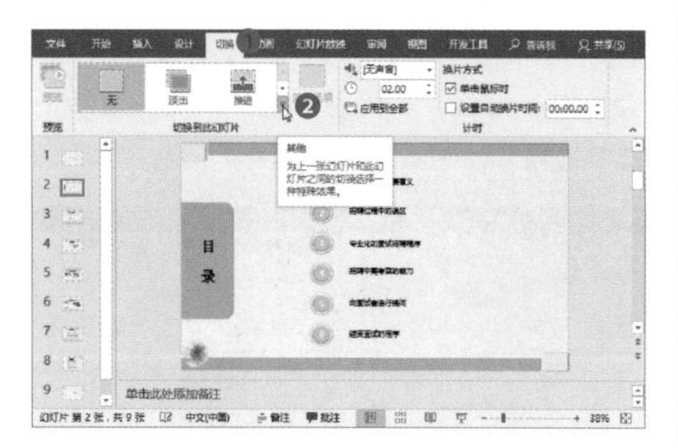

步骤 2 从展开的列表中选择合适的切换效果。

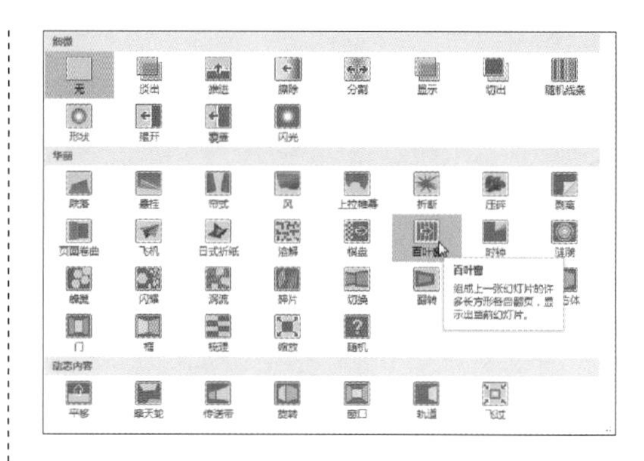

步骤 3 单击“效果选项”下拉按钮，从列表中选择“水平”选项。

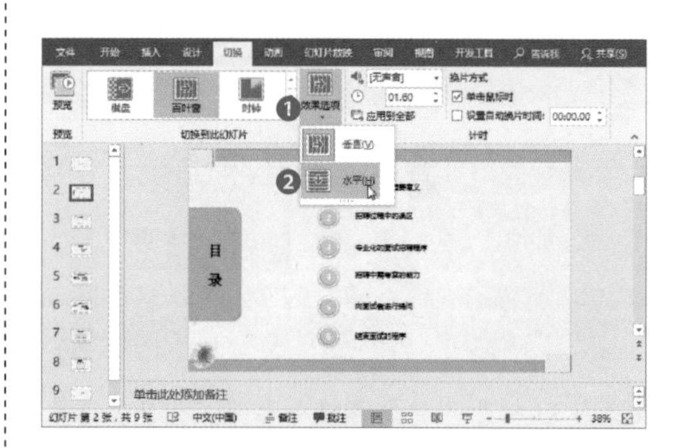

步骤 4 单击“预览”按钮，可以预览该效果。

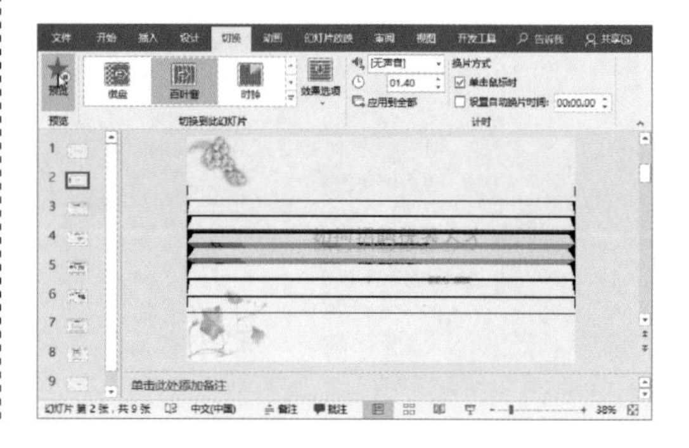

11.3.3 设置切换动画参数

切换效果添加后，还可以为其设置切换参数，从而更细致地设置幻灯片展示效果。

步骤 1 为幻灯片应用“帘式”切换效果后，单击“计时”组中的“声音”右侧下拉按钮，从中选择“风声”选项。

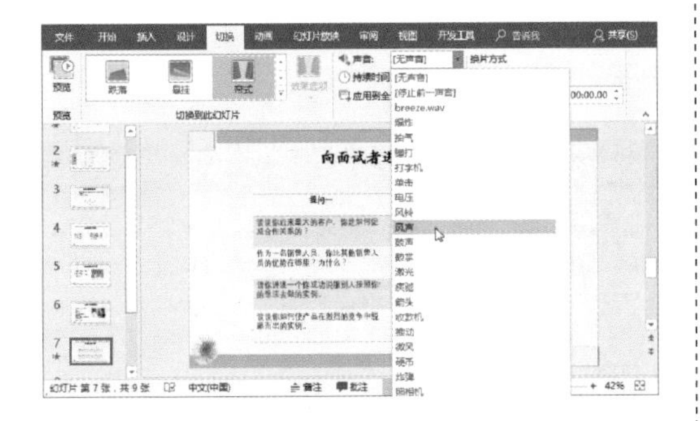

步骤 2 还可以在列表中选择“其他声音”选项。

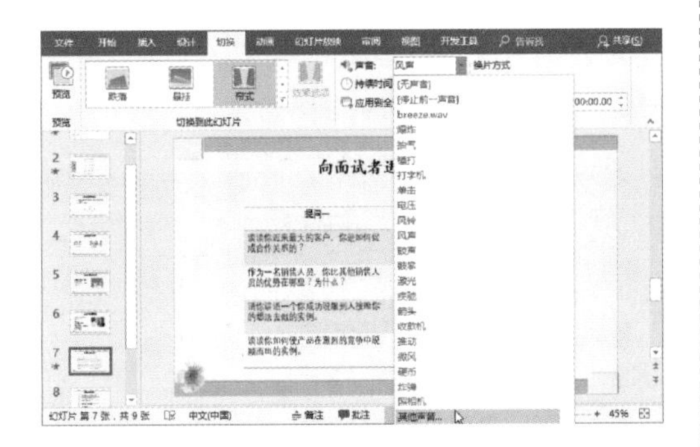

步骤 3 打开“添加音频”对话框，从中选择音频，单击“确定”按钮即可。

步骤 4 在“计时”组中，通过“持续时间”数值框，可以设置幻灯片切换效果的持续时间。

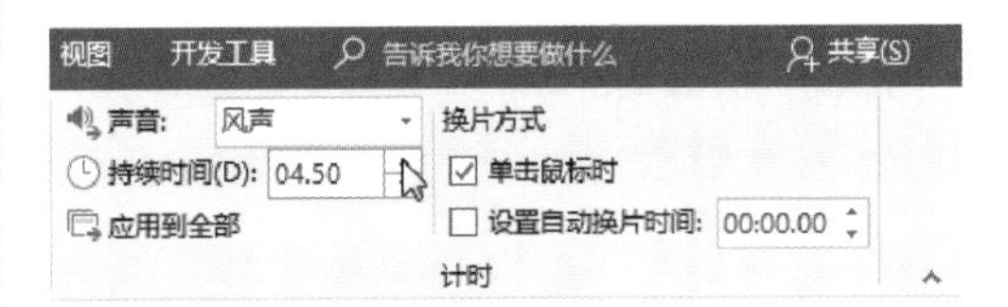

步骤 5 勾选“单击鼠标时”前面的复选框，可以设置为手动换片方式。

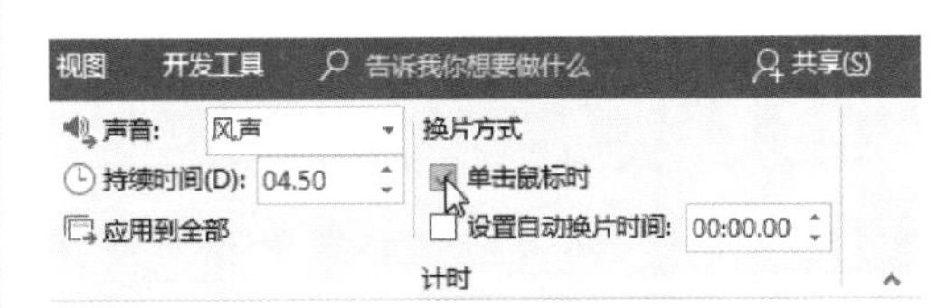

步骤 6 勾选“设置自动换片时间”复选框，然后通过右侧的数值框设置自动换片时间。

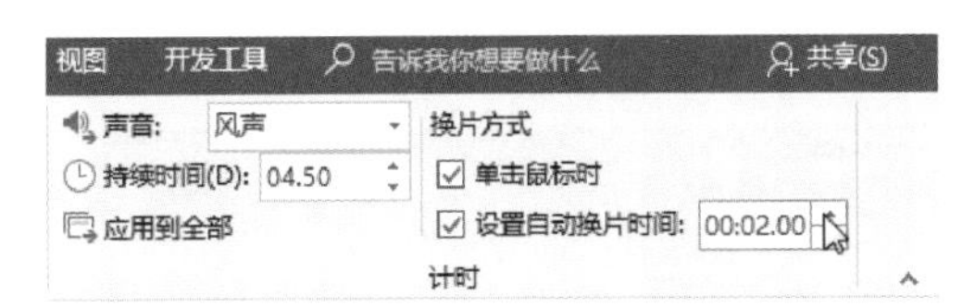

11.4 添加动作超链接

如果想要在演示文稿中为对象添加超链接，该如何操作呢。如果想要从当前幻灯片页面直接跳到其他幻灯片，又该如何操作呢，下面将分别对其操作方法进行介绍。

11.4.1 超链接的添加

步骤 1 选择需要添加超链接的对象，单击“插入”选项卡中的“链接”按钮。

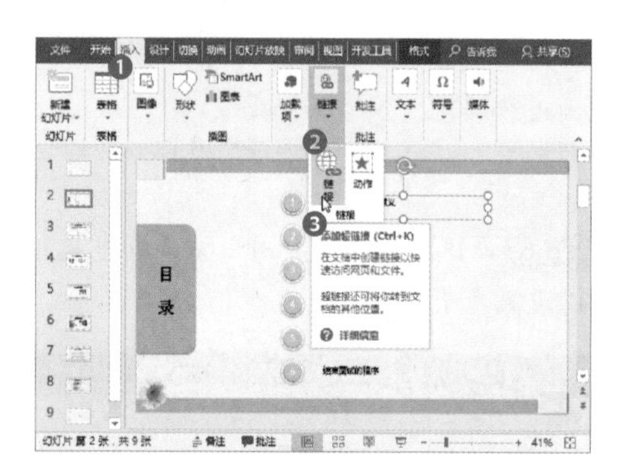

步骤 2 打开“插入超链接”对话框，在“链接到”选项下选择“本文档中的位置”选项，然后在其右侧“请选择文档中的位置”列表框中选择对应的幻灯片，然后单击“屏幕提示”按钮。

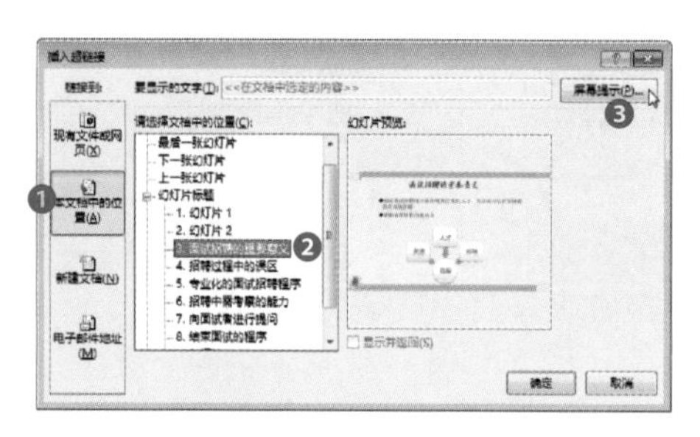

步骤 3 打开“设置超链接屏幕提示”对话框，输入屏幕提示文本，单击“确定”按钮。

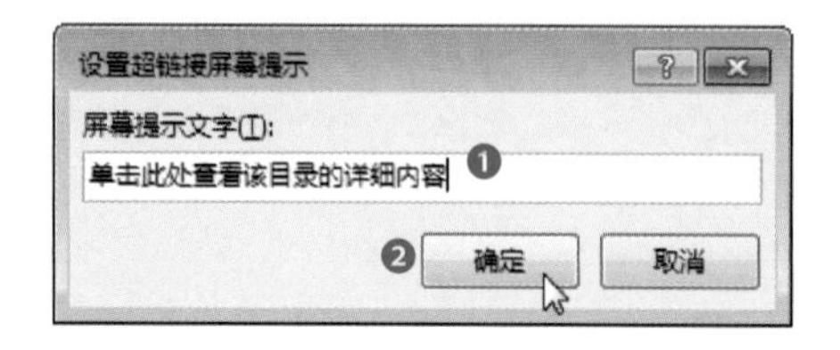

步骤 4 返回“插入超链接”对话框，单击“确定”按钮即可。

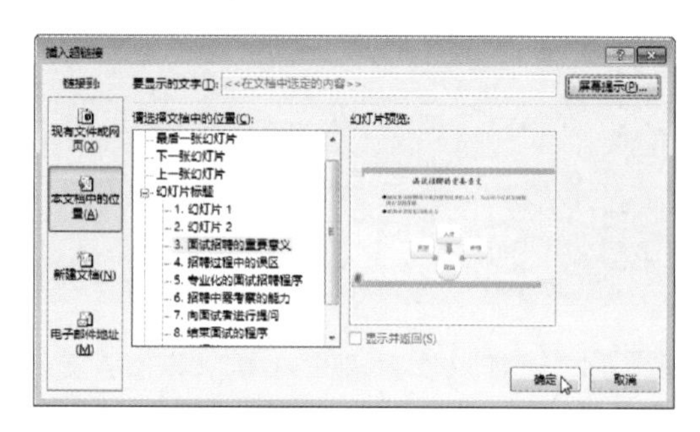

步骤 5 放映幻灯片时，将光标移至设置了超链接的对象上，会出现屏幕提示，单击超链接对象，即可访问链接的对象。

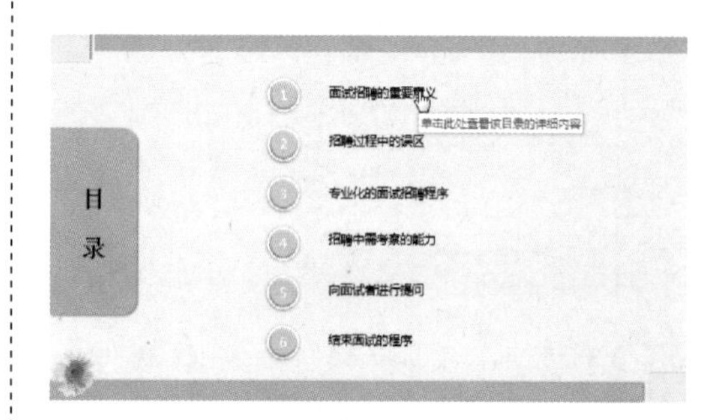

步骤 6 还可以将对象链接到网页。选择需要添加超链接的对象，打开“插入超链接”对话框，在地址栏中直接粘贴复制的网址，单击“确定”按钮即可。

步骤 7 在超链接对象上单击鼠标右键，从弹出的快捷菜单中选择“打开链接”选项。

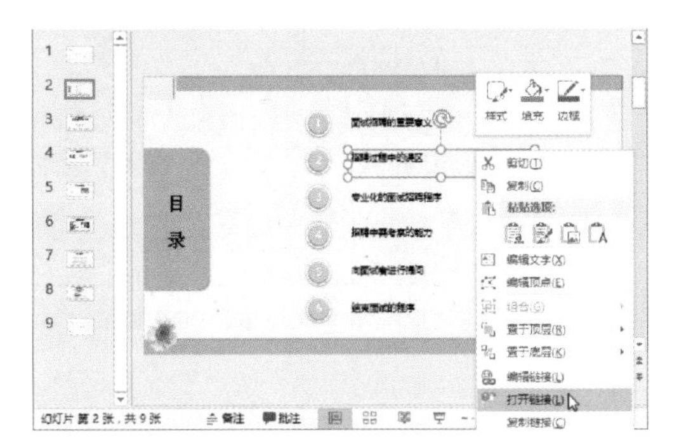

步骤 8 打开相应的网页，查看详细内容即可。

11.4.2 动作按钮的添加

步骤 1 选择需要添加动作按钮的幻灯片，单击“插入”选项卡中的“形状”下拉按钮，从列表中选择“动作按钮：转到主页”选项。

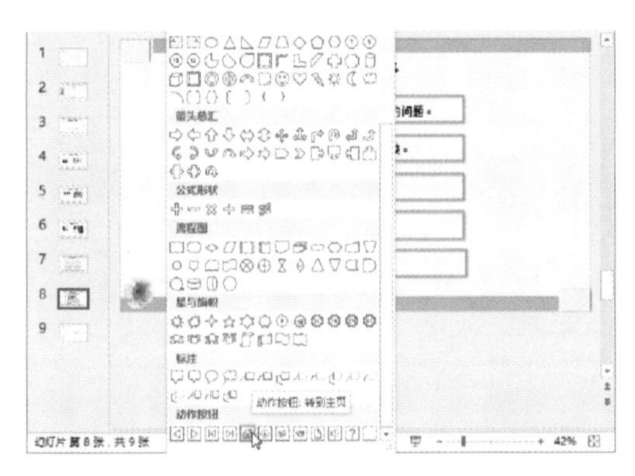

步骤 2 鼠标光标变为十字形，按住鼠标左键不放，拖动鼠标绘制动作按钮。

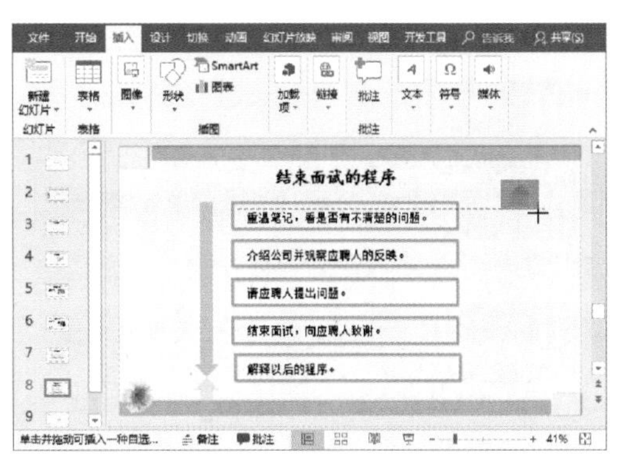

步骤 3 打开“操作设置”对话框，选中“超链接到”单选按钮，然后单击其下拉按钮，从列表中选择“幻灯片…”选项。

步骤 4 打开“超链接到幻灯片”对话框，选择需要链接到的幻灯片，然后单击“确定”按钮。

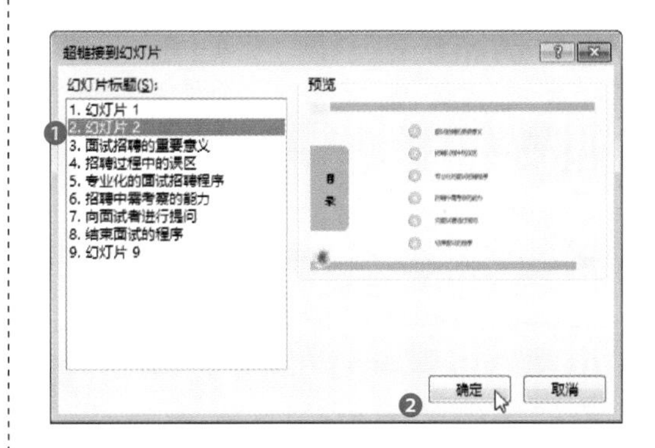

步骤 5 返回“操作设置”对话框，单击“确定”按钮即可。

步骤 6 选中动作按钮，在“绘图工具-格式”选项卡中进行设置，将其简单美化即可。

步骤 7 放映幻灯片时，单击动作按钮，即可跳转到链接的幻灯片。

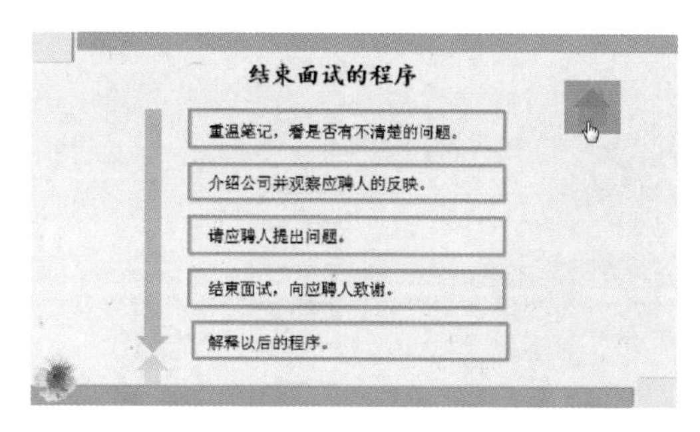

技巧点拨：如何取消动作链接

如果想要取消动作链接，只需打开“操作设置”对话框，从中选中“无动作”单选按钮即可。

为“新产品推广方案”演示文稿添加动画效果

学完本章内容后，接下来练习制作一个带动画效果的新产品推广方案演示文稿，其中涉及的知识点包括添加动画效果、添加切换动画效果、添加超链接等。

步骤 1 打开演示文稿，选择标题文本，单击“动画”选项卡“动画”组中的“其他”按钮，从列表中选择“浮入”效果。

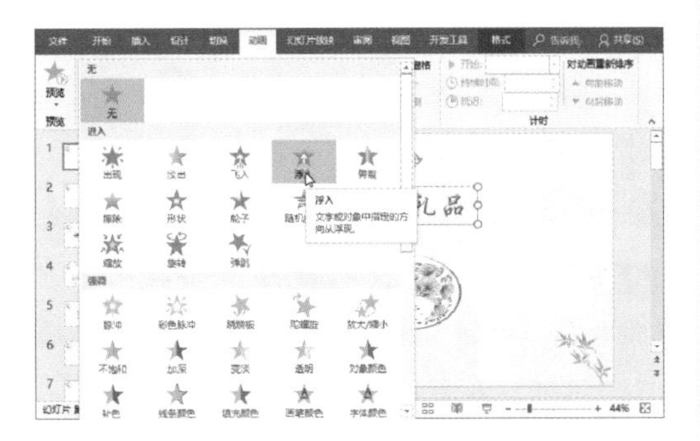

步骤 2 单击“效果选项”下拉按钮，从列表中选择“下浮”选项。

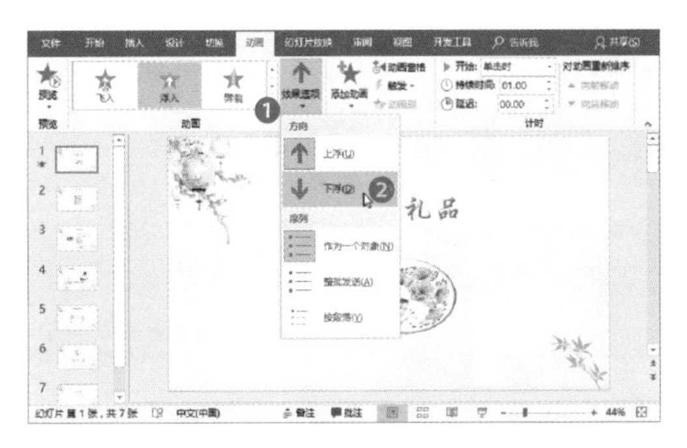

步骤 3 单击“添加动画”下拉按钮，从列表中选择“放大/缩小”效果。

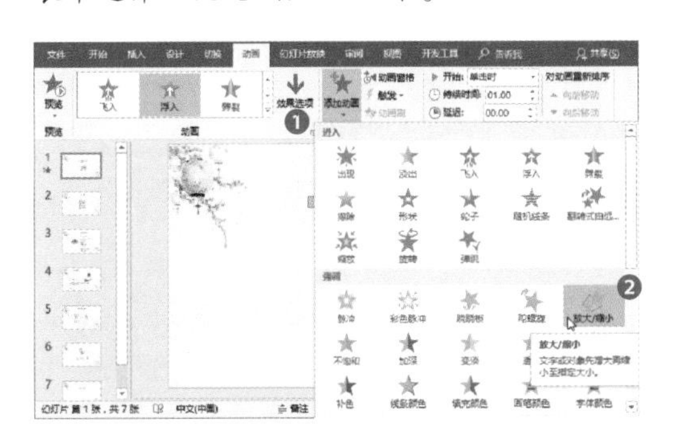

步骤 4 单击“效果选项”下拉按钮，从列表中选择“较小”选项。

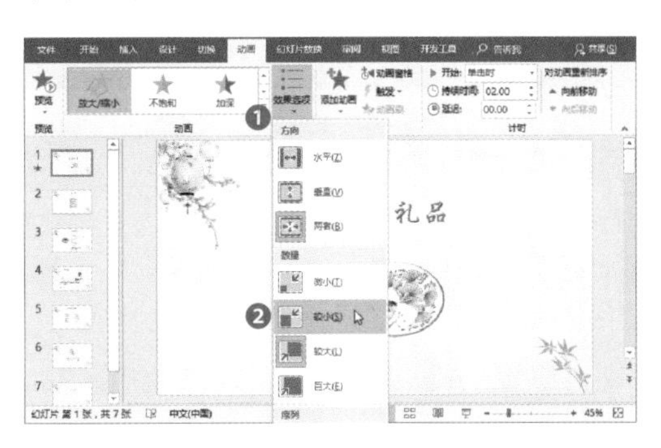

步骤 5 在“计时”组中设置“开始”方式：上一动画之后，并设置好持续时间。

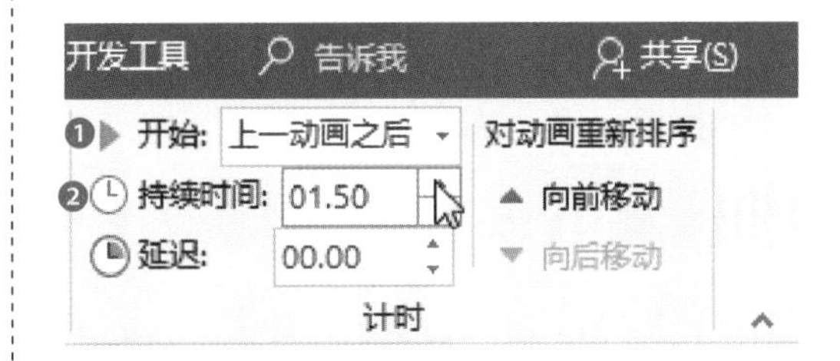

步骤 6 按照同样的方法，为幻灯片中的其他对象添加动画效果。

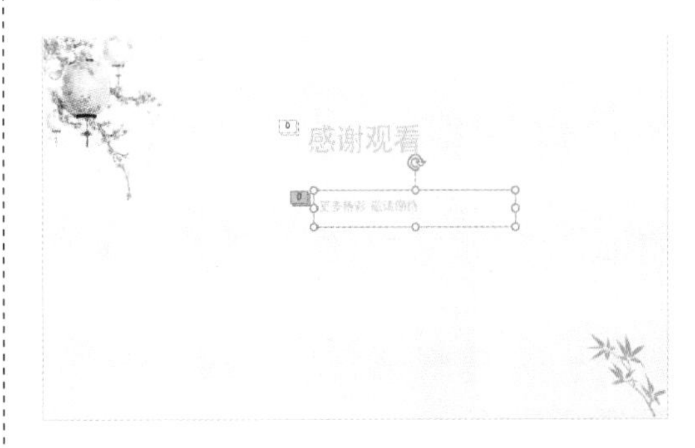

步骤 7 选择第一张幻灯片，单击“切换”选项卡“切换到此幻灯片”组中的“其他”按钮，从列表中选择“涟漪”选项。

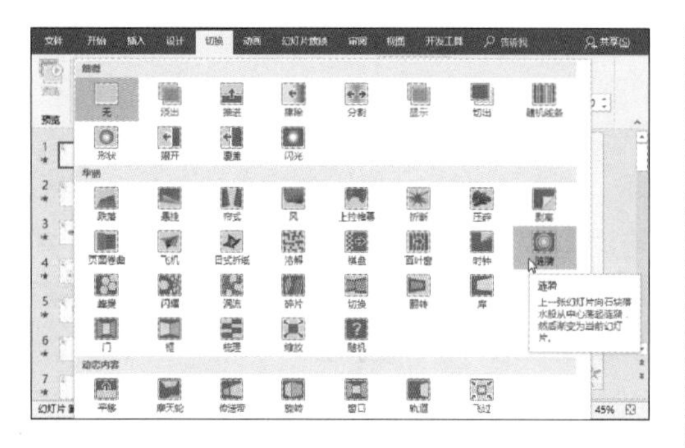

步骤 8 单击“效果选项”下拉按钮，从列表中选择“从左下部”选项。

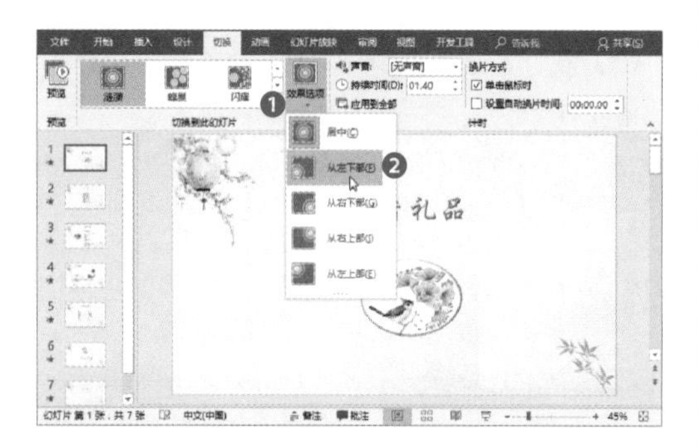

步骤 9 单击“声音”下拉按钮，从列表中选择“微风”选项。

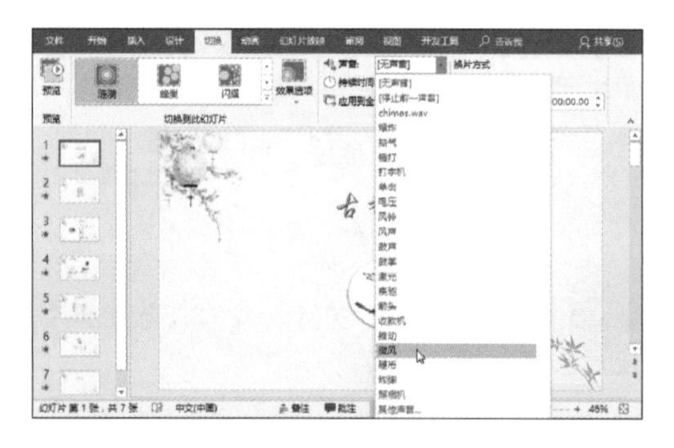

步骤 10 勾选“设置自动换片时间”复选框，并在右侧的数值框中设置好换片时间。

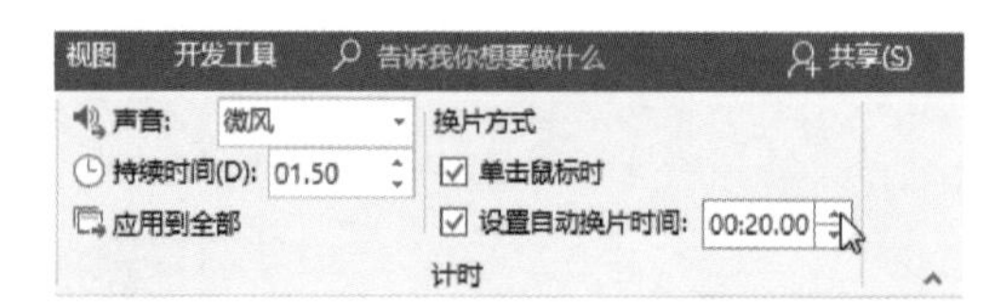

步骤 11 单击“应用到全部”按钮，即可将切换效果应用到全部幻灯片。

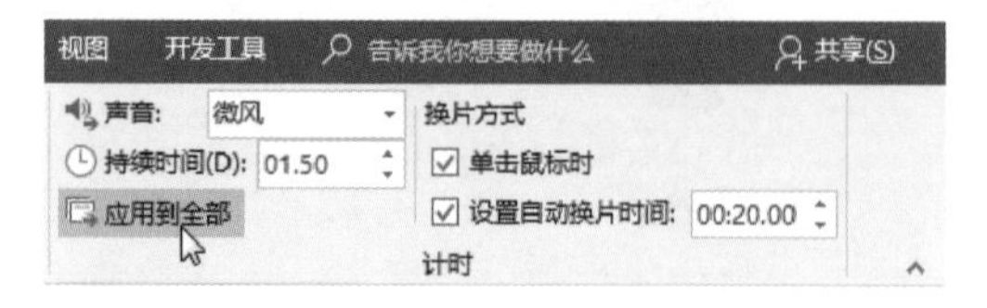

步骤 12 选择需要添加超链接的文本，单击“插入”选项卡中的“链接”按钮。

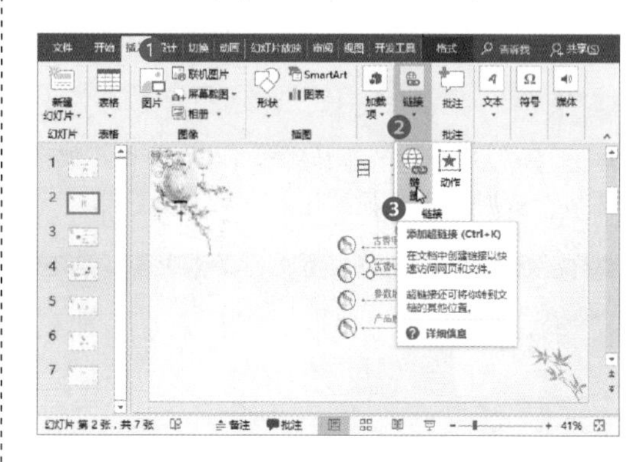

步骤 13 打开“插入超链接”对话框，在“链接到”选项下选择“本文档中的位置”选项，然后在其右侧“请选择文档中的位置”列表框中选择对应的幻灯片，单击“确定”按钮。

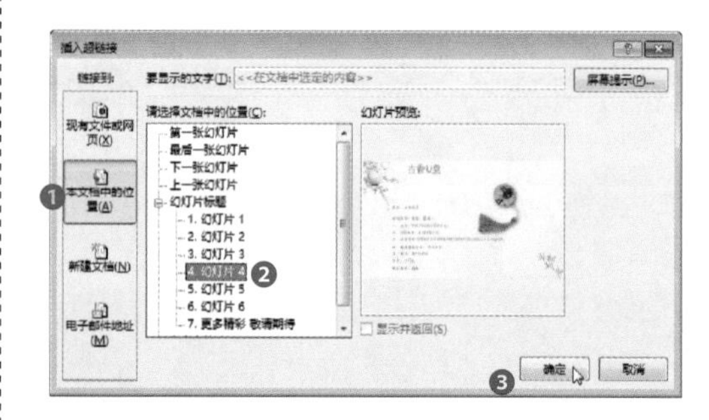

步骤 14 将光标移至设置了超链接的对象上，即可显示链接到的幻灯片。

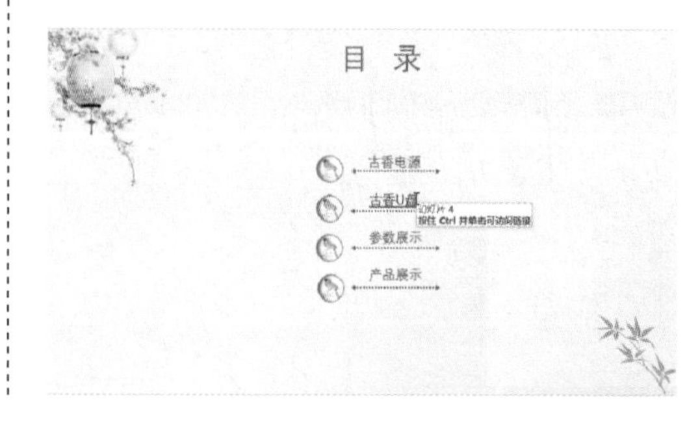

步骤15 选择第5张幻灯片，单击“插入”选项卡的“形状”下拉按钮，从列表中选择“动作按钮：转到结尾”选项。

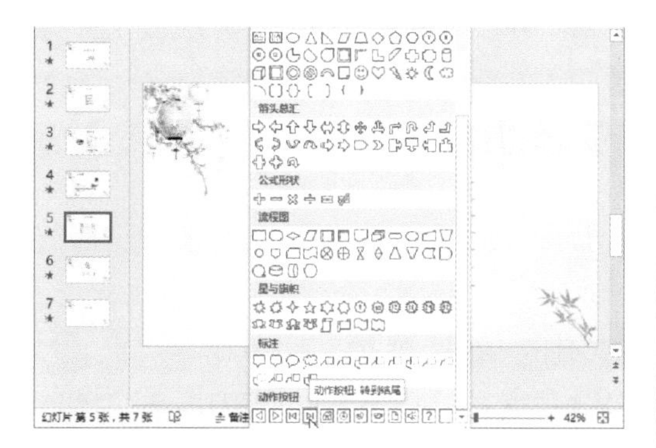

步骤16 光标变为十字形，按住鼠标左键不放，拖动鼠标绘制动作按钮。

步骤17 打开“操作设置”对话框，选中“超链接到”单选按钮，然后单击其下拉按钮，从列表中选择“幻灯片…”选项。

步骤18 打开“超链接到幻灯片”对话框，选择需要链接到的幻灯片，然后单击“确定”按钮，返回“操作设置”对话框，单击“确定”按钮即可。

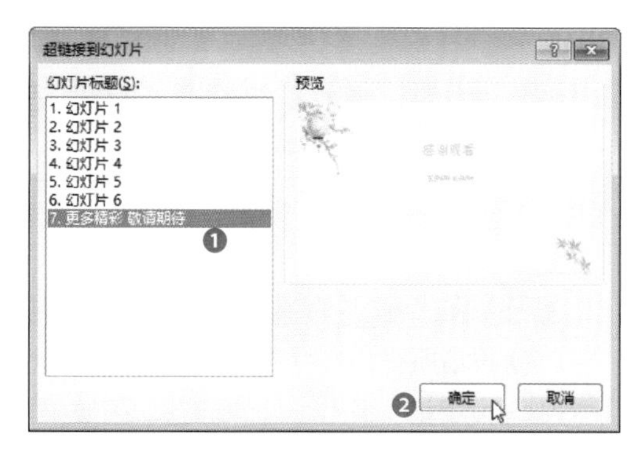

步骤19 选中动作按钮，在“绘图工具-格式”选项卡中，对其进行美化即可。

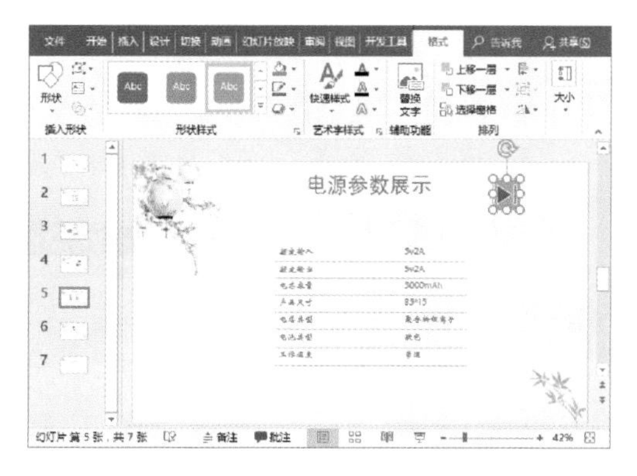

为人物简介演示文稿添加动画效果

打开“强化练习”实例文件夹，利用其中的素材文件，按照下列要求进行操作。

（1）设置所有幻灯片的切换效果：页面卷曲；设置声音：风铃；设置自动换片时间：5秒。

（2）设置第1张幻灯片的标题动画效果：飞入；设置图片的动画效果：轮子，并设置开始方式：上一动画之后。

（3）设置第2张幻灯片目录标题的动画效果：浮入，并按照同样的方法设置其他对象的动画效果。

（4）为“目录”标题幻灯片中内容区的文本设置超链接，链接至相应标题的幻灯片。

（5）在最后一张幻灯片中添加一个动作按钮：“动作按钮：转到主页”。

（6）在“绘图工具-格式”选项卡中，美化动作按钮。

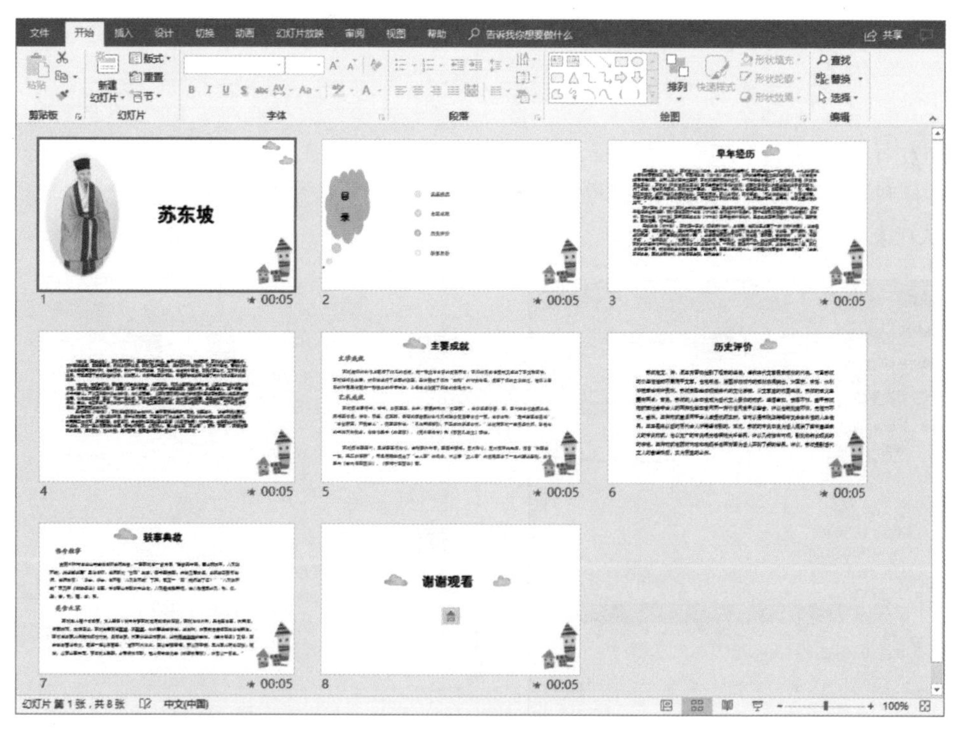

最终效果

第12章 放映/输出幻灯片

知识导读

制作演示文稿的最终目的是放映。在放映之前，可以根据需要对演示文稿的放映进行设置，也可以设置演示文稿的输出，包括设置放映方式、设置放映时间、幻灯片的输出。

内容预览

至于负者歌于途，行者休于树，前者呼，后者应，伛偻提携，往来而不绝者，滁人游也。临溪而渔，溪深而鱼肥，酿泉为酒，泉香而酒洌；山肴野蔌，杂然而前陈者，太守宴也。宴酣之乐，非丝非竹，射者中，弈者胜，觥筹交错，起坐而喧哗者，众宾欢也。苍颜白发，颓然乎其间者，太守醉也。

已而夕阳在山，人影散乱，太守归而宾客从也。树林阴翳，鸣声上下，游人去而禽鸟乐也。然而禽鸟知山林之乐，而不知人之乐；人知从太守游而乐，而不知太守之乐其乐也。醉能同其乐，醒能述以文者，太守也。太守谓谁？庐陵欧阳修也。

放映时添加文本

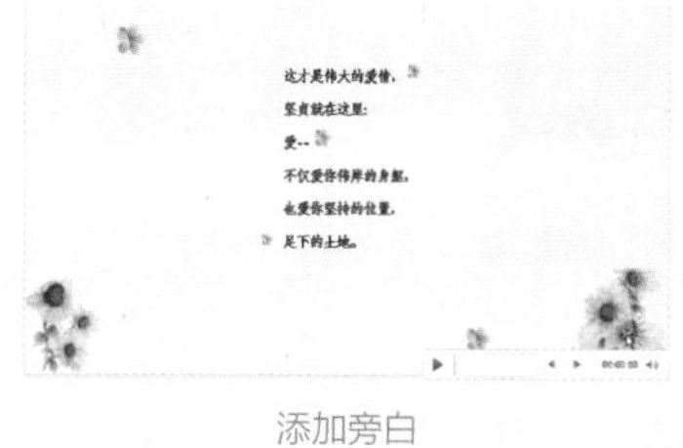

添加旁白

输出为图片文件

本章教学视频数量：5个

12.1 设置放映方式

在放映幻灯片之前，需要对其放映方式进行设置，使其按照想要的方式来放映，可以设置放映类型，也可以自定义放映等。

12.1.1 如何放映幻灯片

可以从头开始放映幻灯片，也可以从当前幻灯片放映，用户可以根据需要来选择放映方式。

步骤 1 从头开始放映幻灯片。打开演示文稿，单击“幻灯片放映”选项卡中的“从头开始”按钮。

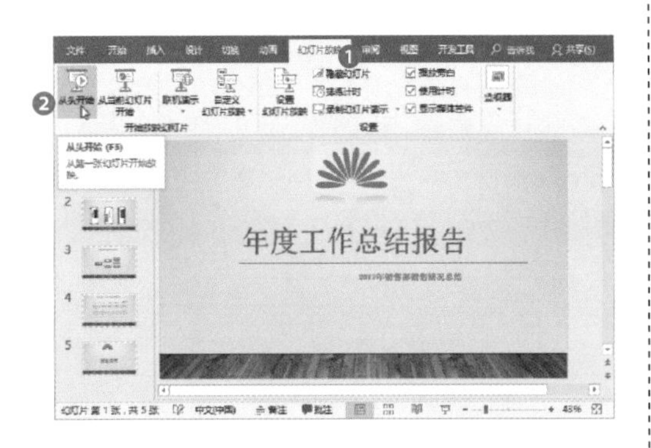

步骤 2 此时进入放映状态，幻灯片从第1张开始逐一放映。

步骤 3 从当前幻灯片开始放映。选中第3张幻灯片，单击“幻灯片放映”选项卡中的“从当前幻灯片开始”按钮。

步骤 4 此时就可以从第3张幻灯片开始放映。

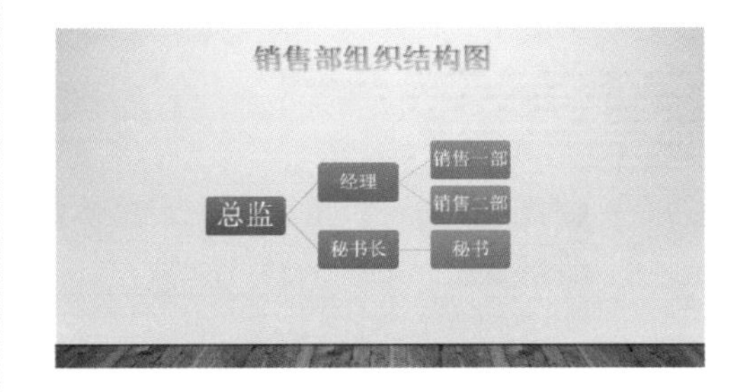

12.1.2 设置放映类型

幻灯片的放映类型主要包括“演讲者放映（全屏幕）”、“观众自行浏览（窗口）”和“在展台浏览（全屏幕）”三种。

步骤 1 打开演示文稿，单击“幻灯片放映”选项卡中的“设置幻灯片放映”按钮。

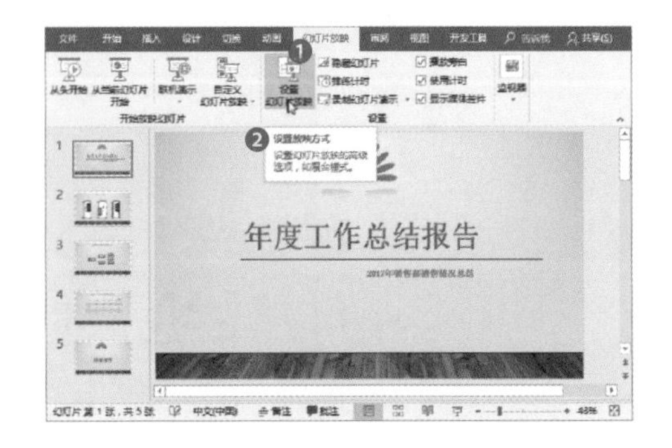

步骤 2 打开“设置放映方式”对话框，从中设置放映类型即可。

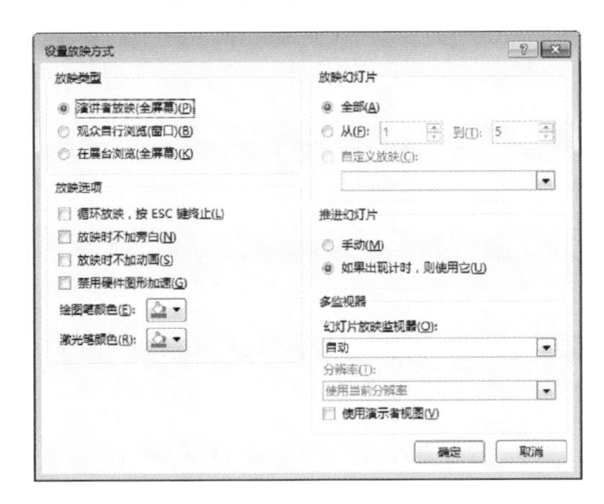

步骤 3 演讲者放映（全屏幕）。该方式以全屏的方式放映演示文稿，在放映过程中，演讲者对演示文稿有着完全的控制权，可以采用不同放映方式，也可以暂停或录制旁白。

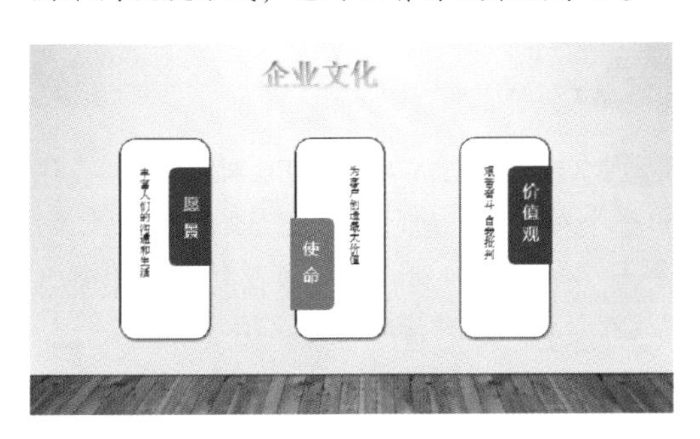

步骤 4 观众自行浏览（窗口）。以窗口形式运行演示文稿，只允许对演示文稿进行简单的控制，包括切换幻灯片、上下滚动等。

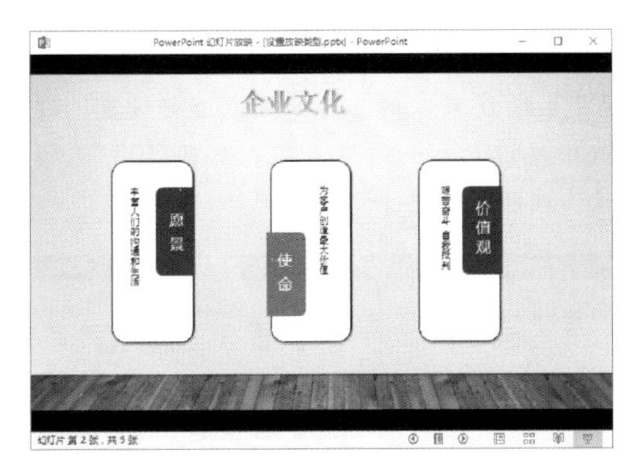

步骤 5 在展台浏览（全屏幕）。不需要专人控制即可自动演示文稿，不能单击鼠标手动放映幻灯片，但可以通过动作按钮、超链接等进行切换。

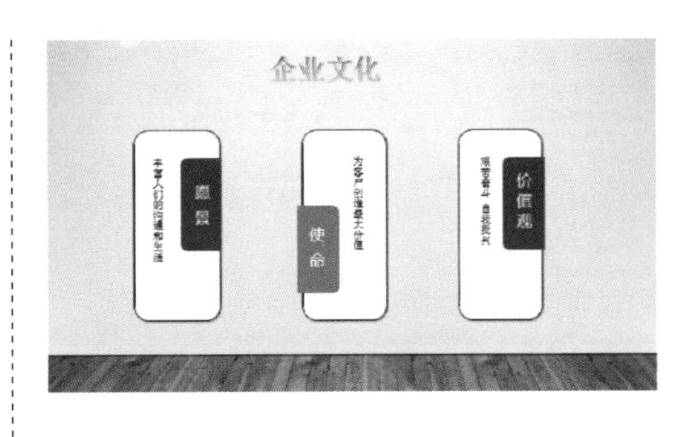

12.1.3 创建自定义放映

如果想要放映指定的幻灯片，可以自定义放映幻灯片。

步骤 1 打开演示文稿，切换至“幻灯片放映”选项卡，单击“自定义幻灯片放映”按钮，从列表中选择“自定义放映”选项。

步骤 2 打开“自定义放映”对话框，单击“新建”按钮。

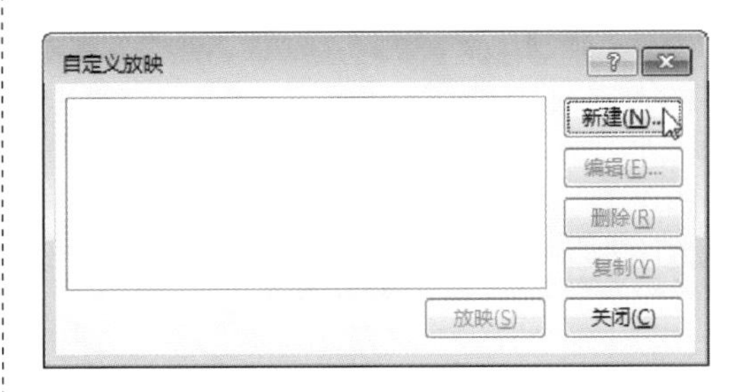

步骤 3 打开“定义自定义放映”对话框，在“幻灯片放映名称”文本框中输入名称“醉翁亭记”，从“在演示文稿中的幻灯片”列表中选中想要放映的幻灯片，单击“添加”按钮，然后单击“确定”按钮。

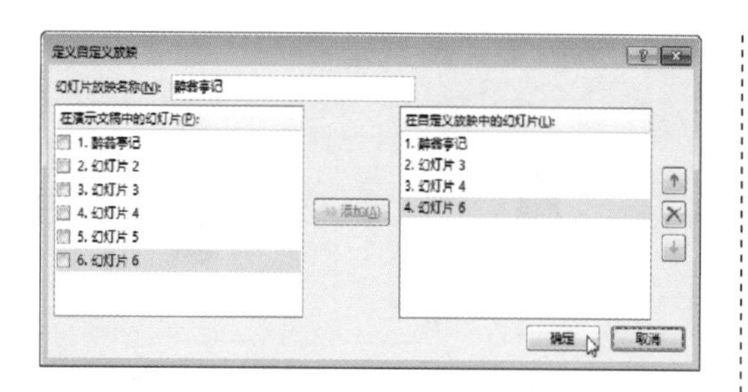

步骤 4 返回“自定义放映”对话框，单击“放映”按钮即可。

步骤 5 如果演示文稿中已经包含了一个自定义放映，那么单击“自定义幻灯片放映”按钮，从列表中选择“醉翁亭记”选项，即可开始自定义的放映。

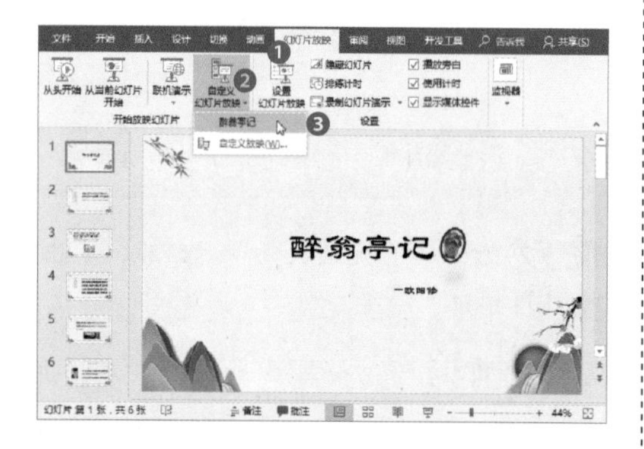

12.1.4 模拟黑板功能

在放映幻灯片时，可以像用黑板一样，对重点内容进行标记。

（1）对重点内容进行标记

步骤 1 打开演示文稿，按F5键放映幻灯片，然后单击鼠标右键，从弹出的快捷菜单中选择“指针选项>笔”命令。

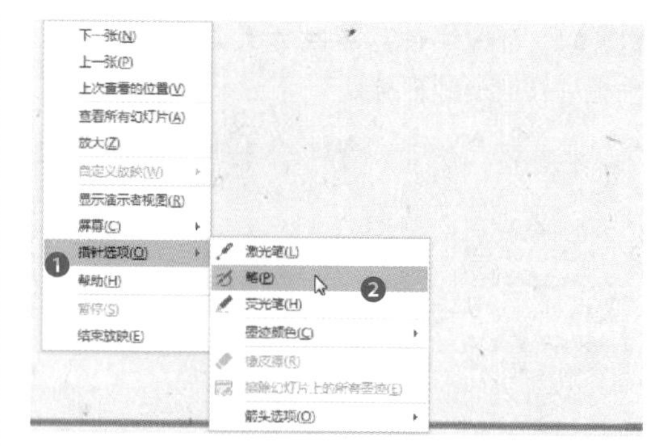

步骤 2 选择好后，拖动鼠标即可在幻灯片中的对象上进行标记。

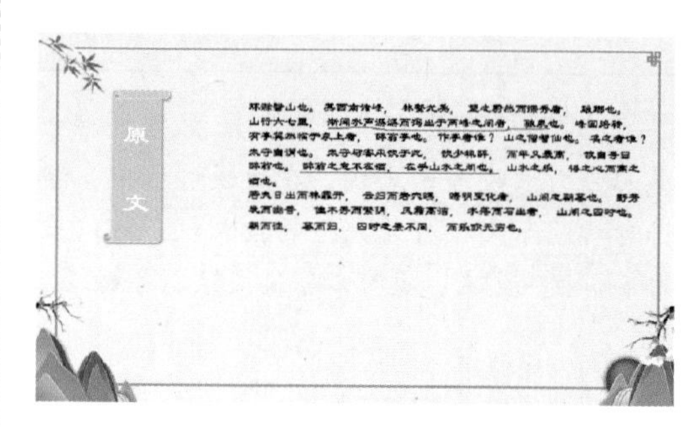

步骤 3 标记完成后，按Esc键退出，将弹出一个对话框，询问用户是否保留墨迹注释，单击“保留”按钮，则保留墨迹注释，单击“放弃”按钮，则清除墨迹注释。

步骤 4 还可以对墨迹的颜色进行设置，即选中墨迹，打开“墨迹书写工具-笔”选项卡，在功能区进行设置即可。

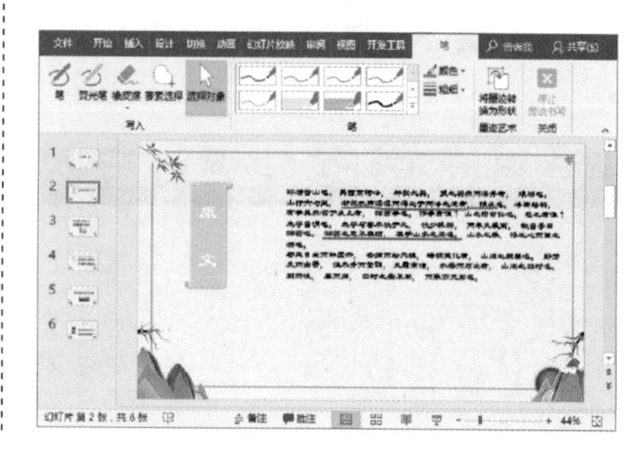

步骤 5 在放映模式下，单击鼠标右键，从快捷菜单中选择“屏幕>显示/隐藏墨迹标记”命令，即可显示或隐藏墨迹。

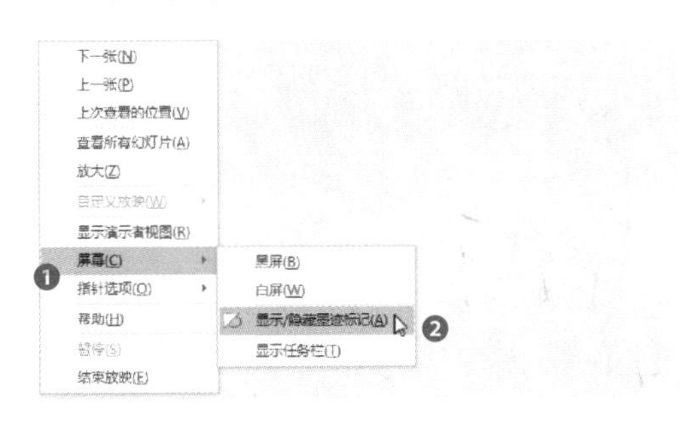

（2）放映时添加文本

步骤 1 打开演示文稿，执行“文件>选项”命令。

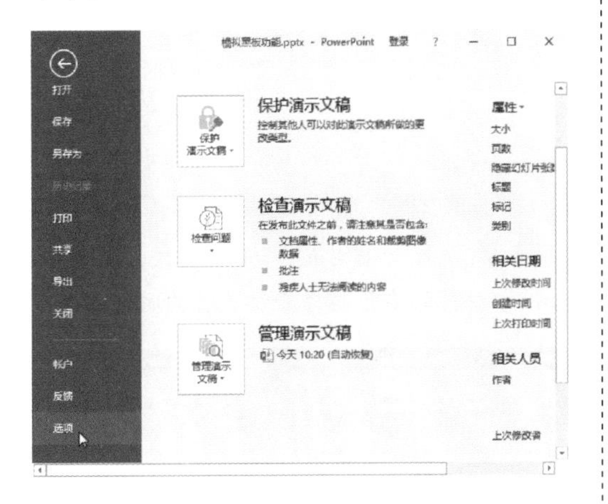

步骤 2 打开“PowerPoint选项”对话框，在“自定义功能区”选项卡中，勾选“开发工具”复选框，然后单击“确定”按钮。

步骤 3 返回演示文稿，将出现“开发工具”选项卡，单击该选项卡中的“文本框”按钮。

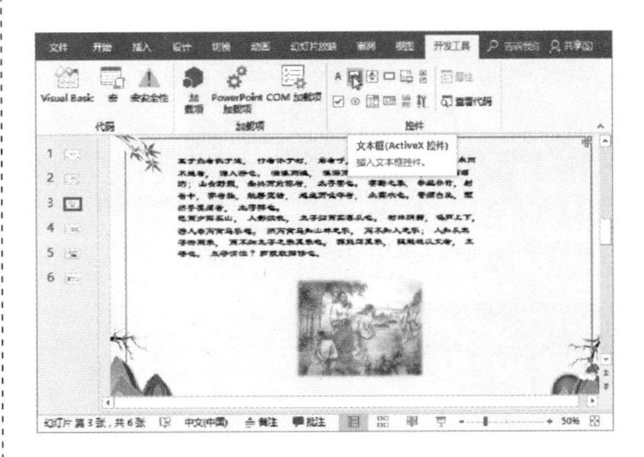

步骤 4 鼠标光标变为十字形，拖动鼠标绘制文本框控件。

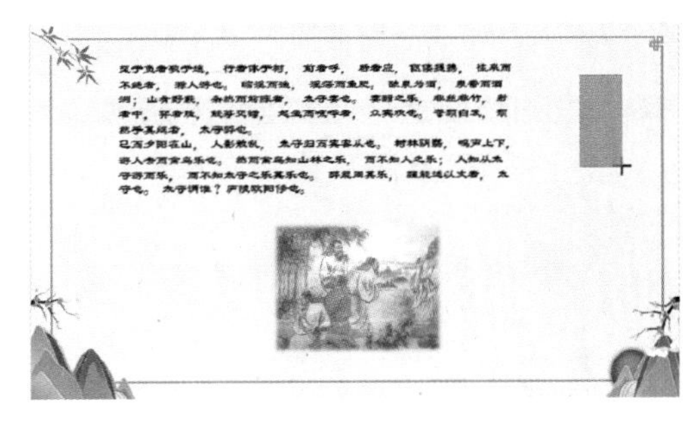

步骤 5 按F5键放映演示文稿时，就可以在文本框中添加文本了。

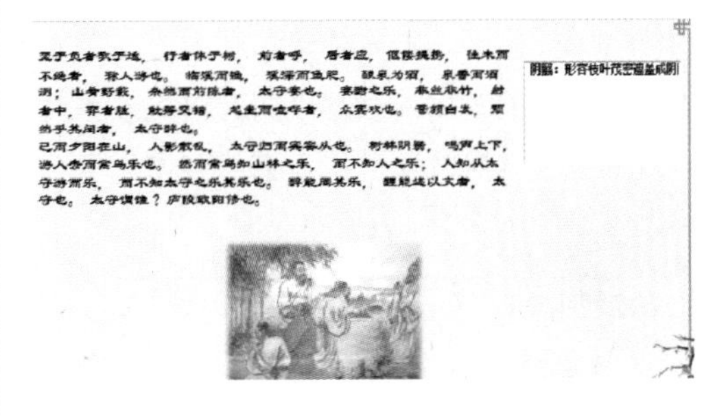

技巧点拨：巧妙使用激光笔

如果想要突出显示某个地方，也可以采用激光笔突出显示，只需按住Ctrl键的同时，单击鼠标左键即可显示激光笔。

12.2 设置放映时间

设置放映的时间，也就是将预演时间记录下来，必要时可对时间进行调整，然后就可以按照记录的时间来播放幻灯片了。在放映演示文稿时，如果对时间有一定的要求，使用这种方法会达到良好的效果。

12.2.1 排练计时

排练计时在论文答辩、讲座时会用到，便于更好地控制演讲的节奏。

步骤 1 打开演示文稿，单击“幻灯片放映”选项卡中的“排练计时”按钮。

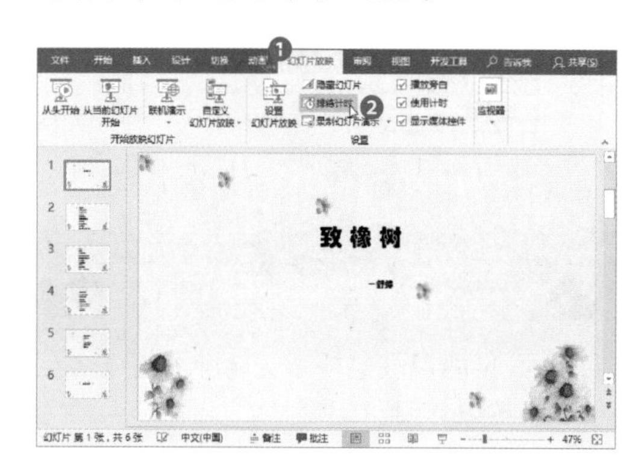

步骤 2 幻灯片自动进入放映状态，左上角会显示“录制”工具栏，中间时间代表当前幻灯片页面放映所需时间，右边时间代表放映所有幻灯片累计所需时间。

步骤 3 根据需要，设置每张幻灯片停留时间，到最后一张时，单击鼠标左键，会弹出提示对话框，询问用户是否保留幻灯片排练时间，单击“是”按钮即可。

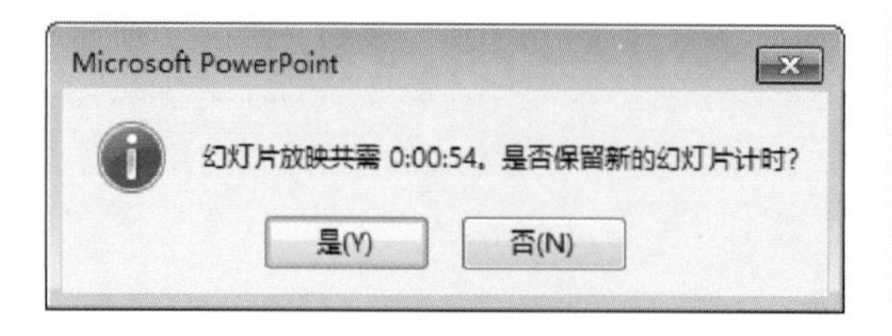

步骤 4 返回演示文稿，切换至“视图”选项卡，单击“幻灯片浏览”按钮。

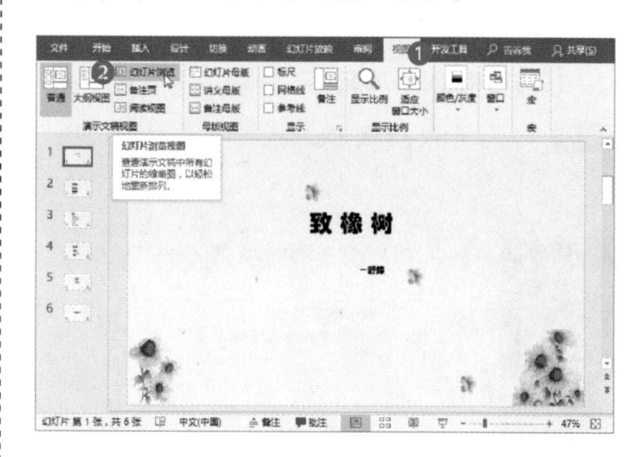

步骤 5 进入幻灯片浏览视图模式，此时在每张幻灯片的右下角会显示放映的时间。

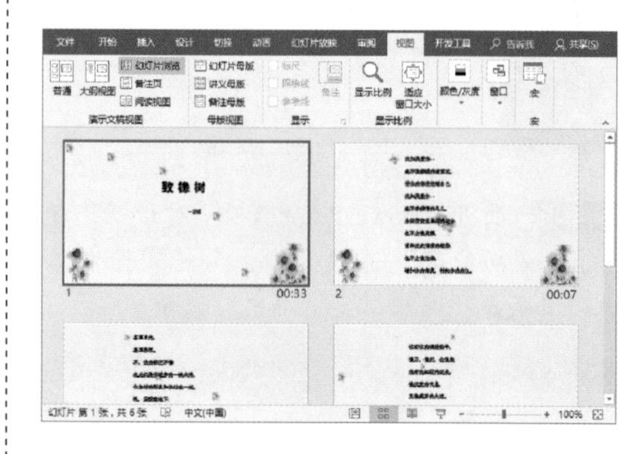

12.2.2 录制幻灯片

在播放演示文稿时，特别是古诗词类型的课件，可以通过为幻灯片添加旁白来为课件增色。

步骤 1 打开演示文稿，单击“幻灯片放映”选项卡中的“录制幻灯片演示”右侧下拉按钮，从列表中选择“从头开始录制”选项。

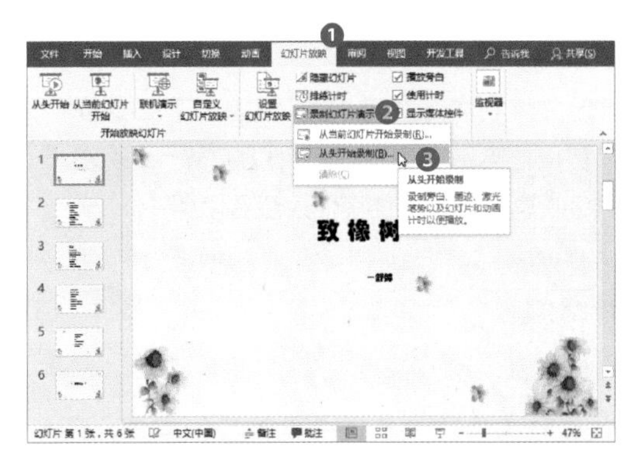

步骤 2 打开“录制幻灯片演示”对话框，根据需要，勾选相应的复选框，然后单击“开始录制”按钮。

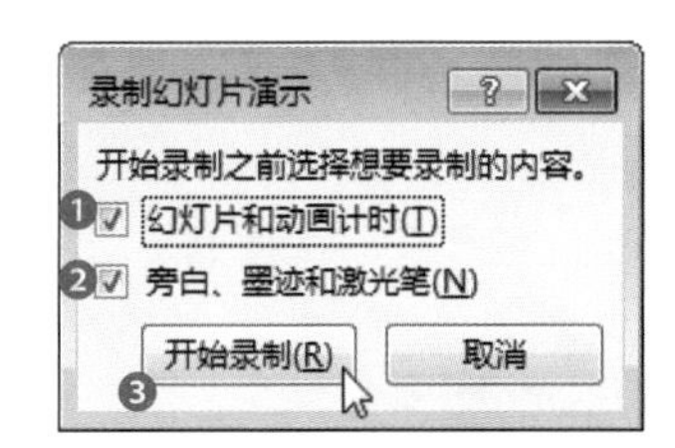

步骤 3 自动进入放映状态，左上角会显示“录制”工具栏，并开始录制旁白，单击“下一项”按钮，会切换至下一张幻灯片，单击“暂停录制”按钮，可停止录制。

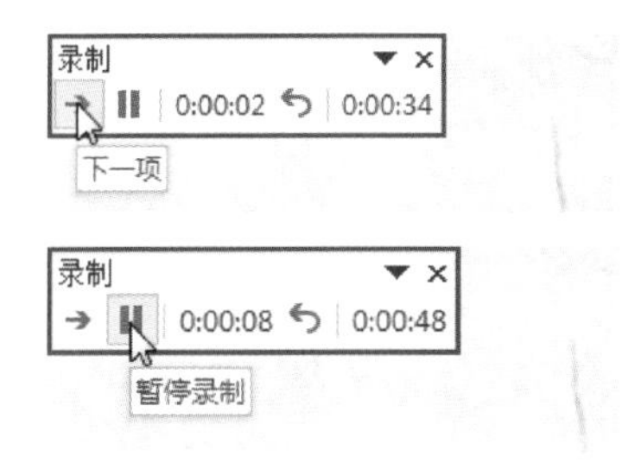

步骤 4 录制完成后，幻灯片的右下角都会有一个声音图标，声音就是录制的旁白。

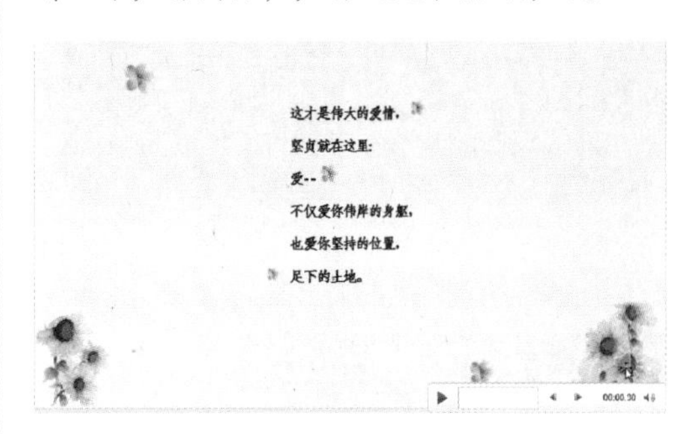

技巧点拨：录制旁白前的准备

在录制旁白之前，首先要确保电脑中已经安装了声卡和麦克风，并且处于正常工作状态，否则将无法录制。

12.3 演示文稿的输出与打包

演示文稿制作完成后，可以将其打包，这样就可以在任何电脑上观看，还可以将演示文稿发布到一个共享位置，方便其他人查看使用。

12.3.1 打包演示文稿

为了让演示文稿随时都能播放，可以对演示文稿进行打包。

步骤 1 打开演示文稿，执行“文件>导出”命令。

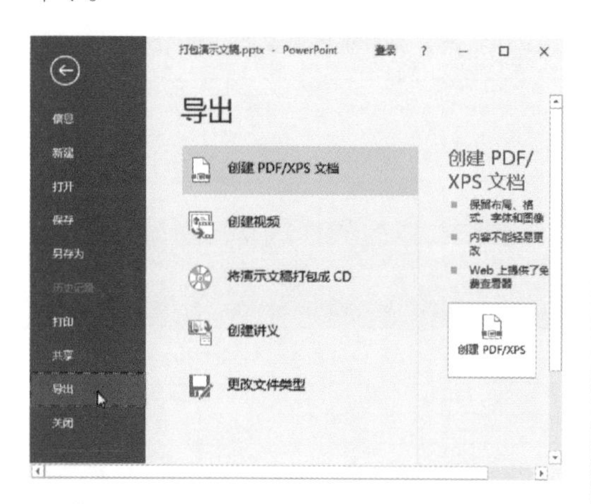

步骤 2 选择“将演示文稿打包成CD”选项，然后单击右侧的“打包成CD”按钮。

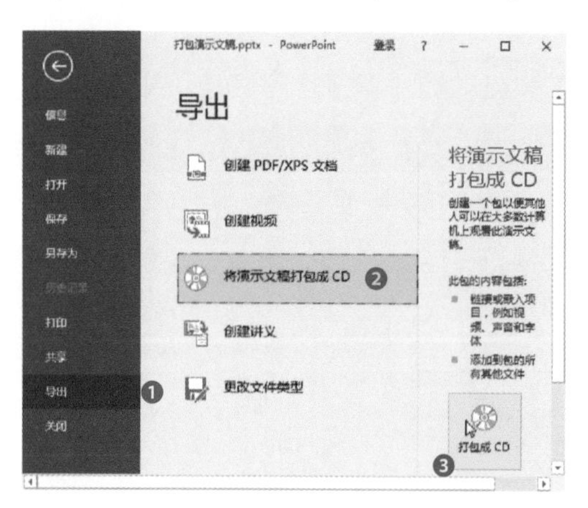

步骤 3 弹出“打包成CD”对话框，在“将CD命名为”文本框中输入打包文件的名称，此时在“要复制的文件”列表框中显示出要打包的文件。如果需要添加其他文件，可以单击“添加”按钮。

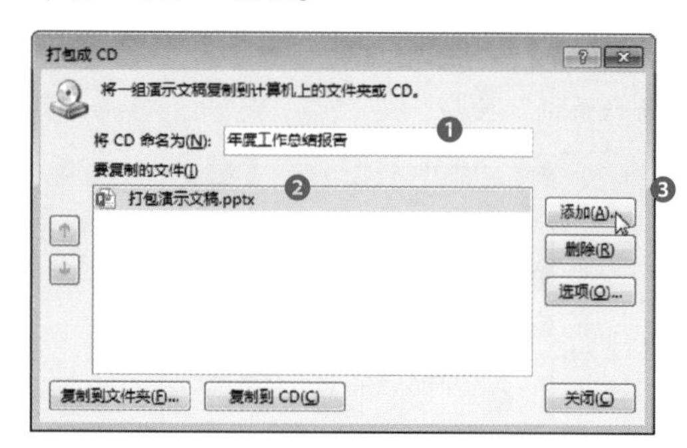

步骤 4 打开“添加文件”对话框，在对话框中选择需要添加的文件，然后单击“添加”按钮。

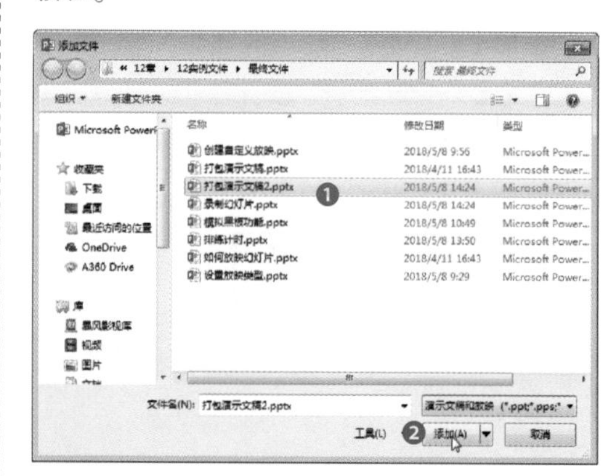

步骤 5 返回“打包成CD”对话框，此时在“要复制的文件”列表框中已经显示了添加的文件，单击“选项”按钮。

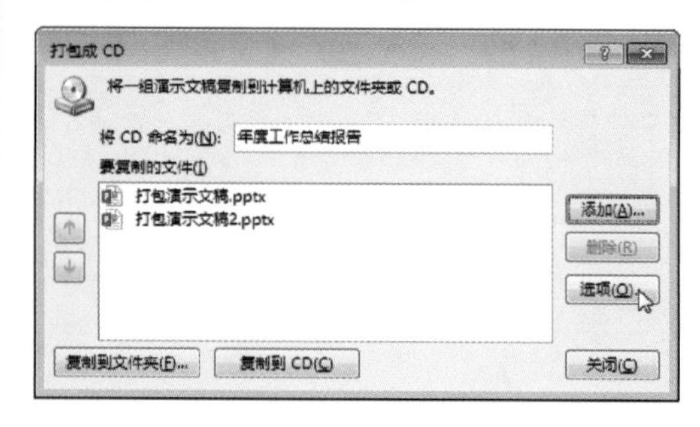

步骤 6 打开“选项”对话框，在该对话框中进行进一步的设置，然后单击“确定”按钮。

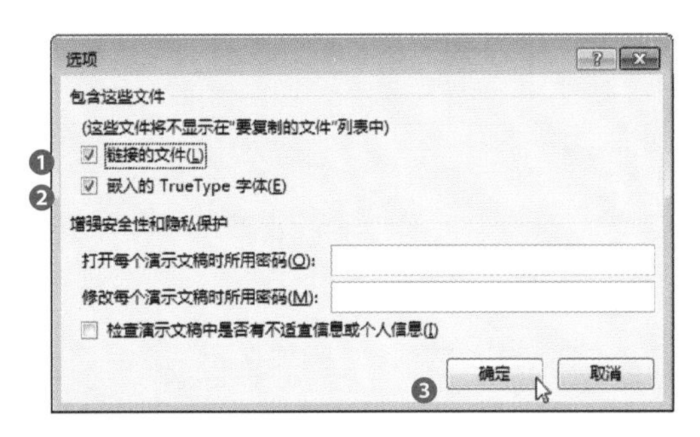

步骤 7 返回“打包成CD”对话框，单击“复制到文件夹”按钮。

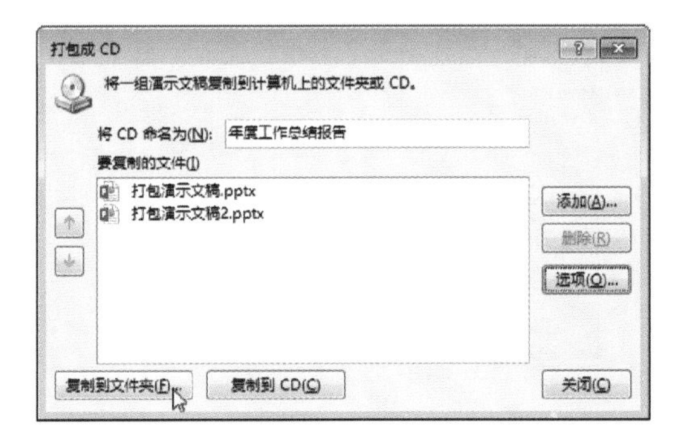

步骤 8 打开“复制到文件夹”对话框，从中单击“浏览”按钮。

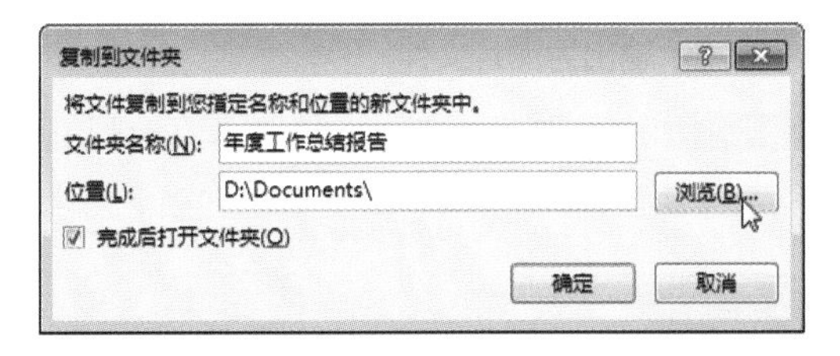

步骤 9 打开“选择位置”对话框，从中选择合适的打包文件放置的位置，然后单击“选择”按钮。

步骤 10 返回到“复制到文件夹”对话框后，单击“确定”按钮。

步骤 11 弹出提示对话框，为了使包打包的文件中包含幻灯片使用的链接文件，单击“是”按钮。

步骤 12 弹出“正在将文件复制到文件夹”对话框。

步骤 13 稍等片刻，弹出“年度工作总结报告”文件夹，在该文件夹中可以看到系统保存了所有与演示文稿相关的内容。

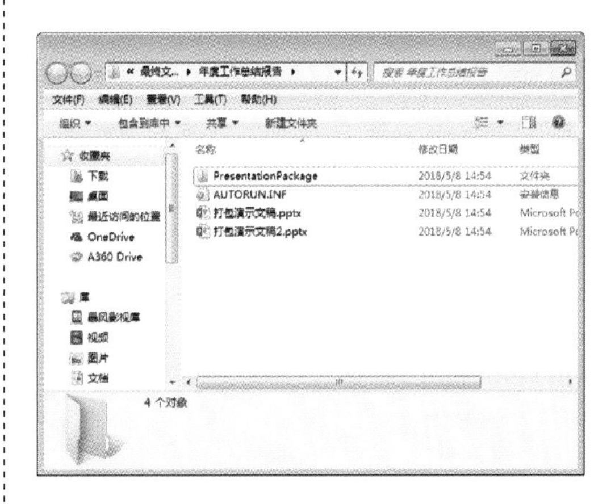

12.3.2 输出演示文稿

可以将演示文稿发布到一个共享位置中，方便以后调用幻灯片，还可以将演示文稿输出为图片或放映文件。

（1）发布幻灯片

步骤 1 打开演示文稿，执行“文件>共享”命令。

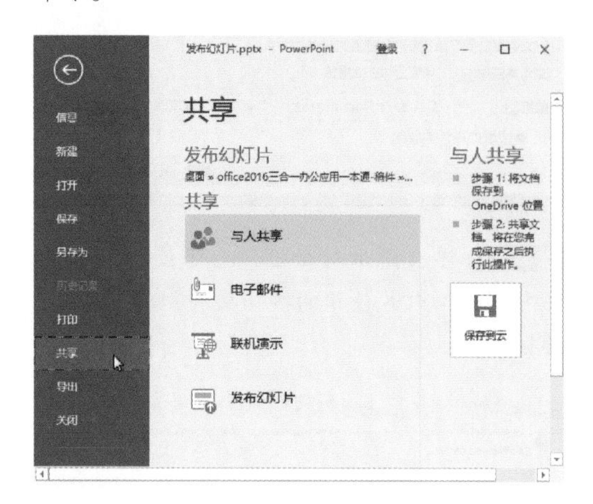

步骤 2 在右侧选择“发布幻灯片”选项，然后单击“发布幻灯片”按钮。

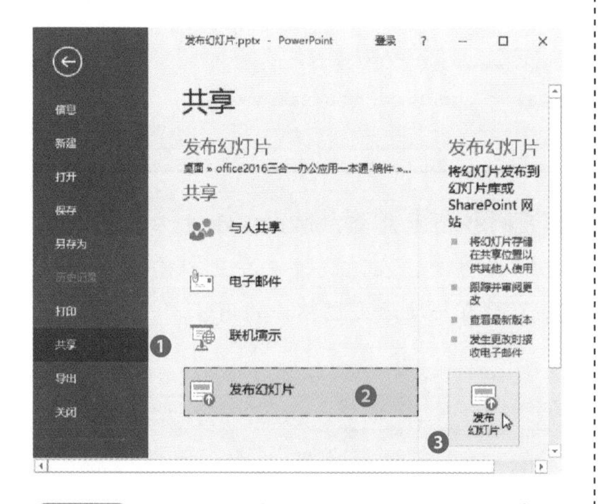

步骤 3 打开“发布幻灯片”对话框，单击“全选”按钮，然后单击“浏览”按钮。

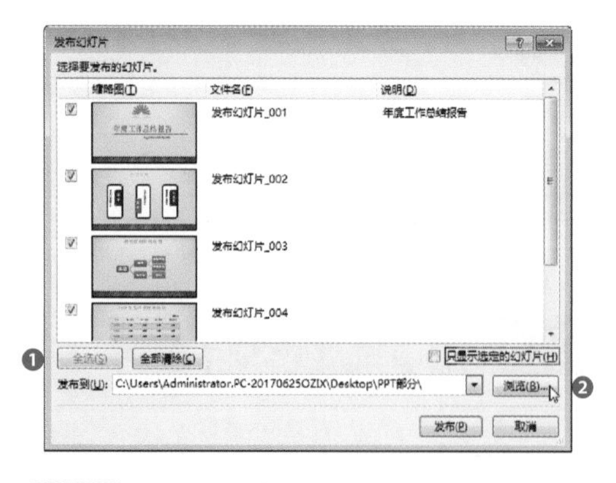

步骤 4 打开“选择幻灯片库”对话框，选择合适的存储位置，单击“选择”按钮。

步骤 5 返回“发布幻灯片”对话框，然后单击“发布”按钮即可。

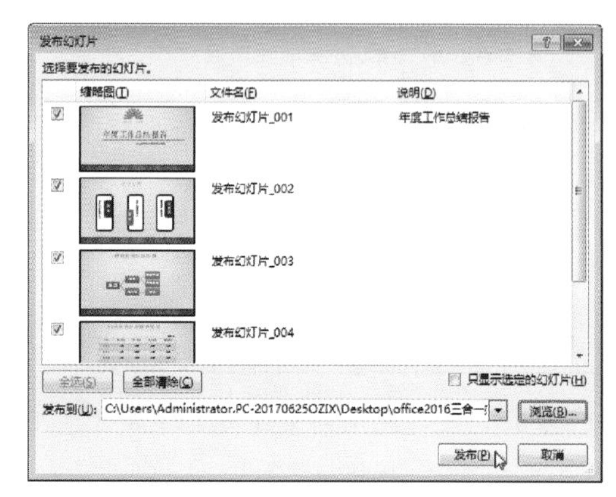

（2）输出为图片文件

步骤 1 打开演示文稿，选择要保存为图片的幻灯片，执行“文件>导出”命令。

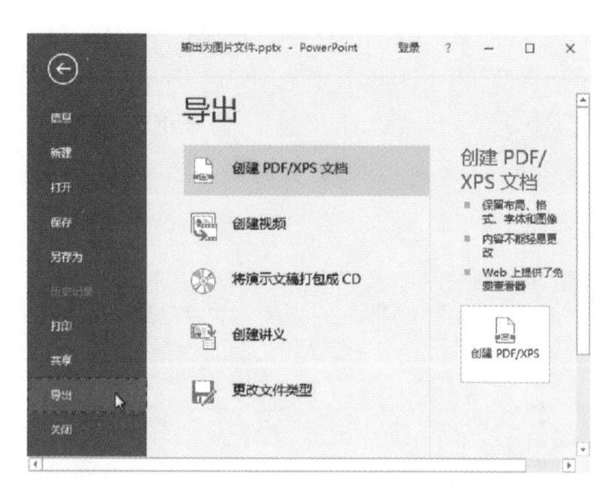

步骤 2 在右侧选择“更改文件类型”选项，然后在“图片文件类型”列表框中选择“JPEG文件交换格式”选项，单击“另存为”按钮。

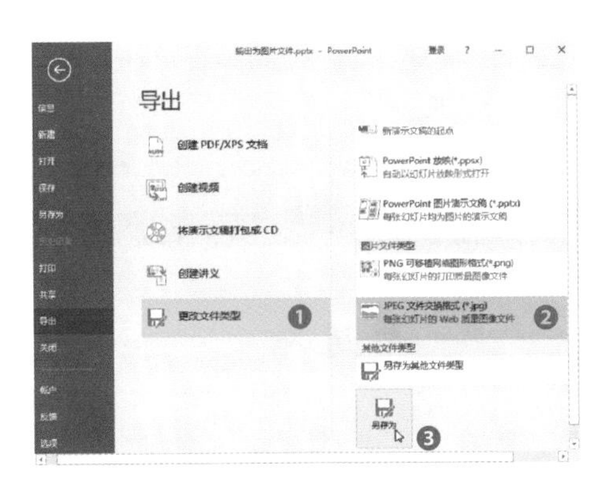

步骤 3 打开“另存为”对话框，输入文件名后单击“保存”按钮。

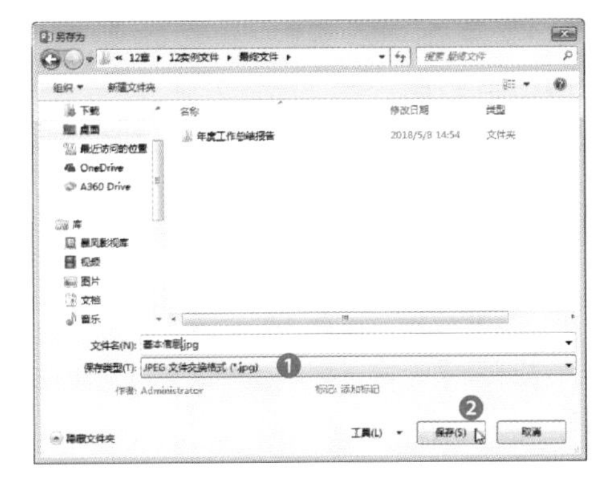

步骤 4 弹出提示对话框，询问导出哪些幻灯片，如果在幻灯片中单击“所有幻灯片”按钮，会将所有的幻灯片另存为图片格式，如果单击“仅当前幻灯片”按钮，则只将选中的幻灯片另存为图片格式。

步骤 5 此时，就创建了名为“基本信息”的图片文件，双击该文件，即可查看保存图片的效果。

（3）输出为视频文件

步骤 1 打开演示文稿，执行“文件>导出”命令，选择“创建视频”选项，单击“全高清”下拉按钮，从列表中选择“标准”选项。

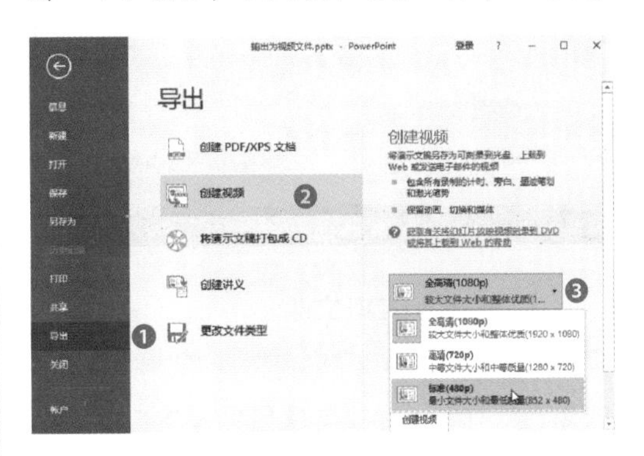

步骤 2 在“放映每张幻灯片的秒数”文本框中输入“10”，然后单击“创建视频”按钮。

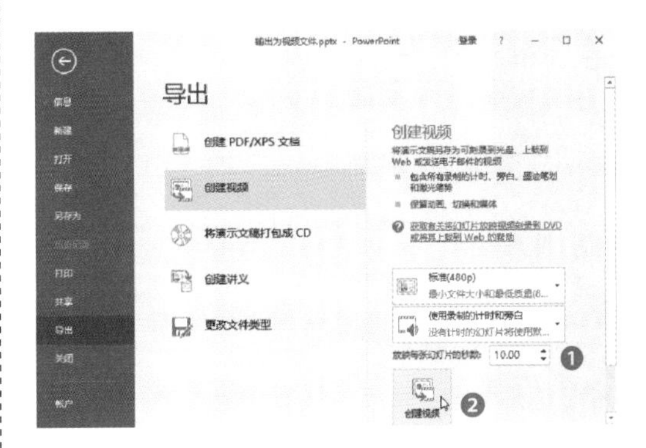

步骤 3 打开“另存为”对话框，从中设置视频的名称和保存位置，然后单击“保存”按钮。

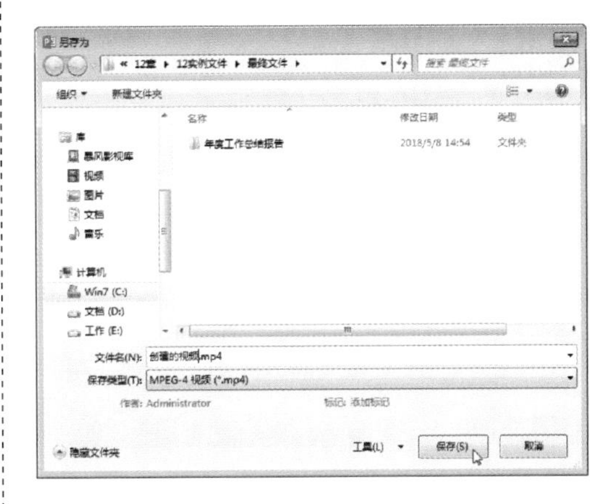

步骤 4 这样，演示文稿将以视频文件格式保存，在视频文件上双击，即可打开该视频文件。

（4）输出为PDF文件

步骤 1 打开演示文稿，执行“文件>导出”命令，在右侧选择“创建PDF/XPS文档”选项，然后单击“创建PDF/XPS”按钮。

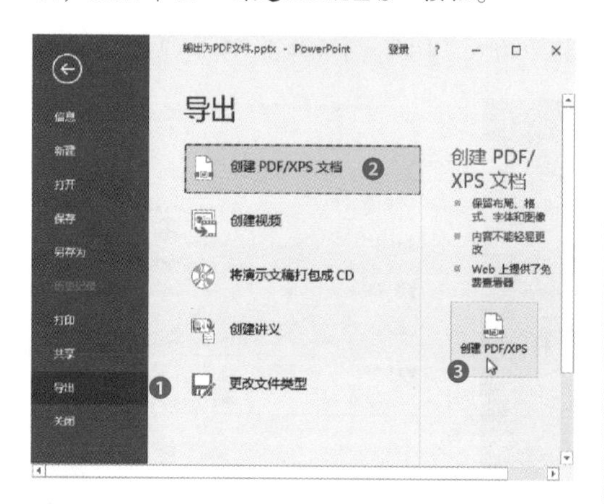

步骤 2 打开“发布为PDF或XPS”对话框，设置名称和保存位置后，单击“发布”按钮。

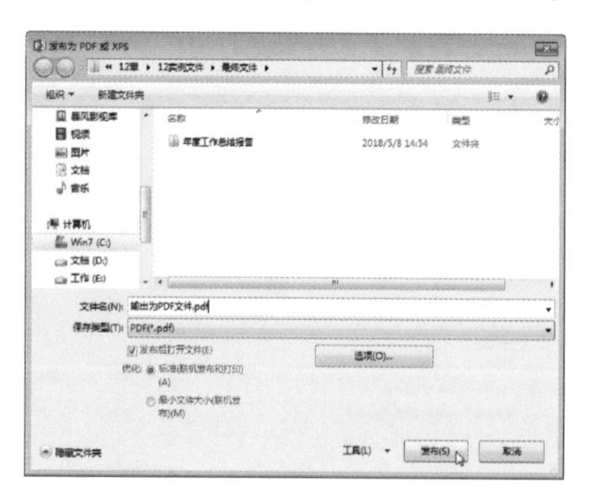

步骤 3 稍等片刻，将自动弹出PDF文件，查看设置的效果。

知识延伸：创建讲义

如果想让幻灯片以讲义的形式输出到Word文档中，可以执行“文件>导出”命令，在右侧选择“创建讲义”选项，然后在右侧单击“创建讲义”按钮，打开相应的对话框，从中选择使用的版式，然后单击“确定”按钮即可。

12.4 打印幻灯片

演示文稿也可以根据需要打印出来，演示文稿的打印和Word文档以及Excel表格的打印基本相同。

12.4.1 设置大小和打印方向

在打印演示文稿前，需要先设置幻灯片的大小和打印方向。

步骤 1 打开演示文稿，切换至“设计”选项卡，单击“幻灯片大小”按钮，从列表中选择“自定义幻灯片大小”选项。

步骤 2 打开“幻灯片大小”对话框，从中设置幻灯片的大小、方向等，然后单击“确定”按钮。

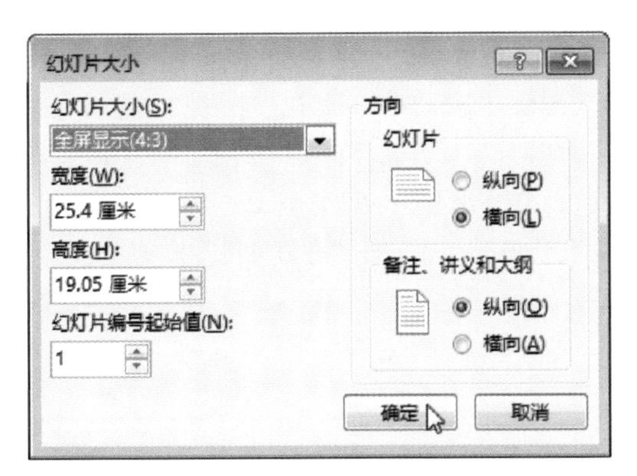

步骤 3 弹出提示对话框，从中单击“确保适合”按钮。

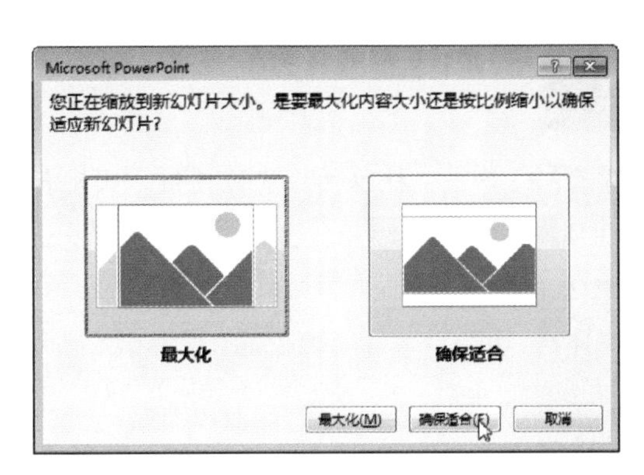

步骤 4 返回幻灯片编辑区后，切换至“视图”选项卡，单击“幻灯片浏览”按钮，即可进入幻灯片浏览视图状态，查看设置后的打印效果。

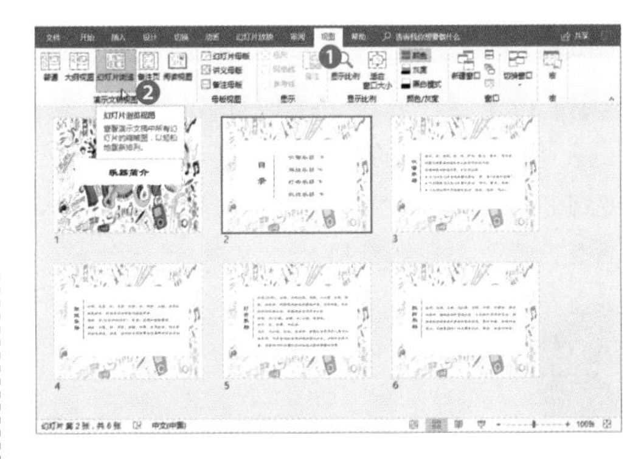

12.4.2 打印设置

除了设置幻灯片的大小和打印方向，还可以设置打印的份数、版式、范围等。

步骤 1 打开演示文稿，执行“文件>打印”命令，在“份数”文本框中设置打印份数。

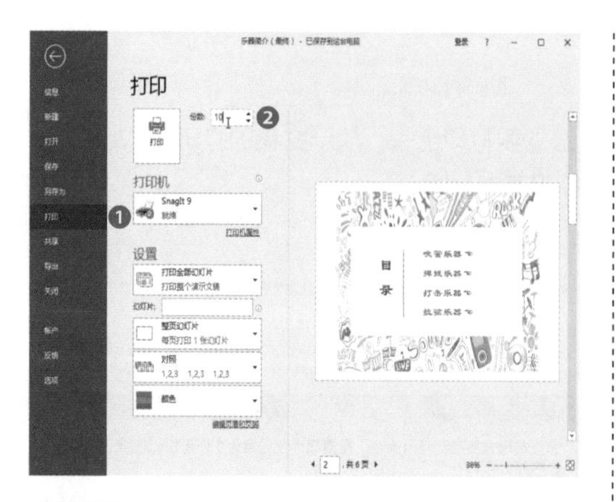

步骤 2 单击“打印机”下拉按钮，从列表中选择合适的打印机。

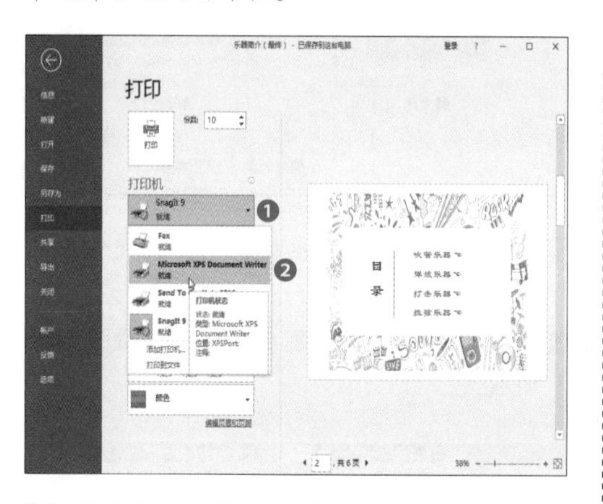

步骤 3 单击“打印全部幻灯片”按钮，从列表中选择合适的选项，设置打印的范围，也可以在其下面的“幻灯片”文本框中输入数值，设置打印的范围。

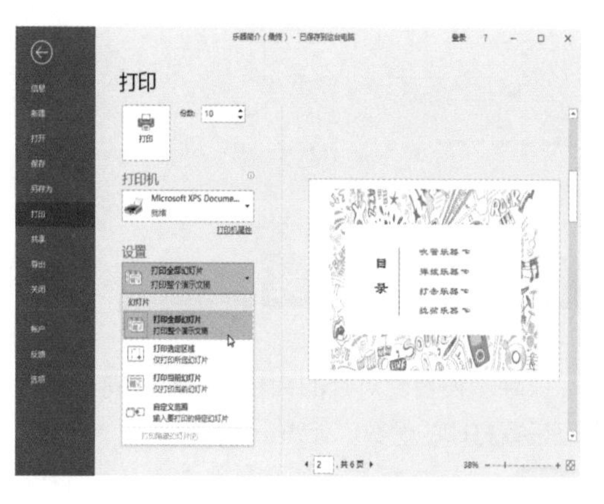

步骤 4 单击“整页幻灯片”按钮，从列表中选择合适的选项，设置幻灯片的打印版式。

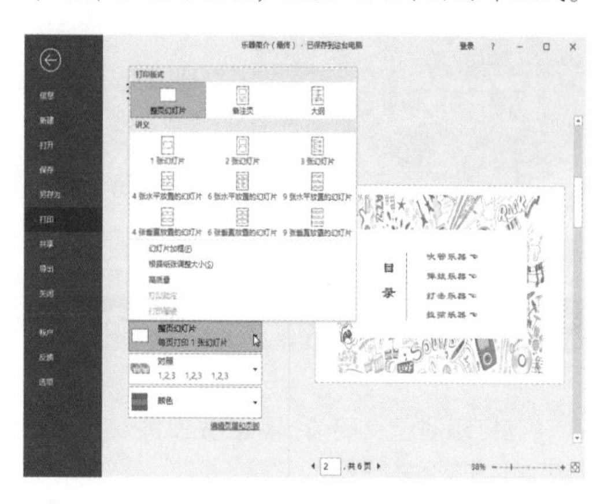

步骤 5 单击“编辑页眉和页脚”按钮，打开“页眉和页脚”对话框，编辑页眉和页脚后，单击“全部应用”按钮即可。

知识延伸：打印时添加编号

可以在打印前为其添加编号，即在“打印”选项下，单击“设置”区域中的“编辑页眉和页脚”按钮，打开“页眉和页脚”对话框，在“幻灯片”选项卡中勾选“幻灯片编号”和“标题幻灯片中不显示”复选框，然后单击“全部应用”按钮即可。

12.5 保护演示文稿

制作好演示文稿后，为了防止在播放过程中泄露隐私，需要将演示文稿中一些私密内容删除。此外，为了防止他人更改演示文稿内容，还需要为其设置密码。

12.5.1 检查文档

检查演示文稿，可以帮助我们再次审核文稿，删除一些不希望被别人看到的内容。

步骤 1 打开演示文稿，执行“文件>信息”命令，单击“检查问题”下拉按钮，从列表中选择“检查文档”选项。

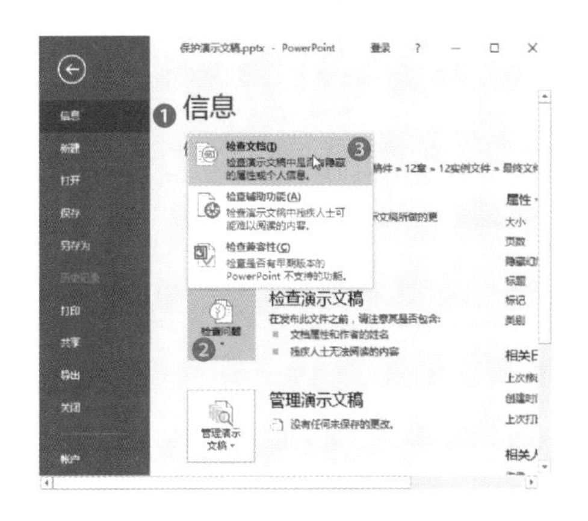

步骤 2 打开“文档检查器”对话框，从中勾选需要检查的内容，然后单击“检查”按钮。

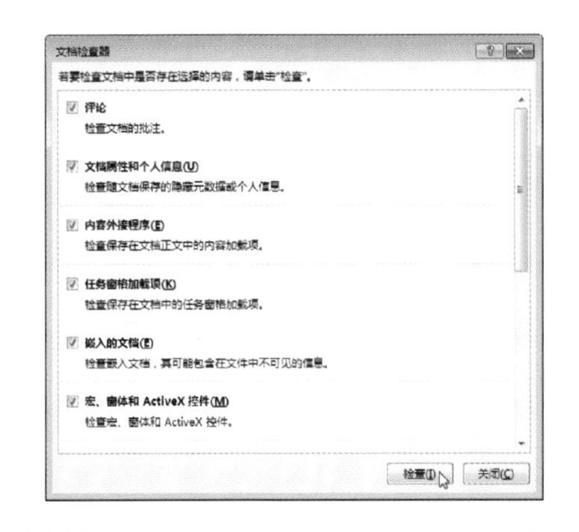

步骤 3 然后在“文档检查器”对话框中显示出检查的结果，如果想要删除演示文稿中包含的某些内容，可以单击其右侧的“全部删除”按钮，设置完成后单击“关闭”按钮即可。

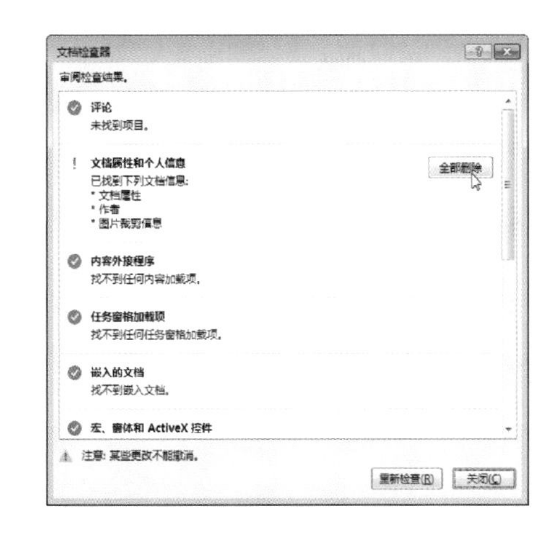

12.5.2 对演示文稿进行加密

为了使演示文稿不能被别人随意更改，可以为演示文稿进行加密。

步骤 1 打开演示文稿，执行“文件>信息”命令，单击“保护演示文稿”下拉按钮，从列表中选择“用密码进行加密”选项。

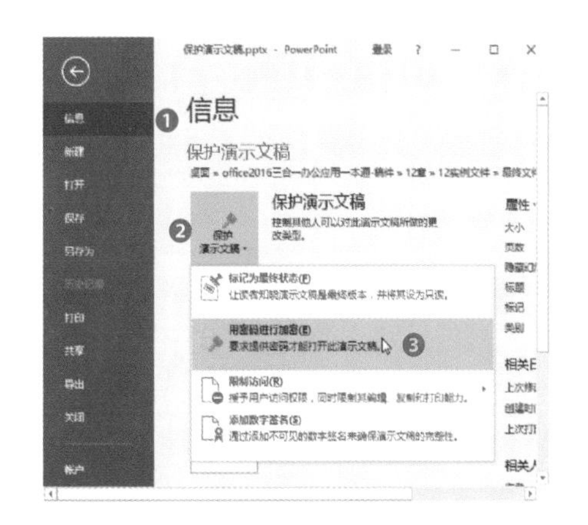

步骤 2 打开“加密文档”对话框，在“密码”文本框中输入密码，然后单击“确定”按钮。

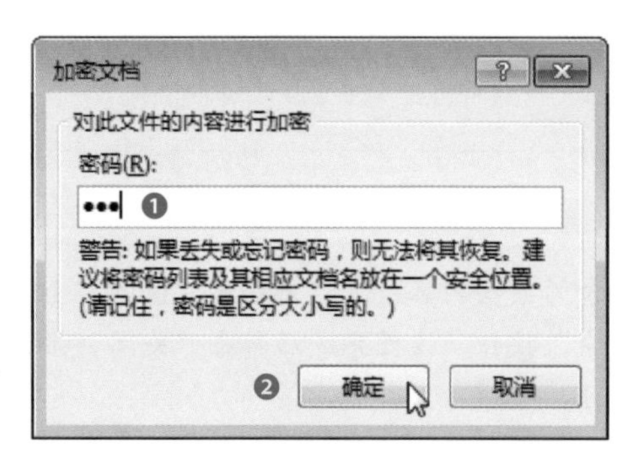

步骤 3 打开“确认密码”对话框，在“重新输入密码”文本框中再次输入密码，单击“确定”按钮。

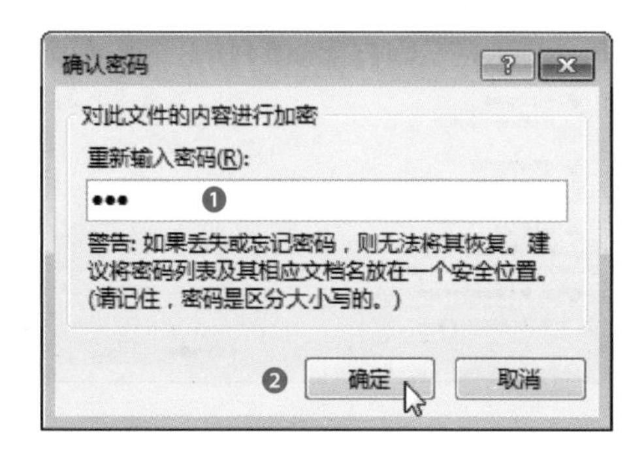

步骤 4 设置好密码后保存演示文稿，然后关闭。再次打开演示文稿时会弹出“密码”对话框，输入正确的密码才能打开演示文稿。

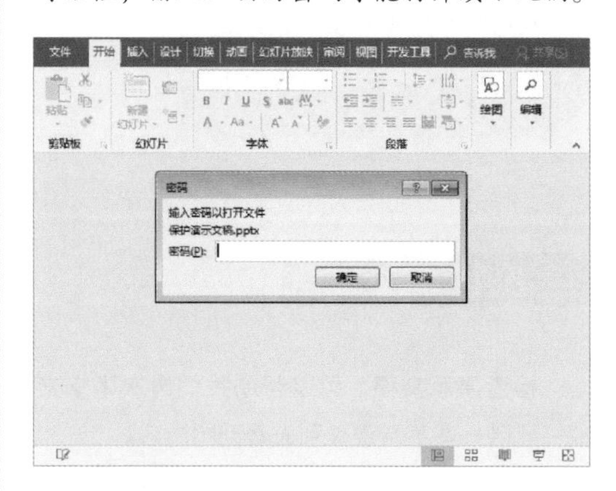

知识延伸：演示文稿密码的删除

首先输入密码打开演示文稿，然后执行“文件>信息”命令，单击“保护演示文稿”下拉按钮，从列表中选择“用密码进行加密”选项，打开“加密文档”对话框，从中删除“密码”文本框中的密码，单击“确定”按钮，保存即可。

放映教学课件

学完本章内容后，接下来练习放映操作，其中涉及的知识点包括创建自定义放映、对重点内容进行标记、输出幻灯片等。

步骤 1 打开需要放映的演示文稿，切换至“幻灯片放映”选项卡，单击“自定义幻灯片放映”按钮，从列表中选择“自定义放映”选项。

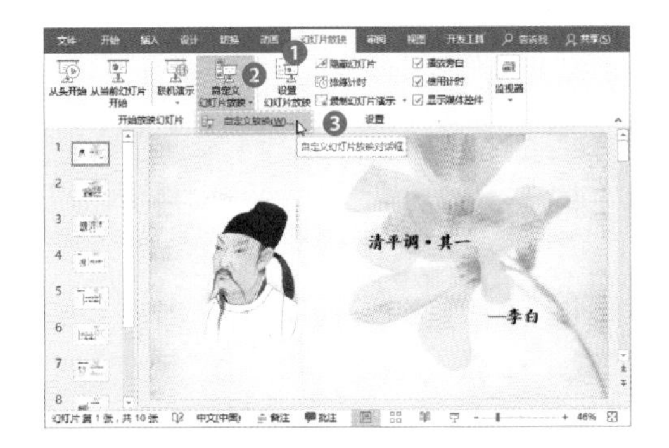

步骤 2 打开“自定义放映”对话框，单击“新建”按钮。

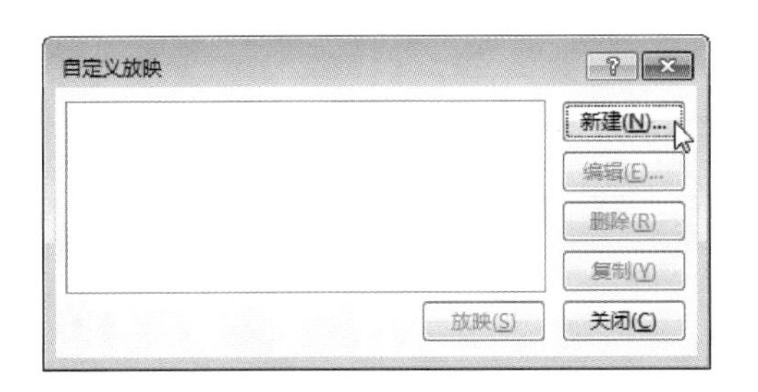

步骤 3 打开“定义自定义放映”对话框，在“幻灯片放映名称”文本框中输入名称“教学课件”。

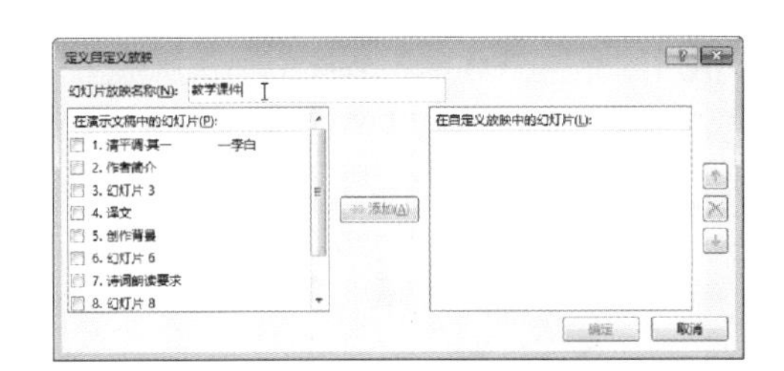

步骤 4 在“在演示文稿中的幻灯片”列表框中，勾选需要放映的幻灯片，单击“添加”按钮。

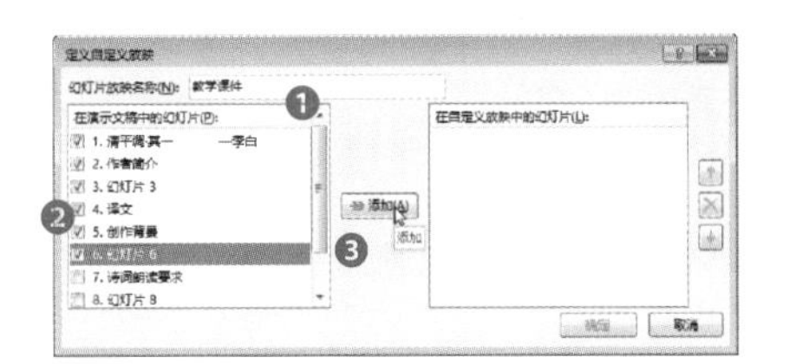

步骤 5 此时选中的幻灯片已经添加到右侧列表框中，然后单击“确定”按钮。

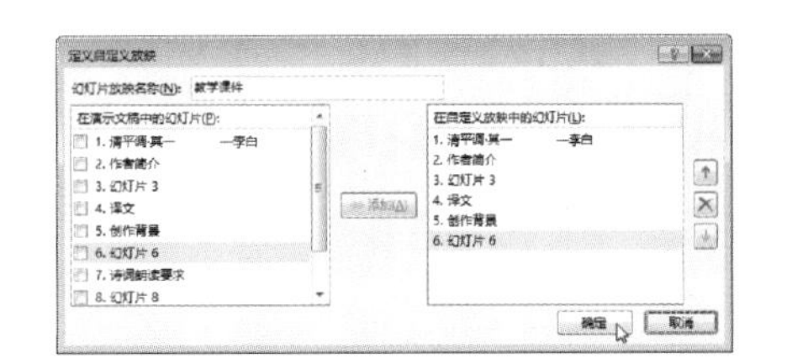

步骤 6 返回“自定义放映”对话框，列表框中出现新建的“教学课件”自定义放映，单击“放映”按钮即可直接放映。

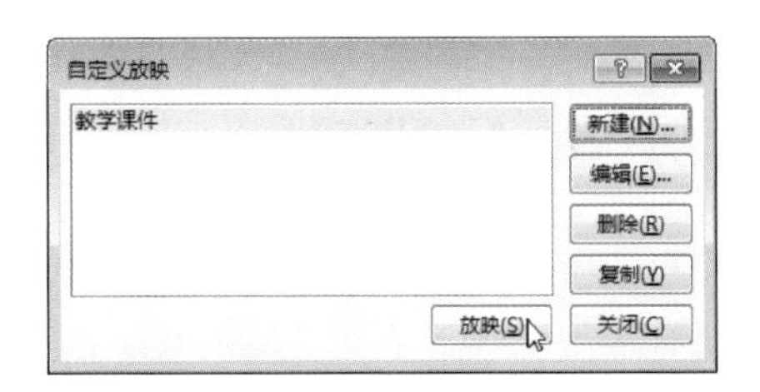

步骤 7 也可以单击“自定义放映”对话框中的“关闭”按钮，然后在“自定义幻灯片放映”下拉列表中选择“教学课件”选项进行放映。

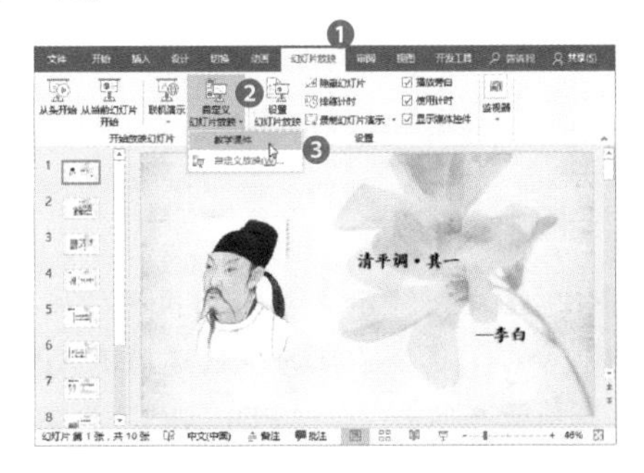

步骤 8 放映幻灯片时，单击鼠标右键，从弹出的快捷菜单中选择“指针选项>笔”命令。

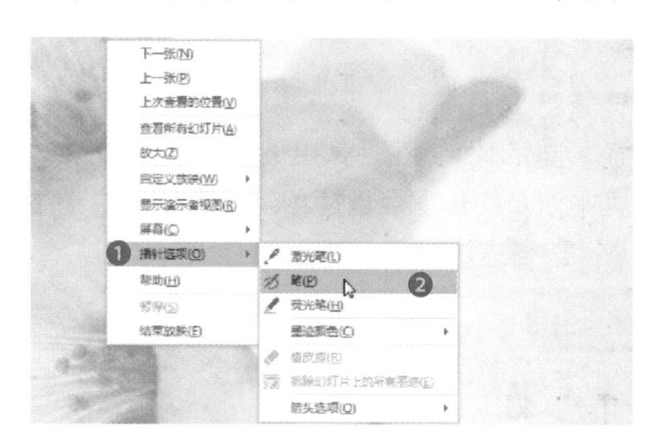

步骤 9 选择好后，拖动鼠标对幻灯片中的对象进行标记。

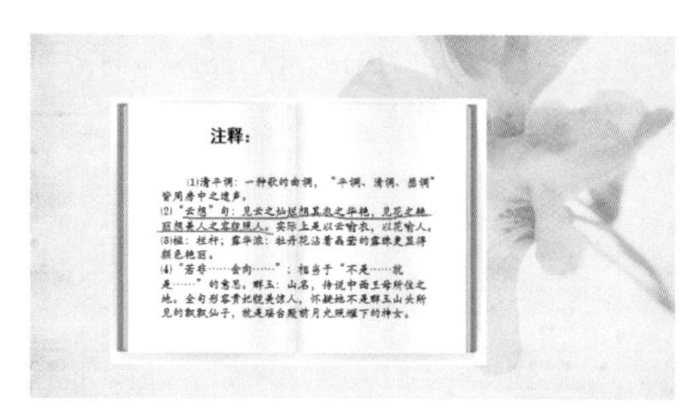

步骤 10 标记完成后，按Esc键退出，将弹出一个对话框，询问用户是否保留墨迹注释，单击“保留”按钮即可。

步骤 11 选中墨迹，在“墨迹书写工具-笔”选项卡中，对墨迹的颜色、粗细等进行设置。

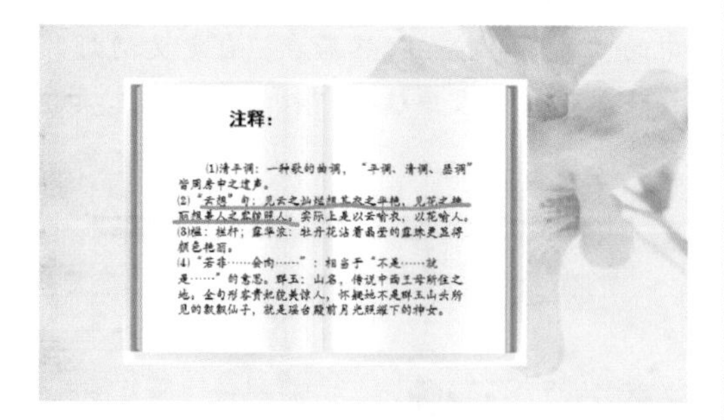

步骤 12 放映完演示文稿后，执行“文件>导出”命令。选择右侧的“创建PDF/XPS文档”选项，并单击“创建PDF/XPS”按钮。

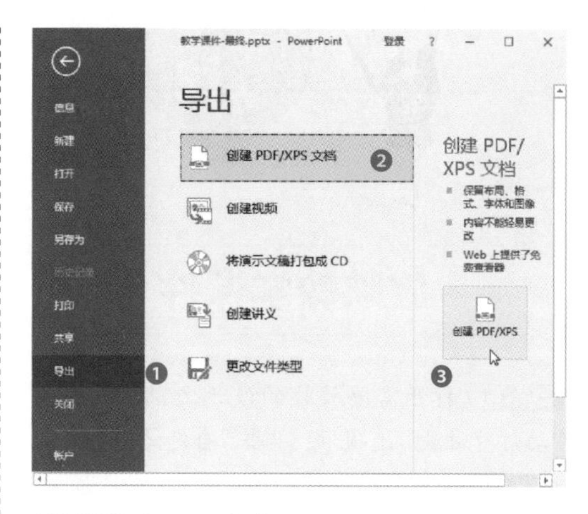

步骤 13 打开“发布为PDF或XPS”对话框，选择PDF文件保存的位置，单击“发布”按钮。

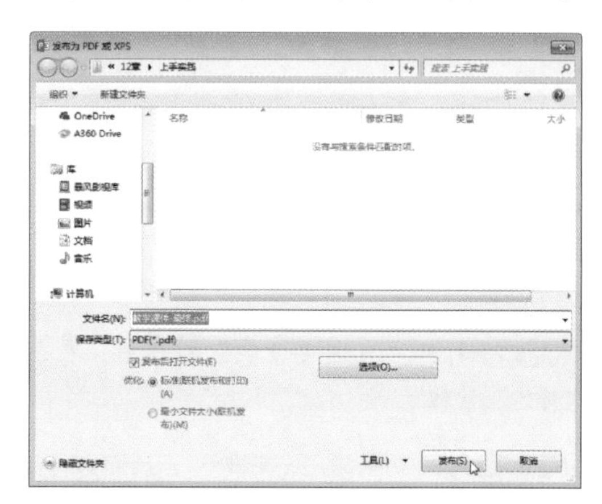

步骤 14 系统弹出发布进度提示框。

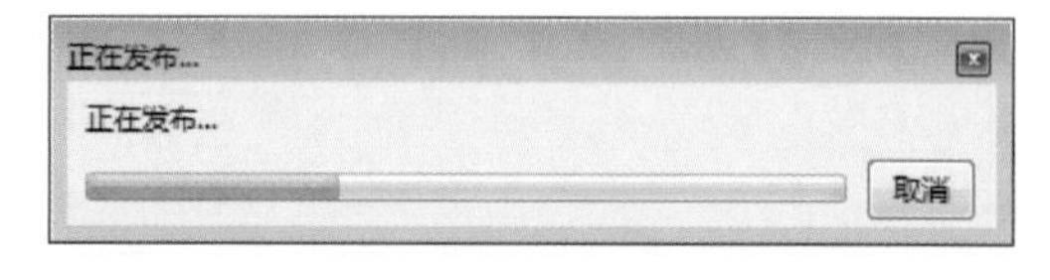

步骤 15 稍等片刻，在保存文稿的位置，打开输出的PDF文件。

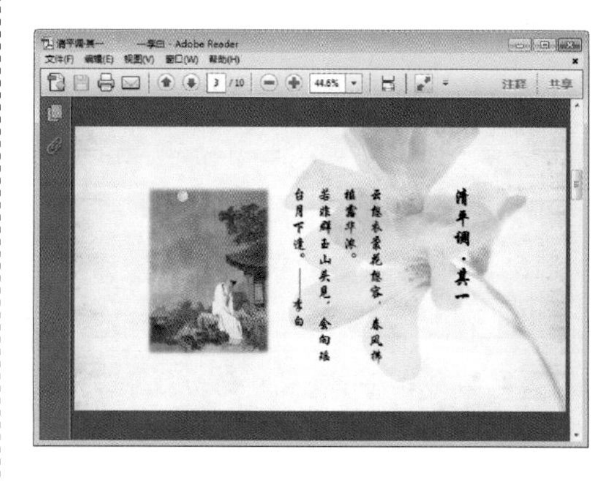

放映“影片推广”演示文稿

打开“强化练习”实例文件夹，利用其中的素材文件，按照下列要求进行操作。

（1）设置幻灯片的放映方式：自定义放映。

（2）在第5张幻灯片中添加文本：选角。

（3）在第6张幻灯片中对内容进行标记。

（4）将演示文稿进行发布。

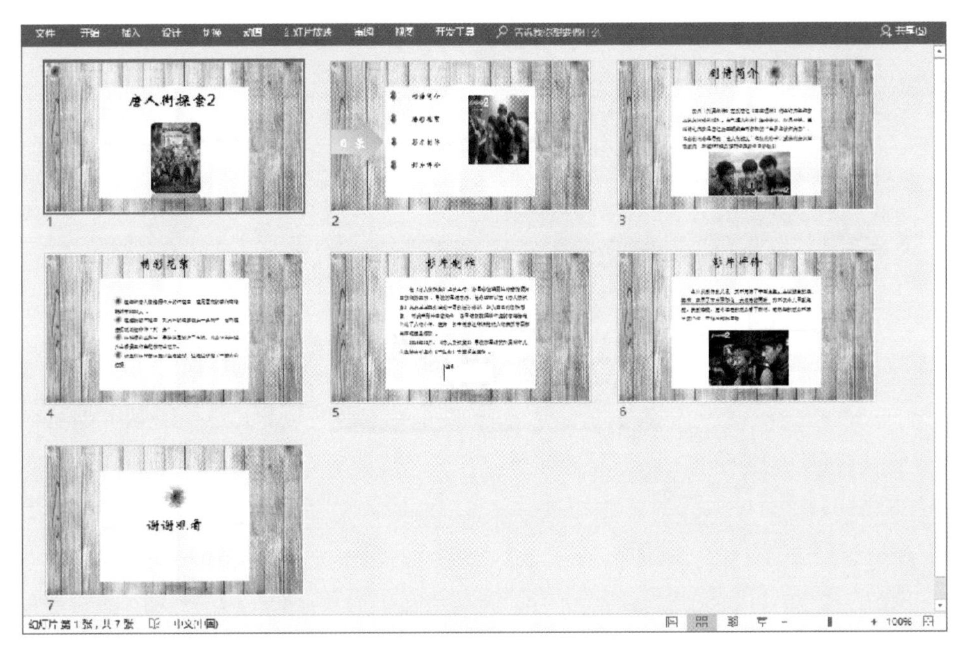

最终效果

制作招聘培训手册

知识导读

招聘是公司运营必不可少的环节，为招聘到优秀的人才，公司通常需要对负责招聘的人员进行统一培训。本章将结合PPT的基本操作来制作企业招聘培训手册。

内容预览

制作封面页

制作目录页

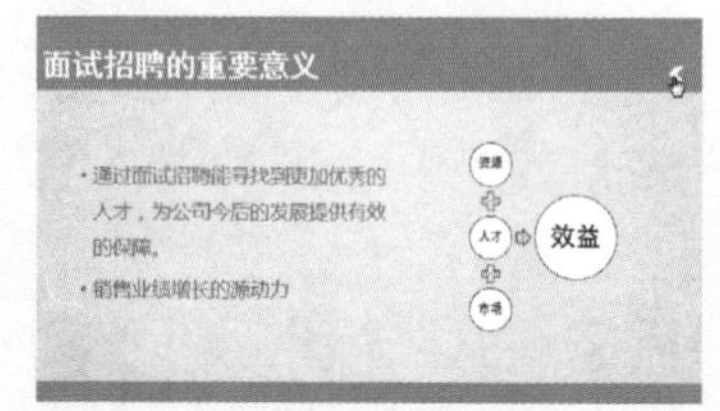

添加动作

本章教学视频数量：3个

13.1 设计幻灯片母版

利用母版可以统一设置幻灯片的背景。在母版视图模式中，还可以对母版幻灯片和标题幻灯片分别进行设计。

13.1.1 设计母版幻灯片

步骤 1 打开原始素材文件，单击“视图”选项卡中的“幻灯片母版”按钮。

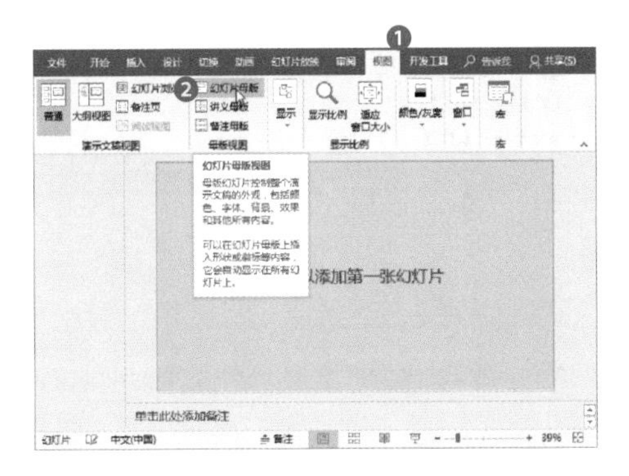

步骤 2 自动进入“幻灯片母版”选项卡，选择第1张幻灯片版式，单击“母版版式”按钮。

步骤 3 打开“母版版式”对话框，从中取消一些占位符的勾选，然后单击“确定”按钮。

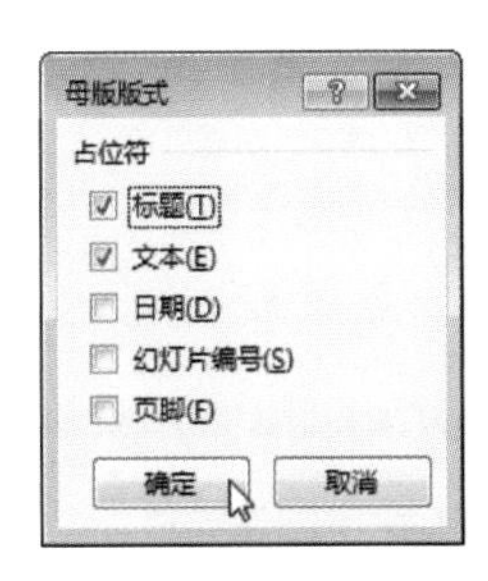

步骤 4 单击“背景样式”下拉按钮，从列表中选择“设置背景格式”选项。

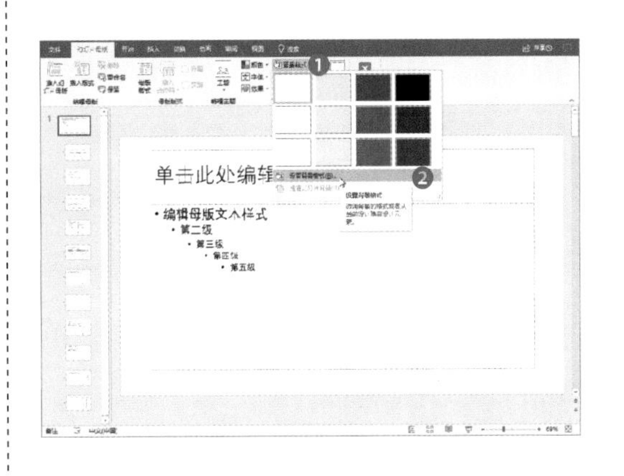

步骤 5 打开“设置背景格式”窗格，选中“图片或纹理填充”单选按钮，然后单击“文件”按钮。

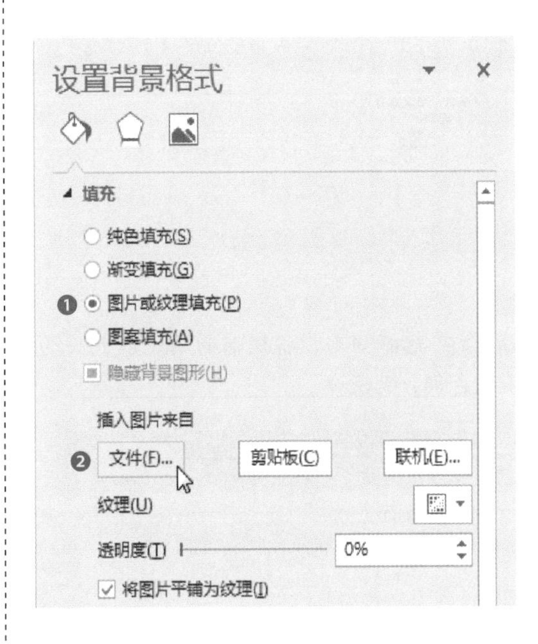

步骤 6 打开“插入图片”对话框，从中选择图片，单击“插入”按钮。

步骤 7 选择完成后，当前幻灯片背景已发生了变化。

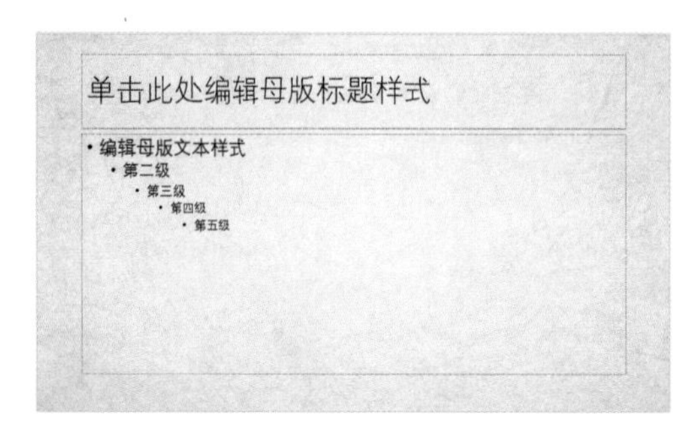

步骤 8 关闭窗格。在“插入”选项卡，单击“形状”下拉按钮，从中选择“矩形”形状，绘制矩形。

步骤 9 选择矩形，将矩形的填充颜色设为蓝灰色调，无轮廓。

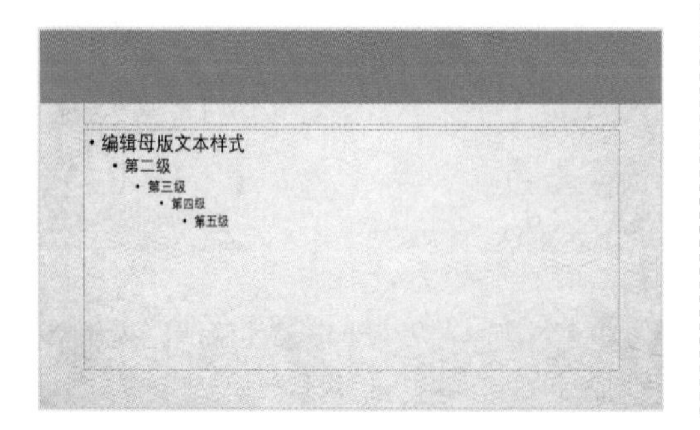

步骤 10 复制该矩形到页面下方，并适当调整矩形的宽度。

步骤 11 选择标题占位符，将它置于顶层，然后调整下它的位置。

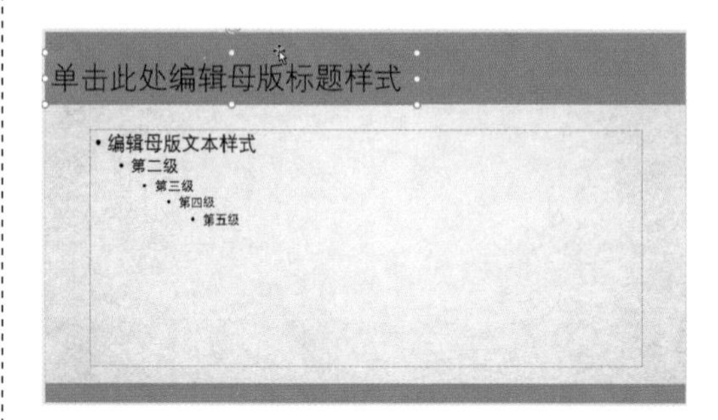

步骤 12 将标题占位符的字体设为黑体，颜色为白色，并加粗显示。

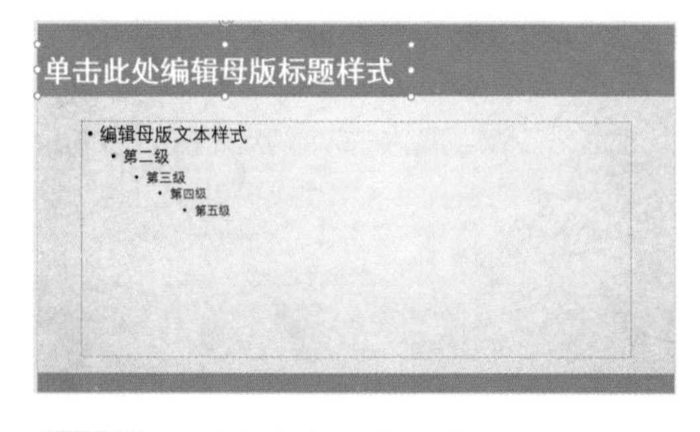

步骤 13 设置文本占位符的字体为“微软雅黑”，将字体颜色设为深灰色。调整好它的位置。

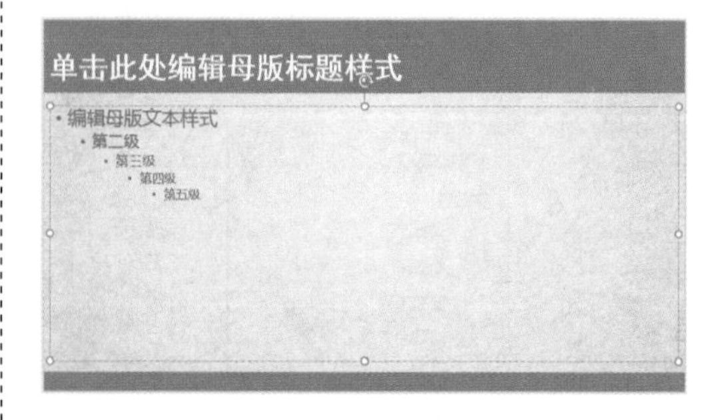

至此，母版背景制作完成。

13.1.2 设计幻灯片封面

统一好幻灯片基本的背景后，下面就要对幻灯片的封面进行设计。

步骤 1 在母版视图中，选择第2张幻灯片，勾选“隐藏背景图形”复选框，删除标题占位符和页眉页脚占位符。

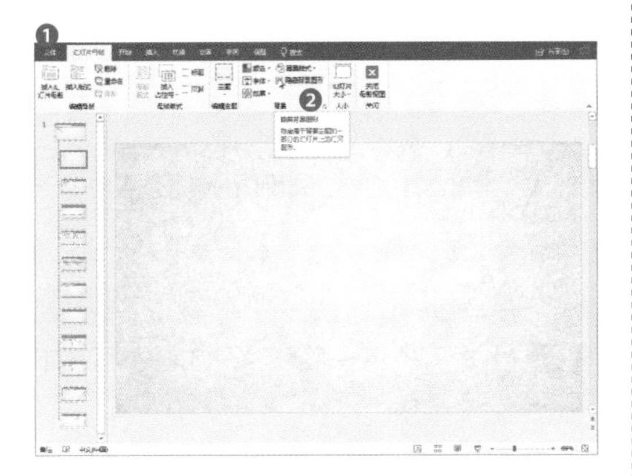

步骤 2 单击“插入”选项卡中的“图片”按钮，插入一张配图，并调整好它的位置与大小。

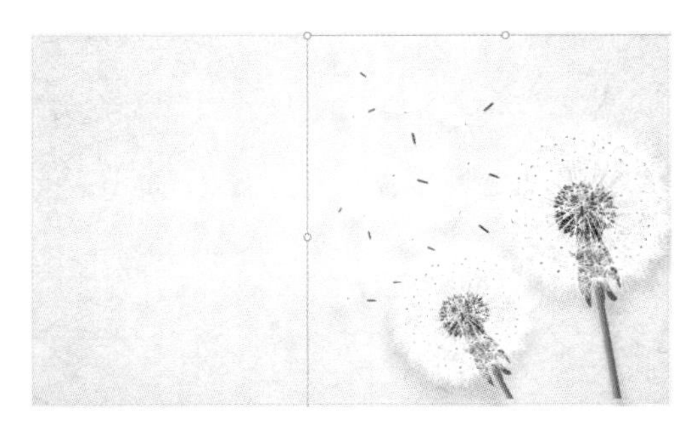

步骤 3 打开“图片工具-格式”选项卡，单击“颜色”按钮，从中选择一款合适的颜色。

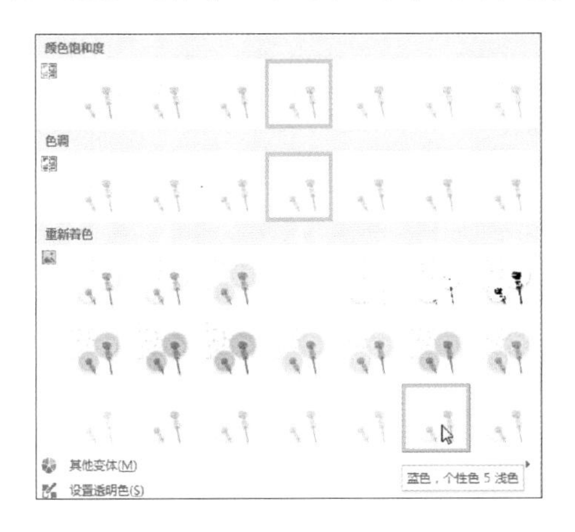

步骤 4 选择完成后，图片的色调就发生了变化。

步骤 5 选中图片，在“格式”选项卡中，单击“旋转对象”下拉按钮，从中选择“水平翻转”选项，将图片水平旋转180度，调整好图片的位置。

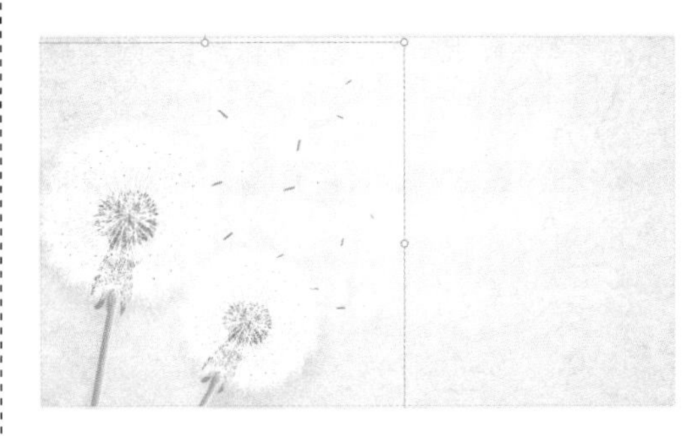

至此，封面幻灯片背景设计完毕。

知识延伸：根据Office.com模板创建演示文稿

如果觉得设计幻灯片母版太麻烦，可以根据Office.com模板创建演示文稿。即启动PowerPoint 2016应用程序，在右侧的搜索栏中输入想要搜索的内容，然后单击右侧的“开始搜索”按钮。搜索到模板后，选择并单击需要的模板创建即可。

13.2 设计幻灯片页面

通常一份演示文稿是由封面页、目录页、过渡页、内容页和结尾页五个部分组成。上节所做的母版设计只是对这些页面的背景做了一个大概的设定，最后需要在此基础上添加文字、图片等内容来完善演示文稿。

13.2.1 制作封面页

封面页主要展示了这份演示文稿的标题名称。只需在设计好的封面背景中添加标题文本就可以了。

步骤 1 关闭母版视图，返回到普通视图。单击“单击以添加第一张幻灯片”文本，添加第1张幻灯片。

步骤 2 切换至“插入”选项卡，单击“艺术字”下拉按钮，从列表中选择合适的艺术字。

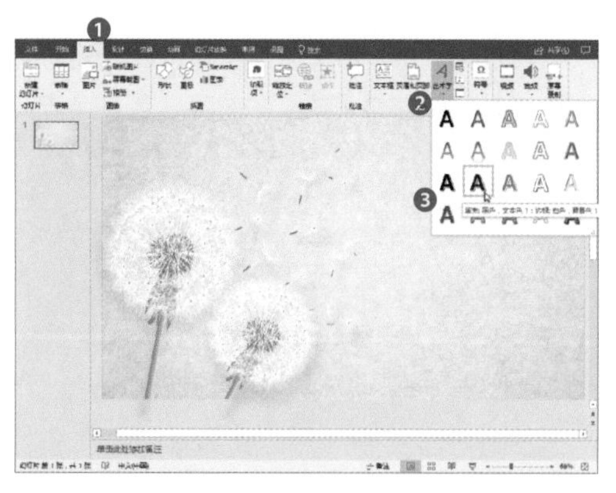

步骤 3 在文本框中输入内容，然后将其移至页面合适位置。

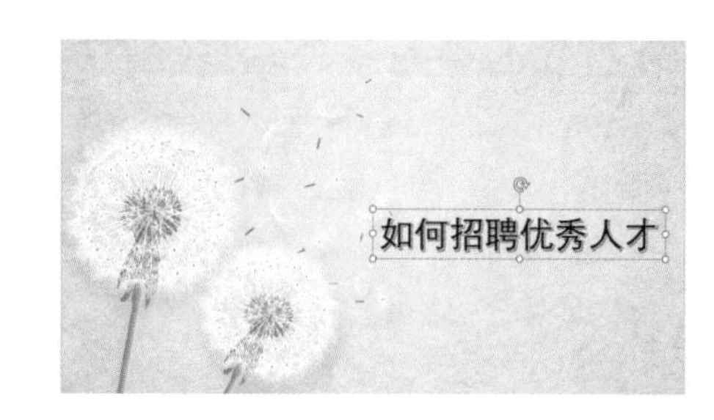

步骤 4 为了强调标题内容，可以在标题下面添加一条横线。

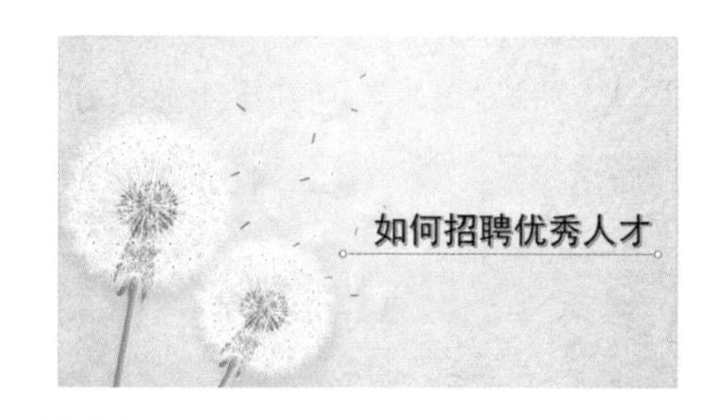

步骤 5 在标题下方插入文本框，并输入文本内容，作为演示文稿的副标题。

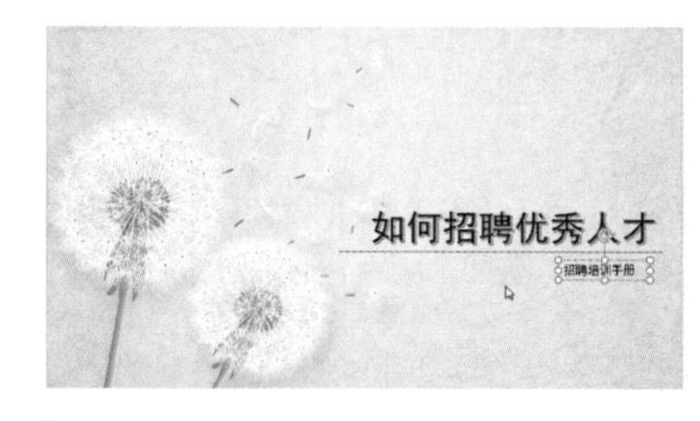

步骤 6 将副标题的文本字体设为“微软雅黑”，字号为24，加粗显示。

13.2.2　制作目录页

封面页设计好后，下面就按照顺序来制作目录页。

步骤 1 将光标定位在封面页下方空白处。单击“开始”选项卡中的“新建幻灯片”按钮，从中选择“标题和内容”版式选项。

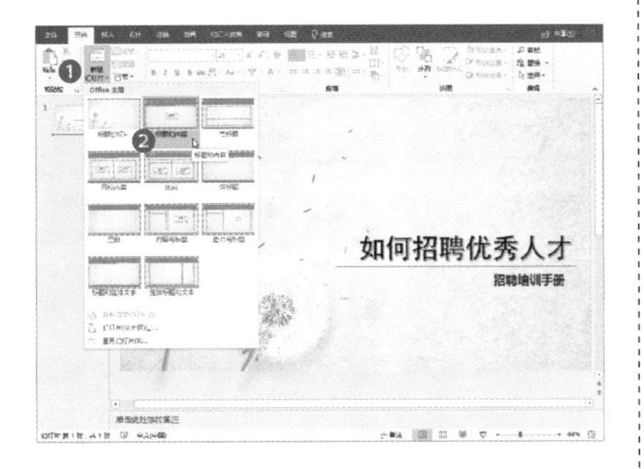

步骤 2 在新添加的幻灯片中，单击标题占位符，输入“目录”，调整其间距。

步骤 3 单击内容占位符，输入目录内容。调整好该内容的位置。

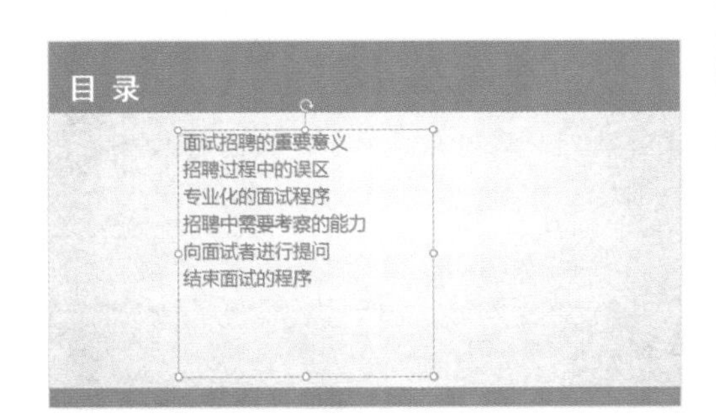

步骤 4 选中目录内容。在“开始”选项卡中，单击“行距”下拉按钮，从中选择适合的行距，这里选择“1.5”。

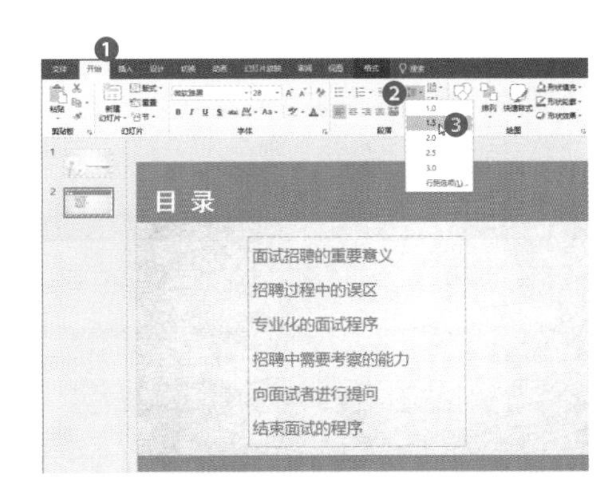

步骤 5 执行“插入>形状>椭圆”命令，按住Shift不放，拖动鼠标绘制一个正圆，然后设置其填充颜色和轮廓。

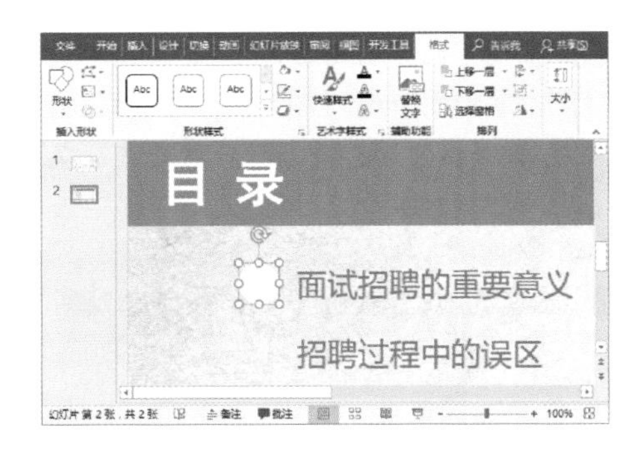

步骤 6 按照同样的方法，再绘制一个正圆，设置填充颜色和轮廓，然后将其移至合适位置。

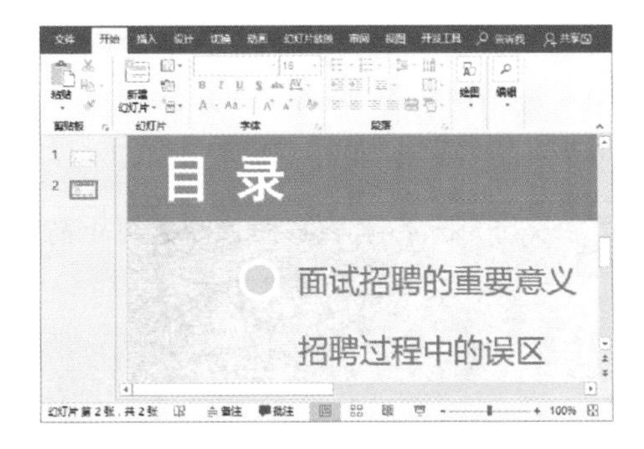

步骤 7 选择图形，单击鼠标右键，从快捷菜单中选择“编辑文字”命令。

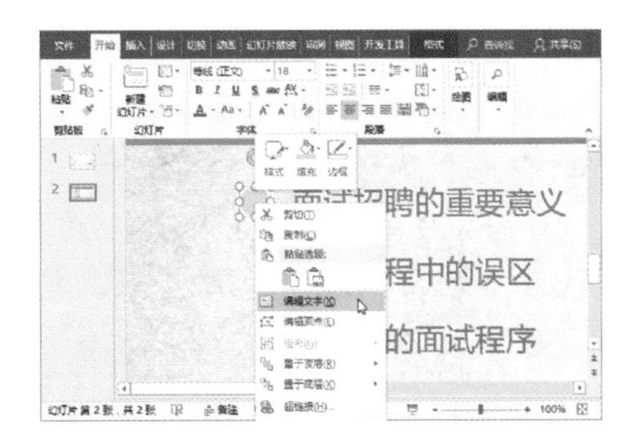

步骤 8 在图形中输入数字“1”，然后选中所有图形，单击鼠标右键，从弹出的快捷菜单中选择“组合>组合”命令。

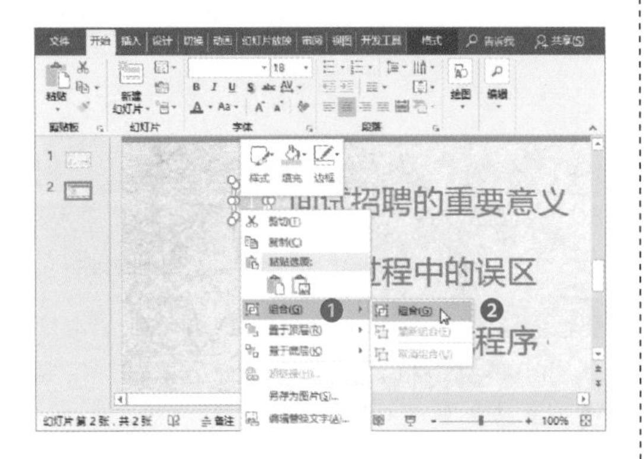

步骤 9 选中组合的图形，单击“绘图工具-格式”选项卡中的“形状效果”按钮，从列表中选择“棱台”选项，然后在其级联菜单中选择合适的效果。

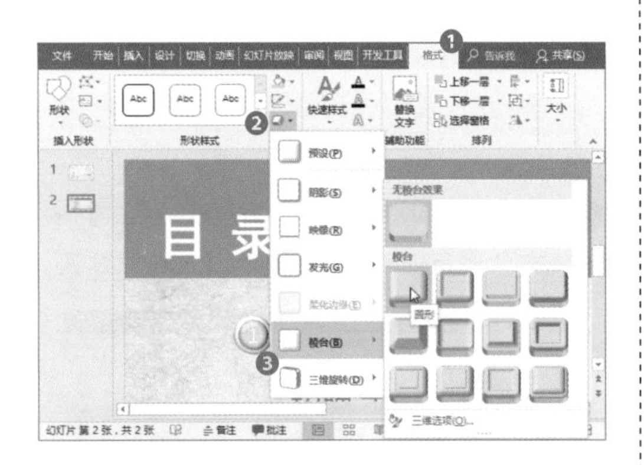

步骤 10 复制组合的图形，更改图形中的数字，并设置数字颜色和加粗显示。

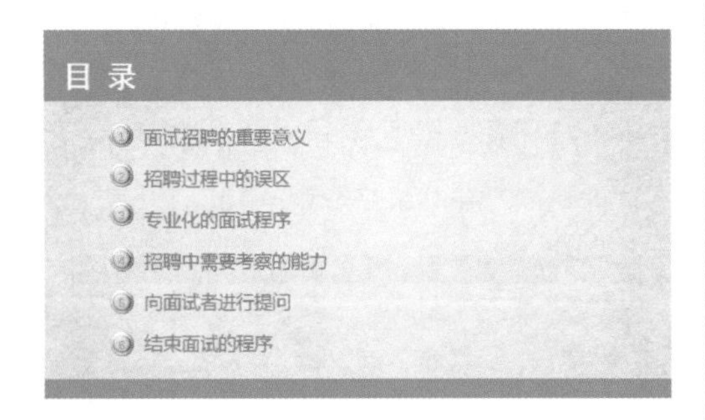

步骤 11 选中所有图形，单击“绘图工具-格式”选项卡中的“对齐”按钮，从列表中选择“纵向分布”选项。

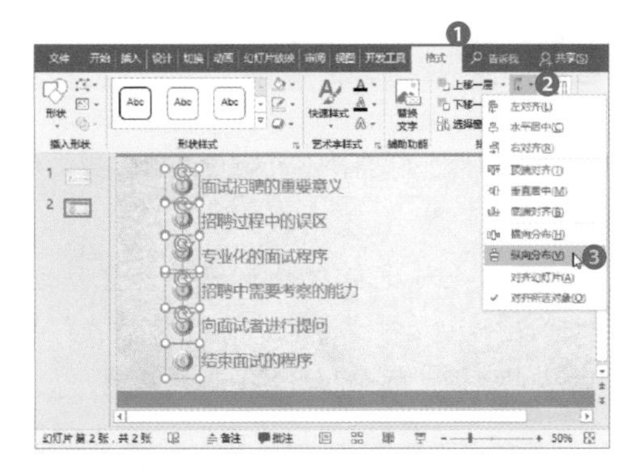

步骤 12 切换至“插入”选项卡，单击“图片”按钮。

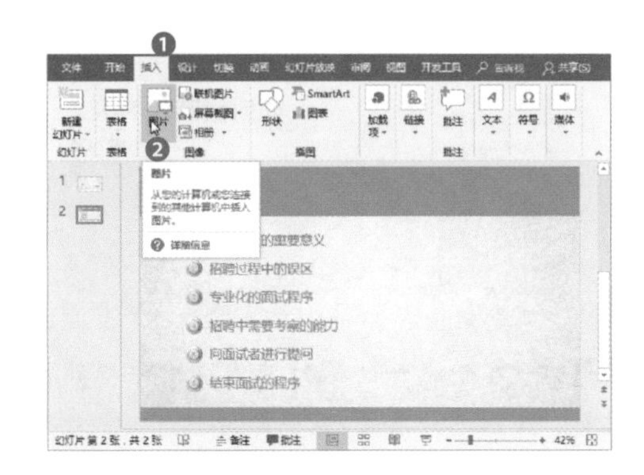

步骤 13 打开“插入图片”对话框，选择图片后单击“插入”按钮。

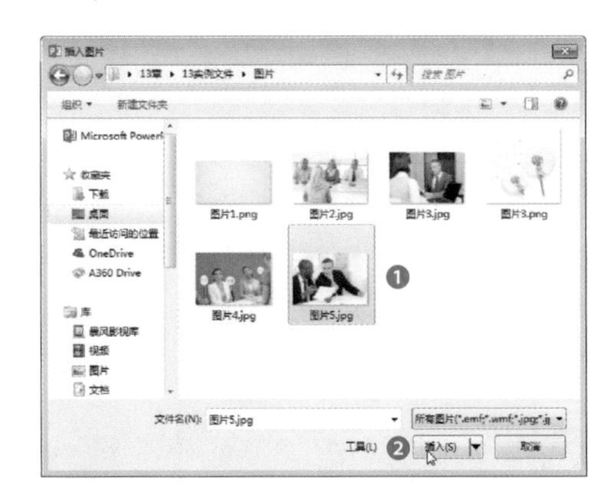

步骤 14 调整图片的大小，然后将其移至合适位置。

步骤 15 选择图片，单击“图片工具-格式”选项卡中的“颜色”按钮，从列表中选择合适的颜色。

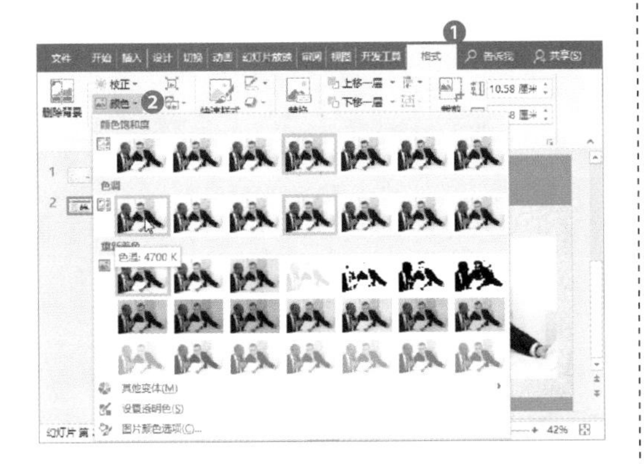

步骤 16 单击“快速样式”下拉按钮，从列表中选择“金属框架”效果。

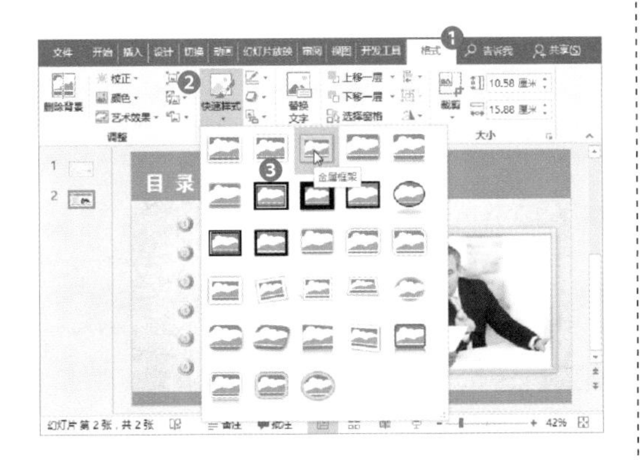

步骤 17 设置完成后，查看最终效果。

13.2.3 制作内容页

步骤 1 按Enter键添加第3张幻灯片，输入标题内容和正文内容，设置正文内容的行距为“1.5”，然后调整好位置。

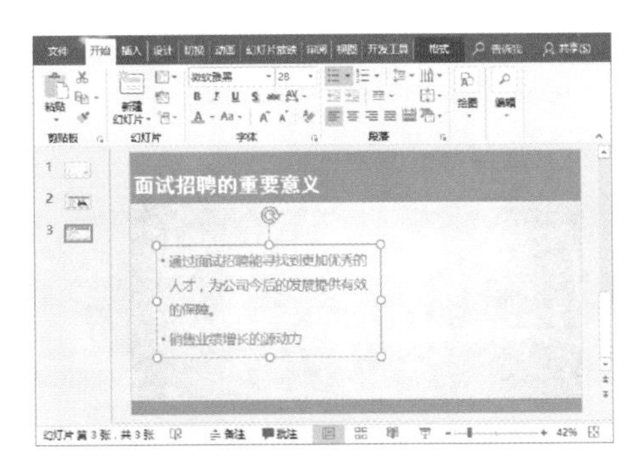

步骤 2 切换至“插入”选项卡，单击“形状”下拉按钮，从列表中选择“箭头：V形”选项。

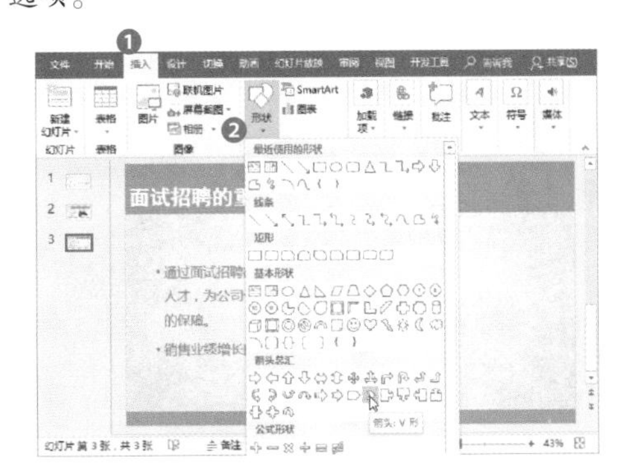

步骤 3 绘制一个V形箭头，然后调整其大小和角度，设置填充颜色和轮廓。

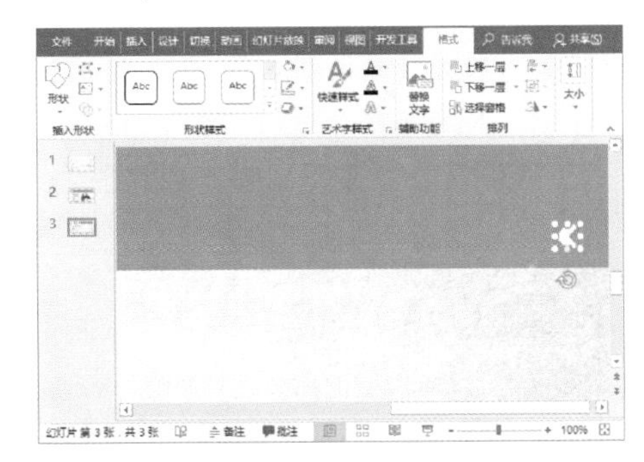

步骤 4 切换至“插入”选项卡，单击Smart Art按钮。

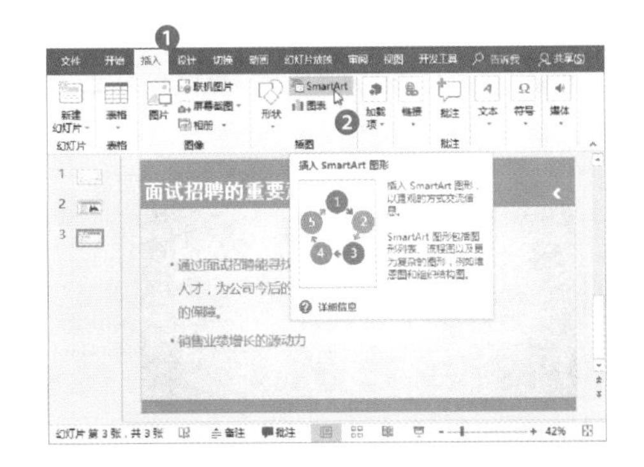

步骤 5 打开“选择SmartArt图形”对话框，在“流程”选项下选择合适的图形，单击“确定”按钮。

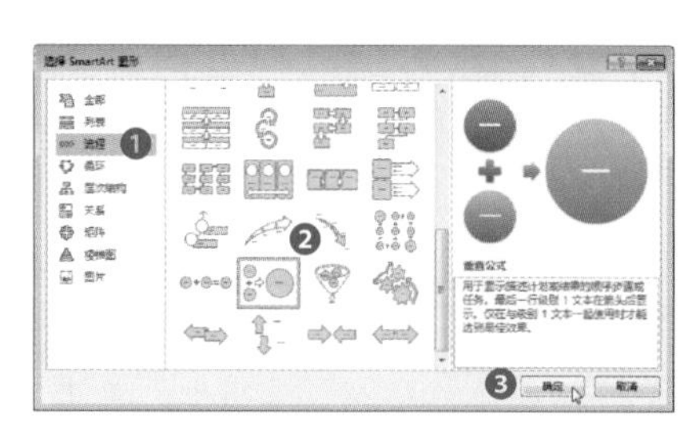

步骤 6 插入一个SmartArt图形，选择一个形状，单击“SmartArt工具-设计”选项卡中的“添加形状”按钮，从列表中选择“在后面添加形状”选项。

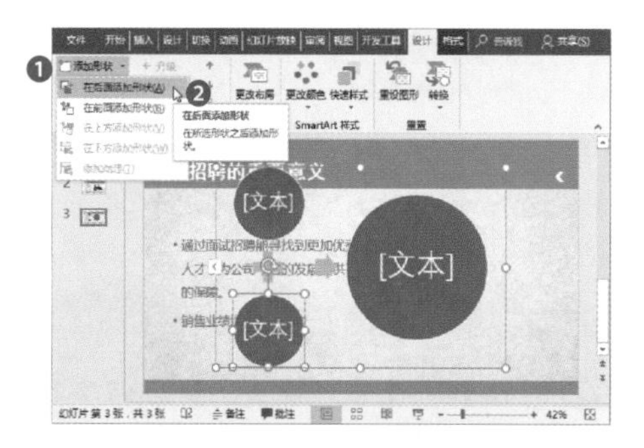

步骤 7 输入文本，然后调整SmartArt图形的大小，并将其移至合适位置。

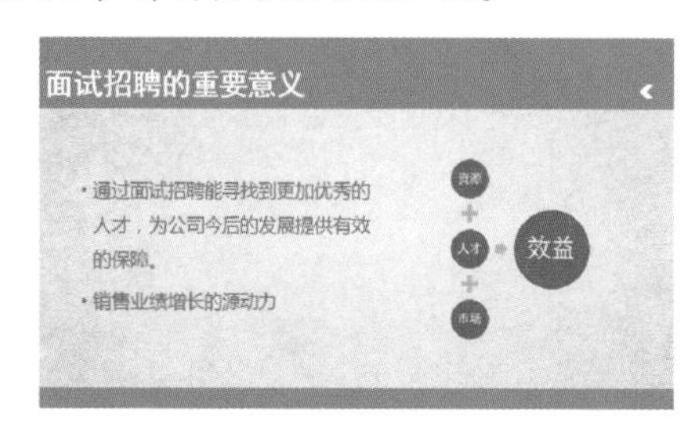

步骤 8 选择SmartArt图形，单击“SmartArt工具-设计”选项卡中的“更改颜色”下拉按钮，从列表中选择合适的颜色。

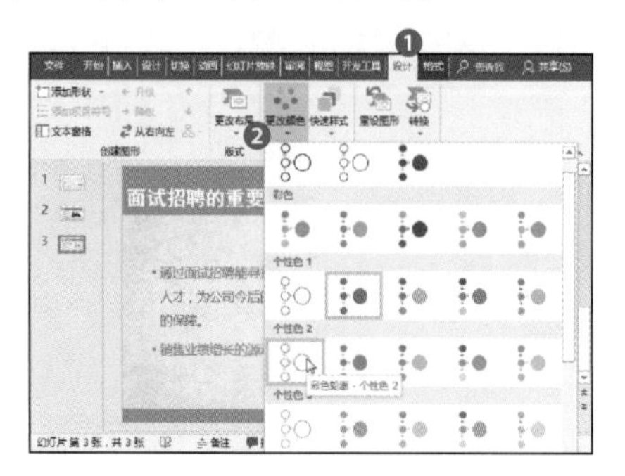

步骤 9 选择圆形形状，单击“SmartArt工具-格式”选项卡中的“形状轮廓”按钮，从列表中选择合适的颜色。

步骤 10 然后再单击“SmartArt工具-设计”选项卡“SmartArt样式”组中的“其他”按钮，从列表中选择“卡通”选项。

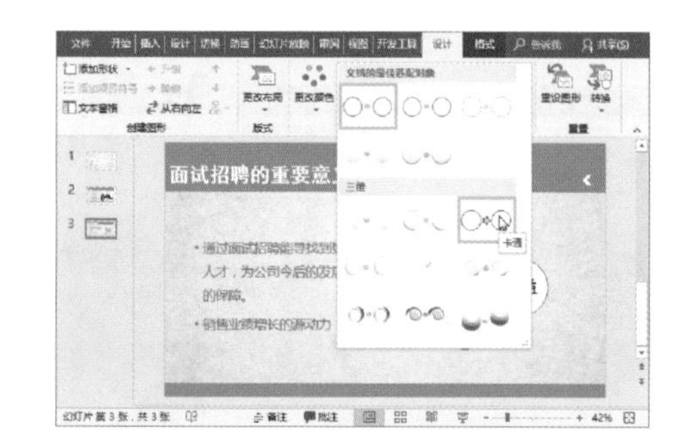

步骤 11 最后查看设置的效果。

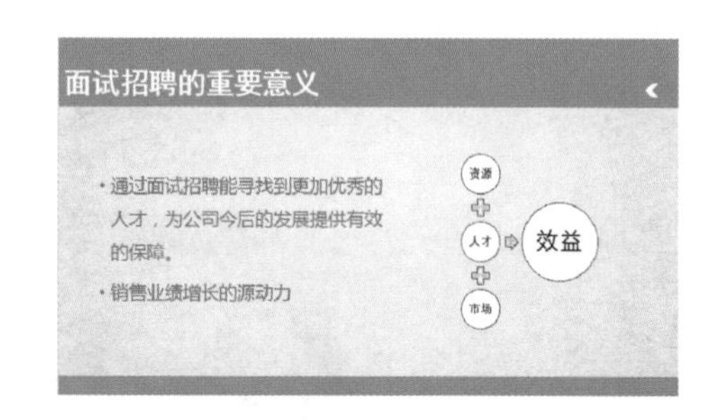

步骤 12 复制第3张幻灯片，删除多余的内容，然后输入标题和正文内容。

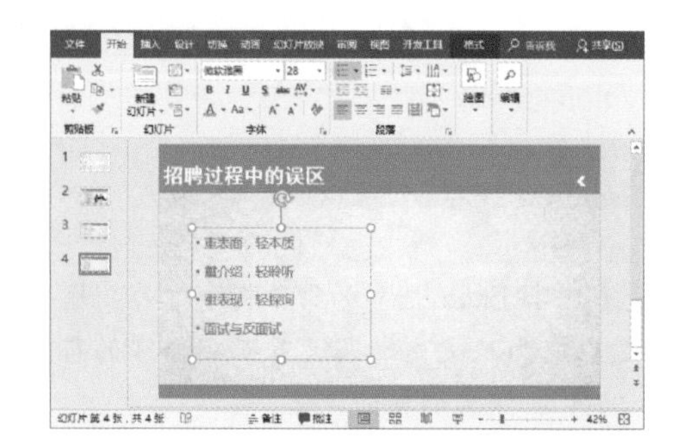

步骤13 插入一张图片，并调整图片的大小和位置。

步骤14 选中图片，单击“图片工具-格式”选项卡中的“校正”按钮，从列表中选择合适的选项。

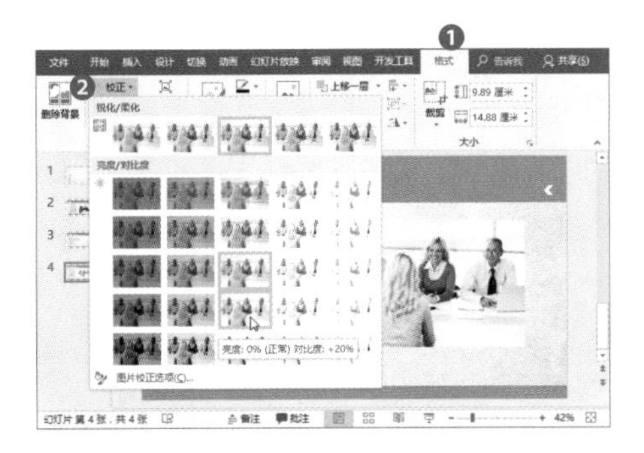

步骤15 单击“快速样式”下拉按钮，从列表中选择合适的样式。

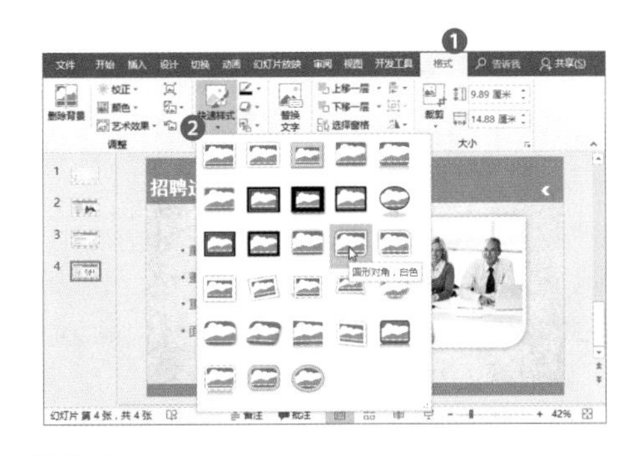

步骤16 设置完成后查看最终效果。

步骤17 复制第4张幻灯片，更改标题和正文内容。

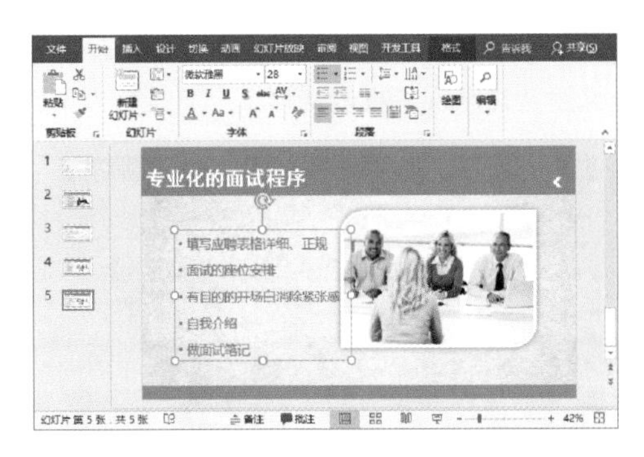

步骤18 选择图片，单击“图片工具-格式”选项卡中的“更改图片”按钮，从列表中选择“来自文件”选项。

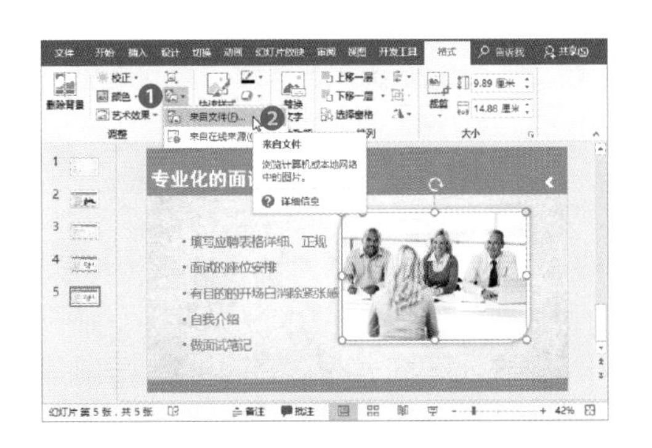

步骤19 打开“插入图片”对话框，选择图片，然后单击“插入”按钮。

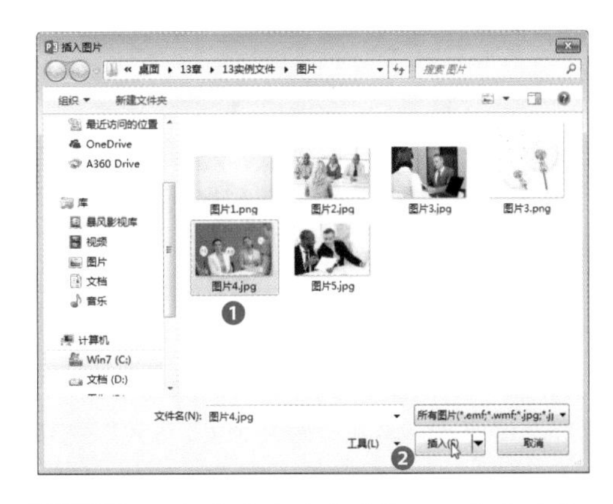

步骤20 原来的图片就被更换了，查看效果。

步骤 21 添加第6张幻灯片，输入标题和正文内容，然后插入一张图片。

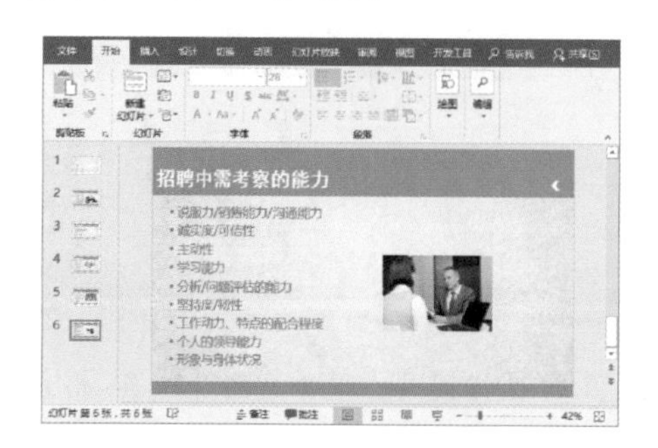

步骤 22 选中图片，单击“图片工具-格式”选项卡中的“裁剪”按钮。

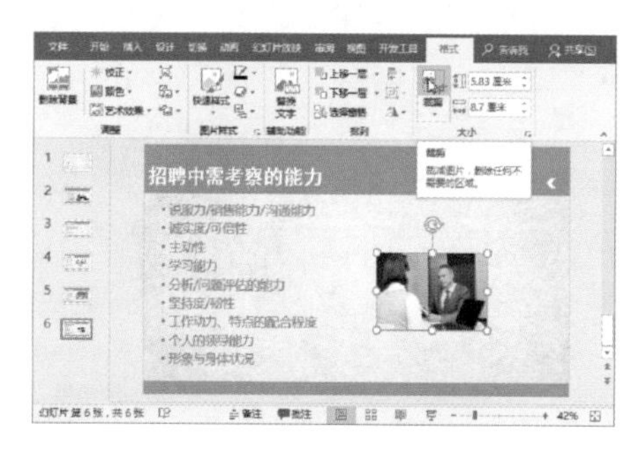

步骤 23 鼠标光标放置在裁剪点上，按住鼠标左键不放，拖动鼠标裁剪图片。

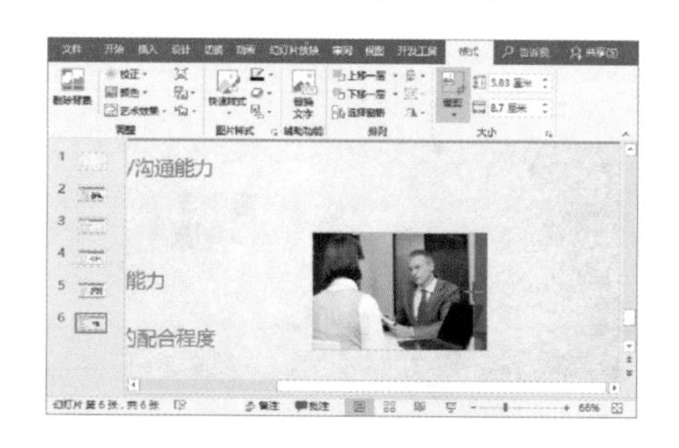

步骤 24 裁剪好后，调整图片的大小和位置，然后选中图片，单击“图片工具-格式”选项卡中的“快速样式”下拉按钮，从列表中选择合适的效果。

步骤 25 设置好后，查看最终效果。

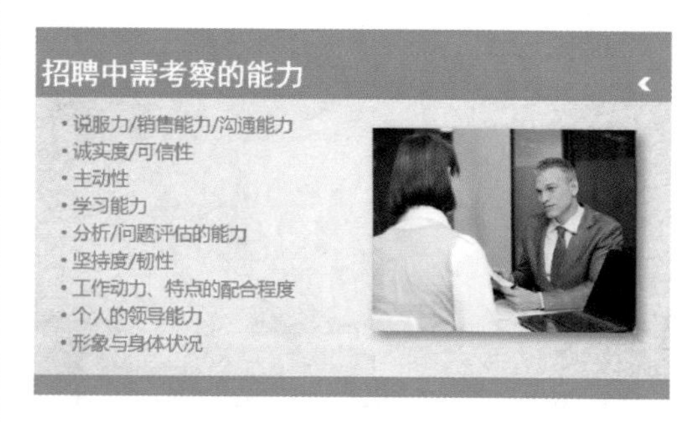

步骤 26 添加第7张幻灯片，输入标题内容，切换至“插入”选项卡，单击“表格”下拉按钮，从列表中选择“插入表格”选项。

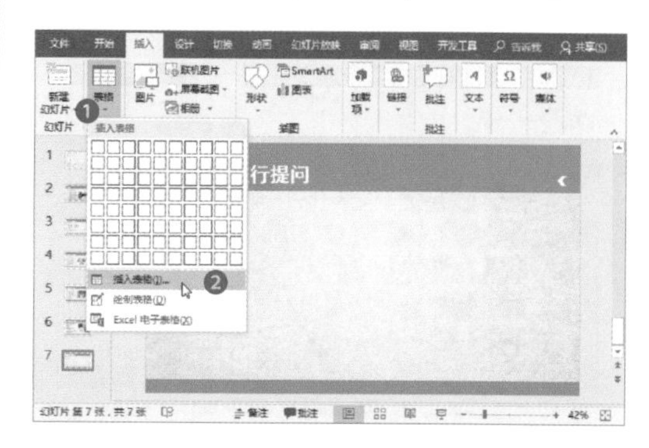

步骤 27 打开“插入表格”对话框，设置行列数，然后单击“确定”按钮。

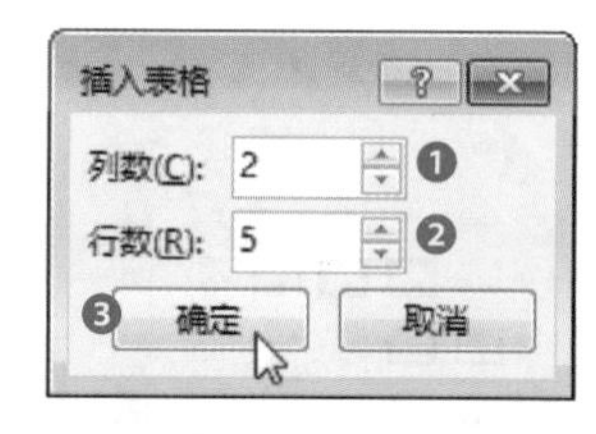

步骤 28 插入一个5行2列的表格，输入文本，并调整表格位置至页面中央。

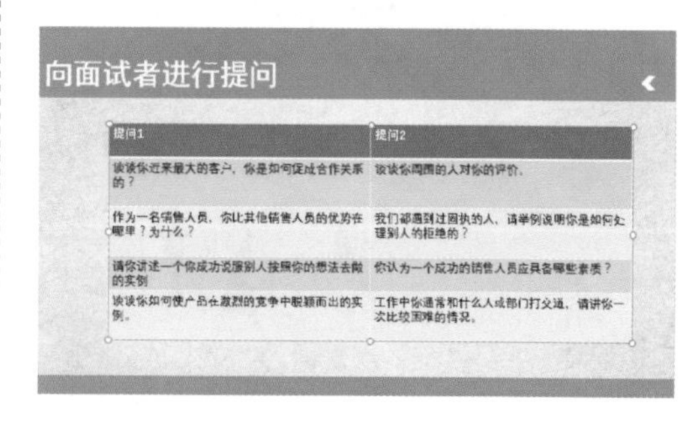

步骤 29 选择表格，单击“表格工具-设计”选项卡中“表格样式”组的“其他”按钮，从列表中选择合适的样式。

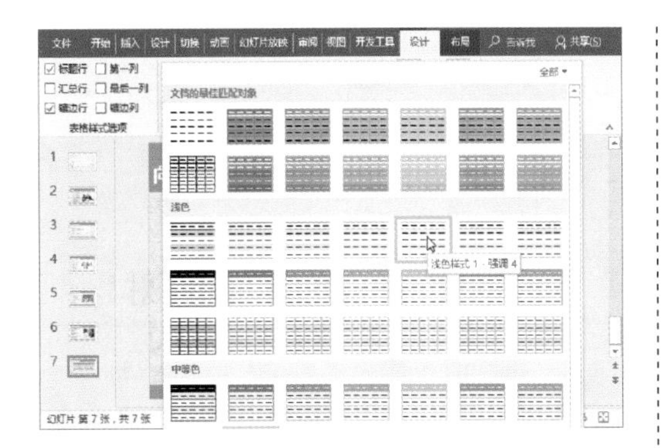

步骤30 查看应用样式后的效果。

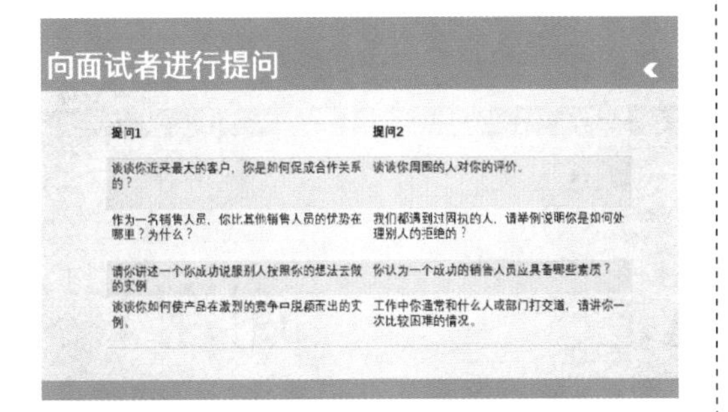

步骤31 添加第8张幻灯片，输入标题内容，然后执行“插入>形状>矩形”命令，绘制一个矩形。

步骤32 设置矩形的填充颜色和轮廓，然后在矩形中输入文本。

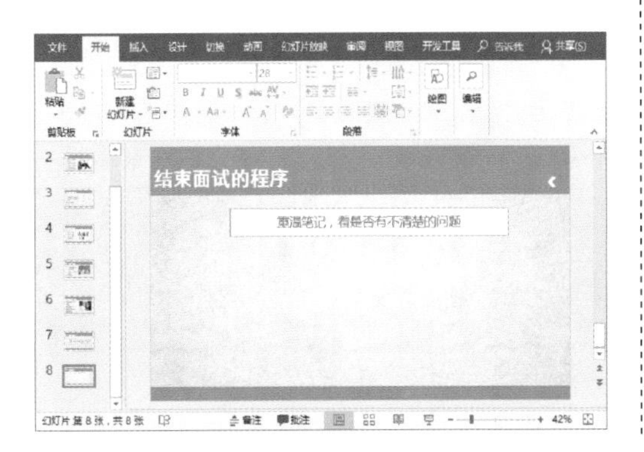

步骤33 再次执行“插入>形状>矩形”命令，绘制一个矩形，并设置矩形的填充颜色和轮廓。

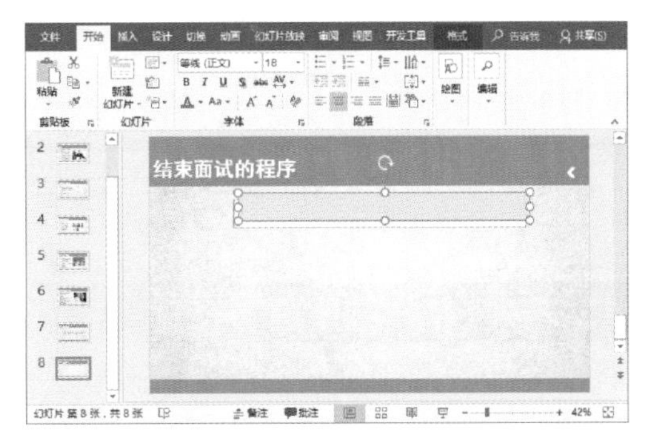

步骤34 选择上面的矩形，单击鼠标右键，从弹出的快捷菜单中选择“置于底层>置于底层”命令。

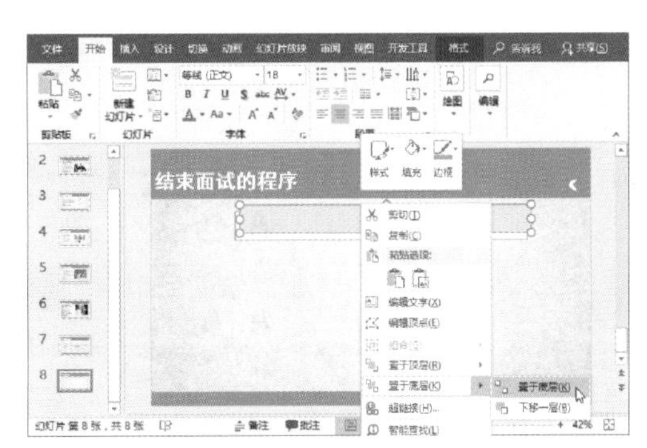

步骤35 将图形置于底层后，再次选中两个矩形，单击鼠标右键，从弹出的快捷菜单中选择“组合>组合”命令。

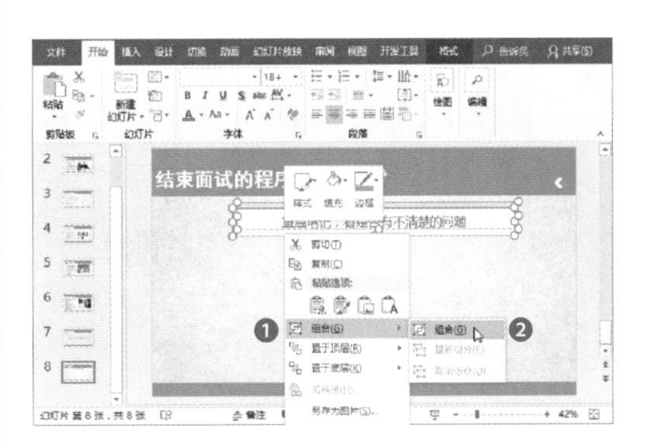

步骤36 组合图形后，复制图形，然后更改图形中的文本内容即可。

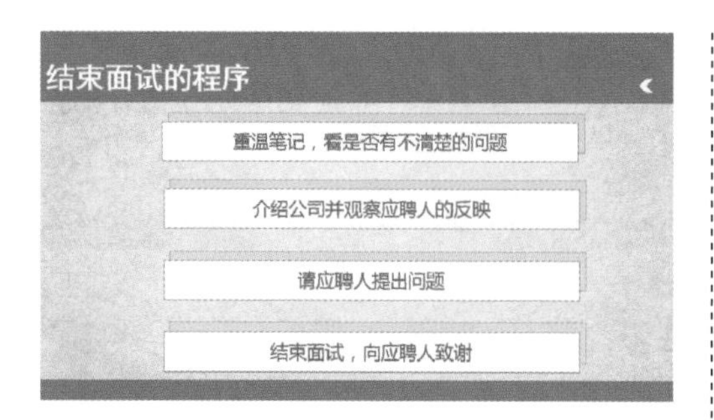

13.2.4 制作结尾页

最后一页幻灯片即为结尾页幻灯片。

步骤 1 新建一张幻灯片，单击“插入”选项卡中“艺术字”下拉按钮，从列表中选择合适的艺术字效果。

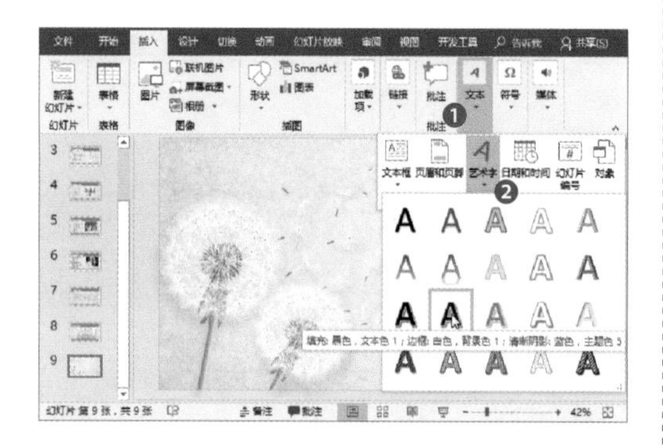

步骤 2 在文本框中输入内容，并设置内容的字体格式，然后将其移至页面合适位置。

步骤 3 执行“插入>形状>直线”命令，在艺术字下方绘制一条直线。

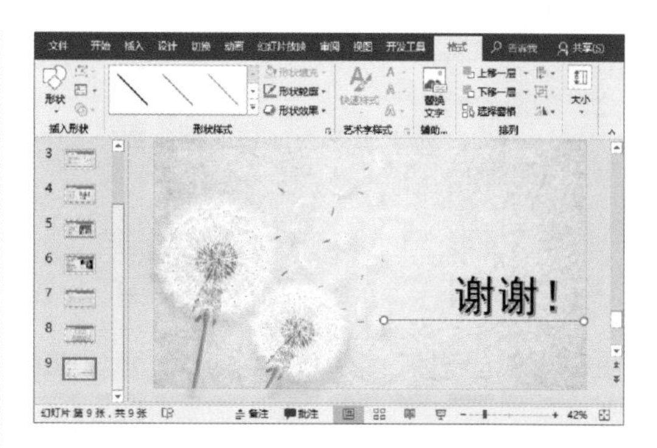

步骤 4 单击“插入”选项卡中的“文本框”按钮，绘制一个文本框，输入文本，设置文本的字体格式，并移至合适位置。

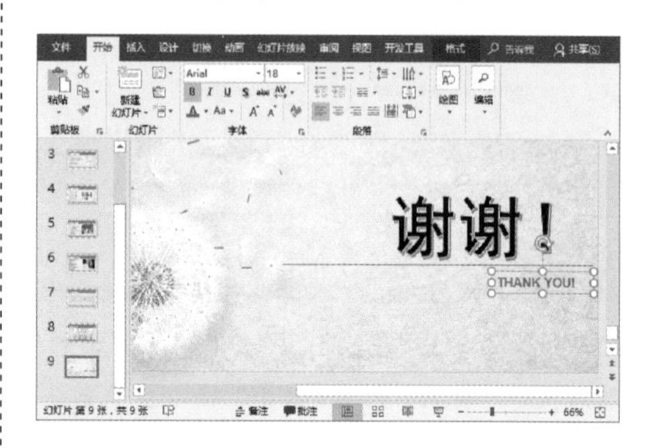

步骤 5 设置好后，查看最终效果。

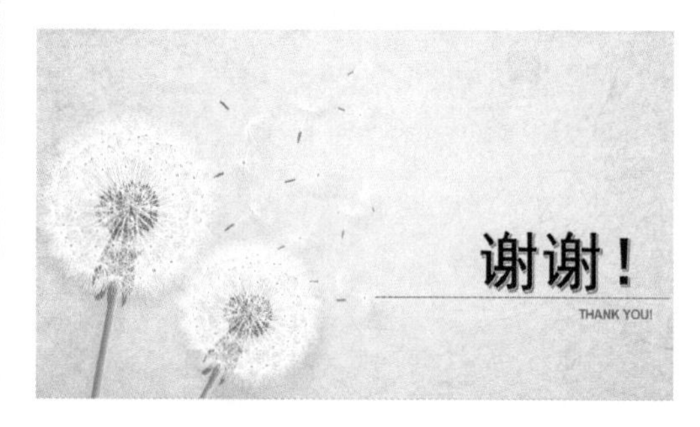

至此，完成幻灯片页面的制作。

技巧点拨：艺术字渐变填充的设置

如果对当前的艺术字颜色不满意，可以为其设置渐变填充效果，即选中艺术字，单击“绘图工具-格式”选项卡“艺术字样式”组中的“文本填充”按钮，从列表中选择“渐变”选项，并在其级联菜单中选择合适的渐变效果。

13.3 为幻灯片制作动画效果

制作完成幻灯片的内容页面后，可以为其添加动画效果，包括添加动画效果、添加切换效果、添加超链接等。

13.3.1 添加动画效果

为幻灯片中的对象添加动画效果，可以使幻灯片显得更加灵动。

步骤 1 选择需要添加动画效果的对象，单击“动画”选项卡中“动画”组中的“其他”按钮。

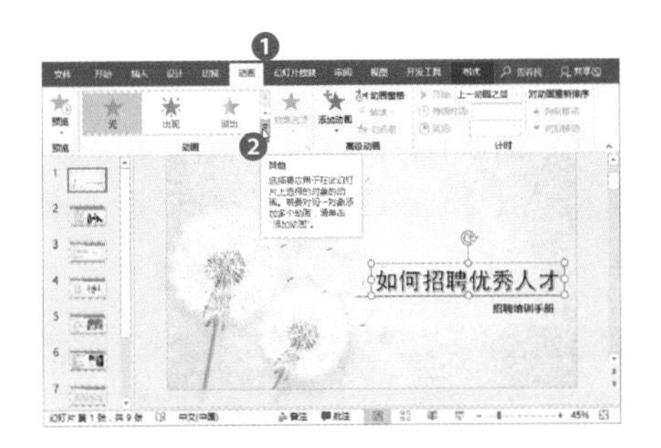

步骤 2 在展开的下拉列表中选择“进入”效果下的“飞入”效果。

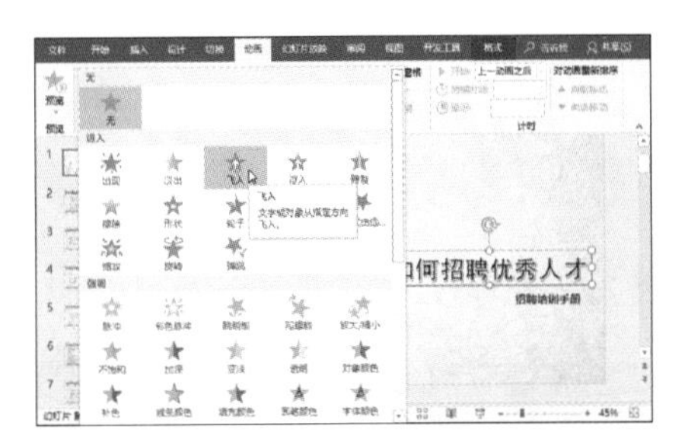

步骤 3 单击“效果选项”下拉按钮，从列表中选择“自右侧”选项。

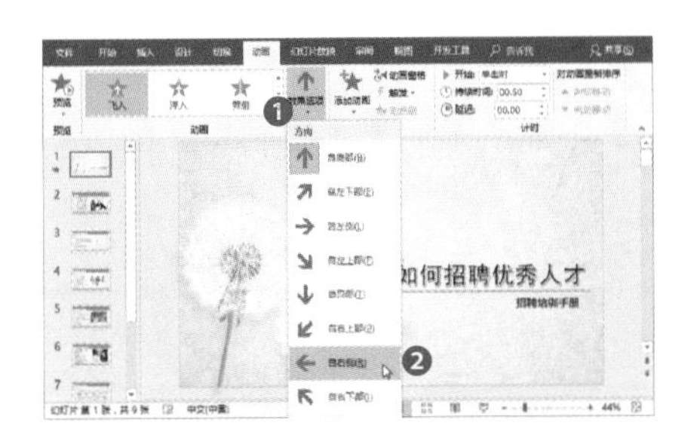

步骤 4 单击“开始”右侧下拉按钮，从列表中选择“与上一动画同时”选项。

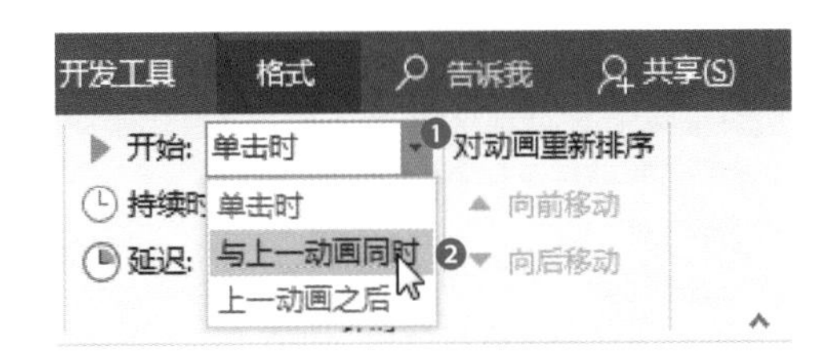

步骤 5 为直线应用“飞入”效果，效果选项为“自左侧”，并设置“开始”方式为“上一动画之后”。

步骤 6 按照同样的方法设置其他对象的动画效果，设置好后单击“预览”按钮，预览即可。

步骤 7 选择第2张幻灯片，选择图形，为其应用“浮入”动画效果，然后选择文本，为其应用相同的动画效果。

步骤 8 在“计时”组中，设置“开始”方式为“上一动画之后”。

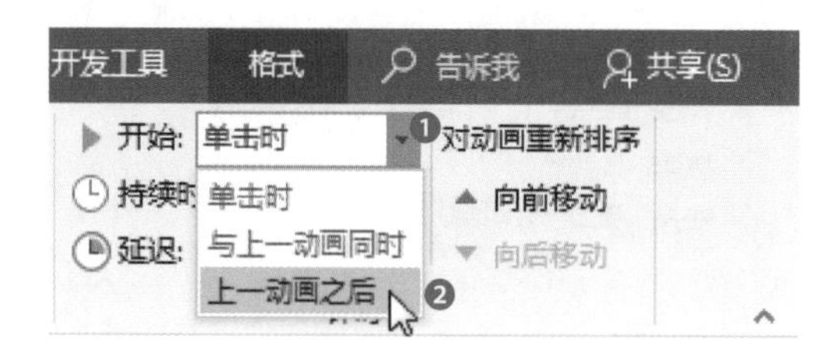

步骤 9 双击“动画刷”按钮，光标变为小刷子形状，单击需要添加动画效果的对象，即可将文本的动画效果复制到该对象上面。

步骤 10 然后单击“动画窗格”按钮，打开“动画窗格”窗格，从中设置动画播放的顺序。

步骤 11 设置完成后关闭窗格，然后单击“预览”按钮，预览动画效果。

13.3.2 添加切换效果

对幻灯片中的对象添加动画效果后，还可以为幻灯片添加切换效果。

步骤 1 选择第1张幻灯片，单击“切换”选项卡“切换到此幻灯片”组中的“其他”按钮。

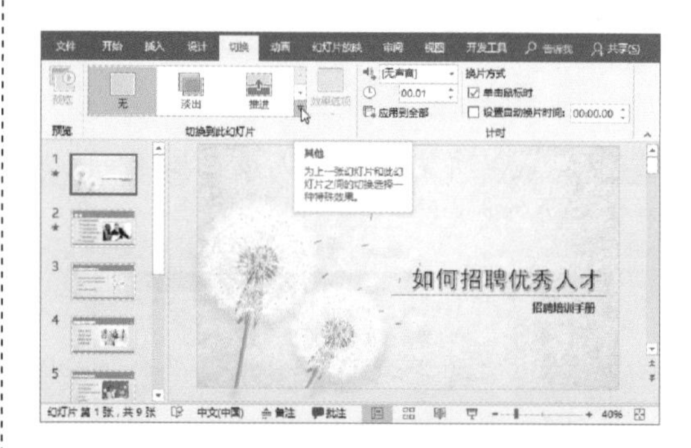

步骤 2 从展开的列表中选择合适的切换效果。

步骤 3 单击“效果选项”下拉按钮，从列表中选择“垂直”选项。

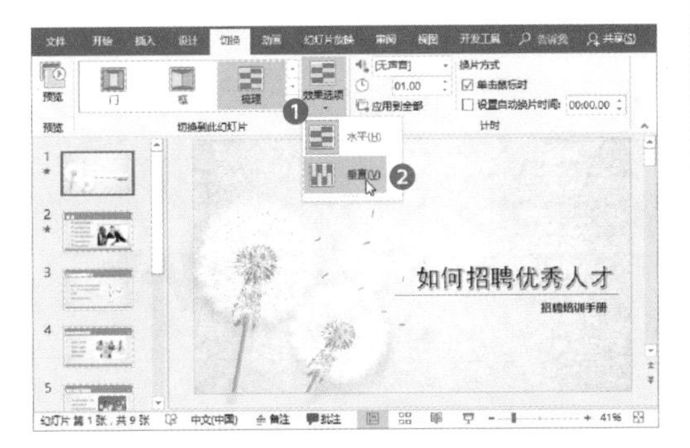

步骤 4 单击“计时”组中的“声音”右侧下拉按钮，从列表中选择“风铃”选项。

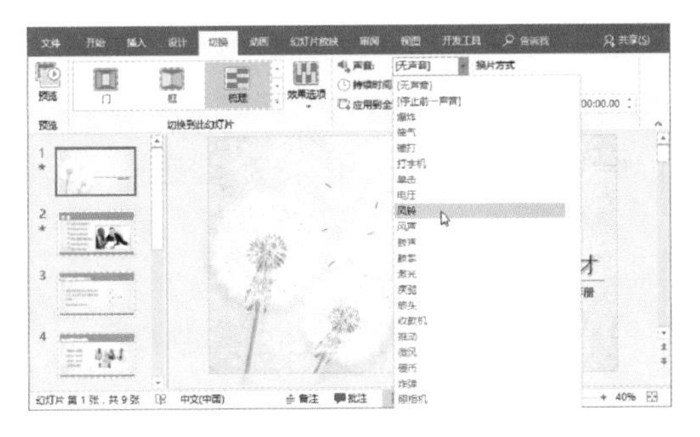

步骤 5 在“计时”组中，通过“持续时间”数值框，可以设置幻灯片切换效果的持续时间。

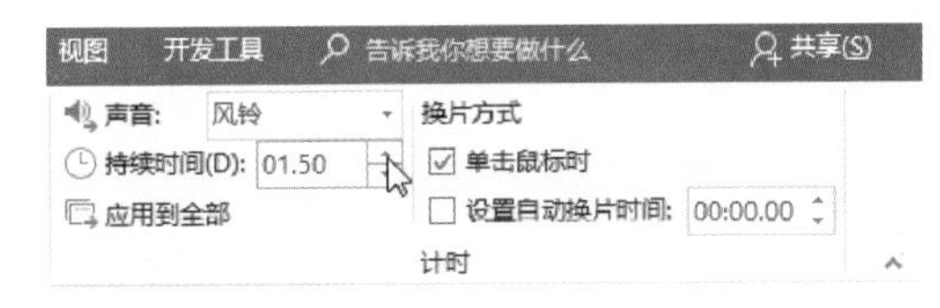

步骤 6 勾选“设置自动换片时间”复选框，然后通过右侧的数值框设置自动换片时间。

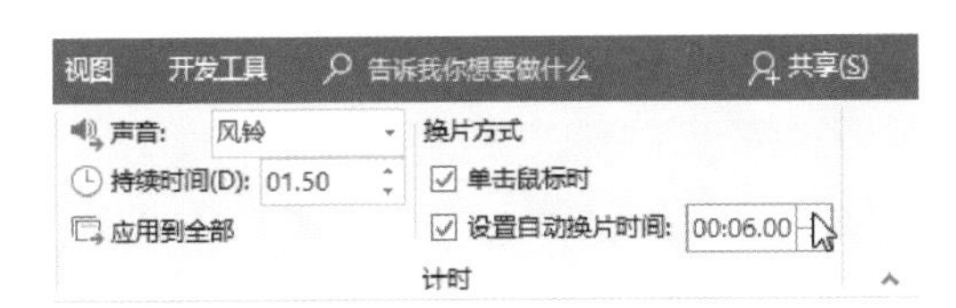

步骤 7 单击“应用到全部”按钮，将切换效果应用到全部幻灯片。

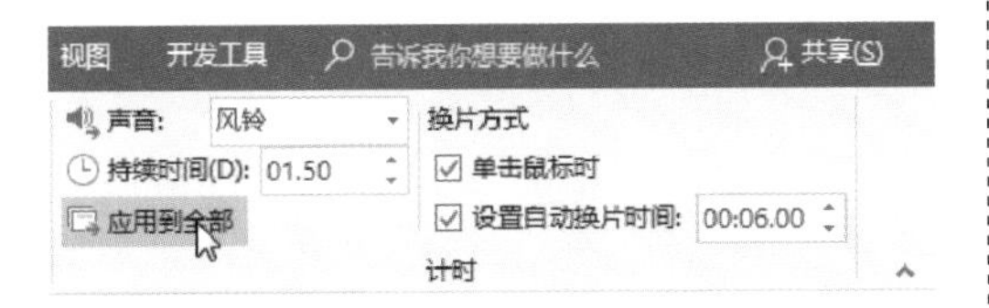

13.3.3 添加超链接

还可以为幻灯片添加超链接，将目录链接到对应的幻灯片。

步骤 1 选择需要添加超链接的对象，单击“插入”选项卡中的“链接”按钮。

步骤 2 打开“插入超链接”对话框，在“链接到”选项下选择“本文档中的位置”选项，然后在其右侧“请选择文档中的位置”列表框中选择对应的幻灯片，然后单击“屏幕提示”按钮。

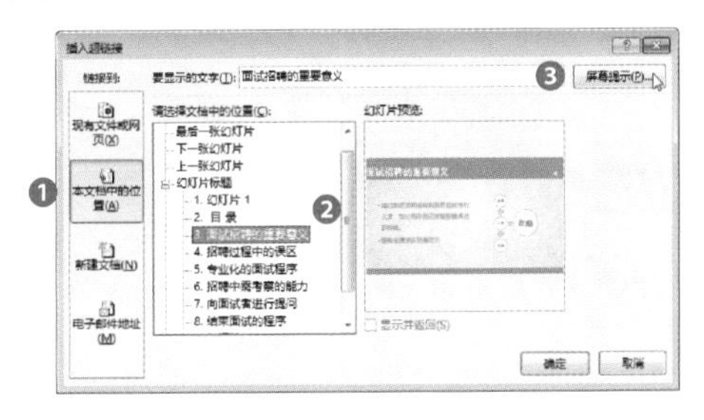

步骤 3 打开“设置超链接屏幕提示”对话框，输入屏幕提示文本，单击“确定”按钮。

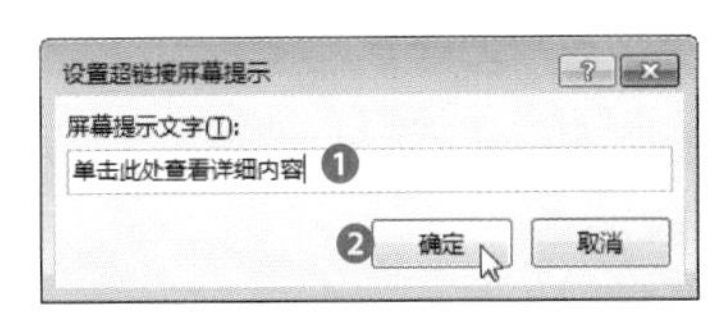

步骤 4 返回“插入超链接”对话框，单击“确定”按钮即可。

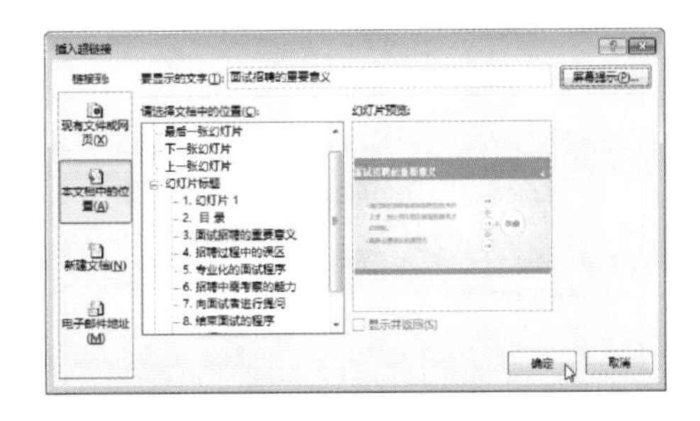

步骤 5 按照同样的方法，为其他文本添加超链接。

13.3.4 添加动作

为幻灯片的目录添加超链接后，还可以为幻灯片添加动作，返回到目录页。

步骤 1 选择需要添加动作的对象，单击“插入”选项卡中的“动作”按钮。

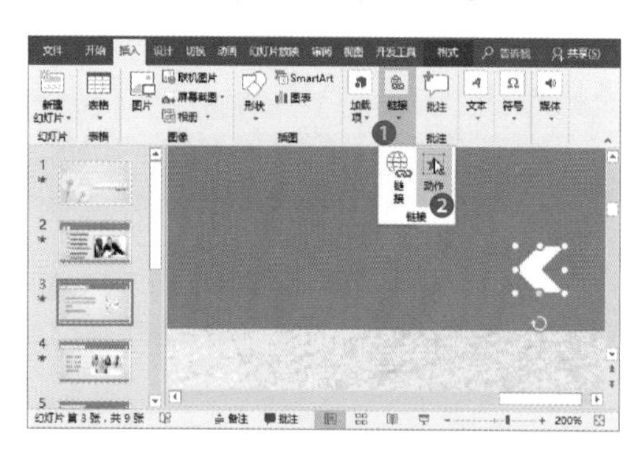

步骤 2 打开“操作设置”对话框，选中“超链接到”单选按钮，然后单击下拉按钮，从列表中选择“幻灯片…”选项。

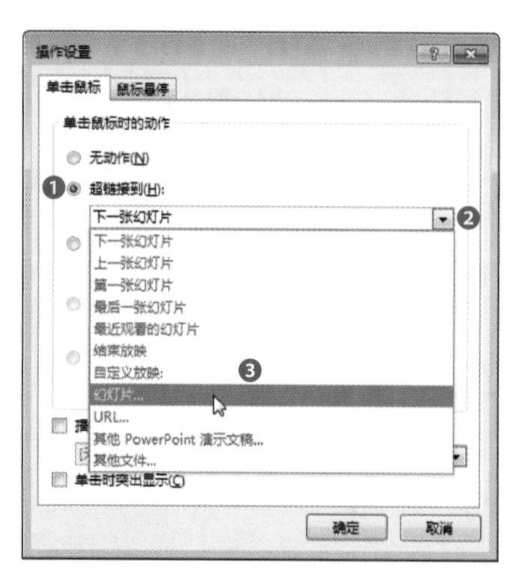

步骤 3 打开“超链接到幻灯片”对话框，从“幻灯片标题”列表框中选择要链接到的幻灯片，然后单击“确定”按钮。

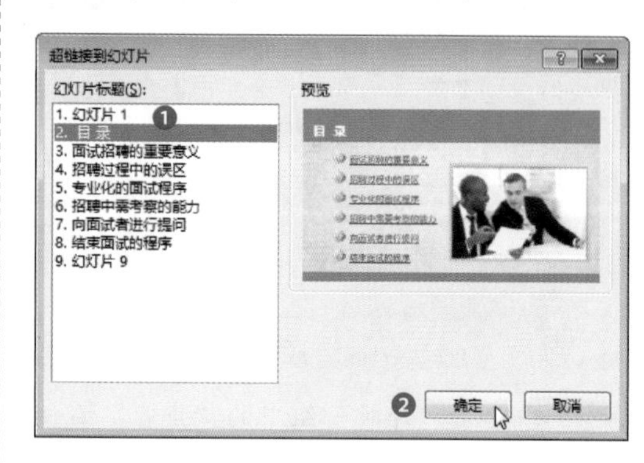

步骤 4 返回到“操作设置”对话框，单击“确定”按钮即可。

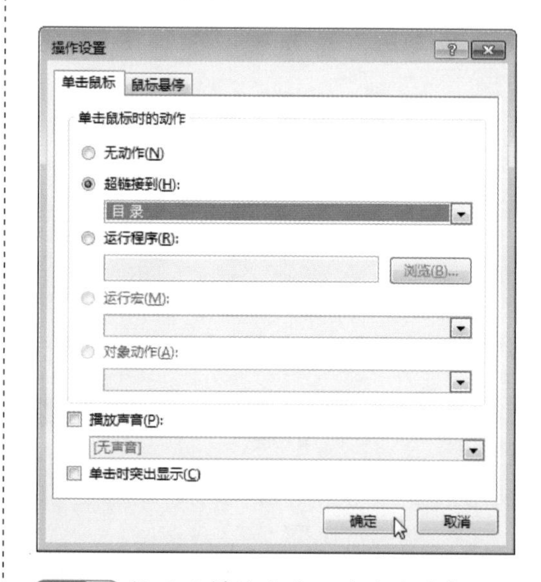

步骤 5 按照同样的方法，为其他对象添加动作，然后按F5键放映幻灯片，查看链接的效果。

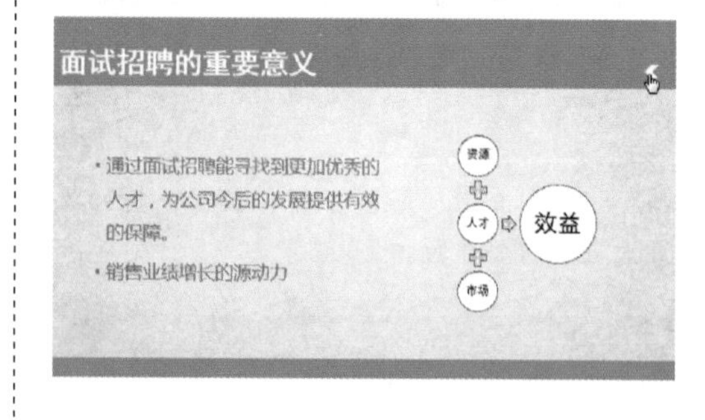

学习本篇内容后，你掌握了PowerPoint的哪些基本操作呢，快来对照着自我检查一下吧！你也可以关注微信公众号：DSSF007，并回复关键字“爱学习”，即可获取Office知识思维导图及更多的学习资源。

- □ 演示文稿的快速创建
- □ 幻灯片的基本操作
- □ 幻灯片母版的应用
- □ 文本的输入与编辑
- □ 文本框的使用
- □ 艺术字的创建与美化
- □ 图片的插入与美化
- □ 图形的绘制与编辑
- □ SmartArt图形的应用
- □ 音频文件的插入与编辑
- □ 视频文件的导入与编辑
- □ 超链接的创建
- □ 各类型动画效果的设计
- □ 幻灯片切换效果的设计
- □ 演示文稿的放映
- □ 演示文稿的打包
- □ 幻灯片的发布

熟悉上述知识点内容后，你能快速地制作出哪些常用的文档？

- 制作季度总结报告，用时____分钟；
- 制作新产品上市推广方案，用时____分钟；
- 制作年会演示文案，用时____分钟；
- 制作（特色）教学课件，用时____分钟；
- 制作戒烟公益宣传方案，用时____分钟；
- 制作节日促销方案，用时____分钟。

在学习过程中，你认为哪方面的知识点还需要得到强化，还有什么疑问，欢迎你记录下来并反馈给我们，我们的QQ讨论群号：785058518，这里有专业的技术人员为你答疑解惑，期待你的加入。

____

____

____

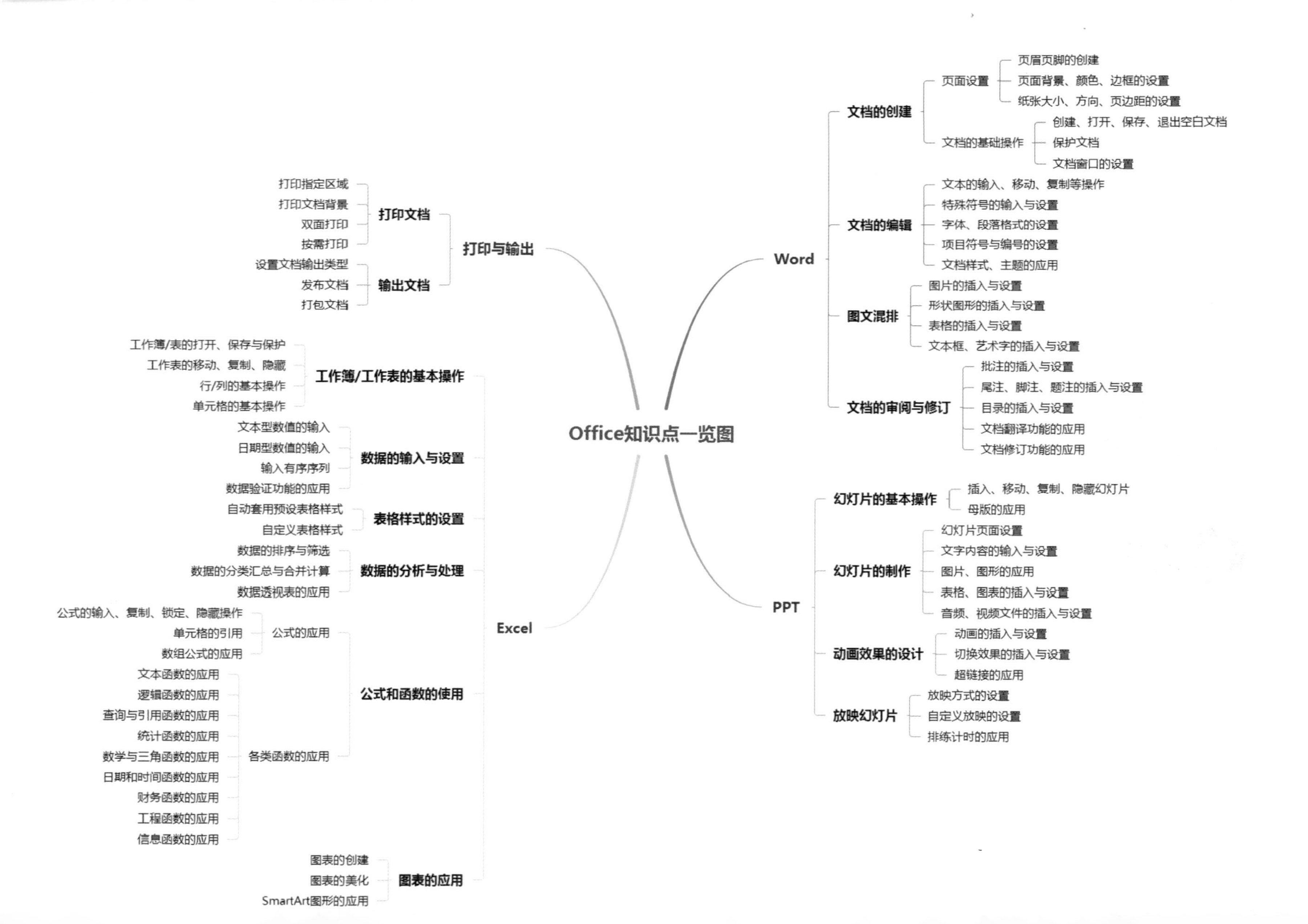
Office知识点一览图
Word
文档的创建
页面设置
页眉页脚的创建
页面背景、颜色、边框的设置
纸张大小、方向、页边距的设置
文档的基础操作
创建、打开、保存、退出空白文档
保护文档
文档窗口的设置
文档的编辑
文本的输入、移动、复制等操作
特殊符号的输入与设置
字体、段落格式的设置
项目符号与编号的设置
文档样式、主题的应用
图文混排
图片的插入与设置
形状图形的插入与设置
表格的插入与设置
文本框、艺术字的插入与设置
文档的审阅与修订
批注的插入与设置
尾注、脚注、题注的插入与设置
目录的插入与设置
文档翻译功能的应用
文档修订功能的应用
PPT
幻灯片的基本操作
插入、移动、复制、隐藏幻灯片
母版的应用
幻灯片的制作
幻灯片页面设置
文字内容的输入与设置
图片、图形的应用
表格、图表的插入与设置
音频、视频文件的插入与设置
动画效果的设计
动画的插入与设置
切换效果的插入与设置
超链接的应用
放映幻灯片
放映方式的设置
自定义放映的设置
排练计时的应用
打印与输出
打印文档
打印指定区域
打印文档背景
双面打印
按需打印
输出文档
设置文档输出类型
发布文档
打包文档
Excel
工作簿/工作表的基本操作
工作簿/表的打开、保存与保护
工作表的移动、复制、隐藏
行/列的基本操作
单元格的基本操作
数据的输入与设置
文本型数值的输入
日期型数值的输入
输入有序序列
数据验证功能的应用
表格样式的设置
自动套用预设表格样式
自定义表格样式
数据的分析与处理
数据的排序与筛选
数据的分类汇总与合并计算
数据透视表的应用
公式和函数的使用
公式的应用
公式的输入、复制、锁定、隐藏操作
单元格的引用
数组公式的应用
各类函数的应用
文本函数的应用
逻辑函数的应用
查询与引用函数的应用
统计函数的应用
数学与三角函数的应用
日期和时间函数的应用
财务函数的应用
工程函数的应用
信息函数的应用
图表的应用
图表的创建
图表的美化
SmartArt图形的应用